国家科学技术学术著作出版基金资助项目

"岩土力学三部曲"第一部

土 力 学 新 论

俞茂宏　著

图书在版编目(CIP)数据

土力学新论 / 俞茂宏著. —杭州：浙江大学出版社，2020.1
ISBN 978-7-308-19681-9

I. ①土… II. ①俞… III. ①土力学 IV. ①TU43

中国版本图书馆CIP数据核字(2019)第249317号

土力学新论
俞茂宏 著

责任编辑 伍秀芳（wxfwt@zju.edu.cn） 冯其华
责任校对 林汉枫
封面设计 雷建军
出版发行 浙江大学出版社
（杭州市天目山路 148 号 邮政编码 310007）
（网址：http://www.zjupress.com）
排 版 杭州荻雪文化创意有限公司
印 刷 浙江海虹彩色印务有限公司
开 本 710mm×1000mm 1/16
印 张 33
字 数 650 千
版 印 次 2020 年 1 月第 1 版 2020 年 1 月第 1 次印刷
书 号 ISBN 978-7-308-19681-9
定 价 188.00 元

“岩土力学三部曲”总序

俞茂宏教授的双剪强度理论和统一强度理论是世界创新的基础技术理论研究成果，具有重要的理论和实践意义，这是他长期锲而不舍辛勤劳动的结果，来之不易。2000 年，我和时任中国岩石力学与工程学会理事长的王思敬院士一起为《国际岩石力学与矿业科学学报》撰写的《中国岩石力学与工程的发展和现状》论文中，就将双剪强度理论和统一强度理论作为中国岩石力学的三大理论成果之一，并指出：“俞教授多年来的潜心研究使得统一强度理论不断完善，统一强度理论已在水电站地下工程和岩土地基等工程中得到了较好的应用。” 2006 年，双剪统一强度理论作为新的条目被写入《中国水利百科全书》(第二版，卷 2)和《水利大事年表》(第二版，卷 3)以及《中国学术大典：水利学》等学术著作。2008 年，同济大学举行的孙钧基金讲座上，中国岩石力学与工程学会理事长钱七虎院士在报告中指出：“单剪理论的进一步发展为双剪强度理论，而双剪强度理论的进一步发展为统一强度理论。单剪、双剪强度理论以及介于二者之间的其他破坏准则都是统一强度理论的特例或线性逼近。因此可以说，统一强度理论在强度理论的发展史上具有突出的贡献。”双剪统一强度理论已为国内外学者广泛认同，并应用于岩土力学的很多领域，获得了一系列新的研究成果，推动了岩土力学的发展。

现在，俞茂宏教授将他近年来新的研究成果总结成系统的“岩土力学三部曲”，即《土力学新论》、《岩石力学新论》和《混凝土力学新论》。这是俞教授多年积累的又一重要贡献，其中也包括了国内外学者应用统一强度理论于岩土力学得出的很多结果，内容很丰富。我十分高兴能有幸为之作序，希望这个“三部曲”能够在推动世界一流学科的建设中作出积极贡献。

孙钧[*]

2017 年 12 月 5 日于上海

* 编者注：孙钧，中国科学院院士、同济大学教授，曾任国际岩石力学学会副主席、中国岩石力学与工程学会理事长、中国土木工程学会副理事长。

前 言

1925 年，太沙基撰写的世界上第一本土力学著作在奥地利问世。1937 年，中国土力学之父黄文熙从美国回到正在抗日的中国，并在西迁到重庆的国立中央大学开设了中国第一门土力学课程。现在，土力学已经成为世界土木、水利、道路、矿山以及岩土工程等专业的必修课程。土力学的内容很多，其中应用最多、最基础的是德国学者在 1900 年提出的莫尔-库伦强度理论，它的数学表达式为：

$$\sigma_1 - \alpha\sigma_3 = \sigma_t$$

式中，σ_t 为材料的拉伸强度，$\alpha=\sigma_t/\sigma_c$ 为材料的拉压强度比。

很显然，作用在土体上的一般有 σ_1、σ_2 和 σ_3 三个主应力，而莫尔-库伦强度理论只考虑了最大和最小两个主应力而没有考虑中间主应力 σ_2 的影响。为此，世界各国学者提出了几十种考虑 σ_2 的强度准则，但它们的数学表达式几乎都是非线性的，较难在土力学的三大工程实际问题的解析中得到应用。传统土力学仍然是“没有考虑中间主应力”的土力学。

《土力学新论》是“岩土力学三部曲”的第一部。它与传统土力学的差别只是两个字母，即中间主应力 σ_2 和反映中间主应力影响程度的参数 b。传统土力学的理论公式和工程应用中都没有这两个字母，而本书各章中则包含了这两个字母。虽然多了两个字母，但是这两个字母的加入是线性的，方程也很简单，因此读者在阅读本书的时候不会有数学上的困难。

这两个字母的加入虽然在数学上并不复杂，但是却来之不易，经历了近百年的漫长过程。传统土力学的土体强度理论是 1900 年德国学者提出的莫尔-库仑强度理论，而本书中的土体强度理论是中国学者于 1991 年提出的统一强度理论，两者时间上相差 91 年。不仅如此，从 20 世纪初到 90 年代提出一个能够适用于不同材料的统一强度理论一直被认为是不可能的。德国哥廷根大学教授沃依特(1901)和美国斯坦福大学教授铁木森科(1953)以及《中国大百科全书》(1985)都认为“统一强度理论是不可能的”。这就是“沃依特-铁木森科难题”。因此，破解“沃依特-铁木森科难题”在理论和工程应用上都具有重大的意义。

“沃依特-铁木森科难题”的破解也可归纳为两个字母。我们从下面三个公式中可以看出它们的发展过程。

(1)双剪屈服准则(俞茂宏，1961)

$$F=\sigma_1-\frac{1}{2}\left(\sigma_2+\sigma_3\right)=\sigma_s\text{，当}\ \sigma_2\le\frac{\sigma_1+\sigma_3}{2}\ \text{时}$$

$$F'=\frac{1}{2}\left(\sigma_1+\sigma_2\right)-\sigma_3=\sigma_s\text{，当}\ \sigma_2\ge\frac{\sigma_1+\sigma_3}{2}\ \text{时}$$

(2)广义双剪强度理论(俞茂宏，1984—1985)

$$F=\sigma_1-\frac{\alpha}{2}\left(\sigma_2+\sigma_3\right)=\sigma_t\text{，当}\ \sigma_2\le\frac{\sigma_1+\sigma_3}{2}\ \text{时}$$

$$F'=\frac{1}{2}\left(\sigma_1+\sigma_2\right)-\alpha\sigma_3=\sigma_s\text{，当}\ \sigma_2\ge\frac{\sigma_1+\sigma_3}{2}\ \text{时}$$

广义双剪强度理论这个公式最早发表于 1984 年在丹麦哥本哈根举行的第 16 届国际理论和应用力学大会。会后俞茂宏又应邀在德国斯图加特大学作了详细报告。斯图加特大学是著名学者莫尔曾经工作过的地方，我们讨论很热烈。国际理论和应用力学大会是四年一度的力学“奥林匹克”，有上千人参加，但只出版一本大会特邀报告论文集。俞茂宏的这篇广义双剪强度理论论文发表于 1985 年《中国科学》第 11 期的英文版和第

12 期的中文版。

(3)统一强度理论(俞茂宏，1991)

$$F = \sigma_1 - \frac{\alpha}{1+b}(b\sigma_2 + \sigma_3) = \sigma_t \text{，当} \sigma_2 \le \frac{\sigma_1 + \alpha\sigma_3}{1+\alpha} \text{时}$$

$$F' = \frac{1}{1+b}(\sigma_1 + b\sigma_2) - \alpha\sigma_3 = \sigma_t \text{，当} \sigma_2 \ge \frac{\sigma_1 + \alpha\sigma_3}{1+\alpha} \text{时}$$

笔者参加了 1991 年在日本京都三年一度举行的国际材料力学性能大会，会后俞茂宏又应邀在名古屋工业大学作了详细讲解。这篇统一强度理论的论文发表于同年出版的大会论文集第三卷。

从上面三个公式可以看出，虽然它们推导的开始不同，但得出的结果都十分相似，相互之间只相差一个字母。它们之间似乎存在着一种联系，一个规律，使我们不知不觉地逐步接近统一强度理论这个重要结果。这个规律就是笔者于 1961 年提出的双剪强度理论的思想。它们不是直接从主应力来研究强度理论，而是把主应力转换为主剪应力。但是，三个主剪应力之间存在着一个关系，即最大主剪应力等于另外两个主剪应力之和。因此，三个主剪应力只有两个独立量。这就是最早的双剪强度理论的思想。在本书第 5 章的章前彩色图中，我们对两个双剪单元体力学模型和两个数学建模方程作了阐述。

1991 年以后，统一强度理论得到了国内外很多学者的关心与支持，并将其逐步推广应用于很多领域，包括土力学的条形基础承载力、土压力理论和边坡稳定性三大实际问题。本书也包含了他们的一些研究成果，特此表示衷心的感谢！

本书对这些新的研究成果进行了比较全面和系统的阐述。书的内容较多，书中有不妥之处，敬请各位读者批评指正。

俞茂宏

2019年6月5日于西安交通大学兴庆宫校园

主要符号表

正应力

σ_1	最大主应力
σ_2	中间主应力(中主应力)
σ_3	最小主应力
σ_{ij}	应力张量
$\sigma_m = \frac{1}{3}(\sigma_1 + \sigma_2 + \sigma_3)$	平均应力
$\sigma_8 = \frac{1}{3}(\sigma_1 + \sigma_2 + \sigma_3)$	八面体正应力
$\sigma_{13} = \frac{1}{2}(\sigma_1 + \sigma_3)$	十二面体或正交八面体正应力
$\sigma_{12} = \frac{1}{2}(\sigma_1 + \sigma_2)$	十二面体或正交八面体正应力
$\sigma_{23} = \frac{1}{2}(\sigma_2 + \sigma_3)$	十二面体或正交八面体正应力
$S_1 = \frac{1}{3}(2\sigma_1 - \sigma_2 - \sigma_3)$	大主应力偏量(拉偏应力)
$S_2 = \frac{1}{3}(2\sigma_2 - \sigma_1 - \sigma_3)$	中主应力偏量(中偏应力、拉或压偏应力)
$S_3 = \frac{1}{3}(2\sigma_3 - \sigma_1 - \sigma_2)$	小主应力偏量(压偏应力)
S_{ij}	偏应力张量

$\mu_\sigma = \dfrac{2\sigma_2 - \sigma_1 - \sigma_3}{\sigma_1 - \sigma_3}$ Lode 应力状态参数

u 孔隙水压力

σ' 有效应力

剪应力

$$\tau_{13} = \frac{1}{2}(\sigma_1 - \sigma_3)$$

$$\tau_{12} = \frac{1}{2}(\sigma_1 - \sigma_2)$$

$$\tau_{23} = \frac{1}{2}(\sigma_2 - \sigma_3)$$

$$\tau_m = \sqrt{\frac{\tau_{12}^2 + \tau_{23}^2 + \tau_{13}^2}{3}} = \sqrt{\frac{1}{12}\left[(\sigma_1 - \sigma_2)^2 + (\sigma_2 - \sigma_3)^2 + (\sigma_1 - \sigma_3)^2\right]}$$

均方根剪应力

$$\tau_8 = \frac{1}{3}\sqrt{(\sigma_1 - \sigma_2)^2 + (\sigma_1 - \sigma_3)^2 + (\sigma_2 - \sigma_3)^2}$$

八面体剪应力

$\mu_\tau = \dfrac{\tau_{12}}{\tau_{13}} = \dfrac{\sigma_1 - \sigma_2}{\sigma_1 - \sigma_3}$ 双剪应力状态参数

$\mu'_\tau = \dfrac{\tau_{23}}{\tau_{13}} = \dfrac{\sigma_2 - \sigma_3}{\sigma_1 - \sigma_3}$ 双剪应力状态参数

应力不变量

$$I_1 = \sigma_1 + \sigma_2 + \sigma_3$$

$$I_2 = \sigma_1\sigma_2 + \sigma_2\sigma_3 + \sigma_3\sigma_1$$

$$I_3 = \sigma_1\sigma_2\sigma_3$$

$J_2 = \frac{1}{2} S_{ij} S_{ij} = \frac{1}{6}\left[(\sigma_1 - \sigma_2)^2 + (\sigma_2 - \sigma_3)^2 + (\sigma_3 - \sigma_1)^2\right]$

应力偏量第二不变量

$J_3 = S_1 S_2 S_3 = \frac{1}{27}\left[(\tau_{12} + \tau_{13})(\tau_{12} + \tau_{23})(\tau_{23} + \tau_{13})\right]$

应力偏量第三不变量

$\xi = \frac{1}{\sqrt{3}} I_1$　　应力柱坐标主轴、静水应力轴矢长

$r = \sqrt{2J_2}$　　应力柱坐标 π 平面应力矢与主应力

θ　　投影轴的夹角，简称应力状态角

$$\cos 3\theta = \frac{3\sqrt{3} J_3}{2\sqrt{J_2^3}}$$

$$\xi = \frac{1}{\sqrt{3}} I_1 = \sqrt{3}\sigma_m = \sqrt{3}\sigma_8 = \sqrt{3} p$$

$$r = \sqrt{2J_2} = 2\tau_m = \sqrt{3}\tau_8 = \sqrt{\frac{2}{3}} q$$

$$p = \frac{1}{3}(\sigma_1 + \sigma_2 + \sigma_3) = \sqrt{\frac{1}{2}\left[(\sigma_1 - \sigma_2)^2 + (\sigma_2 - \sigma_3)^2 + (\sigma_1 - \sigma_3)^2\right]}$$

$$qr = \sqrt{\frac{1}{3}\left[(\sigma_1 - \sigma_2)^2 + (\sigma_2 - \sigma_3)^2 + (\sigma_1 - \sigma_3)^2\right]}$$

材料性能参数

σ_s　　拉伸屈服极限

τ_s　　剪切屈服极限

σ_t　　拉伸强度极限

σ_c　　压缩强度极限

σ_{ccc}	三向等压强度极限
$\alpha=\dfrac{\sigma_t}{\sigma_c}$，$m=\dfrac{\sigma_c}{\sigma_t}$	材料拉压强度比
$\beta=\dfrac{1-\alpha}{1+\alpha}$	材料参数
r_t	π 平面上的拉伸强度矢长
r_c	π 平面上的压缩强度矢长
$K=\dfrac{1+2\alpha}{2+\alpha}=\dfrac{r_t}{r_c}$	π 平面上的拉压强度比
C_0	材料黏结力参数
φ_0	材料摩擦角参数
$\sigma_t=\dfrac{2C_0\cos\varphi_0}{1+\sin\varphi_0}$，$\sigma_c=\dfrac{2C_0\cos\varphi_0}{1-\sin\varphi_0}$	
v	泊松比
E	弹性模量
b	中间应力影响因数
m	中间主应力参数

屈服函数和强度理论函数

$f(\sigma_{ij})$	应力屈服函数
$f(\varepsilon_{ij})$	应变屈服函数
$f(\sigma_1,\sigma_2,\sigma_3)$	主应力屈服函数
$f(I_1,J_2,J_3)$	张量不变量屈服函数
$g(r,\theta)$	π 平面形状函数
$\Phi(\sigma_{ij})$	帽子模型函数

目 录

莫尔-库仑强度理论 1900

1900年，莫尔-库仑强度理论诞生，其表达式为：

$$f=\sigma_1-\alpha\sigma_3=\sigma_t$$

它只与最大主应力σ_1和最小主应力σ_3有关，而与中间主应力σ_2无关。

菲林格-太沙基 1915—1923

有效应力原理形成，其表达式为：

$$\sigma_1'=\sigma_1-u,\ \sigma_2'=\sigma_2-u,\ \sigma_3'=\sigma_3-u$$

即作用于土体上的总应力是有效应力和孔隙水压力之和。

太沙基土力学 1925

1925年，太沙基发表的世界上第一本土力学专著《建立在土的物理学基础的土力学》被公认为是进入现代土力学时代的开始。该书的出版标志着土力学这一学科的诞生。

斯开普邓-毕肖普 1954—1955

1954年，斯开普邓提出孔隙水压力方程。1955年，毕肖普提出非饱和土有效应力公式。

土力学理论和应用的广泛研究

各国学者对土力学理论和应用中没有考虑中间主应力的问题进行了广泛深入的研究，并提出了众多对莫尔-库仑理论的修正的破坏准则。这些准则均为曲线型准则，在土压力、条形基础地基以及边坡等实际问题中较难得到解析解。

人们需要一个既考虑中间主应力，又具有清晰的物理概念和简单的线性方程的新的强度理论。

1901—1985 沃依特-铁木森科难题

1901年，哥廷根大学沃依特得出结论：“要想提供一个单独的理论并有效地应用到各种建筑材料上是不可能的。”1953年，铁木森科在他的《材料力学史》中又重复了沃依特的结论。

1985年，《中国大百科全书》认为：“想建立一种适用于各种材料的统一强度理论是不可能的。”2009年，该书第二版删去这句话。

1985 广义双剪强度理论

1985年，《中国科学》英文版和中文版先后发表了俞茂宏的广义双剪强度理论的论文。它与莫尔-库仑强度理论分别界定了强度理论的外边界和内边界。它的表达式可以表述为：

$$F=\sigma_1-\frac{\alpha}{2}(\sigma_2+\sigma_3)=\sigma_t,\quad 当\ \sigma_2\le\frac{\sigma_1+\alpha\sigma_3}{1+\alpha}$$

$$F'=\frac{1}{2}(\sigma_2+\sigma_1)-\alpha\sigma_3=\sigma_t,\quad 当\ \sigma_2\ge\frac{\sigma_1+\alpha\sigma_3}{1+\alpha}$$

1991—1992 统一强度理论

俞茂宏提出了适用于不同材料的统一强度理论，它的系列化极限面覆盖了从内边界到外边界的全部区域。其主应力形式的表达式为：

$$F=\sigma_1-\frac{\alpha}{1+b}(b\sigma_2+\sigma_3)=\sigma_t,\quad 当\ \sigma_2\le\frac{\sigma_1+\alpha\sigma_3}{1+\alpha}$$

$$F'=\frac{1}{1+b}(b\sigma_2+\sigma_1)-\alpha\sigma_3=\sigma_t,\quad 当\ \sigma_2\ge\frac{\sigma_1+\alpha\sigma_3}{1+\alpha}$$

2011 有效应力统一强度理论

2011年，俞茂宏将统一强度理论推广为有效应力统一强度理论，其主应力形式的表达式为：

$$F=(\sigma_1-u)-\frac{\alpha}{1+b}[b(\sigma_2-u)+(\sigma_3-u)]=\sigma_t,\sigma_2'\le\frac{\sigma_1'+\alpha\sigma_3'}{1+\alpha}$$

$$F'=\frac{1}{1+b}[b(\sigma_2-u)+(\sigma_1-u)]-\alpha(\sigma_3-u)=\sigma_t,\sigma_2'\ge\frac{\sigma_1'+\sigma_3'}{1+\alpha}$$

21世纪土力学

近年来，国内外很多学者将统一强度理论应用于土力学问题的研究，得出了许多新的结果，表明该理论在土力学分析中是可行的，得出的结果也比原来的更多、更好。

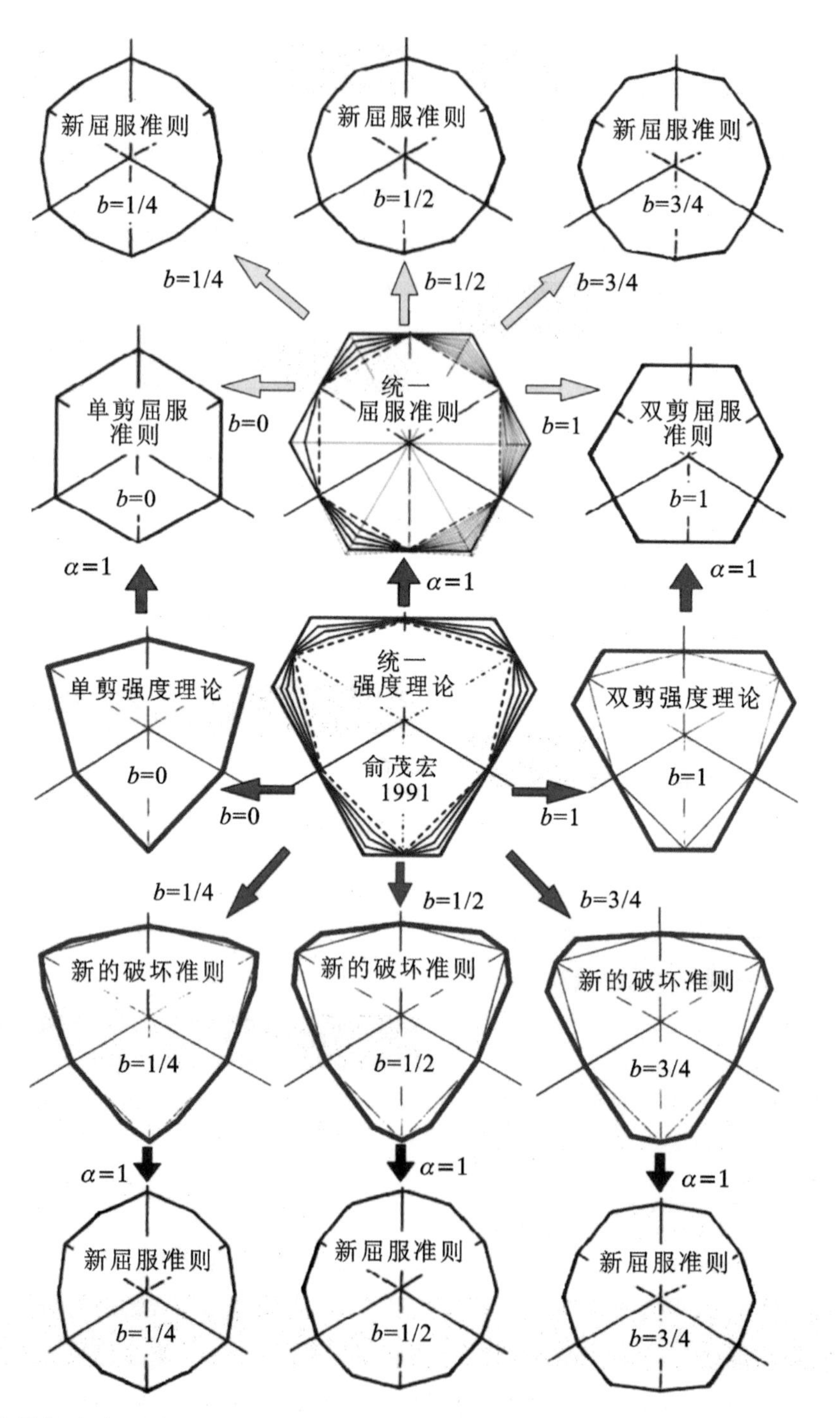

这是新土力学应用的新理论，传统土力学应用的单剪理论是其一个特例。

1

绪 论

1.1 概 述

土力学是研究土的力学性能和变形与强度规律以及土体结构的工程应用的一门学科，它是固体力学的一个分支。土力学的研究对象是地球表面地层的土体，其研究的土，包括大块石、砾土、砂土、粉土、黏性土以及柔软高压缩的泥炭类有机沉积物等各种类型。土是地球上分布最广泛、变化最复杂的工程材料，用砾石或石块建造的构筑物称为土质构筑物，而这样的材料笼统称为天然材料。各种土木、水利、道路、建筑以及其他工程结构，除少数直接建立在岩层上外，大部分建立在土层上。土体一般由固、气、液三相材料组成，其示意图如图 1.1 所示。

土力学问题在古代就已经存在。著名的意大利比萨斜塔建于 1173 年，从地基到塔顶高 58.36 m，从地面到塔顶高 55 m，钟楼墙体在地面上的宽度是 4.09 m，在塔顶宽 2.48 m，重心在地基上方 22.6 m 处。该塔的倾斜角度 3.99°，偏离地基外沿 2.5 m，顶层突出 4.5 m。1174 年，比萨斜塔首次发现倾斜(图 1.2)。17 世纪，伽利略就是在这里进行铁球自由落体实验。由于比萨斜塔的塔基坐落在淤泥质黏土上，因此几乎在开建的同时就开始了纠偏，但是一直找不到行之有效的方法。该塔塔身至今仍在不断倾斜(图 1.3)，其倾斜问题仍在研究中。

中国也有很多斜塔，其中倾斜度最大的是上海护珠塔(图 1.4)。该塔建于北宋时期(1079 年)，砖石木混合结构，七层八角，高为 18.82 m，位于上海市松江区。护珠塔向东偏离 2.28 m，倾斜度为 7.10°，已超过了意大利比萨斜塔。图 1.5 为护珠塔的结构简图，可以看出护珠塔建立在一个山坡上，地基土的深度不同导致了不均匀沉降。

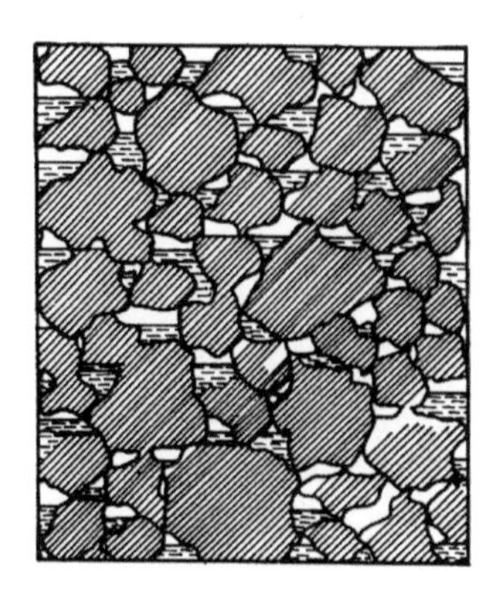

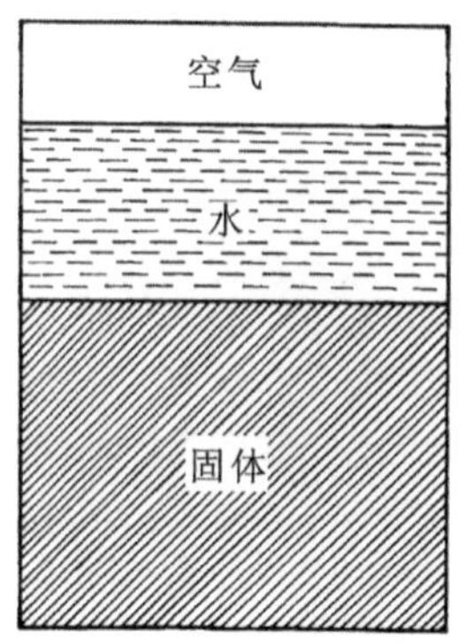

图 1.1 土的三种组成物质

图 1.2 意大利比萨斜塔

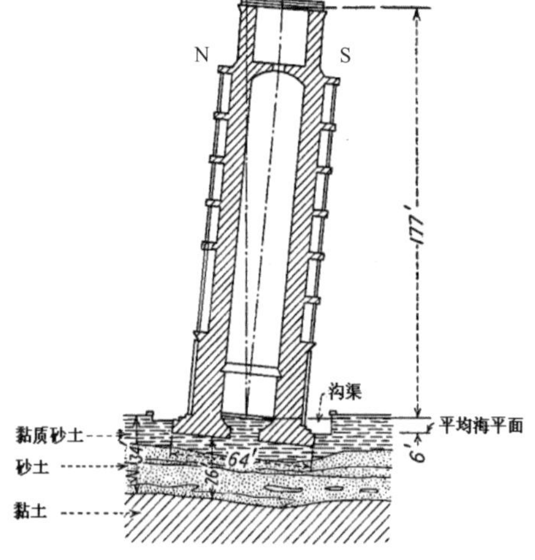

图 1.3 意大利比萨斜塔结构简(单位：英尺)

以上所述的比萨斜塔和护珠塔都是由地基的不均匀沉降引起的整体倾斜。位于中国陕西省宝鸡市的法门寺塔(图 1.6)，因年久失修和雨水浸泡地基，于 1981 年 8 月 24 日在塔的中部出现裂缝，导致佛塔东北边的部分基本上完全坍塌，而剩下的西南一边虽然出现倾斜，却仍然矗立着(图 1.7)。图 1.8 为西安大雁塔，建于唐代(公元 652 年)，全塔通高 64.7 m，塔基高 4.2 m，南北长约 48.7 m，东西长约 45.7 m。图 1.9 为山西省朔州市应县木塔，全称为佛宫寺释迦塔，建于辽清宁二年(公元 1056 年)，高 67.3 m，底层直径 30.3 m，呈平面八角形。这两座塔都建筑于加固的土层之上，但是关于它们的地基材料和形状仍然知之不多[1]。

图 1.4 上海市松江区护珠塔

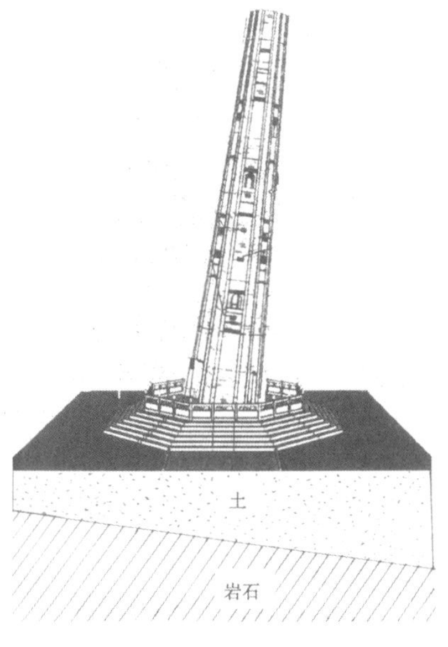

图 1.5 护珠塔结构简图

图 1.6 宝鸡法门寺塔

图 1.7 坍塌后的宝鸡法门寺塔

图 1.8 西安大雁塔

图 1.9 山西省朔州市应县木塔(俞茂宏摄影)

20 世纪 80—90 年代，笔者与西安市文物局、大雁塔管理处和小雁塔管理处合作，对大、小雁塔的振动固有特性进行了现场试验，并对其地基承载力进行了分析和探讨。当时由于对地基的结构和性能不了解，笔者设想了大雁塔四种可能的地基形式(图 1.10)，并且得出了一些有意义的结果，具体分析可见本书第 9 章。

建筑物一般由上部结构、基础和地基组成。建筑物(上部结构)的荷载通过一定埋深的下部结构(基础)传递到地基，而地基承受着整个建筑物(包括基础)的荷载。

地基设计同基础以及上部结构设计相似，也要进行强度和变形计算及稳定性分析。要求作用在地基上的荷载不超过地基的承载能力；地基的计算变形量不超过地基的变形容许值；对于经常受水平荷载作用的高层建筑和高耸结构以及建在斜坡上的建筑物，还应检验其稳定性[2-11]。

中国古代的一些重要建筑往往采用高台基结构，因此土体也从地下扩展到地上。西安的钟楼就是一个典型的高台基结构(图 1.11 和 1.12)，其木结构建筑在高 8.6 m 的台基上，且台基的主要材料是土体，外包青砖。西安鼓楼以及城墙的城楼和箭楼都采用这种结构，其中箭楼的台基高达 12 m。土体台基的稳定性也是上部结构的重要保证。

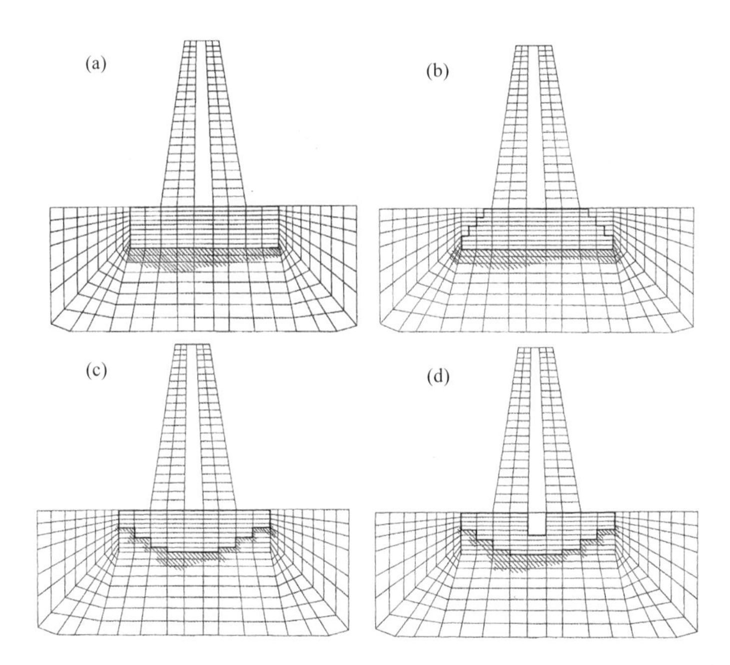

图 1.10 大雁塔的基础形式。(a)矩形基础形式；(b)阶梯型基础形式；(c)倒阶梯型无地宫基础形式；(d)倒阶梯型有地宫基础形式

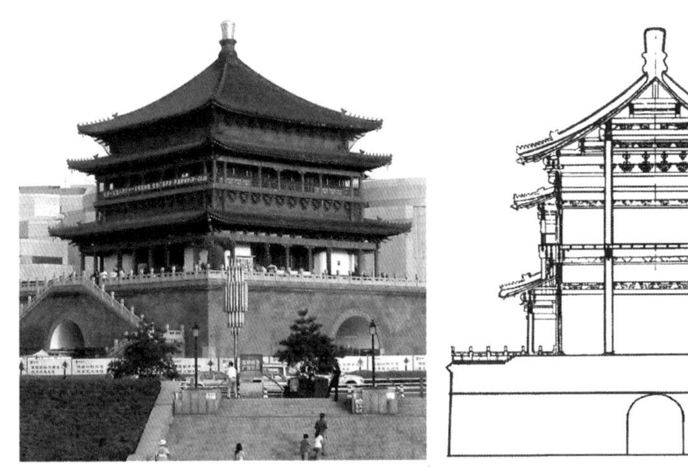

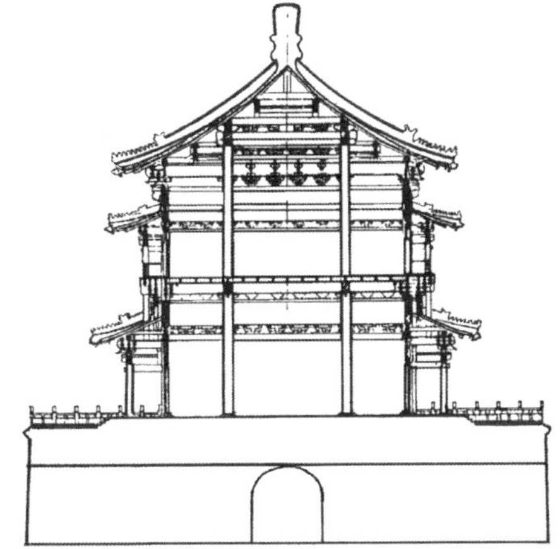

图 1.11 西安钟楼

图 1.12 西安钟楼的剖面图

土力学是研究土的基本物理性质和在建筑物荷载作用下的应力、应变、强度、稳定性、渗透性及其与时间变化规律的一门学科。图 1.13 是土力学研究的三个典型工程问题[2]。

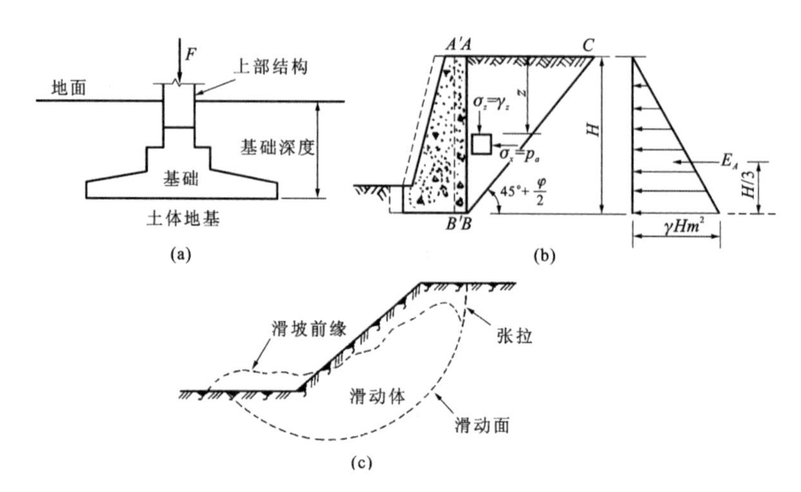

图 1.13 土力学的典型工程问题。(a)地基；(b)土压力和挡土结构；(c)边坡和滑坡

由于土的性质具有分散性、复杂性和易变性的特点，因此除了应用数学和力学的方法进行研究，还必须密切结合土的实际情况，即运用一般连续体力学的基本原理和方法来建立力学模型，并借助现场勘察、测试以及室内试验等手段来获取计算参数进行计算，还要在工程施工的过程中，不断采集数据并对其进行分析，以避免理论计算出现的误差对工程造成的不良影响。

这种误差包括两方面，一方面要防止计算误差对工程造成危害，另一方面也要防止对土体强度的低估而没有充分发挥土体的强度潜力，造成保守和对材料及能源的浪费。业界对第一个问题一般都是十分注意，而对第二个问题往往注意不够。沈珠江院士等为此在《岩土工程学报》发表了《评当前岩土工程实践中的保守倾向》的论文[3]。

1.2 土力学的发展简介

土的强度和相关工程研究是古老的工程技术问题，但土力学是一门相对年轻的应用学科。

19 世纪欧洲工业革命的兴起，大规模的城市、水利和道路、铁路的兴建，遇到了很多与土力学有关的问题。在此之前，1773 年，法国学者库仑(Coulomb)根据实验提出了砂土抗剪强度公式和挡土墙土压力的滑楔理论，即库仑理论(库仑被认为是第一个用力学问题研究挡土墙稳定性的学者)；1856 年，法国学者达西(Darcy)创立了砂土的渗透定律，即达西定律；1869 年，英国学者朗肯(Rankine)又从不同的途径建立了挡土墙的土压力理论，即朗肯理论；1885 年，法国学者布辛奈斯克(Boussinesq)求得半无限弹性体在垂直集中力作用下，应力和变形的理论解答；1922 年，瑞典学者费兰纽斯(Fellenius)提出了解决土坡稳定的条分法，即瑞典法；1925 年，维也纳工业大学教授太沙基(Terzaghi)归纳了前人的成就，并出版了土力学专著，使土力学逐步成为一门独立的学科(太沙基被认为是土力学之父)。

土力学虽出现于 1925 年，但关于土和地基的强度变形和稳定性研究早在人类工程实践中开展。图 1.14 和图 1.15 分别是德国哥尼斯堡(Konigsberg)教堂及其长达 500 年地基沉降研究的记录，说明他们对建筑物地基的变形经过了几十代人长期的坚持记录，我们可以从中得到很多启发。

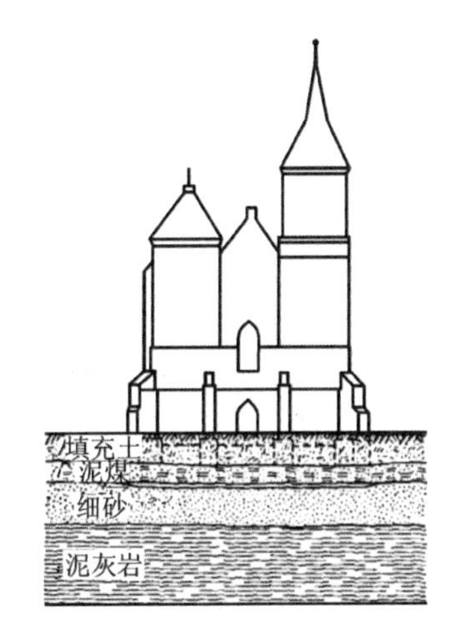

图 1.14 德国哥尼斯堡教堂结构简图

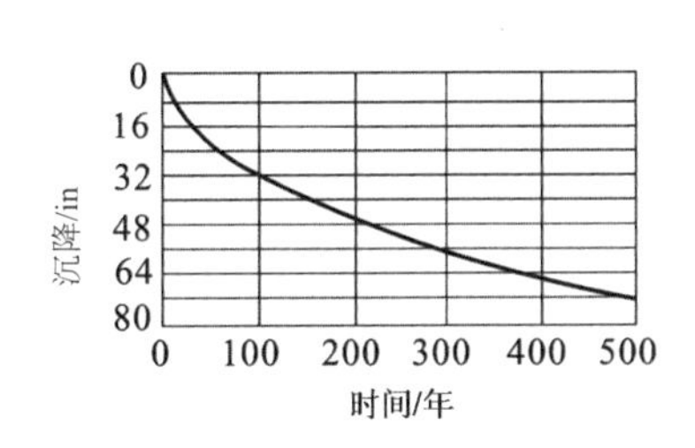

图 1.15 哥尼斯堡教堂的地基沉降记录

20 世纪 60 年代以后，现代科技成果尤其是电子技术渗入土力学的研究领域，土测试设备及技术的迅速发展推动了土力学研究工作的进一步深入开展。近年来，土力学基础理论的研究也取得重要进展，它们表现在以下几方面：

(1)基本理论的研究。如土的本构关系、黏弹塑性应力—应变—强度—时间关系、土与结构物的相互作用、土的动力特性研究等。

土力学理论也有了令人瞩目的发展，并衍生出理论土力学、计算土力学、实验土力学、土塑性力学、土动力学、不饱和土力学等分支学科。

土的强度理论方面，由于 1900 年建立的莫尔-库仑强度理论(单剪强度理论)较为简单，应用方便，因此得到了广泛的应用。莫尔-库仑强度理论的数学建模方程只考虑一个剪应力，可称之为单剪强度准则。由于莫尔-库仑理论没有考虑中间主应力的影响，因此很多现象不能得到解释。

20 世纪 50 年代以来，世界上提出了众多的曲线型土体强度理论，例如 Drucker-Prager 准则、Matsuoka-Nakai 准则、Lade-Dunken 准则、Desai 准则等。沈珠江院士把这一类准则称为三剪类强度准则。

1951 年，美国科学院院士 Drucker 教授提出了著名的 Drucker 公设[4]，由此可以得出屈服面的外凸性，为强度理论的研究奠定了理论框架。现代的强度理论研究表明，莫尔-库仑强度理论是所有可能的强度理论的内边界(下限，图 1.16(a))，俞茂宏在 1985 年提出的双剪强度理论是所有可能的强度理论的外边界(上限，图 1.16(b))，而三剪类强度准则介于上下限之间。单剪强度理论和双剪强度理论是线性准则，各种材料的破坏极限面必须是外凸的且在这两个内外边界之间。1991 年出现的统一强度理论不仅将强度理论由单一的一个准则发展为系列化的准则，而且将单剪理论和双剪理论联系起来，产生了一系列新的准则[5]。统一强度理论的极限面覆盖了从内边界到外边界的全部区域(图 1.16(c))。

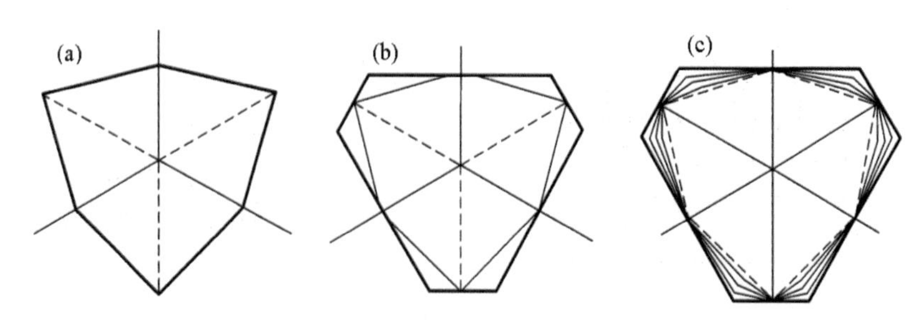

图 1.16 土体强度理论的内外边界。(a)内边界(1900)；(b)外边界(1985)；(c)统一(1991)

关于统一强度理论，中国岩石力学与工程学会理事长钱七虎院士在同济大学孙钧院士的讲座中指出[6]：“单剪理论的进一步发展为双剪理论，而双剪理论的进一步发展为统一强度理论。单剪、双剪理论以及介于二者之间的其他破坏准则都是统一强度理论的特例或线性逼近。因此可以说，统一强度理论在强度理论的发展史上具有突出的贡献。”

1998 年，俞茂宏将双剪强度理论推广到饱和土和非饱和土问题研究中，并且提出双剪有效应力强度理论；2004 年，俞茂宏进一步将统一强度理论推广到该领域，提出有效应力统一强度理论[7-9]；2011—2012 年，他将有效应力统一强度理论写入《强度理论新体系：理论、发展和应用》(第二版)[10]以及《双剪土力学》[11]。

(2)地基、土压力和挡土结构以及边坡和路堤是土力学的三个典型工程问题。20 世纪出现了大量的研究成果。从强度方面看，它们的强度问题研究都是采用莫尔-库仑的单剪理论得出的，是单一的单剪解。1988 年开始，黄文彬、李跃明、马国伟等将双剪屈服准则和统一屈服准则应用于工程实际问题，主要是金属类材料。从 1994 年开始，人们逐步将双剪强度理论和统一强度理论应用于岩土类材料，出现了一批以双剪强度理论或统一强度理论为理论基础的新的双剪解和统一解。这些新的应用在中国期刊网等都可查到，这些实践应用还在不断发展。

特别需要指出的是，1994 年，俞茂宏等[12]提出"双剪正交和非正交滑移线场理论"；1997 年，俞茂宏等[13]将其进一步发展为"平面应变统一滑移线场理论"，推导得出一系列关于平面应变问题的结构极限荷载计算公式以及相应的材料统一强度参数计算公式。

平面应变统一滑移线场理论具有很重要的意义，原因如下：

①岩土工程中的很多问题，包括条形基础、圆形基础、土压力、边坡以及地下洞室结构等，都可以归结为平面应变问题，因此这篇论文可以应用于很多领域。

②该论文推导得出了一系列关于平面应变问题的结构极限荷载计算公式以及相应的材料统一强度参数计算公式，它们都具有普遍性的意义。

③平面应变统一滑移线场理论将统一强度理论与滑移线场理论结合起来，它得到的公式与莫尔-库仑强度理论得出的公式具有相同的形式。通过平面应变统一滑移线场理论得出的材料的统一强度参数，可以直接应用于不同的材料和结构。

④平面应变统一滑移线场理论以及提出的材料的统一强度参数，可以直接推广应用于其他相关强度理论的问题。

⑤平面应变统一滑移线场理论以及提出的材料的统一强度参数，可以推广应用于饱和和非饱和土等问题的有效应力强度理论研究中。由它得出的强度数学建模公式、强度理论公式、应力空间屈服面、偏平面极限迹线等，都与俞茂宏统一强度理论和统一滑移线场的材料强度参数相同，但它用有

效应力σ_1'、σ_2'和σ_3'代替了一般的主应力σ_1、σ_2和σ_3。

(3)计算技术。电子计算技术在土力学中的广泛应用，导致了计算土力学的新的分支学科的出现。近年来，很多学者发表了将双剪统一强度理论装入计算机程序并进行土工问题分析的论文，其中沈珠江院士是较早进行这方面研究的工作者之一[14-15]。沈珠江院士应用单剪理论和双剪理论分析地基等多个工程问题。

(4)模型试验与原位观测。实验是验证理论计算和实际设计正确性的较好手段。实验土力学是土力学的重要分支学科。改革开放以来，全国大学的实验设备有很大发展，国产实验设备的质量不仅有很大提高，而且引进了很多新的设备。

(5)发展。土力学虽然发展得很快，但仍然有很多问题需要研究。例如图 1.8 的大雁塔和图 1.9 的应县木塔，它们的基础、地基材料、物理性能和基础形状等问题我们仍知之甚少。这些塔属于世界历史文化遗产和重点保护文物，不能任人随意开挖和试验。而且它们都是高度为 65 m 以上的建筑物，相当于现代的 20 多层高楼，往往需要采用桩基础，但在古时不可能有打桩的技术。古代高层建筑的基础和地基处理技术是一个非常有意义的问题。

1.3 土力学课程与土木专业和工程实验的关系

在“大土木”专业中，无论是建筑工程、路桥工程、还是矿井建设工程等，都要涉及岩土工程，比如建筑物或构筑物、桥梁、水坝等的基础设计与施工，道路的路基、路堤设计、山区或丘陵地带挡土墙的结构计算，山坡的稳定性分析及加固、地基的处理等，都离不开土力学理论。因此土力学是土木工程专业重要的技术基础课。

现在，土力学的发展使我们可能面对更多的新问题，需要我们学习更多的知识，研究更多的新问题，应用更多的新理论和新技术。

土力学中存在各种各样的问题。在土木工程中，如果是地基或基础出现了问题，都将会是大问题，这时进行补救较为困难，且其会对上部结构造成一定影响，甚至出现垮塌，从而引起重大工程事故的发生。这些都充分说明了土力学及其后续课程基础工程的重要性，同时也说明了土力学和土木工程的密切性。

1.4 土力学课程的特点

土力学课程与工程地质、水力学、高等数学、材料力学、弹性力学等课程密切相关，需要这些课程作为基础，并且也与塑性力学、岩土塑性力学等课程息息相关，它们都建立在连续介质力学框架的基础上。库仑是土力学之始祖，太沙基是土力学之父，土力学中的强度理论和土体结构的强度分析是以他们的理论为基础。

由于传统的土力学只考虑了最大剪应力以及作用于最大剪应力面上的正应力，所以它也可称为太沙基土力学、单剪土力学或不考虑中间主应力的土力学。统一强度理论也与莫尔-库仑理论一样具有简单的线性表达式，但统一强度理论考虑了作用于土体的所有三个主应力(包括中间主应力)，并且形成系列化的准则，在理论上更深入，求解得到的结果也从一个解发展为一系列新的、有序排列的解，它是一系列基础创新的结果，因而可以适合于更广泛的材料和结构。

为了促进土力学的发展，我们将 20 世纪 90 年代出现的统一强度理论引入土力学并将其应用于土力学的三个基本问题，不仅在理论上解决了土力学没有考虑中间主应力的根本问题，而且在土体强度理论和土体结构强度理论方面都产生了一系列新的结果，为工程应用提供了更多的结果。为了区别于传统的土力学，我们将之称为“基于统一强度理论的土力学”，或简称为“新土力学”。

统一强度理论在理论上并不排斥其他理论，而是将它们作为特例而包含于其中。因此，统一强度理论不仅具有统一性，而且具有和谐性。新土力学也并不排斥传统土力学。

1.5 传统土力学的理论矛盾

土体在荷载作用下，将产生应力。这种应力，无论是基础下面的土体、边坡的土体，还是挡土墙的土体，一般都在三向应力作用之下。工程中一般将它们归纳为三个主应力$(\sigma_1,\sigma_2,\sigma_3)$。

莫尔-库仑强度理论的数学表达式为:

$$\sigma_1 - \alpha\sigma_3 = \sigma_{拉} \tag{1.1}$$

显然，在土力学强度问题的三个变量中，莫尔-库仑强度理论只考虑了两个变量，即大主应力和小主应力(σ_1, σ_3)，而没有考虑中间主应力(σ_2)。

莫尔-库仑理论在理论上以最大剪应力$\tau_{13} = (\sigma_1 - \sigma_3)/2$及其面上的正应力$\sigma_{13} = (\sigma_1 + \sigma_3)/2$为材料破坏的要素，材料强度试验以最大剪应力的极限应力圆为依据(图 1.17)。试验时，首先在试件上施加围压σ_3并保持不变，然后在竖直方向施加垂直压力σ_1，它们所形成的应力圆如图 1.17 中的小圆 A 所示。继续增加垂直压力σ_1到某一极限值，材料发生破坏，这时形成材料的极限应力圆，并与强度包线相切，如图 1.17 的应力圆 B 所示。至于图 1.17 中的圆 C 与强度包线相割，说明此时单元体早已发生剪切破坏，因而是该单元体无力承受的应力状态。

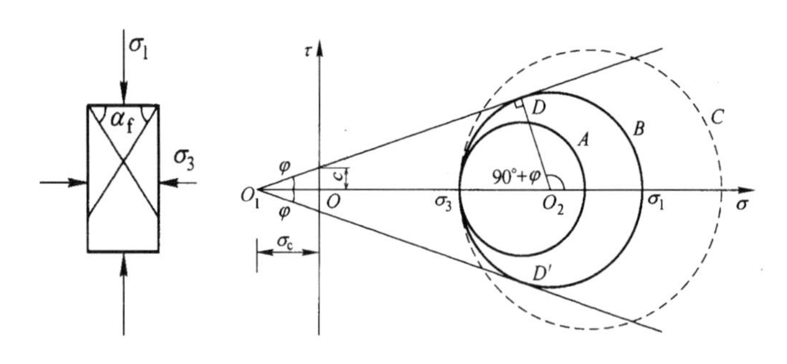

图 1.17 极限应力圆

这种与应力圆相一致的分析十分自然，并且与实验结果相配合。这是莫尔-库仑强度理论一个很有效的说明。但是，这里面隐藏着一个问题，即它只考虑了三个应力圆中的一个最大应力圆。莫尔-库仑强度理论的极限应力圆只与最大主应力σ_1和最小主应力σ_3两个主应力有关，或者只与最大剪应力的极限应力圆的半径$\tau_{max} = \tau_{13} = (\sigma_1 - \sigma_3)/2$以及圆心的坐标$\sigma_{13} = (\sigma_1 + \sigma_3)/2$有关(图 1.18)，但是它们都没有考虑中间主应力σ_2。所以，莫尔-库仑强度理论和莫尔包络线只考虑了三个应力圆中的一个最大应力圆，在理论上同样是不完整的。

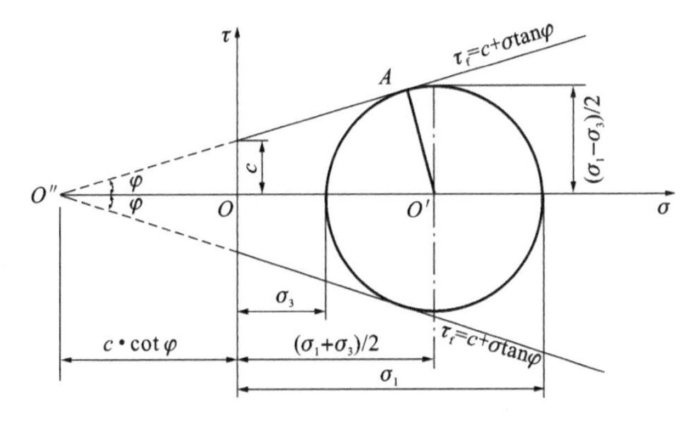

图 1.18 极限应力圆和包络线

实际上，任何一个受力单元体都存在着三个主剪应力和三个应力圆。除最大剪应力的极限圆，还有两个小的应力圆，且两个小的应力圆的大小关系不确定(图 1.19)。这些都将对材料的破坏产生影响。图 1.19 中的两种情况都会影响材料强度极限圆的大小。

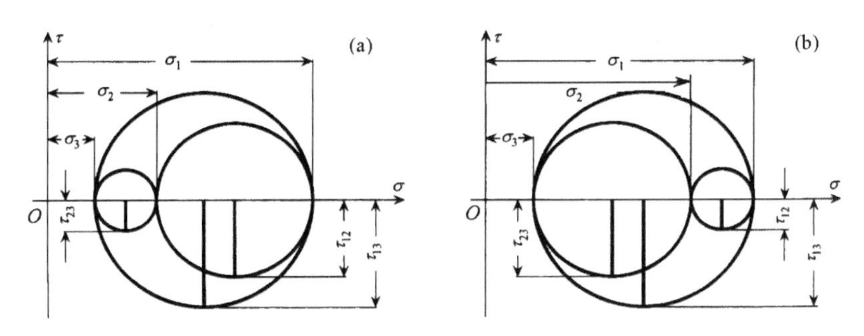

图 1.19 两个小的应力圆和它们的变化。(a) $\tau_{12}\le\tau_{23}$；(b) $\tau_{12}\ge\tau_{23}$

1.6 传统土力学与工程实践的矛盾

传统土力学的三大工程实践问题都是平面应变问题，材料参数的实验确定一般采用围压三轴实验，很早就有人注意到平面应变实验得出的材料强度指标 $\varphi_{平面应变}$与围压三轴实验得出的材料强度指标 $\varphi_{三轴}$并不相同。这个问题最早于 1936 年由 Kjellman 进行研究，他得出的平面应变实验结果比三轴实验高 8°。 Lee[16]总结了 1970 年前的大量平面应变实验和普通三轴实验的结果，如表 1.1 所示。可见平面应变试验和围压三轴试验得出的摩擦角之间是有明显区别的。

表 1.1 平面应变试验与围压三轴实验结果比较

土体类型	($\varphi_{平面应变}-\varphi_{三轴}$) /(°)	平面应变装置和注释	作者
砂	+8		Kjellman (1936)
密砂	+4	直接剪切实验	Taylor (1939)
松砂	−1		
砂	+5	直接剪切实验	Hennes (1952)
密砂	+4	直接剪切实验	Nash (1953)
松砂	−2	直接剪切实验	
砂、砂砾和铅砂	+2 ~ +7	直接剪切实验	Bishop (1954)
砂	+8	直接剪切实验	Peltier (1957)
砂	+2	通过增加内部径向压力使空心圆柱体失效	Kirkpatrick (1957)
压实黏土	+2 ~ +4	实验过程中给予低应变、高孔隙压力	Bishop (1957，1961)
密砂	+4	平面应变仪	Bishop (1961)
松砂	+0	排水测试	Cornforth (1964)
砂	+4 ~ +5	挡土墙主动土压力模型	Christensen (1961)
Ottawa 砂	+2 ~ +5	承载力模型的立足点	Selig 和 Mckee (1961)
砂	+3 ~ +4	真空压缩矩形标本	Bjerrum 和 Kummeneje (1961)
Ottawa 砂	+6	通过增加外部径向压力使空心圆柱体失效	Whitman 和 Luscher (1962)
Ottawa 砂	+5		Wu 等 (1963)
Ottawa 砂	−4 ~ −6	不同应变率下对土体进行扭转实验	Healey (1963)
压实黏土	+2 ~ +4	矩形平面应变仪	Fill 和 Mittal (1964)
玻璃球体	$\varphi_{平面应变}>\varphi_{三轴}$	矩形平面应变仪	Leussink 和 Wittke (1964)
密砂	+5	Bishop 平面应变仪	Wade (1963)
松砂	+3		
饱和粉质黏土	+3.5	平面应变仪	Duncan 和 Seed (1965)
饱和黏土	+1	Bishop 平面应变仪，	Henkel 和 Wade (1966)
Ottawa 密砂	+3	真空平面应变和真空三轴实验	Sultan 和 Seed (1967)
Ottawa 松砂	+1		
Monterey 密砂	+3		
Monterey 松砂	+0.5		
密集细沙(低压)	+2	直接剪切实验	Lee (1970)
密集细沙(高压)	+0		

1.6.1 平面应变试验与轴对称三轴试验结果对比

在土力学和土工试验中，一般采用常规三轴试验(轴对称三轴试验)得出土体材料的强度指标摩擦角 φ。但是，Wade 以及 Cornforth[17]进行砂土的平面应变试验时发现，砂土在平面应变条件下得出的土体材料的强度指标 $\varphi_{平面应变}$比常规三轴试验得出的土体材料强度指标 $\varphi_{三轴}$大很多。1966 年，Henkel 和 Wade[18]进行了饱和重塑黏土的平面应变试验，又得出同样的结果。1974 年，Al Hussaini[19]进行了砂的平面应变试验；1977 年，Vaid 和 Campanella[20]进行自然黏土的平面应变试验，他们也都得出了同样的结果。图 1.20(a)为 Cornforth[17]进行的不同孔隙率砂土的平面应变试验(试件在 $\sigma_1>\sigma_2>\sigma_3$ 应力状态下的剪切破坏)和常规三轴试验(试件在 $\sigma_1>\sigma_2=\sigma_3$ 应力状态下的剪切破坏)得出的结果。Al Hussaini[19]对不同密度砂土进行了平面应变试验和常规三轴试验的对比，结果如图 1.20(b)所示。Cornforth 和 Al Hussaini 的试验结果得出的强度指标摩擦角 φ 也都有明显的差别，这些都是由于中间主应力不同引起的。

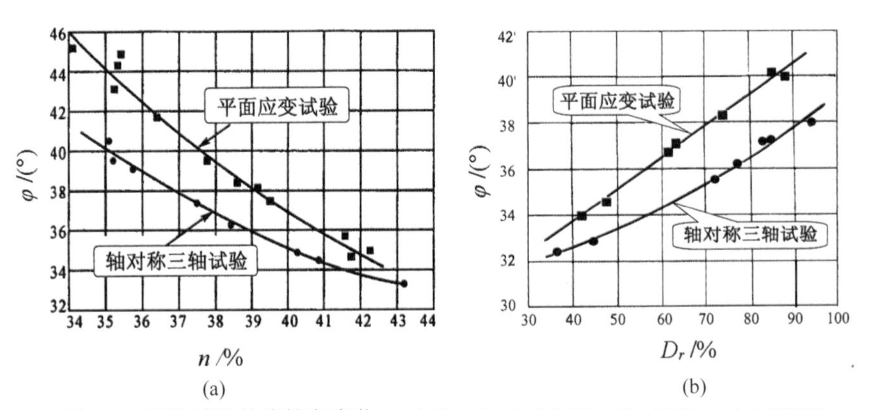

图 1.20 两种试验的摩擦角变化。(a) Cornforth (1964)；(b) Al Hussaini (1973)

平面应变试验和常规三轴试验两种试验结果得出的抗剪强度指标有明显的差别。这种现象很快被中国土力学之父、清华大学黄文熙先生注意到，他研制了平面应变试验机，并指导研究生李树勤等进行了“在平面应变条件下砂土本构关系的试验研究”，得出了明确的结论[21]：“无黏性土在平面应变条件下的本构特性与轴对称条件下有较大差别。在研究土的本构关系时不能忽视这些差别。”

表 1.2 给出了国内外最早进行的关于砂土的平面应变试验相对于轴对称三轴压缩的强度和变形的变化结果。可以看到，砂的平面应变试验得出的峰值强度(摩擦角 φ_p)一般比轴对称三轴强度摩擦角 φ 大 1.0°~7.0°，提高了 2.8%~18.4%；而相同荷载下峰值的轴向应变 ε 则减少 2.47~9.4(以轴对称三轴压缩下的峰值为例)，即降低了 40.8%~63.9%。

表 1.2 砂的平面应变试验相对于三轴压缩的强度和变形的变化

试验人	材料	固结方式	$(\sigma_1-\sigma_3)_{max}$/(kg·cm^{-2})			峰值强度 φ/(°)			相同荷载下达到峰值时的轴向应变 ε_f/%		
			普通三轴	平面应变	差值(增加)	普通三轴	平面应变	差值(增加)	普通三轴	平面应变	差值(减少)
Cornforth (1964)	密砂	K_0	11.10	13.90	2.83 (25.6%)	41.7	46.0	4.3 (10.3%)	3.55	1.32	2.23 (62.8%)
	中密砂	K_0	9.60	12.60	3.00 (31.3%)	39.0	43.7	4.7 (12.0%)	4.00	1.51	2.49 (62.2%)
	中砂	K_0	7.87	9.05	1.18 (15.0%)	35.9	38.0	2.1 (5.9%)	6.82	2.07	4.75 (69.6%)
	松砂	K_0	6.65	7.44	0.79 (12.0%)	33.5	34.0	0.5 (1.5%)	11.1	3.30	7.76 (69.9%)
Green (1972)	密河砂	等向	7.40	9.46	2.06 (28.0%)	39.0	44.0	5.0 (12.8%)	6.36	3.56	2.80 (44.0%)
Lee (1970)	松砂	K_0 $\sigma_3=1$	3.00	3.95	0.95 (32.0%)	38.0	45.0	7.0 (18.4%)	14.7	5.30	9.40 (63.9%)
	密砂	K_0 $\sigma_3=1$	3.41	5.75	2.34 (69.0%)	40.0	48.0	8.0 (20.0%)	7.11	3.33	3.78 (53.2%)
Wade (1960)	密砂	K_0 $\sigma_3=1$	13.80	14.60	0.80 (5.8%)	35.4	36.4	1.0 (2.8%)	21.7	9.60	12.10 (55.8%)
	密细砂	K_0	10.60	11.90	1.30 (12.3%)	40.7	42.7	2.0 (4.9%)	4.00	1.87	2.13 (53.3%)
清华大学李树勤(1982)	中密承德砂	等向 $\sigma_3=1$	2.89	3.89	1.00 (34.6%)	36.3	41.3	5.0 (13.8%)	4.04	2.03	2.01 (49.8%)
	中密承德砂	等向 $\sigma_3=3$	8.06	10.93	2.87 (35.6%)	35.0	40.2	5.2 (14.9%)	5.30	2.91	2.39 (45.1%)
	中密承德砂	等向 $\sigma_3=5$	13.24	17.74	4.50 (34.0%)	34.7	39.8	5.1 (14.7%)	6.06	3.59	2.47 (40.8%)

清华大学、河海大学、同济大学和中国水利水电科学院等高校及科研院所的学者都进行了平面应变问题的研究。马险峰等基于大阪市立大学真三轴压缩试验装置开发了改良型平面应变仪，这种试验装置便于试样的放

置，尤其是对于自立性较差的松散砂或软黏土试样可同时进行拉伸试验。他们进行了砂的平面应变与轴对称三轴围压试验，并总结出不同研究者的关于内摩擦角的结果，如图 1.21(a)所示[22]。

国内外的研究者也都得出了一致的试验结果，如图 1.21(b)所示[22]，并且他们的分析结果也相同。他们都指出：平面应变试验与轴对称围压试验的差别，主要在于中间主应力的不同。中间主应力对土体本构关系是有影响的。在理论上，这种影响将通过破坏准则反映到土体的本构关系中。清华大学陈仲颐、周景星、王洪瑾，北京交通大学赵成刚、白冰和王远霞等以及李广信、张丙印和于玉贞的土力学将平面应变试验的主要结果写进土力学教科书中[23-24]，并指出："两种试验结果得出的抗剪强度指标 φ 有明显的差别。这种差别就是由中间主应力不同引起的。由于莫尔-库仑理论存在着这种缺点，所以人们不断地致力于更完善的强度理论的研究与探索。"

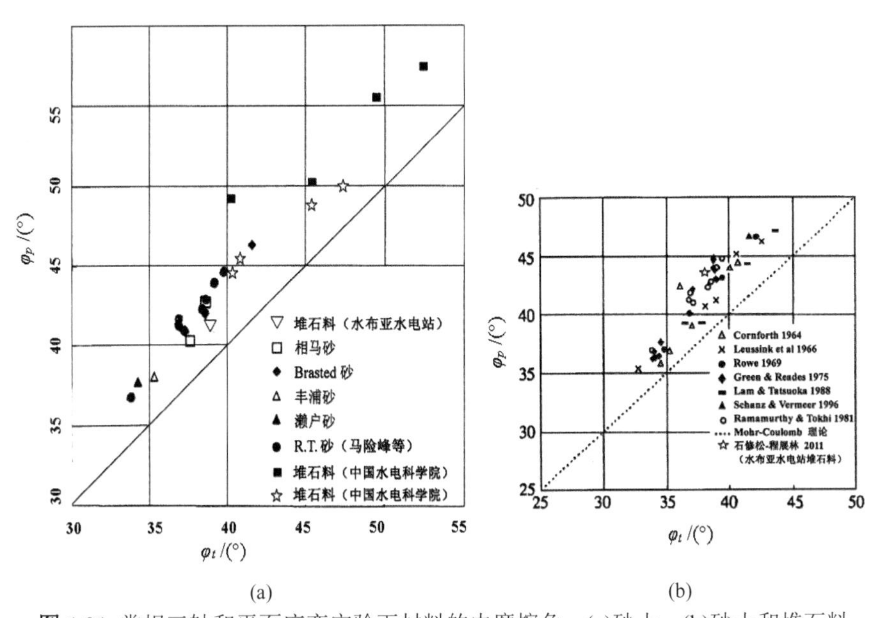

图 1.21 常规三轴和平面应变实验下材料的内摩擦角。(a)砂土；(b)砂土和堆石料

1.6.2 土体强度指标摩擦角 φ(真三轴试验结果)

常规三轴试验产生的三个应力是 $\sigma_1 > \sigma_2 = \sigma_3$ 的特殊状态。平面应变试

验虽然产生了$\sigma_1 > \sigma_2 \neq \sigma_3$的三轴应力，但是中间主应力的大小不能随意变化，一般平面应变试验产生的中间主应力$\sigma_2 \leq (\sigma_3 + \sigma_1)/2$。

为了研究其他应力状态时的土体强度，人们在20世纪60年代进行平面应变试验研究的同时，也进行了真三轴试验机的研制和各种土体真三轴试验。图1.22(a)是Procter和Barden[25]以及Reades和Green[26]对两种砂土在真三轴条件下得到的砂土内摩擦角的变化。图中纵坐标为摩擦角φ，横坐标为应力状态参数$\tau_\mu = \tau_{23}/\tau_{13} = (\sigma_2 - \sigma_3)/(\sigma_1 - \sigma_3)$。

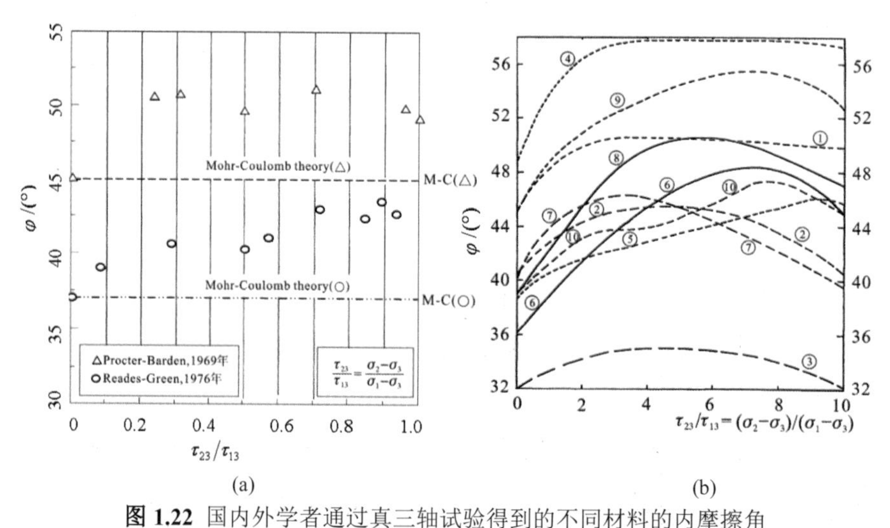

图1.22 国内外学者通过真三轴试验得到的不同材料的内摩擦角

图b中，曲线①—⑩分别为：①Procter和Barden(密砂，1969)；②Sutherl和Mesdary(密砂，1969)；③Sutherl和Mesdary(松砂，1969)；④Lade(密砂，1972)；⑤Lade(松砂，1972)；⑥Lomiza(砂，1969)；⑦Ramamurty和Rawat(密砂，1973)；⑧A1-Ani和Quasi(密砂，1975)；⑨Ergun(密砂，1976)；⑩Ergun(松砂，1976)

可以看到，在各种不同应力状态下得出的摩擦角φ都比莫尔-库仑强度理论的大。图中应力状态参数$\tau_{23}/\tau_{13} = 0$时的中间主应力为$\sigma_2 = \sigma_3$，即轴对称三轴试验的应力状态。中间主应力σ_2逐步增大，应力状态参数τ_{23}/τ_{13}也逐步增大，应力状态参数$\tau_{23}/\tau_{13} = 0.5$相当于中间主应力$\sigma_2 = (\sigma_3 + \sigma_1)/2$；$\tau_{23}/\tau_{13} = 1$相当于中间主应力$\sigma_2 = \sigma_1$。莫尔-库仑强度理论所预计的结果是相应的水平线。从真三轴试验的结果可以看到，除了$\tau_{23}/\tau_{13} = 0$时(相当于轴对称三轴试验)的结果外，其他各种应力状态下得到的摩擦角φ都大于轴对称三轴试验的结果。Procter和Barden得出的摩擦角比莫尔-库仑强度理论的大 5°左右；Reades 和 Green 得出的摩擦角比莫尔-库仑强度理论的大 2.6°。由此可见，莫尔-库仑强度理论与试验结果有较大的误差。

国内外学者进行的真三轴试验都得到类似的结果，如图 1.22(b)所示。

1.6.3 抗剪强度指标 C

上一小节我们分析了土体在常规三轴试验下得出的强度指标内摩擦角 $\varphi_{三轴}$与土体在平面应变条件下得出的内摩擦角 $\varphi_{平面应变}$的差别。莫尔-库仑强度理论并不能解释这种差别。不仅如此，试验结果也表明在常规三轴试验(轴对称三轴试验)下得出的抗剪强度指标 $C_{三轴}$或者$(\sigma_1-\sigma_3)_{三轴}$与土体在平面应变条件下得出的抗剪强度指标 $C_{平面应变}$或者$(\sigma_1-\sigma_3)_{平面应变}$的差别。河海大学殷宗泽等结合工程，采用小浪底土心墙的土料，进行了固结排水的普通三轴和平面应变试验，得出一系列常规三轴和平面应变条件下砂土抗剪强度的对比资料。图 1.23 给出了土体分别在 100、200 和 400 kPa 不同围压下的应力应变关系的试验结果。可以看出，平面应变试验得到的土体剪切强度比普通三轴试验得到的土体剪切强度大，且围压越大，剪切强度提高越多。

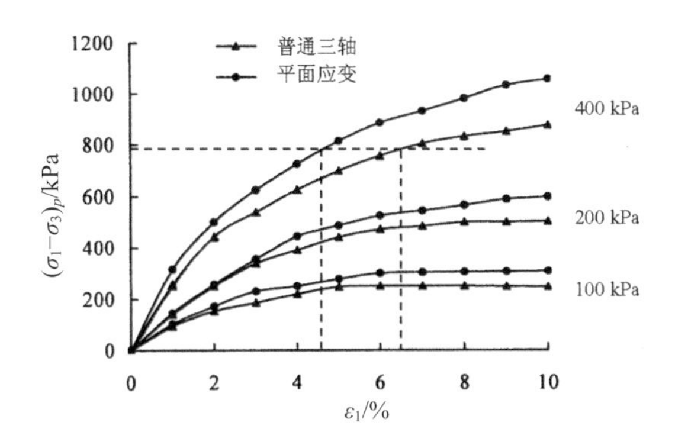

图 1.23 常规三轴和平面应变条件下黏土应力应变关系

图 1.24 是国内外学者得出的常规三轴和平面应变条件下一些砂土的抗剪强度对比，试验结果与莫尔-库仑强度理论都不相符。当材料进入到塑性状态时，在相同荷载下的轴对称三轴试验得到的峰值时的轴向应变比相同荷载下的平面应变的值大很多，如表 1.2 和图 1.23 所示。

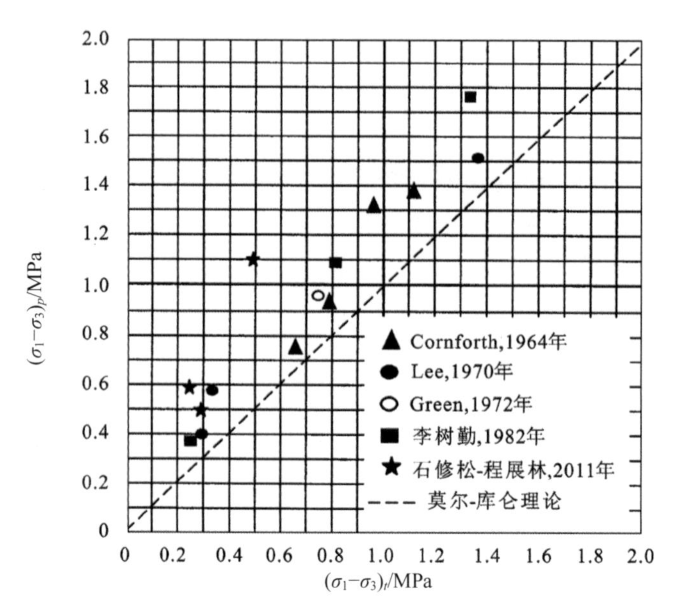

图 1.24 常规三轴和平面应变条件下一些砂土的抗剪强度对比

1.6.4 土体峰值强度 σ^0_1

试验对比不仅表明土体在常规三轴试验得出的摩擦角 $\varphi_{三轴}$ 和抗剪强度与土体在平面应变条件下得出的摩擦角 $\varphi_{平面应变}$ 和抗剪强度的差别，而且也可以看出土体在常规三轴试验得出的峰值强度 $\left(\sigma_1^0\right)_{三轴}$ 与土体在平面应变条件下得出的峰值强度 $\left(\sigma_1^0\right)_{平面应变}$ 的差别。图 1.25 是承德中密砂(李树勤)和水泥土(宋新江、徐海波)试验所得出的结果。可以看出平面应变条件下得出的峰值强度明显大于常规三轴试验得出的峰值强度。

长江科学院和东南大学对堆石料进行了系统的研究，并对三种堆石料在常规三轴实验和平面应变条件下的峰值强度进行了理论与试验结果的对比[27]。三种堆石料得出的规律性一致，下面是其中的一例。图 1.26 表述了堆石材料的峰值强度与围压应力之比 (σ_1/σ_3) 及围压应力 σ_3 的关系曲线。可以清楚地看出，平面应变条件下的峰值强度与围压应力之比 $(\sigma_1/\sigma_3)_{平面应变}$ 明显大于常规三轴试验得出的峰值强度与围压应力之比 $(\sigma_1/\sigma_3)_{三轴}$。

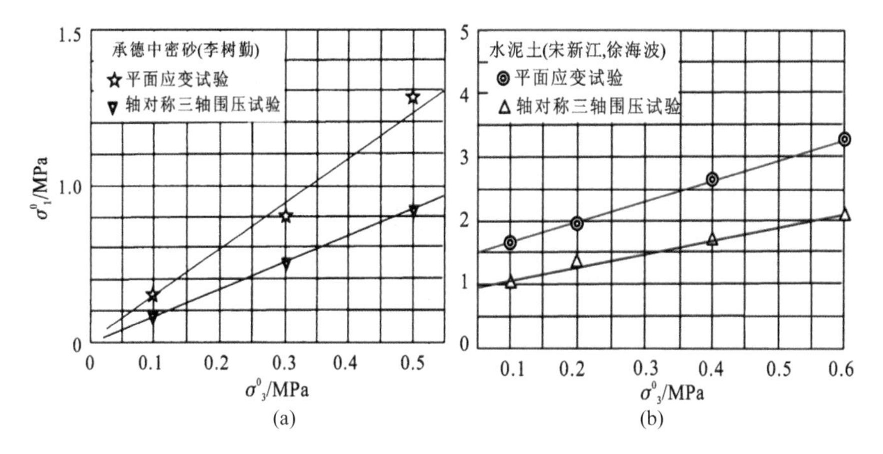

图 1.25 不同材料在三轴和平面应变试验下的峰值强度值。(a)承德中密砂；(b)水泥土

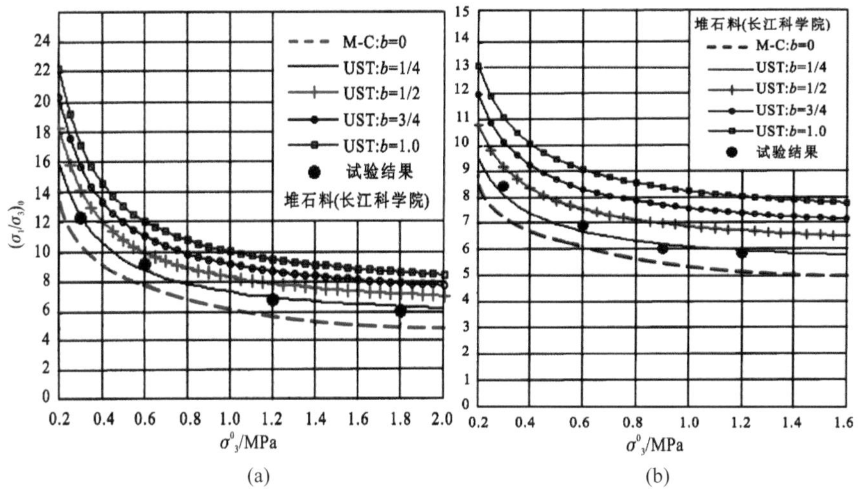

图 1.26 (σ_1/σ_3)-σ_3 关系的理论值和试验结果对比。(a)密松；(b)水布垭

1.6.5　结构分析结果讨论

图 1.27(a)是一个平面应力问题的梯形结构，上部承受均布荷载 q，采用不同强度理论求得梯形结构的极限荷载如图 1.27(b)所示。图中 q_0 为莫尔-库仑强度理论得出的极限荷载；q 为各种强度理论得出的极限荷载；b 为强度理论参数；$\alpha=\sigma_t/\sigma_c$ 为材料的拉压强度比。b=0 即为莫尔-库仑强度理论的结果。

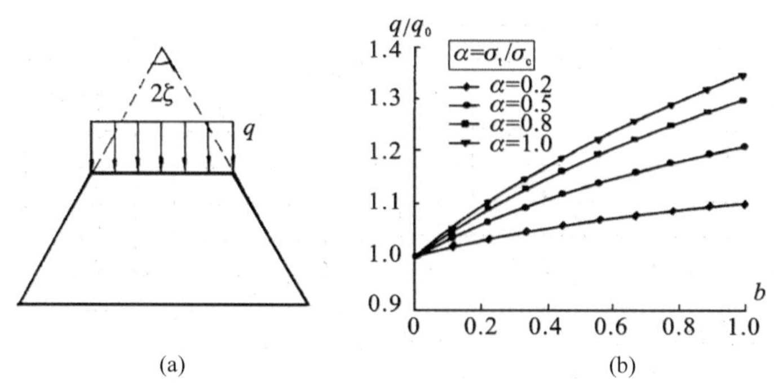

图 1.27 平面应力问题：梯形结构(a)的极限荷载(b)

可以看到，采用莫尔-库仑强度理论求得的结果不能反映材料拉压强度的不同，该结果显然是不合理的。由此可见，莫尔-库仑强度理论不仅在土体材料试验结果方面不相符合，而且应用到土体结构时也可能得到不合理的结果。

1.6.6　轴对称三轴试验方法的讨论

三轴压缩试验是测定土体抗剪强度的一种常用方法。三轴压缩仪由压力室、轴向加荷系统、施加周围压力系统、孔隙水压力量测系统等组成，如图 1.28 所示。

常规试验方法的主要步骤如下：将土切成圆柱体套在橡胶膜内，放在密封的压力室中，然后向压力室内压入液体(水或油)，使试件在各个方向受到周围压力，并使液压在整个试验过程中保持不变，这时试件内各向的三个主应力都相等，因此不产生剪应力。然后再通过传力杆对试件施加竖向压力，使得竖向主应力大于水平向主应力，同时保持水平向主应力不变，逐渐增大竖向主应力直到试件发生剪切破坏。设剪切破坏时由传力杆加在试件上的竖向压应力为 $\Delta\sigma_1$，则试件上的大主应力为 $\sigma_1=\sigma_3+\Delta\sigma_1$，而小主应力为 σ_3。以$(\sigma_1-\sigma_3)$为直径可画出一个极限应力圆，如图 1.29 中的圆 A。用同一种土样的若干组试件(三组以上)按以上所述方法分别进行试验，每个试件施加不同的周围压力 σ_3，可分别得出剪切破坏时的大主应力 σ_1，将这些结果绘成一组极限应力圆，如图 1.29 中的圆 A、B 和 C。根据极限应力圆，作一组极限应力圆的公共切线，即为土的抗剪强度包线，通常可近似取为一条直线，该直线与横坐标的夹角即为土的内摩擦角 φ，直线与纵坐标的截距即为土的黏聚力 C。

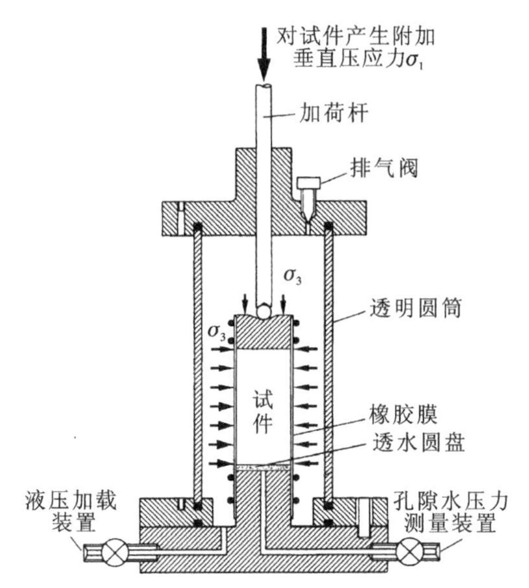

图 1.28 三轴压缩试验示意

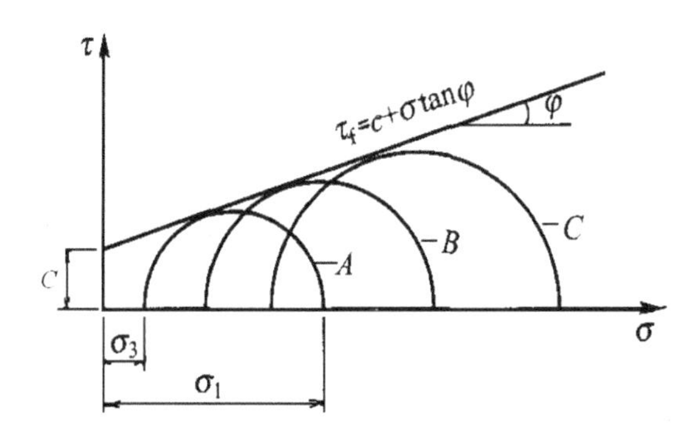

图 1.29 三轴压缩试验的包络线

轴对称三轴压缩试验按剪切前的固结程度和剪切时的排水条件，分为以下三种试验方法。

(1)不固结不排水三轴试验，又称之为 UU 试验(Unconsolidated Undrained)，简称为不排水试验。试样在施加周围压力和随后施加竖向压力直至剪切破坏的整个过程中都不允许排水，试验自始至终关闭排水阀门。

(2)固结不排水三轴试验，又称之为CU 试验(Consolidated Undrained)。试样在施加周围压力 σ_3 时打开排水阀门，允许排水固结，待固结稳定后关闭排水阀门，然后再施加竖向压力，使得试样在不排水的条件下发生剪切破坏。

(3)固结排水三轴试验，又称之为 CD 试验(Consolidated Drained)。试样在施加周围压力 σ_3 时允许排水固结，待固结稳定后，再在排水条件下施加竖向压力至试件发生剪切破坏。

需要指出，在围压三轴试验(轴对称三轴试验)中，虽然可以产生一种三轴复杂应力 σ_1、σ_2 和 σ_3，但是这种复杂应力是一种特殊的应力状态，它们都处于一个特殊的平面之中，如图 1.30 所示。在这个试验中，土体受到 σ_1、σ_2 和 σ_3 的作用，所以人们往往把它作为三轴试验。但是，在围压三轴试验中，无论是等压固结、K_0 固结，还是三轴压缩剪切或三轴伸长剪切，它们中的两个应力总是相等的，即 $\sigma_2=\sigma_3$ 或 $\sigma_1=\sigma_2$。这些试验结果可以得出材料的强度性能参数，但是不能区分各种不同的强度理论的差别。

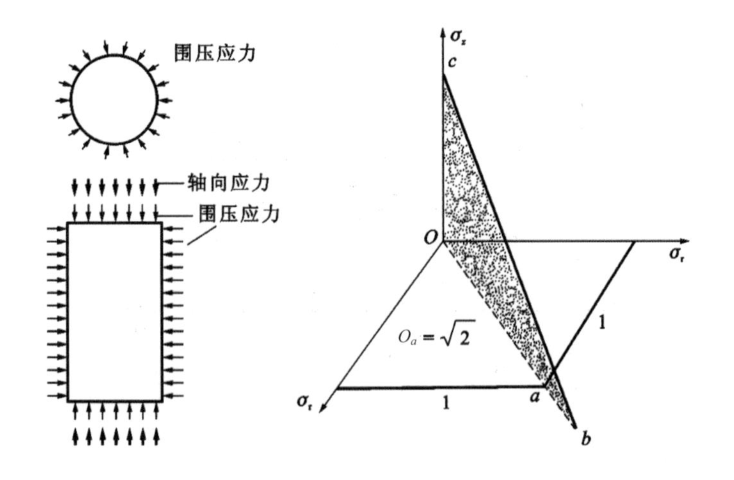

图 1.30 轴对称三轴试验的各种应力组合都在同一个平面

说明莫尔-库仑强度理论不合理的研究结果还有很多。图 1.31 是 Montary 砂在不同围压下的两种试验得出的系列结果。可以看到，不论砂土的紧密程度如何，在试验的范围内，平面应变条件下得到的结果都比轴对称三轴试验得出的高。

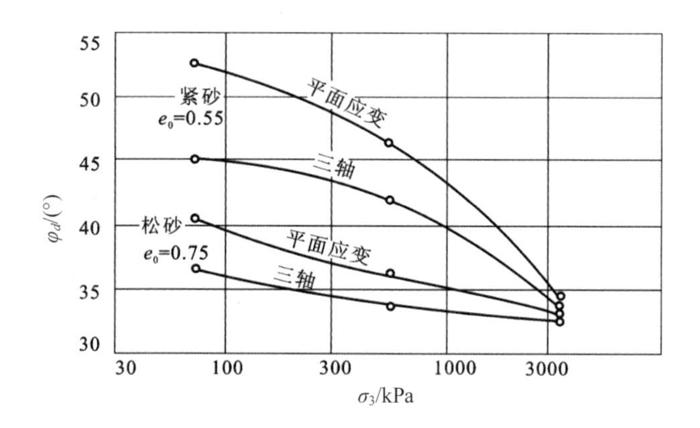

图 1.31 三轴压缩与平面应变试验的摩擦角比较(李广信)

1.7 土力学的改革和发展需要有新的理论基础

由于莫尔-库仑强度理论的缺陷，各国学者提出了各种各样的改进破坏准则。其中较著名的有 Drucker-Prager 准则(1952)、Matsuoka-Nakai 准则(1973)和 Lade-Duncan 准则(1974)，这些准则都考虑了中间主应力的影响。进入 21 世纪，人们又提出了各种各样组合准则，例如 Drucker-Prager 准则(1952)与 Matsuoka-Nakai 准则的组合、Matsuoka-Nakai 准则与 Lade-Duncan 准则的组合、Matsuoka-Nakai 准则与莫尔-库仑强度准则的组合等。这些组合准则可以灵活地在两种准则之间变化出很多破坏准则，扩展了单一准则的局限，但它们一般都达不到 Drucker 公设外凸性的全部区域。

土力学是变形固体力学的一门分支学科。1951 年，Drucker 提出了著名的 Drucker 公设，根据 Drucker 公设可得出相应的强度理论外凸性。由此可知，各种强度理论必定为外凸理论并且在图 1.32(a)的内外边界之间。事实上，莫尔-库仑强度理论为所有外凸极限面的下限，双剪强度理论为所有外凸极限面的上限，统一强度理论(Unified Strength Theory，简称为 UST)不仅建立了它们之间的联系，而且形成一系列有序排列的新准则，并覆盖了域内所有的范围，如图 1.32(b)所示。

统一强度理论出现于 1991 年，可适合于更多的材料以及工程应用，它在土力学的应用是一个全新的强度理论，我们将在本书第 5 章进行系统的论述。

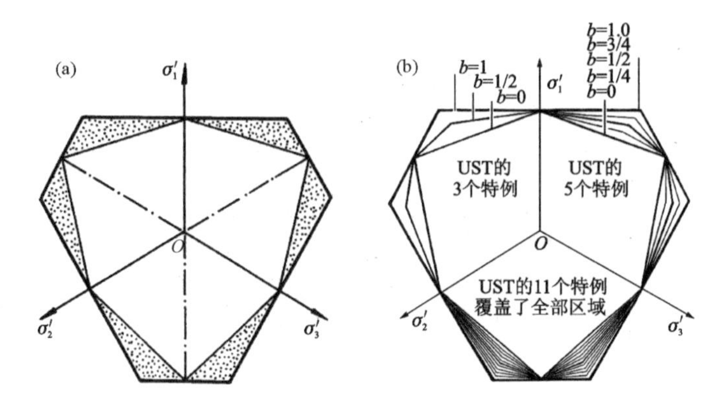

图 1.32 覆盖了全部区域的统一强度理论

1.8 新土力学的应用

本书是关于土力学基础内容的著作，可以作为大学以及研究生教材。书中大部分内容虽然是新的，但与传统土力学是相对应的，因此也可以作为大学本科学生的教学参考书。

本书的特点是将统一强度理论系统地引入到土力学，但统一强度理论的应用并不限于土力学，例如戚承志和钱七虎的《岩体动力变形与破坏的基本问题》[28]，钱七虎和王明洋的《岩土中的冲击爆炸效应》[29]，谢和平和陈忠辉的《岩石力学》等。王安宝和杨秀敏等将双剪统一强度理论应用于混凝土结构[30-32]；陈祖煜等将之写入专著《岩质边坡稳定分析：原理 方法 程序》等[33]。德国《应用数学与力学学报》的主编 Altenbach 和 Ochsner 将统一强度理论写入了他们的著作 *Plasticity of Pressure-Sensitive Materials*[34]；谢和平和冯夏庭的《灾害环境下重大工程安全性的基础研究》[35]，侯公羽主编的《岩石力学基础教程》[36]，以及蔡美峰等主编的《岩石力学与工程》(第二版)[37]等都将统一强度理论写入书中。

2004 年，德国 Springer 出版集团出版了统一强度理论及其应用的专著[38]；2006 年出版了将金属塑性力学与岩土塑性力学结合起来的广义塑性力学[8]，有兴趣的读者可以进一步参考。文献[39]和[40]是作者最新的两本相关著作，其中 *Structural Plasticity*[39]主要是将统一强度理论应用于结构塑性分析的解析解，*Computational Plasticity*[40]主要是将统一强度理论应用于结构塑性分析的数值解。

参考文献

[1] Krynine, DP (1941) *Soil Mechanics* (First edition). New York, London: McGraw-Hill Book Company, Inc.

[2] 赵成刚, 白冰, 王远霞 (2004) 土力学原理. 北京:清华大学出版社.

[3] 沈珠江, 陆培炎 (1997) 评当前岩土工程实践中的保守倾向. 岩土工程学报, 19(4): 115–118.

[4] Drucker, DC (1951) A more foundational approach to stress-strain relations. In: *Proceedings of First U.S. National Cong. Appl. Mechanics, ASME*, pp. 487–491.

[5] 俞茂宏 (1992) 强度理论新体系. 西安:西安交通大学出版社.

[6] 钱七虎, 戚承志 (2008) 岩石、岩体的动力强度与动力破坏准则. 同济大学学报, 36(12): 1599–1605.

[7] 俞茂宏 (1998) 双剪理论及其应用. 北京:科学出版社.

[8] Yu, MH, Ma, GW, Qiang, HF, Zhang, YQ (2006) *Generalized Plasticity*. Berlin:Springer.

[9] 俞茂宏, 何丽南, 宋凌宇 (1985) 双剪应力强度理论及其推广. 中国科学 A 辑, (12): 1113–1120.

[10] 俞茂宏 (2011) 强度理论新体系: 理论、发展和应用 (第二版). 西安: 西安交通大学出版社.

[11] 俞茂宏, 周小平, 张伯虎 (2012) 双剪土力学. 北京: 中国科学技术出版社.

[12] 俞茂宏, 刘剑宇, 刘春阳 (1994) 双剪正交和非正交滑移线场理论. 西安交通大学学报, 28(2): 122–126.

[13] 俞茂宏, 杨松岩, 刘春阳, 刘剑宇 (1997) 统一平面应变滑移线场理论. 土木工程学报, 30(2): 14–26.

[14] 沈珠江 (1993) 土体弹塑性变形分析中的几个基本问题. 江苏力学, (94): 1–10.

[15] 沈珠江 (1993) 几种屈服函数的比较. 岩土力学, 1993, 14(1): 41–47.

[16] Lee, KL (1970) Comparison of plane strain and triaxial tests on sand. *Journal of Soil Mechanics and Foundation Division, ASCE*, 96(3): 901–923.

[17] Cornforth, DH (1964) Some experiments on the influence of strain conditions on the strength of sand. *Geotechniqué*, 14(2): 143–167.

[18] Henkel, DJ, Wade, NH (1966) Plane strain tests on a saturated remolded

clay. *Journal of the Soil Mechanics Foundation Division, ASCE*, 92(SM6): 67–80.

[19] Al Hussaini, MM (1973) Influence of relative density on the strength and deformation of sand under plane strain conditions. In: *Evaluation of Relative Density and Its Role in Geotechnical Projects Involving Cohesionless Soils, ASTM*, STP 523, pp. 332–347.

[20] Vaid, YP, Campanella, RG (1974) Triaxial and plane strain behaviour of natural clay. *Journal of Geotechnical Engineering, ASCE*, 100(3): 207–224.

[21] 李树勤 (1982) 在平面应变条件下砂土本构关系的试验研究. 研究生论文, 清华大学.

[22] 马险峰, 望月秋利, 温玉君 (2006) 基于改良型平面应变仪的砂土特性研究. 岩石力学与工程学报, 25(9): 1745–1754.

[23] 陈仲颐, 周景星, 王洪瑾 (1994) 土力学. 北京:清华大学出版社.

[24] 李广信, 张丙印, 于玉贞 (2013) 土力学(第二版). 北京:清华大学出版.

[25] Proctor, DC, Barden, L (1969) Correspondence on a note on the drained strength of sand under generalized stain conditions by Green, GE and Bishop, AW. *Geotechniqué*, 19(3): 424–426.

[26] 扈萍, 黄茂松, 马少坤, 吕玺琳 (2011) 粉细砂的真三轴试验与强度特性. 岩土力学, 32(2): 465–470.

[27] 石修松, 程展林 (2011) 堆石料平面应变条件下统一强度理论参数研究. 岩石力学与工程学报, 30(11): 2244–2253.

[28] 戚承志, 钱七虎 (2009) 岩体动力变形与破坏的基本问题. 北京:科学出版社.

[29] 钱七虎, 王明洋 (2010) 岩土中的冲击爆炸效应. 北京:国防工业出版社.

[30] 王安宝, 杨秀敏, 史维纷, 王年桥 (2000) 混凝土板的轴对称冲切强度. 建筑科学, 16(5): 17–20.

[31] 王安宝, 杨秀敏, 王年桥, 等 (2001) 化爆作用下钢筋混凝土板柱节点冲切破坏的试验研究及分析. 爆炸与冲击, 21(3): 184–192.

[32] 王安宝, 董军, 杨秀敏, 等 (2003) 化爆作用下无梁板结构的冲切动力响应分析. 工程力学, 21(3): 6–12.

[33] 陈祖煜, 汪小刚 (2005) 岩质边坡稳定分析：原理 方法 程序. 北京:中国水利水电出版社.

[34] Altenbach, H, Ochsner, A (2014) *Plasticity of Pressure-Sensitive Materials*. Berlin: Springer.

[35] 谢和平, 冯夏庭 (2009) 灾害环境下重大工程安全性的基础研究. 北京: 科学出版社.

[36] 侯公羽 (2011) 岩石力学基础教程. 北京:机械工业出版社.

[37] 蔡美峰, 何满潮, 刘东燕 (2013) 岩石力学与工程(第二版). 北京:科学出版社.

[38] Yu, MH (2004) *Unified Strength Theory and Its Applications* (First edition). Berlin: Springer.

[39] Yu, MH, Ma, GW, Li, JC (2009) *Structural Plasticity: Limit, Shakedown and Dynamic Plastic Analyses of Structures*. Springer and ZJU Press.

[40] Yu, MH, Li, JC (2012) *Computational Plasticity: With Emphasis on the Application of the Unified Strength Theory*. Springer and ZJU Press.

阅读参考材料

【阅读参考材料 1-1】库仑(Charles Augustin de Coulomb，1736—1806)，他对土木工程(结构、水力学、岩土工程)、自然科学和物理学(包括力学、电学和磁学)等都有重要的贡献，例如物理学中著名的库仑定律就是他提出的。1774 年，库仑当选为法国科学院院士。

在巴黎期间，库仑为许多建筑的设计和施工提供了帮助，而工程中遇到的问题促使了他对土的研究。1773 年，库仑向法兰西科学院提交了论文“最大最小原理在某些与建筑有关的静力学问题中的应用”，文中研究了土的抗剪强度，并提出了土的抗剪强度准则(即库仑定律)，还对挡土结构上的土压力的确定进行了系统研究，首次提出了主动土压力和被动土压力的概念及其计算方法(即库仑土压理论)。该文在 3 年后的 1776 年由法西兰科学院刊出，被认为是古典土力学的基础，他因此也被称为“土力学之始祖”。库仑在论文前言中写道：“科学是谋人类福利的不朽功业。每一个公民都应该按照他自己的才能为此作出贡献。” (Sciences are monuments consecrated to the public good. Each citizen ought to contribute to them according to his talents.)

【阅读参考材料 1-2】太沙基(Karl Terzaghi，1883—1963)，又译泰尔扎吉，1883 年 10 月 2 日生于捷克首都布拉格(当时属奥地利)，美籍奥地利土力学家，现代土力学的创始人。他于 1904 年和 1912 年先后获得格拉茨(Graz)工业大学的学士和博士学位。太沙基早期从事广泛的工程地质和岩土工程的实践工作，接触到大量的土力学问题，而后期转入教学岗位，从事土力学的教学和研究工作，并着手建立现代土力学。

1923 年，太沙基发表了渗透固结理论，第一次科学地研究土体的固结过程，同时提出了土力学的一个基本原理，即有效应力原理。1925 年，他发表的世界上第一本土力学专著《建立在土的物理学基础的土力学》被公认为是进入现代土力学时代的开始。该书的出版标志着土力学这一学科的诞生。他随后发表的《理论土力学》和《实用土力学》全面总结和发展了土力学的原理和应用经验，至今仍为工程界的重要参考文献。太沙基被认为是“土力学之父”。目前土力学已经成为土木、水利、岩土、地矿、道路、桥梁等专业的一门重要的学科。

太沙基集教学、研究和实践于一体，十分重视工程实践对土力学发展的意义。土石坝工程是他的一项重要研究。他所发表的近300种著作中，有许多是和水利工程有关的。太沙基不仅促使了土力学的诞生，而且终身没有停止对土力学的研究，为土力学及其工程应用和发展作出了巨大的贡献。他在土力学许多方面，特别是在土的固结理论、有效应力原理、基础工程的设计与施工及围堰分析和滑坡机制等方面作出了奠基性的工作。

由于学术和工程实践上的卓越成就，他获得过多种奖励。他是唯一得到过 4 次美国土木工程师学会最高奖——诺曼奖的杰出学者。为了表彰他的功勋，美国土木工程师学会还建立了太沙基(Terzaghi)奖及讲座。

库仑 (1736—1806)

太沙基 (1883—1963)

【阅读参考材料 1-3】黄文熙(1909—2001)，被称为“中国土力学之父”，1909 年出生于上海，1929 年毕业于中央大学土木工程系(现东南大学和河海大学)，1937 年获美国密执安大学博士学位。他的博士论文受到导师和答辩委员们的称赞，并被授予西格玛赛荣誉奖章，当时，《底特律日报》和《密歇根日报》都有专文称赞他是“密歇根大学多年来才华最出众的学生，在结构和水利工程两个领域内取得了杰出的成就”。1937 年，在中国遭受日本侵略的困难时候，黄文熙毅然归国，在边抗战边建国方针下，他在重庆中央大学首开国内土力学课程，建立了国内大学的第一个土工实验室，并先后兼任水利部水利讲座、中央水利实验处特约研究员、水工实验室主任等职；发表了“挡土墙土压力研究”、“水工建筑物的土壤地基的沉降量与地基中应力分布”等论文，多次受到当时水利部的嘉奖，抗日战争胜利后，他随校迁返南京。1952 年院系调整，他在河海大学任教授创立了河海大学岩土工程研究所。1956年，黄文熙调任清华大学任教授，兼任水利部水利科学研究院副院长。1978年，他以古稀之年出任清华大学水利系土力学教研组主任，创出了一批高水平的科研成果，培养了一批高质量的硕士生和博士生。黄文熙是我国土力学学科的奠基人，为我国的土力学和水利水电教育事业作出了巨大的贡献。

黄文熙1955年选聘为中国科学院院士(学部委员)。他的著作有《土的工程性质》、《水工建设中的结构力学与岩土力学问题》、《黄文熙论文选集》等。

【阅读参考材料1-4】沈珠江(1933—2006)，浙江慈溪人，岩土工程专家，中国科学院院士，南京水利科学研究院和清华大学教授。1953 年业于华东水利学院(今河海大学)，1960年获莫斯科建筑工程学院副博士学位，1995年当选为中国科学院院士。20世纪 60 年代初，他把静力分析理论和运动分析理论结合起来，建立了土体极限分析理论。他提出了软土地基稳定分析的有效固结应力法，建立了一个新型实用的土体弹塑性双屈服面本构模型(简称南水模型)等。他为土力学研究作出了重要的贡献。太沙基(1948年)的《理论土力学》与沈珠江(2000年)的《理论土力学》是世界上两本重要的土力学著作。

沈珠江是我国岩土工程领域造诣深厚的学术大师。他一生为人正直、宽厚平和、淡泊名利、严谨求真、德才双馨，是我国优秀知识分子的典范。他终生沉心于学海耕耘，年过古稀而不辍，是鞠躬尽瘁、献身科学的楷模。他一生为学术创新而忘我探索，为学界振兴而呕心沥血，真知灼见众多，学术成就斐然，是他本人所提倡的“活到老，学到老，创新到老”的成功履行者。他才思敏捷、识见博深、勤于思考、善于开拓，立足学科前沿，导引学术方向，是推动我国土力学学科发展的指路人和先行者。沈珠江先生为我国土力学及岩土工程的理论发展、学术创新与技术进步以及人才培养而辛勤耕耘了半个多世纪，并作出了极其卓越的贡献。

黄文熙 (1909—2001)

沈珠江 (1933—2006)

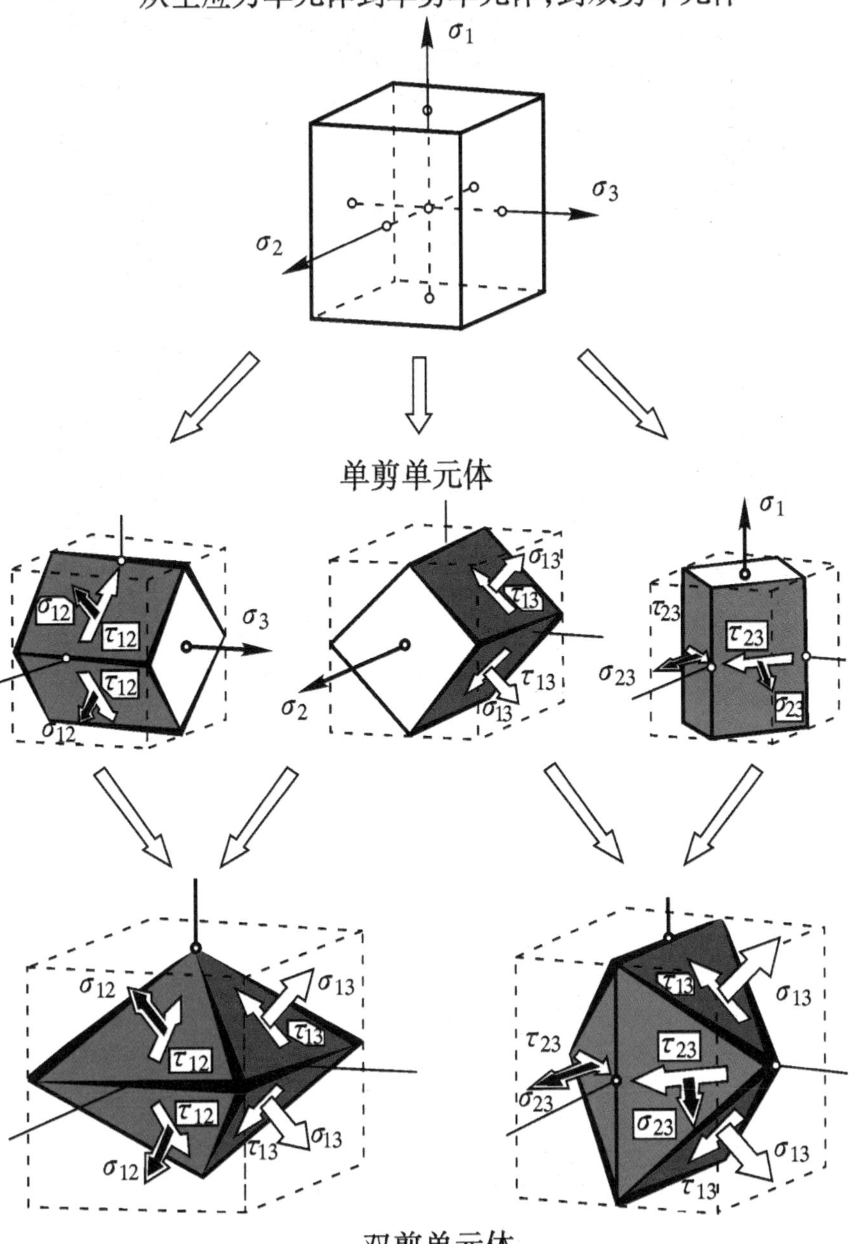
从主应力单元体到单剪单元体，到双剪单元体
σ1
σ3
σ2
单剪单元体
σ13
τ13
τ23
τ12
σ12
σ23
双剪单元体

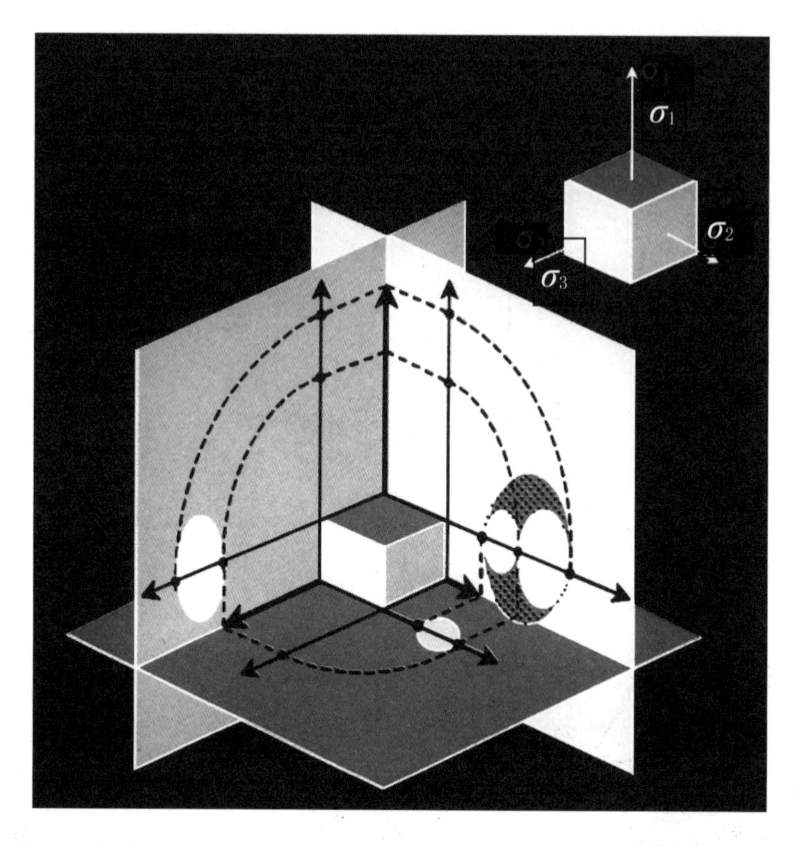

应力圆是应力状态图解的分析方法，三个应力圆分别以 τ_{12}、τ_{23} 和 τ_{13} 为半径，从上图可以看出它们之间存在如下关系：大圆的直径等于两个小圆的直径之和。因此，它们的有效独立量实际上是两个。这就产生了双剪理论的思想。双剪概念的应力圆如下图所示：

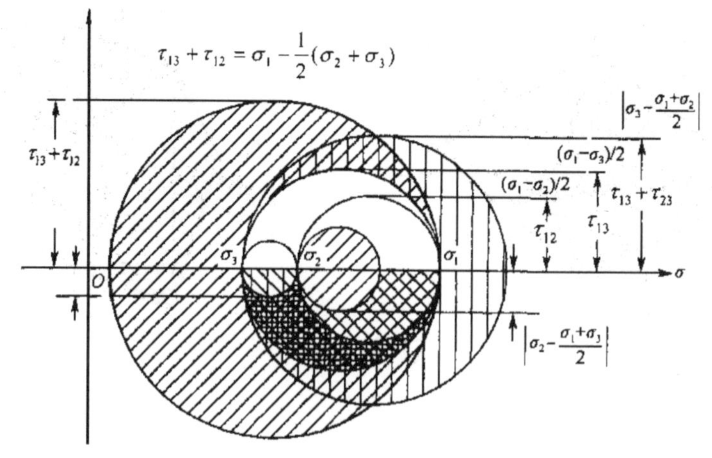

2

单元体　应力状态

2.1　概 述

应力在土力学中是一个重要的概念。一个结构在荷载作用下，材料的各个部位(点、单元体)都将产生应力。不同部位的应力往往不相同。而对于同一个单元体，不同截面的应力也各不相同。单元体的应力分析以及它们与土体材料强度的关系是土力学的一个基本问题，也是工程中的一个重要问题[1-6]。

本章将对应力、单元体和应力状态的基本问题进行讨论和研究，并从土体空间受力的、更一般的三向应力状态出发，研究的内容与一般土力学和固体力学基本相同。但是，我们引入了俞茂宏提出的双剪单元体力学模型、双剪应力圆、双剪应力参数等新的概念[7-12]，这一做法不仅有利于以后对统一强度理论的研究，也有利于对其他各章节的理解和工程应用。

当一个点所受应力确定时，通过这点不同方向的截面上的应力各不相同，但都是指同一点的应力状态。一般情况下，一点的应力状态用六面体三个相互垂直的截面上的三组应力，即 9 个应力分量来表示。在数学上这 9 个应力元素组成一个二阶张量，因此也可用应力张量 σ_{ij} 来描述一点的应力状态：

$$\sigma_{ij}=\begin{pmatrix}\sigma_x & \tau_{xy} & \tau_{xz}\\ \tau_{yx} & \sigma_y & \tau_{yz}\\ \tau_{zx} & \tau_{zy} & \sigma_z\end{pmatrix} \tag{2.1}$$

一点的应力状态也可以用一个 3×3 的应力矩阵表示：

$$\boldsymbol{\sigma}=\begin{bmatrix}\sigma_x & \tau_{xy} & \tau_{xz}\\ \tau_{yx} & \sigma_y & \tau_{yz}\\ \tau_{zx} & \tau_{zy} & \sigma_z\end{bmatrix}$$

由剪应力互等定理 $\tau_{xy}=\tau_{yx}$、$\tau_{yz}=\tau_{zy}$ 和 $\tau_{zx}=\tau_{xz}$ 知，9 个应力量中只有 6 个独立量。

如果单元体某一截面上的剪应力等于零，则这一截面称为主平面。主平面上的正应力称为主应力。对于任何一点的应力状态，都可以找到三对相互垂直的主平面。主平面上作用着三个主应力 σ_1、σ_2 和 σ_3，按代数值的大小排列为 $\sigma_1 \geq \sigma_2 \geq \sigma_3$。三个主应力与 9 个应力分量的作用面不同，但都代表作用于同一单元体的应力状态。它们之间可以互相转换，所以一点的应力状态也可以用三个主应力矩阵表示：

$$\boldsymbol{\sigma}=\begin{bmatrix}\sigma_1 & 0 & 0\\ 0 & \sigma_2 & 0\\ 0 & 0 & \sigma_3\end{bmatrix} \tag{2.2}$$

按照主应力不等于零的数目，点的应力状态分为三类，即

(1)单向应力状态：单元体的两个主应力等于零；

(2)二向应力状态(平面应力状态)：单元体的一个主应力等于零；

(3)三向应力状态(空间应力状态)：单元体的主应力均不等于零。

二向和三向应力状态统称为复杂应力状态。

2.2 空间应力状态

本节讨论从一般空间应力状态(σ_x，σ_y，σ_z，τ_{xy}，τ_{yz}，τ_{zx})求任意斜截面 *abc* 面上的应力。一般空间应力状态如图 2.1(a)所示。如斜截面法线 *PN* 的方向余弦为 $\cos(N, x)=l$、$\cos(N, y)=m$ 和 $\cos(N, z)=n$，则可求得斜截面上的全应力在 x、y 和 z 三个坐标的应力分量(图 2.1(b))分别为：

$$\begin{aligned} p_x &= \sigma_x l + \tau_{xy} m + \tau_{xz} n \\ p_y &= \tau_{yx} l + \sigma_y m + \tau_{yz} n \\ p_z &= \tau_{zx} l + \tau_{zy} m + \sigma_z n \end{aligned} \tag{2.3}$$

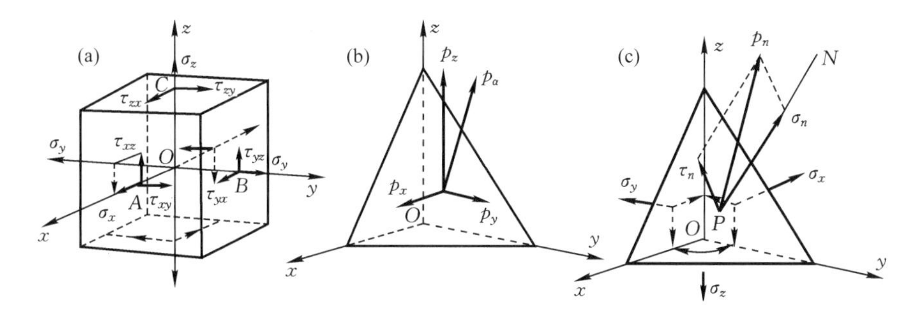

图 2.1 斜截面上的应力

斜截面上的全应力、正应力和剪应力分别等于：

$$
\begin{aligned}
&p_\alpha^2 = p_x^2 + p_y^2 + p_z^2 \\
&\sigma_\alpha = \sigma_x l^2 + \sigma_y m^2 + \sigma_z n^2 + 2\tau_{xy} lm + 2\tau_{yz} mn + 2\tau_{zx} nl \\
&\tau_\alpha^2 = p_\alpha^2 - \sigma_\alpha^2
\end{aligned}
\tag{2.4}
$$

主应力 σ_1、σ_2 和 σ_3 的大小可以由以下方程式的三个根求得：

$$\sigma^3 - I_1\sigma^2 + I_2\sigma - I_3 = 0 \tag{2.5}$$

式中，I_1、I_2 和 I_3 均不随坐标轴的选择而改变，称为应力不变量，它们分别等于：

$$I_1 = \sigma_x + \sigma_y + \sigma_z = \sigma_1 + \sigma_2 + \sigma_3 \tag{2.6}$$

$$I_2 = \begin{vmatrix} \sigma_x & \tau_{xy} \\ \tau_{xy} & \sigma_y \end{vmatrix} + \begin{vmatrix} \sigma_y & \tau_{yz} \\ \tau_{yz} & \sigma_z \end{vmatrix} + \begin{vmatrix} \sigma_z & \tau_{zx} \\ \tau_{zx} & \sigma_x \end{vmatrix} = \sigma_1\sigma_2 + \sigma_2\sigma_3 + \sigma_3\sigma_1 \tag{2.7}$$

$$I_3 = \begin{bmatrix} \sigma_x & \tau_{xy} & \tau_{xz} \\ \tau_{yx} & \sigma_y & \tau_{yz} \\ \tau_{zx} & \tau_{zy} & \sigma_z \end{bmatrix} = \sigma_1\sigma_2\sigma_3 \tag{2.8}$$

式(2.4)写成主应力 σ_1、σ_2 和 σ_3 的形式为：

$$(\sigma-\sigma_1)(\sigma-\sigma_2)(\sigma-\sigma_3)=0 \tag{2.9}$$

可以证明，由式(2.5)和(2.9)求得的三个主应力 σ_1、σ_2 和 σ_3 的作用面(即主平面)相互垂直。

同理，可定义应力偏量和应力主偏量分别为：

$$\boldsymbol{S}_{ij}=\begin{bmatrix}\sigma_x-\sigma_m & \tau_{xy} & \tau_{xz}\\ \tau_{yx} & \sigma_y-\sigma_m & \tau_{yz}\\ \tau_{zx} & \tau_{zy} & \sigma_z-\sigma_m\end{bmatrix} \tag{2.10}$$

$$\boldsymbol{S}_{i}=\begin{bmatrix}\sigma_1-\sigma_m & 0 & 0\\ 0 & \sigma_2-\sigma_m & 0\\ 0 & 0 & \sigma_3-\sigma_m\end{bmatrix} \tag{2.11}$$

应力偏量的三个不变量为：

$$J_1=S_1+S_2+S_3=0 \tag{2.12}$$

$$J_2=\frac{1}{2}\boldsymbol{S}_{ij}\boldsymbol{S}_{ij}=\frac{1}{6}\left[(\sigma_1-\sigma_2)^2+(\sigma_2-\sigma_3)^2+(\sigma_3-\sigma_1)^2\right] \tag{2.13}$$

$$J_3=\left|\boldsymbol{S}_{ij}\right|=S_1S_2S_3=\frac{1}{27}\left[(\tau_{12}+\tau_{13})(\tau_{12}+\tau_{23})(\tau_{23}+\tau_{13})\right] \tag{2.14}$$

对于各向同性材料，主应力状态的三个变量(σ_1，σ_2，σ_3)可以表述为应力不变量的三个变量(I_1，I_2，I_3)或(J_1，J_2，J_3)。

2.3 从主应力状态求斜截面应力

单元体是围绕一点用几个截面所截取出来的微小多面体。对于同一个受力点，从不同方位所截取出来的单元体，其面上的应力情况各不相同，但它们的应力状态相同。

2.3.1 从主应力空间应力状态(σ_1，σ_2，σ_3)求斜截面应力

图 2.2(a)为主应力单元体，在单元体截面上作用有三个主应力 σ_1、σ_2 和 σ_3。欲求方向余弦为(l，m，n)的斜截面上的应力，可以采用截面法截取一个四面体，如图 2.2(b)所示。由四面体的平衡条件，可以得出垂直于截面的正应力 σ_α 和平行于截面的剪应力 τ_α 及斜截面上的全应力 p_α 分别为：

$$\sigma_\alpha = \sigma_1 l^2 + \sigma_2 m^2 + \sigma_3 n^2 \tag{2.15}$$

$$\tau_\alpha = \sigma_1^2 l^2 + \sigma_2^2 m^2 + \sigma_3^2 n^2 - \left(\sigma_1 l^2 + \sigma_2 m^2 + \sigma_3 n^2\right)^2 \tag{2.16}$$

$$\begin{aligned} \overline{p}_\alpha &= \overline{\sigma}_\alpha + \overline{\tau}_\alpha \\ P_\alpha^2 &= \sigma_1^2 l^2 + \sigma_2^2 m^2 + \sigma_3^2 n^2 \end{aligned} \tag{2.17}$$

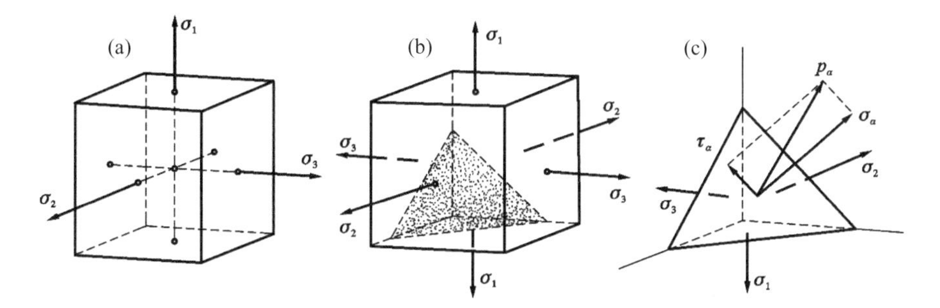

图 2.2 主应力单元体。(a)主应力单元体；(b)主应力单元体和斜截面；(c)斜截面应力

2.3.2 主剪应力 τ_{12}，τ_{23} 和 τ_{13}

与主平面成 45°的截面上作用的剪应力称为主剪应力。主剪应力 τ_{13}、τ_{12} 和 τ_{23} 的数值参见式(2.18)；在主剪应力 τ_{13}、τ_{12} 和 τ_{23} 的作用面上同时作用相应的正应力 σ_{13}、σ_{12} 和 σ_{23}，它们的数值参见式(2.19)。

$$\tau_{13} = \frac{1}{2}(\sigma_1 - \sigma_3); \quad \tau_{12} = \frac{1}{2}(\sigma_1 - \sigma_2); \quad \tau_{23} = \frac{1}{2}(\sigma_2 - \sigma_3) \tag{2.18}$$

$$\sigma_{13} = \frac{1}{2}(\sigma_1 + \sigma_3); \quad \sigma_{12} = \frac{1}{2}(\sigma_1 + \sigma_2); \quad \sigma_{23} = \frac{1}{2}(\sigma_2 + \sigma_3) \tag{2.19}$$

在式(2.18)中，我们可以看到三个主剪应力中存在下述关系：

$$\tau_{13}=\tau_{12}+\tau_{23} \tag{2.20}$$

式(2.20)表明在三个主剪应力中只有两个独立量，由此可得很多新的概念。

2.3.3 八面体应力(σ_8, τ_8)

如果斜截面的法线与主轴成相同的角度，即：

$$l=m=n=\pm\frac{1}{\sqrt{3}} \tag{2.21}$$

这些截面称为等倾面，作用于等倾面的剪应力称为八面体剪应力 τ_8(或 τ_{oct})，作用于等倾面的正应力称为八面体正应力 σ_8(或 σ_{oct})。八面体正应力 σ_8 和八面体剪应力 τ_8 分别等于：

$$\sigma_8=\frac{1}{3}(\sigma_1+\sigma_2+\sigma_3)=\sigma_m \tag{2.22}$$

$$\begin{aligned}\tau_8&=\frac{1}{3}\left[(\sigma_1-\sigma_2)^2+(\sigma_1-\sigma_3)^2+(\sigma_2-\sigma_3)^2\right]^{1/2}\\&=\frac{1}{\sqrt{3}}\left[(\sigma_1-\sigma_m)^2+(\sigma_2-\sigma_m)^2+(\sigma_3-\sigma_m)^2\right]^{1/2}\end{aligned} \tag{2.23}$$

三个主剪应力 τ_{13}、τ_{12} 和 τ_{23} 的大小及其所在截面的外法线方向余弦，可由剪应力的极值条件求得，如表 2.1 所示。

表 2.1 主应力与主剪应力作用方向

主应力平面				主剪应力作用面			等倾八面体面
l	±1	0	0	$\pm\frac{1}{\sqrt{2}}$	$\pm\frac{1}{\sqrt{2}}$	0	$\frac{1}{\sqrt{3}}$
m	0	±1		$\pm\frac{1}{\sqrt{2}}$	0	$\pm\frac{1}{\sqrt{2}}$	$\frac{1}{\sqrt{3}}$
n	0	0	±1	0	$\pm\frac{1}{\sqrt{2}}$	$\pm\frac{1}{\sqrt{2}}$	$\frac{1}{\sqrt{3}}$
σ	σ_1	σ_2	σ_3	$\sigma_{12}=\frac{\sigma_1+\sigma_2}{2}$	$\sigma_{13}=\frac{\sigma_1+\sigma_3}{2}$	$\sigma_{23}=\frac{\sigma_2+\sigma_3}{2}$	$\sigma_8=\frac{\sigma_1+\sigma_2+\sigma_3}{3}$
τ	0	0	0	$\tau_{12}=\frac{\sigma_1-\sigma_2}{2}$	$\tau_{13}=\frac{\sigma_1-\sigma_3}{2}$	$\tau_{23}=\frac{\sigma_2-\sigma_3}{2}$	τ_8

2.4 六面体、八面体和十二面体及相应面上的应力

前面已经指出，单元体是围绕一点用几个截面所截取出来的微小多面体。对于同一个受力点，从不同方位所截取出来的单元体其面上的应力情况各不相同，但它们的应力状态相同。所以，应力状态也可以采用不同形状的单元体来表示。图 2.2(a)为一般材料力学和结构力学(包括弹性力学和塑性力学等)中最常采用的一种空间等分体。它由三对相互垂直的六个截面所组成，当面上只有正应力作用时，它为主平面，面上的应力为主应力(σ_1，σ_2，σ_3)。了解这些截面之间的相互关系，可以方便地从一个六方体构造出各种不同的单元体。下面是几种特殊状况的单元体。

2.4.1 单剪单元体

如果我们用四个与主平面成 45°的一组四个截面，从主应力单元体(图 2.2(a))可以截取出一个新的单元体，则可得出最大主剪应力 τ_{13} 作用的单元体，如图 2.3(a)所示。同理，可得中间主应力 τ_{12}(或 τ_{23})和最小主剪应力 τ_{23}(或 τ_{12})作用的主剪应力单元体，分别如图 2.3(b)和(c)所示。

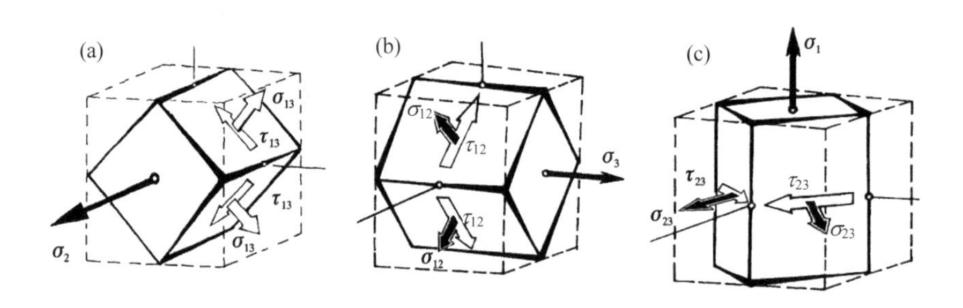

图 2.3 单剪单元体。(a) (τ_{13}，σ_{13}，σ_2)；(b) (τ_{12}，σ_{12}，σ_3)；(c) (τ_{23}，σ_{23}，σ_1)

2.4.2 双剪单元体

应力状态理论虽然在 19 世纪就已经是成熟的经典理论，但是之后不断有新的概念产生。双剪单元体[7-9]就是西安交通大学俞茂宏在 20 世纪 80 年代初建立的一种新的单元体。

如在最大主剪应力单元体(图 2.3(a))的基础上，用一组相互垂直的主剪

应力 τ_{12} 作用面截取出一个新的单元体，则可得出一个新的正交八面体[1]，如图 2.4(a)所示。由于这一新的单元体上作用两组主剪应力 τ_{13} 和 τ_{12}(中间主剪应力)，因而也可称之为双剪单元体。如果 $\tau_{12}<\tau_{23}$，即 τ_{23} 成为中间主剪应力，则可由 τ_{13} 和 τ_{23} 作用的两组截面组成另一个双剪单元体，如图 2.4(b)所示。双剪单元体是由最大主剪应力 τ_{13} 的四个相互垂直的截面和中间主剪应力 τ_{12}(或 τ_{23})的四个相互垂直的截面共八个截面共同组成的正交八面体，它是一种扁平形状的八面体。

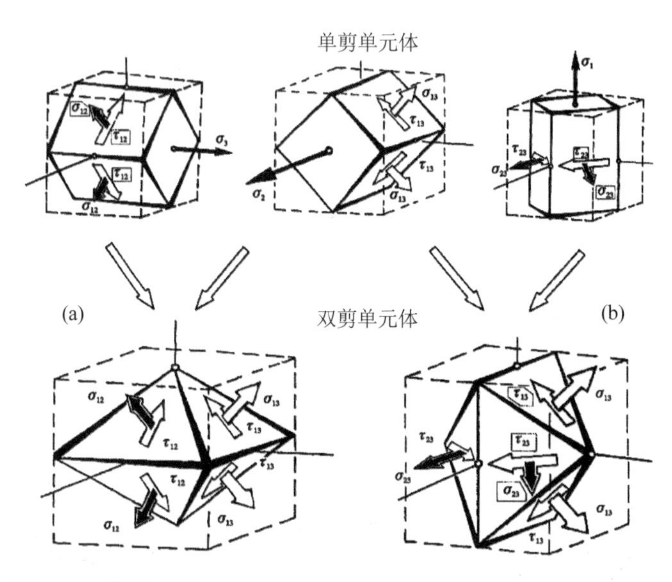

图 2.4 双剪单元体。(a) (τ_{13}，τ_{12}，σ_{13}，σ_{12})；(b) (τ_{13}，τ_{23}，σ_{13}，σ_{23})

三个主剪应力中只有两个独立量。对于受力物体，影响较大的是两个较大的主剪应力。如果主应力的大小顺序为 $\sigma_1\geq\sigma_2\geq\sigma_3$，则 τ_{13} 为最大主剪应力，τ_{12}(或 τ_{23})为次大主剪应力(中间主剪应力)。由此可得出两个较大主剪应力作用的双剪单元体如图 2.4(a)和(b)所示。由于中间主剪应力可能为 τ_{12}，也可能为 τ_{23}，因此考虑两种可能得出的双剪单元体，分别如图 2.4 的两个正交八面体。双剪单元体是俞茂宏提出的一个新的、重要的力学模型。在后面各章中，我们将以此为基础来建立有关的理论，并推导相应的强度理论。

2.4.3 十二面体主剪应力单元体

图 2.5 为三组主剪应力作用面所形成的十二面体[4]，显示了三个主剪应力(τ_{13}，τ_{12}，τ_{23})和主剪应力作用面上的正应力(σ_{13}，σ_{12}，σ_{23})。它是一个菱形十二面体，可以称之为三剪单元体。但是，三个主剪应力(τ_{13}，τ_{12}，τ_{23})之间存在($\tau_{13}=\tau_{12}+\tau_{23}$)的关系，所以在三个主剪应力中只有两个独立量。

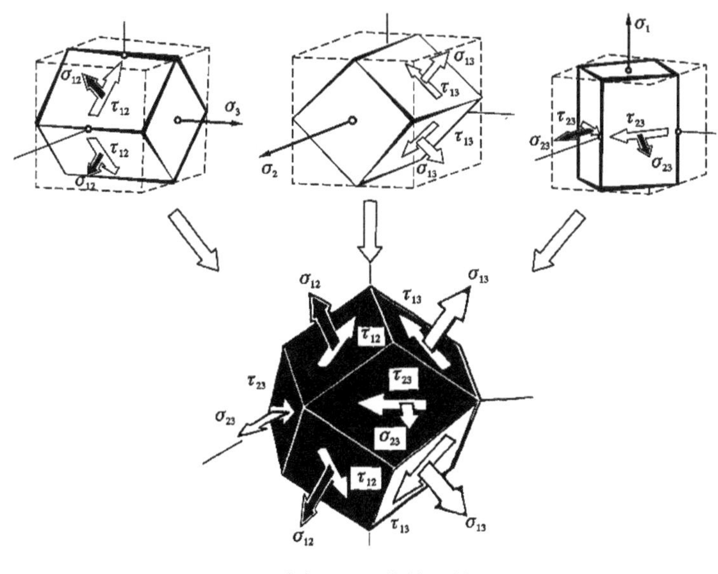

图 2.5 三剪单元体

2.4.4 等倾单元体

图 2.6 所示的单元体是一种等倾八面体，由著名力学家 Ros 和 Eichinger(1926)[5] 以及 Nadai(1933)[6]提出，并应用于八面体剪应力强度理论的推导。等倾八面体八个面的法线方向都与主应力轴成等倾的角度，并且每个面的边长均较正交八面体的边长短。

等倾八面体单元体(τ_8，σ_8)各截面上的方向余弦相等，即 $l=m=n=\sqrt{\dfrac{1}{3}}$。它们的应力分别被称为八面体正应力 σ_8 和八面体剪应力 τ_8，两者组成一个等倾八面体，如图 2.6 所示。八面体正应力 σ_8 和八面体剪应力 τ_8 的表达式见式(2.22)和(2.23)。

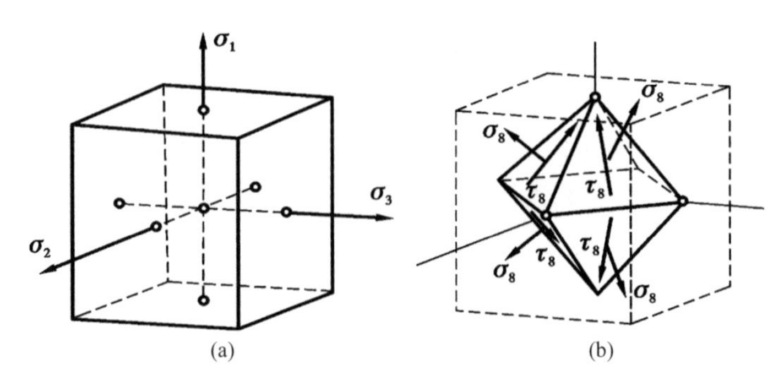

图2.6 主应力单元体(a)和等倾八面体(b)

2.5　莫尔应力圆

莫尔应力圆可以较直观地反映出三个主应力(σ_1，σ_2，σ_3)和三个主剪应力(τ_{13}，τ_{12}，τ_{23})以及它们之间的关系，如图 2.7 所示。前已述及，在三个主剪应力中只有两个独立量。这一关系也可以在应力圆中直观地看出，最大应力圆的直径为 $2\tau_{13}$，它在数值上等于另两个较小应力圆的直径之和，即 $2\tau_{13}=2\tau_{12}+2\tau_{23}$。因此，它们之中只有两个独立量。双剪概念的应力圆表述如图 2.8 所示。双剪应力圆有两种情况，图 2.8(a)为 $\tau_{12}>\tau_{23}$ 的情况，图 2.8(b)为 $\tau_{12}<\tau_{23}$ 的情况。

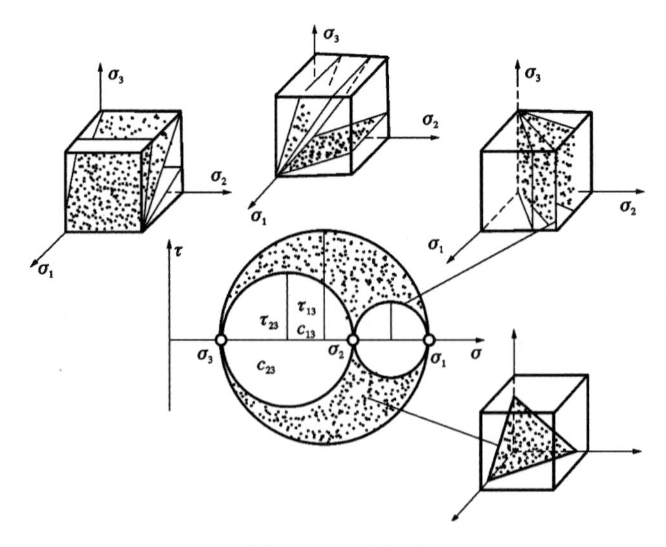

图2.7 三向应力圆

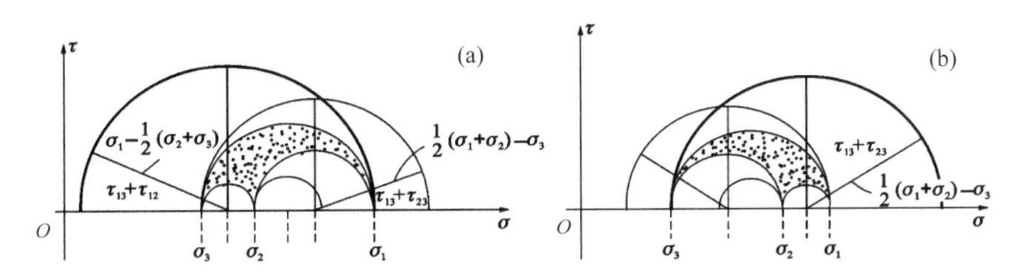

图 2.8 双剪应力圆表述。(a) $\tau_{12}>\tau_{23}$；(b) $\tau_{12}<\tau_{23}$

2.6 应力路径、双剪应力路径

材料在受力过程中，单元体的应力和应变往往会发生变化。例如，在单向拉伸过程中，单元体的应力从零逐渐增加到某一数值时，代表单元体应力状态的应力圆变化如图 2.9(a)所示。如取各应力圆上的最高顶点(也是剪应力数值最大的一点)作为应力点，作单元体在受力过程中应力点的移动轨迹，即为该单元体应力变化的路径，简称应力路径。图 2.9(a)中右边的应力点轨迹为单向拉伸的应力路径，左边的为单向压缩的应力路径。图中应力路径的各应力点均以 $\sigma=(\sigma_1+\sigma_3)/2$ 为横坐标，以最大剪应力 $\tau_{max}=(\sigma_1-\sigma_3)/2$ 为纵坐标。在土木、水利、铁道等工程中，常常采用轴对称三轴试验。试件为圆柱试件，在试件的侧向施加一定的围压，然后逐渐增加轴向压力。这时轴向压力一般大于施加于圆柱试件侧向的围压，试件轴向缩短，所以也称为三轴压缩试验。按以上的应力符号规则，三轴压缩试验的应力状态为 $\sigma_1=\sigma_2\neq\sigma_3$，相应的应力路径如图 2.9(b)所示。

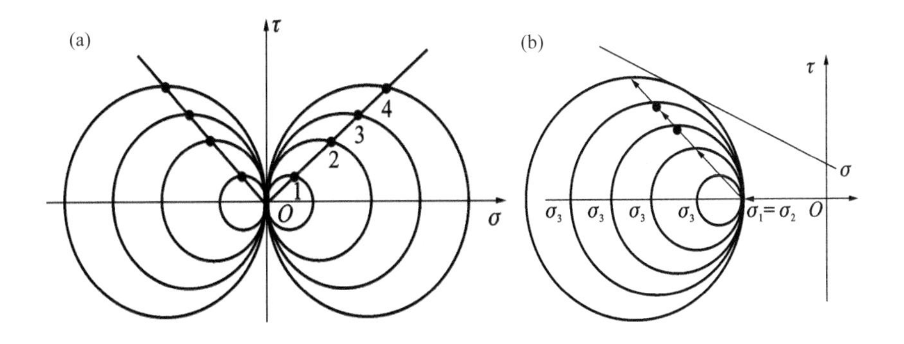

图 2.9 (a) 应力路径；(b) 三轴压缩试验的应力路径

图 2.9(b)的应力路径，可直接取加载过程中的最大剪应力 τ_{13} 和相应正应力 σ_{13} 坐标点的变化作出。这一应力途径的缺点是只反映了最大主应力和最小主应力而不能反映中间主应力的影响。由于 $\tau_{13}=(\sigma_1-\sigma_3)/2$，$\sigma_{13}=(\sigma_1+\sigma_3)/2$，因此，可以采用以下几种新的应力途径：

(1)最大剪应力与静水应力途径，即以最大剪应力 $\tau_{13}=(\sigma_1-\sigma_3)/2$ 与静水应力 $\sigma_m=(\sigma_1+\sigma_2+\sigma_3)/3$ 的坐标点作出应力途径；

(2)双剪应力途径，即以双剪应力圆的半径$(\tau_{13}+\tau_{23})$为纵坐标，以双剪应力圆的圆心为横坐标或以静水应力 σ_m 为横坐标作出应力途径。

2.7 应力状态类型、双剪应力状态参数

一点的主应力状态(σ_1，σ_2，σ_3)可以组合成无穷多个应力状态。根据应力状态的特点并选取一定的应力状态参数，则可以将应力状态划分为几种典型的类型。Lode 于 1926 年曾引入一个应力状态参数：

$$\mu_\sigma=\frac{2\sigma_2-\sigma_1-\sigma_3}{\sigma_1-\sigma_3} \tag{2.24}$$

这一应力状态参数常称为 Lode 参数，并得到广泛的应用，但 Lode 参数的意义并不是很明确。进一步研究发现 Lode 参数可简化，我们将式(2.24)写为主剪应力形式为：

$$\mu_\sigma=\frac{2\sigma_2-\sigma_1-\sigma_3}{\sigma_1-\sigma_3}=\frac{\tau_{23}-\tau_{12}}{\tau_{13}} \tag{2.25}$$

实际上，由于 $\tau_{12}+\tau_{23}=\tau_{13}$，所以三个主剪应力中只有两个独立量。因此，俞茂宏于 1991 年在《土木工程学报》的讨论中，提出把 Lode 应力参数式中的三个剪应力省去一个，而直接用两个剪应力之比作为应力状态参数[11]，即双剪应力状态参数 μ_τ 和 μ'_τ 为：

$$\mu_\tau=\frac{\tau_{12}}{\tau_{13}}=\frac{\sigma_1-\sigma_2}{\sigma_1-\sigma_3}=\frac{S_1-S_2}{S_1-S_3} \tag{2.26}$$

$$\mu_\tau' = \frac{\tau_{23}}{\tau_{13}} = \frac{\sigma_2 - \sigma_3}{\sigma_1 - \sigma_3} = \frac{S_2 - S_3}{S_1 - S_3} \tag{2.27}$$

$$\mu_\tau + \mu_\tau' = 1 \qquad 0 \le \mu_\tau \le 1 \qquad 0 \le \mu_\tau' \le 1 \tag{2.28}$$

双剪应力状态参数 μ_τ 和 μ_τ' 具有简单而明确的概念。它们是两个主剪应力的比值，也是两个应力圆的半径(或直径)之比；它可以作为反映中间主应力效应的一个参数，也可以作为应力状态类型的一个参数。此外，这两个双剪应力状态参数只反映应力状态的类型，而与静水应力的大小无关，它们也是两个反映应力偏量状态的参数。显然，根据双剪应力状态参数的定义和性质可知：

(1)当 $\mu_\tau = 1(\mu_\tau' = 0)$时，相应的应力状态有以下三种：

① $\sigma_1 > 0$，$\sigma_2 = \sigma_3 = 0$，单向拉伸应力状态；

② $\sigma_1 = 0$，$\sigma_2 = \sigma_3 < 0$，双向等压状态；

③ $\sigma_1 > 0$，$\sigma_2 = \sigma_3 < 0$，一向拉伸、二向等压。

(2)当 $\mu_\tau = \mu_\tau' = 0.5$ 时，相应的应力状态为：

① $\sigma_2 = (\sigma_1 + \sigma_3)/2 = 0$，纯剪切应力状态；

② $\sigma_2 = (\sigma_1 + \sigma_3)/2 > 0$，二拉一压状态；

③ $\sigma_2 = (\sigma_1 + \sigma_3)/2 < 0$，一拉二压状态。

(3)当 $\mu_\tau = 0(\mu_\tau' = 1)$时，相应的应力状态为：

① $\sigma_1 = \sigma_2 = 0$，$\sigma_3 < 0$，单向压缩状态；

② $\sigma_1 = \sigma_2 > 0$，$\sigma_3 = 0$，双向等拉状态；

③ $\sigma_1 = \sigma_2 < 0$，$\sigma_3 > 0$，二向等拉、一向压缩。

根据双剪应力状态参数，按两个较小主剪应力 τ_{12} 和 τ_{23} 的相对大小，可以十分清晰地把各种应力状态分为以下三种类型。

(1)广义拉伸应力状态，即 $\tau_{12} > \tau_{23}$ 状态，此时 $0 \le \mu_\tau' < 0.5 < \mu_\tau \le 1$，三向应力圆中的两个小圆右大左小。如果以偏应力来表示，则是一种一拉二压的应力状态，并且拉应力的绝对值最大，故把这种应力状态称为广义拉伸应力状态。当左面的小应力圆缩为一点时，右面的中应力圆与大应力圆相同，二圆合一，$\mu_\tau' = 0$，$\mu_\tau = 1$，即 $\sigma_2 = \sigma_3$。应力 $\sigma_2 = \sigma_3$ 可大于零、小于零或等于零，其中 $\sigma_2 = \sigma_3 = 0$ 时的应力状态为单向拉伸应力状态。

(2)广义剪切应力状态，即$\tau_{12}=\tau_{23}$状态，此时$\sigma_2=(\sigma_1+\sigma_3)/2$，三向应力圆中的两个较小应力圆相等，中间偏应力$S_2=0$，另两个偏应力为一拉一压，且数值相等。这时两个双剪应力参数相等，即$\mu_\tau=\mu_\tau'=0.5$，它对应于$\sigma_2=(\sigma_1+\sigma_3)/2$。但$\sigma_2=(\sigma_1+\sigma_3)/2$可大于零、小于零或等于零，当$\sigma_2=(\sigma_1+\sigma_3)/2$时的应力状态为纯剪切应力状态。

(3)广义压缩应力状态，即$\tau_{12}<\tau_{23}$状态，此时$0\le\mu_\tau<0.5<\mu_\tau'\le 1$，应力圆中两个小应力圆右小左大，广义压缩应力绝对值为最大。当右面的小应力圆退缩为一点时，左面的中应力圆与大应力圆相同，二圆合一，$\mu_\tau=0$，$\mu_\tau'=1$，即$\sigma_1=\sigma_2$。应力$\sigma_1=\sigma_2$可大小零、小于零或等于零，其中$\sigma_1=\sigma_2$，$\sigma_3<0$时的应力状态为单向压缩应力状态。

俞茂宏引入的双剪应力状态参数，不仅简化了Lode应力状态参数，并且形式简单，概念清晰，而且使双剪理论体系中的概念更加丰富，还可使目前在不同专业中的关于应力状态类型的定义和分类得到统一。双剪应力状态参数μ_τ和μ_τ'与Lode应力参数μ_σ之间的关系为：

$$\mu_\tau=\frac{1-\mu_\sigma}{2}=1-\mu_\tau' \tag{2.29}$$

$$\mu_\tau'=\frac{1+\mu_\sigma}{2}=1-\mu_\tau \tag{2.30}$$

2.8 主应力空间

单元体的主应力状态(σ_1，σ_2，σ_3)可用σ_1—σ_2—σ_3直角坐标中的应力点$P(\sigma_1，\sigma_2，\sigma_3)$来确定，如图2.10所示。应力点的矢径$\boldsymbol{OP}$为：

$$\boldsymbol{\sigma}=\sigma_1 e_1+\sigma_2 e_2+\sigma_3 e_3=\boldsymbol{\sigma}_i\boldsymbol{e}_i \tag{2.31}$$

式中，$\boldsymbol{e}_i$为坐标轴的正向单位矢。

通过坐标原点作一等斜的π_0平面，π_0平面的方程为：

$$\sigma_1+\sigma_2+\sigma_3=0 \tag{2.32}$$

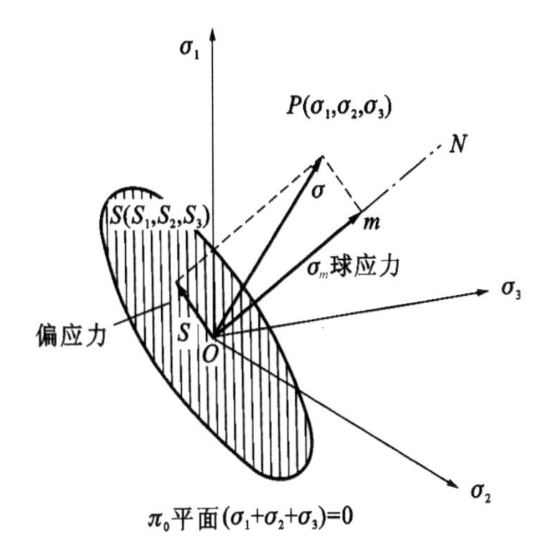

图 2.10 应力空间和应力状态矢量

在π_0平面上所有应力点的应力球张量(或静水应力σ_m)均等于零，只有应力偏张量。π_0平面的法线ON称为等倾线，它与三个坐标轴成 54°44′等倾角，其方程为：

$$\sigma_1=\sigma_2=\sigma_3 \tag{2.33}$$

应力张量σ_{ij}可以分解为球张量和偏张量，应力状态矢$\boldsymbol{\sigma}$也可分解为平均应力或静水应力矢量 $\boldsymbol{\sigma}_m$ 和平均剪应力矢量或均方根主应差 $\boldsymbol{\tau}_m$，如式(2.34)和图 2.11 所示，以及它们的大小(模)分别为：

$$\sigma=\sigma_m+\tau_m \tag{2.34}$$

$$\varepsilon=\frac{1}{\sqrt{3}}\left(\sigma_1+\sigma_2+\sigma_3\right)=\sqrt{3}\sigma_8 \tag{2.35}$$

$$\gamma=\sqrt{\frac{1}{3}\left[\left(\sigma_1-\sigma_2\right)^2+\left(\sigma_2-\sigma_3\right)^2+\left(\sigma_1-\sigma_3\right)^2\right]}=\sqrt{3}\tau_8=\sqrt{3J_2}=2\tau_m \tag{2.36}$$

$$\tau_m=\sqrt{\frac{\tau_{12}^2+\tau_{23}^2+\tau_{13}^2}{3}}=\sqrt{\frac{1}{12}\left[\left(\sigma_1-\sigma_2\right)^2+\left(\sigma_2-\sigma_3\right)^2+\left(\sigma_1-\sigma_3\right)^2\right]} \tag{2.37}$$

平行于π_0平面但不通过坐标原点的平面称为π平面，其方程式为：

$$\sigma_1+\sigma_2+\sigma_3=C \tag{2.38}$$

式中，参数C为任意常数。π平面上各应力点都具有相同的应力球张量(或静水应力$\sigma_m=C/3$)，且平行于静水应力线但不通过坐标原点的直线方程为：

$$\sigma_1-C_1=\sigma_2-C_2=\sigma_3-C_3 \tag{2.39}$$

式中，C_1、C_2 和C_3 为三个任意常数，沿这条直线上的各点具有相同的应力偏量。因此，对于与静水应力σ_m无关的问题可以在π平面上进行研究。

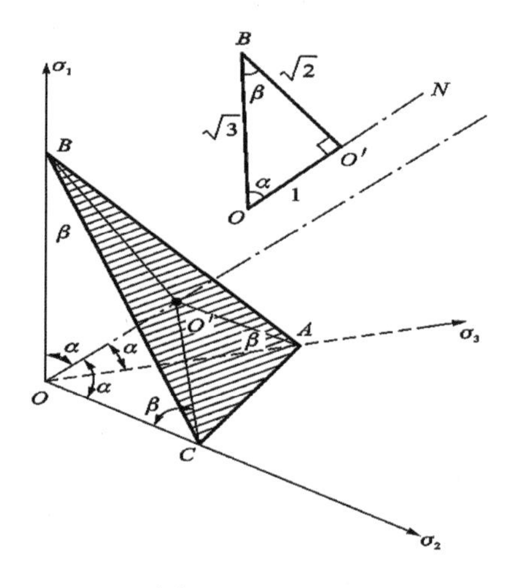

图 2.11 等倾偏平面

应力空间三个主应力坐标轴($\sigma_1, \sigma_2, \sigma_3$)在$\pi$平面上的投影为($\sigma'_1, \sigma'_2, \sigma'_3$)，它们之间的投影关系可以通过应力在等斜面上的投影得到。在图 2.11 中，ABC为等斜面，ON为等倾线，且两者正交，OO'分别与直线$O'A$，$O'B$和$O'C$成直角。等倾线ON与三个应力坐标轴之间的夹角都相等，即为$\alpha=\cos^{-1}\left(1/\sqrt{3}\right)=54°44'$。因此，可得$\pi$平面上的($\sigma'_1$，$\sigma'_2$，$\sigma'_3$)坐标与应力空间的三个坐标轴($\sigma_1$，$\sigma_2$，$\sigma_3$)之间的关系如下：

$$\sigma'_1=\sigma_1\cos\beta=\sqrt{\frac{2}{3}}\sigma_1;\quad \sigma'_2=\sigma_2\cos\beta=\sqrt{\frac{2}{3}}\sigma_2;\quad \sigma'_3=\sigma_3\cos\beta=\sqrt{\frac{2}{3}}\sigma_3 \tag{2.40}$$

剪应力τ_m恒作用在π平面上，它在(σ'_1，σ'_2，σ'_3)轴上的三个分量存在关系：$S_1+S_2+S_3=0$，因此它只有两个独立分量。只要知道τ_m的模和它与某轴的夹角，或它在π平面上一对垂直坐标(x，y)的两个分量，即可确定τ_m。

2.9　静水应力轴空间柱坐标

由于材料的力学性能往往与静水应力的大小有一定的关系，因此在强度理论的研究中，特别是在岩石、土体、混凝土破坏准则和本构关系的研究中，常常采用以静水应力轴为主轴的应力空间，如图 2.12(a)所示，图中主轴为静水应力轴或z轴；π平面的坐标则可取(x，y)为直角坐标，或(r，θ)为极坐标，如图 2.12(b)所示。

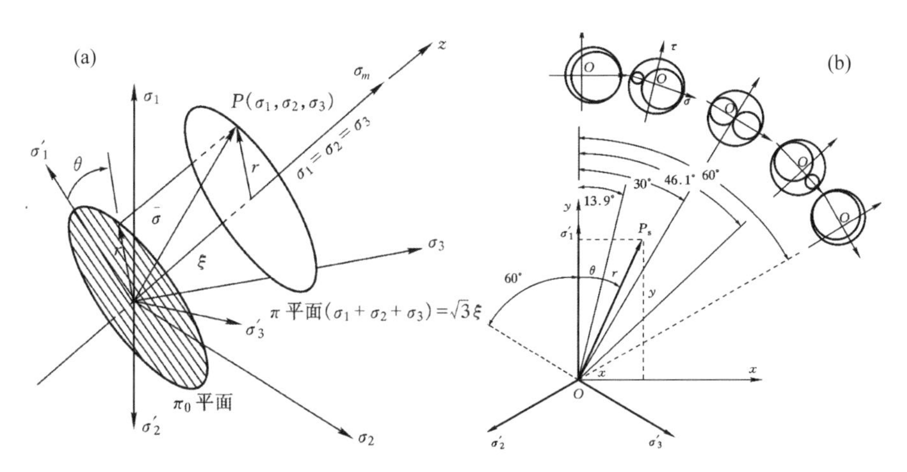

图 2.12 (a)柱坐标；(b) π 平面上的应力状态

因此，主应力空间的应力点$P(\sigma_1, \sigma_2, \sigma_3)$可表示为$P(x, y, z)$或$P(\xi, \theta, r)$，它们与主应力、主剪应力以及静水应力轴坐标之间的关系如下：

$$
\begin{aligned}
x &= \frac{1}{\sqrt{2}}\left(\sigma_3-\sigma_2\right)=-\frac{\tau_{23}}{\sqrt{2}} \\
y &= \frac{1}{\sqrt{6}}\left(2\sigma_1-\sigma_2-\sigma_3\right)=-\frac{\sqrt{6}}{3}\left(\tau_{13}+\tau_{12}\right)=\frac{\sqrt{6}}{2}S_1 \\
z &= \frac{1}{\sqrt{3}}\left(\sigma_1+\sigma_2+\sigma_3\right)=\frac{1}{\sqrt{3}}I_1=\sqrt{3}\sigma_8=\sqrt{3}\sigma_m
\end{aligned}
\tag{2.41}
$$

柱坐标(ξ，θ，r)各变量与主应力 $P(\sigma_1$，σ_2，$\sigma_3)$之间的关系为：

$$\xi = |ON| = \frac{1}{\sqrt{3}}(\sigma_1 + \sigma_2 + \sigma_3) = \frac{1}{\sqrt{3}} I_1 = \sqrt{3}\sigma_m \tag{2.42}$$

$$\theta = \tan^{-1}\frac{x}{y};\quad \tan\theta = \frac{\sqrt{3}(\sigma_2 - \sigma_3)}{(2\sigma_1 - \sigma_2 - \sigma_3)} = \frac{\sqrt{3}(1-\mu_\tau)}{(1+\mu_\tau)} \tag{2.43}$$

$$\begin{aligned} r = |NP| &= \sqrt{\frac{1}{3}\left[(\sigma_1 - \sigma_2)^2 + (\sigma_2 - \sigma_3)^2 + (\sigma_1 - \sigma_3)^2\right]} \\ &= \sqrt{\frac{1}{3}\left[S_1^2 + S_2^2 + S_3^2\right]} = \sqrt{2J_2} = \sqrt{3}\sigma_8 = 2\tau_m \end{aligned} \tag{2.44}$$

由式(2.41)和(2.43)可得出：

$$\cos\theta = \frac{y}{r} = \frac{\sqrt{6}S_1}{2\sqrt{2}J_2} = \frac{\sqrt{3}S_1}{2\sqrt{J_2}} = \frac{(2\sigma_1 - \sigma_2 - \sigma_3)}{2\sqrt{3J_2}} \tag{2.45}$$

注意到应力偏量第二不变量 J_2 和应力偏量第三不变量 J_3 分别等于 $J_2=-(S_1S_2+S_2S_3+S_1S_3)$和 $J_3=S_1S_2S_2$，由三角关系可得：

$$\cos 3\theta = 4\cos^3\theta - 3\cos\theta = \frac{3\sqrt{3}S_1}{2\sqrt{J_2^3}}\left(S_1^3 - J_2S_1\right) = \frac{3\sqrt{3}J_3}{2\sqrt{J_2^3}} \tag{2.46}$$

三个主偏应力可推导得出：

$$\begin{aligned} S_1 &= \frac{2\sqrt{J_2}}{\sqrt{3}}\cos\theta \\ S_2 &= \frac{2\sqrt{J_2}}{\sqrt{3}}\cos\left(\frac{2\pi}{3} - \theta\right) \\ S_3 &= \frac{2\sqrt{J_2}}{\sqrt{3}}\cos\left(\frac{2\pi}{3} + \theta\right) \end{aligned} \tag{2.47}$$

以上关系只有在 $\sigma_1 \geq \sigma_2 \geq \sigma_3$ 和 $0 \leq \theta \leq \pi/3$ 的条件下才适用。以后我们可以看到，对于各向同性材料，在 π 平面上的材料极限面具有三轴对称性，因此一般只要了解在 60°范围内的材料特性或极限面，即可按三轴对称性作

出整个 π 平面 360°范围的材料极限面。

由式(2.42)、式(2.45)–(2.47)及偏应力概念得出相应的三个主应力为：

$$
\begin{aligned}
\sigma_1 &= \frac{1}{\sqrt{3}}\xi + \sqrt{\frac{2}{3}} r\cos\theta \\
\sigma_2 &= \frac{1}{\sqrt{3}}\xi + \sqrt{\frac{2}{3}} r\cos\left(\theta - \frac{2\pi}{3}\right) \qquad 0 \le \theta \le \pi/3 \\
\sigma_3 &= \frac{1}{\sqrt{3}}\xi + \sqrt{\frac{2}{3}} r\cos\left(\theta + \frac{2\pi}{3}\right)
\end{aligned}
\tag{2.48}
$$

如用应力张量第一不变量 I_1 和应力偏量第二不变量 J_2 表示，式(2.48)亦可表示为：

$$
\begin{aligned}
\sigma_1 &= \frac{I_1}{3} + \frac{2}{\sqrt{3}}\sqrt{J_2}\cos\theta \\
\sigma_2 &= \frac{I_1}{3} + \frac{2}{\sqrt{3}}\sqrt{J_2}\cos\left(\theta - \frac{2\pi}{3}\right) \qquad 0 \le \theta \le \pi/3 \\
\sigma_3 &= \frac{I_1}{3} + \frac{2}{\sqrt{3}}\sqrt{J_2}\cos\left(\theta + \frac{2\pi}{3}\right)
\end{aligned}
\tag{2.49}
$$

三个主剪应力亦可相应推导得出：

$$
\begin{aligned}
\tau_{13} &= \sqrt{J_2}\sin\left(\theta + \frac{\pi}{3}\right) \\
\tau_{12} &= \sqrt{J_2}\sin\left(\frac{\pi}{3} - \theta\right) \\
\tau_{23} &= \sqrt{J_2}\sin\theta
\end{aligned}
\tag{2.52}
$$

使用以上各式可以方便地研究 π 平面上各应力分量之间的关系，并且可以建立起三个主应力独立量(σ_1，σ_2，σ_3)和三个应力不变量(J_1，J_2，J_3)或应力空间柱坐标三个独立量(ξ，θ，r)之间的关系，以及它们与应力状态参数(双剪应力状态参数或 Lode 应力参数)之间的关系。表 2.2 总结了几种典型的应力状态特点和应力状态参数以及应力角 θ 的关系。

表 2.2 应力角与应力状态参数的关系

应力状态		主应力	主剪应力	偏应力	应力角θ	应力状态参数		
广义拉伸	纯拉、二向等压	$\sigma_2=\sigma_3$	$\tau_{12}=\tau_{13}$ $\tau_{23}=0$	$S_2=S_3$ $S_1=S_2+S_3$	0°	1	0	−1
	$\tau_{23}=\frac{\tau_{12}}{3}$ $\tau_{13}=4\tau_{23}$	$\sigma_2<\frac{\sigma_1+\sigma_3}{2}$	$\tau_{12}>\tau_{23}$	$S_1=S_2+S_3$	13.9°	$\frac{3}{4}$	$\frac{1}{4}$	$\frac{-1}{2}$
纯剪切应力状态		$\sigma_2=\frac{\sigma_1+\sigma_3}{2}$	$\tau_{12}=\tau_{23}$	$S_1=\lvert S_3\rvert$ $S_2=0$	30°	$\frac{1}{2}$	$\frac{1}{2}$	0
广义压缩	$\tau_{12}=\frac{\tau_{23}}{3}$ $\tau_{13}=4\tau_{12}$	$\sigma_2>\frac{\sigma_1+\sigma_3}{2}$	$\tau_{12}<\tau_{23}$	$\lvert S_3\rvert=S_1+S_2$	46.1°	$\frac{1}{4}$	$\frac{3}{4}$	$\frac{1}{2}$
	纯压、二向等拉	$\sigma_2=\sigma_1$	$\tau_{23}=\tau_{13}$ $\tau_{12}=0$	$S_1=S_2$ $\lvert S_3\rvert=S_1+S_2$	60°	0	1	+1

图 2.11(b)同时绘出了与不同应力角相对应的几种典型应力状态的三向应力圆。应力圆的纵坐标τ均对应于π平面的应力状态，即相对于静水应力$\sigma_m=C/3$ 的状态。因此，当加或减一个静水应力时，应力圆的相对大小和位置均不变。

由于材料的强度以及强度极限面往往随静水应力而变化，因此便于在柱坐标(ξ，θ，r)中研究极限面。

参考文献

[1] 米恩斯 (1982) 应力和应变. 丁中一, 等, 译. 北京:科学出版社.

[2] 杜庆华 (1994) 工程力学手册. 北京:高等教育出版社.

[3] 赵光恒 (2006) 工程力学, 岩土力学, 工程结构及材料分册. 北京:中国水利水电出版社.

[4] Parry, RHG (2004) *Mohr Circles Stress Paths and Geotechnics* (Second edition). Spon Press.

[5] Ros, M, Eichinger, A (1926) Versuche sur Klarung der Frage der Bruchgefahr. *Proc. Second Int. Congr. of Applied Mechanics, Zurich*, pp. 315–327.

[6] Nadai, A (1933) Theories of strength. *Journal Applied Mechanics*, 1:

111–129.
[7] 俞茂宏, 何丽南, 宋凌宇 (1985) 广义双剪应力强度理论及其推广. 中国科学, 28(12): 1113–1121.
[8] 俞茂宏 (1989) 复杂应力状态下材料屈服和破坏的一个新模型及其系列理论. 力学学报, 21(S): 42–49.
[9] 俞茂宏 (1998) 双剪理论及其应用. 北京:科学出版社.
[10] Yu, MH (2004) *Unified Strength Theory and Its Applications*. Berlin: Springer.
[11] Yu, MH, He, LN (1991) A new model and theory on yield and failure of materials under the complex stress state. In: Jono, M, Inoue, T (eds.), *Mechanical Behaviour of Materials-6 (ICM-6)*. Oxford: Pergamon Press, 3: 841–846.
[12] Yu, MH, Li, JC (2012) *Computational Plasticity: With Emphasis on the Application of the Unified Strength Theory*. Springer and ZJU Press.

阅读参考材料

【阅读参考材料 2-1】奥古斯丁·路易斯·柯西(Augustin Louis Cauchy，1789—1857)，法国科学院院士，一位虔诚的天主教徒。他在数学领域有很高的建树和造诣，很多数学的定理和公式也都以他的名字来命名，如柯西不等式、柯西积分公式。他于 1805 年考入综合工科学校，主要学习数学和力学；1807 年考入桥梁公路学校；1810 年以优异成绩毕业，前往瑟堡参加海港建设工程。他在业余时间悉心攻读有关数学各分支方面的书籍，从数论到天文学方面。1821 年，他成为巴黎大学力学教授，重新研究连续介质力学。在 1822 年的一篇论文中，他建立了弹性理论的基础。他发表了大批关于复变函数、天体力学、弹性力学等方面的重要论文。

他在 1823 年的“弹性体及流体(弹性或非弹性)平衡和运动的研究”一文中提出(各向同性的)弹性体平衡和运动的一般方程(后来他还把这个方程推广到各向异性的情况)，给出应力和应变的严格定义，提出它们可分别用六个分量表示。他是弹性力学数学理论的奠基人之一，对弹性力学应力分析作出了杰出的贡献。1857 年，他在巴黎近郊逝世。柯西直到逝世前仍不断参加学术活动和发表科学论文。

【阅读参考材料 2-2】维纳斯雕像是在意大利波佐利出土的、公元前 2 世纪后半期希腊原作的罗马复制品，已有约 2200 年的历史。维纳斯是罗马帝国时期人们十分崇拜的爱与美之女神。

下面意大利那不勒斯国家考古博物馆收藏的维纳斯立体雕像的正面图、侧面图和斜视图。三幅图像不同，但都是同一个维纳斯的头像，她的表情都是娴静优雅的。现实世界的人物也是如此。单元体应力状态的概念也是如此。

柯西(1789—1857)

意大利那不勒斯国家考古博物馆收藏的爱与美之女神维纳斯雕像

【阅读参考材料 2-3】莫尔圆是表示复杂应力状态(或应变状态)下物体中一点的各截面上应力(或应变)分量之间关系的平面图形。1866 年，德国的库尔曼首先证明，物体中一点的二向应力状态可用平面上的一个圆表示，这就是应力圆。1882 年，德国学者莫尔对应力圆作了进一步的研究，提出借助应力圆确定一点的应力状态的几何方法，后人就称应力圆为莫尔应力圆，简称莫尔圆或应力圆。莫尔圆还有其他的应用。

(武立生 (1980) 莫尔圆的妙用. 力学与实践, (4): 76–78)

【阅读参考材料 2-4】张维，中国科学院和中国工程院院士、清华大学教授、前中国力学学会副理事长、前中国土木工程学会副理事长。

“工程强度理论是判断材料和结构与部件在复杂应力状态下产生屈服和破坏的规律，并用以作为各种工程结构设计的判断准则。它是力学和各种工程安全与可靠性的基本问题之一。”

“研究得出国际领先的统一强度理论，它的极限面覆盖了界限内的所有区域。它的出现将使各国设计规范关于强度理论的准则进行修改。”

建筑物下面各部位的土体承受的应力各不相同，但是都承受着两种应力：土的自重应力和荷载引起的附加应力。

建筑物荷载引起附加应力的大、小主应力如下图所示，图中所示的各个应力椭圆的长短轴的方向和长短分别表示不同位置大、小主应力的方向和大小，左边的点划线为荷载中心线。由于对称，图中只画出一半的单元体应力。

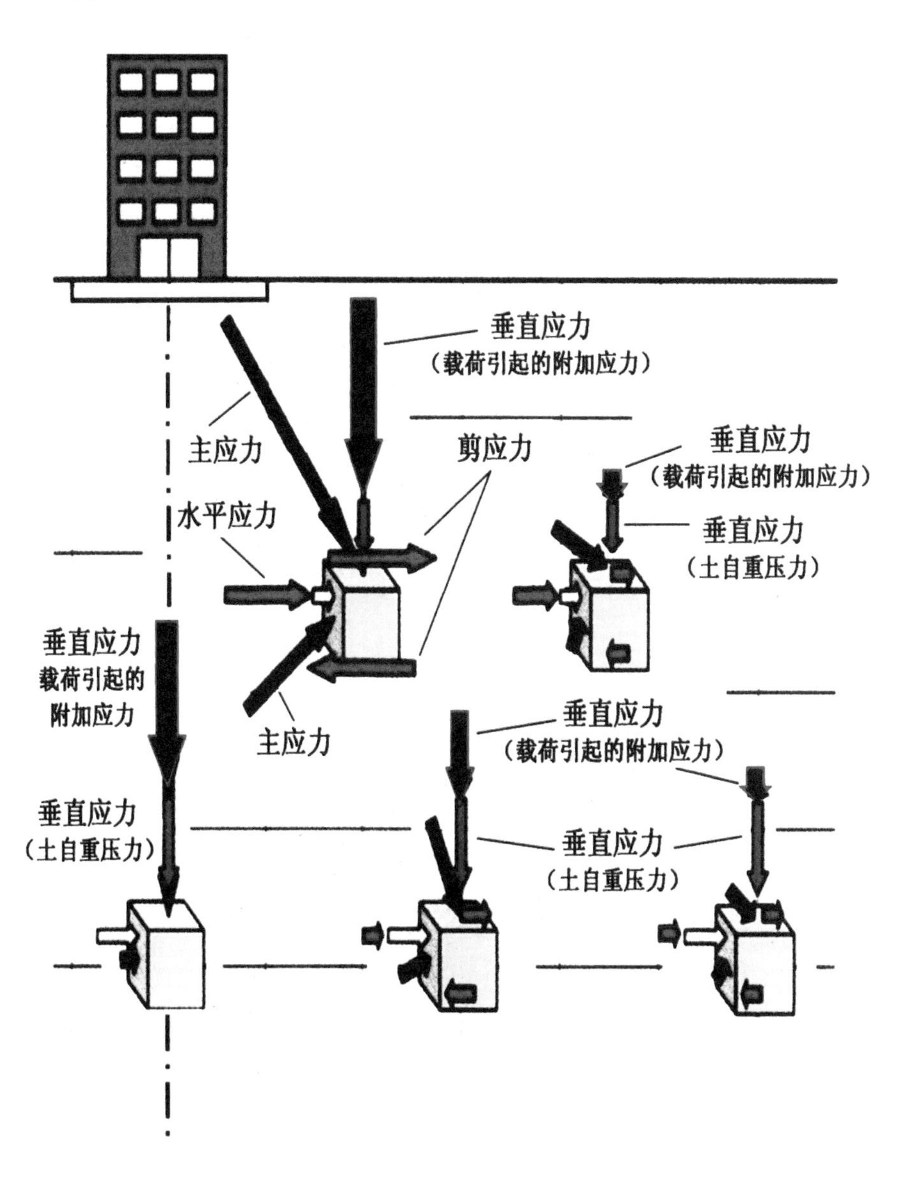

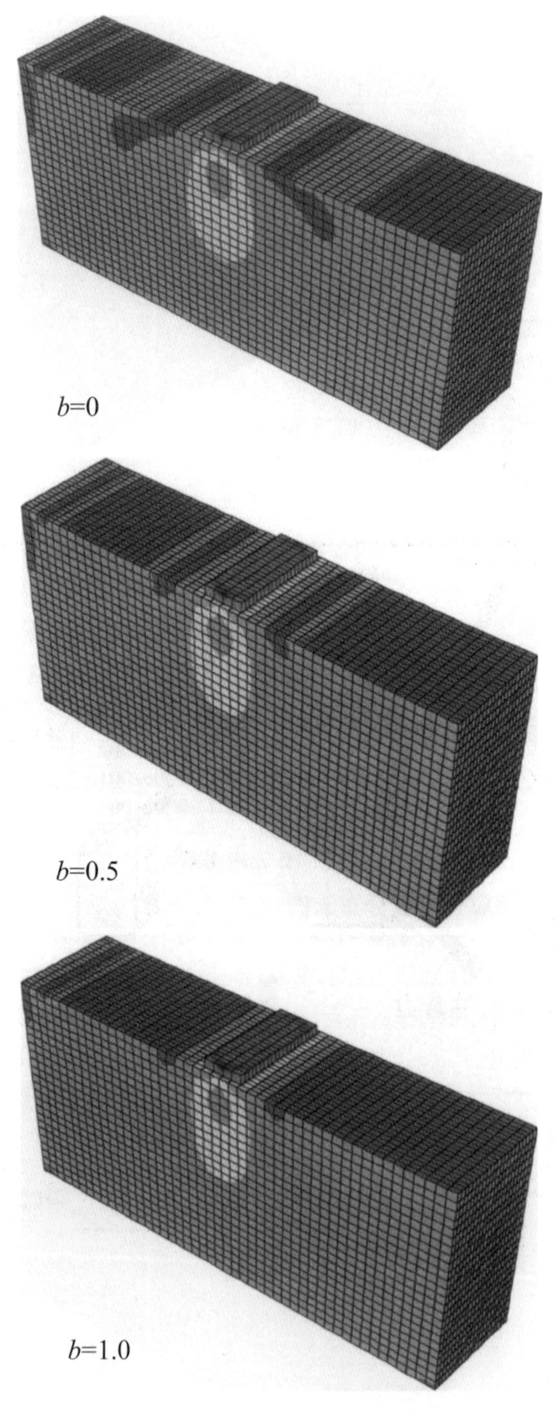

土体弹塑性应力分布图

3 土体中的应力计算

3.1 概 述

应力在土力学中是一个重要的概念。我们在第 2 章对应力、单元体和应力状态的基本概念作了介绍。这一章将进一步研究土体在外荷载作用下以及由土体本身重量引起的应力。土体中的应力十分复杂，我们主要在连续介质力学的框架下进行研究，将固体力学的研究结果应用于土力学问题。地面上某一区域受房屋荷载的作用后地下各点的应力状态如章前彩色图所示。

对于一般的土体结构，它们的应力分析较为复杂。土体中的应力分布决定于基础结构的形状。其中较为典型的结构可以分为三种，即平面应力问题、平面应变问题和空间轴对称问题，如图 3.1 所示。但是土体较难在平面应力下受力，因此，土力学一般研究平面应变和空间轴对称问题。平面应变问题：沿轴线各截面的应力相同；空间轴对称问题：土体中的应力以中心轴对称分布，通过中心轴线的不同截面的应力分布相同。此外还有方形基础和矩形基础，它们是一般三维空间问题，应力分析更为复杂。

1885 年，法国数学物理学家布辛奈斯克(Boussinesq)用弹性理论推出了在半无限空间弹性体表面上作用有竖直集中力 P 时，在弹性体内任意点所引起的应力解析解。这是一个空间轴对称问题；对称轴就是集中力 P 的作用线，以 P 作用点为原点，则 M 点坐标为(x，y，z)，如图 3.2 所示。

由布辛奈斯克得出 M 点的六个应力分量和三个位移分量的表达式，这一问题称为竖直集中力作用的布辛奈斯克课题。此后，很多学者对不同的问题进行了求解，得出了不同问题的各种解答[1]。

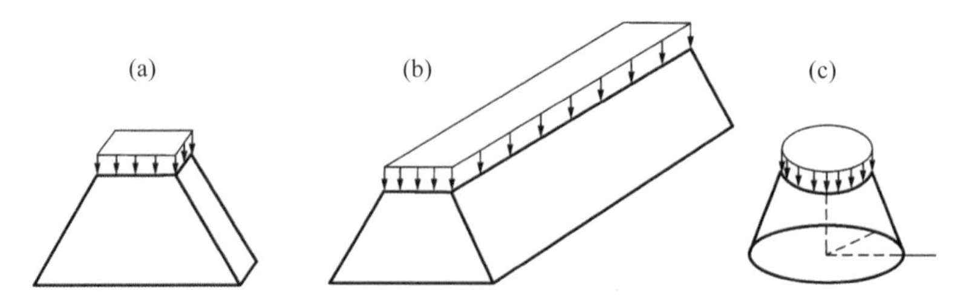

图 3.1 工程结构的三大典型问题。(a)平面应力问题；(b)平面应变问题；(c)空间轴对称问题

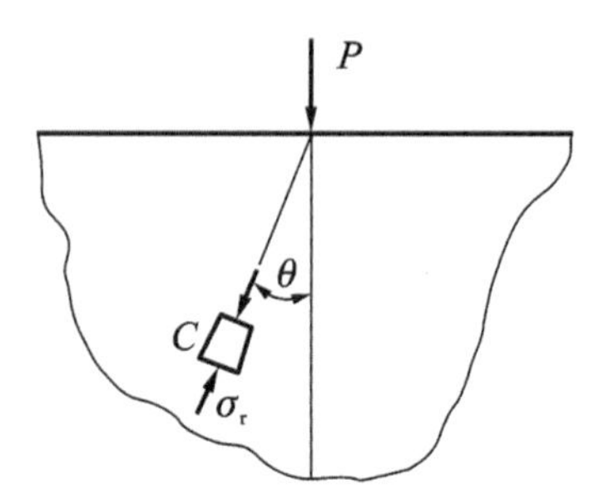

图 3.2 布辛奈斯克(Boussinesq)课题

对于简单的问题，我们可以求得土中应力分析问题的解析解，而对于复杂的问题，解析解求解较为困难，可以采用计算机数值分析方法。例如，图 3.3 为条形基础下地基在荷载作用下的应力分布情况。其中图 3.3(a)中组成十字符号的两个线段分别表示主应力的大小和方向；图 3.3(b)为应力等值线图[2]，这种椭圆球形状的线条也称为应力泡。

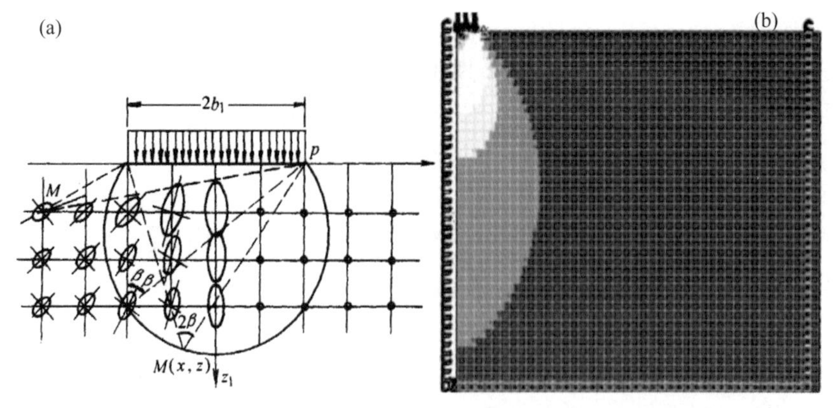

图 3.3 条形基础下地基在荷载作用下的应力分布情况。(a) 主应力的大小和方向；(b)应力等值线图

这一章的应力问题研究，主要研究有效应力、自重应力和地基荷载作用下的附加应力。这些内容与一般的土力学相同[3-5]。此外需要指出，当土体进入塑性状态后土体中的应力分布与选用的强度理论有关。近年来的一些研究表明，采用不同的强度理论得出的应力分布有明显的差别。

3.2 土中的有效应力

土体由固体颗粒、水和气体三相材料组成。土体受力后，内部的应力情况比较复杂。维也纳工业大学教授菲林格(Paul Fillunger，1883—1937)于 1913—1915 年进行了很多实验。1913 年，菲林格指出：“液体渗透进石坝结构的压力在材料内部产生了一个压力，这个压力在所有方向相等。”这就是现在关于土体孔隙中的水压力的最早描述。接着他又给出了关于土的有效应力强度的更加准确的论述：“可以假设均匀的内压不会引起材料的强度大幅度降低。”这是“孔隙水压力不会对多孔固体强度产生任何影响”概念的第一个阐述。1915 年，菲林格通过实验再次得出结论并认为：“孔隙水压对多孔固体的材料性质完全不产生任何影响。”

太沙基(Terzaghi)于 1923 年提出了方程 $\sigma = \sigma' + u$，并指出土体受力后产生的总应力 σ 由两部分组成：一部分是 u，以各个方向相等的强度作用于水和固体，这一部分称作孔隙水压力；另一部分为总应力 σ 和孔隙水压力 u 之差，即 $\sigma' = \sigma - u$，它只是在土的固相中发生作用，这一部分称作有效主应力(改变孔隙水压力实际上并不产生体积变化，孔隙水压力实际上与在应力条件下土体产生破裂无关)。这被称为有效应力原理。

有效应力原理现在已成为土力学的重要部分。因此，对饱和土体稳定性的研究需要具有总应力和孔隙水压力的知识(在本书第 6 章和第 7 章将作进一步阐释)。

有效应力原理主要包含下述两点：

(1)作用于土体上的总应力是有效应力和孔隙水压力之和，即

$$\sigma = \sigma' + u，\quad \sigma' = \sigma - u \tag{3.1}$$

(2)土体的强度和变形性质只决定于其有效应力，而孔隙水压力对于这些性质并不产生影响。

3.3 自重应力

建筑物修建之前，土中已经存在着来自土体本身重量的应力。土是由土粒、水和气所组成的非连续介质，若把土体简化为连续体，而应用连续理论来研究土中应力分布时，只考虑土中某单位面积上的平均应力[6-9]。

在计算土中应力时，假设天然地面是一个无限大的水平面，如果地面下土质均匀，天然重度为γ，则在天然地面任意深度z处的竖向自重应力为：

$$\sigma_{cz} = \gamma \times z \tag{3.2}$$

竖向自重应力σ_{cz}沿水平面分布，且与z成正比，即随深度线性增加，如图 3.4 所示。

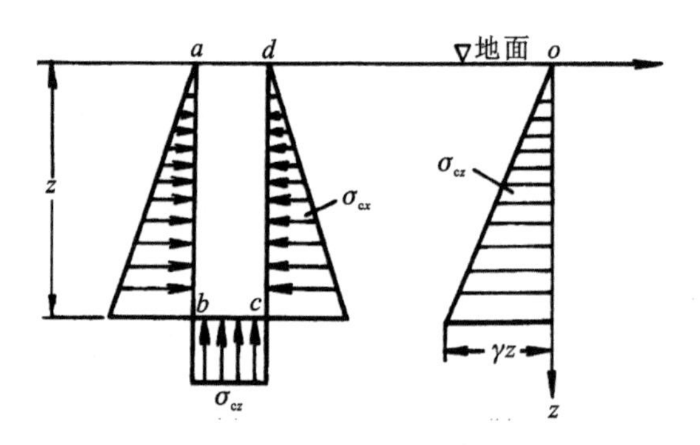

图 3.4 均质土中竖向自重应力

土中除有作用于水平面的竖向自重应力外，在竖直面上还作用有水平向的侧向自重应力。根据弹性力学，侧向自重应力σ_{cx}和σ_{cy}应与σ_{cz}成正比，而剪切力均为零，即

$$\sigma_{cx} = \sigma_{cy} = k_0 \sigma_{cz}, \quad \tau_{xy} = \tau_{yz} = \tau_{xz} = 0 \tag{3.3}$$

式中，比例系数k_0称为土的侧压力系数或静止土压力系数。

土往往是成层的，因而各层土具有不同重度，比如地下水位位于同一土层中，计算自重应力时，地下水位面应作为分层界面，如图 3.5 所示。地下水位以下土层必须以有效重度γ'代替天然重度γ，这样得到成层土的自重应力计算公式为：

$$\sigma_{cz} = \sum_{i=1}^{n} \gamma_i \times h_i \tag{3.4}$$

式中，σ_{cz}为天然地面以下任意深度z处的自重应力；n为深度z范围内的土层总数；h_i为第i层土的厚度；γ_i为第i层土的天然重度，对地下水位以下取有效重度。

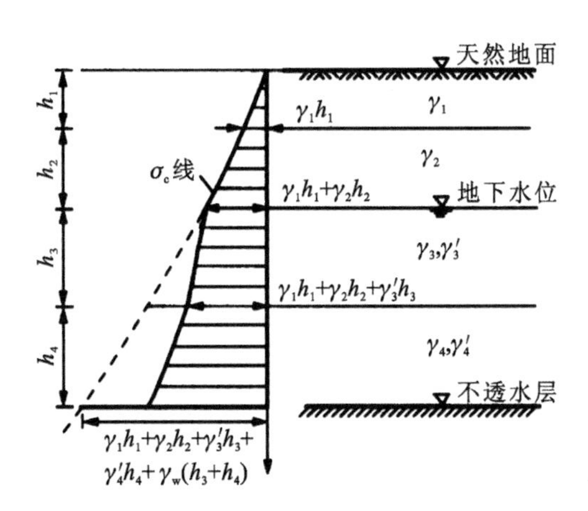

图 3.5 成层土中竖向自重应力沿深度的分布

由土中竖向自重应力沿深度的分布可知竖向自重应力的分布规律为：

①土的自重应力分布线是一条折线，折点在土层交界处和地下水位处，在不透水层面处分布线有突变；

②同一层土的自重应力按直线变化；

③自重应力随深度增加而变大；

④在同一平面自重应力各点相等。

自然界中的天然土层，形成至今已经有很长的时间，在本身的自重作用下引起的土的压缩变形早已完成，因此，自重应力一般不会引起建筑物基础地基的沉降。但对于近期沉积或堆积的土层就应该考虑由于自重应力而引起的变形。

3.4 基底压力

建筑物荷载是通过基础传给地基的，在基础底面与地基之间产生接触压力，通常被称为基底压力。由于基底压力作用于基础与地基的接触面上，故也被称为基底接触压力。它既是基础作用于地基表面的力，也是地基对于基础的反作用力[10-12]。

3.4.1 中心荷载作用

作用于基底的荷载通过基底形心。假定基底压力为均匀分布(图3.6(a))，此时基底压力按下式计算：

$$p = \frac{F + G}{A} \tag{3.5}$$

式中，F 为作用在基础顶面通过基底形心的竖向荷载(单位为 kN)；G 为基础及其台阶上填土的总重(单位为 kN)，$G=\gamma_G Ad$，其中 γ_G 为基础和填土的平均重度(一般取 $\gamma_G=20\ \text{kN/m}^3$)，地下水位以下取有效重度，$d$ 为基础埋置深度，A 为基底面积。

3.4.2 偏心荷载作用

常见的偏心荷载作用于矩形基底的一个主轴上，可将基底长边方向取与偏心方向一致，此时两短边边缘最大压力 $p_{\max}$ 与最小压力 $p_{\min}$ 可按材料力学短柱偏心受压公式计算：

$$p_{\min}^{\max} = \frac{F + G}{lb}\left(1 \pm \frac{6e}{l}\right) \tag{3.6}$$

式中，l 和 b 分别为基底平面的长边与短边尺寸，e 为荷载偏心距。

从上式可知，按荷载偏心距 e 的大小基底压力的分布可能出现下述三种情况：

①当 $e<1/6$ 时，$p_{\min}>0$，基底压力呈梯形分布(图 3.6(b))；

②当 $e=1/6$ 时，$p_{\min}=0$，基底压力呈三角形分布；

③当 $e>1/6$ 时，$p_{\min}<0$，即产生拉力，根据偏心荷载与基底反力平衡的条件，荷载合力应通过三角形分布图的形心(图 3.6(c))。

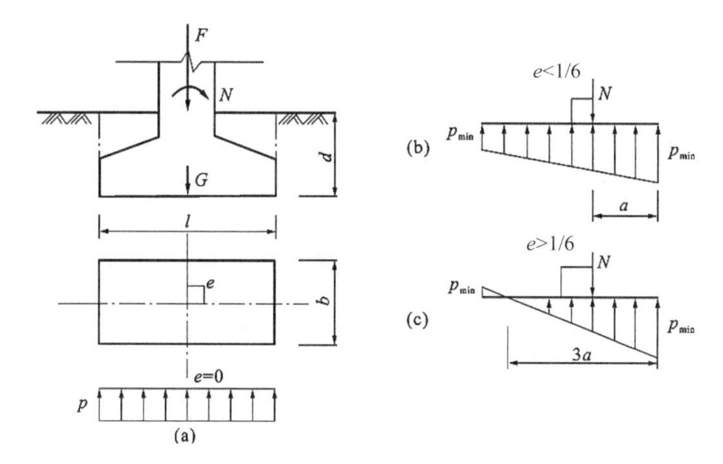

图 3.6 基底反力分布的简化计算。(a)中心荷载下；(b)偏心荷载 $e<l/6$ 时；(c)偏心荷载 $e>l/6$ 时

3.5 地基附加应力

地基附加压力是建筑荷载引起的土中应力，它是引起地基变形的主要因素。图 3.7 为一个建筑下土体的自重压力和附加应力分布的示意图，其中附加应力可由弹性力学方法求得，这个问题称为布辛奈斯克问题。

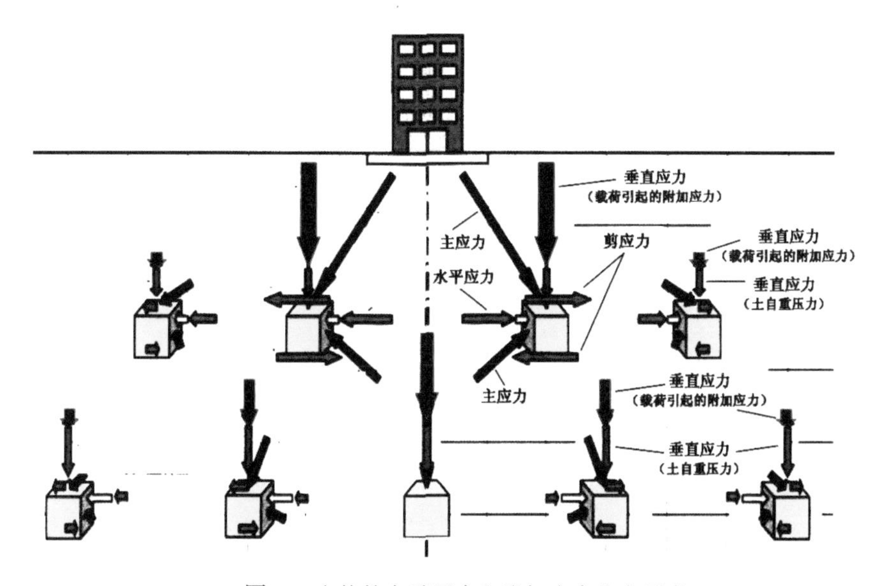

图 3.7 土体的自重压力和附加应力分布示意

3.5.1　竖向集中力下的地基附加应力

在均匀的、各向同性的半无限弹性体表面作用一竖向集中力 F 时，半空间内任一点 $M(x, y, z)$处的应力和位移的弹性力学解释由法国的布辛奈斯克首先提出，如图 3.8 所示。

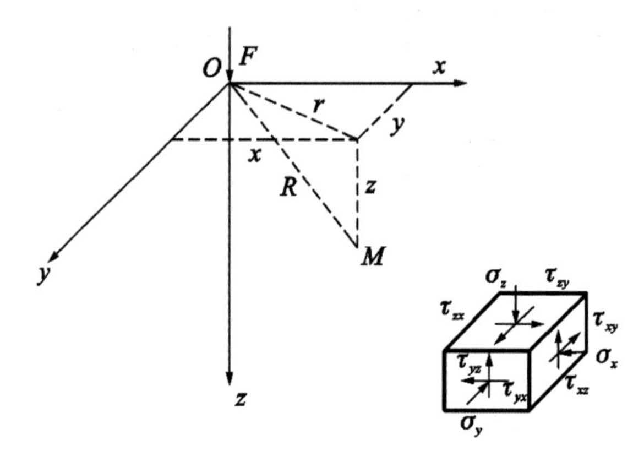

图 3.8 集中力作用下土中应力计算

布辛奈斯克根据弹性理论推导出的应力及位移表达式见下，其中 R 为该点至地面力的作用点的距离，r 为该点的水平投影点至集中力作用点的距离，E 和 μ 分别为土的弹性模量及泊松比。

(1) M 点三向正应力分量

$$\sigma_x = \frac{3F}{2\pi}\left[\frac{x^2 z}{R^5} + \frac{1-2\mu}{3}\left(\frac{R^2 - Rz - z^2}{R^3(R+z)} - \frac{x^2(2R+z)}{R^3(R+z)^2}\right)\right] \tag{3.7}$$

$$\sigma_y = \frac{3F}{2\pi}\left[\frac{y^2 z}{R^5} + \frac{1-2\mu}{3}\left(\frac{R^2 - Rz - z^2}{R^3(R+z)} - \frac{y^2(2R+z)}{R^3(R+z)^2}\right)\right] \tag{3.8}$$

$$\sigma_z = \frac{3Fz^3}{2\pi R^5} \tag{3.9}$$

(2) M 点三向切应力分量

$$\tau_{xy} = \tau_{yx} = \frac{3F}{2\pi}\left[\frac{xyz}{R^5} - \frac{1-2\mu}{3} \cdot \frac{xy(2R+z)}{R^3(R+z)^2}\right] \tag{3.10}$$

$$\tau_{yz}=\tau_{zy}=\frac{3F}{2\pi}\cdot\frac{yz^2}{R^5} \tag{3.11}$$

$$\tau_{zx}=\tau_{xz}=\frac{3F}{2\pi}\cdot\frac{xz^2}{R^5} \tag{3.12}$$

(3) M 点三向位移分量

$$u=\frac{F(1+\mu)}{2\pi E}\left[\frac{xz}{R^3}-(1-2\mu)\frac{x}{R(R+z)}\right] \tag{3.13}$$

$$v=\frac{F(1+\mu)}{2\pi E}\left[\frac{yz}{R^3}-(1-2\mu)\frac{y}{R(R+z)}\right] \tag{3.14}$$

$$w=\frac{F(1+\mu)}{2\pi E}\left[\frac{z^2}{R^3}+2(1-\mu)\frac{1}{R}\right] \tag{3.15}$$

工程中应用最多的是竖向法应力 σ_z 及竖向位移 w。为了应用方便，可对法向应力进行改造：

$$\sigma_z=\frac{3Fz^3}{2\pi R^5}=\frac{3Fz^3}{2\pi\left(r^2+z^2\right)^{5/2}}=\alpha\frac{F}{z^2} \tag{3.16}$$

式中，$R=\sqrt{x^2+y^2+z^2}$，α 为集中力作用下的地基竖向应力系数，可取：

$$\alpha=\frac{3}{2\pi\left[(r/z)^2+1\right]^{5/2}}$$

若无限体表面有几个集中力作用时，其附加应力可运用叠加法计算：

$$\sigma_z=\frac{1}{z^2}\sum_{i=1}^{n}\alpha_i F_i \tag{3.17}$$

若局部荷载的平面形状或分布规律不规则时，可将荷载面(或基础底面)分成若干形状规则(如矩形)的面积单元，将每个单元的分布荷载视为集中力，再计算其附加应力，这种方法称为等代荷载法。

3.5.2　分布荷载下地基附加应力

若基础底面的形状及分布荷载都是有规律的，则可应用积分的方法求得地基土中的附加应力。假设半无限土体表面作用一分布荷载 $p(x, y)$，如图 3.9 所示。

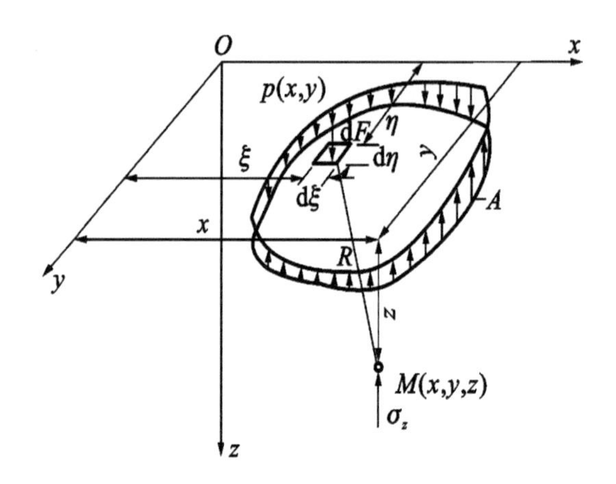

图 3.9 分布荷载作用下土中应力计算

对于地基土中某点的竖向应力 σ_z 可根据下式来求：

$$\sigma_z = \iint_A \mathrm{d}\sigma_z = \frac{3z^3}{2\pi}\iint_A \frac{p(x, y)\mathrm{d}\varepsilon \mathrm{d}\eta}{\left[(x-\varepsilon)^2 + (y-\eta)^2 + z^2\right]^{5/2}} \tag{3.18}$$

在求解上式时与下面三个条件有关：

①分布荷载 $p(x, y)$的分布规律及其大小；

②分布荷载的分布面积 A 的几何形状及大小；

③应力计算点的坐标(x, y, z)的值。

积分后的结果比较复杂，但都是 l/b、z/b (z/r_0)等的函数。工程上为了应用方便，常采用“无量纲化”处理，即以 l/b、z/b (z/r_0)编制一些表格，应用时根据 l/b、z/b (z/r_0)查表即可得出分布荷载下的附加应力系数 α_f，再以下式求得附加应力 σ_z：

$$\sigma_z = \alpha_f p_0 \tag{3.19}$$

3.5.3　空间问题的应力计算

常见空间问题有均布矩形、圆形荷载以及三角形分布的矩形荷载等。矩形面积上分别作用均布荷载和三角形荷载的示意图如图 3.10 所示。

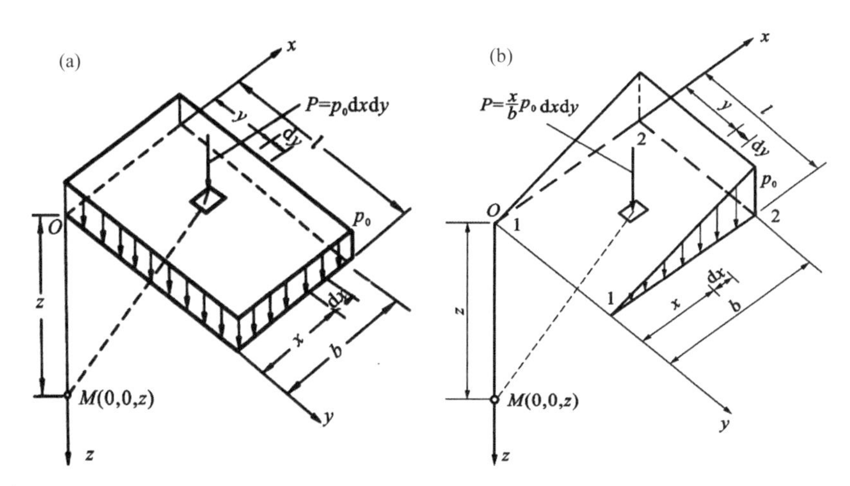

图 3.10 (a)均布矩形荷载角点下的附加应力；(b)三角形分布荷载角点下的附加应力

(1)矩形面积均布荷载作用时土中竖向附加应力的计算

如图 3.10(a)所示，设矩形荷载面的长度和宽度分别为 l 和 b，作用于地基上的竖向均布荷载 p_0，则

$$\sigma_z = \alpha_c p_0 \tag{3.20}$$

式中，α_c 称为均布矩形角点下的竖向附加应力系数：

$$\alpha_c = \frac{1}{2\pi}\left[\frac{lbz\left(l^2+b^2+2z^2\right)}{\left(l^2+z^2\right)\left(b^2+z^2\right)\sqrt{l^2+b^2+z^2}} + \arctan\frac{lb}{z\sqrt{l^2+b^2+z^2}}\right]$$

当应力计算点不在角点之下时，可利用角点法求得。

(2)矩形面积上作用三角形荷载时土中竖向附加应力的计算

如图 3.10(b)所示，在矩形荷载面上承受三角形分布的竖向荷载的最大值为 p_0，对荷载为零的 1 角点下深度为 z 处的 M 点坐标为(0，0，z)，且 $p(x，y)=x/(bp_0)$，则相应的竖向应力为：

$$\sigma_z = \frac{3z^3}{2\pi} p_0 \int_0^i \int_0^b \frac{x\mathrm{d}x\mathrm{d}y}{b\left(x^2+y^2+z^2\right)^{2/5}} = \alpha_{t1} p_0 \tag{3.21}$$

式中，α_{t1}为三角形荷载最小值对应的附加应力系数，其值为：

$$\alpha_{t1} = \frac{lz}{2\pi b}\left[\frac{1}{\sqrt{l^2+z^2}} - \frac{z^2}{\left(b^2+z^2\right)\sqrt{l^2+b^2+z^2}}\right]$$

同理，可求得荷载最大值边角点 2 下任意深度处的竖向附加应力为：

$$\sigma_z = \left(\alpha_c - \alpha_{t1}\right) p_0 = \alpha_{t2} p_0 \tag{3.22}$$

式中，α_{t2}为三角形荷载最大值对应的附加应力系数，$\alpha_{t2}=\alpha_c-\alpha_{t1}$。

3.6　平面应变问题的附加应力

若在无限弹性体表面作用无限长条形的分布荷载，荷载在宽度方向的分布是任意的，但在长度方向的分布规律则是相同的，在计算土中任意点的应力时，只与该点的平面坐标有关，而与长度方向坐标无关。这种情况属于平面应变问题。实践中常把墙基、路基、坝基、挡土墙基础视为平面应变问题。

3.6.1　线荷载

在地基土表面作用无限分布、宽度极微小的均布线荷载，以$\overline{p}$来表示。如图 3.11(a)所示，竖向线荷载作用在 y 轴上，沿 y 轴取一微小线元素 dy，其上作用荷载$\overline{p}\mathrm{d}y$，把它看作集中力$\mathrm{d}F=\overline{p}\mathrm{d}y$，则

$$\mathrm{d}\sigma_z = \frac{3z^3\overline{p}\mathrm{d}y}{2\pi R^5} \tag{3.23}$$

按弹性力学方法对式(3.23)积分可得 σ_z、σ_x 和 τ_{xz} 分别为：

$$\sigma_z = \int_{-\infty}^{+\infty} \frac{3z^3 \overline{p} \mathrm{d}y}{2\pi\left(x^2 + y^2 + z^2\right)^{2/5}} = \frac{2z^3 \overline{p}}{\pi\left(x^2 + z^2\right)^2} \tag{3.24}$$

$$\sigma_x = \frac{2x^2 z\overline{p}}{\pi\left(x^2 + z^2\right)^2} \tag{3.25}$$

$$\tau_{xz} = \tau_{zx} = \frac{2z^2 x\overline{p}}{\pi\left(x^2 + z^2\right)^2} \tag{3.26}$$

按广义胡克定律和$\varepsilon_y = 0$的条件有：

$$\begin{aligned} &\tau_{xy} = \tau_{yx} = \tau_{yz} = \tau_{zy} = 0 \\ &\sigma_y = \mu\left(\sigma_x + \sigma_z\right) \end{aligned} \tag{3.27}$$

上式在弹性理论中称为费拉曼(Flamant)解。

3.6.2 均布条形荷载

在实际工程中经常遇到的是如图 3.11(b)所示的条形荷载。均布条形荷载p_0沿x轴上某微分段 dx 上的荷载可以用线荷载$\overline{p}$代替，并引入OM线与z轴线的夹角β，得：

$$\overline{p} = p_0 \mathrm{d}x = \frac{p_0 R_1}{\cos\beta} \mathrm{d}\beta \tag{3.28}$$

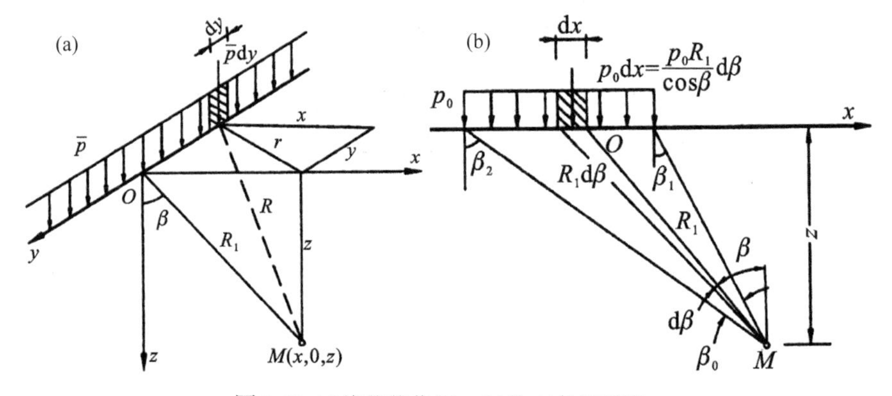

图 3.11 (a)线荷载作用；(b)均布条形荷载

则地基中任一点 M 处的附加应力用极坐标表示如下：

$$\sigma_z = \int_{\beta_1}^{\beta_2} \mathrm{d}\sigma_z = \frac{p_0}{\pi}\left[\sin\beta_2\cos\beta_2 - \sin\beta_1\cos\beta_1 + (\beta_2 - \beta_1)\right] \tag{3.29}$$

$$\sigma_x = \frac{p_0}{\pi}\left[-\sin(\beta_2 - \beta_1)\cos(\beta_2 + \beta_1) + (\beta_2 - \beta_1)\right] \tag{3.30}$$

$$\tau_{xz} = \tau_{zx} = \frac{p_0}{\pi}\left(\sin^2\beta_2 - \sin^2\beta_{12}\right) \tag{3.31}$$

当 M 点位于荷载分布宽度两端点之间时，β_1 取负值，反之则取正值。

将式(3.29)–(3.31)代入材料力学公式，可得 M 点的大、小主应力 σ_1 和 σ_3 的表达式：

$$\begin{matrix}\sigma_1 \\ \sigma_3\end{matrix} = \frac{\sigma_x + \sigma_z}{2} \pm \sqrt{\left(\frac{\sigma_x - \sigma_z}{2}\right)^2 + \tau_{zx}{}^2} = \frac{p_0}{\pi}\left[(\beta_2 - \beta_1) \pm \sin(\beta_2 - \beta_1)\right] \tag{3.32}$$

条形荷载引起附加应力的大、小主应力如图 3.12 所示，大、小主应力作用的方向分别与这个张角的角平分线方向平行和垂直。图中所示的各个应力椭圆的长短轴的方向和长短分别表示不同位置大、小主应力方向和大小。大、小主应力的等值线是过条形基础边缘两点的圆弧，圆弧上各点对此弧的圆周角相等。

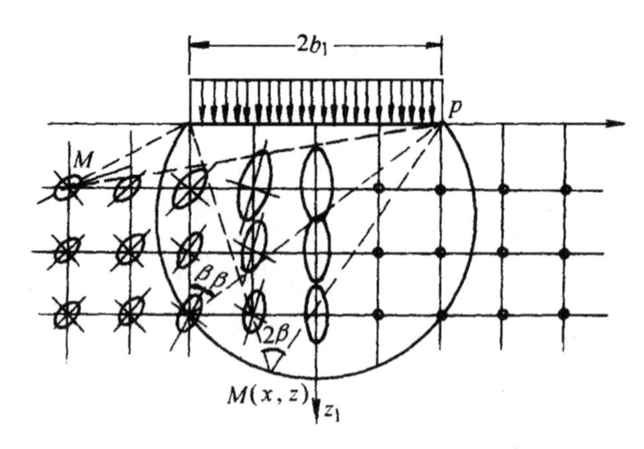

图 3.12 条形荷载引起附加应力的大、小主应力方向和应力椭圆

为了计算方便，还可将公式(3.29)–(3.31)改用直角坐标表示。此时取条形荷载的中点作为原点，则三个应力分量如下：

$$\sigma_z = \frac{p_0}{\pi}\left[\arctan\frac{1-2n}{2m} + \arctan\frac{1+2n}{2m} - \frac{4m\left(4n^2-4m^2-1\right)}{\left(4n^2+4m^2-1\right)^2+16m^2}\right] = \alpha_{sz} p_0 \tag{3.33}$$

$$\sigma_x = \frac{p_0}{\pi}\left[\arctan\frac{1-2n}{2m} + \arctan\frac{1+2n}{2m} + \frac{4m\left(4n^2-4m^2-1\right)}{\left(4n^2+4m^2-1\right)^2+16m^2}\right] = \alpha_{sx} p_0 \tag{3.34}$$

$$\tau_{xz} = \tau_{zx} = \frac{p_0}{\pi}\frac{32nm^2}{\left(4n^2+4m^2-1\right)^2+16m^2} = \alpha_{sxz} p_0 \tag{3.35}$$

式中，α_{sx}、α_{sz} 和 α_{sxz} 分别为均布条形荷载下相应的三个附加应力系数，都是 $n=x/b$ 和 $m=z/b$ 的函数。

利用以上有关各式可绘出σ_z、σ_x 和 τ_{xz} 等值线图，这种椭圆球形状的曲线也称为应力泡，如图 3.13 所示。

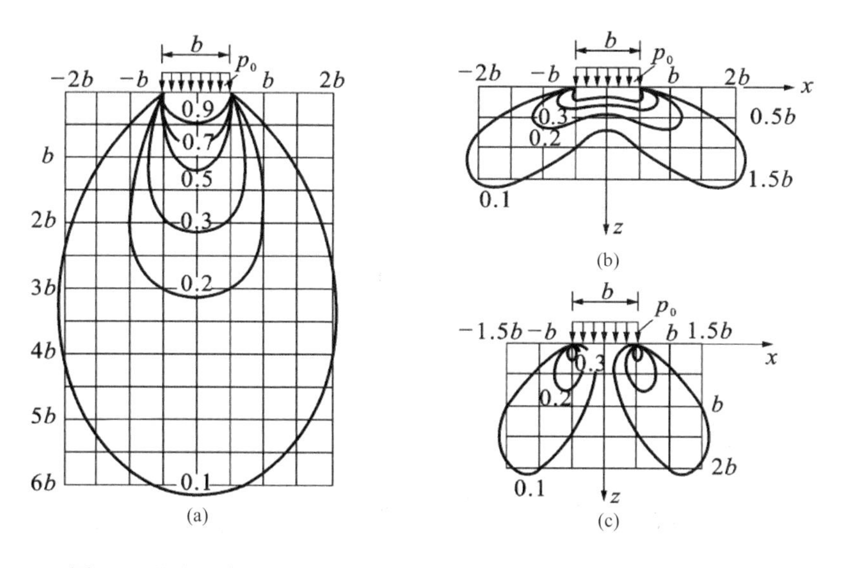

图 3.13 均布长条形荷载下地基附加应力σ_z (a)，σ_x (b)和 τ_{xz} (c)等值线

为了对地基附加应力分布有更全面的了解，我们在下面给出了其他一些典型荷载下的各种不同地基附加应力图的σ_z等值线图(应力泡)。图 3.14 为集中荷载 Q 作用下的σ_z等值线图，图 3.15 为线荷载 P 作用下的σ_z等值线图。

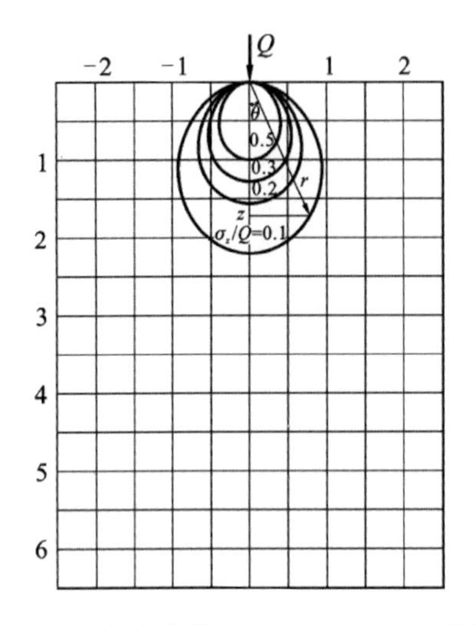

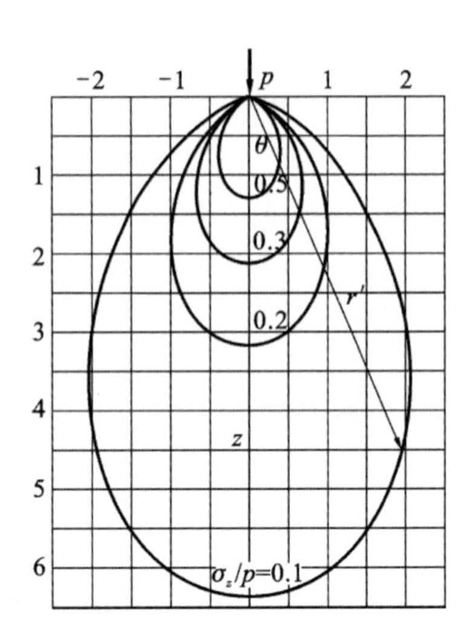

图 3.14 集中荷载 Q 作用下的σ_z等值线图　**图 3.15** 线荷载 P 作用下的σ_z等值线图

图 3.16 为 L=1.5B 和 L=2B 的长方形均布荷载作用下的σ_z应力等值线图，图 3.17 为 L=3B 和的 L=∞(L 足够长时)均布荷载作用下的σ_z应力等值线图。根据这些图，可以判断出建筑物具有不同的长宽比时，地表面的荷载在地基中引起的附加应力的影响范围。由图 3.16(b)可知，当 L=2B 时，垂直方向附加应力为–0.1p 时的影响深度增加到 3B 左右。由图 3.17(b)可知，条形荷载(L=∞)的垂直方向附加应力为–0.1p 时的影响深度增加到 6.3B 左右。

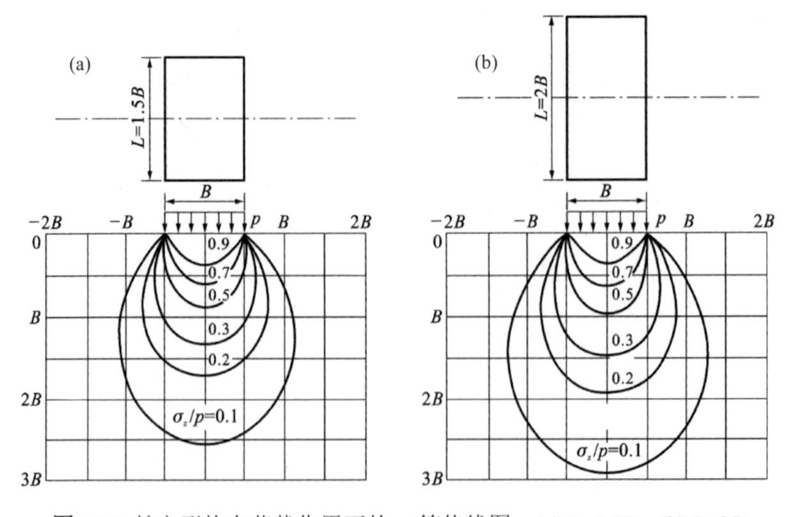

图 3.16 长方形均布荷载作用下的 σ_z 等值线图。(a) L=1.5B；(b) L=2B

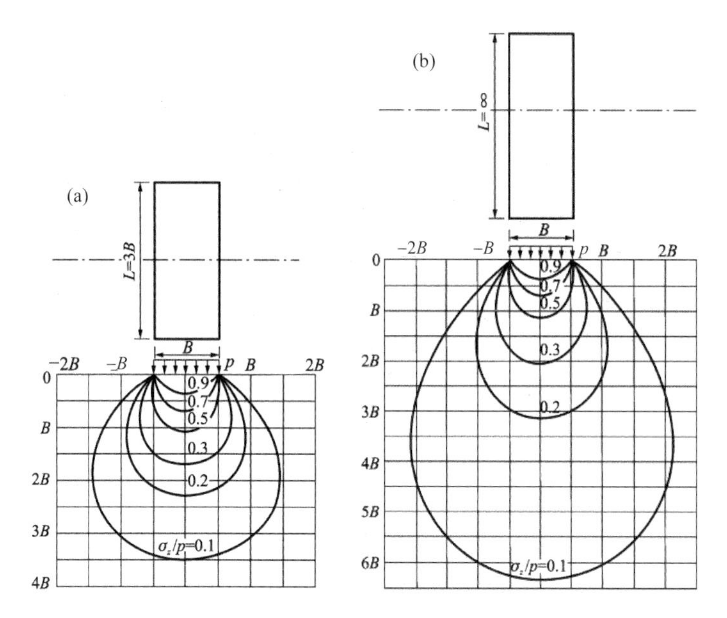

图 3.17 长条形均布荷载作用下的 σ_z 等值线图。(a) $L=3B$；(b) $L=\infty$

3.7　均布圆形荷载下的应力

设圆形荷载面积的半径为 r_0，作用在地基表面的竖向均布荷载为 p_0。在图 3.18 中计算附加应力适宜采用极坐标求解。这时有 $\mathrm{d}A=r\mathrm{d}r\mathrm{d}\theta$，$\mathrm{d}F=p_0 r\mathrm{d}r\mathrm{d}\theta$，通过坐标变换得：

$$\sigma_z=\int_0^{r_0}\int_0^{2\pi}\frac{3p_0 rz^3\mathrm{d}r\mathrm{d}\theta}{2\pi\left(r^2+z^2\right)^{5/2}}=p_0\left[1-\left(\frac{z^2}{r^2+z^2}\right)^{3/2}\right]=\alpha_r p_0 \tag{3.36}$$

式中，α_r 为均布圆形荷载中心点下的附加应力系数。

同理可得到均布圆形荷载周边下的附加应力为：

$$\sigma_z=\alpha_t p_0 \tag{3.37}$$

式中，α_t 为均布圆形荷载周边下的附加应力系数。均布圆形荷载下的应力分布如图 3.19 所示。

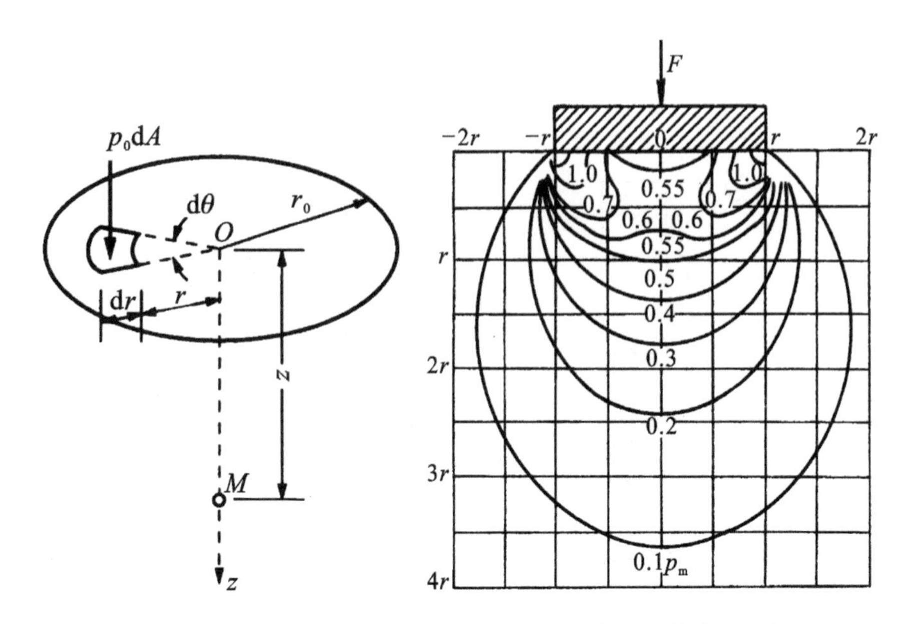

图 3.18 圆形均布荷载作用下附加应力　**图 3.19** 圆形均布荷载作用下的应力泡

作为比较，图 3.20 和图 3.21 分别给出了圆形和正方形均布荷载作用下的应力σ_z等值线图。由图可知，当荷载是圆形荷载和$L=B$的正方形荷载时，垂直方向附加应力为-0.1p时的影响深度约为 2D (2B)。

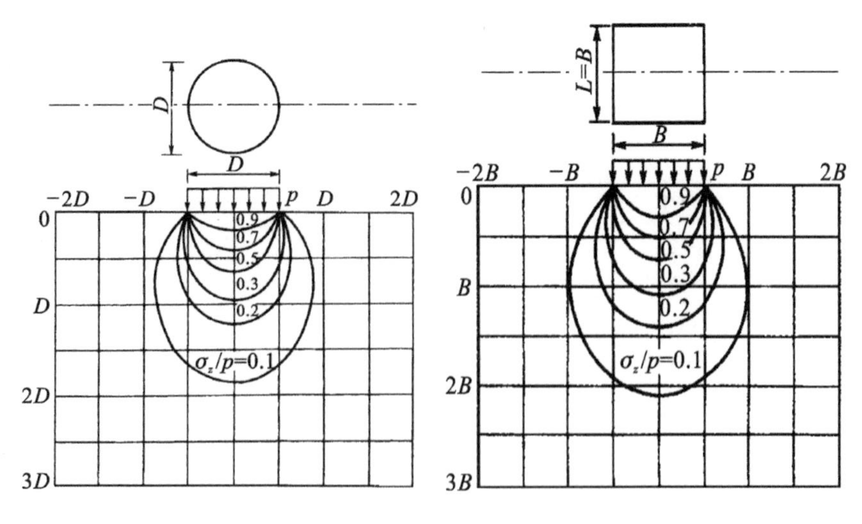

图 3.20 圆形均布荷载下的 σ_z 等值线图　**图 3.21** 正方形均布荷载下的 σ_z 等值线图

3.8 非均质和各向异性地基中的附加应力

在前面，我们把地基土看作均质和各向同性的线性变形体，然后按弹性力学问题解答计算附加应力。而实际地基土较为复杂，有时需要考虑地基不均匀和各向异性对附加应力计算的影响。

3.8.1 双层地基

1. 上软下硬土层

如图 3.22(a)所示的上软下硬情况(虚线表示均质地基中水平面上的附加应力分布)。此时，土层中的附加应力值比均质土时有所增大，即存在所谓应力集中现象。岩层埋藏愈浅，应力集中的影响愈显著。当可压缩土层的厚度小于或等于荷载面积宽度的一半时，荷载面积下的σ_z几乎不扩散，即可认为σ_z不随深度变化。可见，应力集中与荷载面的宽度、压缩土层厚度以及界面上的摩擦力有关。叶戈洛夫(Eropob)给出了竖向条形荷载下，上软下硬土层沿荷载面中轴线上各点的附加应力计算公式为：

$$\sigma_z = \alpha_D p_0 \tag{3.38}$$

式中，α_D为双层土的附加应力系数。

2. 上硬下软情况

当土层出现上硬下软的情况时，则往往会出现应力扩散现象，如图3.22(b)所示。在坚硬的上层与软弱下卧层中引起的应力扩散现象，随上层土厚度的增大而更加显著。它还与双层地基的变形模量E和泊松比μ有关，即随下列参数f的增加而显著：

$$f = \frac{E_{01}\left(1-\mu_2^2\right)}{E_{02}\left(1-\mu_1^2\right)} \tag{3.39}$$

为了计算方便，叶戈洛夫引出了不计上下界面摩擦力时竖向均布条形荷载下，界面上一点的附加应力计算公式：

$$\sigma_z = \alpha_E p_0 \tag{3.40}$$

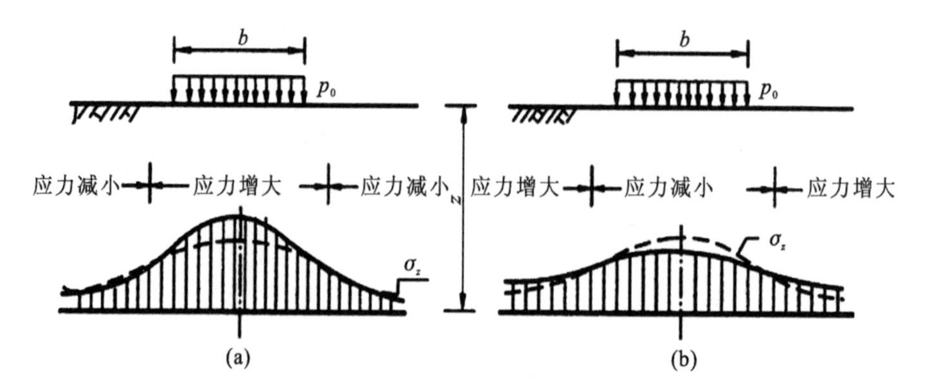

图 3.22 非均质地基对附加应力的影响。(a)应力集中现象；(b)应力扩散现象

3. 荷载中心竖直线情况

在荷载中心竖直线上也是如此，如图 3.23 所示。荷载随深度的增加迅速减小，其中曲线 1 表示均质地基情况；曲线 2 为上软下硬，σ_z产生应力集中情况；曲线 3 为上硬下软，σ_z产生应力扩散现象。

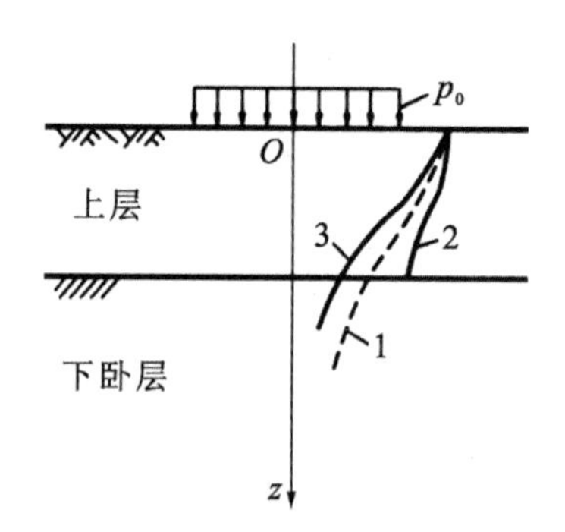

图 3.23 双层地基竖向应力分布的比较

3.8.2 变形模量随深度增大的地基

在地基中，土的变形模量常随地基深度的增大而增大。这种现象在砂土中尤为显著，这是由土体在沉积过程中的受力条件所决定的。与通常假定的均质地基相比较，沿荷载中心线下非均质的地基附加应力将产生应力集中。对于集中力作用下地基附加应力的计算，可采用弗洛利克(Frohlich)等建议的半经验公式：

$$\sigma_z = \frac{vF}{2\pi R^2}\cos^v\theta \tag{3.41}$$

式中，v为应力集中因数。对黏土或完全弹性体，$v=3$；对硬土，$v=6$；对砂土和黏土之间的土，$v=3\sim6$。

3.8.3 各向异性地基

在工程实践中常见的薄交互层就是典型的各项异性地基。天然形成的水平薄交互层地基，其水平方向的变形模量E_{oh}常大于竖直方向的变形模量E_{ov}。考虑到土的这种层状构造特性与通常假定的均质各向异性地基有所差别，沃尔夫(Wolf，1935)假定地基水平和竖直方向的泊松比相同。由于变形模量不同的情况下推导得出均布线荷载下各向异性地基的附加应力σ_z'为：

$$\begin{aligned}\sigma_z' &= \sigma_z / m \\ m &= \sqrt{E_{oh}/E_{ov}}\end{aligned} \tag{3.42}$$

因此，当非均质地基的$E_{oh}>E_{ov}$时，地基中将出现应力扩散现象；当$E_{oh}<E_{ov}$时，则出现应力集中现象。

3.9 土体弹塑性应力分析简介

当土体的应力超过弹性极限时，将产生塑性变形，这时的应力分析结果随采用的强度理论的不同而有所不同。图 3.24 为基础在载荷为 42.8 kN 作用下，范文等[13]采用统一强度理论不同参数 b 所得出的地基 z 向应力分布云图。

可以看出当统一强度理论参数 $b=0$ 时，与采用莫尔-库仑强度理论得出的结果相同，且这时得出的应力分布范围最大；统一强度理论参数 $b=1$ 时得出的应力分布范围最小；统一强度理论参数 $0<b<1$ 时得出的结果介于两者之间，即 z 向应力分布范围随着统一强度理论参数 b 值的增大而减小[13]。

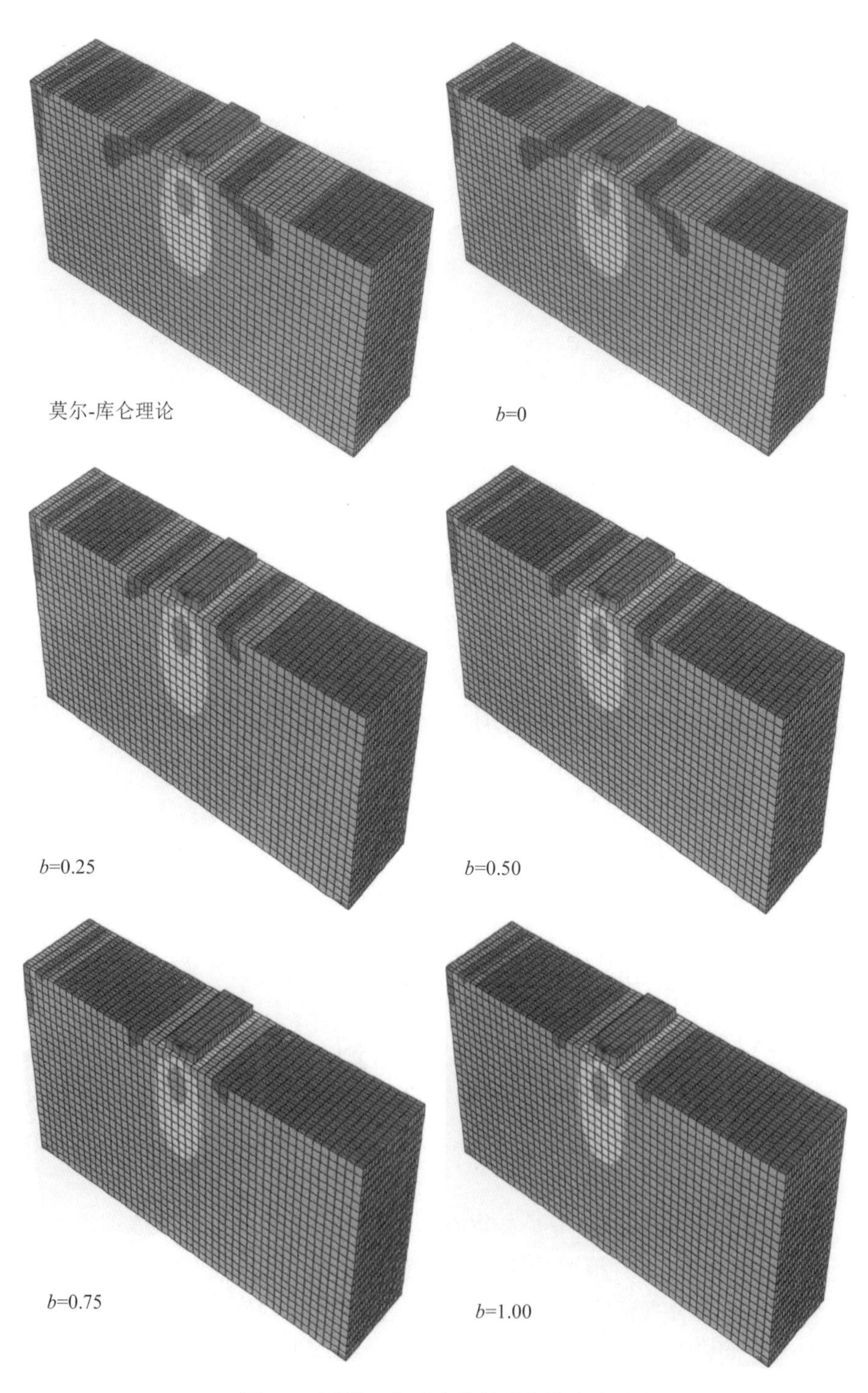

图 3.24 不同 b 值时土体的弹塑性应力分布

参考文献

[1] Boussinesq, J (1897) *Théorie de l'écoulement tourbillonnant et tumultueux des liquides dans les lits rectilignes a grande section*. 1. Gauthier-Villars.

[2] 韩丽, 宋雪琳, 谭帅, 等 (2012) 条形基础基底附加应力分布的数值分析. 建筑科学, (s1): 37–40.

[3] 陈仲颐, 周景星, 王洪瑾 (1994) 土力学. 北京:清华大学出版社.

[4] 李广信, 张丙印, 于玉贞 (2013) 土力学 (第二版). 北京:清华大学出版社.

[5] 张克恭, 刘松玉 (2001) 土力学. 北京:中国建筑工业出版社.

[6] 钱家欢, 殷宗泽 (1988) 土力学. 南京:河海大学出版社.

[7] Braja, DM (1983) *Advanced Soil Mechanics*. Hemisphere Publishing Co.

[8] Lambe, TW, Whitman, RV (1979) *Soil Mechanics*. SI Version, John Wiley & Sons.

[9] Pearson, C (1959) *Theoretical Elasticity*. Harvard University Press.

[10] Chen, WF, Saleeb, AF (1994) *Constitutive Equations for Engineering Materials. Vol. 1: Elasticity and Modeling (Second edition), Revised edition*. Amsterdam: Elsevier Science Ltd.

[11] Chen, WF, Mccarron, WO, Yamaguchi, E (1994) *Constitutive Equations for Engineering Materials. Vol. 2: Plasticity and Modeling*. Amsterdam: Elsevier.

[12] 赵光恒 (2006) 工程力学、岩土力学、工程结构及材料分册. 北京:中国水利水电出版社.

[13] 范文, 俞茂宏, 邓龙胜 (2017) 岩土结构强度理论. 北京:北京科学出版社.

阅读参考材料

[阅读参考材料 3-1]布辛奈斯克(Valentin Joseph Boussinesq，1842—1929)，法国著名的物理学家和数学家，1842 年诞生于法国南部小镇。1867 年获得巴黎大学博士学位后，他先在多所学校担任数学教师，之后担任里尔理学院(Faculty of Sciences of Lille)的微积分学教授(1872—1886)。布辛奈斯克于 1886 年任巴黎大学力学教授，并当选为法国科学院院士。

布辛奈斯克一生对数学物理中的很多分支都有重要的贡献，如流体力学涡流、波动、固体物对液体流动的阻力、粉状介质的力学机理以及流动液体的冷却作用等。他在紊流方面的成就深得著名科学家 Saint Venant 的赞赏，而在弹性力学方面的研究成就受到了 Love 的称赞。土力学的半无限体的应力的布辛奈斯克解是他众多杰出贡献中的一例。

布辛奈斯克(1842—1929)

[阅读参考材料 3-2]《中国水利百科全书(第二版)》对统一强度理论的评价如下：

“统一强度理论不仅可以解释塑性材料的屈服破坏，也可解释材料的拉断破坏、剪切破坏、压缩破坏和各种二轴、三轴破坏，可适用于金属、混凝土和岩土等各类材料。该理论有较大的学术意义和较强的应用价值。”

(中国水利百科全书 (第二版)，第二卷 (2006) 北京:中国水利水电出版社, p. 1077)

[阅读参考材料 3-3]地球的地层中，无论是土质地层还是岩石地层，都存在地应力。下图为黄河上游一个大型水电站的岩质洞室周边岩石的地应力分布图。各处地应力的大小和方向如图中箭头所示。

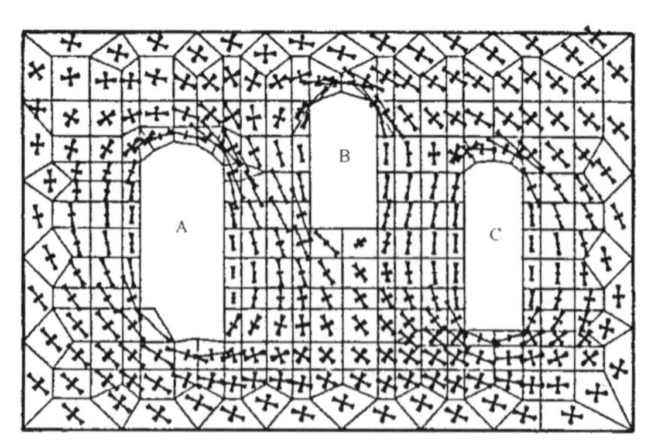

水电站的岩质洞室周边岩石的地应力分布

根据 Drucker 公设，各种强度理论的极限面必为外凸曲面并且在下图所示的内外两个不等边六角形之间。

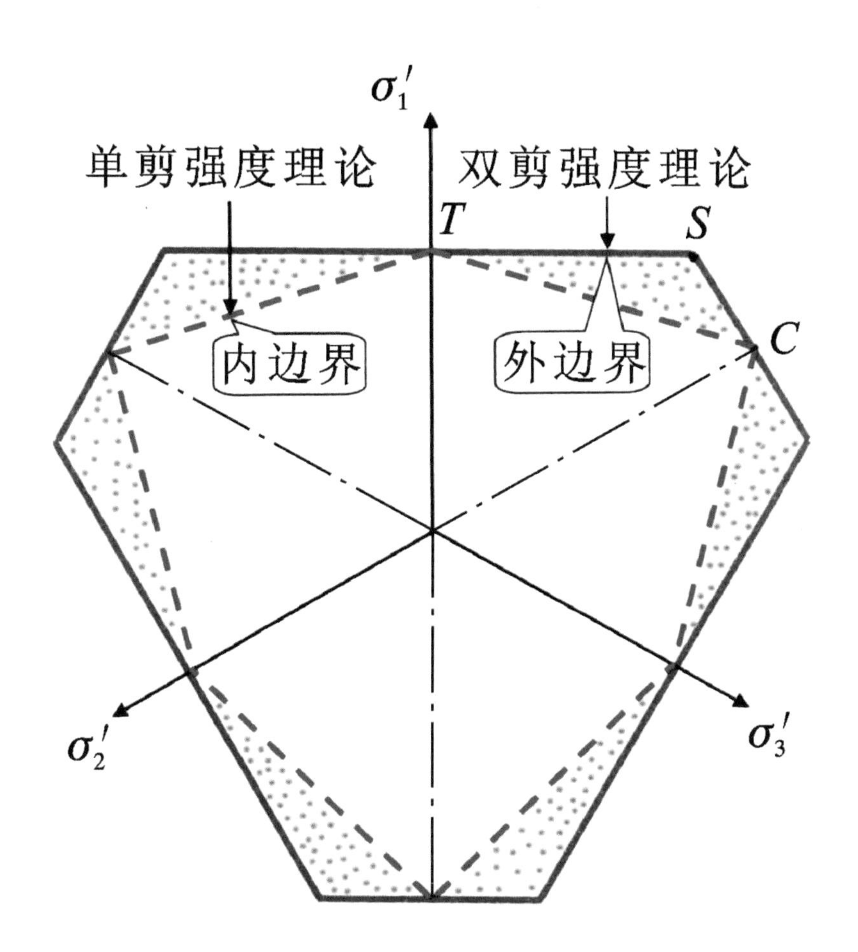

莫尔-库仑强度理论(单剪理论)和 1985 年在《中国科学》发表的双剪强度理论共同界定了外凸理论的内、外边界。莫尔-库仑强度理论的极限面为所有外凸极限轨迹的内边界(下限)，没有任何其他外凸极限面可以小于单剪极限面；双剪强度理论的极限面为所有外凸极限轨迹的外边界(上限)，没有任何其他外凸极限面能超过双剪极限面。

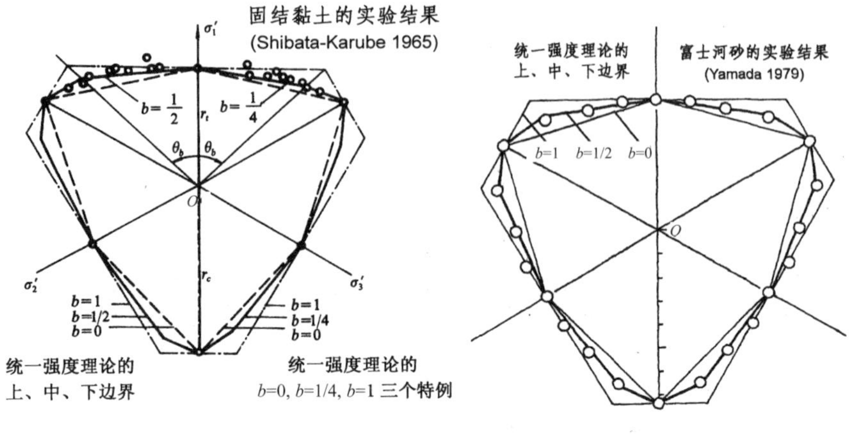

京都大学的固结土的实验结果　　富士河砂的实验结果(Yamada)

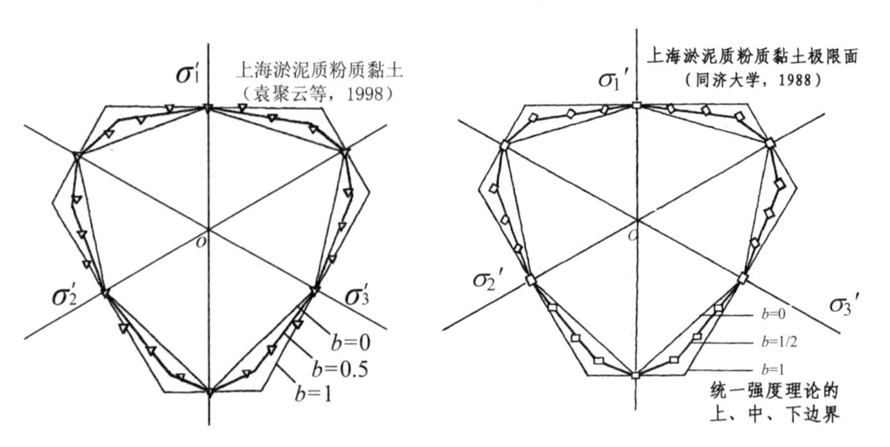

上海淤泥质粉质黏土的实验结果　上海淤泥质黏土的实验结果(同济大学)

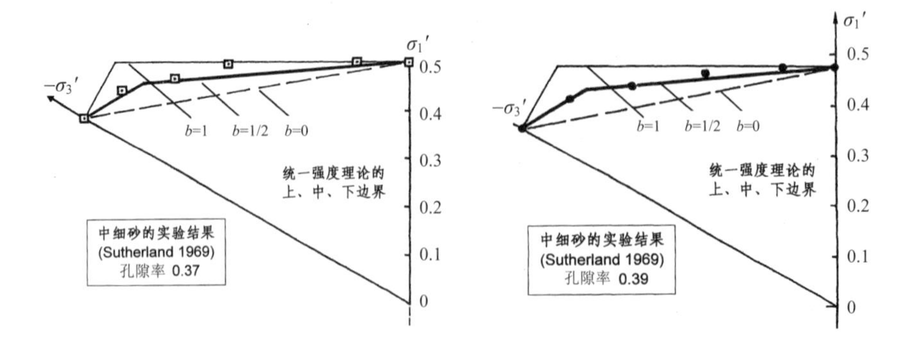

孔隙率不同时中细砂的实验结果(Sutherland 和 Sun，1992)

4

土体强度的基本特性

4.1 概 述

传统土力学对土的强度研究主要为土的剪切强度。为了研究更一般的强度理论，在本章中，我们将以国内外的大量试验结果为依据来讨论土体材料的一些基本强度特性。这些实验结果都是很珍贵的，它们是土体强度理论研究的重要基础。

土的结构十分复杂，种类繁多，并且有各种不同的分类方法。以细粒土为例，按土的结构和联结就有骨架状结构、絮凝状结构、团聚状结构、凝块状结构、叠片状结构、磁畴状结构等。实际上，同样的一类土，在不同的地方，它们的性质也往往不同。

粒体之间可能有其他颗粒土和水。颗粒之间的水由于毛细管作用，一般会比自由水面升高一些。颗粒愈小，颗粒之间的空隙愈少，毛细水的上升高度愈大。

根据《中国大百科全书》、《中国水利百科全书》(2006 年第二版)和《力学词典》，本构关系(constitutive relations，又称本构模型、本构方程)是反映物质宏观性质的数学模型。本构模型是采用连续介质力学模型求解岩土工程问题的关键。岩土的应力-应变关系与应力状态、应力路径、加荷速率、应力水平、成分、结构以及状态等有关，土还具有剪胀性、各向异性等性质。因此，岩土体的本构关系十分复杂。至今人们建立的土体的本构模型非常多，有的很复杂，有的却很简单，但能够得到大家的认可却并非易事。

岩土材料的工程性质非常复杂，一个模型能反映一个或者几个特殊规律即为好模型。著名力学家、土木工程大师李国豪曾经讲过：“复杂的事往往简单，这就是力学研究的工作。”一般我们希望它们具有简单的数学表达式、较少且易于确定的材料参数及能够反映材料的主要特性。

太沙基的土力学建立在连续介质力学的基础上。但是，土的细观结构是不连续的，并且还有固体骨料、水和空气等多种组分。它的种类繁多，性质复杂。近年来，在土的细观力学性能研究方面取得了很多成果。这既不与土的宏观力学性质相矛盾，也不妨碍宏观性能的研究和发展。十分有意义的是，虽然土的结构和性质复杂，但是它的宏观力学性质表现出很大的规律性[1]。这种规律性不仅表现在单轴试验的结果中，而且在多轴试验也有相同的结果。下面是一个典型的试验例子[2]。

长江科学院曾对碎块体进行系统的三轴试验研究，他们进行了 13 个试件共计 26 次三轴应力状态下碎块体的力学性质试验。三轴试验装置如图 4.1(a)所示，碎块体的三向受力如图 4.1(b)所示。

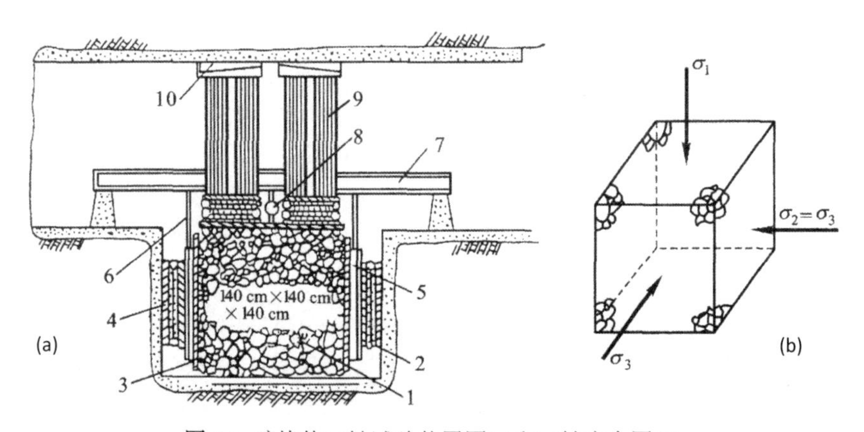

图 4.1 碎块体三轴试验装置图(a)和三轴应力图(b)

1. 试件; 2. 液压钢枕; 3. 钢模板; 4. 钢垫板; 5. 传压工字钢排; 6. 表架; 7. 工字钢架(长 4 m); 8. 测表; 9. 传力柱(共 8 根); 10. 螺栓楔块

碎块体加载时实测的$(\sigma_1-\sigma_3)$与$(\sigma_1+\sigma_3)$的关系，σ_1 与σ_3 的关系，以及$(\sigma_1-\sigma_3)$与σ_3 的关系，分别如图 4.2(a)–(c)所示[2]。从这些曲线中可以清楚第地看到，虽然碎块体的组合是随机的，但是在同样密集度的情况下，它在改变应力状态时所测得的各种强度的变化是有规律的。由于$(\sigma_1-\sigma_3)=2\tau_{13}$，$(\sigma_1+\sigma_3)=2\sigma_{13}$，所以图 4.2(a)中的曲线就是碎块体的剪切强度与正应力的关系。

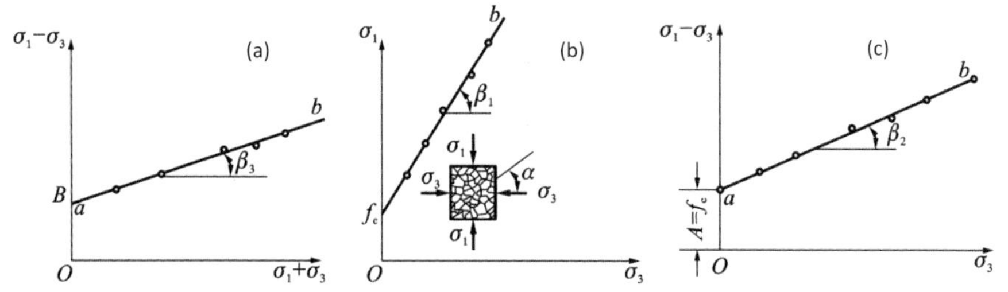

图 4.2 碎块体的强度变化规律。(a) $(\sigma_1-\sigma_3)$与$(\sigma_1+\sigma_3)$的关系；(b) σ_1 与 σ_3 的关系；(c) $(\sigma_1-\sigma_3)$ 与 σ_3 的关系曲线

图 4.3(a)是 1956 年英国伦敦大学 Parry 博士关于 Weald 黏土在三轴试验得出的剪应力与平均应力的关系曲线[3]；图 4.3(b)则是文献[4]和[5]给出的英国伦敦黏土的 42 个试件在三轴试验得出的剪应力与平均应力的无量纲关系曲线。可以看出，它们具有很好的规律性。

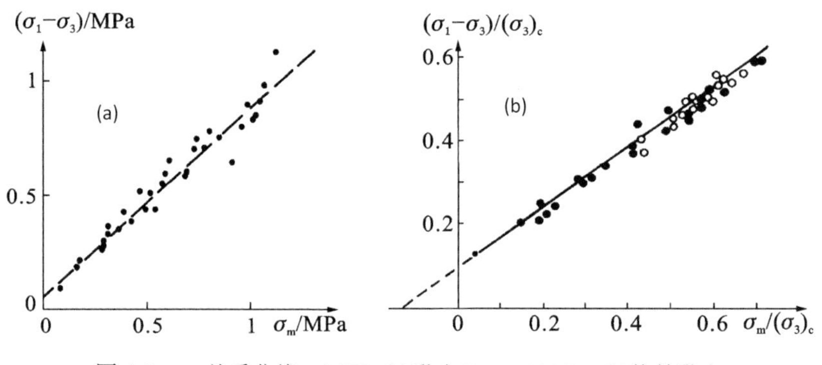

图 4.3 τ-σ_m 关系曲线。(a)Weald 黏土(Parry 1956)；(b)伦敦黏土

其他如粗粒土和堆石料[6-11]、煤矸石[12]、颗粒轻质混合土[13]、土石混合体的剪切强度曲线(含石量 40%)[14]、矿山排土场散体岩土[15]等不同结构的土的力学性质都具有一定的规律性。这种规律性是土力学的基础。

又例如生活垃圾土的组成和结构十分复杂，由于现代城市化的迅速发展，城市垃圾堆积物所产生的稳定性问题、滑坡问题已引起世界各国的重视，人们对其进行了大量研究。Kavaganjian 等[15]统计了有关文献资料，图 4.4 是生活垃圾土的抗剪强度与法向应力的关系曲线，可以看到它们之间也具有一定的规律性。

下面我们将根据国内外学者的大量实验研究成果，对土体强度的一些基本性能进行总结。

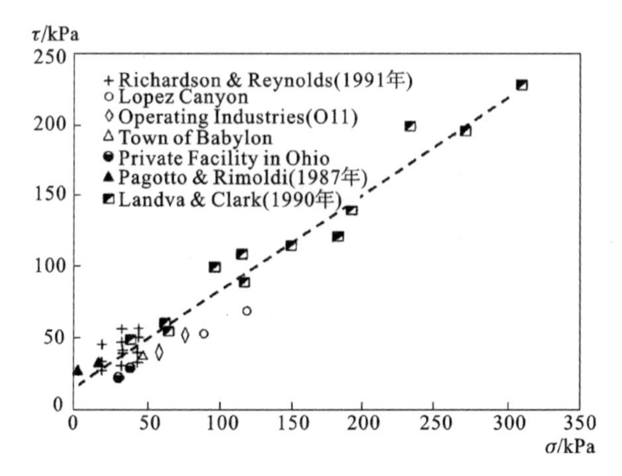

图 4.4 生活垃圾的 τ-σ关系曲线(Kavaganjian 1995)

4.2 拉压异性(SD 效应)

岩土类材料的拉伸和压缩性质的差异较大，即材料的拉压强度不等($\sigma_t \neq \sigma_c$)。由于这类材料的压缩强度较拉伸强度大得多，工程中主要利用其压缩强度，有时常取压缩方向作为坐标的正方向作应力-应变图。

根据材料$\sigma_t \neq \sigma_c$的这一特性可得出结论，单参数破坏准则如Tresca准则和Mises准则对于土体材料都不适用。

4.3 自重应力

材料的强度往往决定于主应力的差值，即剪应力的大小，因此有很多研究者致力于研究土的剪切强度，以及材料受力滑动和破坏时滑动面上的剪应力与正应力的关系。这方面已有大量的文献资料。

陈祖煜总结了不同的方法和一些不同的材料(玻璃珠、砂土和碾碎砂)的剪应力与正应力的关系，如图 4.5 所示[16-17]。不同的材料的强度大小虽然不同，但它们都具有线性变化的规律。库仑对砂土、黏性土和黄土试样在不同压力条件下的剪切试验也得出相似的结果，如图 4.6 所示。西安地区三种不同的湿陷性黄土的强度参数分别为 C_1=40 kPa，φ_1=21.3°；C_2=55 kPa，φ_2=24.5°；C_3=65 kPa，φ_3=26.7°。

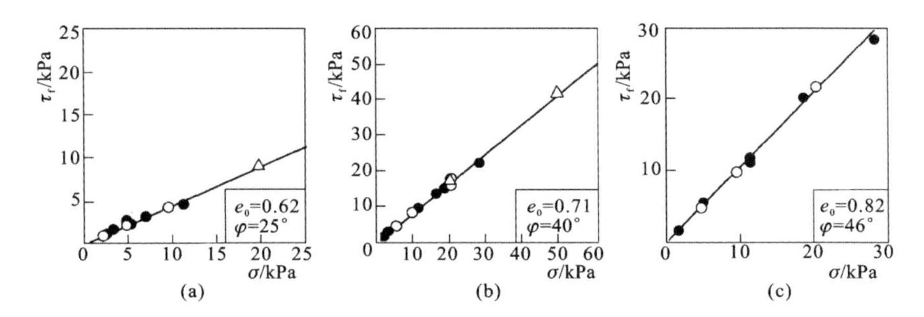

图 4.5 新型直剪仪和其他改进的三轴试验的成果(陈祖煜)。(a)玻璃珠；(b)Toyoura 砂土；(c)碾碎砂

Δ 引进的直剪试验；○新的使用砂夜的小直剪试验；●新的使用钢剪切框的小直剪试验

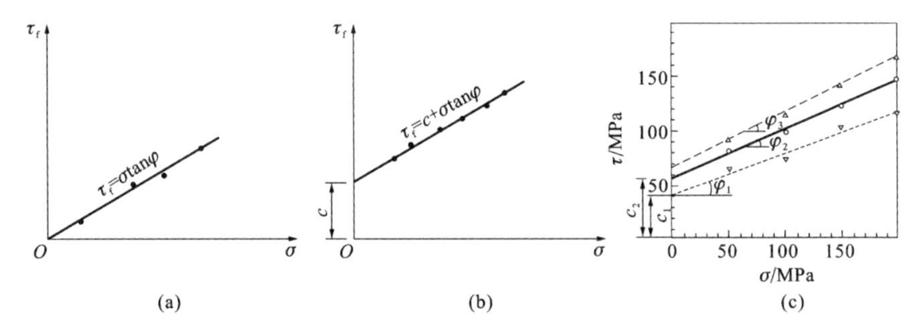

图 4.6 砂土、黏性土和黄土试样的剪切强度与正应力的关系[18]。(a)砂土；(b)黏性土；(c)西安黄土

根据这一试验结果，库仑总结出砂土的抗剪强度数学表达式，也称为库仑定律，它表明在一般应力水平下，土的抗剪强度与滑动面上的法向应力之间呈直线关系，其中 C 和 φ 称为土的抗剪强度指标。这一基本关系式能满足一般工程的精度要求，是目前研究土的抗剪强度的基本定律。它得到大量实验结果的支持。

以上正应力与剪应力强度的关系类似于物理中的 Coulomb 摩擦定律。人们把它推广到材料破坏定律，这是多年来常用的材料强度理论的一个基本概念。应该指出的是：

(1) 滑动摩擦中只有一个作用面和一个剪应力，而在材料内部所受到的作用应力则有三个主剪应力；

(2) 在整理大量实验结果的资料时，一般只考虑最大主应力 σ_1 和最小主应力 σ_3，并以($\sigma_1-\sigma_3$)为直径作出极限应力圆，而没有考虑中间主应力 σ_2 的影响。

由于在不同剪切试验中的中间主应力的情况不同(也就是应力状态不同)，某些资料的结果可能不同，然而，这些问题的关键是莫尔-库仑强度理论所忽略的中间主应力效应以及不同材料所具有的不同程度的中间主应力效应。

4.4 双剪强度的法向应力效应

材料剪切强度的正应力效应可以扩展为双剪切强度的正应力效应。土体抗剪强度的正应力效应考虑了剪应力及其面上的正应力，实际上它是将物体之间的干摩擦定理推广到物体内部的强度研究。由于土体的三向应力状态存在三个主剪应力，因此抗剪强度的正应力效应也可以表示为三个主剪应力与正应力的关系。但考虑到三个主剪应力中只有两个独立分量，因此我们考虑两个较大的主剪应力来研究双剪应力强度与其他两个面上的正应力之间的关系：$(\tau_{13}+\tau_{12})=f(\sigma_{13}+\sigma_{12})$。

根据唐仑的实验资料，可得出双剪应力强度与其他两个面上的正应力之间的关系如图 4.7 所示[19-21]。图中的纵坐标为 $\tau_{tw}=(\tau_{13}+\tau_{12})$，横坐标为 $\sigma_{tw}=(\sigma_{13}+\sigma_{12})$。从图中可以看出，双剪应力强度与其他两个面上的正应力之间也呈线性关系，即可将此关系表示为$(\tau_{13}+\tau_{12})=\beta(\sigma_{13}+\sigma_{12})$或者$(\tau_{13}+\tau_{12})=2\tau_0+\beta(\sigma_{13}+\sigma_{12})$。

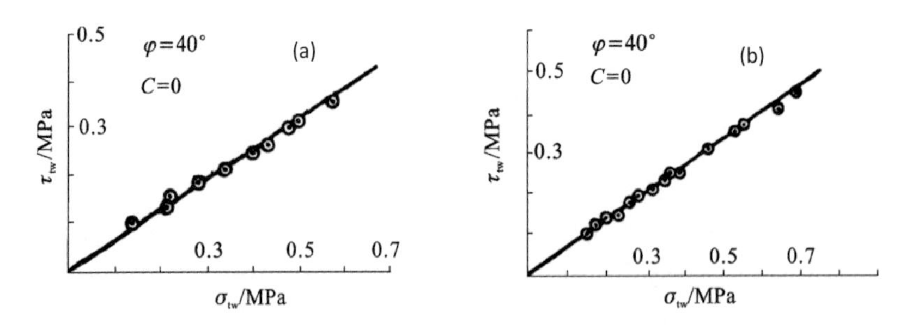

图 4.7 双剪应力与正应力关系的试验结果。(a)中密砂；(b)紧密砂

事实上，由于在一般三轴实验中存在 $\tau_{13}=\tau_{12}$，所以单剪应力与双剪应力的关系等效，即 $\tau_{13}=\beta\sigma_{13}$ 与$(\tau_{13}+\tau_{12})=\beta(\sigma_{13}+\sigma_{12})$等效，或 $\tau_{13}=2\tau_0+\beta\sigma_{13}$ 与$(\tau_{13}+\tau_{12})=2\tau_0+\beta(\sigma_{13}+\sigma_{12})$等效。它们都呈现出一定的线性关系。因此，我们可以将单剪理论推广为双剪理论。

4.5 静水应力效应

4.5.1 剪应力-静水应力关系

静水应力 $\sigma_m=(\sigma_1+\sigma_2+\sigma_3)/3$ 对岩土材料强度有较大影响。对试件施加一定的围压，然后保持围压不变，再逐步增加轴压，可以得出一定围压下材料的应力-应变曲线[3-5]。同理，可得出材料在不同围压下的应力-应变曲线，如图 4.8 所示。可以看出，随着围压的加大，土的强度极限不断增大，因此也可以得出极限应力圆随围压变化的规律。

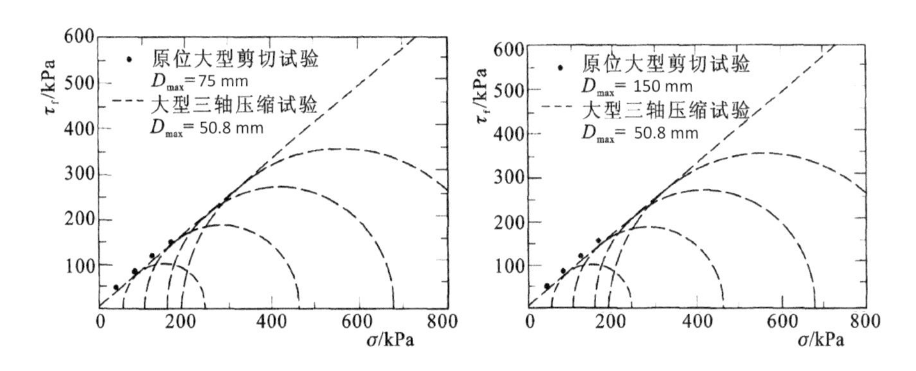

图 4.8 极限应力圆与围压的关系(大型三轴围压试验，陈祖煜)

在轴对称围压试验中，轴向压力 σ_1 减去围压 $p(\sigma_3)$即为两倍最大剪应力：$2\tau_{\max}=(\sigma_1-\sigma_3)$。因此，轴对称围压试验的结果往往表示为土体的剪切强度与围压的关系，这些曲线不仅仅是材料拉压异性效应的反应，而且是 SD 效应和静水应力效应的综合反应。

三轴压缩试验机的优点是结构简单，可以方便地测定土体的材料参数内摩擦角 φ 和黏聚力 C，并且能较为严格地控制排水条件和测量试件中孔隙水压力的变化，因此应用广泛。

4.5.2 双剪应力-静水应力关系

剪应力强度的围压效应可以推广为双剪应力围压效应。图 4.9 为西安城墙内的夯实黄土和浸水饱和夯实黄土的双剪应力与围压的关系[22]，它们之间存在一定的线性关系，即图 4.9 中的$T_{tw}=\tau_{12}+\tau_{13}$。

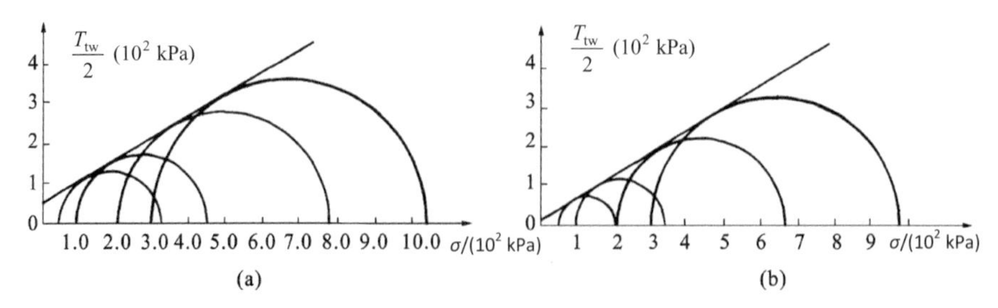

图 4.9 双剪应力与围压关系的试验结果。(a)原状土；(b)浸水饱和土

事实上，以上各种单剪应力与围压的线性关系和单剪应力与正应力的线性关系都可以扩展为双剪应力与围压的线性关系和双剪应力与正应力的线性关系。双剪应力围压效应内含静水应力效应，单剪应力围压效应是其中的一个特例，只是以前没有被人们关注。土的剪切强度和正应力以及围压之间的关系，对单剪应力和双剪应力是相同的。

4.6　中间主应力效应

岩土材料强度理论的一些研究主题往往由已有强度理论中存在的问题而引发。土体强度的中间主应力效应本来是一个不成问题的问题，因为土体在三向空间应力(σ_1，σ_2，σ_3)作用下的强度自然与这三个作用量有关系，但是，最早出现的最大剪应力屈服准则(Tresca 屈服准则，1864)的表达式$f=\sigma_1-\sigma_3=\sigma_s$及莫尔-库仑强度理论的表达式 $F=\sigma_1-\alpha\sigma_3=\sigma_t$ 都没有中间主应力σ_2，当时也没有其他的理论，因此它们被广泛接受和了解，并在工程中被广泛应用。尽管这个问题在一开始就已经被提出，但中间主应力研究是一个十分困难的问题，因为中间主应力效应的应力试验研究设备更复杂，对试验技术的要求更高，研究的经费投入更多。此外，中间主应力效应往往综合反映在静水应力效应等实验中，若要把它独立出来，就需要有明确的概念，而在理论上要提出一个有一定的物理概念、数学表达式简单且反映中间主应力效应的新的强度理论并非易事。

实验得出的 π 平面的极限线均大于莫尔-库仑强度理论的极限线。同济大学、河海大学、西安理工大学等研制了土的真三轴仪，并进行了上海黏性土、黄土等的真三轴试验研究。在土的中间主应力效应方面，现在大量的实验结果已经证实该效应的存在。日本京都大学的 Shibata 和 Karube

于 1965 年发表了黏土的研究结果，认为黏土的应力应变曲线的形状与 σ_2 有关。英国剑桥大学、帝国理工学院以及 Glasgow 大学等得出的一系列试验结果也与莫尔-库仑强度理论不相符合。图 4.10 是李广信总结的砂的中间主应力效应[22]。中间主应力效应可以派生出中间主剪应力效应。中间主剪应力效应以前较少被研究，近年来已经有了一些研究报道，它的规律与中间主应力效应相同。

图4.11为Kwasniewski和李小春等对砂岩的中间主剪应力效应的研究结果[22]，两图中的横坐标分别为 τ_{23}/τ_{13} 和 $\tau_{23}=(\sigma_2-\sigma_3)/2$ (也可取 $\tau_{12}=(\sigma_1-\sigma_2)/2$)，纵坐标分别为材料的内摩擦角和剪切强度 $\tau_{13}=(\sigma_1-\sigma_3)/2$。其他学者的实验结果也可以转化得出关于土的中间主剪应力效应的研究结果。

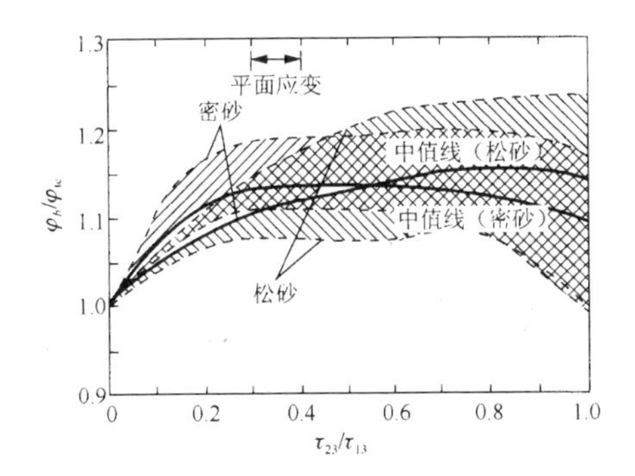

图 4.10 砂的中间主应力效应(李广信 2005)

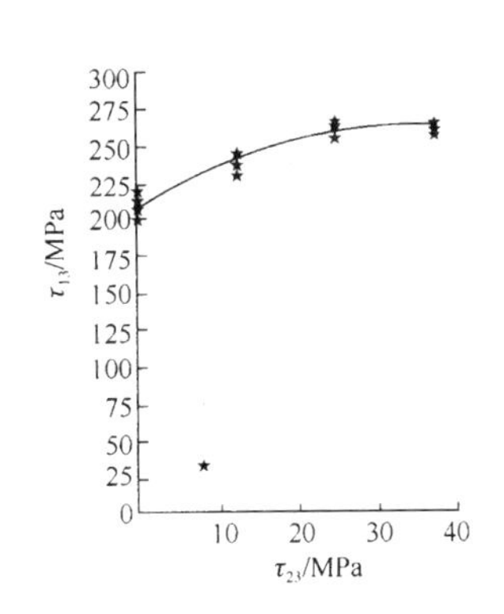

图 4.11 砂岩的中间主应力效应(Kwasniewski 等)

4.7 应力角效应(应力偏张量第三不变量效应)

有意思的是，应力角效应的研究与中间主应力效应的研究相同，也是由现有的强度理论引起的。我们知道，对于各向同性材料，三个主应力变量(σ_1，σ_2，σ_3)可以转换为三个应力不变量(I_1，J_2，J_3)，其中 I_1 为应力张量第一不变量，J_2 为应力偏量第二不变量，J_3 为应力偏量第三不变量，应力角则与 J_3 有关。因此，强度理论也应该与这三个作用量有关，可以写为这三个作用量的函数 $F=F(I_1，J_2，J_3)$。但是在 1904—1913 年出现的 Huber-von Mises 准则可以写为 $f=J_2=C$，而 1952 年提出的 Drucker-Prager 准则可以写为 $F=J_2+\beta I_1=C$，它们分别只考虑了三个应力不变量(I_1，J_2，J_3)

中的一个或者两个，都没有将应力偏量第三不变量 J_3 考虑进去。

这个问题比 Tresca 屈服准则和莫尔-库仑强度理论中的中间主应力效应问题更为复杂和难以发现，因为它们的主应力表达式中都反映了三个主应力(σ_1，σ_2，σ_3)，并且这两个准则的提出者都是世界著名的力学家。所以直到 20 世纪 80 年代，著名科学家 Chen WF(陈惠发)和 Zienkiewicz 再次提出这个问题后，仍然没有得到足够的重视[23-27]。Chen 和 Zienkiewicz 指出，岩土材料强度理论在偏平面的极限迹线不应该是一个圆(即圆形迹线与应力角无关)，而是与应力角有关。俞茂宏分别于 1992 年和 1998 年详细分析了四种锥体的屈服面，即伸长锥、折束锥、压缩锥和内切锥，并且指出它们与岩土材料之间的差别[28-29]。其中，图 4.12 为四种锥体与莫尔-库伦强度理论的屈服面的对比，图 4.13 为四种锥体与双剪强度理论的屈服面的对比，从图中可以清楚地看出这几种准则在偏平面和极限面的形状不同。

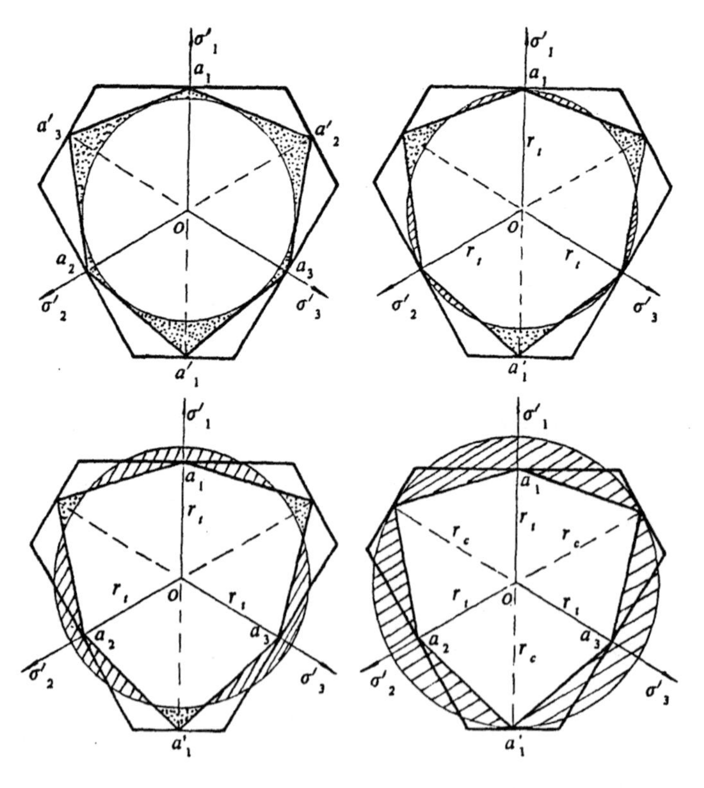

图 4.12 四种锥体与 Mohr-Coulomb 强度理论的屈服面的对比

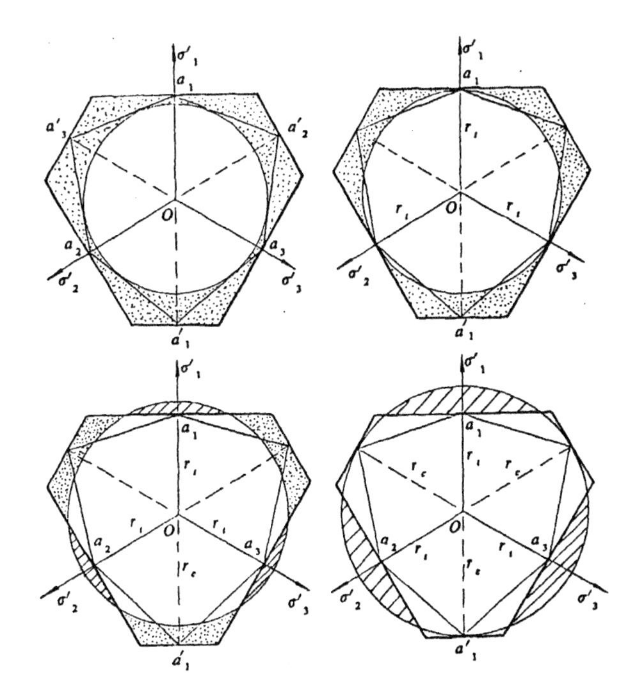

图 4.13 四种锥体与双剪强度理论的屈服面的对比

圆形屈服迹线都是外凸的。但是，圆形的迹线不能与岩土材料($\sigma_t \neq \sigma_c$)的三个拉伸实验点(三角形)以及三个压缩实验点(方状点)同时匹配，如图4.14 所示。美国工程院院士Chen WF等指出，Drucker-Prager准则的优点是简单和光滑，但Drucker-Prager准则的圆形极限面与实验结果相矛盾。大量岩土材料的实验结果表明，岩土材料具有应力角效应(应力偏张量第三不变量效应)，即它们的极限面与偏平面的交线不是圆形。从这一点来讲，Drucker-Prager准则不能满足应力角效应的条件。

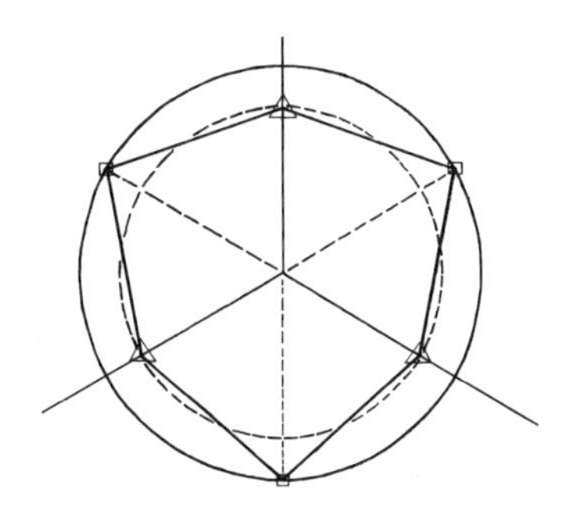

图 4.14 圆形的迹线不能与岩土材料的三个拉伸实验点和三个压缩实验点同时匹配

2002 年，Davis 和 Selvadurai[30]指出“如果在平面应力状态下，Drucker-Prager 准则的差别会更大”，如图 4.15 所示。Drucker-Prager 准则不能同时与两个拉伸试验点和两个压缩试验点相符合。2005 年，Ottersen 和 Ristinmaa[31]指出：“应用 Drucker-Prager 准则应该小心谨慎。实际上，Drucker-Prager 准则只能应用于拉压强度相差较小的材料。”拉压强度相差较小的材料实际上也就是接近拉压强度相同的材料，即 $\sigma_t=\sigma_c$ 的材料，这时 Drucker-Prager 准则也就转换为 Huber-Mises 准则。2008 年，Neto 等[32]指出：“Drucker-Prager 准则的外接锥和内切锥都不能很好地描述材料某些应力状态下的行为，其他近似准则可能更加适合。”2010 年，英国皇家工程院院士 Yu[33]指出；“Drucker-Prager 准则在岩土工程分析中得到广泛应用，但是实验结果表明 Drucker-Prager 准则在偏平面的圆形迹线与实验结果不符合。因此，在岩土工程分析中应用 Drucker-Prager 准则需要十分谨慎。”2018 年，俞茂宏[34]也特别指出：“偏平面为圆形的准则并不适用于岩土材料。”

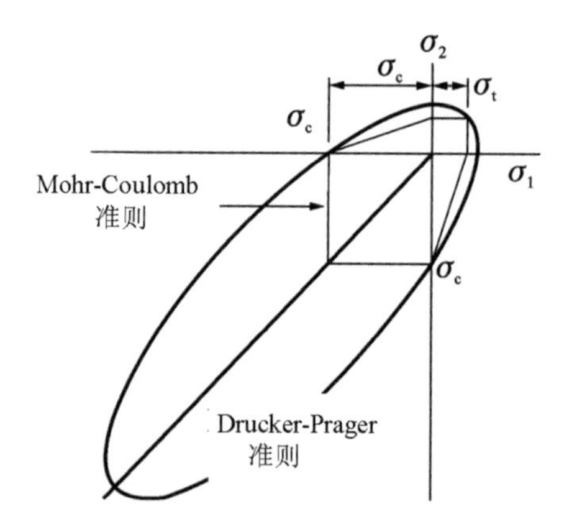

图 4.15 Drucker-Prager 准则不能与全部实验点匹配

Drucker-Prager 准则是曲线型准则，因此在土力学问题的解析解和土力学教科书中并没有得到应用。近年来，国内外学者也提出了一些将本构模型加圆形作为破坏准则的外边界的理论，它们在理论上同样是不完整的。但是，由于 Drucker-Prager 准则被写入很多结构分析商用软件，应用十分方便，因此在计算力学和土力学的数值计算中得到了广泛应用。经过多年的实践，Drucker-Prager 准则的问题已被逐步认识。英国皇家学会会员、皇家工程院院士、美国工程院院士和中国科学院院士 Owen 等在他们 2008

年的学术著作中特别指出[32]："Drucker-Prager 准则的外接锥和内切锥都不能很好地描述材料在某些应力状态下的行为。因此，根据要分析的特定问题中的主应力状态，其他近似准则可能更加适合。"他们还作出了与图 4.13 相似的图形来说明此问题。综上所述，现在可以认为，不考虑应力角效应的破坏准则在理论和实际上都存在着一定问题，需要十分谨慎，最好是不用。2018 年，俞茂宏对这些问题进行了理论上的总结，提出了五点基本原则，并将其与一些典型破坏准则列表进行了对比[34]。

通过以上分析，我们还可以作出一个重要的结论："圆形准则不可能成为岩土材料破坏准则的外边界，也不可能成为岩土材料破坏准则的内边界。"否则，那不仅在理论上是错误的，而且在具体应用上将会造成极大的错误。这些在本节众多著名学者 Zienkiewicz、Chen WF、余海岁以及多国院士、著名计算力学专家 Owen 等都已发出警告，并将其写入他们的学术著作中。

这方面的一个工程实例是三峡水电站的高边坡船闸，科研人员曾经采用过各种破坏准则进行计算对比，最后决定采用 Drucker-Prager 准则作为设计准则，但结果是船闸隔离墩的底部几乎全部是计算"塑性区"，为解决此问题不得不采用大量的锚杆加固，将原本强度很高的岩石钻了很多的孔洞，穿过锚杆来浇筑高强度水泥浆。这样处理不仅增大了投资，延长了工期，而且其效果有待长期观察考虑。

4.8 土体破坏极限面的外凸性及其内外边界

岩土类材料在不同的应力作用下的强度各不相同，它们在图 4.16 所示应力空间的 8 个象限内的极限面也各不相同。如何用简单的数学公式来表达这个极限面是我们所要研究的复杂问题。极限面的外凸性为我们提供了研究的理论基础。Drucker 公设(德鲁克公设或德鲁克定理)由美国科学院院士德鲁克(Drucker，1918—2001)于 1951 年提出[35]，现在已成为塑性力学的一个重要基础理论。由 Drucker 公设可得出屈服面必为外凸的曲面，屈服面的外凸性为强度理论的研究奠定了理论框架的基础。1967 年，Palmer 等[36]证明了 Drucker 公设可以推广到软化材料。20 世纪 80 年代，中国科技大学李永池教授以及邓永琨教授等发表新的论证，也指出 Drucker 公设可以推广到软化材料并且可以应用于动力问题。

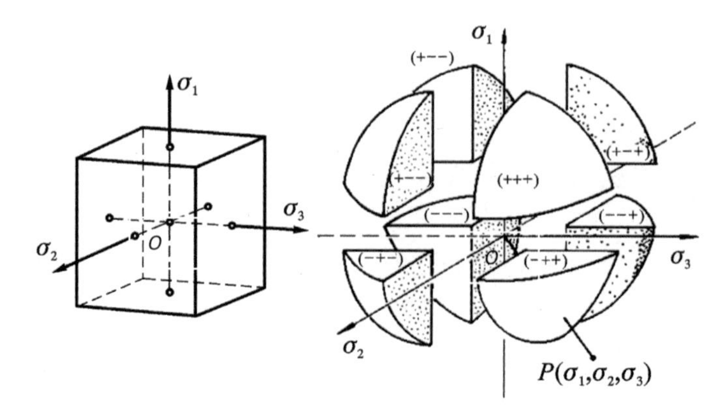

图 4.16 应力空间的 8 个象限

根据 Drucker 公设，各种屈服准则的极限线必须是外凸的。屈服迹线可以是单一曲线，也可由各种不同的直线和曲线组成，并且能形成尖点。外凸性的示意图如图 4.17 所示。但是，屈服面的形状和大小并不是任意的，而需要根据实验结果和外凸性来确定，有一定的限制。

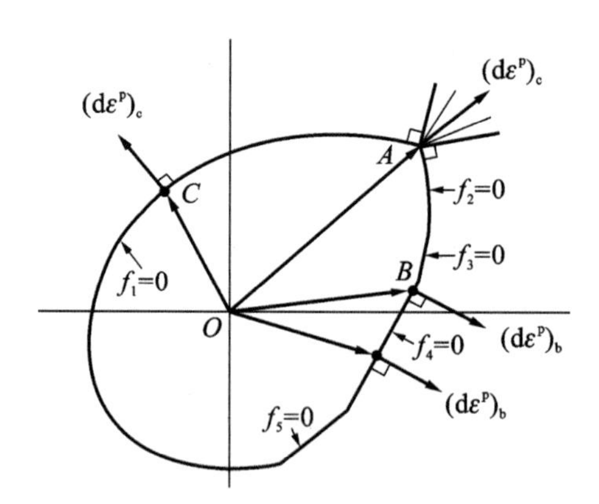

图 4.17 Drucker 公设的强度理论外凸性

根据 Drucker 公设，在应力空间中的屈服面必为外凸的曲面。如果在应力空间中的两个不同的应力矢量 $\boldsymbol{\sigma}_{ij}$ 和 $\boldsymbol{\sigma}_{ij}^*$ 存在下列条件：

$$\lambda f\left(\boldsymbol{\sigma}_{ij}\right)+\left(1-\lambda\right)f\left(\boldsymbol{\sigma}_{ij}^*\right)<f\left[\lambda\boldsymbol{\sigma}_{ij}+\left(1-\lambda\right)\boldsymbol{\sigma}_{ij}^*\right] \tag{4.1}$$

式中，λ 为一实数，满足条件 $0<\lambda<1$，以坐标原点或坐标轴为参考，这一

矢量 $\boldsymbol{\sigma}_{ij}$ 的函数是外凸的。在一维情况下，不等式(4.1)的意义如图 4.17 及图 4.18 所示。

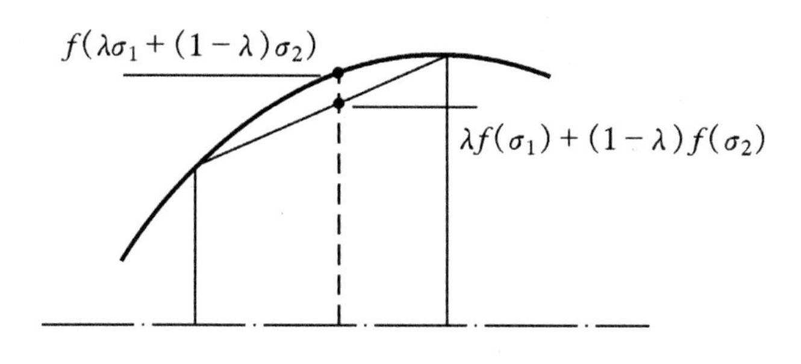

图 4.18 屈服面的外凸性

可以看出，关于凸性的定义与人们日常对这个词的理解是一致的。但必须指明，凸和凹对于不同的参考系具有不同的含义。例如图 4.19 的凸函数，从下面的坐标轴往上看，它是外凸的，但从曲线上面往下看，它则是内凹的。为了一致，我们均以坐标原点或坐标轴作为参考系，如图 4.19 所示。

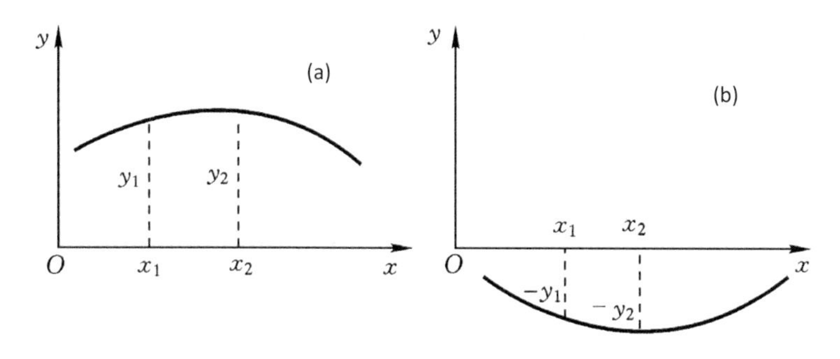

图 4.19 外凸性与坐标；(a) $y''<0$；(b) $y''>0$

屈服面外凸性的更一般情况如图 4.20 和图 4.21 所示。以坐标原点为参考，图中屈服面处处外凸。屈服面上的任意应力点 σ_{ij} 满足屈服条件 $f(\sigma_{ij})=0$。若过任一应力点 σ_{ij} 作屈服面切线 A-A，则所有可能的、在屈服面内的应力点 σ_{ij}^* 或屈服面上的应力点 σ_{ij} 必在 A-A 面的一侧，此即为屈服面的外凸性。它也可以理解为在凸屈服面内任两点的连线仍在此曲面内。

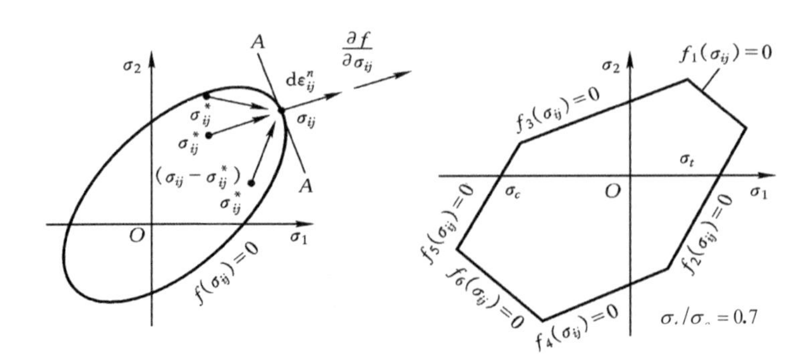

图 4.20 外凸屈服面

根据 Drucker 公设，屈服面不可能是内凹的，如图 4.21 所示，但它可以由分段光滑的屈服函数共同组成一个屈服面，并且允许形成角点，如图 4.22 所示。此外，因为在屈服曲线之内应力变化是弹性的，因此，屈服曲线是单连通的。从坐标原点出发的应力状态矢不可能与屈服曲线两次相交。它也可以表述为：屈服面内任何两点的连线不会穿越过屈服面。反之，即为非凸形状，如图 4.21 的非凸屈服面所示。

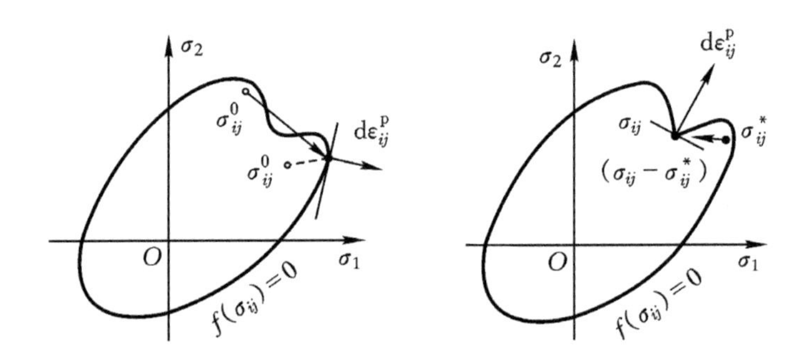

图 4.21 非凸屈服面

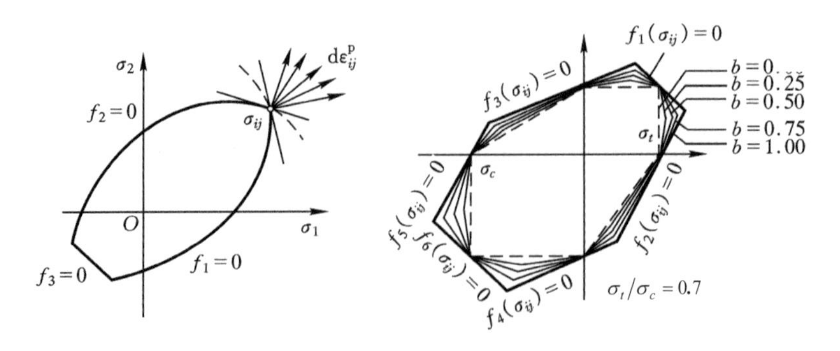

图 4.22 分段外凸屈服面

屈服面的外凸性也可由偏平面的屈服迹线来进行研究。对于岩土类材料，π平面上的极限曲线必须同时通过图 4.23(a)中的 a_1、a_2、a_3、a'_1、a'_2和 a'_3 六个点。用不同曲线连接这六个点，就可以得到各种不同的多边形屈服线。不等边六边形必为最小范围的屈服线，而不可能是内凹的 a_1-n-a'_3 曲线。这一不等边六边形即为莫尔-库仑强度理论的极限面。强度理论的极限迹线的范围和内外两个边界在偏平面的表述如图 4.23(b)所示。

此外，连接这 6 个点的屈服线的外凸线也应该具有一定的限度，因为在图 4.23(a)中，如果连接 a_1 和 a'_3 点的外凸曲线 a_1-m'-a'_3 为屈服线，则根据屈服曲面的对称性，这时在 a_1 点形成了内凹的尖点，这违反了屈服面的外凸性。

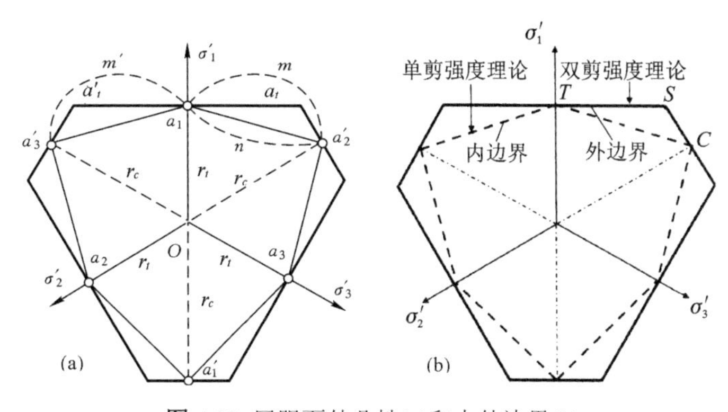

图 4.23 屈服面外凸性(a)和内外边界(b)

各种强度理论的极限迹线必须通过拉伸实验点σ_t和压缩实验点σ_c，并在内外两个不等边六角形之间，如图 4.24 所示。其中 4.24(a)为 1958 年莫斯科大学Lvlev提出的拉压强度相同材料的极限面的范围，4.24(b)为 1975 年美国陆军弹道研究实验室Candland提出的拉压强度不同材料的极限面。

连接实验点(图 4.24 的五角星)的直线所组成的六边形内边界在理论上就是 Tresca 屈服准则和莫尔-库仑准则，它们分别为拉压强度相同材料(σ_t=σ_c)和拉压强度不相同材料($\sigma_t \neq \sigma_c$)屈服准则的下限，没有任何其他外凸屈服面可以小于它们。它们也可称为单剪理论，因为在数学模型方程中只有单一的剪应力被考虑。单剪理论表达式如下：

$$f(\sigma_{ij}) = \tau_{13} = C \quad \text{(Tresca 准则)} \tag{4.2}$$

$$f(\sigma_{ij}) = \tau_{13} + \beta\sigma_{13} = C \quad \text{(莫尔-库仑准则)} \tag{4.3}$$

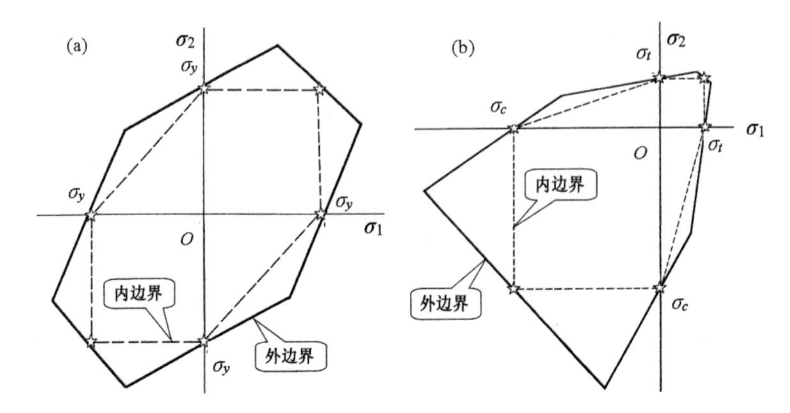

图 4.24 外凸屈服面的内边界和外边界(平面应力表示)。(a)拉压强度相同材料(σ_t=σ_c)；(b)拉压强度不同材料(σ_t≠σ_c)

现在大家也知道，连接各实验点(图 4.24 的五角星)之间的两段直线所组成的六边形外边界在理论上就是双剪屈服准则和双剪强度理论，它们分别为拉压强度相同材料(σ_t=σ_c)和拉压强度不相同材料(σ_t≠σ_c)的屈服准则的上限。没有任何其他外凸准则可以大于双剪理论。

双剪屈服准则的数学表达式为:

$$F=\tau_{12}+\tau_{13}=\sigma_1-\frac{1}{2}(\sigma_2+\sigma_3)=\sigma_s\text{，当}\ \sigma_2\le\frac{\sigma_1+\sigma_3}{2}\ \text{时}\tag{4.4a}$$

$$F'=\tau_{23}+\tau_{13}=\frac{1}{2}(\sigma_1+\sigma_2)-\sigma_3=\sigma_s\text{，当}\ \sigma_2\ge\frac{\sigma_1+\sigma_3}{2}\ \text{时}\tag{4.4b}$$

双剪强度理论的数学建模方程为:

$$F=\tau_{12}+\tau_{13}+\beta(\sigma_{12}+\sigma_{13})=C\text{，当}\ \tau_{12}+\beta\sigma_{12}\ge\tau_{23}+\beta\sigma_{23}\ \text{时}\tag{4.5a}$$

$$F'=\tau_{23}+\tau_{13}+\beta(\sigma_{23}+\sigma_{13})=C\text{，当}\ \tau_{12}+\beta\sigma_{12}\le\tau_{23}+\beta\sigma_{23}\ \text{时}\tag{4.5b}$$

双剪强度理论的主应力表达式为:

$$F=\sigma_1-\frac{\alpha}{2}(\sigma_2+\sigma_3)=\sigma_s\text{，当}\ \sigma_2\le\frac{\sigma_1+\alpha\sigma_3}{1+\alpha}\ \text{时}\tag{4.6a}$$

$$F'=\frac{1}{2}(\sigma_1+\sigma_2)-\alpha\sigma_3=\sigma_s\text{，当}\ \sigma_2\ge\frac{\sigma_1+\alpha\sigma_3}{1+\alpha}\ \text{时}\tag{4.6b}$$

屈服面范围的确定具有重要的意义。由于历史原因，一般只了解岩土材料屈服面的内边界，如果在教学和研究中也了解岩土材料屈服面的外边界，那么在理论上就更加完善，也可以更好地理解实验结果[36-39]。几种可能的外凸屈服面如图 4.25 所示。

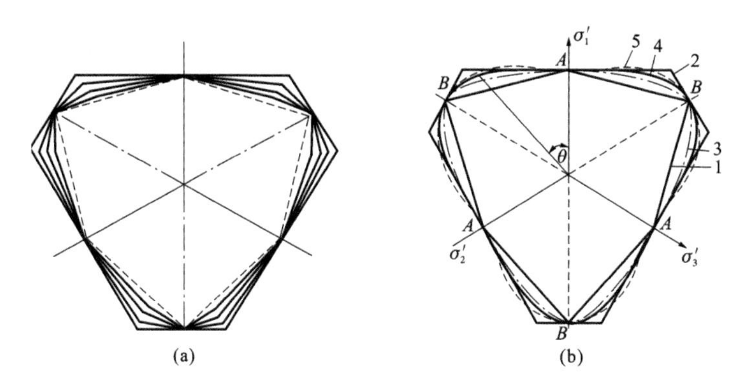

图 4.25 几种可能的外凸屈服面。(a)线性极限迹线；(b)非线性极限迹线(曲线 3 和 4)

应该指出，一般的曲线准则的范围达不到外边界，大多在内外边界区域的 1/2 到 2/3 范围内，超出这个范围就成为内凹的屈服面。因此，这些曲线准则事实上扩展不了全部范围，如称之为统一屈服准则，一般认为是一种局部统一屈服准则或“假”统一屈服准则。

由Drucker公设推论可知，外凸屈服面的外边界由两段直线组成。因此，外边界不能由一般曲线来表述，而需要用分段线性准则表述。例如，图 4.26 为两种三剪曲线形屈服面，它们的外凸屈服面只能扩展到比较小的范围，在很大区域内将成为非凸的屈服面，这与屈服面的外凸性相矛盾。因此，各种曲线统一准则不可能覆盖到全部外凸区域。

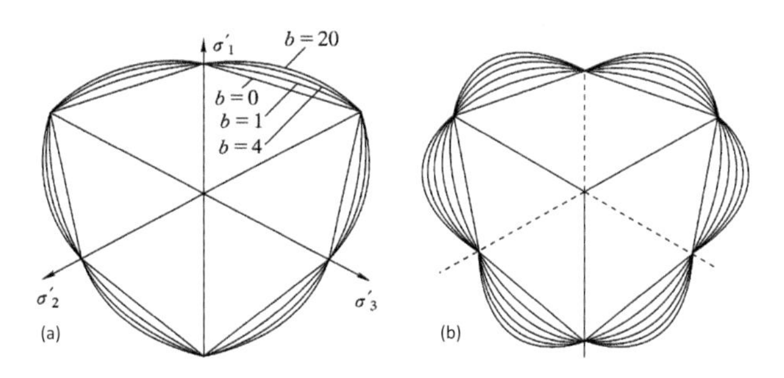

图 4.26 两种三剪扩展准则。(a)三剪扩展准则只能覆盖部分区域；(b)三剪扩展准则的非凸屈服面

很多国内外学者对岩土材料在复杂应力的极限面都进行过大量的研究。实验得出的极限面一般都不符合莫尔-库仑强度理论，而是在莫尔-库仑强度理论和双剪应力强度理论的内外边界之间。部分实验结果将在下一章讨论。

以上这些基本特性中，有一些是相关的，如正应力效应中蕴涵了静水应力效应，双剪应力效应中蕴涵了中间主应力效应，中间主剪应力效应中蕴涵了中间主应力效应，双剪应力正应力效应中蕴涵了中间主应力效应和静水应力效应等。研究岩土材料在复杂应力作用下的这些基本特性，不仅对研究屈服准则和提出新的屈服准则有意义，而且对判断、选择和应用合理的屈服准则以及进行岩土结构分析也有重要的意义。

此外，应该指出，圆形极限线符合外凸性的要求，但是不能与三条拉伸极限线和三条压缩极限线同时匹配，因而与实验结果不符合，如图 4.27 所示。

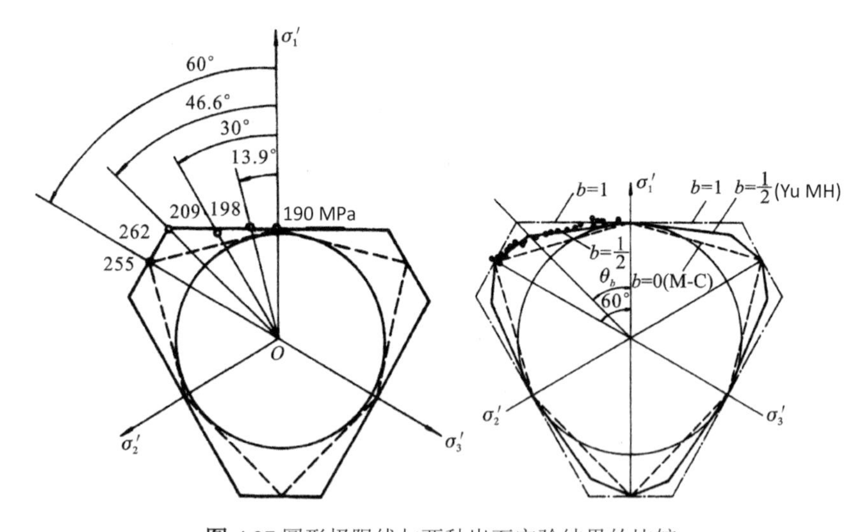

图 4.27 圆形极限线与两种岩石实验结果的比较

参考文献

[1] Bishop, AW (1966) The strength of soils as engineering materials. *Geotechniqué*, 16(2): 91–130.

[2] 夏熙伦 (1999) 工程岩石力学. 武汉:武汉工业大学出版社.

[3] Parry, RH (1956) Strength and Deformation of Clay. Ph.D Theses, London University.

[4] Wroth, CP, Houlsby, GT (1985) Soil mechanics — Property characterisation and analysis procedures. In: *Proc. 11th Conf. on Soil Mechanics and Foundation Eng.* Rotterdam:Balkema, 1: 1–50.

[5] Wood, DM (1990) *Soil Behaviour and Critical State Soil Mechanics*. Cambridge:Cambridge University Press.

[6] 张启岳, 司洪洋 (1982) 粗颗粒土大型三轴压缩试验的强度与应力应变特性. 水利学报, (9): 22–31.

[7] 张嘎, 张建民 (2005) 粗粒土与结构接触面的静动本构规律. 岩土工程学报, 27(5): 516–520.

[8] 刘萌成, 高玉峰, 刘汉龙, 等 (2003) 堆石料变形与强度特性的大型三轴试验研究. 岩石力学与工程学报, 22(7): 1104–1111.

[9] 柏树田, 周晓光, 晁华怡 (2002) 软岩堆石料的物理力学性质. 水力发电学报, (4): 34–44.

[10] 张宗亮, 贾延安, 张丙印 (2008) 复杂应力路径下堆石体本构模型比较验证. 岩土力学, 29(5): 1147–1151.

[11] 张兵, 高玉峰, 毛金生, 等 (2008) 堆石料强度和变形性质的大型三轴试验及模型对比研究. 防灾减灾工程学报, 28(1): 122–126.

[12] 刘松玉, 邱钰, 童立元, 等 (2006) 煤矸石的强度特征试验研究. 岩石力学与工程学报, 25(1): 199–205.

[13] 朱伟, 姬凤玲, 马殿光, 等 (2005) 疏浚淤泥泡沫塑料颗粒轻质混合土的抗剪强度特性. 岩石力学与工程学报, 24(增 2): 5721–5726.

[14] 李晓, 廖秋林, 赫建明, 等 (2007) 土石混合体力学特性的原位试验研究. 岩石力学与工程学报, 26(12): 2377–2384.

[15] Matasovic, N, Kavazanjian, E, Bonaparte, R (1995) Evaluation of MSW properties for seismic analysis. *Geoenvironment*, 43: 1126–1141.

[16] 陈祖煜, 汪小刚 (2005) 岩质边坡稳定分析: 原理 方法 程序. 北京: 中国水利水电出版社.

[17] 陈祖煜 (2003) 土质边坡稳定分析: 原理 方法 程序. 北京:中国水利水电出版社.

[18] 李镜培, 赵春风 (2004) 土力学. 北京: 高等教育出版社.

[19] 唐仑 (1981) 关于砂土的破坏条件. 岩土工程学报, 3(2): 1–7.

[20] 方开泽 (1986) 土的破坏准则: 考虑中主应力的影响. 华东水利学院学报, 14(2): 70–81.

[21] 俞茂宏 (2011) 西安古城墙和钟鼓楼：历史、艺术和科学(第二版). 西安:西安交通大学出版社.

[22] 李广信 (2005) 高等土力学. 北京:清华大学出版社.

[23] Chen, WF (1982) *Plasticity in Reinforced Concrete*. New York:McGraw–Hill .

[24] Chen, WF, Baladi, GY (1985) *Soil Plasticity: Theory and Implementation*. Amsterdam:Elsevier.

[25] Chen, WF, Saaleb, AF (1982) Constitutive equations for engineering materials. *Journal of Applied Mechanics*, 50(3): 269–271.

[26] Chen, WF, Mccarron, WO, Yamaguchi, E (1994). *Constitutive Equations for Engineering Materials. Vol. 1: Elasticity and Modeling (Second Edition)/Plasticity and Modeling*. Elsevier Science Ltd.

[27] Zienkiewicz, OC, Pande, GN (1977) Some useful forms of isotropic yield surfaces for soil and rock mechanics. In: Gudehus, G (ed.), *Finite Elements in Geomechanics*. London:Wiley, pp. 179–190.

[28] 俞茂宏 (1992) 强度理论新体系. 西安:西安交通大学出版社.

[29] 俞茂宏 (1998) 双剪强度理论及其应用. 北京:科学出版社.

[30] Davis, RO, Selvadurai, APS (2002) *Plasticity and Geomechanics*. Cambridge:Cambridge University Press, pp. 74–75.

[31] Ottersen, NS, Ristinmaa, M (2005) *The Mechanics of Constitutive Modeling*. Amsterdam:Elsevier.

[32] Neto, EADS, Peric, D, Owen, DRJ (2008) *Computational Methods for Plasticity*. John Wiley & Sons, UK.

[33] Yu, HS (2010) *Plasticity and Geotechnics*. New York:Springer, p. 80.

[34] Yu, MH (2018) *Unified Strength Theory and Its Applications* (Second Edition). Springer and ZJU Press.

[35] Drucker, DC (1951) A more foundational approach to stress-strain relations. *In: Proc. of First U.S. National Cong. Appl. Mechanics, ASME*, pp. 487–491.

[36] Palmer, AC, Maier, G, Drucker, DC (1967). Normality relations and convexity of yield surfaces for unstable materials or structural elements. *Journal of Applied Mechanics*, 34(2): 88.

[37] Shibata, T, Karube, D (1965) Influence of the variation of the intermediate principal stress on the mechanical properties of normally consolidated clays. *Proc. of Sixth ICSMFE*, 1: 359–363.

[38] Green, GE, Bishop, AW (1970) A note on the drained strength of sand under generalized strain conditions. *Geotechniqué*, 20(2): 210–212.

[39] [日]松岗元 (2001) 土力学. 罗汀, 姚仰平, 编译. 北京:中国水利水电出版社.

阅读参考材料

【阅读参考材料 4-1】莫尔(Otto Christian Mohr，1835—1918)，1835 年生于德国北海岸的 Wesselburen，16 岁入 Hannover 技术学院学习，毕业后在 Hannover 和 Oldenburg 的铁路工作。作为结构工程师，他曾设计了不少一流的钢桁架结构和德国一些最著名的桥梁。他是 19 世纪欧洲最杰出的土木工程师之一。与此同时，Mohr 也一直在进行力学和材料强度方面的理论研究工作。

1868 年，32 岁的 Mohr 应邀前往斯图加特技术学院，担任工程力学系的教授。他的讲课简明、清晰，深受学生欢迎。作为一个理论家和富有实践经验的土木工程师，他对自己所讲的主题了如指掌，因此总能带给学生很多新鲜和有趣的东西。1873 年，Mohr 到德累斯顿(Dresden)技术学院任教，直到 65 岁。他于 1882 年发展了应力圆方法，1900 年总结提出单剪强度理论，也称为莫尔-库仑强度理论，并在结构分析理论研究中取得了很多成果。退休后，Mohr 留在德累斯顿继续从事科学研究工作，直至 1918 年去世。

Mohr 出版过一本教科书，并发表了大量的结构及强度材料理论方面的研究论文，其中相当一部分是关于用图解法求解一些特定问题的。他提出了用应力圆表示一点应力的方法(所以应力圆也被成为 Mohr 圆)，并将其扩展到三维问题。1900 年，他应用应力圆总结提出单剪强度理论。Mohr 对结构理论也有重要的贡献，如计算梁挠度的图乘法、应用虚位移原理计算超静定结构的位移等。

莫尔(1835–1918)

【阅读参考材料 4-2】科学知识往往是多方面的复合（组合）和积累。**莫尔**是德国斯图加特大学教授，他的学生虎勃为德国慕尼黑大学工程力学教授。虎勃是普朗特的博士论文“梁的侧向屈曲”的指导教授。1910 年，普朗特向虎勃教授提出要向他的女儿求婚，但是虎勃有两个女儿，普朗特没有讲明是哪个女儿。虎勃夫妇经过讨论决定将一个女儿许配给普朗特，虎勃就成为了普朗特的岳父。普朗特在哥廷根大学是冯·卡门的博士论文“柱的塑性屈曲”的指导教授。冯·卡门又是钱学森的博士论文的指导教授。普朗特和冯·卡门是现代应用力学的奠基人、世界著名的力学家。冯·卡门也是世界杰出科学家钱学森的老师，钱学森早期在冯·卡门指导下曾经参加过结构强度问题的研究，但是很快就转入空气动力学方面的研究。莫尔、虎勃、普朗特、冯·卡门和钱学森一门五代都是载入史册的伟大力学家，有一脉相承的渊源。

1945 年 4 月月底，冯·卡门组建了一个由 36 位专家组成的科学咨询团前往德国。冯·卡门受聘担任这个科学咨询团的团长，被授予少将军阶；钱学森受聘担任火箭组的主任，被授予上校军阶，他们前往欧洲讯问德国军事科学家。以下这张照片是世界气体动力学三代掌门人的合照：徒弟钱学森、师父冯·卡门和开山祖师爷普朗特。这张历史性照片非常有趣，师父和徒弟联手审讯师祖。从卡门和钱学森的表情看，他们还是很敬重这位老师和师祖的。

【阅读参考材料 4-3】中国科学院武汉岩土力学研究所对花岗岩进行了多组高压真三轴试验，这些试验结果证实了双剪强度理论。试验报告指出：“试验结果表明，双剪应力强度理论符合花岗岩在真三轴应力状态下测试得到的强度值。”

(李小春, 许东俊 (1990) 双剪应力强度理论的实验验证——花岗岩强度特性真三轴试验研究. 中国科学院武汉岩土力学研究所, 岩土报告 52 号)

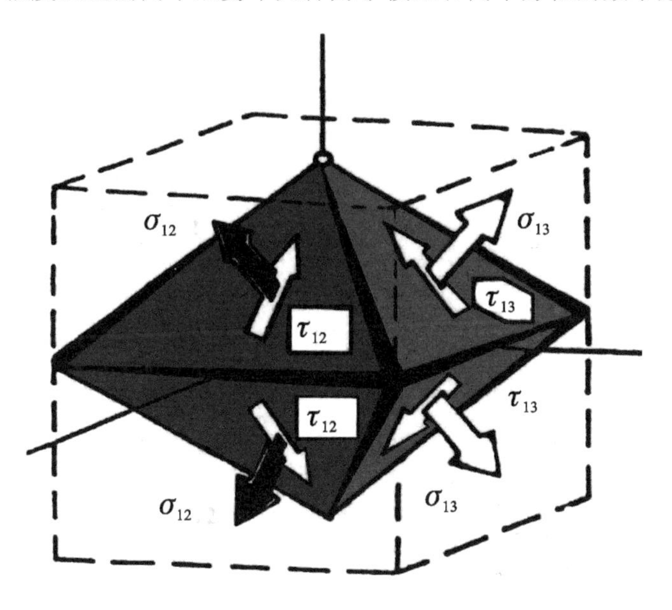

(a) 双剪单元体(τ_{13}，τ_{12}，σ_{13}，σ_{12})

$F=\tau_{13}+b\tau_{12}+\beta(\sigma_{13}+b\sigma_{12})=C$，当 $\tau_{12}+\beta\sigma_{12}\geq\tau_{23}+\beta\sigma_{23}$

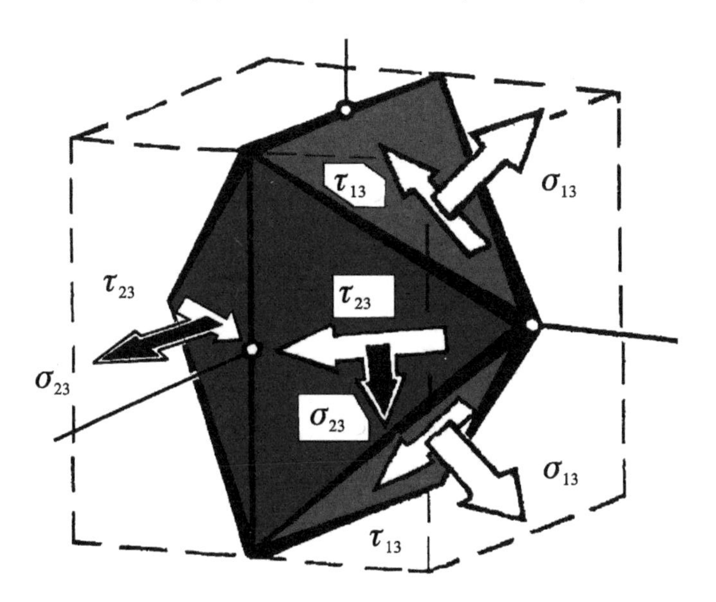

(b) 双剪单元体(τ_{13}，τ_{23}，σ_{13}，σ_{23})

$F'=\tau_{13}+b\tau_{23}+\beta(\sigma_{13}+b\sigma_{23})=C$，当 $\tau_{12}+\beta\sigma_{12}\leq\tau_{23}+\beta\sigma_{23}$

统一强度理论的系列化的极限面覆盖了从内边界到外边界的全部区域

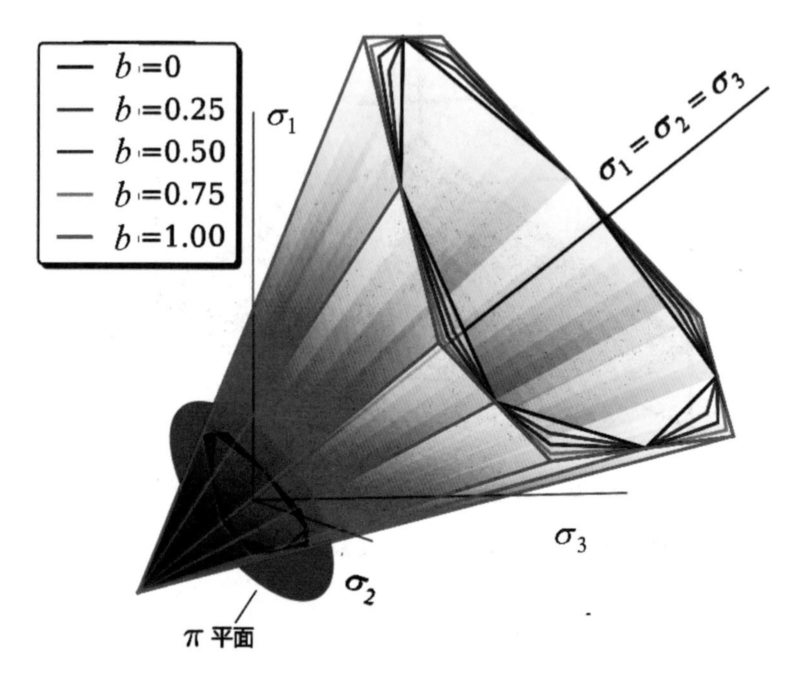

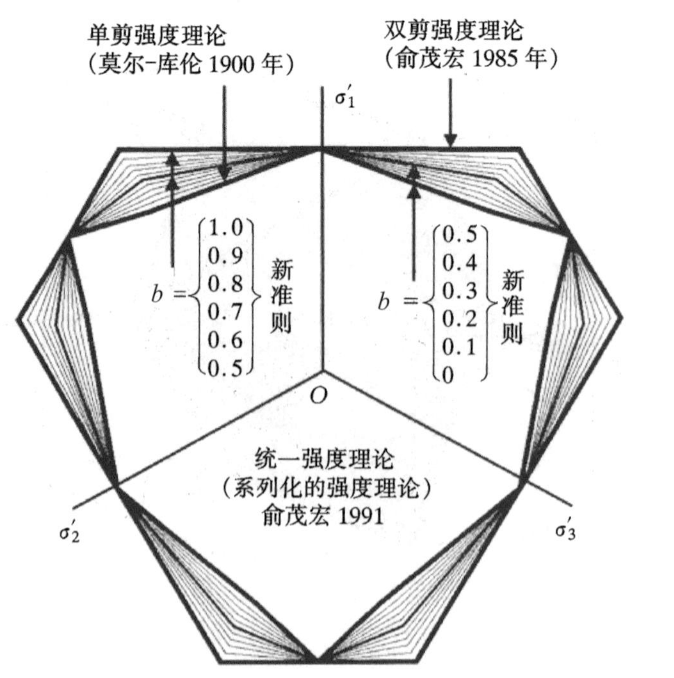

5

土体统一强度理论

5.1 概 述

在传统土力学中一般只讨论土的剪切强度 τ^0。由于 $\tau^0=\tau_{13}{}^0=(\sigma_1-\sigma_3)/2$，因此，传统土力学中土的强度只与最大主应力 σ_1 和最小主应力 σ_3 有关，而与中间主应力 σ_2 无关。考虑了剪应力面上正应力作用的莫尔-库仑强度理论的数学表达式为：

$$f=\tau+\beta\sigma=\tau_{13}+\beta\sigma_{13}=\frac{1}{2}\left[(\sigma_1-\sigma_3)+\beta(\sigma_1+\sigma_3)\right]$$

上式中反映土的强度仍然只与最大主应力 σ_1 和最小主应力 σ_3 有关，而与中间主应力 σ_2 无关，因此，莫尔-库仑强度理论可称为单剪强度理论，而以莫尔-库仑强度理论为基础的传统土力学可称为“单剪土力学”。但是，在自然界和工程中的土体大多承受三向应力的作用，例如边坡土体处于一个可能滑动面的不同位置上，除了受到平面复杂应力的作用外，它们还承受 z 轴方向的应力。实际上，土力学的三个基本问题都处于三向复杂应力作用之下[1-6]。我们需要有更好的能够全面反映全部应力作用的强度理论。

对于土体材料，人们希望有一个便于应用的统一强度理论(Unified Strength Theory，简为 UST)。对于各向同性材料，这个统一强度理论应该具有以下特性：

(1)符合德鲁克(Drucker)公设的外凸性要求以及土体的实验结果；

(2)应该覆盖从内边界到外边界的全部外凸区域；

(3)具有清晰而合理的物理概念和统一的力学模型；

(4)强度理论公式应包括三个主应力 σ_1、σ_2 和 σ_3，且具有简单而统一的数学表达式；

(5)尽可能少的材料参数，并且容易由实验得到；

(6) 具有简单的线性形式，便于手工计算分析、工程设计以及理论分析。

此外，由于要符合各种土体的实验结果，有可能使土体强度理论十分复杂，且材料的强度参数很多，在实用中造成困难。从 20 世纪的强度理论发展历史看，“希望有一个便于应用的统一强度理论”的研究任务是艰巨的。

5.2 沃依特-铁木森科难题

人们希望有一个便于应用的统一强度理论，但要提出一个好的强度理论并非易事。实际上，1900 年莫尔(Otto Mohr，1835—1918)在德国 Dresden 大学提出他的强度理论之时，世界著名力学家沃依特教授(Voigt W.，1850—1919)就在德国哥廷根大学采用岩石和玻璃等材料进行复杂应力实验以验证莫尔的理论。当时德国是世界科学技术的中心，科学研究十分活跃。强度理论研究主要是针对各向同性材料。莫尔的学生虎勃(August Otto Föppl，1854—1924)在德国慕尼黑大学、虎勃的学生普朗特(Ludwig Prandtl，1875—1953)在德国哥廷根大学、普朗特的学生冯•卡门(Theodore von Karman，1881—1963)以及其他很多教授，都对强度理论进行过研究，他们的研究重点各不相同，但是都与岩土力学相关。1910—1911 年，普朗特指导冯•卡门制造了高压轴对称三轴试验装置，对大理石进行了大量三轴围压试验。这些实验成为岩石力学的经典试验之一。

1883 年，沃依特任德国哥廷根大学教授。他在 1900—1901 年进行的实验结果与莫尔-库仑强度理论并不相符。1901 年，沃依特得出结论认为“强度问题是非常复杂的，要想提出一个单独的理论并有效地应用到各种建筑材料上是不可能的”。也就是说，要提出一个能够应用于各种不同材料的统一强度理论是不可能的。这就是沃依特“不可能”结论[7]。半个世纪之后，虽然已经有了 1904—1913 年的 Huber-von Mises 准则、1952 年的 Drucker-Prager 准则，沃依特关于统一强度理论“不可能”结论仍然没有改变。1953 年，世界著名力学大师铁木森科在他的《材料力学史》中又重复了沃依特的结论。铁木森科[8]写道：“沃依特进行了大量复杂应力实验，以校核莫尔的理论。试验的材料均为脆性材料，所得结果与莫尔的理论并不相符。沃依特由此得出结论认为强度问题是非常复杂的，要想提出一个单独的理论并有效地应用到各种建筑材料上是不可能的。”沃依特的“不可能”结论再次被这位力学大师提出来，它在材料力学史中是一个长期没有得到解决的问题。1985 年，《中国大百科全书》(力学篇)[9-10]也认为“想建立一种统一的、适用于各种工程材料和各种不同的应力状态的强度理论是不可能的”(注：该书 2009 年的第二版已经将这句话删除)。

统一强度理论长期被认为不可能，是材料力学中的世界性百年难题。1968 年，塑性力学学者孟德尔松在他的一本塑性力学书中认为，Mises 强度理论已经很好，在工程应用中也足够精确。他甚至写道：“寻找更精确的理论，特别是因为它们必定更复杂，似乎是一个徒劳的任务。”原教育部基础力学课程指导委员会主任委员、全国首届百家名师、清华大学范钦珊曾经在他的《材料力学》书中指出：“关于失效准则，自 1900 年提出莫尔准则以来，有两个难题一直没有得到很好的解决：其一是除面内最大切应力外，其余各面上的切应力对屈服的影响未能计及；其二是未能将各种准则统一成一种失效准则。”

从 1901 年德国哥廷根大学教授沃依特提出这个问题，到 1953 年铁木森科再次提出，到 1968 年孟德尔松认为“提出一个更好的准则的努力是徒劳的”，再到 1985 年《中国大百科全书》认为建立一种统一强度理论是不可能的，我们可以将这个问题称之为沃依特-铁木森科难题(Voigt-Timoshenko Conundrum)。1951 年出现的 Drucker 公设的屈服面外凸性为统一强度理论的研究提供了理论框架。

5.3　统一强度理论的力学模型

在土力学和一般力学中，常常采用主应力状态(σ_1，σ_2，σ_3)来进行研究。20 世纪 80 年代，俞茂宏将主应力状态转换为主剪应力状态(τ_{13}，τ_{12}，τ_{23})。由于三个主剪应力中恒有等式($\tau_{13}=\tau_{12}+\tau_{23}$)，因此，三个主剪应力中只有两个独立量。根据这一基本概念，俞茂宏将它们转换为双剪应力状态(τ_{13}，τ_{12}；σ_{13}，σ_{12})或(τ_{13}，τ_{23}；σ_{13}，σ_{23})，并提出和建立了一种新的正交八面体的双剪单元体[11-16]。

两组剪应力共八个作用面形成了一种新的八面应力单元体，从而得出两个相应的双剪单元体力学模型，如图 5.1 所示。双剪单元体是一种扁平的正交八面体，在它们的两组相互垂直的四个截面上作用着最大主剪应力 τ_{13} 和次大主剪应力 τ_{12}(图 5.1(a))或 τ_{23}(图 5.1(b))。这是由于三个主剪应力 τ_{13}、τ_{12} 和 τ_{23} 中，虽然只有两个独立量，但中间主剪应力可能为 τ_{12}，也可能为 τ_{23}，因此，必须根据应力状态的特点来在 τ_{12} 和 τ_{23} 中确定较大者。

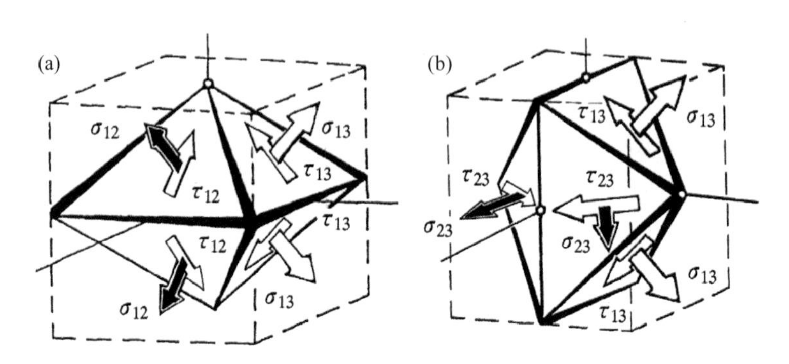

图 5.1 双剪单元体力学模型。(a) (τ_{13}，τ_{12}；σ_{13}，σ_{12})；(b) (τ_{13}，τ_{23}；σ_{13}，σ_{23})

双剪单元体虽然是一个新的模型，但并不是特别的概念，它只是从主应力单元体派生出来的新的力学模型。双剪单元体也可派生出新的单元体，如将正交八面体一截为二，可得出一种新的四棱锥体单元体，在这两个四棱锥单元体上可以看到双剪应力与主应力 σ_1 或 σ_3 的平衡关系。正交八面体和它们的 1/2 单元体都是双剪应力单元体，它们将作为我们建立统一强度理论的物理或力学模型。

下面从这个统一的物理模型出发，考虑所有剪应力分量和它们面上的正应力分量对材料破坏的不同影响，提出一个能够适用于各种岩土类材料的新的统一强度理论和统一形式的数学表达式，莫尔-库仑强度理论和双剪强度理论均为其特例。它还包含了可以比 Drucker-Prager 准则更合理的新的计算准则，以及可以描述非凸极限面试验结果的新的非凸强度理论。

5.4 统一强度理论的数学建模

为了建立能够适用于土体的统一强度理论，我们先对第 4 章所述的土体多轴特性进行研究。可以看到，剪切应力对于土体的破坏是一个基本的因素，同时剪切面上的正应力也对土体强度起作用。根据前述的大量实验结果，正应力与剪应力强度之间均为线性关系。因此，考虑作用于双剪单元体上的全部应力分量以及它们对材料破坏的不同影响，可建立起一个土体统一强度理论，其定义为：当作用于双剪单元体上的两个较大剪应力及其面上的正应力影响函数到达某一极限值时，材料开始发生破坏。以后我们可以看到，关于土体的静水应力效应、拉压强度差效应、中间主应力效应和它的区间性都自然地包含于这个统一强度理论之中。

根据上述思想，并尽可能减少计算准则的材料参数的数量，采用一个与一般强度理论的方程式完全不同的建模方法，即采用两个方程和附加条件式的独特数学建模方法，统一强度理论的数学建模可写为：

$$F = b\tau_{12} + \tau_{13} + \beta(b\sigma_{12} + \sigma_{13}) = C, \quad 当\ \tau_{12} + \beta\sigma_{12} \geq \tau_{23} + \beta\sigma_{23} \tag{5.1a}$$

$$F' = b\tau_{23} + \tau_{13} + \beta(b\sigma_{23} + \sigma_{13}) = C, \quad 当\ \tau_{12} + \beta\sigma_{12} \leq \tau_{23} + \beta\sigma_{23} \tag{5.1b}$$

$$F'' = \sigma_1 = \sigma_t, \quad 当\ \sigma_1 > \sigma_2 > \sigma_3 > 0 \tag{5.1c}$$

式中，b 为反映中间主剪应力作用的系数，β 为反映正应力对材料破坏的影响系数；C 为材料的强度参数。双剪应力 τ_{13}、τ_{12} 或 τ_{23} 及其作用面上的正应力 σ_{13}、σ_{12} 或 σ_{23} 分别等于：

$$\begin{aligned} &\tau_{13} = \frac{1}{2}(\sigma_1 - \sigma_3); \quad \tau_{12} = \frac{1}{2}(\sigma_1 - \sigma_2); \quad \tau_{23} = \frac{1}{2}(\sigma_2 - \sigma_3) \\ &\sigma_{13} = \frac{1}{2}(\sigma_1 + \sigma_3); \quad \sigma_{12} = \frac{1}{2}(\sigma_1 + \sigma_2); \quad \sigma_{23} = \frac{1}{2}(\sigma_2 + \sigma_3) \end{aligned} \tag{5.2}$$

5.5 统一强度理论参数的实验确定

参数 β 和 C 可由材料拉伸强度极限 σ_t 和压缩强度极限 σ_c 确定，其条件为：

$$\sigma_1 = \sigma_t, \quad \sigma_2 = \sigma_3 = 0 \tag{5.3a}$$

$$\sigma_3 = -\sigma_c, \quad \sigma_1 = \sigma_2 = 0 \tag{5.3b}$$

将式(5.2)和(5.3a)代入统一强度理论的数学建模式(5.1a)、(5.2)和(5.3b)代入统一强度理论的数学建模式(5.1b)，可联立求得统一强度理论的数学建模公式中两个材料参数 C 和 β 分别等于：

$$\beta=\frac{\sigma_c-\sigma_t}{\sigma_c+\sigma_t}=\frac{1-\alpha}{1+\alpha},\quad C=\frac{(1+b)\sigma_c\sigma_t}{\sigma_c+\sigma_t}=\frac{1+b}{1+\alpha}\sigma_t \tag{5.4}$$

式中，$\alpha=\sigma_t/\sigma_c$ 为材料的拉压强度比。

5.6 统一强度理论的数学表达式

将式(5.4)代入统一强度理论的数学建模式(5.1a)和(5.1b)，得到：

$$F=b\tau_{12}+\tau_{13}+\frac{1-\alpha}{1+\alpha}(b\sigma_{12}+\sigma_{13})=\frac{1+b}{1+\alpha}\sigma_t\text{，当}\tau_{12}+\beta\sigma_{12}\ge\tau_{23}+\beta\sigma_{23} \tag{5.5a}$$

$$F'=b\tau_{23}+\tau_{13}+\frac{1-\alpha}{1+\alpha}(b\sigma_{23}+\sigma_{13})=\frac{1+b}{1+\alpha}\sigma_t\text{，当}\tau_{12}+\beta\sigma_{12}\le\tau_{23}+\beta\sigma_{23} \tag{5.5b}$$

将主剪应力表达式(5.2)代入上式，得出主应力形式的统一强度理论为：

$$F=\sigma_1-\frac{\alpha}{1+b}(b\sigma_2+\sigma_3)=\sigma_t\text{，当}\sigma_2\le\frac{\sigma_1+\alpha\sigma_3}{1+\alpha}\text{时} \tag{5.6a}$$

$$F'=\frac{1}{1+b}(\sigma_1+b\sigma_2)-\alpha\sigma_3=\sigma_t\text{，当}\sigma_2\ge\frac{\sigma_1+\alpha\sigma_3}{1+\alpha}\text{时} \tag{5.6b}$$

$$F''=\sigma_1=\sigma_t\text{，当}\sigma_1>\sigma_2>\sigma_3>0\text{时} \tag{5.6c}$$

式(5.6)是统一强度理论的主应力表示式。统一强度理论中的参数 b 为反映中间主剪应力以及相应面上的正应力对材料破坏影响程度的系数。以后我们可以看到，b 实际上也可作为选用不同强度理论的参数。

5.7 统一强度理论的其他表达式

统一强度理论还可以表述为其他各种不同的形式，在文献[13-15]中俞茂宏给出了五种统一强度理论的不同表达式，它们最早发表于 1994 年《岩土工程学报》“岩土类材料的统一强度理论及其应用”的论文中。如果以压应力为正，则又可以得出五种不同的表达式，它们可以经过简单的推导得出。下面我们给出两种其他形式的具体表达式。

5.7.1 统一强度理论的黏聚力 C 和摩擦角 φ 表达式

在实际工程中，土体的材料参数常常采用黏聚力 C 和摩擦角 φ 表述，这时统一强度理论可以写为：

$$F=\left[\sigma_1-\frac{1}{1+b}(b\sigma_2+\sigma_3)\right]+\left[\sigma_1+\frac{1}{1+b}(b\sigma_2+\sigma_3)\right]\sin\varphi_0=2C_0\cos\varphi_0,$$

$$\text{当}\ \sigma_2\le\frac{1}{2}(\sigma_1+\sigma_3)+\frac{\sin\varphi_0}{2}(\sigma_1-\sigma_3)\ \text{时} \tag{5.7a}$$

$$F'=\left[\frac{1}{1+b}(\sigma_1+b\sigma_2)-\sigma_3\right]+\left[\frac{1}{1+b}(\sigma_1+b\sigma_2)+\sigma_3\right]\sin\varphi_0=2C_0\cos\varphi_0,$$

$$\text{当}\ \sigma_2\ge\frac{1}{2}(\sigma_1+\sigma_3)+\frac{\sin\varphi_0}{2}(\sigma_1-\sigma_3)\ \text{时} \tag{5.7b}$$

其中，C_0 和 φ_0 与其他材料参数间的关系为：

$$\alpha=\frac{1-\sin\varphi_0}{1+\sin\varphi_0},\quad \sigma_t=\frac{2C_0\cos\varphi_0}{1+\sin\varphi_0}$$

5.7.2 以压应力为正时的统一强度理论表达式

以压应力为正，统一强度理论可以表述为：

$$F=\frac{1-\sin\varphi_0}{1+\sin\varphi_0}\sigma_1-\frac{b\sigma_2+\sigma_3}{1+b}=\frac{2C_0\cos\varphi_0}{1+\sin\varphi_0},$$

$$\text{当}\ \sigma_2\le\frac{1}{2}(\sigma_1+\sigma_3)-\frac{\sin\varphi_0}{2}(\sigma_1-\sigma_3)\ \text{时} \tag{5.8a}$$

$$F'=\frac{1-\sin\varphi_0}{(1+b)(1+\sin\varphi_0)}(\sigma_1+b\sigma_2)-\sigma_3=2C_0\cos\varphi_0,$$

$$\text{当}\ \sigma_2\ge\frac{1}{2}(\sigma_1+\sigma_3)-\frac{\sin\varphi_0}{2}(\sigma_1-\sigma_3)\ \text{时} \tag{5.8b}$$

从一个统一的力学模型出发，考虑应力状态的所有应力分量及它们对材料屈服和破坏的不同影响，建立了一个全新的统一强度理论和一系列新的计算准则，可以十分灵活地适应于各种不同的材料。

统一强度理论的数学表达式虽然很简单，但在以后的阐述中我们可以看到，它具有十分广泛和丰富的内涵，并与现有的多数真三轴试验结果相符合。在5.9小节我们将把统一强度理论与实验结果进行对比。

5.8 统一强度理论的特例

统一强度理论包含了四大族无限多个强度理论，即：

(1)统一强度理论，外凸理论，$0 \le b \le 1$；

(2)非凸强度理论，非凸理论，$b<0$ 或 $b>1$；

(3)统一屈服准则，$\alpha=1$，$0 \le b \le 1$；

(4)非凸屈服准则，$\alpha=1$，$b<0$。

在一般情况下，可取 b=0、1/4、1/2、3/4、1 五种典型参数，得出下列各种准则。

(1)b=0，得到莫尔-库仑强度理论为：

$$F = F' = \sigma_1 - \alpha\sigma_3 = \sigma_t \quad 或 \quad F = F' = \frac{1}{\alpha}\sigma_1 - \sigma_3 = \sigma_c \tag{5.9}$$

(2)b=1/4，得到新破坏准则为：

$$F = \sigma_1 - \frac{\alpha}{5}(\sigma_2 + 4\sigma_3) = \sigma_t，\quad 当\ \sigma_2 \le \frac{\sigma_1 + \alpha\sigma_3}{1+\alpha}\ 时 \tag{5.10a}$$

$$F' = \frac{1}{5}(4\sigma_1 + \sigma_2) - \alpha\sigma_3 = \sigma_t，\quad 当\ \sigma_2 \ge \frac{\sigma_1 + \alpha\sigma_3}{1+\alpha}\ 时 \tag{5.10b}$$

(3)b=1/2，得到新破坏准则为：

$$F = \sigma_1 - \frac{\alpha}{3}(\sigma_2 + 2\sigma_3) = \sigma_t，\quad 当\ \sigma_2 \le \frac{\sigma_1 + \alpha\sigma_3}{1+\alpha}\ 时 \tag{5.11a}$$

$$F' = \frac{1}{3}(2\sigma_1 + \sigma_2) - \alpha\sigma_3 = \sigma_t，\quad 当\ \sigma_2 \ge \frac{\sigma_1 + \alpha\sigma_3}{1+\alpha}\ 时 \tag{5.11b}$$

由于 Drucker-Prager 准则与实际不符，在理论上讲，b=1/2 的统一强度理论应该是代替 Drucker-Prager 准则的一个较为合理的新的强度准则。

(4)b=3/4，得到新破坏准则为：

$$F=\sigma_1-\frac{\alpha}{7}(3\sigma_2+4\sigma_3)=\sigma_t\text{，当 }\sigma_2\le\frac{\sigma_1+\alpha\sigma_3}{1+\alpha}\text{ 时} \tag{5.12a}$$

$$F'=\frac{1}{7}(4\sigma_1+3\sigma_2)-\alpha\sigma_3=\sigma_t\text{，当 }\sigma_2\ge\frac{\sigma_1+\alpha\sigma_3}{1+\alpha}\text{ 时} \tag{5.12b}$$

(5)b=1，可得到俞茂宏于 1983 年提出的双剪强度理论：

$$F=\sigma_1-\frac{\alpha}{2}(\sigma_2+\sigma_3)=\sigma_t\text{，当 }\sigma_2\le\frac{\sigma_1+\alpha\sigma_3}{1+\alpha}\text{ 时} \tag{5.13a}$$

$$F'=\frac{1}{2}(\sigma_1+\sigma_2)-\alpha\sigma_3=\sigma_t\text{，当 }\sigma_2\ge\frac{\sigma_1+\alpha\sigma_3}{1+\alpha}\text{ 时} \tag{5.13b}$$

以上这 5 种计算准则基本上可适应于各种拉压强度不等的材料，也可作为各种角隅模型的线性代替式应用。

(6)统一屈服准则

当材料拉压强度相同时，材料拉压比 α=1 或材料的摩擦角 φ=0，则统一强度理论退化为统一屈服准则：

$$F=\sigma_1-\frac{1}{1+b}(b\sigma_2+\sigma_3)=\sigma_s\text{，当 }\sigma_2\le\frac{\sigma_1+\sigma_3}{2}\text{ 时} \tag{5.14a}$$

$$F'=\frac{1}{1+b}(\sigma_1+b\sigma_2)-\sigma_3=\sigma_s\text{，当 }\sigma_2\ge\frac{\sigma_1+\sigma_3}{2}\text{ 时} \tag{5.14b}$$

统一屈服准则包含了一系列屈服准则，Tresca 屈服准则、Mises 屈服准则和 1961 年提出的双剪应力屈服准则均为其特例。

5.9 统一强度理论的偏平面极限面

偏平面的屈服迹线可以由偏平面的直角坐标与主应力之间的相互关系求得，它们之间的关系为：

$$
\begin{aligned}
x &= \frac{1}{\sqrt{2}}(\sigma_3 - \sigma_2) \\
y &= \frac{1}{\sqrt{6}}(2\sigma_1 - \sigma_2 - \sigma_3) \\
z &= \frac{1}{\sqrt{3}}(\sigma_1 + \sigma_2 + \sigma_3)
\end{aligned}
\tag{5.15a}
$$

$$
\begin{aligned}
\sigma_1 &= \frac{1}{3}\left(\sqrt{6}y + \sqrt{3}z\right) \\
\sigma_2 &= \frac{1}{6}\left(2\sqrt{3}z - \sqrt{6}y - 3\sqrt{2}x\right) \\
\sigma_3 &= \frac{1}{3}\left(3\sqrt{2}x - \sqrt{6}y + 2\sqrt{3}z\right)
\end{aligned}
\tag{5.15b}
$$

将它们代入统一强度理论数学建模方程式，可得统一强度理论在平面的直角坐标方程为：

$$F = -\frac{\sqrt{2}(1-b)}{2(1+b)}\alpha x + \frac{\sqrt{6}(2+\alpha)}{6}y + \frac{\sqrt{3}(1-\alpha)}{3}z = \sigma_t \tag{5.16a}$$

$$F' = -\left(\frac{b}{1+b} + \alpha\right)\frac{\sqrt{2}x}{2} + \left(\frac{2-b}{1+b} + \alpha\right)\frac{\sqrt{6}}{6}y + \frac{\sqrt{3}(1-\alpha)}{3}z = \sigma_t \tag{5.16b}$$

由此可得统一强度理论偏平面的一些屈服迹线，如图 5.2 所示。

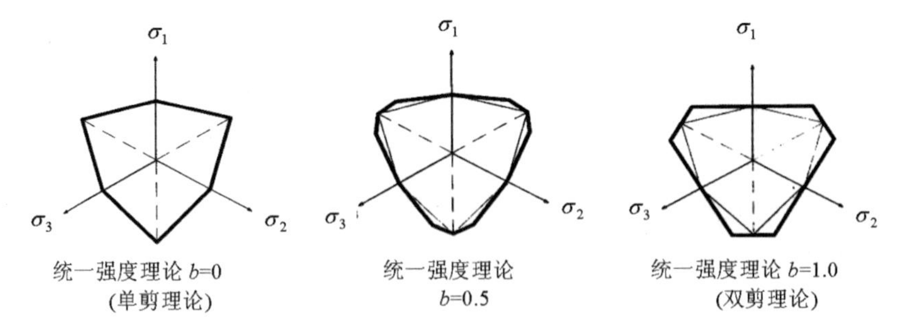

图 5.2 统一强度理论的偏平面屈服迹线

5.9.1　b 变化时的统一强度理论极限面

下面，我们将取 b=0、b=1/4、b=1/2、b=3/4 和 b=1 五种典型情况来进

行研究。

(1) b=0

$$F = F' = -\frac{\sqrt{2}}{2}\alpha x + \frac{\sqrt{6}}{6}(2+\alpha)y + \frac{\sqrt{3}}{3}(1-\alpha)z = \sigma_t \tag{5.17}$$

这就是莫尔-库仑强度理论的极限面，如图 5.3 中的虚线(最里边)所示。

(2) b=1/4

$$F = -\frac{3\sqrt{2}}{10}\alpha x + \frac{\sqrt{6}}{6}(2+\alpha)y + \frac{\sqrt{3}}{3}(1-\alpha)z = \sigma_t \tag{5.18a}$$

$$F' = -\left(\frac{1}{5}+\alpha\right)\frac{\sqrt{2}x}{2} + \left(\frac{7}{5}+\alpha\right)\frac{\sqrt{6}}{6}y + \frac{\sqrt{3}}{3}(1-\alpha)z = \sigma_t \tag{5.18b}$$

这是一个新的强度极限面，如图 5.3(b)中的接近莫尔-库仑强度理论虚线(b=0)的极限迹线。

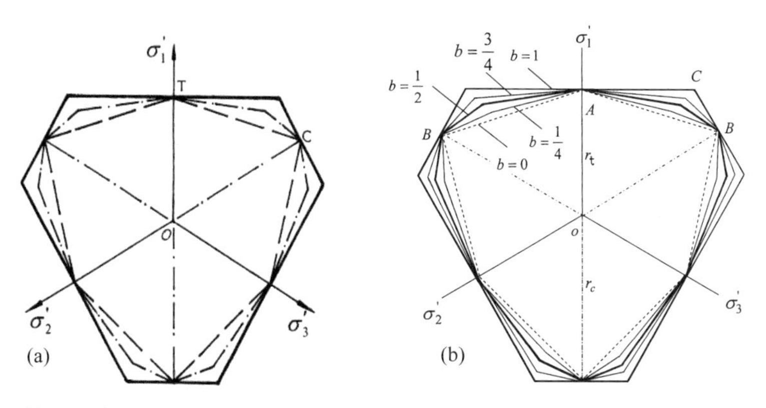

图 5.3 统一强度理论的偏平面极限线。(a)统一强度理论的三个典型特例； (b)统一强度理论的五个典型特例

(3) b=1/2

$$F = -\frac{\sqrt{2}}{6}\alpha x + \frac{\sqrt{6}}{6}(2+\alpha)y + \frac{\sqrt{3}}{3}(1-\alpha)z = \sigma_t \tag{5.19a}$$

$$F' = -\left(\frac{1}{3}+\alpha\right)\frac{\sqrt{2}x}{2} + (1+\alpha)\frac{\sqrt{6}}{6}y + \frac{\sqrt{3}}{3}(1-\alpha)z = \sigma_t \tag{5.19b}$$

此即为统一双剪强度理论的极限面。它居于莫尔-库仑单剪强度理论和双剪强度理论的中间，如图 5.3 中的中间极限迹线。它可以作为一个新的独立的强度理论得到应用。

(4) b=3/4

$$F=-\frac{\sqrt{2}}{14}\alpha x+\frac{\sqrt{6}}{6}(2+\alpha)y+\frac{\sqrt{3}}{3}(1-\alpha)z=\sigma_t \tag{5.20a}$$

$$F'=-\left(\frac{3}{7}+\alpha\right)\frac{\sqrt{2}x}{2}+\left(\frac{5}{7}+\alpha\right)\frac{\sqrt{6}}{6}y+\frac{\sqrt{3}}{3}(1-\alpha)z=\sigma_t \tag{5.20b}$$

(5) b=1

$$F=\frac{\sqrt{6}}{6}(2+\alpha)y+\frac{\sqrt{3}}{3}(1-\alpha)z=\sigma_t \tag{5.21a}$$

$$F'=-\left(\frac{1}{2}+\alpha\right)\frac{\sqrt{2}x}{2}+\left(\frac{1}{2}+\alpha\right)\frac{\sqrt{6}}{6}y+\frac{\sqrt{3}}{3}(1-\alpha)z=\sigma_t \tag{5.21b}$$

此即为双剪强度理论的数学表达式，它的极限面是图 5.3 中最外边的实线。

以上作图中都没有考虑 z(即 z=0 的平面)。图 5.3 均为不同参数 b 值在某一相同 z 值时的极限线的相对大小和形状。如果将拉伸强度和拉压强度比与内摩擦角以及抗剪强度之间的关系公式 $\sigma_t=2C_0\cos\varphi/(1+\sin\varphi)$、$\alpha=(1-\sin\varphi)/(1+\sin\varphi)$ 代入式(5.21)，则可得出：

$$F=y=\frac{2\sqrt{6}C_0\cos\varphi}{3+\sin\varphi}\quad 或\quad F'=\sqrt{2}y-\sqrt{6}x=\frac{4\sqrt{12}C_0\cos\varphi}{3-\sin\varphi} \tag{5.22}$$

此即为双剪强度理论在偏平面的极限线方程。相应的方程特点和极限形状均相同。同理可以证明，b=0 时的统一强度理论在偏平面的极限线即为莫尔-库仑强度理论的极限线；b=1/2 时的统一强度理论极限线即为新破坏准则的极限线，所以它们均为统一强度理论的特例。图 5.3 为统一强度理论的三个典型特例和五个典型特例时的极限迹线。

统一强度理论还可以退化得出更多的计算准则。图 5.4 给出了统一强度理论系数 b 和拉压强度比 α 改变时，统一强度理论的极限迹线的一系列变化规律。

5.9.2 α 变化时的统一强度理论极限面

当材料拉压强度相同时，材料拉压比 α=1 或材料的摩擦角 φ=0，则统一强度理论退化为统一屈服准则：

$$F=\sigma_1-\frac{1}{1+b}(b\sigma_2+\sigma_3)=\sigma_s\text{，当}\ \sigma_2\le\frac{\sigma_1+\sigma_3}{2}\ \text{时} \tag{5.23a}$$

$$F'=\frac{1}{1+b}(\sigma_1+b\sigma_2)-\sigma_3=\sigma_s\text{，当}\ \sigma_2\ge\frac{\sigma_1+\sigma_3}{2}\ \text{时} \tag{5.23b}$$

统一屈服准则包含了一系列屈服准则，Tresca 屈服准则、Mises 屈服准则和 1961 年提出的双剪应力屈服准则均为其特例。

统一强度理论还可以适合于不同材料拉压比时的情况，如图 5.4 所示。

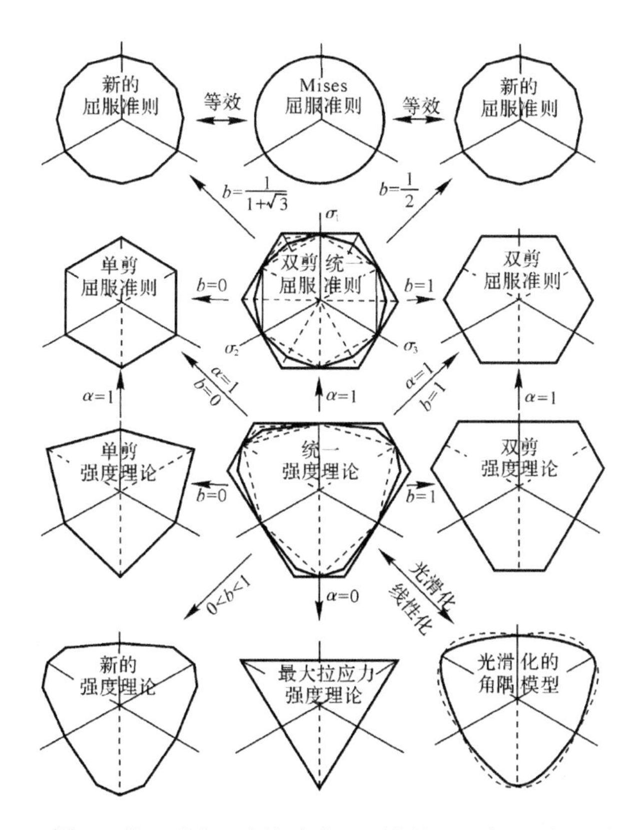

图 5.4 统一强度理论体系(偏平面的统一强度理论极限线)

在式(5.23)中，如果令拉压强度比 $\alpha=\sigma_t/\sigma_c=1$，即材料的拉压强度相同，则统一强度理论平面极限线在 σ_1，σ_2 和 σ_3 轴的正负方向上的矢径 $\boldsymbol{r}$ 均相同，它们的拉伸矢长 $\boldsymbol{r}_t$ 与压缩矢长 $\boldsymbol{r}_c$ 之比 K 值等于：

$$K=\frac{1+2\alpha}{2+\alpha}=\frac{3-\sin\varphi}{3+\sin\varphi}=1 \tag{5.24}$$

这时，图 5.4 中的不规则六边形和不规则十二边形将退化为正六边形和正十二边形。这就是适合于拉压强度相同的金属类材料的统一屈服准则的极限面。

从图 5.4 中可以看到，极限面的形状和大小随着统一强度理论参数 b 的大小而有规律地变化，参数 b 值越大，极限面也越大。在所有外凸极限面中，b=0 的单剪强度理论的极限面最小；b=1 的双剪强度理论的极限面最大；b=1/2 的统一强度理论的极限面则居于单剪和双剪强度理论极限面的中间。统一强度理论的一系列外凸极限面可以十分灵活地适应各种不同的材料。

图 5.4 中极限线方程可表示为：

$$F=-\frac{\sqrt{2}(1-b)}{2(1+b)}x+\frac{\sqrt{6}}{2}y=\sigma_t \tag{5.25a}$$

$$F'=-\frac{\sqrt{2}(1+2b)}{2(1+b)}x+\frac{\sqrt{6}}{2(1+b)}y=\sigma_t \tag{5.25b}$$

由以上二式可见，统一屈服准则的极限面方程与 z 无关，即它的平面极限线的形状和大小均不随 z 轴而改变。因此，它的极限面是一族以 $\sigma_1=\sigma_2=\sigma_3$ 为轴线的无限长柱面(六面柱体和十二面柱体)。

从以上所述可见，统一强度理论不仅包含了现有的一些主要强度理论，建立起各种强度理论之间的联系，还可以产生一系列新的破坏和屈服准则，如图 5.3 和图 5.4 所示。统一强度理论的系列极限线覆盖了区域的所有范围。如果我们采用统一强度理论的五个典型特例，则其极限面如图 5.3(b)。特别是 b=1/2 和 b=3/4 的两种破坏准则，它们可以作为很多光滑化的角隅模型的线性逼近，用简单的线性式代替复杂的角隅模型，如图 5.4 中的光滑化和线性化关系所示。

5.10　平面应力状态下的统一强度理论极限线

在平面应力状态(σ_1，σ_2)时，统一强度理论在主应力空间的极限面与 σ_1-σ_2 相交的截线即为平面应力时的统一强度理论极限线。它的一般形状随 α 和 b 值的大小而改变。当 b=0 和 b=1 时，为一个六边形；当 0<b<1 时，为一个十二边形。一般情况下，统一强度理论在平面应力状态时的 12 条极限线方程为：

$$
\begin{aligned}
&\sigma_1-\frac{\alpha b}{1+b}\sigma_2=\sigma_t &\qquad& \frac{1}{1+b}(\sigma_1+b\sigma_2)=\sigma_t\\
&\sigma_2-\frac{\alpha b}{1+b}\sigma_1=\sigma_t && \frac{1}{1+b}(b\sigma_1+\sigma_2)=\sigma_t\\
&\sigma_1-\frac{\alpha}{1+b}\sigma_2=\sigma_t && \frac{1}{1+b}\sigma_1-\alpha\sigma_2=\sigma_t\\
&\sigma_2-\frac{\alpha}{1+b}\sigma_1=\sigma_t && \frac{1}{1+b}\sigma_2-\alpha\sigma_1=\sigma_t\\
&\frac{\alpha}{1+b}(b\sigma_1+\sigma_2)=-\sigma_t && \frac{b}{1+b}\sigma_1-\alpha\sigma_2=\sigma_t\\
&\frac{\alpha}{1+b}(b\sigma_2+\sigma_1)=-\sigma_t && \frac{b}{1+b}\sigma_2-\alpha\sigma_1=\sigma_t
\end{aligned}
\tag{5.26}
$$

由此可以作出不同 α 值和不同 b 值时的平面应力极限线。图 5.5 为 α=1/2 时的统一强度理论在 σ_1-σ_2 平面的一系列极限线以及 α=2/3 时的统一强度理论的五个典型特例，图 5.6 则为 α=1/4 时的统一强度理论的极限线，图 5.7 具体表示统一强度理论与一些传统强度理论之间的关系。

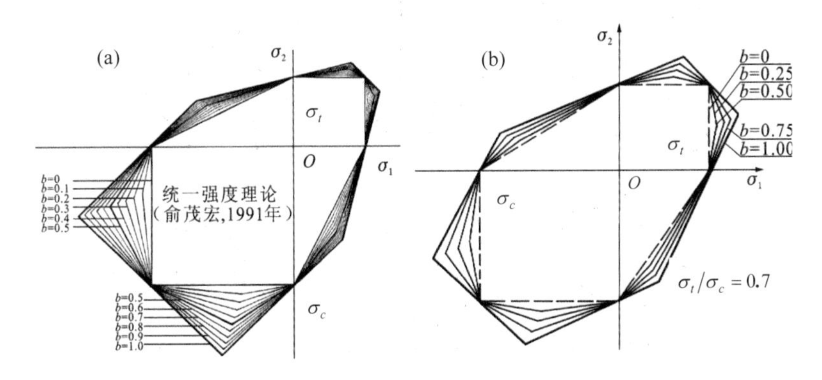

图 5.5 统一强度理论的系列极限线。(a) α=1/2；(b) α=2/3

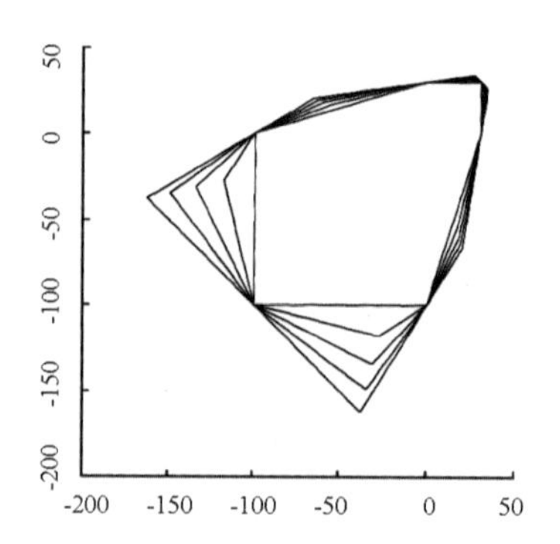

图 5.6 α=1/4 时的统一强度理论五种典型极限线

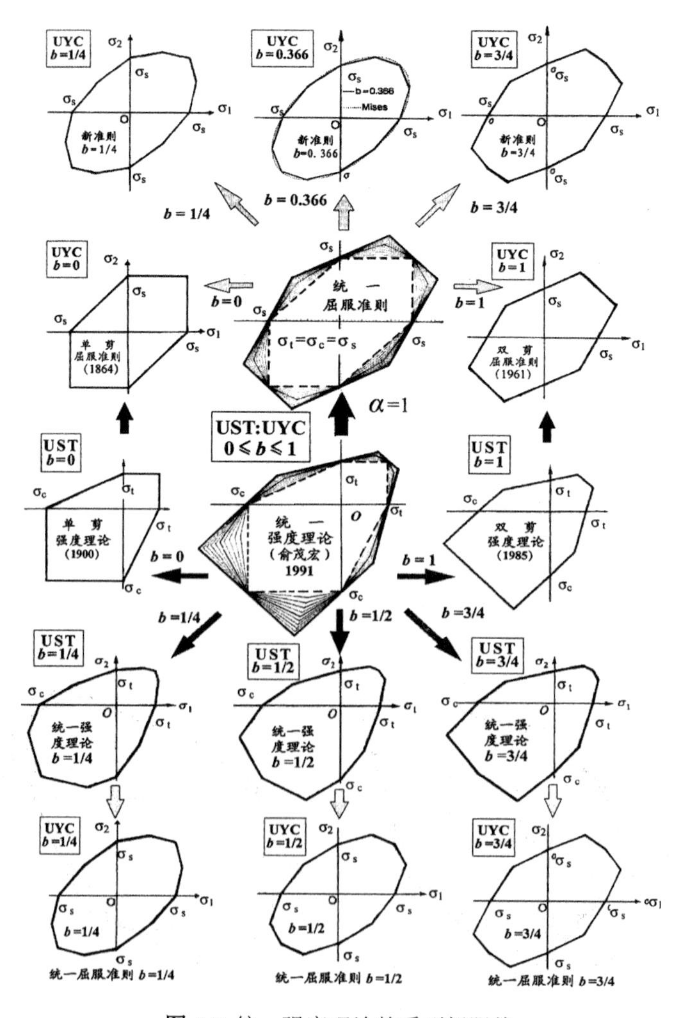

图 5.7 统一强度理论的系列极限线

5.11 统一强度理论的极限面

统一强度理论不是传统的单一强度理论，它是一系列有序变化的破坏准则的集合。因此，它的屈服面也由一系列有序变化的屈服面所构成，如图 5.8 所示(张鲁渝博士提供)[17]。

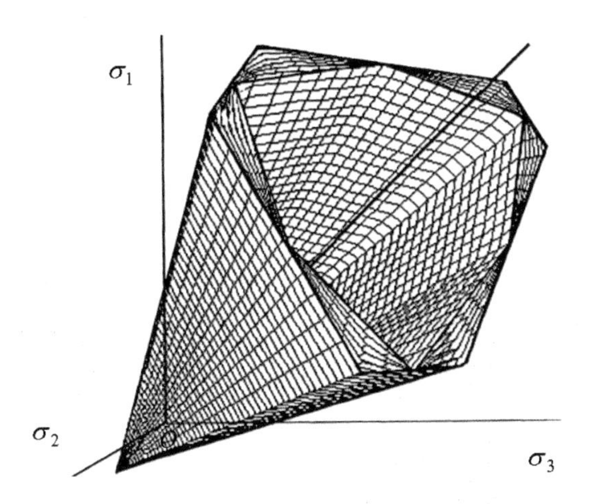

图 5.8 统一强度理论的系列屈服面

莫尔-库仑准则和双剪强度准则是经典而常用的经验理论公式，它们均是统一强度理论的特例。如式(5.6)所示，随着参数 b 由 0 到 1 的变化，统一强度理论可以转化为各种准则，还产生了一系列新的屈服准则。

当 b=0 时，式(5.6)为莫尔-库仑准则，如图 5.9 所示；当 b=0 且 φ=0 时，式(5.6)为广义 Tresca 准则；当 b=0.5 时，则为新的屈服准则，如图 5.10 所示；当 b=1 时，式(5.6)为双剪强度准则，如图 5.11 所示。

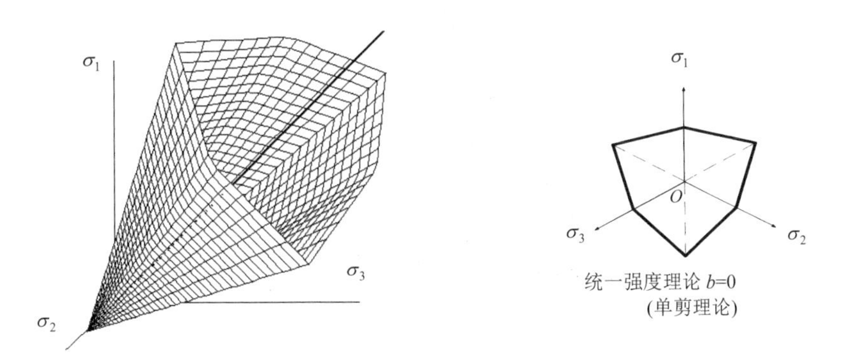

图 5.9 单剪强度理论(莫尔-库仑理论)的屈服面和偏平面屈服迹线(b=0)

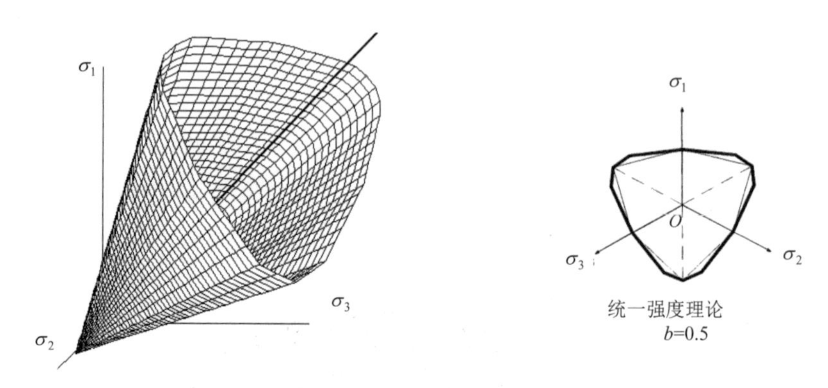

图 5.10 统一强度理论的一个典型特例和偏平面的屈服迹线(b=1/2)

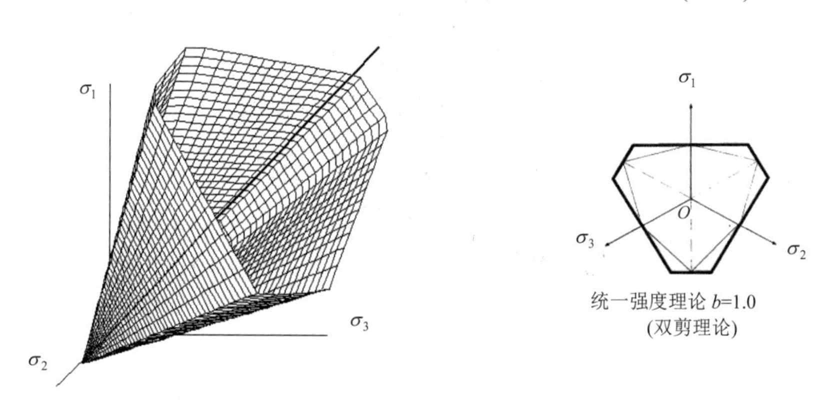

图 5.11 双剪强度理论的屈服面和偏平面屈服迹线(b=1)

统一强度理论和统一屈服准则在主应力空间的极限屈服面如图 5.12 和图 5.13 所示。

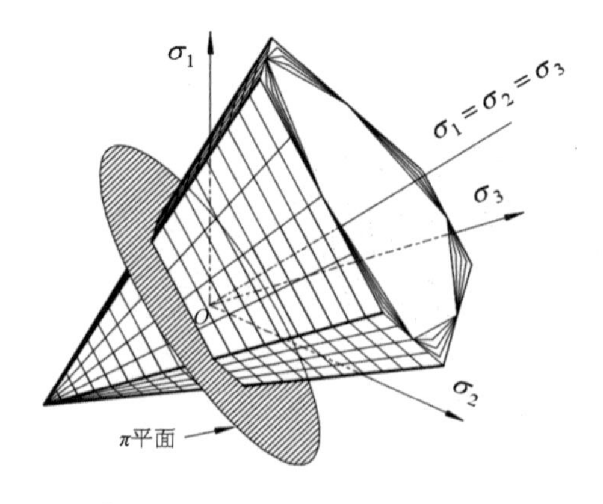

图 5.12 统一强度理论的极限面

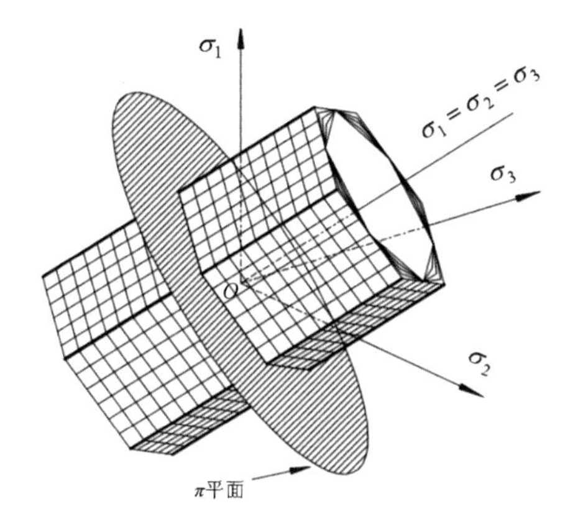

图 5.13 统一屈服准则的空间屈服面

5.12 Kolupave-Altenbach 的统一强度理论图示

统一强度理论自 1991 年提出以来，逐步得到国内外学者的广泛研究和应用。最近，德国学者对统一强度理论的可视化进行了研究[18]。Kolupaev 和 Altenbach 将统一强度理论的极限面在 π 平面的变化规律归纳如图 5.14 所示。

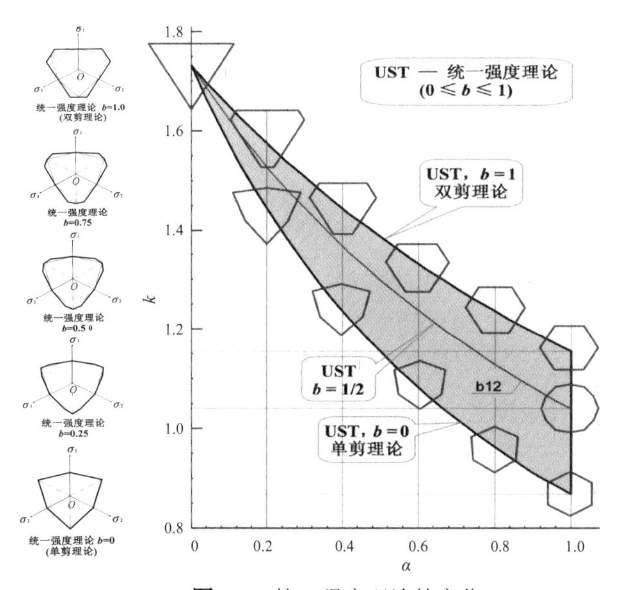

图 5.14 统一强度理论的变化

图 5.14 中的横坐标为材料的拉压比α，纵坐标为材料拉伸强度、压缩强度与统一强度理论参数 b 的综合变量 k。图 5.14 中引用了一个新的参数 k，且 $k=\sqrt{3}(1+b)/(1+b+\alpha)$。图中上面的曲线为双剪理论的极限面，下面的曲线为单剪理论的极限面，统一强度理论覆盖了从单剪到双剪的全部区域。图中右边一列为拉压同性材料（α=1）的三个典型屈服面（b=0、b=1/2、b=1)；图中最左边一列为拉压异性材料(α=0.4)的五个典型屈服面(b=0、b=1/4、b=1/2、b=3/4、b=1)。

对于各向同性材料，统一强度理论包含了一系列强度理论和屈服准则，它显示了各种模型之间的关系。从图 5.14 中可以清晰地显示出统一强度理论与单剪理论(b=0)、双剪理论(b=1)、中间准则(b=1/2)以及介于它们之间的各种准则的关系，这与图中统一强度理论及一些主要强度理论的关系一致。

5.13 统一强度理论的外推和内延：非凸强度理论

统一强度理论是从双剪单元体力学模型中推导得出的，所以也称为双剪统一强度理论，有的国外文献称之为俞茂宏统一强度理论。它是目前世界上唯一一个极限面覆盖了从内边界到外边界全部区域的强度理论。不但如此，统一强度还可以从外边界外推出一系列外推非凸强度理论，同时也可以从内边界内延出一系列内延非凸强度理论，只需分别取统一强度理论参数 b>1 和 b<0 即可得出。

统一强度理论具有强大的功能，当参数 0<b<1 时可得出一系列外凸强度准则，如前所示；当参数 b>1 时则可得出一系列外推非凸准则；当参数 b<0 时则可得出一系列内延非凸准则。它们在偏平面上的极限线如图 5.15 所示，在平面应力状态下的极限线如图 5.16 所示。

统一强度理论的这一特性早在俞茂宏 1992 年的《强度理论新体系》和 1994 年《岩土工程学报》发表的论文中都已经推导得出，并已图示。2006 年欧洲数学学会的《数学文摘》(*MATH*)发表应用数学和力学家、罗马尼亚科学院院士 Teodorescu Petre P 的论文也指出了这一特性。统一强度理论加上外推非凸理论和内延非凸理论，三者所包含的极限线范围是任何其他理论所无法达到的。但是，从世界上已发表的各种材料的复杂应力实验

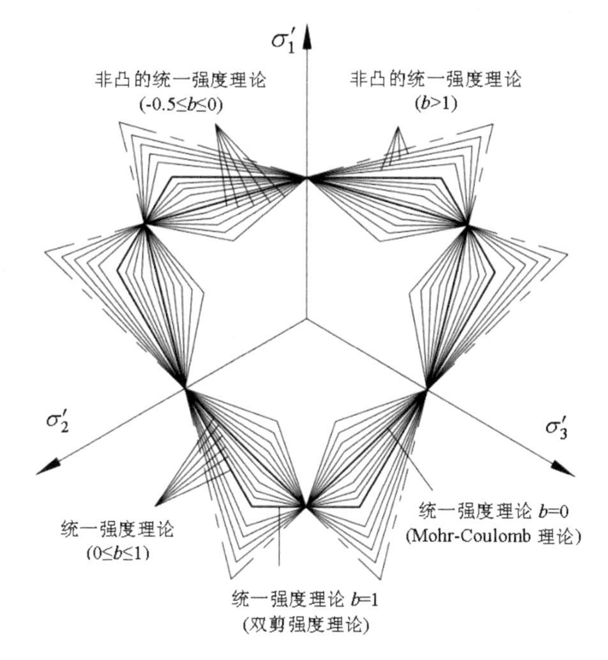

图 5.15 统一强度理论的偏平面极限线

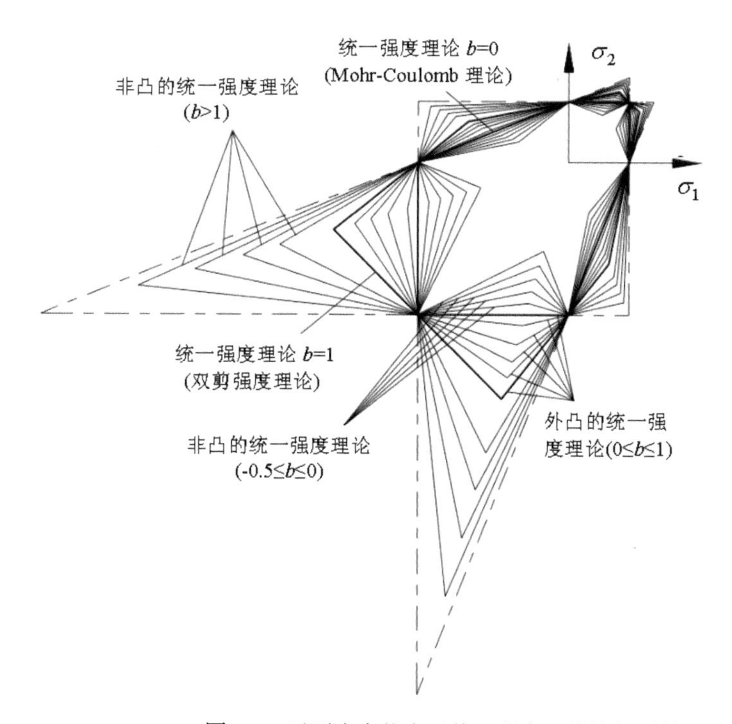

图 5.16 平面应力状态下统一强度理论的极限线

结果来看，几乎全部极限线都是外凸的，也就是都符合德鲁克公设的外凸性。因此，非凸极限线是双剪统一强度理论从数学上外推和内延的一种可能性，而且不具有实际意义。任何其他对双剪统一强度理论的非凸范围补充也不具有实际意义。根据文献可知，目前仅有一例关于重塑黏土的非凸试验结果报道，但这个实验结果没有可重复性。21 世纪同济大学也作了关于重塑黏土的实验，其结果是外凸的，且介于内外边界之间。此外，从统一强强度理论的数学建模方程式(5.1)中可以看出，参数 b 是反映次大主剪应力 τ_{12}(或 τ_{23})对材料破坏的影响参数，它的作用不可能超过最大主剪应力的影响。因此，参数 $b\leq1$ 是合理的，$b>1$ 是不合理的；同理，$b<0$ 也是不合理的，即参数 b 的范围为 $0\leq b\leq1$。

5.14 统一强度理论等效应力

等效应力是一般应力状态下的各应力分量经适当的组合而形成的与单向应力等效的应力。有时它也被称为比较应力、相当应力和应力强度。等效应力的概念在固体力学、计算塑性力学和各种工程结构计算软件中得到广泛的应用。等效应力在弹塑性理论、材料力学以及各种工程设计中具有重要的涵义，因为屈服准则往往与等效应力具有相同的表达形式。当等效应力小于材料的单轴屈服极限时($\sigma^{eq}<\sigma_y$)，材料处于弹性状态；当等效应力等于或大于材料的单轴屈服极限时($\sigma^{eq}\geq\sigma_y$)，材料开始屈服。

等效应力的引进使多轴应力状态与单轴应力的比较成为可能。等效应力与应力分量不同，它没有方向性，是一个标量，完全由大小来定义，但它具有应力的单位。等效应力常用来计算弹性极限和结构各部分的安全系数，它提供了足够的信息来评估材料和结构设计的安全性。它也可以方便地使用在有限元计算和计算塑性力学中，有限元等效应力法往往应用于各种结构强度的分析。

大家熟悉的等效应力是 Mises 等效应力 $\sigma_{\text{Mises}}^{\text{eq}}$，它也被称为 Mises 屈服准则。当三剪应力等效应力达到材料屈服强度时，材料开始屈服，即 $\sigma_{\text{Mises}}^{\text{eq}}=\sigma_y$。然而，材料等效应力并不是只能独特定义为 Mises 应力，过去已提出了大量的拉压同性材料和拉压异性材料的等效应力。下面将介绍几种典型的等效应力。

5.14.1 拉压同性材料的等效应力

拉压同性材料的三个典型的等效应力为：

(1)单剪等效应力(Tresca 等效应力)

$$\sigma_{\text{Tresca}}^{\text{eq}} = \sigma_1 - \sigma_3 \tag{5.27}$$

(2)三剪等效应力(Mises 等效应力)

$$\sigma_{\text{Mises}}^{\text{eq}} = \frac{1}{\sqrt{2}}\left[(\sigma_1 - \sigma_3)^2 + (\sigma_1 - \sigma_2)^2 + (\sigma_2 - \sigma_3)^2\right]^{\frac{1}{2}} \tag{5.28}$$

(3)双剪等效应力(双剪屈服准则)

$$\sigma_{\text{Twin-shear}}^{\text{eq}} = \begin{cases} \sigma_1 - \dfrac{1}{2}(\sigma_2 + \sigma_3), & \sigma_2 \le \dfrac{\sigma_1 + \sigma_3}{2} \\ \dfrac{1}{2}(\sigma_1 + \sigma_2) - \sigma_3, & \sigma_2 \ge \dfrac{\sigma_1 + \sigma_3}{2} \end{cases} \tag{5.29}$$

5.14.2 拉压异性材料的等效应力

拉压异性材料的等效应力的上限和下限分别为：

(1)下限：单剪等效应力(莫尔-库仑理论等效应力)

$$\sigma_{\text{M-C}}^{\text{eq}} = \sigma_1 - \alpha\sigma_3 \tag{5.30}$$

(2)上限：双剪等效应力(双剪强度理论等效应力)

$$\sigma_{\text{Twin-shear}}^{\text{eq}} = \begin{cases} \sigma_1 - \dfrac{\alpha}{2}(\sigma_2 + \sigma_3), & \sigma_2 \le \dfrac{\sigma_1 + \alpha\sigma_3}{1+\alpha} \\ \dfrac{1}{2}(\sigma_1 + \sigma_2) - \alpha\sigma_3, & \sigma_2 \ge \dfrac{\sigma_1 + \alpha\sigma_3}{1+\alpha} \end{cases} \tag{5.31}$$

5.14.3 统一屈服准则的等效应力

以上三种典型材料的等效应力可以统一为统一屈服准则等效应力：

$$\sigma_{\text{Unified}}^{\text{eq}}=\begin{cases}\sigma_1-\dfrac{1}{1+b}(b\sigma_2+\sigma_3), & \sigma_2\le\dfrac{\sigma_1+\sigma_3}{2}\\ \dfrac{1}{1+b}(\sigma_1+b\sigma_2)-\sigma_3, & \sigma_2\ge\dfrac{\sigma_1+\sigma_3}{2}\end{cases} \tag{5.32}$$

统一屈服准则等效应力将各种著名的拉压同性材料等效应力作为特例或线性逼近而包含于其中。

(1) b=0，统一屈服准则退化为单剪等效应力(Tresca 等效应力)；

(2) b=1，统一屈服准则退化为双剪等效应力(双剪屈服准则)；

(3) b=0.5，统一屈服准则退化为一个新的等效应力(中间等效应力)，它是三剪等效应力(Mises 等效应力)的线性逼近。

5.14.4 统一强度理论的等效应力

统一强度理论等效应力的一般表达式为：

$$\sigma_{\text{Unified}}^{\text{eq}}=\begin{cases}\sigma_1-\dfrac{\alpha}{1+b}(b\sigma_2+\sigma_3), & \sigma_2\le\dfrac{\sigma_1+\alpha\sigma_3}{1+\alpha}\\ \dfrac{1}{1+b}(\sigma_1+b\sigma_2)-\alpha\sigma_3, & \sigma_2\ge\dfrac{\sigma_1+\alpha\sigma_3}{1+\alpha}\end{cases} \tag{5.33}$$

统一强度理论等效应力是一系列等效应力的集合，它将各种著名的拉压同性材料和拉压异性材料的等效应力作为特例或线性逼近而包含于其中，大多数的等效应力可以从统一强度理论等效应力中退化得出。以下为几个典型的例子：

(1) α=b=0，统一强度理论等效应力退化为单剪等效应力(即 Tresca 等效应力)；

(2) b=0，统一强度理论等效应力退化为单剪等效应力(莫尔-库仑等效应力)；

(3) α=b=1，统一强度理论等效应力退化为双剪等效应力(双剪屈服准则)；

(4) b=1，统一强度理论等效应力退化为双剪等效应力(广义双剪强度理论)；

(5) α=1 和 b=1/2，统一强度理论等效应力逼近于 Mises 等效应力；

(6) b=1/2，统一强度理论等效应力退化为一个中间等效应力。

统一强度理论的等效应力可应用于结构弹性分析、弹性极限分析、弹塑性分析、有限元法、计算塑性力学以及机械设计和各种结构强度分析，十分简单方便。

5.15 统一强度理论与实验结果的对比

此外，需要指出，在某些复杂应力试验中，虽然可以产生一种三轴复杂应力(σ_1，σ_2，σ_3)，但是这种复杂应力是一种特殊的应力状态，它们都处于一个特殊的平面之中[13-15]。例如，在土力学中应用最多的复杂应力试验是围压三轴试验(轴对称三轴试验)，如图 5.17 所示。

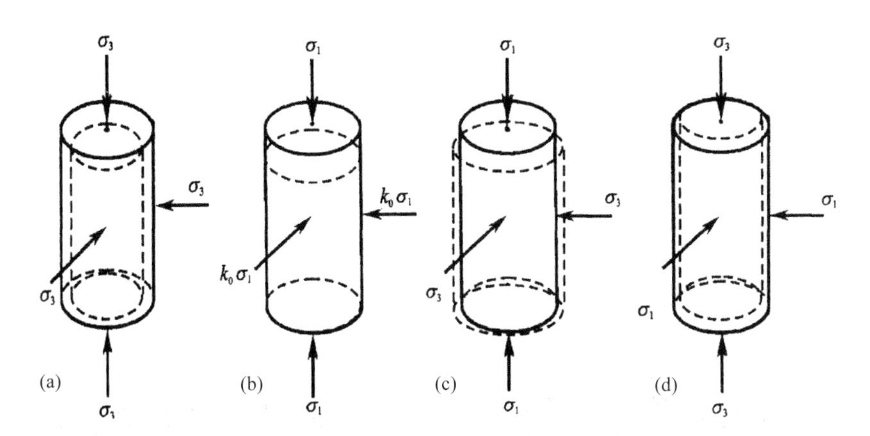

图 5.17 三轴仪中各种试验的应力与应变条件。(a)等压固结；(b)K_0 固结；(c)三轴压缩剪切；(d)三轴伸长剪切

在这个试验中，土体受到σ_1、σ_2 和σ_3 的作用，所以人们往往把它作为三轴试验。但在围压三轴试验中，无论是等压固结、K_0 固结还是三轴压缩剪切或三轴伸长剪切，它们中的两个应力总是相等的，即σ_2=σ_3 或σ_1=σ_2。实际上，这种复杂应力在三维应力空间中都处于一种特殊的平面，如图 5.18 所示。

需要注意，轴对称三轴压缩试验只是得出土体的材料参数，并不能对各种强度理论进行比较和验证。

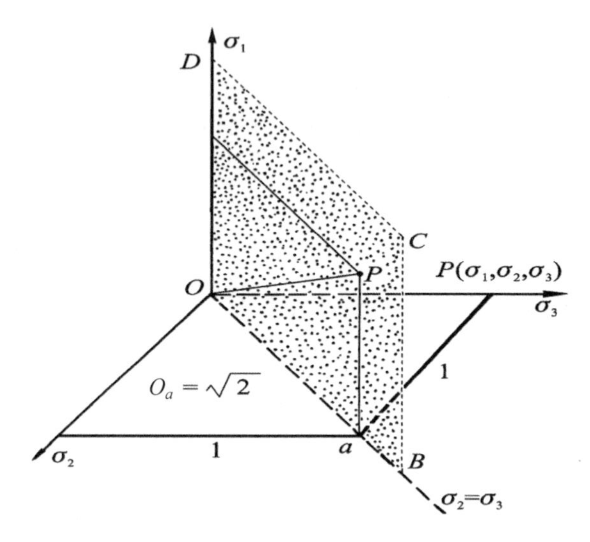

图 5.18 轴对称三轴试验产生的应力组合都在一个平面

国内外学者对土体材料在复杂应力的极限面进行了大量的研究，试验得出的极限面一般都大于莫尔-库仑强度理论的极限面[19-21]。图 5.19 是Dakoulas和Sun关于土和砂土的复杂应力试验结果，图中极限线的内边界为莫尔-库仑强度理论，外边界为双剪强度理论，中间的实线为b=1/2 时的统一强度理论。统一强度理论将它们全部包含在区域之中，至今为止国内外的绝大多数偏平面实验结果都在这个范围之内。

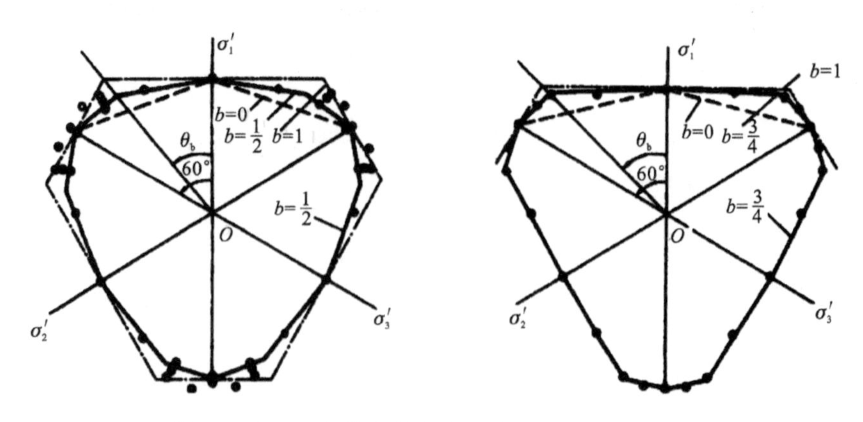

图 5.19 Ottawa 细砂的极限面(Dakoulas，Sun，1992)

5.16 统一强度理论的应用

统一强度理论自提出以来，关于它的研究和应用逐步得到发展。清华大学沈珠江先生和同济大学蒋明镜教授于 1996 年、澳大利亚西澳大学 Ma GW 教授等于 1995 年发表了多篇关于统一强度理论应用的论文[20-21]，他们的研究是最早的研究工作之一，具有启发性。统一强度理论的特性也在这些研究中得到进一步的认识。进入 21 世纪以来，这方面的研究得到迅速的发展，其主要原因是统一强度理论具有统一的力学模型、统一的数学建模公式和统一的数学表达式，并且概念较为简单清晰；它的数学表达式虽然比较简单，但是功能较大，它的系列极限面覆盖了外凸理论的全部区域；它的应用可以得到一系列结果以适用于不同的材料和结构，为工程应用提供了更多的信息和参考。

此外，统一强度理论还具有和谐性和可比较性，它与其他经典理论并不矛盾，而是将它们作为特例包容于其中，无论是理论上和结果中都是如此。具体地讲，可以应用莫尔-库仑理论的问题，都可以采用统一强度理论进行研究，并且可以得出一系列新的研究结果，为实际应用提供更多的资料和参考。这些结果中包含了莫尔-库仑理论以及双剪理论的结果，可以相互进行比较。

有关统一强度理论研究和应用的文献较多[21-29]，请见第 18 章文献[65-200]。统一强度理论参数包括材料拉伸强度 σ_t、压缩强度 σ_c(或材料拉压比 $\alpha=\sigma_t/\sigma_c$)参数 b，结构分析的结果与屈服准则的选取有很大关系。统一强度理论为分析结构的屈服准则效应提供了理论基础。

5.17 统一强度理论的意义

从 1773 (Coulomb)—1900 (Mohr)的单剪强度理论到 1952 (Drucker-Prager)—1973 (Argyris-Gudehus，Matsuoka-Nakai)的三剪理论，再从三剪理论到 1961—1983 年(俞茂宏)的双剪强度理论，然后从双剪强度理论到统一强度理论(俞茂宏 1991)，强度理论的这三次进展可以用偏平面的极限面的形状变化表述，如图 5.20 所示。

2008 年，钱七虎先生在同济大学孙钧先生讲座中指出：“单剪理论的进一步发展为双剪理论，而双剪理论进一步发展为统一强度理论。单剪、

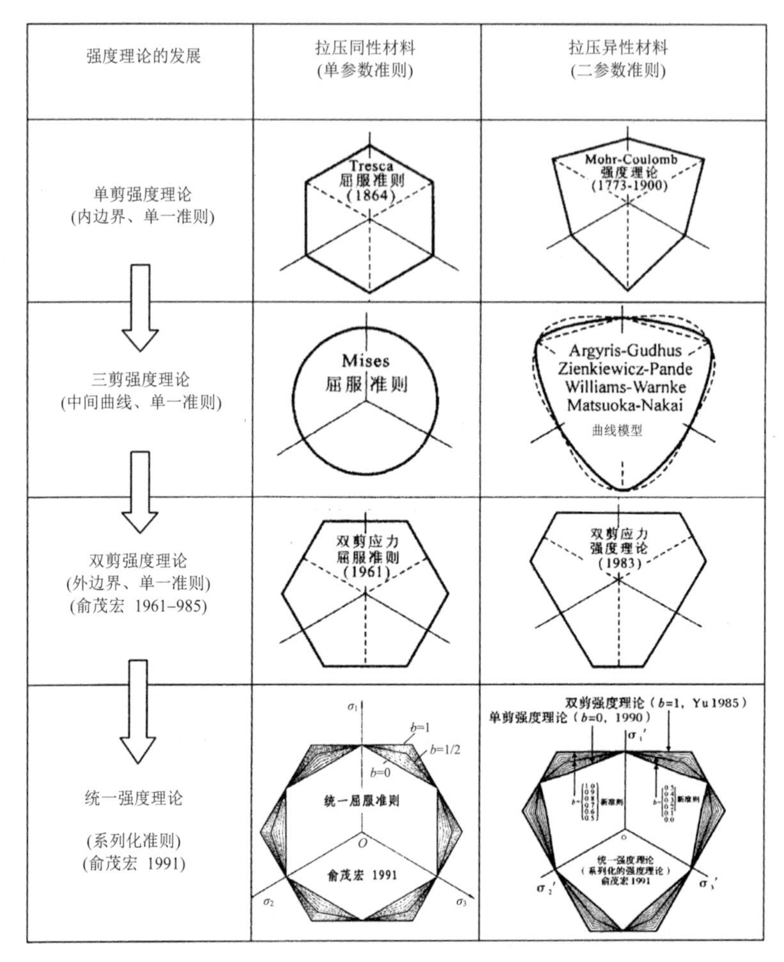

图 5.20 强度理论的发展：从单剪到三剪到双剪到统一

双剪理论以及介于二者之间的其他破坏准则都是统一强度理论的特例或线性逼近。因此可以说，统一强度理论在强度理论的发展史上具有突出的贡献。”图 5.20 中的极限面的内边界即为单剪理论，外边界为双剪理论，统一强度理论覆盖了从内边界到外边界的所有区域，因此具有更基本的理论意义。统一强度理论是 Drucker 公设关于屈服面外凸性的具体化和系统化，是 1951 年提出 Drucker 公设关于屈服面外凸性以来的一个重大进展。统一强度理论不仅包含了现有的各种强度理论(包括作者的双剪强度理论)，即现有的各种强度理论均为统一强度理论的特例或线性逼近，而且可以产生出一系列新的可能有的强度理论。此外，它还可以发展出其他更广泛的理论和计算准则。这些将在以下各章中作进一步发展。

统一强度理论与各种现有的和可能有的强度理论之间的关系如图 5.4 所示。在图 5.4 中，以统一强度理论为中心，建立起各种强度之间的联系，形成了一个统一强度理论新体系。统一强度理论的意义如下：

(1)将以往各种强度理论从只适用于某一类材料的单一强度理论发展为可以适合于众多类型材料的统一强度理论；

(2)统一强度理论是 Drucker 公设关于极限面外凸性的具体化，在 Drucker 公设与强度理论之间建立起完整的关系；

(3)统一强度理论的极限面覆盖了 Drucker 公设所要求的从内边界到外边界的全部区域。世界上没有其他准则可以覆盖全部区域。

5.18 本章小结

由本章以上所述可知，从双剪单元体应力状态出发，考虑到作用于单元体上的所有应力分量以及它们对材料屈服和破坏的不同作用，可以建立一个新的强度理论数学建模公式，并由此推导出一个全新的系列化的统一强度理论。

统一强度理论是俞茂宏从 1961 年到 1991 年研究得到的一系列基础理论创新成果。在该理论建立过程中所采用的双剪单元体力学模型，两个方程和附加判别条件的数学建模方法以及多个参数的巧妙配合都是统一强度理论的关键创新成果。

统一强度理论的数学建模式为(5.1)，其主应力表达式为(5.6)。统一强度理论的两个材料参数为 σ_t 和 $\alpha=\sigma_t/\sigma_c$。b 为统一强度理论的准则选择参数。最近，德国学者对统一强度理论进行了研究，可见文献[18]。

参考文献

[1] Drucker, DC (1951) A more foundational approach to stress-strain relations. *Proc. of First U.S. National Cong. Appl. Mechanics, ASME*, pp. 487–491.

[2] Naghdi, PM (1960) Stress-strain relations in plasticity and thermoplasticity. *Plasticity Proceedings of the Second Symposium on Naval Structural*

Mechanics, Oxford, pp. 121–169.

[3] Palmer, AC, Maier, G, Drucker, DC (1967) Normality relations and convexity of yield surfaces for unstable materials or structural elements. *J. Appl. Mech.*, 34(2): 464–470.

[4] 邓永琨 (1987) 关于 Drucker 公设的推广应用. 长安大学学报(自然科学版), 5(1): 75–83.

[5] 李永池, 唐之景, 胡秀章 (1988) 关于 Drucker 公设和塑性本构关系的进一步研究. 中国科学技术大学学报, 18(3): 339–345.

[6] Chen, WF (1982) *Plasticity in Reinforced Concrete*. McGraw-Hill.

[7] Voigt, W (1901) Zur Festigkeitslehre. *Annalen Der Physik*, 309(3):567–591.

[8] Timoshenko, SP (1953) *History of Strength of Materials*. New York: McGraw-Hill.

[9] 钱令希, 钱伟长，等 (1985) 中国大百科全书: 力学. 北京:中国大百科全书出版社.

[10] 中国水利百科全书(第二版) (2006) 北京:水利水电出版社, p. 398.

[11] 俞茂宏, 何丽南, 宋凌宇 (1985) 双剪应力强度理论及其推广.中国科学, A 辑, 28(12): 1113–1120 (英文版: 28(11): 1175–1183).

[12] Yu, MH, He, LN (1991) A new model and theory on yield and failure of materials under the complex stress state. In: Jono, M, Inoue, T (eds.), *Mechanical Behaviour of Materials-VI*, Pergamon Press, 3: 841–846.

[13] 俞茂宏 (2011) 强度理论新体系: 理论、发展和应用(第二版). 西安:西安交通大学出版社.

[14] 俞茂宏 (1994) 岩土类材料的统一强度理论及其应用. 岩土工程学报, 14(2): 1–10.

[15] Yu, MH (2004) *Unified Strength Theory and Its Applications*. Berlin, Heidelberg:Springer Verlag.

[16] 俞茂宏 (2004) 强度理论百年大总结. 彭一江, 译. 力学进展, 34(4): 529–560.

[17] 张鲁渝 (2005) 应力空间岩土本构模型的三维图像. 岩土工程学报, 27(1): 64–68.

[18] Kolupaev, VA, Altenbach, H (2010) Einige Überlegungen zur Unified Strength Theory von Mao-Hong Yu. *Forschung im Ingenieurwesen*, 74: 135–166.

[19] Sun, J, Wang, SJ (2000) Rock mechanics and rock engineering in China: developments and current state-of-the art. *INT J ROCKMECH MIN*, 37: 447–465.

[20] 蒋明镜, 沈珠江 (1996) 岩土类软化材料的柱形孔扩张统一解问题. 岩土力学, 17(1): 1–8.
[21] Ma, GW, Yu, MH, Miyamoto, Y, et al. (1995) Unified plastic limit solution to circular plate under portion uniform load. *Journal Structural Engineering*, 41A: 385–392 (in English, Japan SCE).
[22] 张传庆, 周辉, 冯夏庭 (2008) 统一弹塑性本构模型在 $FLAC^{3D}$ 中的计算格式. 岩土力学, 29(3): 596–602.
[23] 张传庆, 周辉, 冯夏庭 (2007) 统一屈服面空间相交问题的处理. 西安交通大学学报, 41(11): 1330–1334.
[24] 王俊奇, 陆峰 (2010) 统一强度理论模型嵌入 ABAQUS 软件及在隧道工程中的应用. 长江科学院院报, 27(2): 68–74.
[25] 钱七虎, 戚承志 (2008) 岩石、岩体的动力强度与动力破坏准则. 同济大学学报: 自然科学版, 36(12): 1599–1605.
[26] 孙钧 (1999) 岩石力学在我国的若干进展, 西部探矿工程, 11(1): 1–5.
[27] 郑颖人 (2007) 岩土材料屈服与破坏及边(滑)坡稳定分析方法研讨——“三峡库区地质灾害专题研讨会”流讨论综述. 岩石力学与工程学报, 26(4): 649–661.
[28] 沈珠江 (2005) 采百家之长, 酿百花之蜜. 岩土工程学报, 27(2): 365–367.
[29] 沈珠江 (2004) *Unified Strength Theory and Its Applications* 评介. 力学进展, 34(4): 562–563.

阅读参考材料

【阅读参考材料 5-1】Drucker 公设(德鲁克公设或德鲁克定理)由美国科学院院士德鲁克(Drucker DC，1918—2001)于 1951 年提出。德鲁克在塑性力学方面作出了突出贡献。德鲁克曾经先后担任国际理论与应用力学联合会的主席、副主席和司库(按照国际理论与应用力学联合会的章程，主席、副主席和司库都只能担任一次，任期 4 年，可上可下)。Drucker 公设现已成为塑性力学的一个重要基础理论。由德鲁克定理可得出对于稳定性的材料，屈服面必为外凸的曲面。屈服面的外凸性为强度理论的研究奠定了理论框架的基础。

【阅读参考材料 5-2】“工程强度理论是判断材料和结构与部件在复杂应力状态下产生屈服和破坏的规律，并用以作为各种工程结构设计的判断准则。它是力学和各种工程安全与可靠性的基本问题之一。”

Drucker (1918—2001)

“研究得出国际领先的统一强度理论，它的极限面覆盖了界限内的所有区域。它的出现将使各国设计规范关于强度理论的准则进行修改。”

以上为 1998 年教育部科技委对统一强度理论研究成果的鉴定意见(科技委力学组组长张维，中国科学院和中国工程院院士、前中国力学学会副理事长，前中国土木工程学会副理事长、前清华大学副校长)。

【阅读参考材料 5-3】德国马丁路德大学教授发表专题论文“Strength hypotheses of Mao-Hong Yu and its generalisation(俞茂宏强度学说及其推广)”，文中评价：

“统一强度理论(UST)的发展是宏观材料科学的一件大事。UST 提供了一族新的材料模型，它包含了一系列新的模型，并且指明了现有各种模型的相互关系。UST 模型可以适合于不同的材料，并且与实验结果相符合。UST 的材料参数只需要三个实验结果(拉伸、压缩和剪切)即可得出。”

“统一强度理论具有下列优点：

1.统一强度理论的概念系由多面单元体的应力 $\tau_{ij}=(\sigma_i-\sigma_j)/2$ 和 $\sigma_{ij}=(\sigma_i+\sigma_j)/2$ 推断而得；

2.将 Lode 应力参数发展为双剪应力参数 $\mu_\tau=\tau_{12}/\tau_{13}$，$\mu_\tau'=\tau_{23}/\tau_{13}$，$\mu_\tau+\mu_\tau'=1$；

3.参数可以与文献中的各种实验数据相匹配，适合于不同类型的材料；

4.统一强度理论方程中的参数具有物理意义；

5.模型中包含了应力偏量第 3 不变量；

6.除了几个奇异点外，统一强度理论各处的等效应力 σ_{eq} 及其导数$\partial\sigma_{eq}/\partial\sigma_{ij}$ 均可简单计算得出。”

(Kolupaev, VA, Altenbach, H (2009). Strength hypotheses of Mao-Hong Yu and its generalisation. In: Kuznetsov, SA (ed.), 2nd Conference Problems in Nonlinear Mechanics of Deformable Solids, 8–11, December, 2009. Kazan State University, Kazan, S: 10–12)

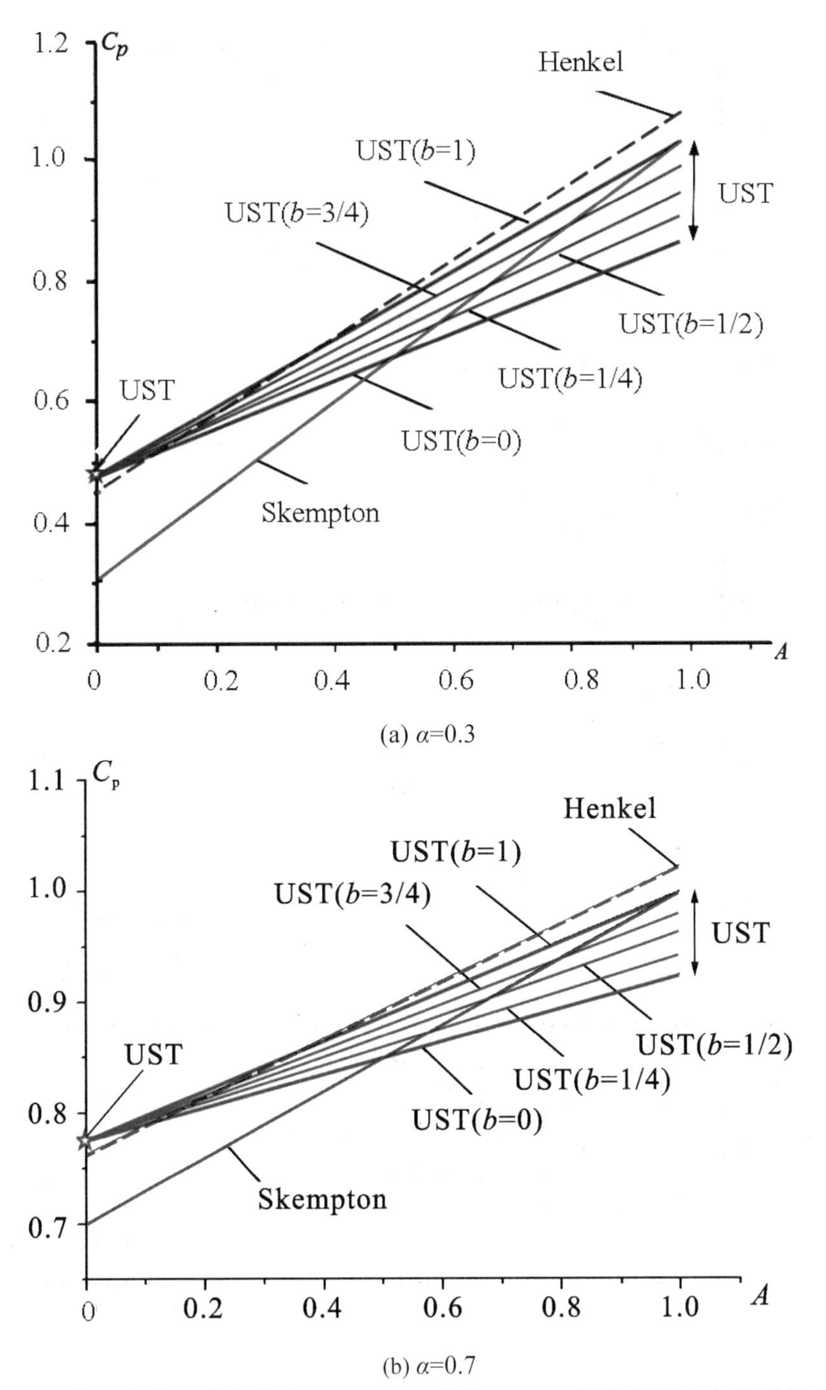

(a) α=0.3

(b) α=0.7

统一强度孔隙水压力方程和Skempton以及Henkel孔隙水压力方程的比较

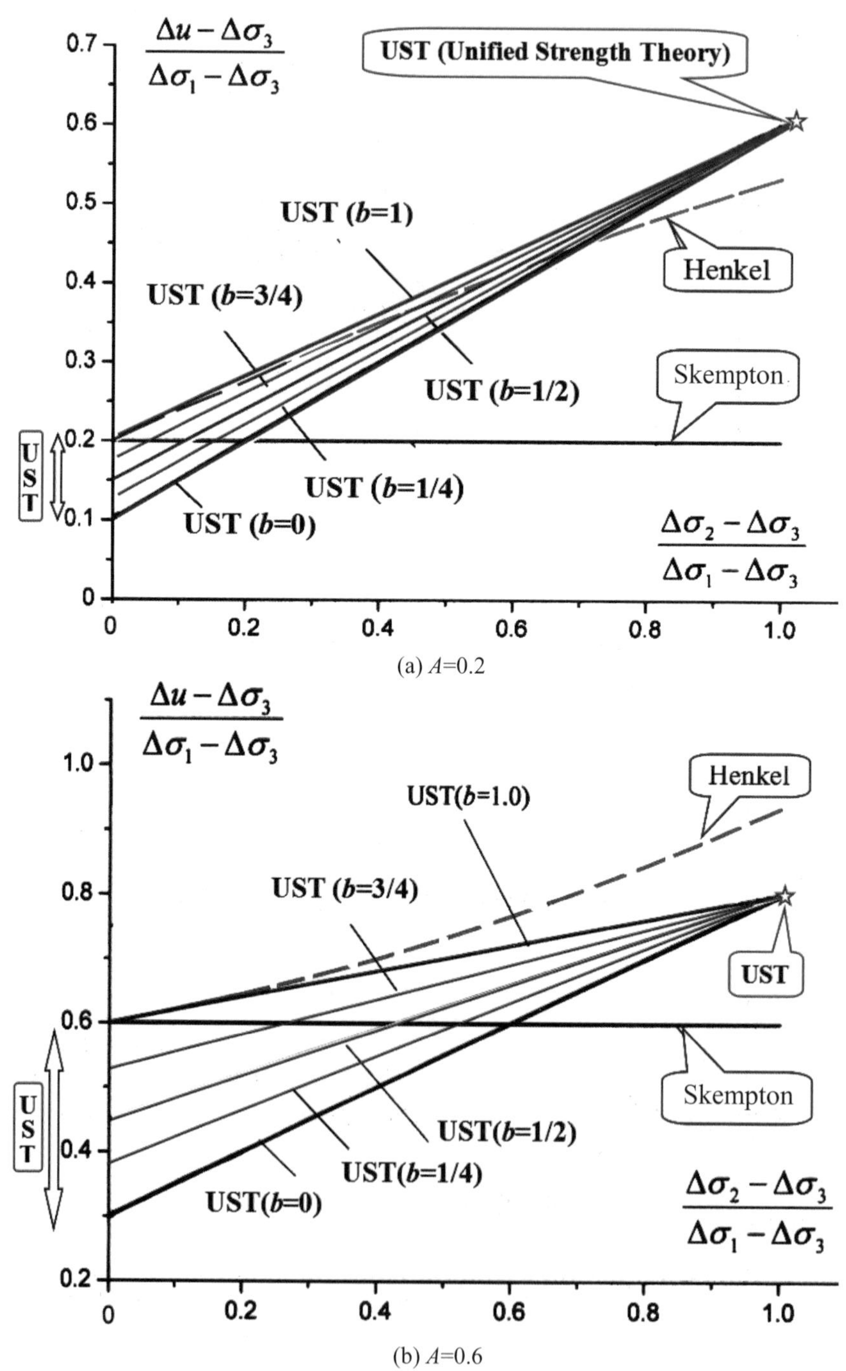

(a) A=0.2

(b) A=0.6

统一强度孔隙水压力方程和 Skempton 以及 Henkel 孔隙水压力方程的比较

6

统一强度孔隙水压力方程

6.1 概 述

土和大多数的岩石及混凝土材料一样，均含有孔隙。孔隙中往往充满流体，流体具有一定的压力，称为孔隙压力，用符号 u 表示。这样，土、岩石和混凝土等孔隙材料除受到作用在固体骨架(固相)上的应力 σ_1、σ_2 和 σ_3 外，内部还受到孔隙流体的压力作用。

考虑岩土类材料孔隙中的流体压力后，描述它们应力状态的参数，除构造应力(σ_1，σ_2，σ_3)外，又增加了一个孔隙压 u。在岩土力学研究中，孔隙压力是一个极为重要的概念，对岩石和土的力学性质有很大的影响。

孔隙压力的数值需根据具体情况确定。例如在地球物理学研究中，处理岩石圈岩石中的孔隙压力时常用的孔隙压力有以下几种[1-2]。

(1)静水压力

假定岩石中所有孔隙皆连通且一直通至地面，则在水深 h 处的岩石中的孔隙压力称为静水压力。它的大小与水的密度 ρ_h、重力加速度 g 以及水深 h 成正比，即：

$$u_h = \rho_h g h \approx 10h \tag{6.1}$$

式中，静水压力的单位为 MPa，h 的单位为 km。

(2)岩石静压力 u_r

假定在 h 深处岩石中的孔隙压力 u 等于 h 以上岩石柱体压力，这种孔隙压力称为岩石静压力。如果岩石孔隙中充满水，且所有孔隙皆不连通，则岩石中的孔隙压力近似地等于岩石静应力，即：

$$u_r = \rho_r g h \tag{6.2}$$

式中，ρ_r为岩石的密度。

(3)任意孔隙压力 u

上述的静水压力 u_h 和岩石静压力 u_r 为孔隙压力的两个极端例子。对于一般情况下的孔隙压力 u，可以写为：

$$u = \lambda u_r \tag{6.3}$$

式中，λ 为参数，它的范围在 0 至 1 之间，即 $0 \leq \lambda \leq 1$。几种特例情况为：

①当 $\lambda=0$ 时，$u=0$，这相当于孔隙中无水干燥的情况；

②当 $\lambda=0.42$ 时，$u=u_h$(因水的密度大约是岩石密度的 0.42 倍)；

③当 $\lambda=1$ 时，$u=u_r$。

孔隙压力的概念还可以推广到其他很多方面。我们可以用一个简单用具做一个类似的试验，如图 6.1 所示。把多孔试样放在容器里并浸泡于水中，所有孔隙都充满水，容器中的水位较高。在试样底部开一小孔，使容器内的水位逐步降低。这时可以发现，试样 A 面上的铁砂的压力并没有增大，但试验的体积缩小了。A 面在排水的过程中逐渐下移，这是由于多孔试样中的孔隙压力减小了。城市中地下水抽取过量致使地下水位下降而引起原有房屋的沉陷增加，也就是这一现象。

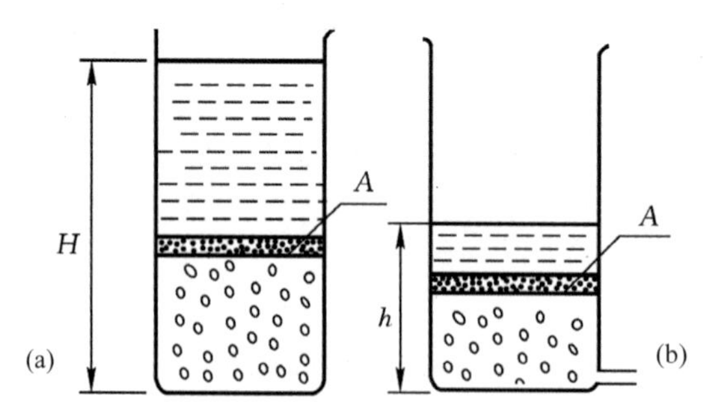

图 6.1 一个简单的试验。(a)多孔试样上均布一层铁砂并浸泡于高水位水中；(b)水位下降，多孔试样体积缩小

这一章我们将统一强度理论推广到孔隙水压力方程，建立一个新的孔隙水压力统一强度理论方程。第 7 章将讨论有效应力统一强度理论。

6.2 有效应力的原理

有效应力原理被看作是现代土力学的核心。太沙基在 1936 年第一届国际土力学和基础工程大会上通俗易懂地阐述了这一原理。他认为，在土剖面上任何一点的应力(通过土体)可根据作用在这点上的总主应力(σ_1，σ_2，σ_3)来计算。如果土中的孔隙是在应力 u(孔隙应力)下被水充满，总主应力由两部分组成：一部分是 u，以各个方向相等的强度作用于水和固体，这一部分称作孔隙水压力；另一部分为总主应力 σ 和孔隙水压力 u 之差，即 $\sigma'_1=\sigma_1-u$、$\sigma'_2=\sigma_2-u$、$\sigma'_3=\sigma_3-u$，它只是在土的固相中发生作用，这一部分称作有效主应力(改变孔隙水压力实际上并不产生体积变化，孔隙水压力与在应力条件下土体产生破裂无关)。多孔材料(如砂、黏土和混凝土)对 u 所产生的反应似乎是不可压缩的，内摩擦等于零。改变应力所能测到的结果，诸如压缩、变形和剪切阻力的变化，仅仅是由有效应力 σ'_1、σ'_2 和 σ'_3 的变化而引起的。因此，对饱和土体稳定性的调查研究需要具有总应力和孔隙水压力的知识。有效应力原理的实质是有效应力控制了土体的体积变化和强度。有效应力原理对于土体，特别是饱和土体来说基本上是正确的[1-20]。孔隙介质中的总应力等于有效应力加孔隙压力，它们之间的关系如图 6.2 所示。

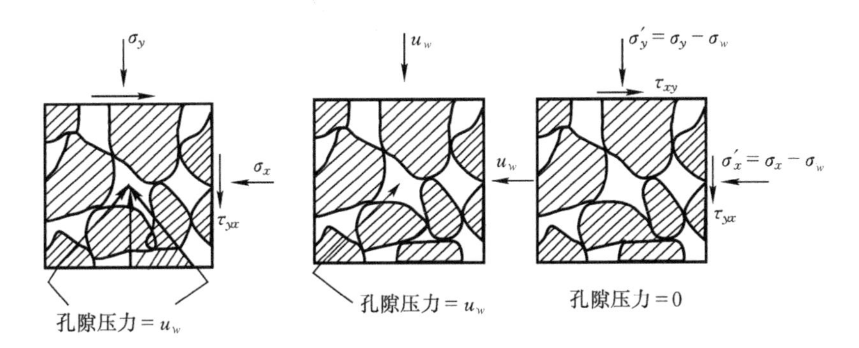

图 6.2 孔隙介质中的总应力 $\sigma=u_w+\sigma'$

太沙基的饱和土的有效应力公式为：

$$\sigma' = \sigma - u_w \tag{6.4}$$

1955 年，Bishop 提出非饱和土中的有效应力公式为：

$$\sigma' = \sigma - [u_w - \chi(u_a - u_w)] \tag{6.5}$$

式中，u_a为孔隙中的空气压力(简称孔隙气压力)，u_w为孔隙水压力，χ为一个与饱合度有关的参数(对于饱和土 χ=1，干土 χ=0)。

在有效应力方程的各项中，一般只有总应力 σ 可直接测得，孔隙压力可以通过粒间区之外的一点上测得。有效应力是一个推导出来的量，在工程中往往用粒间应力的概念来说明有效应力(在土力学文献中，有效应力和粒间应力这两个名词可以通用)。粒间力和孔隙压力(包括孔隙水压力 u_w 和孔隙气压力 u_a)的示意图如图 6.3 所示。

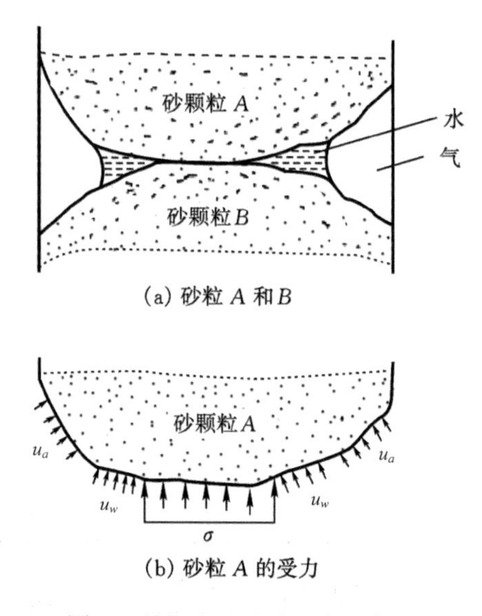

图 6.3 粒间力和孔隙压力示意图

在有效应力原理中，孔隙压力是一个重要的概念。下面我们对土体中的孔隙水压力方程做进一步的研究。

6.3　孔隙水压力方程

土中的孔隙压力是土力学中的一个基本问题，自太沙基提出有效应力原理以来，土工学者对孔隙水压力的研究有了依据。多年来，该原理受到许多学者的重视并对其做了大量的研究[1-20]。

6.3.1 Skempton 孔隙水压力方程(1954)

$$\Delta u = B\left[\Delta\sigma_3 + A\left(\Delta\sigma_1 - \Delta\sigma_3\right)\right] \tag{6.6}$$

其中假定土骨架是线弹性体，A 和 B 为系数。该方程是根据常规三轴剪应力仪的应力状态下导出的。

6.3.2 Henkel 孔隙水压力方程(1960，1965)

Henkel 认为，利用三轴试验确定孔隙压力系数应该考虑中间主应力的影响。因此，他引用八面体剪应力使下述孔隙水压力方程具有普遍意义，并对饱和土提出表达式：

$$\Delta u = \Delta\sigma_{oct} + \alpha\Delta\tau_{oct} \tag{6.7}$$

式中，$\Delta\sigma_{oct} = \left(\Delta\sigma_1 + \Delta\sigma_2 + \Delta\sigma_3\right)/3$

$$\Delta\tau_{oct} = \sqrt{\left(\Delta\sigma_1 - \Delta\sigma_2\right)^2 + \left(\Delta\sigma_2 - \Delta\sigma_3\right)^2 + \left(\Delta\sigma_1 - \Delta\sigma_3\right)^2}\,/3$$

α 与 Skempton 孔隙水压力系数 A 之间有一定的关系，视土体单元上的应力条件而变，在常规三轴压缩试验中 $\alpha = \left(\sqrt{2}/2\right)\left(3A-1\right)$。Henkel 孔压方程考虑了中间主应力对孔压的影响，在非轴对称受荷条件下应用比较方便。

6.3.3 曾国熙孔隙水压力方程(1964，1979)

浙江大学曾国熙做了进一步的研究，并提出适用于饱和土和非饱和土的用应力不变量表达的孔隙水压力函数式(曾国熙，1980)：

$$\Delta u = \Delta\sigma_{oct} + \alpha\Delta\tau_{oct} \tag{6.8}$$

Law 和 Holtz 论述了主应力轴的转动对孔隙水压力系数 A 的影响和孔隙水压力与土的应力应变关系。王铁儒等[16]对孔隙水压力方程的参数进行了研究，认为 A 或 α 并非是一个简单的常数，而是与土应力应变特性有关的变量。

6.3.4 双剪孔隙水压力方程(1990)

李跃明和俞茂宏于 1990 年提出了一个新的孔隙水压力方程[17]，它既考虑了中间主应力的影响，又考虑了应力角的影响，称为双剪孔隙水压力方程，其表达式为：

$$\Delta u = B\left[\frac{\Delta\sigma_2 + \Delta\sigma_3}{2} + A\left(\Delta\sigma_1 - \frac{\Delta\sigma_2 + \Delta\sigma_3}{2}\right)\right] \tag{6.9a}$$

上式可写成双剪应力的形式[20-24]，即：

$$\Delta u = B\left[\Delta\sigma_{23} + A\left(\Delta\tau_{12} + \Delta\tau_{13}\right)\right] \tag{6.9b}$$

当 $\Delta\sigma_2$=$\Delta\sigma_3$，即常规三轴应力状态时，可自然转化为 Skempton 单剪孔隙水压力方程，因此，Skempton 单剪孔隙水压力方程是双剪孔隙水压力方程的一个特例。

Skempton 方程概念清楚，形式简单，参数可通过常规试验确定而得到广泛应用，但它不能模拟中间主应力 σ_2 的效应。Henkel 等建议的孔隙水压力方程，是一个简单的、以应力特征量对式(6.6)加以推广而得的非线性表达式。Skempton 公式实际上是莫尔-库仑强度理论的推广，可称为单剪水压力方程，而双剪孔隙水压力方程是由两个剪应力来表达的，因此称为双剪水压力方程。Henkel 公式(式(6.7)和(6.8))都为三剪水压力方程。

6.4 统一强度孔隙水压力方程

在饱和土的真三轴实验中，应力改变通常是由三个阶段引起的，假设由大主应力增量 $\Delta\sigma_1$ 引起的孔隙水压力为 Δu_1，$\Delta\sigma_2$ 引起的为 Δu_2，$\Delta\sigma_3$ 引起的为 Δu_3，则总的孔隙水压力为：

$$\Delta u = \Delta u_1 + \Delta u_2 + \Delta u_3 \tag{6.10}$$

三维增量应力状态如图 6.4 所示。

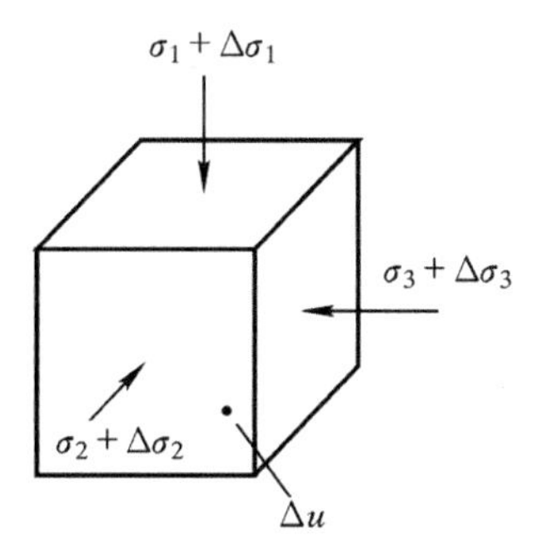

图 6.4 三维增量应力状态

相应的有效应力为：

$$\Delta\sigma_1'=\Delta\sigma_1-\Delta u,\ \Delta\sigma_2'=\Delta\sigma_2-\Delta u,\ \Delta\sigma_3'=\Delta\sigma_3-\Delta u$$

土单元体体积变化为：

$$\begin{aligned}\Delta V&=V\left(\varepsilon_1+\varepsilon_2+\varepsilon_3\right)\\&=\frac{V}{E}\{[\Delta\sigma_1'-\mu(\Delta\sigma_2'+\Delta\sigma_3')]+[\Delta\sigma_2'-\mu(\Delta\sigma_1'+\Delta\sigma_3')]\\&\quad+[\Delta\sigma_3'-\mu(\Delta\sigma_1'+\Delta\sigma_2')]\}\\&=\frac{(1-2\mu)V}{E}\left(\Delta\sigma_1+\Delta\sigma_2+\Delta\sigma_3-3\Delta u\right)\end{aligned}\tag{6.11}$$

式中，V 为土体体积，E 为土骨架弹性模量，μ 为土体泊松比。孔隙的压缩量为：

$$\Delta V_v=VnC_w\Delta u\tag{6.12}$$

式中，C_w 为流体的压缩性系数，n 为孔隙率。

由式(6.11)和(6.12)相等可得：

$$\Delta u=B\frac{\left(\Delta\sigma_1+\Delta\sigma_2+\Delta\sigma_3\right)}{3}\tag{6.13}$$

式中，$B=1\Big/\left(1+\dfrac{nC_w}{3C_c}\right)$，$C_c=(1-2\mu)/E$ 是土骨架的压缩系数。

孔隙水压力方程(6.13)可进一步变换形式为：

$$\Delta u = B\left[\frac{\Delta\sigma_2 + \Delta\sigma_3}{2} + \left(\frac{\Delta\sigma_1 - \Delta\sigma_3}{6} + \frac{\Delta\sigma_1 - \Delta\sigma_2}{6}\right)\right] \tag{6.14}$$

同样，我们考虑到土体并非完全线弹性体，故引入孔隙压力系数 A 和 C，写成一般式为：

$$\Delta u = B\left[\frac{\Delta\sigma_2 + \Delta\sigma_3}{2} + A\left(\frac{\Delta\sigma_1 - \Delta\sigma_3}{2}\right) + C\left(\frac{\Delta\sigma_1 - \Delta\sigma_2}{2}\right)\right]$$

我们将俞茂宏统一强度理论推广到孔隙水压力方程，整理以上公式可以得到：

$$\Delta u = B\left[\frac{\Delta\sigma_2 + \Delta\sigma_3}{2} + A\left(\frac{\Delta\sigma_1 - \Delta\sigma_3}{2} + b\frac{\Delta\sigma_1 - \Delta\sigma_2}{2}\right)\right] \tag{6.15a}$$

式中，$b=C/A$。

式(6.15a)可以写成统一强度理论的形式，即：

$$\Delta u = B\left[\Delta\sigma_{23} + A\left(\Delta\tau_{13} + b\Delta\tau_{12}\right)\right] \tag{6.15b}$$

该公式的第二项正是剪应力增量 $\Delta\tau_{13}+b\Delta\tau_{12}$ 所产生的孔隙水压，反映了中间主剪力对孔隙水压力的不同影响，用参数 b 来体现。当 b=1 时，为双剪孔隙水压力方程。当 b=1 且 $\Delta\sigma_2$=$\Delta\sigma_3$，即常规三轴应力状态时，可自然转化为 Skempton 单剪孔隙水压力方程。因此，Skempton 与双剪孔隙水压力方程均是统一强度孔隙水压力方程的特例。

值得注意的是，一些试验结果表明三轴伸长试验测得的 A 恰为三轴压缩试验 A 的两倍，因此有：

三轴压缩：
$$\Delta u = \Delta\sigma_3 + \frac{1}{3}\left(\Delta\sigma_1 - \Delta\sigma_3\right) \tag{6.16a}$$

三轴伸长：
$$\Delta u = \Delta\sigma_3 + \frac{2}{3}\left(\Delta\sigma_1 - \Delta\sigma_3\right) \tag{6.16b}$$

统一强度孔隙水压力方程式(6.15)若变换成与 Skempton 方程相似的形式(令 $A=C=1/6$，即 $b=1$)，有：

$$\Delta u = B\left[\Delta\sigma_3 + \frac{2}{3}\left(\frac{\Delta\sigma_1 + \Delta\sigma_2}{2} - \Delta\sigma_3\right)\right] \tag{6.17}$$

三轴伸长时 $\Delta\sigma_1=\Delta\sigma_2$，式(6.17)可转化为(6.16b)，所以考虑中间主应力增量变化后在理论上证明了这种两倍关系。

另外，Kars 黏土在轴向伸长和侧向压缩试验中，其有效应力途径和应力-应变曲线虽然一致，但是绝对孔隙压力反应却不同。侧向压缩为加荷载状态产生正孔隙压力，如方程(6.14)所表达，而轴向伸长属卸荷载状态，形成负孔隙水压力。实际上可将式(6.14)转换成另一种形式，有：

$$\Delta u = B\left[\frac{\Delta\sigma_1 + \Delta\sigma_2}{2} - \left(\frac{\Delta\sigma_1 - \Delta\sigma_3}{6} + \frac{\Delta\sigma_2 - \Delta\sigma_3}{6}\right)\right] \tag{6.18}$$

同理，式(6.18)写成一般形式为：

$$\Delta u = B\left[\frac{\Delta\sigma_1 + \Delta\sigma_2}{2} - A'\left(\frac{\Delta\sigma_1 - \Delta\sigma_3}{2} + b\frac{\Delta\sigma_2 - \Delta\sigma_3}{2}\right)\right] \tag{6.19}$$

注意到系数 A'前是负号，因此，这个方程恰好反映了这种三向伸长态的情况，而原 Skempton 单剪孔隙水压力方程是无法反映的，它可能只反映三轴压缩状态。统一强度孔隙水压力方程式(6.15a)和(6.15b)在中间主应力分量的大小不同时具有不同的表达式。

6.5　增量应力状态的分解

统一强度孔隙水压力方程也可从应力状态的分解中导出。对于如图 6.5 所示的真三轴增量应力状态，当 $\sigma_2+\Delta\sigma_2\le(\sigma_1+\Delta\sigma_1+\sigma_3+\Delta\sigma_3)/2$ 时，由于 $\sigma_2+\Delta\sigma_2$ 离 $\sigma_1+\Delta\sigma_1$ 远而靠近 $\sigma_3+\Delta\sigma_3$，该应力状态接近于常规三轴压缩状态，因此可分解成如图 6.5 所示的增量应力。

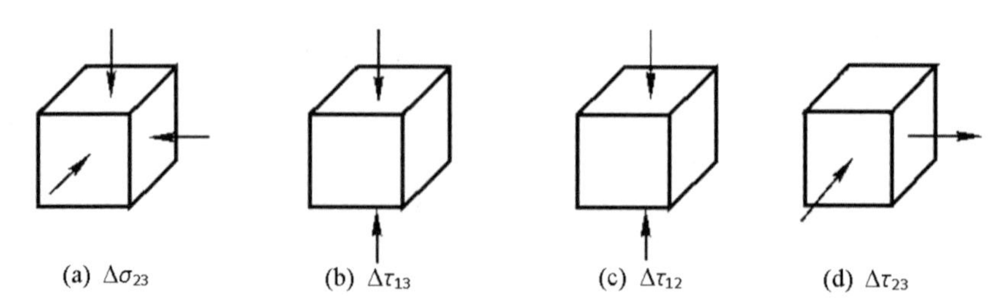

图 6.5 ($\sigma_2+\Delta\sigma_2\leq(\sigma_1+\Delta\sigma_1+\sigma_3+\Delta\sigma_3)/2$)时的三轴压缩状态

图 6.6(b)、(c)和(d)分别显示 $\Delta\tau_{13}=(\Delta\sigma_1-\Delta\sigma_3)/2$、$\Delta\tau_{12}=(\Delta\sigma_1-\Delta\sigma_2)/2$ 和 $\Delta\tau_{23}=(\Delta\sigma_2-\Delta\sigma_3)/2$ 这三个主剪应力增量的作用。图 6.5(d)是大小相等的一拉一压应力状态，它们产生数值相同的一负一正的孔隙水压力，可相互抵消。所以在该应力状态的分解中，自然取图 6.5(a)、(b)和(c)为产生孔隙水压力的应力体系，它等效于一点的三向应力增量状态，这样图 6.5(a)可类似看作三轴压缩，应力状态为 $\Delta\sigma_{23}=(\Delta\sigma_2+\Delta\sigma_3)/2$。由图 6.5(a)、(b)和(c)可知：

$$\Delta u'=B\frac{\Delta\sigma_2+\Delta\sigma_3}{2}，\ \Delta u_{13}=A\frac{\Delta\sigma_1-\Delta\sigma_3}{2}，\ \Delta u_{12}=C\frac{\Delta\sigma_1-\Delta\sigma_2}{2} \tag{6.20}$$

得到：

$$\Delta u=\Delta u'+\Delta u_{12}+\Delta u_{13}=B\frac{\Delta\sigma_2+\Delta\sigma_3}{2}+A\left(\frac{\Delta\sigma_1-\Delta\sigma_3}{2}+b\frac{\Delta\sigma_1-\Delta\sigma_2}{2}\right) \tag{6.21}$$

当 $\sigma_2+\Delta\sigma_2\geq(\sigma_1+\Delta\sigma_1+\sigma_3+\Delta\sigma_3)/2$ 时，$\sigma_2+\Delta\sigma_2$ 离 $\sigma_3+\Delta\sigma_3$ 远，而靠近 $\sigma_1+\Delta\sigma_1$，故可近似认为三轴伸长状态，这样图 6.5 应力增量状态可分解为图 6.6 的应力状态。

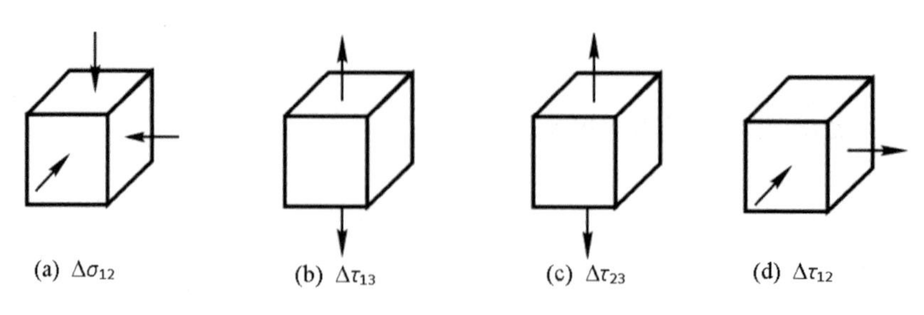

图 6.6 $\sigma_2+\Delta\sigma_2\geq(\sigma_1+\Delta\sigma_1+\sigma_3+\Delta\sigma_3)/2$ 时的三轴伸长状态

图 6.6(b)、(c)和(d)分别显示 $\Delta\tau_{13}=(\Delta\sigma_1-\Delta\sigma_3)/2$、$\Delta\tau_{23}=(\Delta\sigma_2-\Delta\sigma_3)/2$ 和 $\Delta\tau_{12}=(\Delta\sigma_1-\Delta\sigma_2)/2$ 三个主剪应力增量的作用。同理，图 6.6(d)产生的孔隙水压力相互抵消。所以，在该应力增量状态的分解中，自然取图 6.6(a)、(b)和(c)为产生孔隙水压力的应力体系，它等效于一点的三向应力增量状态。这样由图 6.6(a)、(b)和(c)分别有：

$$\Delta u'=B\frac{\Delta\sigma_1+\Delta\sigma_2}{2},\quad \Delta u_{13}=-A'\frac{\Delta\sigma_1+\Delta\sigma_3}{2},\quad \Delta u_{23}=-C'\frac{\Delta\sigma_2+\Delta\sigma_3}{2} \tag{6.22}$$

$$\Delta u=\Delta u'+\Delta u_{13}+\Delta u_{23}=B\frac{\Delta\sigma_1+\Delta\sigma_2}{2}-A'\left(\frac{\Delta\sigma_1-\Delta\sigma_3}{2}+b'\frac{\Delta\sigma_2-\Delta\sigma_3}{2}\right) \tag{6.23}$$

在三轴伸长应力状态时，$\Delta\sigma_1=\Delta\sigma_2$，式(6.23)化为：

$$\Delta u=B\Delta\sigma_1-A'(1+b')\frac{\Delta\sigma_1-\Delta\sigma_3}{2} \tag{6.24}$$

其中，第一项表示在 σ_1 围压上增加 $\Delta\sigma_1$ 可产生的孔隙水压力；第二项表示在一个方向上卸荷 $\Delta\sigma_1$ 而消除的孔隙水压力，所以系数 A'前为负号。以前的 Skempton 方程不能反映这种变化规律。

由上可见，统一强度孔隙水压力方程(6.15a)或(6.15b)的第二项正是双剪应力增量 $\Delta\tau_{13}+b\Delta\tau_{12}$ 或 $\Delta\tau_{13}+b\Delta\tau_{23}$ 所产生的孔隙水压。因此，真三轴应力状态时，若考虑中间主应力增量产生同等的孔隙水压力(即 $b=1$)，正好是一点的双剪应力增量，物理概念明确，是通过严格的理论推导得出的。鉴于这一孔隙水压力方程的双剪应力增量与双剪统一强度参数的概念及其关系，我们称其为(双剪)统一强度孔隙水压力方程。

用常规三轴压缩试验测定统一强度孔隙水压力方程的系数，与 Skempton 单剪孔隙水压力方程的一样，对饱和土来讲 $B=1$(干土时 $B=0$)，此时 $A=2(\Delta u-\Delta\sigma_3)/(\Delta\sigma_1-\Delta\sigma_3)(1+b)$；若以三轴伸长试验测定，则应力状态应由式(6.19)测出，$A'=2(\Delta\sigma_3-\Delta u)/(\Delta\sigma_1-\Delta\sigma_3)(1+b')$。当然，若采用真三轴实验测定则更能反映真实情形，此时系数 A 和 B 也反映了真三轴的内涵。

图 6.7 和图 6.8 分别为 $\Delta\sigma_2$ 从 $\Delta\sigma_3\to\Delta\sigma_1$ 过程中，三种方程计算的孔隙水压力 Δu 的变化曲线。从图中可以看出，当 b 从 0 变化至 1 时，若 $\Delta\sigma_2$ 靠近 $\Delta\sigma_3$，则孔隙水压力差别较大，且 b 值越大，孔隙水压力越大；若 $\Delta\sigma_2$

靠近 $\Delta\sigma_1$ 时，则孔隙水压力基本不随 b 值的变化而变化。

从图中还可以看出，统一强度孔隙水压力方程由一系列有序排列的孔隙水压力方程组成。当 b=1 时，统一强度孔隙水压力方程变为双剪孔隙水压力方程。当 A 较小时(A=0.2)，双剪孔隙水压力方程(b=1)较接近于 Henkel 孔隙水压力方程；当 A 增大时(A = 0.6)，双剪孔隙水压力方程(b=1)逐渐接近 Skempton 单剪孔隙水压力方程，并介于 Henkel 孔隙压力方程与 Skempton 单剪孔隙水压力方程之间。

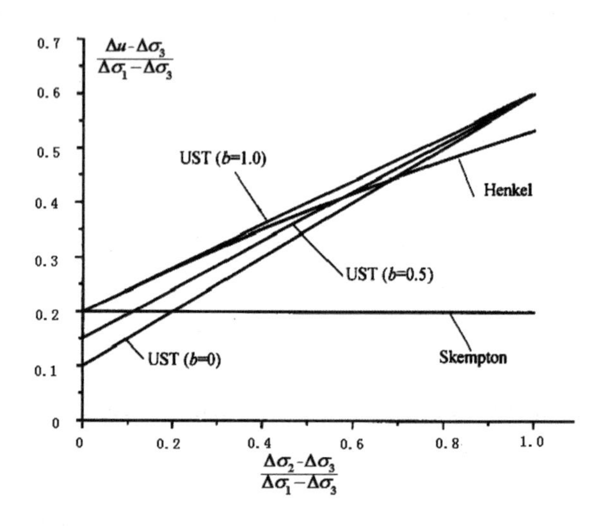

图 6.7 A=0.2 时统一强度孔隙水压力 Δu 变化曲线

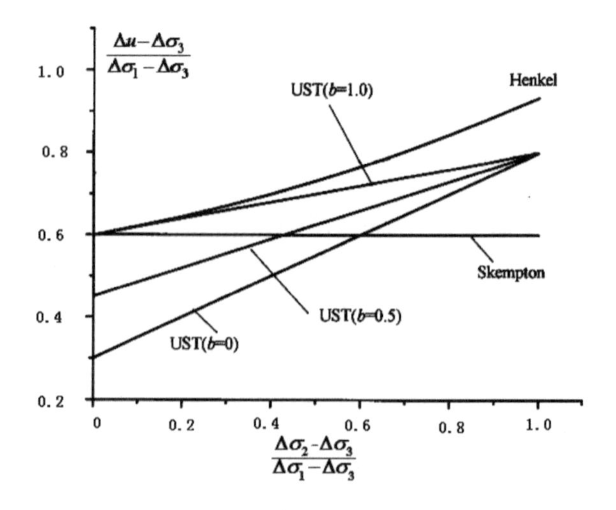

图 6.8 A=0.6 时统一强度孔隙水压力 Δu 变化曲线

6.6　统一强度孔隙水压力方程的应用

有了上述统一强度孔隙水压力方程，就可将其用于沉降分析。地基土受到附加应力后，变形并不像在低固结度中简单地沿一个垂直方向压缩，侧向变形对固结沉降的影响甚大，特别是当地基中黏性土层的厚度超过基础面积的尺寸时，这种影响更大。因此，固结变形计算应充分考虑水平侧向变形的影响。Skempton 曾利用他导出的孔隙水压力方程采取半经验的方法解决此问题。本节仅讨论土体固结变形情况。

我们以一个条形受载基础下中心处的固结沉降问题为例，讨论四种孔隙水压力方程并分别计算固结变形的差别，结构受力情况如图 6.9 所示。对于这一问题，分别用 Skempton 单剪孔隙水压力方程、Henkel 三剪孔隙水压力方程、双剪孔隙水压力方程及统一强度孔隙水压力方程进行计算，得出结果如下[25-26]。

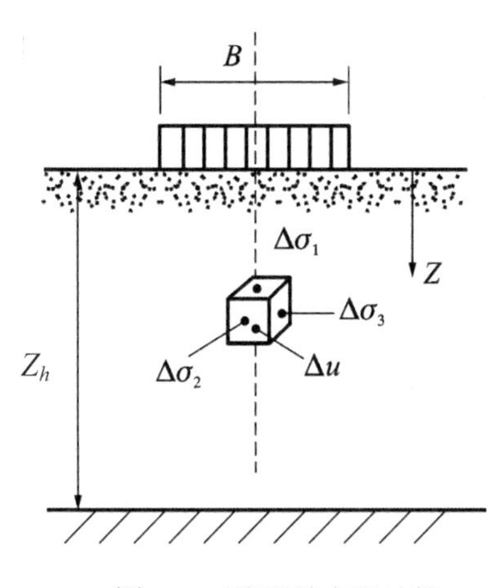

图 6.9 三维固结变形计算

(1)对饱和土来讲 B=1，按照 Skempton 方法有：

$$\Delta u = \Delta\sigma_1\left[A + (1 - A)\frac{\Delta\sigma_3}{\Delta\sigma_1}\right] \tag{6.25}$$

设 m_v 是土的体积压缩系数，即单位体积土体在单位力作用下的竖向压缩量。对于厚 H 的土层，固结变形的压缩量可近似地按下式计算：

$$S_c^1 = \int_0^H m_v \cdot \Delta u \mathrm{d}z = \int_0^H m_v \cdot \Delta\sigma_1 \left[A + (1-A)\frac{\Delta\sigma_3}{\Delta\sigma_1} \right] \mathrm{d}z \tag{6.26}$$

而固结仪中单向压缩的固结变形为：

$$S_c = \int_0^H m_v \cdot \Delta\sigma_1 \mathrm{d}z \tag{6.27}$$

设 C_ρ 代表这两个固结变形沉降比，则：

$$C_\rho = \frac{S_c^1}{S_c} = \frac{\int_0^H m_v \cdot \Delta\sigma_1 \left[A + (1-A)\frac{\Delta\sigma_3}{\Delta\sigma_1} \right] \mathrm{d}z}{\int_0^H m_v \cdot \Delta\sigma_1 \mathrm{d}z} \tag{6.28}$$

对某一指定土层来说，m_v 和 A 是常数，所以有：

$$C_\rho = A + \alpha(1-A) \tag{6.29}$$

式中，$\alpha = \int_0^H \Delta\sigma_3 \mathrm{d}z \Big/ \int_0^H \Delta\sigma_1 \mathrm{d}z$，大小视荷载面积的形状及土厚度 H 而定。

(2)按 Henkel 方程时，$\Delta\sigma_2=(\Delta\sigma_1+\Delta\sigma_3)/2$，代入式(6.7)有：

$$\Delta u = \Delta\sigma_3 + \left[\frac{\sqrt{3}}{2}\left(A - \frac{1}{3}\right) + \frac{1}{2} \right](\Delta\sigma_1 - \Delta\sigma_3) \tag{6.30}$$

固结沉降比为：

$$C_\rho = \frac{\sqrt{3}}{2}\left(A - \frac{1}{3}\right) + \frac{1}{2} + \alpha\left[\frac{1}{2} - \frac{\sqrt{3}}{2}\left(A - \frac{1}{3}\right) \right] \tag{6.31}$$

(3)按双剪孔隙水压力方程也可推出相应的固结沉降比，由式(6.9)可得：

$$\Delta u = \Delta\sigma_1 \left[A + \frac{\Delta\sigma_2 + \Delta\sigma_3}{2\Delta\sigma_1}(1-A) \right] \tag{6.32}$$

将 $\Delta\sigma_2=(\Delta\sigma_1+\Delta\sigma_3)/2$ 代入，其固结变形压缩量为：

$$S_c^1=\int_0^H m_v\cdot\Delta\sigma_1\left[A+\frac{\Delta\sigma_1+3\Delta\sigma_3}{4\Delta\sigma_1}(1-A)\right]\mathrm{d}z \tag{6.33}$$

沉降比为：

$$C_\rho=A+\frac{1}{4}\alpha(1+3\alpha)(1-A) \tag{6.34}$$

(4)按统一强度孔隙水压力方程可得到相应的固结沉降比，由方程式(6.15)得：

$$\Delta u=\Delta\sigma_1\left[A\frac{1+b}{2}+\frac{\Delta\sigma_2+\Delta\sigma_3}{2\Delta\sigma_1}(1-A)-A(b-1)\frac{\Delta\sigma_2}{2\Delta\sigma_1}\right] \tag{6.35}$$

当 $\Delta\sigma_2=(\Delta\sigma_1+\Delta\sigma_3)/2$ 时，代入上式，则固结变形压缩量为：

$$S_c^1=\int_0^H m_v\cdot\Delta\sigma_1\left[A\frac{1+b}{2}+\frac{\Delta\sigma_2+\Delta\sigma_3}{2\Delta\sigma_1}(1-A)-A(b-1)\frac{\Delta\sigma_2}{2\Delta\sigma_1}\right]\mathrm{d}z \tag{6.36}$$

沉降比为：

$$C_\rho=A\frac{1+b}{2}+\frac{1}{4}(1+3\alpha)(1-A)-\frac{1}{4}A(1+\alpha)(b-1) \tag{6.37}$$

图 6.10 显示了不同 α 值时各种结果的变化曲线。统一强度孔隙水压力方程随着统一强度理论参数 b 的变化而变化，当参数 b 从 0 变化至 1，且 A 值较小时，固结沉降比较为接近；A 值较大时，固结沉降比相差也越来越大。

当参数 $b=1$ 时，统一强度孔隙水压力方程退化为双剪孔隙水压力方程。而双剪孔隙水压力方程介于 Skempton 单剪孔隙水压力方程和 Henkel 孔隙水压力方程之间，A 较小时接近 Henkel 孔隙水压力方程，A 较大时接近 Skemton 单剪孔隙水压力方程。

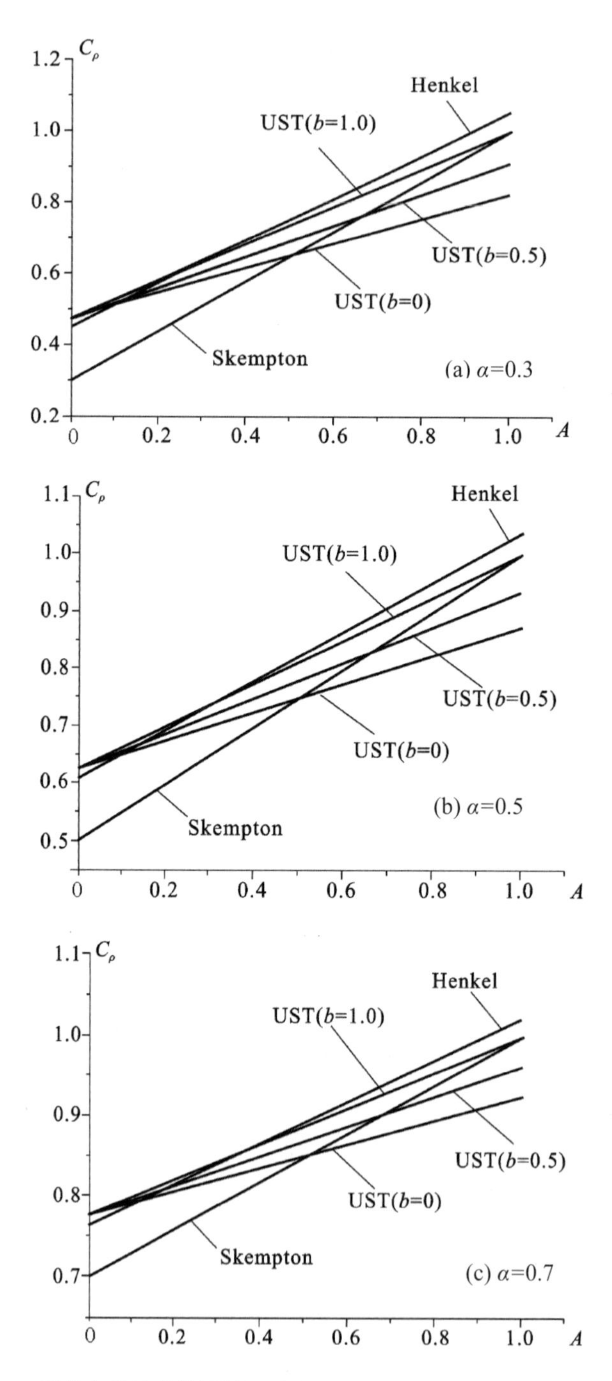

图 6.10 四种方程计算的固结沉降比。(a) $\alpha=0.3$；(b) $\alpha=0.5$；(c) $\alpha=0.7$

6.7 统一强度孔隙水压力方程分析

孔隙水压力是土力学中的一个重要概念。Skempton 单剪孔隙压力方程式(6.6)为：

$$\Delta u = B\left[\Delta\sigma_3 + A\left(\Delta\sigma_1 - \Delta\sigma_3\right)\right]$$

式中，B 和 A 为孔隙水压力系数。对饱和土有 $B=1$，上式可简化为：

$$\Delta u = \Delta\sigma_3 + A\left(\Delta\sigma_1 - \Delta\sigma_3\right)$$

根据这一孔隙水压力方程，如果知道了土体中任一点的大、小主应力变化，就可以计算相应的孔隙水压力。

对一些黏土类的土，在饱和状态下($B=1$)，破坏时的孔隙压力系数 A 值如表 6.1 所示。此外，根据试验资料[11]，对两种加拿大 Leda 软黏土的三轴压缩试验和三轴伸长试验得出的软黏土孔隙压力系数 A_f 值如表 6.2 所示[1]。

表 6.1 饱和黏土破坏时的 A 值

	土类	孔隙压力系数 A
1	高灵敏黏土	0.75~1.50
2	正常固结黏土	0.50~1.00
3	压实砂质黏土	0.25~0.75
4	弱超固结黏土	0~0.50
5	压实黏质砾石	−0.25~0.25
6	强超固结黏土	−0.25~0

表 6.2 Leda 软黏土的孔隙压力系数 A_f 值

土种类及试验类别		侧压力系数 K_o	τ_{max}/kPa	A_f
Kars 黏土	三轴压缩(轴压)	0.75	52.2	0.39
	三轴伸长(侧压)	0.75	35.6	0.73
	三轴伸长(轴伸)	0.75	35.2	0.73
Gloucestr 黏土	三轴压缩(轴压)	0.80	48.9	0.40
	三轴伸长(侧压)	0.80	35.2	0.80
	三轴伸长(轴伸)	0.80	35.7	0.80

式(6.6)和(6.16)明显的不足是没有考虑中间主应力的变化$\Delta\sigma_2$对孔隙压力的影响。Henkel 认为，利用三轴试验来确定孔隙压力系数应该考虑中间主应力的影响。从表 6.2 的结果可知，三轴伸长试验测得的系数 A_f值恰为三轴压缩试验测得的系数 A_f值的两倍。这些也是方程式(6.6)和(6.16)所不能解释的。

统一强度孔隙水压力方程的完整表达式为：

$$\Delta u = B[\Delta\sigma_{23} + A(\Delta\tau_{13} + b\Delta\tau_{12})]\text{，当 } \tau_{12} + \Delta\tau_{12} \geq \tau_{23} + \Delta\tau_{23} \text{ 时} \tag{6.38a}$$

$$\Delta u = B[\Delta\sigma_{12} - A'(\Delta\tau_{13} + b\Delta\tau_{23})]\text{，当 } \tau_{12} + \Delta\tau_{12} \leq \tau_{23} + \Delta\tau_{23} \text{ 时} \tag{6.38b}$$

写成主应力形式时，有：

$$\Delta u = B\left[\frac{\Delta\sigma_2 + \Delta\sigma_3}{2} + A\left(\frac{\Delta\sigma_1 - \Delta\sigma_3}{2} + b\frac{\Delta\sigma_1 - \Delta\sigma_2}{2}\right)\right],\quad \text{当 } \sigma_2 + \Delta\sigma_2 \leq \frac{(\sigma_1 + \Delta\sigma_1 + \sigma_3 + \Delta\sigma_3)}{2} \tag{6.39a}$$

$$\Delta u = B\left[\frac{\Delta\sigma_1 + \Delta\sigma_2}{2} - A'\left(\frac{\Delta\sigma_1 - \Delta\sigma_3}{2} + b\frac{\Delta\sigma_2 - \Delta\sigma_3}{2}\right)\right],\quad \text{当 } \sigma_2 + \Delta\sigma_2 \geq \frac{(\sigma_1 + \Delta\sigma_1 + \sigma_3 + \Delta\sigma_3)}{2} \tag{6.39b}$$

统一强度孔隙水压力方程考虑了中间主应力的变化对孔隙水压力的影响，同时也可以说明三轴压缩实验与三轴伸长试验所得出的不同结果(如表 6.2)。这一情况与单剪强度理论(莫尔-库仑强度理论)以及双剪强度理论的优缺点比较是相同的。事实上，Skempton 的孔隙水压力方程式(6.6)可以写为如下形式：

$$\Delta u = B(\Delta\sigma_3 + A'\Delta\tau_{13}) \tag{6.40}$$

它是单剪孔隙水压力方程。

最近的研究表明[10]，应力角 θ 的变化对孔隙水压力的规律有显著影响，因而八面体剪应力孔隙水压力方程或 Henkel 三剪孔隙水压力方程不能反映这一现象。

6.8 临界孔隙水压力

土体开始破坏时的孔隙水压力称为临界孔隙水压力。当土体某点的孔隙水压力达到临界孔隙水压力时，破坏面上的剪应力即为土体的抗剪强度。文献[16]把临界孔隙压力作为判断土体破坏的一个界限值，用来研究地基稳定性。由于孔隙水压力是各向同性的，可以实际测定，因此这一方法有很大实用意义，可用来探讨地基塑性区的开展规律，并在施工过程监控地基稳定性。

根据临界孔隙水压力的概念，用地基中某点的实测孔隙水压力 u_t，以及同一点的静水压力和前期荷载未消散的孔隙水压力与该荷载加载方式所产生的临界孔隙水压力 u_f 之比来定义地基任一点的安全度，即按临界孔隙水压力定义的安全度 F_u 为[27]：

$$F_u = \frac{u_f}{u_t} \tag{6.41}$$

相应的地基中某点的稳定条件为：

(1) $u_t = u_f$，$F_u=1$，地基中该点处于极限平衡状态；

(2) $u_t < u_f$，$F_u>1$，地基中该点处于静力平衡状态；

(3) $u_t > u_f$，$F_u<1$，地基中该点处于破坏状态。

以上的安全度分析是指某一点的破坏状态分析，当荷载增量较大时塑性区的范围增大，反之则减小或不存在。

孔隙水压力和有效应力原理还有很多其他内容，可以进一步推广应用。此外，还有很多新的内容需要进一步研究和探讨。

参考文献

[1] Skempton, AW (1954) The pore pressure coefficients *A* and *B*. *Geotechniqué*, 4(3): 143–147.

[2] Skempton, AW (1970) The consolidation of clays by gravitational compaction. *Q. Geol. So.,* London, l25(3): 373–411.

[3] Skempton, AW, Bjerrum L (1957 A contribution to the settlement analysis of

foundation on clay. *Geotechniqué*, 7(4): 168–178.
[4] Scott, RE (1963) *Principles of Soil Mechanics*. Addison–Wesley, Reading MA.
[5] Budhu, M (2007) *Soil Mechanics and Foundations*, Second Edition. John Wiley & Sons, Inc.
[6] Craig, RF (1978) *Soil Mechanics*, Second Edition. Van Nostrand Reinhold CO.
[7] Craig, RF (2004) *Craig's Soil Mechanics*, Seventh Edition. CRC Press.
[8] Das, BM (2002) *Principles of Geotechnical Engineering*, Fifth Edition, Brooks–Cole, Thomson-Learning, California.
[9] Das, BM (2008) *Advanced Soil Mechanics*, Third Edition. New York: Taylor and Francis.
[10] 黄文熙 (1983) 土的工程性质. 北京:水利电力出版社.
[11] 曾国熙 (1980) 正常固结饱和黏土不排水剪珠归一化性状. 软土基学术讨论文选集. 北京:水利出版社, pp. 13–26.
[12] 曾国熙, 顾尧章, 徐少曼 (1964) 饱和黏性土地基的孔隙压力. 浙江大学学报(工学版), (1): 103–122.
[13] Yu, MH (1983) Twin shear stress yield criterion. *International Journal of Mechanical Sciences*, 25(1): 71–74.
[14] 李广信 (1985) 土的三维本构关系的探讨与模型检证.工学博士学位论文, 清华大学.
[15] Law, KT, Holtz, RD (1978) A note on Skempton's a parameter with rotation of principal stresses. *Geotechniqué*, 28(1): 57–64.
[16] 王铁儒, 陈龙珠, 李明逵 (1987) 正常固结饱和黏性土孔隙水压力性状的研究. 岩土工程学报, 9(4): 23–26.
[17] 李跃明, 俞茂宏 (1990) 一个新的孔隙水压力方程. 中国青年力学协会第四届学术年会论文集.
[18] 李广信 (1993) 土在 π 平面上的屈服轨迹及其对孔隙压力的影响. 塑性力学和细观力学文集. 北京:北京大学出版社.
[19] 钱寿易, 符圣聪 (1988) 正常固结饱和黏土的孔隙水压力. 岩土工程学报, 10(1): 1–7.
[20] 俞茂宏 (1998) 双剪理论及其应用. 北京:科学出版社.
[21] Yu, MH (2004) *Unified Strength Theory and Its Applications*. Berlin: Springer.
[22] Yu, MH, Li, YM (1987) The basic ideas of twin shear stress strength theory and its system. Advances in Plasticity. Pergamon Press, pp. 43–46.

[23] 李跃明 (1990) 双剪应力理论在若干土工问题中的应用. 博士学位论文, 浙江大学.

[24] Yu, MH, Li, JC (2012) *Computational Plasticity: With Emphasis on the Application of the Unified Strength Theory*. Springer and ZJU Press.

[25] 王维江, 王铁儒 (1992) 一种地基稳定控制的新方法——临界孔隙水压方法. 首届全国岩土力学与工程青年工作者学术讨论会论文集. 杭州:浙江大学出版社.

[26] Bjerrum, L, Skempton, AW (1957) A contribution to settlement analysis of foundations in clay. *Geotechniqué*, 7(4): 168–178.

[27] 李锦坤, 张清慧 (1994) 应力劳台角对孔隙压力发展的影响. 岩土工程学报, 16(4): 17–23.

阅读参考材料

【阅读参考材料 6-1】斯开普邓(Skempton Alec Westley，1914—2001)，1914 年生于英国，1949 年获伦敦帝国大学科学博士学位。Skempton 表现出具有从复杂的问题中确认出重要而关键部分的杰出本领。由 Skempton 建立并领导的伦敦帝国大学土力学研究中心已成为世界上顶尖的土力学研究中心之一。

斯开普邓(1914—2001)

Skempton 的兴趣很广泛，涉及土力学、岩石力学、工程地质学中所遇到的问题。此外，他还对土木工程的历史进行了深入研究。他对土力学的贡献主要包括有效应力原理的基础，黏土中的孔隙压力和 A、B 系数，基础地基承载力和土坡的稳定性等。由于 Skempton 在孔隙水压力和有效应力原理的研究和推广应用的成就，2000 年英国政府授于 Skempton 爵士称号。

2002 年，他的女儿 Tndith Niecheial 撰写的 Skempton 传记 *A Particle of Clay——The Biography of Alec Skempton* 出版，获得广泛好评。

【阅读参考材料 6-2】 “材料强度理论是材料学中的基本问题之一，在这方面的发展与创新，不仅具有重大学术意义，由于它是各种工程结构计算设计的基础，更具重要的价值。材料品种繁多，各种材料具有完全相异的性能。以往的材料强度理论研究多结合金属材料展开，虽已取得相当多的成果，但对于复杂的材料如天然围岩和人工拌制的混凝土常不适应，如何能探索建议一种统一的材料强度理论，是许多学者的努力方向。俞茂宏教授及其研究组创立的双剪理论具有特殊的意义：

(1)它是一项适用于各类材料的统一强度理论，研究组开发出一系列的理论和准则，覆盖了所有的区域，比较完善；

(2)它是由中国学者首创提出的，具有原创性意义，弥足珍贵；

(3)这一理论已在国内外重要学术期刊上发表，得到各国学者的重视和积极的响应、拓展，并给予较高评价；

(4)该理论已为国内许多试验单位的大量试验所证实，许多重要内容被列入国内众多科学著作、教科书之中，还被有关单位应用于具体工程中，可以说本理论已渐趋成熟，为众接受，而且有广泛的发展、应用与推广前景。

本理论的主要创新点是：提出双剪单元体模型和多滑移单元体模型；提出合理的数学建模方法能反映 6 个应力变量对材料破坏的贡献；提出强度理论参数 b，可综合各主要的强度理论，建立适用于不同材料的统一强度理论；提出更合理、实用的统一弹塑性、黏弹塑性本构关系等。”

(潘家铮，中国科学院和中国工程院院士，2002 年 5 月 31 日)

【阅读参考材料 6-3】“各种强度理论之间的定量关系问题可由统一强度理论阐明。统一强度理论是按照多滑移单元体模型，考虑了作用于单元体上所有应力及它们对于破坏的贡献推导得出的。单剪、双剪理论及介于二者之间的其他破坏准则都是统一强度理论的特例或线性逼近。因此可以说，统一强度理论在强度理论发展史上是一个里程碑。”

(钱七虎, 王明洋 (2010) 岩土中的冲击爆炸效应. 北京:国防工业出版社)

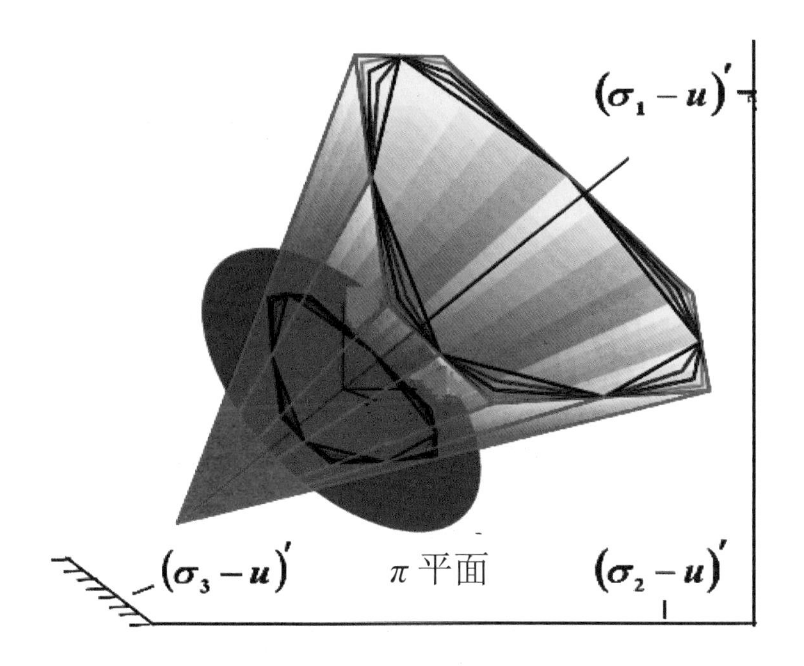

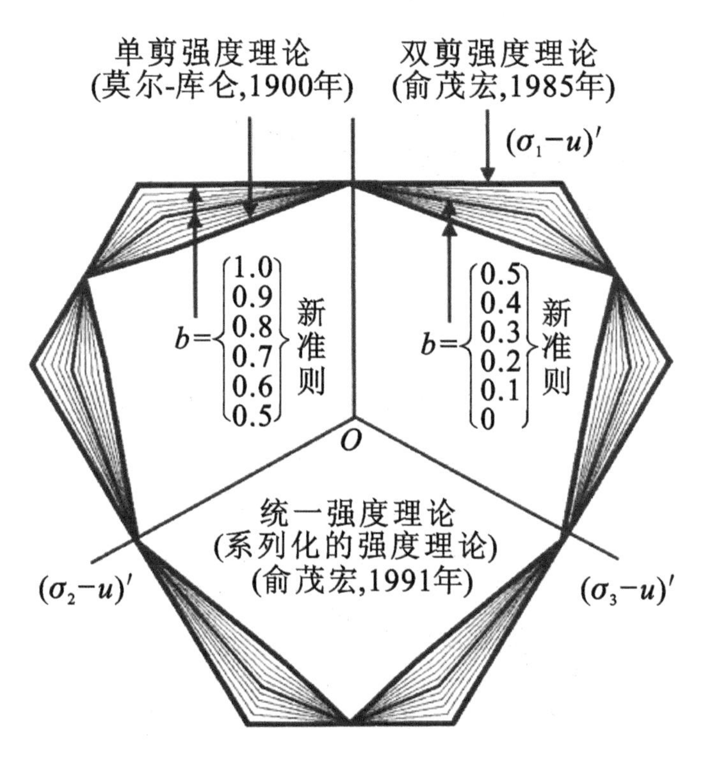

有效应力统一强度理论在主应力空间的极限面和偏平面的极限迹线

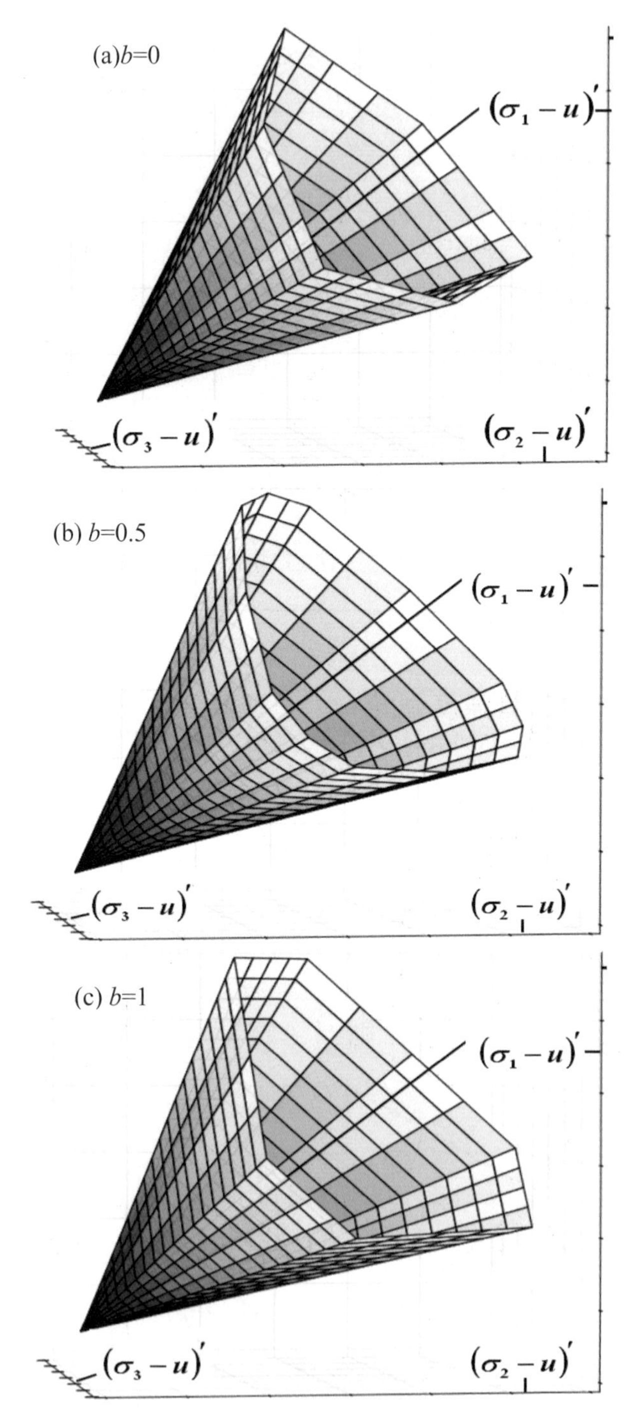

有效应力统一强度理论的空间极限面

7

饱和土和非饱和土有效应力统一强度理论

7.1 概 述

土力学中的有效应力与土体孔隙中的流体压力有关。本章我们进一步将统一强度理论推广应用于土力学，建立有效应力统一强度理论。20 世纪初发展起来的有效应力原理，现在已成为土力学的重要部分，并被看作是现代土力学的核心。有效应力原理也成为饱和多孔介质力学的一个重要力学效应[1-3]，它是经过学者多年不断的研究而逐步形成的。

早在 19 世纪，英国著名地质学家 Charles Lyell 爵士、Boussvnest 和 Roynolds 分别于 1871 年、1876 年以及 1886 年就已对有效应力的概念进行过初步探讨。德国著名科学家沃依特(Voigt W，1850—1919)在 1894 年和 1899 年用盐试样做不同水压力下的试验，得出了一个有趣的结论，即盐试样的拉伸强度与静水压力无关。德国 Foppl (1854—1924)于 1900 年和 Rudeloff 于 1912 年都对有效应力问题进行过实验研究。更多的研究结果由维也纳工业大学教授菲林格于 1913—1915 年给出，他在装有水的实验装置中对普通水泥和矿渣水泥在不同水压力的情况下进行了试验。菲林格(1913)指出：“液体渗透进石坝结构的压力在材料内部产生了一个压力，这个压力在所有方向都相等。”这就是现在孔隙水压力的最早描述。接着他又给出了关于土的有效应力强度的更加准确的论述：“可以假设均匀的内压不会引起材料强度大幅度降低。”这是孔隙水压力不会对多孔固体强度产生任何影响的概念的第一个阐述。菲林格于 1915 年通过实验再次得出结论认为“拉伸强度不随水压的变化而变化”，“孔隙水压对多孔固体的材料性质完全不产生任何影响”。Bell(1915)和 Westerherg(1921)的实验也表明，在增加外部压力的情况下，饱和黏土的强度没有增加。

太沙基于 1923 年最先使用了方程 $\sigma'=\sigma-u$，之后通俗易懂地阐述了这一原理。他说：“在土的一个截面上，任何一点的应力，可根据作用在这点上的总主应力计算得到。如果土的孔隙中充满了水，并作用有一应力 u，则总主应力由两部分组成：一部分是 u，以各个方向相等的强度作用于水和固体，这一部分称作孔隙水压力；另一部分为总主应力 σ 和孔隙水压力 u 之差，它只是在土的固相中发生作用，总主应力的这一部分称作有效主应力。多孔材料对 u 所产生的反应似乎是不可压缩的，内摩擦等于零。改变应力所能测到的结果，诸如压缩、变形和剪切阻力的变化，仅仅是由有效应力 σ'_1、σ'_2 和 σ'_3 的变化引起的。因此，对饱和土体稳定性的研究需要具有总应力和孔隙水压力的知识。”

由于无法直接测定有效应力，因此只有知道了孔隙水压力的值才能计算有效应力，准确地确定孔隙压力成为了应用和推广有效应力原理的关键。Shempton 和 Bishop 根据实测孔隙水压力与应力变化的关系提出孔隙压力系数 A 和 B 以后，有效应力原理才开始获得广泛的实际应用。很多土和岩石的性质都可以找出与之相应的有效应力定律或关系。

著名土力学家 Skempton(1914—2001)总结了 Petley、Gibson、Skempton 和 Bishop 等对伦敦黏土的实验结果，认为土的剪切强度与有效正应力有关，如图 7.1 所示[4-8]。可见伦敦黏土的剪切强度与有效正应力呈线性关系。

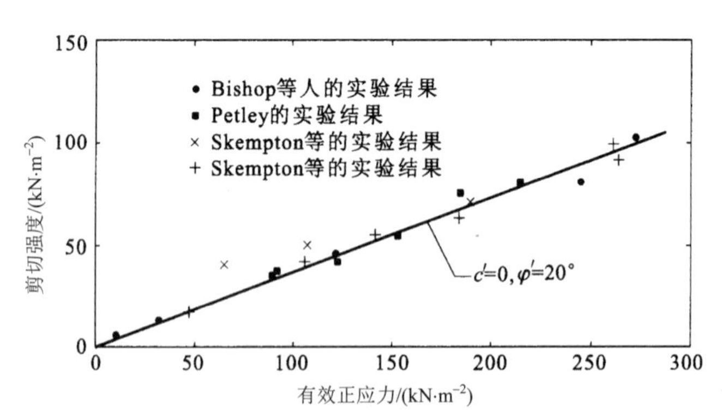

图 7.1 伦敦黏土的剪切强度与有效正应力的关系(Skempton 1977)

Hvorslev 等得出的维也纳黏土的剪切强度与有效正应力的关系如图 7.2 所示，它们之间也呈线性关系。剪切强度与有效正应力的关系也表现为剪切强度与围压的关系。图 7.3 为 Parry 得出的一种黏土的剪切强度与有效应力围压的关系。由这些实验结果可知，剪切强度和有效正应力以及围压都具有很好的线性关系。

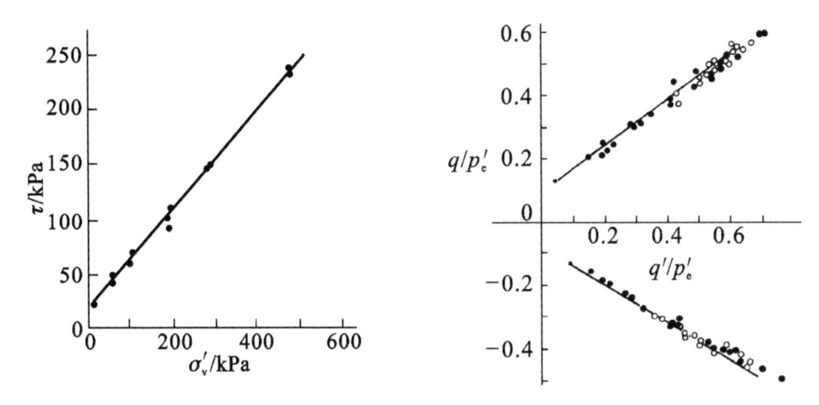

图 7.2 维也纳黏土的 τ-σ 关系(Hvorslev) **图 7.3** 黏土的剪切强度与围压的关系(Parry)

有效应力原理的实质是有效应力控制了土体的体积变化和强度。有效应力原理对于土体，特别是饱和土体来说基本上是正确的。饱和土有效应力和孔隙水压力的关系如图 7.4 所示。

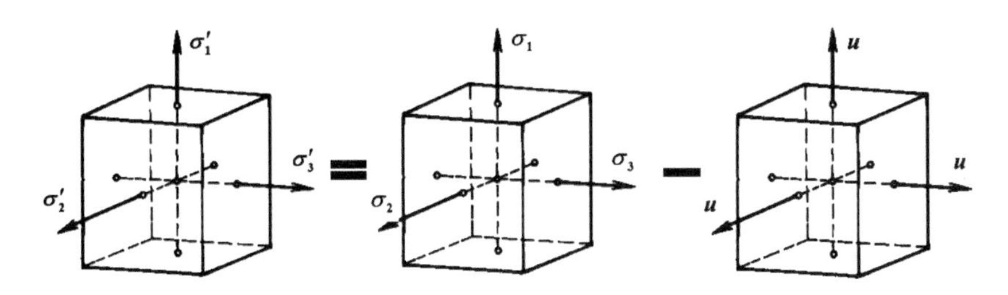

图 7.4 饱和土有效应力和孔隙水压力的关系

太沙基的饱和土的有效应力公式为：

$$\sigma' = \sigma - u_w \tag{7.1}$$

1955 年，Bishop 提出非饱和土中的有效应力公式为：

$$\sigma' = \sigma - \left[u_w - \chi\left(u_a - u_w\right)\right] \tag{7.2}$$

式中，u_a 为孔隙中的空气压力(简称孔隙气压力)，u_w 为孔隙水压力，χ 为一个与饱和度有关的参数(对于饱和土 χ=1，干土 χ=0)。

我们可以把有效应力原理称为太沙基-菲林格有效应力原理。有效应力是一个推导出来的量。在有效应力方程的各项中，一般只有总应力 σ 可直接测得。孔隙压力可以通过粒间区之外的一点上测得。在工程中往往用粒间应力的概念来说明有效应力(在土力学文献中，有效应力和粒间应力这两个名词往往通用)。我们已在第 6 章讨论了土体中的孔隙水压力方程以及相应的孔隙水压力统一强度理论方程。

俞茂宏于 1998 年提出双剪有效应力强度理论[9-10]，2004 年推广为有效应力统一强度理论，2011 年和 2012 年将有效应力统一强度理论写入《强度理论新体系：理论、发展和应用》[11]和《双剪土力学》[12]。有效应力强度理论从单剪有效应力强度理论发展到三剪和双剪有效应力强度理论，再从双剪有效应力强度理论发展为有效应力统一强度理论，这是长期研究的自然发展结果。

7.2 有效应力胡克定律和广义胡克定律

固体材料受力之后材料中的应力与应变之间呈线性关系，有效应力胡克定律可表示为：

$$\varepsilon' = \frac{\sigma'}{E} = \frac{\sigma - u}{E} \tag{7.3}$$

将有效应力胡克定律推广应用于三向应力和应变状态，则可得到有效应力广义胡克定律为：

$$\varepsilon_1' = \frac{\sigma_1'}{E} - \mu\left(\frac{\sigma_2'}{E} + \frac{\sigma_3'}{E}\right) = \frac{\sigma_1 - u}{E} - \mu\left(\frac{\sigma_2 - u}{E} + \frac{\sigma_3 - u}{E}\right) \tag{7.4a}$$

$$\varepsilon_2' = \frac{\sigma_2'}{E} - \mu\left(\frac{\sigma_1'}{E} + \frac{\sigma_3'}{E}\right) = \frac{\sigma_2 - u}{E} - \mu\left(\frac{\sigma_1 - u}{E} + \frac{\sigma_3 - u}{E}\right) \tag{7.4b}$$

$$\varepsilon_3' = \frac{\sigma_3'}{E} - \mu\left(\frac{\sigma_1'}{E} + \frac{\sigma_2'}{E}\right) = \frac{\sigma_3 - u}{E} - \mu\left(\frac{\sigma_1 - u}{E} + \frac{\sigma_2 - u}{E}\right) \tag{7.4c}$$

式中的主应力为代数值，拉应力为正，压应力为负；求得的应变为正时表示伸长，反之则表示缩短。

7.3 单剪、三剪和双剪有效应力强度理论

关于岩石的强度、脆性破裂、摩擦滑动等问题的研究表明，孔隙水压力 u 的变化对于剪应力分量没有影响(孔隙水压力实质上为静水应力)，对于正应力(或主应力)可写成十分简单的关系式：

$$\sigma'_{ij} = \sigma_{ij} - u \tag{7.5}$$

或

$$\sigma'_1 = \sigma_1 - u;\ \ \sigma'_2 = \sigma_2 - u;\ \ \sigma'_3 = \sigma_3 - u \tag{7.6}$$

因此，土体在复杂应力作用下的三个主应力可以分别用 σ'_1、σ'_2 和 σ'_3 来表示，并可以建立相应的有效应力强度理论。

7.3.1 单剪有效应力强度理论

关于岩石和黏性土的单剪强度理论(莫尔-库仑强度理论)可推广为单剪有效应力强度理论，即：

$$\tau = C' + (\sigma - u)\tan\varphi' \tag{7.7}$$

式中，C'为有效应力黏聚力，φ'为有效应力摩擦角。写成主应力形式为：

$$m\sigma'_1 - \sigma'_3 = \sigma'_c,\ \ m(\sigma_1 - u) - (\sigma_3 - u) = \sigma'_c \tag{7.8}$$

式中，m 为材料的压拉强度比，$m=\sigma_c/\sigma_t$。

单剪有效应力强度理论没有考虑中间主应力或相应的中间有效主应力 $\sigma'_2=\sigma_2-u$ 的作用。Bishop 和 Henkel 的实验都表明，有效应力强度理论与中间主应力有关[6-13]。

7.3.2 八面体剪切有效应力强度理论

曾国熙将单剪有效应力强度理推广为八面体有效应力强度理论：

$$\sigma'_{八面体有效应力} = \sigma'_t \tag{7.9}$$

7.3.3　双剪有效应力强度理论

对于太沙基-菲林格有效应力原理，俞茂宏于 1998 年提出双剪有效应力强度理论[9-12]，它的表达式为：

$$F = (\sigma_1 - u)(1 + \sin\varphi') - \frac{1}{2}(\sigma_2 + \sigma_3 - 2u)(1 - \sin\varphi') = 2C'\cos\varphi' \tag{7.10a}$$

$$F' = \frac{1}{2}(\sigma_1 + \sigma_2 - 2u)(1 + \sin\varphi') - (\sigma_3 - u)(1 - \sin\varphi') = 2C'\cos\varphi' \tag{7.10b}$$

在以上两式中，以 F 和 F'中先达到 $2C'\cos\varphi'$者作为计算依据，这主要由应力状态和材料性质决定。

双剪有效应力强度理论也可写成如式(7.11)的材料压拉比 m 形式，即：

$$m(\sigma_1 - u) - \frac{1}{2}(\sigma_2 + \sigma_3 - 2u) = \sigma'_c，\ 当\ \sigma'_2 \le \frac{m\sigma'_1 + \sigma'_3}{1+m}\ 时 \tag{7.11a}$$

$$\frac{m}{2}(\sigma_1 + \sigma_2 - 2u) - (\sigma_3 - u) = \sigma'_c，\ 当\ \sigma'_2 \ge \frac{m\sigma'_1 + \sigma'_3}{1+m}\ 时 \tag{7.11b}$$

双剪有效应力强度理论可以像单剪有效应力原理一样，在岩石和土体的有关强度分析问题中得到应用，这是 Terzahi 有效应力原理的一个推广应用。此外，魏汝龙[14]提出了一种综合性的饱和黏土抗剪强度理论。

7.4　有效应力统一强度理论

7.4.1　有效应力统一强度理论的力学模型

有效应力统一强度理论的力学模型仍然是俞茂宏于 1985 年提出的双剪单元体模型，如图 7.5 所示。

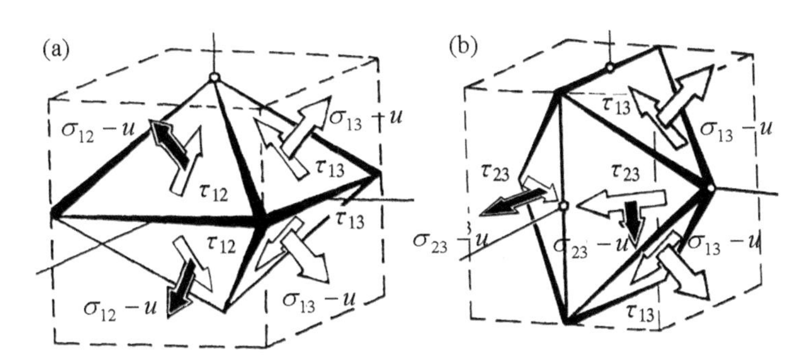

图 7.5 有效应力双剪单元体力学模型。(a) (τ_{13}，τ_{12}；σ_{13}-u，σ_{12}-u)；(b) (τ_{13}，τ_{23}；σ_{13}-u，σ_{23}-u)

7.4.2 有效应力统一强度理论的数学建模方程

由于单元体上同时存在三个剪应力 τ_{13}、τ_{12} 和 τ_{23}，且有 $\tau_{13}=\tau_{12}+\tau_{23}$，三个剪应力 τ_{13}、τ_{12} 和 τ_{23} 中只有两个独立量，因此，我们取三个剪应力的两个较大剪应力 τ_{13} 和 τ_{12}(或 τ_{23})及其作用面上的正应力 σ_{13} 和 σ_{12}(或 σ_{23})进行有效应力强度理论的数学建模：

$$F=b\tau_{12}+\tau_{13}+\beta\left(b\sigma'_{12}+\sigma'_{13}\right)=C\text{，当 }\tau_{12}+\beta\sigma'_{12}\geq\tau_{23}+\beta\sigma'_{23}\text{ 时}\qquad(7.12\text{a})$$

$$F'=b\tau_{23}+\tau_{13}+\beta\left(b\sigma'_{23}+\sigma'_{13}\right)=C\text{，当 }\tau_{12}+\beta\sigma'_{12}\leq\tau_{23}+\beta\sigma'_{23}\text{ 时}\qquad(7.12\text{b})$$

写成孔隙压力的形式为：

$$F=b\tau_{12}+\tau_{13}+\beta\left[b\left(\sigma_{12}-u\right)+\left(\sigma_{13}-u\right)\right]=C,$$
$$\text{当 }\tau_{12}+\beta\left(\sigma_{12}-u\right)\geq\tau_{23}+\beta\left(\sigma_{23}-u\right)\text{ 时}\qquad(7.13\text{a})$$

$$F'=b\tau_{23}+\tau_{13}+\beta\left[b\left(\sigma_{23}-u\right)+\left(\sigma_{13}-u\right)\right]=C,$$
$$\text{当 }\tau_{12}+\beta\left(\sigma_{12}-u\right)\leq\tau_{23}+\beta\left(\sigma_{23}-u\right)\text{ 时}\qquad(7.13\text{b})$$

式中，b 为反映中间主剪应力作用的系数，β 为反映有效压应力对材料破坏的系数，C 为材料的强度参数。双剪应力 τ_{13} 和 τ_{12}(或 τ_{23})及其作用面上的有效正应力(σ_{13}–u)和(σ_{12}–u) (或 σ_{23}–u)分别等于：

$$\begin{gathered}\tau_{13}=\frac{1}{2}\left(\sigma_1-\sigma_3\right),\quad\tau_{12}=\frac{1}{2}\left(\sigma_1-\sigma_2\right),\quad\tau_{23}=\frac{1}{2}\left(\sigma_2-\sigma_3\right),\\\sigma'_{13}=\frac{1}{2}\left(\sigma_1+\sigma_3-2u\right),\quad\sigma'_{12}=\frac{1}{2}\left(\sigma_1+\sigma_2-2u\right),\quad\sigma'_{23}=\frac{1}{2}\left(\sigma_2+\sigma_3-2u\right)\end{gathered}\qquad(7.14)$$

7.4.3 有效应力统一强度理论参数的实验确定

参数β和C可由材料拉伸强度极限σ_t和压缩强度极限σ_c确定，其条件为：

$$\sigma_1=\sigma_t，\ \sigma_2=\sigma_3=0 \tag{7.15a}$$

$$\sigma_3=-\sigma_c，\ \sigma_1=\sigma_2=0 \tag{7.15b}$$

将式(7.14)和式(7.15a)代入式(7.12a)，式(7.14)和式(7.15b)代入式(7.12b)，可联立求得有效应力统一强度理论的数学建模公式中两个材料参数C和β分别为($\alpha=\sigma_t/\sigma_c$为材料的拉压强度比)：

$$\beta=\frac{\sigma_c-\sigma_t}{\sigma_c+\sigma_t}=\frac{1-\alpha}{1+\alpha}，\ C=\frac{(1+b)\sigma_c\sigma_t}{\sigma_c+\sigma_t}=\frac{1+b}{1+\alpha}\sigma_t \tag{7.16}$$

7.4.4 有效应力统一强度理论的数学表达式

将式(7.16)代入有效应力统一强度理论的数学建模式(7.12)，得到：

$$F=b\tau_{12}+\tau_{13}+\frac{1-\alpha}{1+\alpha}(b\sigma'_{12}+\sigma'_{13})=\frac{1+b}{1+\alpha}\sigma_t，\ 当\ \tau_{12}+\beta\sigma'_{12}\ge\tau_{23}+\beta\sigma'_{23}\ 时 \tag{7.17a}$$

$$F'=b\tau_{23}+\tau_{13}+\frac{1-\alpha}{1+\alpha}(b\sigma'_{23}+\sigma'_{13})=\frac{1+b}{1+\alpha}\sigma_t，\ 当\ \tau_{12}+\beta\sigma'_{12}\le\tau_{23}+\beta\sigma'_{23}\ 时 \tag{7.17b}$$

将式(7.16)代入上式，得出主应力形式的有效应力统一强度理论为：

$$F=m(\sigma_1-u)-\frac{1}{1+b}[b\sigma_2+\sigma_3-u(1+b)]=\sigma'_c，\ \sigma'_2\le\frac{m\sigma'_1+\sigma'_3}{1+m}\ 时 \tag{7.18a}$$

$$F'=\frac{m}{1+b}[b\sigma_2+\sigma_1-u(1+b)]-(\sigma_3-u)=\sigma'_c，\ 当\ \sigma'_2\ge\frac{m\sigma'_1+\sigma'_3}{1+m}\ 时 \tag{7.18b}$$

式中，m为材料的压拉强度比，$m=\sigma_c/\sigma_t$。进一步整理可得：

$$F = m\sigma_1' - \frac{1}{1+b}(b\sigma_2' + \sigma_3') = \sigma_c'，\ 当\ \sigma_2' \le \frac{m\sigma_1' + \sigma_3'}{1+m}时 \tag{7.19a}$$

$$F' = \frac{m}{1+b}[b\sigma_2' + \sigma_1'] - \sigma_3' = \sigma_c'，\ 当\ \sigma_2' \ge \frac{m\sigma_1' + \sigma_3'}{1+m}时 \tag{7.19b}$$

拉压强度比 α 形式的有效应力统一强度理论为：

$$F = (\sigma_1 - u) - \frac{\alpha}{1+b}[b(\sigma_2 - u) + (\sigma_3 - u)] = \sigma_t, 当\ \sigma_2' \le \frac{\sigma_1' + \alpha\sigma_3'}{1+\alpha}时 \tag{7.20a}$$

$$F' = \frac{1}{1+b}[(\sigma_1 - u) + b(\sigma_2 - u)] - \alpha(\sigma_3 - u) = \sigma_t, 当\ \sigma_2' \ge \frac{\sigma_1' + \alpha\sigma_3'}{1+\alpha}时 \tag{7.20b}$$

有效应力统一强度理论(式(7.18)~(7.20))具有普遍性的意义，它包含了一系列有效应力强度理论，可以适应于不同性质的材料。显然，当 b=0 时，有效应力统一强度理论退化为单剪有效应力强度理论(式(7.7)和(7.8))；当 b=1 时，有效应力统一强度理论退化为双剪有效应力强度理论(式(7.10)和(7.11))；在 0<b<1 的变化范围内，从有效应力统一强度理论可以推导出一系列新的有效应力强度公式[15-19]。

采用黏聚力系数 C 和摩擦角 φ 表述的有效应力统一强度理论为：

$$F = (\sigma_1 - u)(1 + \sin\varphi') - \frac{1}{1+b}[b(\sigma_2 - u) + (\sigma_3 - u)](1 - \sin\varphi') = 2C'\cos\varphi',$$

$$当\ (\sigma_2 - u) \le \frac{1}{2}(\sigma_1 + \sigma_3 - 2u) + \frac{\sin\varphi'}{2}(\sigma_1 - \sigma_3)\ 时 \tag{7.21a}$$

$$F = \frac{1}{1+b}[b(\sigma_2 - u) + (\sigma_1 - u)](1 + \sin\varphi') - (\sigma_3 - u)(1 - \sin\varphi') = 2C'\cos\varphi',$$

$$当\ (\sigma_2 - u) \ge \frac{1}{2}(\sigma_1 + \sigma_3 - 2u) + \frac{\sin\varphi'}{2}(\sigma_1 - \sigma_3)时 \tag{7.21b}$$

有效应力统一强度理论实际上可以由统一强度理论公式直接推导得出，即将主应力(σ_1，σ_2，σ_3)直接修改为($\sigma_1 - u$，$\sigma_2 - u$，$\sigma_3 - u$)即可。有效应力统一强度理论公式已在俞茂宏 2011 年和 2012 年的两本专著《强度理论新体系：理论、发展和应用》和《双剪土力学》中给出[11-12]。

7.5 有效应力统一强度理论的空间极限面和极限线

俞茂宏于 2004 年提出的有效应力统一强度理论及其三个特例(b=0，b=1/2，b=1)的极限面如图 7.6 所示。通过改变有效应力统一强度理论参数 b 值，也可以得出一系列新的极限面。

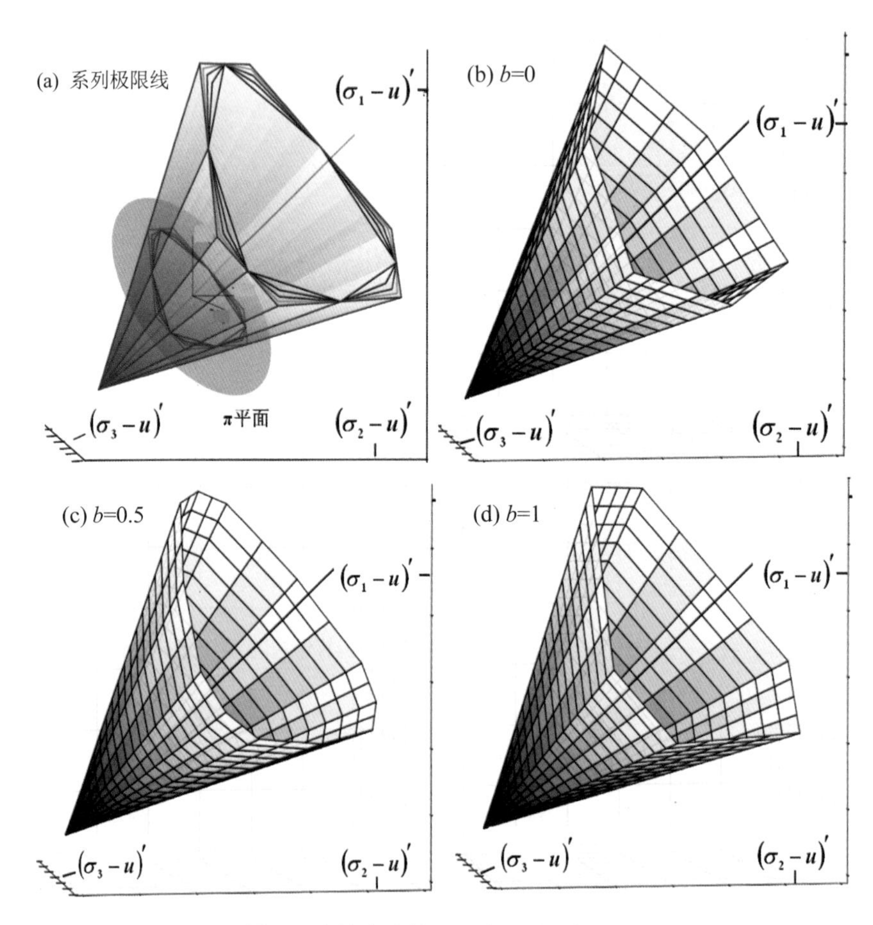

图 7.6 有效应力统一强度理论的极限面

有效应力统一强度理论及其三个特例(b=0，b=1/2，b=1)在偏平面的极限迹线如图 7.7 所示。可以看出，它与统一强度理论的空间极限面在偏平面的形状是一样的，只是将三个主应力(σ_1, σ_2, σ_3)改为三个有效应力(σ_1-u，σ_2-u，σ_3-u)。有效应力统一强度理论与其他有效应力理论在偏平面极限线的关系如图 7.8 所示。实际上该图中的关系也与第五章中的图 5.4 相似。

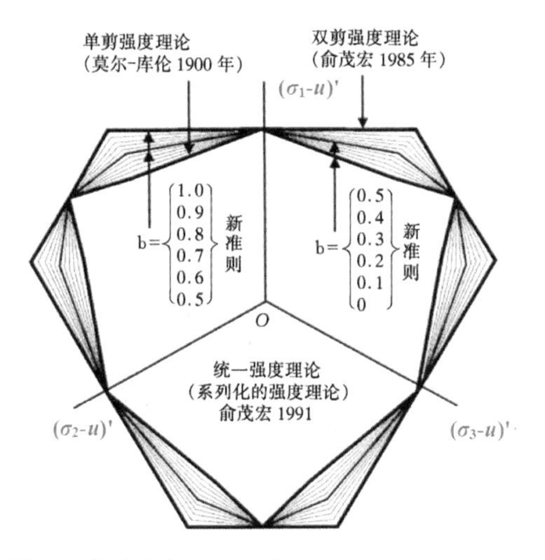

图 7.7 有效应力统一强度理论的偏平面极限迹线

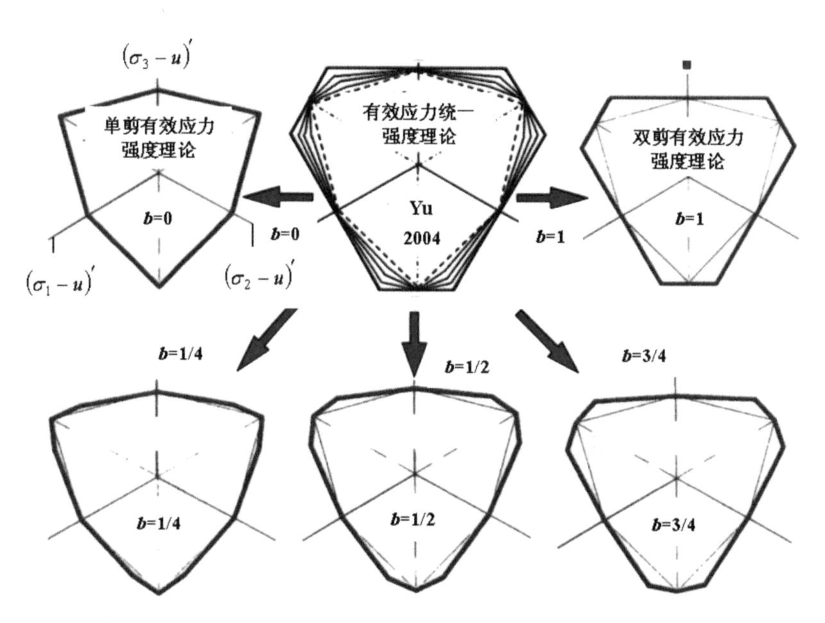

图 7.8 有效应力统一强度理论与其他有效应力强度理论的关系

7.6 考虑和不考虑孔隙水压力的土体强度极限面比较

孔隙水压力是有效应力强度理论的重要部分，考虑和不考虑孔隙水压力对于强度的变化可以用空间极限面和偏平面的极限迹线的变化来表示。图 7.9 为考虑和不考虑孔隙水压力两种情况下的极限面的比较，图中的极限面是统一强度理论 b=1 时的情况。

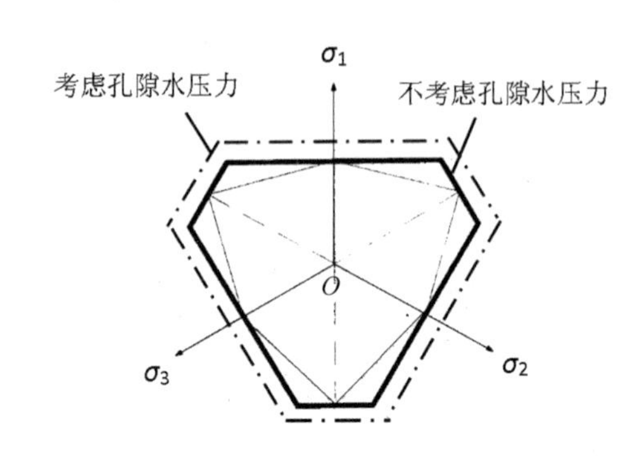

图 7.9 考虑和不考虑孔隙水压力时的极限面的比较

由以上分析可知，孔隙水压力的存在实际上扩大了土体的极限面。反之，如果土体中原来存在孔隙水压力，最后由于某种原因导致土体中的孔隙水压力消失或减少，如城市地下水的过度开采使得地下水水位下降，则土体强度下降，变形增加，房屋也随之沉降。以上海为例，自发现沉降以来至 1965 年，市区地面平均下沉 1.76 m，最大沉降量达 2.63 m，这主要是由于不合理开采地下水所致。20 世纪 60 年代中期开始，经采取压缩地下水开采量、调整地下水开采层次及人工回灌等措施，实现了地面沉降的有效控制。天津、北京等其他地区也都存在这类地面沉降的现象。

7.7 有效应力统一强度理论对非饱和土的推广

非饱和土有效应力和孔隙水压力的关系如图 7.10 所示，其中 u_w 为孔隙水压力，u_a 为孔隙气压力。

对于非饱和土，有效应力统一强度理论表达式仍可表示为式(7.19)。采用黏聚力 C'和摩擦角 φ'表示的非饱和土有效应力统一强度理论为：

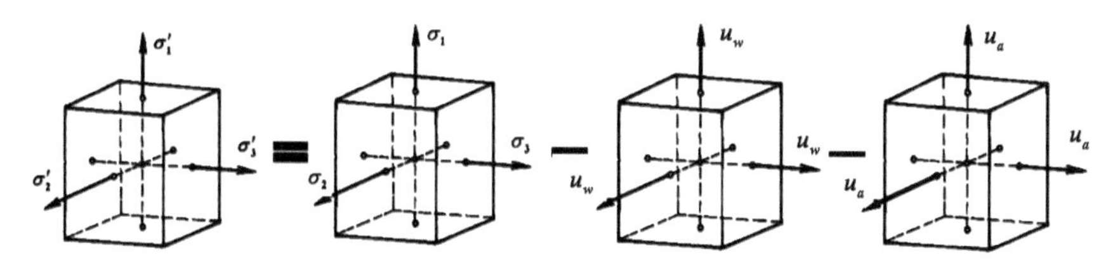

图 7.10 非饱和土有效应力和孔隙压力的关系

$$F=(\sigma_1-u)(1+\sin\varphi')-\frac{1}{1+b}\left[b(\sigma_2-u)+(\sigma_3-u)\right](1-\sin\varphi')=2C'\cos\varphi',$$

$$\text{当}\ (\sigma_2-u)\le\frac{1}{2}(\sigma_1+\sigma_3-2u)+\frac{\sin\varphi'}{2}(\sigma_1-\sigma_3)\ \text{时} \tag{7.22a}$$

$$F=\frac{1}{1+b}\left[b(\sigma_2-u)+(\sigma_1-u)\right](1+\sin\varphi')-(\sigma_3-u)(1-\sin\varphi')=2C'\cos\varphi',$$

$$\text{当}\ (\sigma_2-u)\ge\frac{1}{2}(\sigma_1+\sigma_3-2u)+\frac{\sin\varphi'}{2}(\sigma_1-\sigma_3)\ \text{时} \tag{7.22b}$$

式中，$u=u_a+u_w$，u_w 为静水应力，u_a 为气压力。非饱和土有效应力统一强度理论在形式上与饱和土有效应力统一强度理论相同，但在有效应力公式中增加了气压力。

7.8 本章小结

20 世纪末，俞茂宏将双剪强度理论推广到有效应力，提出双剪有效应力强度理论；2004 年，俞茂宏进一步将统一强度理论推广到饱和土和非饱和土效应力问题中，提出有效应力统一强度理论[9-12]。2004 年，有效应力统一强度理论写入《新土力学》初稿，并应长安大学土力学学科主持人王晓谋教授的邀请，进行了连续 10 次的《新土力学》研究讲座。

有效应力统一强度理论在形式上与 1991 年俞茂宏提出的统一强度理论完全相同，只是将总应力(σ_1，σ_2，σ_3)改为有效应力(σ'_1，σ'_2，σ'_3)，因此，可以十分方便地得出。俞茂宏于 2004 年后在一些大学和有关土力学会议中曾多次指出，有效应力统一强度理论可以应用于饱和土和非饱和土中。本章的章前彩图为有效应力统一强度理论在主应力空间偏平面的极限迹线，它覆盖了从内边界到外边界的全部区域。

双剪强度理论和统一强度理论已被世界各国学者应用于岩石、混凝土以及土体(黏土、黄土、饱和土和非饱和土)等领域[20-25]。例如澳大利亚、清华大学和总参工程兵等学者应用于混凝土，德国学者应用于聚合物和轻质泡沫材料，新加坡学者应用于入地弹的侵彻，二炮学者应用于火箭的药柱，四川大学等学者应用于岩石。沈珠江院士则早在20世纪80年代就将双剪强度理论应用于非饱和土地基等问题的研究中。

参考文献

[1] 黄文熙 (1983) 土的工程性质. 北京: 水利电力出版社.

[2] Reint, DB (2001) *Engineer and the Scandal: A Piece of Science History.* Berlin:Springer.

[3] Kurrer, KE (2008) *The History of the Theory of Structures: From Arch Analysis to Computational Mechanics*. Ernst & Sohn:Berlin.

[4] Wood, DM (1990) *Soil Behaviour and Critical State Soil Mechanics*. Cambridge:Cambridge University Press.

[5] Bjerrum, L, Skempton, AW (1957) A contribution to settlement analysis of foundations in clay. *Geotechniqué*, 7(4): 168–178.

[6] Bishop, AW (1971) Shear strength parameters for undisturbed and remoulded soil specimens. In: Parry, RHG (ed.), *Stress Strain Behaviour of Soils* (Proc. of the ROSCOE Memorial Symposium, Cambridge University), Foulis, Co, Ltd, pp. 1–59.

[7] Poorooshasb, HB, Holubec, I, Sherbourne, AN (1966) Yielding and flow of sand in triaxial compression: Part 1. *Canadian Geotechnical Journal*, 3(4): 179–190.

[8] Poorooshasb, HB, Holubec I, Sherbourne, AN (1966) Yielding and flow of sand in triaxial compression: Parts 2 and 3. *Canadian Geotechnical Journal*, 4(4): 376–397.

[9] 俞茂宏 (1998) 双剪理论及其应用. 北京:科学出版社.

[10] 俞茂宏 (1989) 复杂应力状态下材料屈服和破坏的一个新模型及其系列理论. 力学学报, 21(S1): 42-49.

[11] 俞茂宏 (2011) 强度理论新体系: 理论、发展和应用(第二版). 西安:西安交通大学出版社.

[12] 俞茂宏, 周小平, 张伯虎 (2012) 双剪土力学. 北京:中国科学技术出版社.

[13] Henkel, DJ, Wade, NH (1966) Plane strain tests on a saturated remolded clay. *J. of the Soil Mechanics Foundation Division, ASCE*, 92(SM6): 67–80.
[14] 魏汝龙 (1985) 正常压密饱和黏土的抗剪强度理论. 岩土工程学报, 7(1): 1–14.
[15] Yu, MH, et al. (2006) *Generalized Plasticity*. Berlin:Springer.
[16] Yu, MH (2004) *Unified Strength Theory and Its Applications*. Berlin:Springer.
[17] 俞茂宏, 刘剑宇, 刘春阳 (1994) 双剪正交和非正交滑移线场理论. 西安交通大学学报, 28(2): 122–126.
[18] 俞茂宏 (1994) 岩土类材料的统一强度理论及其应用. 岩土工程学报, 16(2): 1–10.
[19] Yu, MH, Li, JC (2012) *Computational Plasticity: With Emphasis on the Application of the Unified Strength Theory*. Springer and ZJU Press.
[20] Wang, P, Qu, SX (2018) Analysis of ductile fracture by extended unified strength theory. *International Journal of Plasticity*, 104: 196–213.
[21] Lin, Y, Deng, K, Sun, Y, et al. (2016) Through-wall yield collapse pressure of casing based on unified strength theory. *Petroleum Exploration & Development*, 43(3): 506–513.
[22] Ma, ZY, Liao, HJ, Yu, MH (2012) Slope Stability Analysis Using Unified Strength Theory. *Applied Mechanics & Materials*, 137: 59–64.
[23] 郑颖人, 沈珠江, 龚晓南 (2002) 岩土塑性力学原理. 北京:中国建筑工业出版社.
[24] 沈珠江 (2000) 理论土力学. 北京:中国水利水电出版社, pp. 11–12, 42–43.
[25] 龚晓南 (2001) 土塑性力学(第二版). 杭州:浙江大学出版社, pp. 102–103, 114, 119–122.

阅读参考材料

【阅读参考材料 7-1】卡尔•冯•太沙基(Karl Terzaghi，1883—1963)，土力学之父，维也纳工业大学和哈佛大学教授。太沙基在许多方面都对土力学作出了重要贡献，特别是在土的固结理论、有效应力原理、基础工程的设计与施工及围堰分析和滑坡机制等方面做奠基性的工作。不仅如此，太沙基处理他所从事专业工程问题的方式是另一个重要的贡献。1938 年德国占领奥地利后，太沙基前往美国，并在哈佛大学任教，直到 1963 年去世。

【阅读参考材料 7-2】保罗•菲林格(Paul Fillunger，1883—1937)，出生于维也纳，奥地利科学家。他于 1908 年获博士学位，然后在维也纳工业大学教数学、机械学和力学。菲林格率先进行饱和土的研究，并于 1913 年发表了一篇著名的文章。他发现有效应力和总应力的力学行为的差异，为进一步研究开辟了道路。他提出了混合物理论，被认为是液体饱和多孔固体理论的先驱。

菲林格的理论使他与太沙基发生激烈的冲突。1937 年，菲林格被大学指控为诽谤，不久后就自杀了，他的妻子 Margartehe Gregorowitsch(1882—1937)与之一起结束了自己的生命。在一封告别信中，菲林格承认了自己的错误判断。1996 年，德国 Essen 大学教授、著名力学家 Reint de Boer 在《应用力学评论》发表关于这段悲剧历史的长达 60 页的评论文章“Highlights in the historical development of the porous media theory: Toward a consistent macroscope theory”。2005 年，世界著名科技出版集团 Springer 出版了 Reint de Boer 研究这段历史的专门著 *Engineer and the Scandal: A Piece of Science History*。

太沙基(1883—1963)

保罗•菲林格(1883—1937)

【阅读参考材料 7-3】美好的事物、美好的理论都具有科学美的特点。科学美包含清晰性、简约性、对称性、统一性、和谐性、自然性和类比性等。

双剪理论、双剪单元体、双剪强度理论、统一强度理论、平面应变问题统一强度理论、有效应力统一强度理论等，都是在中国本土产生的创新理论和新名词，是俞茂宏从 1961 年至 2011 年历经 59 年建立起来的。

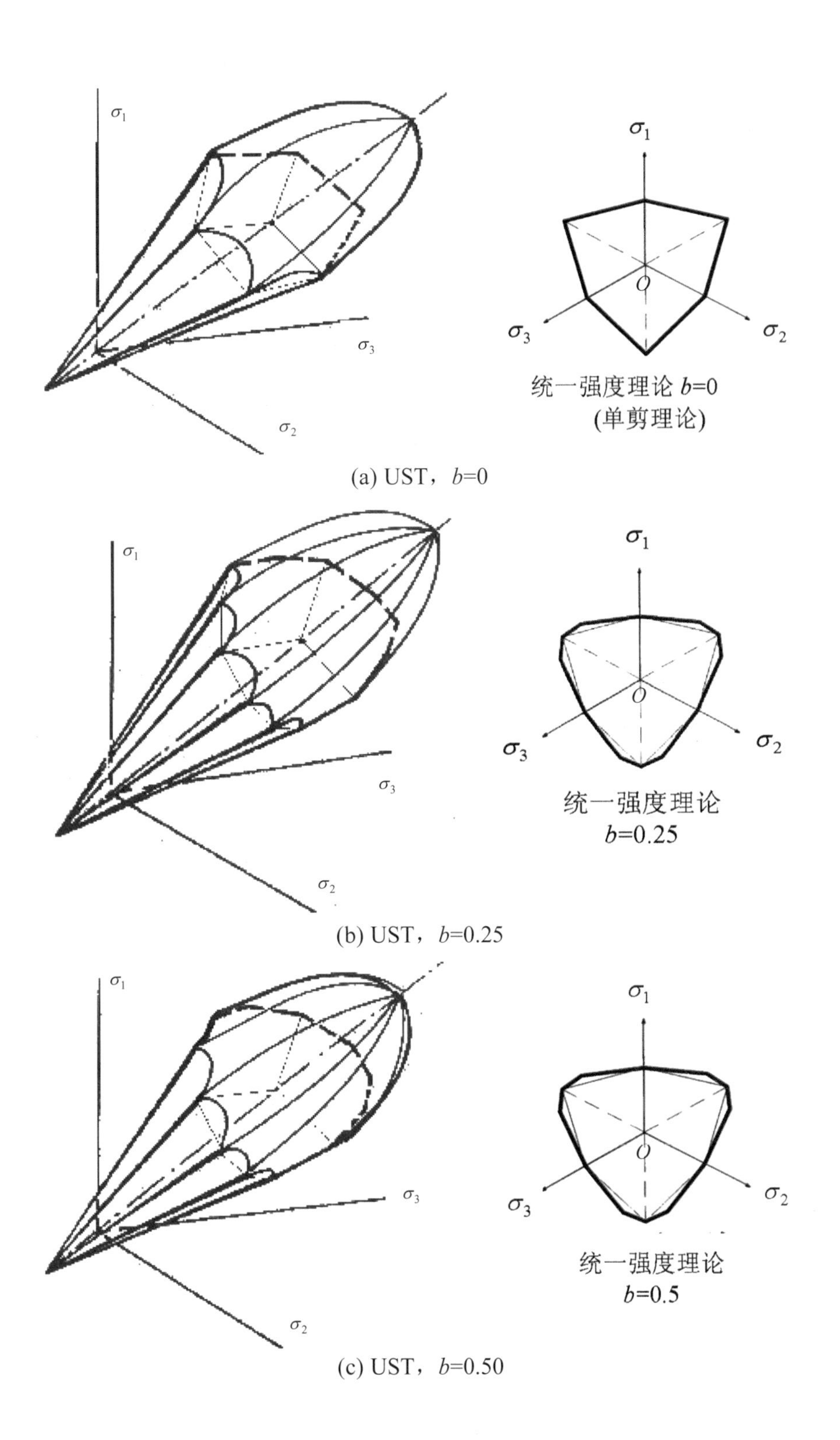

(a) UST，b=0

(b) UST，b=0.25

(c) UST，b=0.50

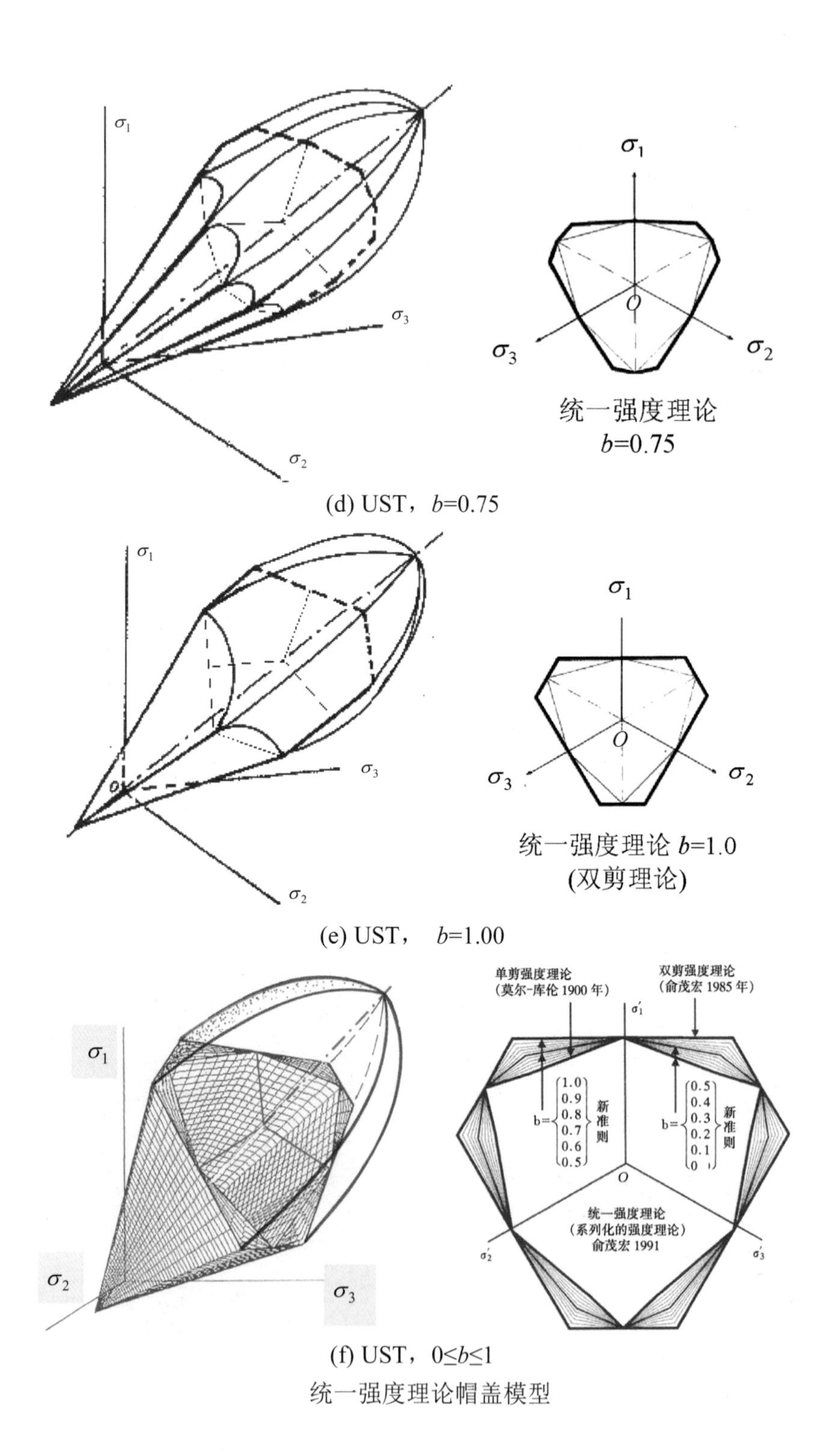

(d) UST，b=0.75

(e) UST，　b=1.00

(f) UST，0≤b≤1

统一强度理论帽盖模型

8 统一强度理论帽盖模型

8.1 概 述

在以上各章我们讨论了统一强度理论，对极限在 π 平面的形状和变化规律已经有较完整的认识。对极限面的子午线形状也有了逐步深入的认识，它们从平行于静水应力轴两端无限长的柱面到一端开口但拉压子午线相等的锥体，再到一端开口但拉压子午线不相同的不等边锥体和子午线呈曲线变化的极限曲面(多参数准则) 变化，如图 8.1 所示。

图 8.1(a)是最简单的单参数屈服准则的情况。单剪应力屈服准则(Tresca 屈服准则)、双剪应力屈服准则、Mises 屈服准则和加权双剪屈服准则的拉压子午线均相同。图 8.1(b)是静水应力型广义屈服准则的拉压子午线，这类准则的拉压子午线都相同。图 8.1(c)是本书第 5 章所述的统一强度理论的拉压子午线，对各种不同特例，它们在 θ=0°和 θ=60°的拉压子午线也相同。不同的特例是在 0°<θ<60°的其他子午线各不相同。考虑到在高静水应力区静水应力影响函数呈非线性变化时，得出多参数准则的子午线如图 8.1(d)所示。图 8.1 也反映了强度理论从单参数到两参数再到多参数的发展情况。

上面这些强度理论中，它们的极限面在静水应力的压缩方向都是开口的，也就是说，单纯的静水压应力不引起材料的屈服和破坏。但是，很多材料，特别是岩土类材料在静水压应力作用下将产生体积塑性应变，尽管这时的应力并未达到强度理论的屈服面和破坏面。

针对黏土类材料在静水压应力作用下产生塑性应变的情况，很多学者从不同的方面对以往的强度理论进行修正[1-20]，通过不同的推导方法，提出了一种帽盖模型(cap model，cap 是指一种无边的帽子)，帽盖模型附加在以往强度理论极限面的开口端上，使极限面形成一个全封闭的曲面，如图 8.2 所示。

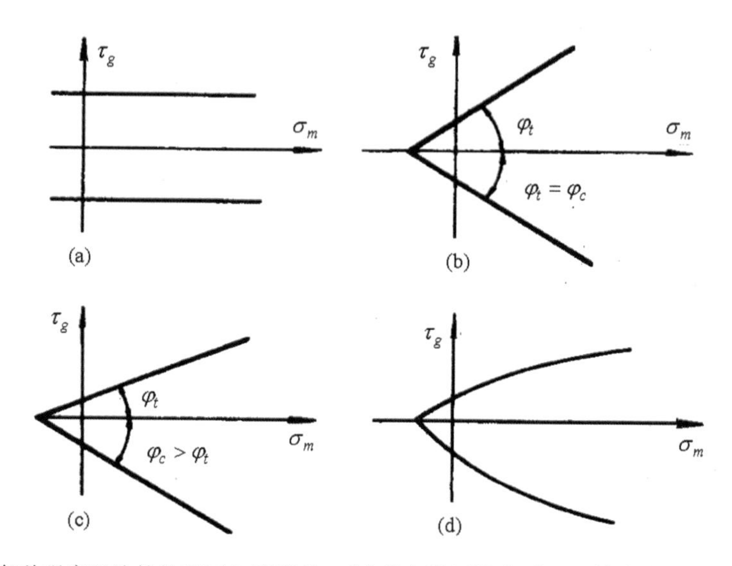

图 8.1 各种强度理论的拉压子午线形状。(a)单参数屈服准则；(b)静水应力型广义屈服准则；(c)正应力广义准则；(d)多参数准则

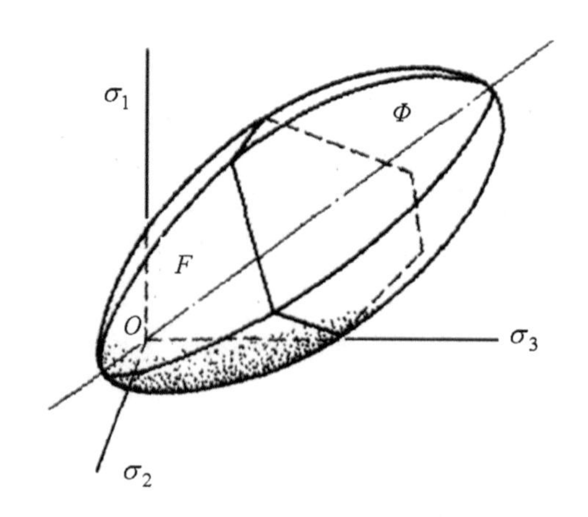

图 8.2 帽盖模型的一般形状

图 8.2 的帽盖模型基本上由强度理论广义准则 $F(\sigma_{ij})$的一端无限大极限面和考虑体积塑性应变的帽盖函数 $\Phi(\sigma_{ij})$的帽形极限面所组成。图 8.3 是各种不同组合的帽盖模型的子午极限线。

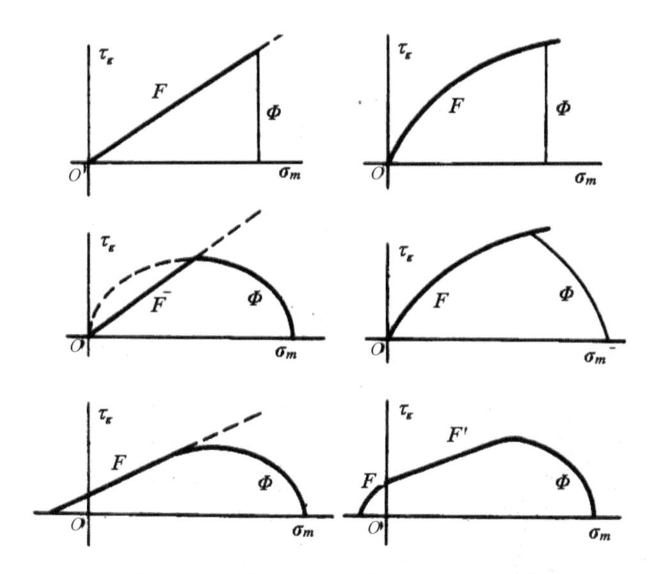

图 8.3 各种形状的帽盖模型的子午极限线

帽盖模型最早是从土的模型中提出来的，在土体结构中应用较多。下面我们先对土的性质进行讨论。

土的性质较为复杂，它是一种松散介质。土在复杂应力状态下的屈服和破坏性质不同于一般的金属材料，它具有以下的一些特点：

(1)土体一般不能受拉(如砂土)或仅有很小的抗拉强度(如粉土)；

(2)土体一般没有明显的屈服点，应力应变关系一般为非线性；

(3)静水应力的影响很大，它不仅影响剪切屈服与破坏的规律，而且单纯的静水压力可以使土体产生屈服，即产生塑性体积应变(压硬性)；

(4)纯剪切应力可以引起土的弹塑性体积变化(剪胀性)；

(5)中间主应力 σ_2 对土的强度和变形均有影响；

(6)拉伸和压缩子午线不重合。

下面我们用双剪强度理论(1985)和统一强度理论(1991)进一步研究能够反映土体塑性体变形的帽盖模型，以及笔者于 1986 年提出的双剪帽盖模型和三种广义剪应力双椭圆帽盖模型。

8.2 三轴平面极限面(Rendulic 图)

在土力学试验中，常规的三轴试验大多是轴对称三轴试验，即 $\sigma_1=\sigma_2$

或 $\sigma_2=\sigma_3=\sigma_r$ 的应力状态，它们在主应力空间中是一个特殊的应力状态面，如图 8.4(a)中的阴影面所示。因此，土力学中常用 $\sigma_1-\sqrt{2}\sigma_2\left(\sqrt{2}\sigma_3\right)$ 的三轴平面中的极限面来表示土体的破坏面，如图 8.4(b)所示。此图可以表示各种应力途径和应力状态，它首先由 Rendulic 于 1937 年提出，1960 年又由 Henkel 加以发展。三轴平面破坏面也称为 Rendulic 图[1-5]。

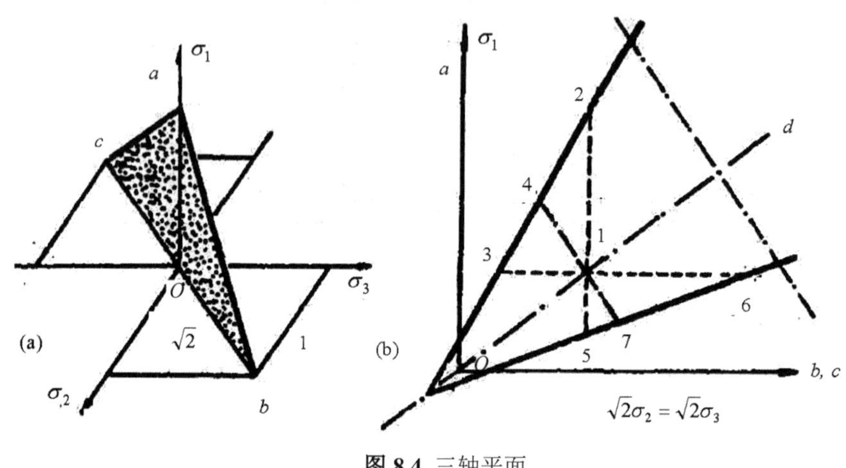

图 8.4 三轴平面

在图 8.4(a)中，*Oa* 为轴向应力加载，*Ob* 为径向均匀加载(围压加载)，轴对称三轴加载的应力点均在 *Oa* 和 *Ob* 所组成的平面(图中的阴影面)内。图 8.4(b)中 *d* 为静水应力轴，它与 σ_1 轴夹角的方向余弦为 $1/3^{1/2}$，与静水应力线 *d* 成直角的各面为 π 平面(或称八面体平面)。如果土试件在三轴压缩应力状态处于某点 1，则可以由不同的加载应力途径到达广义拉伸破坏迹线和广义压缩破坏迹线，如图 8.4(b)所示，其中线段 1—2 为保持围压不变、增加轴向压力的广义压缩试验；1—3 为保持轴力不变、减少围压的广义压缩试验；1—4 为保持静水应力不变、增加双剪应力的广义压缩试验，即保持($\sigma_z+2\sigma_r$)为常数，增加轴压 σ_z 的同时减少围压 σ_r；1—5 为保持围压不变、减少轴向压力的广义拉伸试验；1—6 为保持轴压不变、增加围压的广义拉伸试验；1—7 为保持静水应力不变、减少双剪应力的广义拉伸试验，即保持($\sigma_z+2\sigma_r$)为常数，减少轴压 σ_z 的同时增加围压 σ_r。

此外，还有其他的加载应力途径，由此可作出三轴平面的破坏面。图 8.5 即为松砂、密砂和黏土的三轴平面内的破坏迹线。有时再在此图上附加帽盖模型。

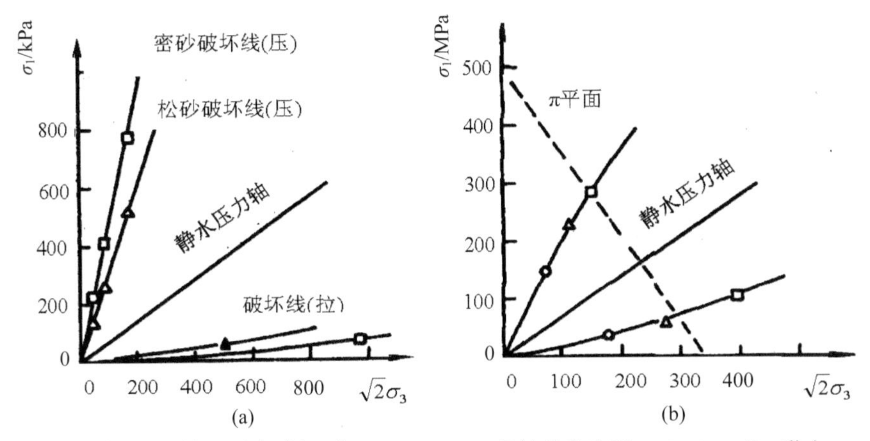

图 8.5 三轴平面上破坏面。(a) Monterey 号松砂和密砂；(b) Grundite 黏土

8.3 单剪帽盖模型

1958—1963 年，英国剑桥大学 Roscoe 教授等人针对流经剑桥大学附近的 Cam 河的一种正常固结黏土和弱超固结黏土(湿黏土)的特性提出了一种新的弹塑性模型[6-11]，它包含一系列基本概念和假设，常被称为剑桥模型。

剑桥模型提出较早，发展也较完善，在一般土力学和岩土塑性力学书中已成为经典内容[12-18]。它的一个主要的结果是附加在莫尔-库仑强度理论极限面之上的状态边界面，称为 Roscoe 屈服面，如图 8.6 所示。

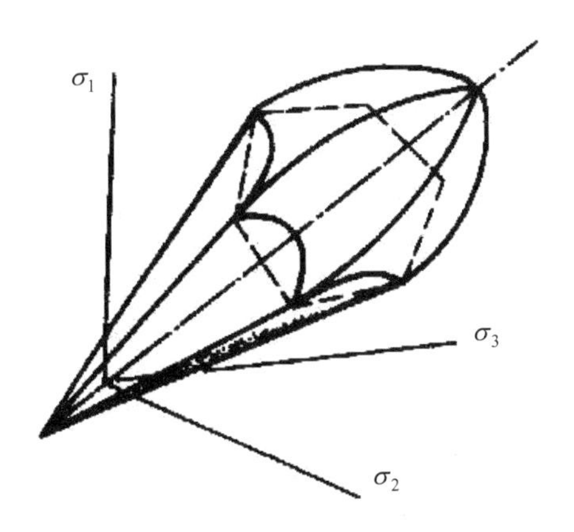

图 8.6 剑桥模型(单剪帽盖模型)

最初提出的剑桥模型的屈服面为子弹头型，后来修改为椭球形。它在应力空间中是一个以原点为顶点、以静水应力轴为轴线的六边形锥体，附加一个半椭球形的“帽子”扣在六边形锥体的开口端。当单元体的应力处于屈服或破坏面以内时，材料处于弹性状态；应力点在屈服面上时，材料开始进入塑性状态；当应力点到达破坏面时，材料处于破坏状态。帽盖屈服面与破坏面的交线常称为临界状态迹线。剑桥模型为帽盖模型中的一种。

剑桥模型在 p-q 平面的屈服曲线方程可写为如下两种形式：

$$\Phi(p,q)=p^2-p_c q+\left(\frac{q}{M}\right)^2=0 \tag{8.1}$$

$$\Phi=\left(\frac{p-p_c}{p_c/2}\right)^2+\left(\frac{q}{M\cdot p_c/2}\right)-1=0 \tag{8.2}$$

式中，p_c 为土固结压力(这里为硬化参数 H，$H=p_c$)，M 为破坏线直线斜率。

剑桥模型在 p-q 平面的屈服曲线是一个以(0，$p_c/2$)为中心，以 $p_c/2$ 为长半轴，以 $q=Mp_c/2$ 为短半轴的椭圆。由于拉压时的破坏线斜率 M 不同，故拉伸椭圆和压缩椭圆的短半轴长度也不相同，形成上下两个不同短半轴长度的半椭圆，如图 8.7(a)所示。图 8.7(b)为我国南京水利科学研究院魏汝龙于 1964 年提出的一种帽盖模型，它是对剑桥模型的修正，适用性比剑桥模型更普遍，但当 $\gamma=a=1/2$ 时，两者相同。魏汝龙提出的帽盖屈服函数为[19]：

$$\Phi(p,q)=\left(\frac{p-\gamma p_c}{a}\right)^2+\left(\frac{q}{\beta}\right)^2-p_c^2=0 \tag{8.3}$$

式(8.3)和式(8.2)均为椭圆方程。

剑桥模型之所以能得到广泛应用，是因为它能较好地适用于正常固结黏土和弱固结黏土，参数较少且易于测定。剑桥模型也有局限性，它的弹塑性矩阵中所有的元素均不为零，表示它能考虑土的剪胀和剪缩性，但实际上，由于剑桥模型的屈服轨迹斜率处处为负，塑性应变增量沿 p 方向的分量只能是正值即压缩，模型只能反映剪缩，不能反映剪胀，所以剑桥模型更适合应用于正常固结土或弱超固结土等一类具有压缩型体积屈服曲线的土体。

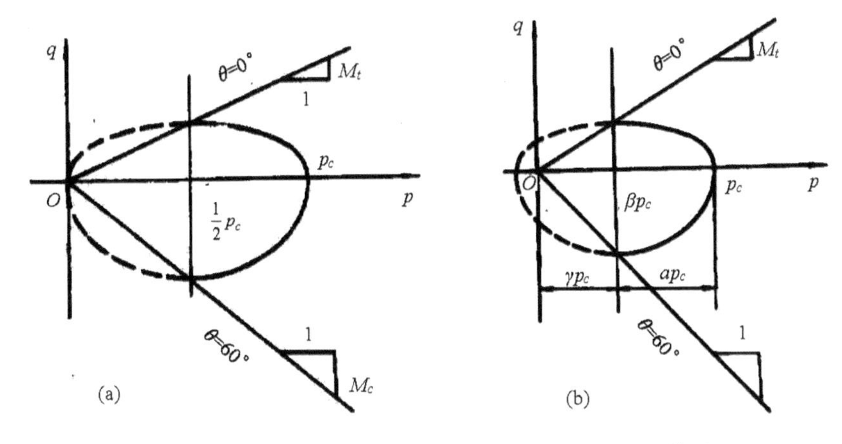

图 8.7 单剪帽盖模型。 (a)剑桥模型；(b)魏汝龙模型

8.4 八面体剪应力帽盖模型

剑桥模型和魏汝龙模型都可以根据能量原理和正交流动法则推导得出，它们也可以直接由屈服面的形状和方程给出。1957 年，Drucker 在 Drucker-Prager 准则的基础上，附加一个考虑土的体积塑性应变的帽盖屈服面[20]，如图 8.8 所示。这一帽盖模型的破坏曲面采用广义八面体剪应力准则(即 Drucker-Prager 准则)，并在它的圆锥开口端附加一个帽盖，所以可称为八面体剪应力帽盖模型。

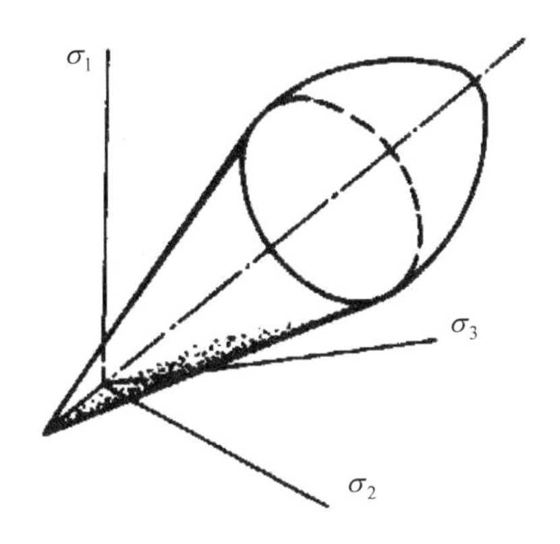

图 8.8 八面体剪应力帽盖模型

与单剪帽盖模型相似，八面体剪应力帽盖模型中的帽盖屈服面的常用形式亦为椭圆帽盖，其方程为：

$$\Phi(p,q)=p_x-p-r\left(b^2-q^2\right)^{1/2} \tag{8.4}$$

此外，各国学者还采用不同的帽盖屈服面，并根据它与原有广义准则的剪切破坏面的各种不同相交方法提出不同的模型，如：

(1) Baladi 等模型(1970)

$$\Phi=\left(\frac{\sigma-p_x}{p_c-p_x}\right)^2+\left(\frac{q}{A-C\mathrm{e}^{-B\sigma_n}}\right)^2-1=0 \tag{8.5}$$

(2) Khosla-Wu(吴天行)模型(1976)

$$\Phi=\left(\frac{p-p_x}{p_c-p_x}\right)^2+\left(\frac{q}{Mp_x}\right)^2-1=0 \tag{8.6}$$

(3) Lade 模型(1977)

$$\Phi=I_1^2+2I_2-p_c=0 \tag{8.7}$$

(4) 黄文熙(清华大学)模型(1979)

$$\Phi=\left(\frac{p-h}{Kh}\right)^2+\left(\frac{q}{Krh}\right)^2-1=0 \tag{8.8}$$

(5) 沈珠江(南京水利研究科学院)模型(1981)

$$\Phi=C_0\ln\frac{p(1+x)}{p_1}-C_0\ln\frac{p}{p_1}-p_c=0 \tag{8.9}$$

以上各种模型的详细阐述可见文献[12-18]，各种模型所采用的符号和形式虽不相同，但基本概念都是一致的。沈珠江在《理论土力学》里对此进行了总结[15]，读者可进一步参考。

8.5 双剪帽盖模型

俞茂宏[21-23]1986 年提出的双剪帽盖模型中，它的剪切破坏面由双剪强度理论的两个方程 F 和 F'控制，体积屈服面采用椭圆方程 Φ，其主应力空间的破坏面和屈服面如图 8.9 所示。双剪帽盖模型在 p-q 平面的破坏线和屈服线如图 8.10 所示。

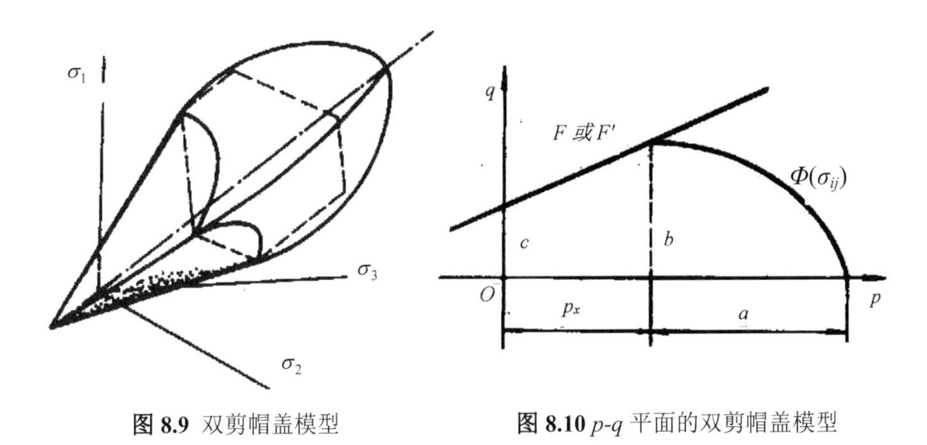

图 8.9 双剪帽盖模型

图 8.10 p-q 平面的双剪帽盖模型

双剪帽盖模型的破坏面和屈服面，由于采用了广义双剪强度理论，因而其范围均较前两类帽盖模型扩大了。在具体应用时，与广义双剪强度理论相同，需注意不同的应力状态采用不同的破坏式 F 或 F'，如下式所示：

$$F=\sigma_1-\frac{\alpha}{2}\left(b\sigma_2+\sigma_3\right)=\sigma_t \tag{8.10a}$$

$$F'=\frac{1}{2}\left(\sigma_1+\sigma_2\right)-\alpha\sigma_3=\sigma_t \tag{8.10b}$$

$$\Phi=\left(\frac{\tau}{a}\right)^2+\frac{p-p_x}{b^2}-1=0 \tag{8.11}$$

图 8.10 显示了相应的破坏线和屈服线，其中参数 a、b、p_x 与式(8.11)相对应，可以由试验资料来拟合确定。事实上，在 p-q 平面中所绘的曲线为 θ=0°和 θ=60°的子午极限线，而这一子午面的单剪强度理论和双剪强度理论是一致的。因此，图 8.10 的双剪帽盖模型也可绘成如图 8.7 的剑桥帽盖模型的形式，两者一致。式(8.10)的 F 式对应 θ=0°时的极限线，式(8.10b)

的 F' 式对应 θ=60°时的极限线，两者的差别在 $0<\theta<60°$ 的其他子午线上，这时，双剪帽盖模型的极限线范围均大于单剪帽盖模型(剑桥模型)的极限线。

8.6 广义剪应力双椭圆帽盖模型

在帽盖模型中，广义屈服准则 F 和帽盖函数 Φ 一般都建立在两个独立假设的基础上，并且广义屈服准则 F 在三轴拉伸状态时形成尖角。

由于岩土介质的抗拉能力很差，因此需把头部截去而拟以光滑的曲面。有的用抛物线来逼近库伦剪切破坏线，或用抛物线和椭圆来表示屈服面，也有将尖角处用一个光滑曲面过渡并用于岩土数值计算，这样增加了一个附加的修正函数 F'，形成了 F'、F 和 Φ 三段曲线的破坏屈服准则。

在以上工作和实验资料的基础上，俞茂宏和李跃明提出把广义屈服准则和帽盖函数加以合成的统一模型，即广义剪应力双椭圆帽盖模型，其形式为：

$$\Phi = a\sqrt{\sigma_g^2 + 4\tau_g^2} + b\sigma_g = C \tag{8.12a}$$

$$\Phi' = a'\sqrt{\sigma_g^2 + 4\tau_g^2} + b'\sigma_g = C \tag{8.12b}$$

上式中，a、a'、b、b'和 C 为材料常数，σ_g、τ_g 分别取单剪应力(τ_{13}，σ_{13})、八面体应力(τ_8，σ_8)以及双剪应力(τ_{tw}，σ_{tw})。由此可得到三个新的帽盖模型，分别称为广义单剪应力双椭圆帽盖模型、广义八面体剪应力双椭圆帽盖模型和广义双剪应力双椭圆帽盖模型。它们在 σ_g 和 τ_g 坐标中的图形由两个椭圆方程的曲线构成，如图 8.11 所示。

岩土类材料既有剪切破坏，又具有体积屈服。式(8.12a)中的 Φ 模拟了材料的脆性破坏且无尖角，而式(8.12b)中的 Φ'则是满足体积塑性应变的帽盖。这里的双椭圆并不是破坏准则和帽盖模型两种函数(以往其他帽盖模型均为两种函数)，而是同时满足上述两种破坏屈服条件的统一模型中的两个方程式，但也不是 Meeh、Tokuoka 等表述的一个封闭椭圆，在低围压情形时用一个封闭椭圆去反映岩土类材料的两种破坏屈服条件是不确切的。因此，双椭圆帽盖模型可较为灵活地适应各种不同的情况。

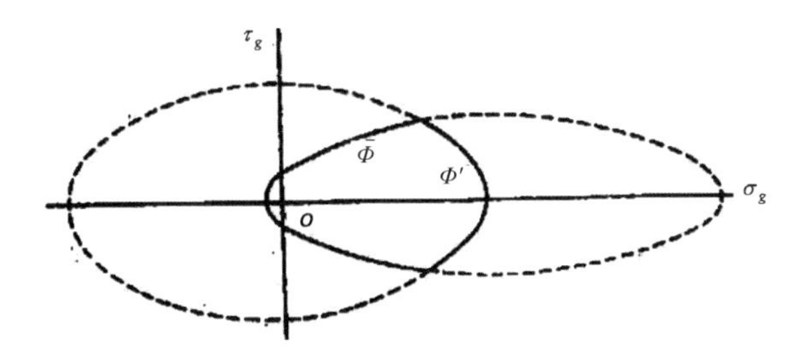

图 8.11 双椭圆帽盖模型

双椭圆帽盖模型把破坏准则和帽盖模型统一为一个准则(两个方程，根据判别条件选用一个)，方便了表述和使用，并且完全避免了线性破坏准则在拉伸区形成的尖角，可以与实验结果更为符合。式中的材料常数 a、b 和 C 可由常规的三轴试验来确定。a 和 a'、b 和 b'只相差一个常数，可根据材料性质调整。

下面讨论如图 8.12 所示的几种特殊应力状态，以确定常数 a、b 和 C。

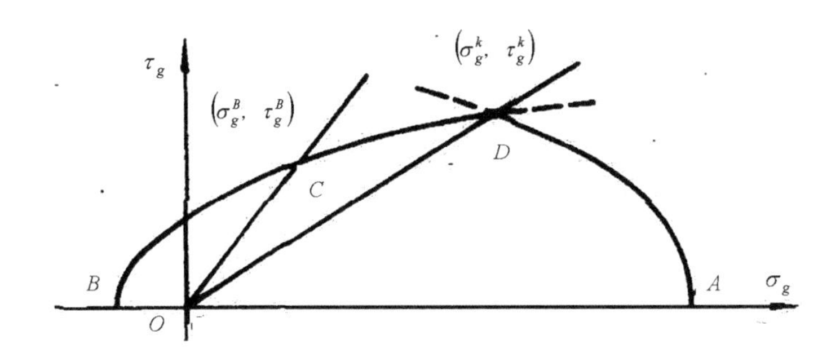

图 8.12 双椭圆模型的参数

(1) A 点：该点代表三轴均压(静水应力)产生屈服的应力状态，即 $\sigma_1=\sigma_2=\sigma_3=p_0$，此时相应的广义正应力为：

$$\sigma_g^c = \begin{cases} 2\sigma_0 & \text{广义单剪应力帽子函数} \\ p_0 & \text{广义八面体剪应力帽子函数} \\ 2p_0 & \text{广义双剪应力帽子函数} \end{cases}$$

此时式(8.12a)简化为：

$$a'\sigma_g^c + b\sigma_g^c = C \tag{8.13}$$

(2) B 点：该点代表三轴均拉极限应力状态，由于实际中三轴拉伸状态较难达到，可近似取单轴拉伸极限 σ_t 代替，即：

$$\sigma_1 = \sigma_2 = \sigma_3 = -\sigma_t$$

广义正应力为：

$$\sigma_g^T = \begin{cases} 2\sigma_t \\ \sigma_t \\ 2\sigma_t \end{cases} \quad (\text{此处}\ \boldsymbol{\sigma}_g^T\ \text{取正值})$$

由式(8.12a)可得：

$$a\sigma_g^T - b\sigma_g^T = C \tag{8.14}$$

(3) 设两椭圆的交点 D 的应力状态为$\left(\sigma_g^k,\ \tau_g^k\right)$，此时 Φ=Φ'，即：

$$a\sqrt{\left(\sigma_g^T\right)^2 + 4\left(\tau_g^T\right)^2} + b\sigma_g^T = a'\sqrt{\left(\sigma_g^T\right)^2 + 4\left(\tau_g^T\right)^2} + b'\sigma_g^T$$

若令 $\eta = b' - b$，$\xi = a - a'$，$K = \tau_g^k \big/ \sigma_g^k$，则有：

$$\frac{\eta}{\xi} = \sqrt{1 + 4K^2} \tag{8.15}$$

(4) 取一任意低围压侧限三轴压缩状态 C，$\sigma_1 = \sigma_1^0$，$\sigma_2 = \sigma_3 = \gamma\sigma_1^0$，其中系数 γ<1。对于岩土类材料，这种试验是容易实现的。

$$\sigma_g^\beta = \begin{cases} (1-\gamma)\sigma_1^0 & \text{广义单剪应力或广义双剪应力准则} \\ (1+\gamma)\sigma_1^0 & \text{广义八面体剪应力准则} \end{cases}$$

$$\tau_g^\beta = \begin{cases} (1+\gamma)\sigma_1^0 & \text{广义单剪应力或广义双剪应力准则} \\ \sigma_1^0(1+2\gamma)/3 & \text{广义八面体剪应力准则} \end{cases}$$

令 $\dfrac{\tau_g^\beta}{\sigma_g^\beta}=\beta$，则 $\beta=\begin{cases}\dfrac{1-\gamma}{1+\gamma} & \text{用于广义单剪应力或广义双剪应力准则}\\ \dfrac{3(1-\gamma)}{1+2\gamma} & \text{用于广义八面体剪应力准则}\end{cases}$

当 $\beta>K$ 时，由式(8.12a)可得：

$$a\sqrt{\left(\sigma_g^\beta\right)^2+4\left(\tau_g^\beta\right)^2}+b\sigma_g^\beta=C \tag{8.16a}$$

当 $\beta<K$ 时，则由式(8.12b)可得：

$$a'\sqrt{\left(\sigma_g^\beta\right)^2+4\left(\tau_g^\beta\right)^2}+b'\sigma_g^\beta=C \tag{8.16b}$$

从以上所得各式联立解出 a、b 和 C，即：

$$a=\frac{\alpha(\eta-\xi)\left(1+\dfrac{\sigma_g^c}{\alpha\sigma_g^\beta}\right)}{(1+\alpha)\sqrt{1+4\beta^2}-2\dfrac{\sigma_g^c}{\sigma_g^\beta}-\alpha+1}$$

$$b=\frac{1-\alpha}{1+\alpha}\frac{\alpha(\eta-\xi)\left(1+\dfrac{\sigma_g^c}{\alpha\sigma_g^\beta}\right)}{(1+\alpha)\sqrt{1+4\beta^2}-2\dfrac{\sigma_g^c}{\sigma_g^\beta}-\alpha+1}-\frac{\alpha}{1+\alpha}(\eta-\xi)$$

$$C=\frac{2\alpha}{1+\alpha}\frac{\alpha(\eta-\xi)\left(1+\dfrac{\sigma_g^c}{\alpha\sigma_g^\beta}\right)}{(1+\alpha)\sqrt{1+4\beta^2}-2\dfrac{\sigma_g^c}{\sigma_g^\beta}-\alpha+1}+\frac{\alpha}{1+\alpha}(\eta-\xi)$$

而 $a'=a-\xi$，$b'=b+\eta$，其中 $\alpha=\sigma_g^c/\sigma_g^T$ 称为材料的广义压拉特性比，η 和 ξ 的选取应满足式(8.15)，而 K 值则由试验资料确定。

为保证模型的双椭圆性，需满足 $C\neq0$，即材料的抗拉极限不能为零，故本章所建议的模型适用于具有抗拉强度的岩石、黏土及紧密砂类介质。基于岩土类介质的抗压极限大于抗拉极限的事实，即 $\sigma_g^c > \sigma_g^T$，可知 $\alpha>1$。从式(8.13)和(8.14)还可知 $(a-b)>(a'+b')>0$。

在以往的椭圆帽盖模型中，一般认为屈服轨迹椭圆的顶点与破坏迹线正好相交，无法反映土的剪胀性。后来黄文熙提出的模型克服了这一缺点。现在的模型中也无此限制，破坏准则 Φ 和屈服准则 Φ' 可在任意处相交，只需调整 η 和 ξ 的数值。适当选取 η 和 ξ 即可反映土的剪胀性，因而比前述各类椭圆模型有较大的适用范围，能拟合更多岩土材料的实验曲线。

若用于描述材料的硬化或软化特性，常数 a'、b' 和 C 是塑性内变量的函数。

当 $a\neq b$ 时，模型的标准椭圆方程如下[22-23]：

破坏：
$$\frac{\left(\sigma_g+\dfrac{bC}{a^2-b^2}\right)^2}{\left(\dfrac{aC}{a^2-b^2}\right)^2}+\frac{\tau_g^2}{\left(\dfrac{C}{2\sqrt{a^2-b^2}}\right)^2}=1 \tag{8.17}$$

屈服：
$$\frac{\left(\sigma_g+\dfrac{b'C}{a'^2-b'^2}\right)^2}{\left(\dfrac{a'C}{a'^2-b'^2}\right)^2}+\frac{\tau_g^2}{\left(\dfrac{C}{2\sqrt{a'^2-b'^2}}\right)^2}=1 \tag{8.18}$$

$a=b$ 时，模型为抛物线型。

近年来帽盖模型得到了较大发展和应用，美国已将其应用于原子防护工程、结构工程抗震设计、穿地动力学、核武器的攻击威力估算等研究中，并编入大型有限元计算程序，进行岩土工程和土与结构物相互作用的计算与研究[24]。此外，帽盖模型也应用于岩石和混凝土材料。例如，中国科学院北京力学研究所钱寿易和章根德[25]发表了文章《岩石的非线性弹性一塑性硬化帽盖模型》，华中科技大学卢应发等[26]发表了文章《广义帽盖模型和数值模拟》，长安大学、同济大学姜华等[27]发表了文章《混凝土弹塑性损伤帽盖模型参数确定研究》等。下面将介绍统一强度理论帽盖模型。

8.7 统一强度理论帽盖模型

双剪帽盖模型可以进一步发展为统一强度理论帽盖模型。它的剪切破坏面由统一强度理论的两个方程 F 和 F'控制，体积屈服面采用椭圆方程 Φ，其主应力空间的破坏面和屈服面如图 8.13 所示。

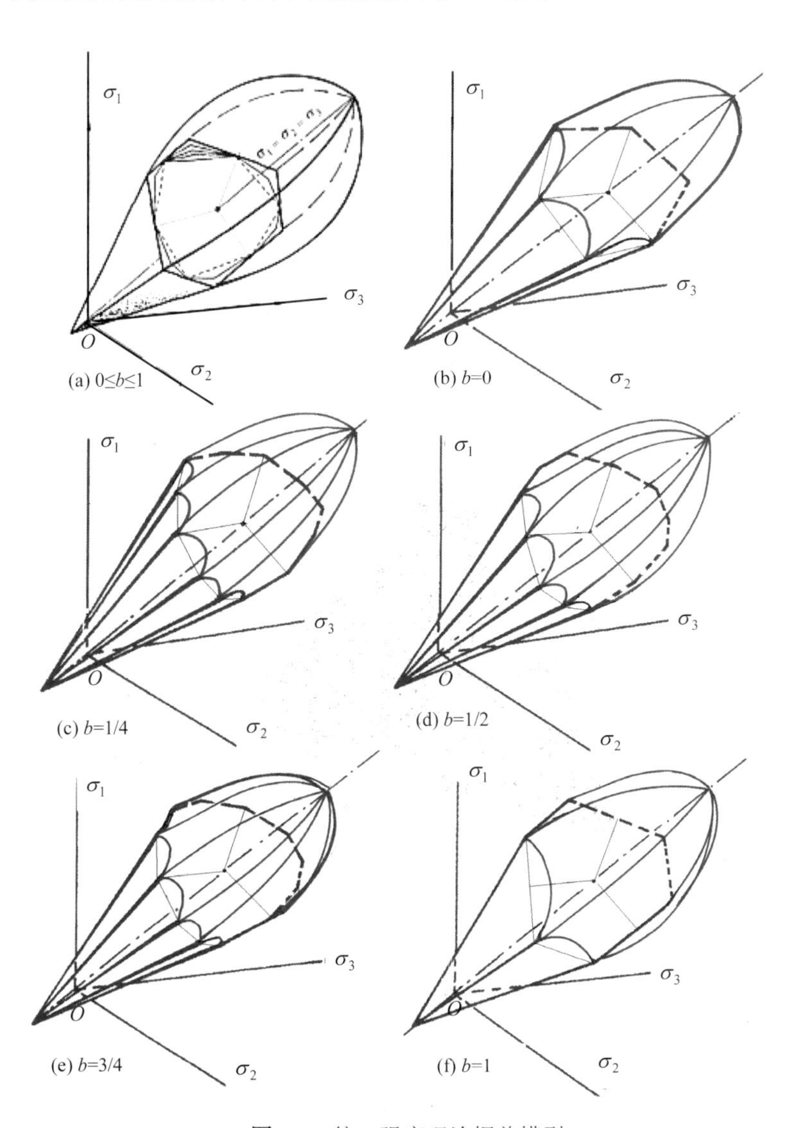

图 8.13 统一强度理论帽盖模型

由于采用了统一强度理论，统一强度理论帽盖模型的破坏面和屈服面的极限面不是一个，而是一系列，覆盖了从内边界到外边界的全部区域。与广义双剪强度理论相同的是，在具体应用统一强度理论时需要注意不同的应力状态应采用不同的破坏方程 F 或 F'，如下式所示：

$$F=\sigma_1-\frac{\alpha}{1+b}(b\sigma_2+\sigma_3)=\sigma_t\text{，当 }\sigma_2\le\frac{\sigma_1+\alpha\sigma_3}{1+\alpha}\text{ 时} \tag{8.19a}$$

$$F'=\frac{1}{1+b}(\sigma_1+b\sigma_2)-\alpha\sigma_3=\sigma_t\text{，当 }\sigma_2\ge\frac{\sigma_1+\alpha\sigma_3}{1+\alpha}\text{ 时} \tag{8.19b}$$

$$\Phi=\frac{\tau^2}{a^2}+\frac{(p-p_x)}{b^2}-1=0 \tag{8.19c}$$

与上一章“饱和土和非饱和土有效应力统一强度理论”一样，统一强度理论既可推广为有效应力统一强度理论(俞茂宏，2004-2011-2012)，也可推广为有效应力统一强度理论帽盖模型。最简单的帽子模型是在极限面的 π 平面上附加一平面，如图 8.14 中的阴影部分，方程为$(\sigma_1+\sigma_2+\sigma_3)/3=\sigma_{ccc}$。

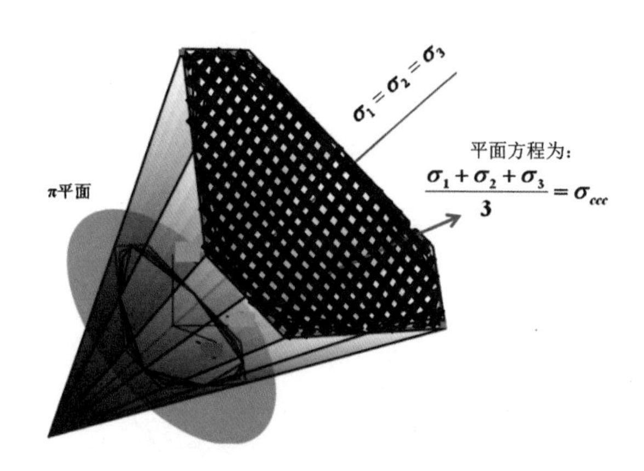

图 8.14 最简单的帽子模型

8.8　双椭圆帽盖模型的计算机实施

双剪帽盖模型和双椭圆帽盖模型不仅具有理论意义，而且具有工程实用价值[28-41]。它主要通过计算机来实施，并在岩土和地下工程的弹塑性和弹黏塑性分析中得到应用。结构弹塑性分析和弹黏塑性分析超出本书的范围，有兴趣的读者可以参考文献[32]。

2002 年，瑞典 Lulea 理工大学学者 Liu、Kou 和 Lindqvist 等[39-41]发表了多篇应用双剪双椭圆帽盖模型的论文，有兴趣的读者可进一步参考。

8.8.1 算例一

在下面的一系列数值模拟中，岩石压痕模拟被简化为一个平面应变问题。压头位于岩石平面的中心轴正上方，模型如图 8.15(a)和(b)所示。压头使用均质材料，它的弹性模量是岩石的几倍，以防止压头出现永久变形。岩石试样是一种非均质材料。

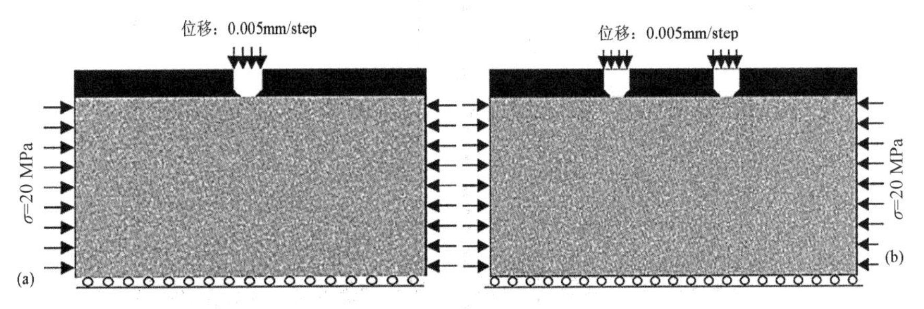

图 8.15 数值模拟模型(瑞典，Lulea 理工大学)。(a)一个压头；(b)两个压头

图 8.16 显示了当岩石为均质材料时在单个压头作用下的准光弹性应力条纹图样。根据模拟结果可知压痕应力场并不均匀。加载点周围的应力非常大，并且随着与加载点的距离增加应力开始迅速减少。应力分布是关于轴对称的。在压头正下方和两侧区域都引起了非常高的应力场。

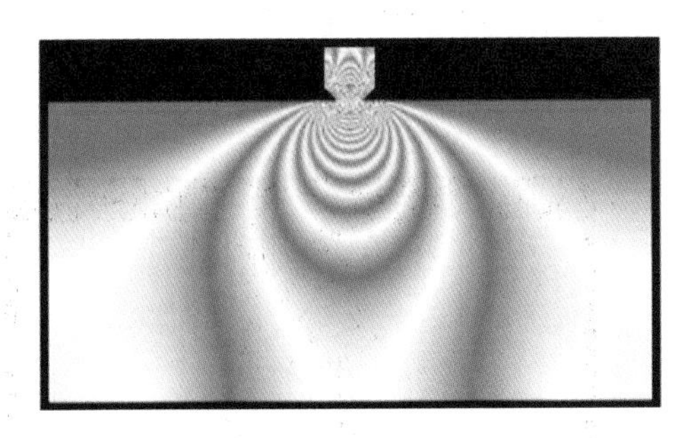

图 8.16 模拟岩石在单个压头作用下的准光弹性应力条纹图样

图 8.17 为在单个压头作用下岩石破碎过程中的应力分布图。当压头作用于岩石时，在压头正下方将会立即产生高应力区，对应于图 8.17 中的高亮部分。高应力区向外扩展形成一个扇形应力场。图 8.18 显示了当侧压力为 10 MPa 时岩石的破坏形式。

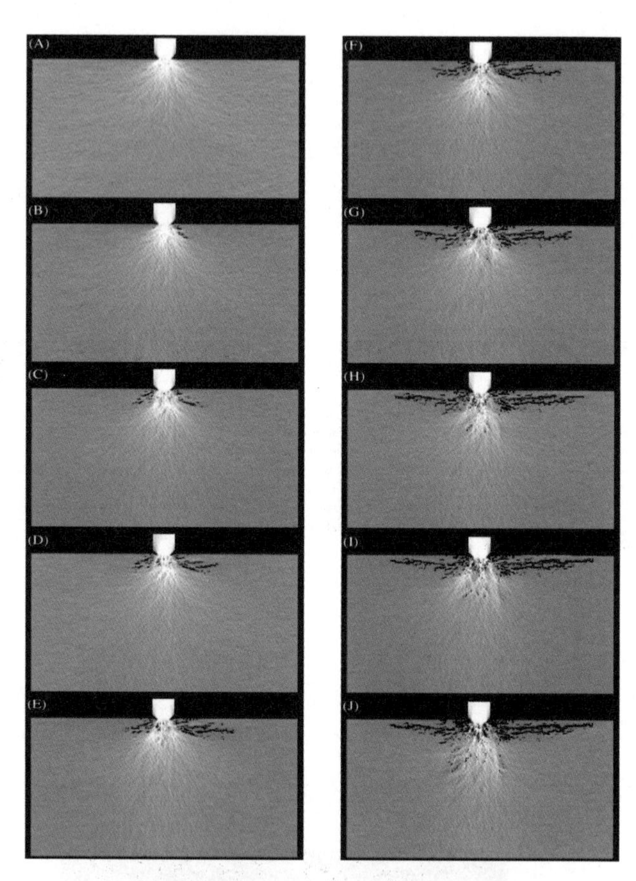

图 8.17 在单个压头作用下岩石破碎过程的模拟结果(应力分布图)

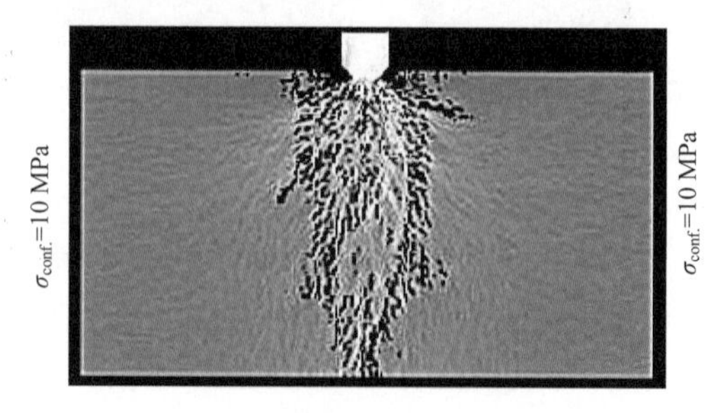

图 8.18 在低围压下岩石试件的破坏形式(瑞典，Lulea 理工大学)

图 8.19 为两个压头作用下岩石破碎过程的模拟结果。在加载的第一阶段，采用双压头引起的相应应力场与单压头引起的应力场相同。在压头正下方的岩石将会立即产生高应力区。随着与加载点的距离增加应力迅速下降，之后随着压头位移的增加，应力分布开始出现不同。

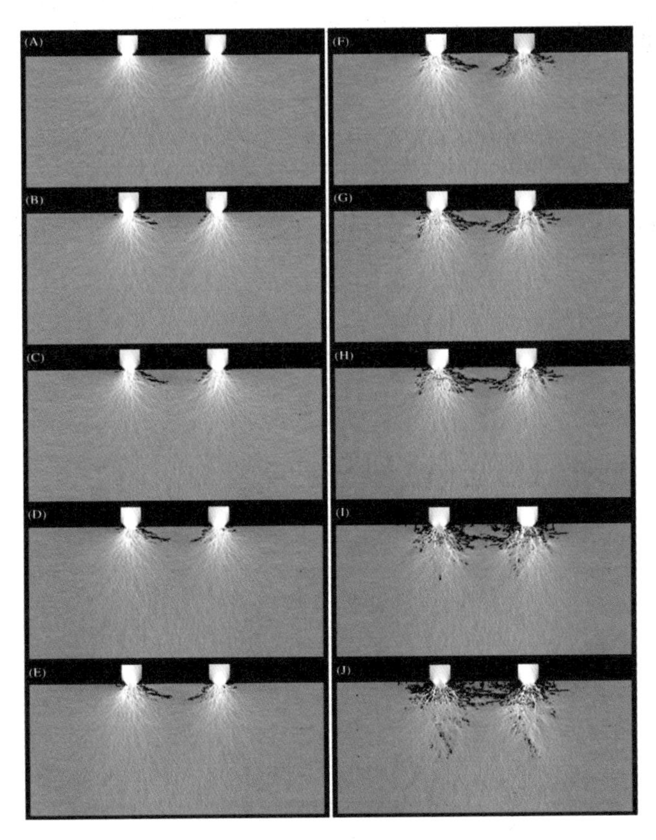

图 8.19 在两个压头作用下岩石破碎过程的模拟结果(应力分布图)

图 8.20 显示了当岩石为均质材料时在两个压头作用下的准光弹性应力条纹图样。比较图 8.16 与图 8.20 可以发现由两个压头引起的应力云图出现了一些新特点。

图 8.21 显示了两个压头距离不同时岩石破碎的结果。当两个压头距离较小时，双压头引起的裂缝形状与单个压头类似，如图 8.21(a)。随着压头之间距离的增大，每个压头将会形成独立的裂纹区，并且裂纹在压头相邻的区域内出现相互交叉现象，如图 8.21(b)所示。由此可见压头之间的距离这一因素对于岩石钻探来说影响很大。

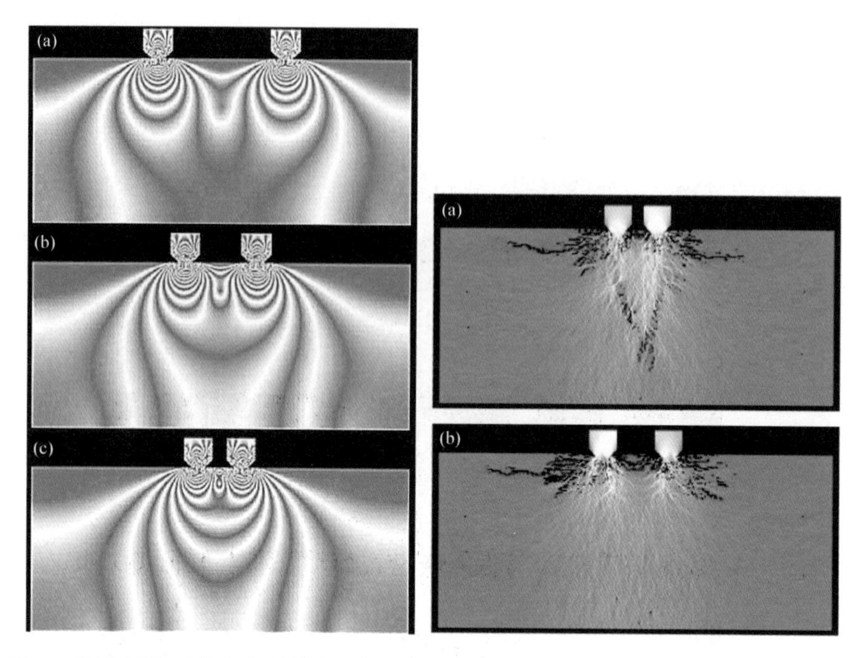

图 8.20 两个压头下的准光弹性应力条纹图 **图 8.21** 压头间距离不同时试件的破坏形式

8.8.2 算例二

在这个算例中，岩石切割被简化为一个二维平面应变问题，模型如图 8.22 所示。在机械荷载作用下岩石破碎过程一般包括以下几个阶段：应力场的建立，裂纹系统、破碎带的形成，表面剥落、凹坑和地下裂缝的形成。

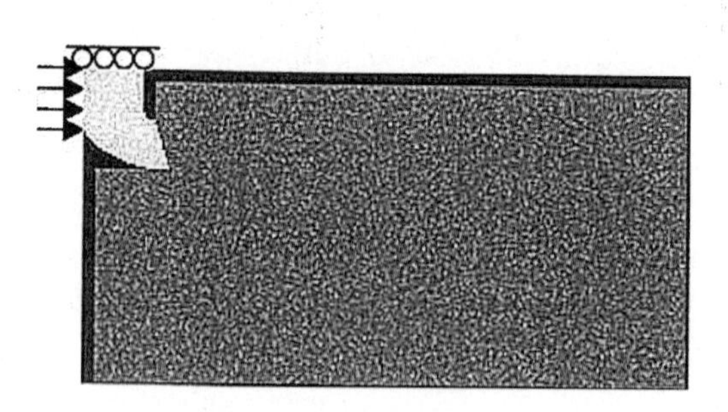

图 8.22 岩石切割的数值模型(瑞典，Lulea 理工大学)

图 8.23 显示了随着剪切位移的增加岩石断裂的发展过程以及应力场的渐进演化。当对岩石进行切割时，在切割部位附近的岩石中产生很高的应力集中效应，远离切割部位的岩石几乎不受影响。

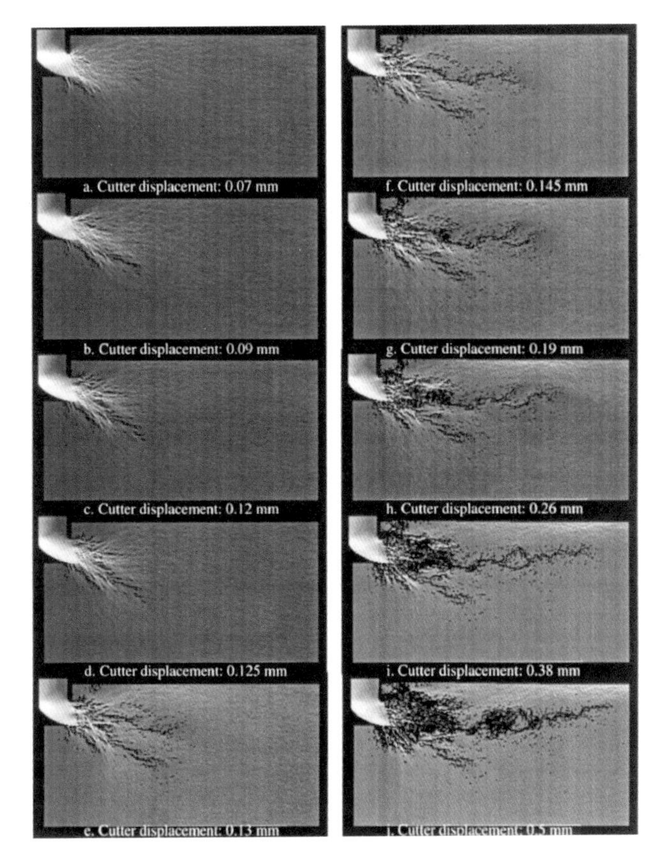

图 8.23 岩石切割过程中的应力变化(最大主应力分布)

在切割岩石的初始阶段，岩石将视为一个弹性体。因此，图 8.24 为模拟岩石破碎前切割均质和非均质岩石时的准光弹性应力条纹图形。很显然，岩石的应力场由三个区域组成：相互作用区、围压区和围压区之外的区域。相互作用区是由岩石和刀具的弹性模量不同所造成的。

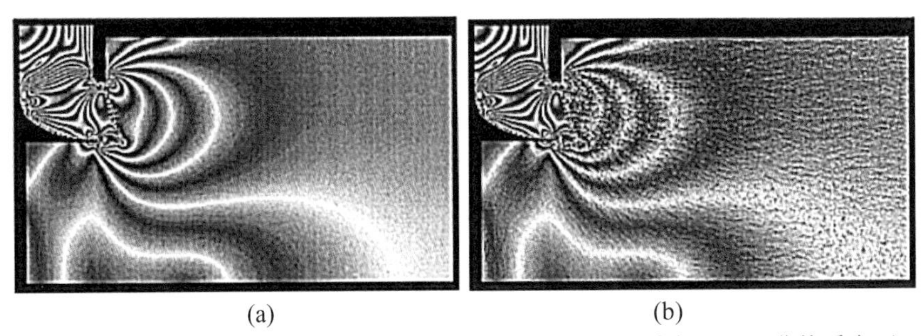

图 8.24 岩石在切割下的准光弹性应力条纹图。(a)均质岩石；(b)非均质岩石

参考文献

[1] 黄文熙 (1983) 土的工程性质. 北京:水利电力出版社.

[2] 蒋彭年 (1982) 土的本构关系. 北京:科学出版社.

[3] Das, BM (1983) *Advanced Soil Mechanics*. Hemisphere Publishing Corporation.

[4] Chen, WF, Baladi, GY (1985) *Soil Plasticity: Theory and Implementation*. Elasticity.

[5] Desai, CS, Gallagher, RH (1984) *Mechanics of Engineering Materials*. John Wiley & Sons.

[6] Roscoe, KH, Schofield, AN, Wroth, CP (1958) On yielding of soils. *Geotechniqué*, 8(1): 22–53.

[7] Roscoe, KH, Poorooshasb, HB (1963) A theoretical and experimental study of strains in triaxial tests on normally consolidated clays. *Geotechniqué*, 13(1): 12–38.

[8] Roscoe, KH, Schofield, AN, Thurairajah, A (1963) Yielding of clays in states wetter than critical. *Geotechniqué*, 13(3): 211–240.

[9] Roscoe, KH, Burland, HB (1968) On the generalised stress-strain behaviour of wet' clay. In: Heyman, J, Leckie, FA (ed.), *Engineering Plastic Theory*. Cambridge:Cambridge University Press.

[10] Schofield, AN, Wroth, CP (1968) *Critical State Soil Mechanics*. New York:McGraw-Hill.

[11] Wood, DM (1991) *Soil Behaviour and Critical Sate Soil Mechanics*. Soil Behaviour & Critical State Soil Mechanics.

[12] 龚晓南 (1990) 土塑性力学. 杭州:浙江大学出版社.

[13] 张学言 (1993) 岩土塑性力学. 北京:人民交通出版社.

[14] 龚晓南, 潘秋元, 张季容 (1993) 土力学及基础工程实用名词词典. 杭州:浙江大学出版社.

[15] 沈珠江 (2002) 理论土力学. 北京:科学出版社.

[16] 朱百里, 沈珠江 (1989) 计算土力学. 上海:上海科学技术出版社.

[17] 黄文熙 (1979) 土的弹塑性应力–应变模型理论. 清华大学学报, 19(1): 1–26.

[18] 沈珠江 (1980) 土的弹塑性应力–应变关系的合理形式. 岩土工程学报, 2(2): 9–19.

[19] 魏汝龙 (1981) 正常压密黏土的本构定律. 岩土工程学报, 3(3): 10–18.

[20] Drucker, DC, Gibsen, RE, Henkel, DJ (1957) Soil mechanics and work

hardening theories of plasticity. *Trans. ASCE*, 122: 338–348.
[21] 俞茂宏 (1979) 各向同性宏观强度理论研究. 西安交通大学学报, (3): 116–122.
[22] 俞茂宏 (1988) 双剪应力强度理论研究. 西安:西安交通大学出版社, pp. 1–36.
[23] 俞茂宏, 李跃明 (1990) 广义剪应力双椭圆帽子模型. 第五届全国土力学与基础工程学术会议论文选集. 北京:中国建筑工业出版社.
[24] 黄日德 (1986) 岩土本构关系概述及帽盖模型的发展、应用近况. 防护工程, 4: 63–106.
[25] 钱寿易, 章根德 (1982) 岩石的非线性弹性–塑性硬化帽盖模型. 岩土工程学报, 4(3): 70–80.
[26] 卢应发, 刘德富, 田斌, 邵建富 (2006) 广义帽盖模型和数值模拟. 工程力学, 23(11): 9–13, 27.
[27] 姜华, 贺拴海, 王君杰 (2012) 混凝土弹塑性损伤帽盖模型参数确定研究, 31(15): 132–139.
[28] 李跃明, 俞茂宏 (2007) 土体介质的弹–黏塑性本构方程及其有限元化. 中国力学学会第二次全国塑性力学学术交流会.
[29] de Boer, RD (1988) On plastic deformation of soils. *Int. J. of Plasticity*, 4(4): 371–391.
[30] 俞茂宏, 龚晓南, 曾国熙 (1991) 岩土力学和基础工程基本理论中的若干新概念. 第六届全国土力学及基础工程学术会议论文集. 北京:中国建筑工业出版社.
[31] 俞茂宏 (1989) 复杂应力状态下材料屈服和破坏的一个新模型及其系列理论. 力学学报, 21(S): 42–49.
[32] Li, B, Liu, RQ, Feng, Z, et al. (2013) Strength and deformation characteristics of Q3 sand loess under true triaxial condition. *Yantu Lixue/Rock & Soil Mechanics*, 34(11): 3127–3133.
[33] 李跃明 (1990) 双剪应力理论应用于若干土工问题. 博士学位论文, 浙江大学.
[34] Lade, PV (1977). Elasto-plastic stress-strain theory for cohesionless soil with curved yield surfaces. *International Journal of Solids & Structures*, 13(11): 1019–1035.
[35] Khosla, VK, Wu, TH (1976). Stress-strain behavior of sand. *Journal of the Geotechnical Engineering Division*, 102: 303–321.
[36] 俞茂宏 (1998) 双剪理论及其应用. 北京:科学出版社.
[37] 赖安宁, 周婉珍 (1985) 黄土本构关系中椭圆帽模型的试验研究. 四川

建筑科学研究, (2): 48–53+47.

[38] 赖安宁, 周婉诊 (2007) 黄土弹塑性本构关系椭圆帽模型的试验研究及初步应用. 第三届全国岩土力学数值分析与解析方法讨论会.

[39] Liu, HY, Kou, SQ, Lindqvist, PA, et al. (2002) Numerical simulation of the rock fragmentation process induced by indenters. *International Journal of Rock Mechanics & Mining Sciences*, 39(4): 491–505.

[40] Liu, HY, Kou, SQ, Lindqvist, PA (2002) Numerical simulation of the fracture process in cutting heterogeneous brittle material. *Int. J. for Numerical and Analytical Methods in Geomechanics*, 41(3): 1253–1278.

[41] Duarte, MT, Liu, HY, Kou, SQ, et al. (2005) Microstructural modeling approach applied to rock material. *J. of Materials Engineering and Performance*, 14(1): 104–111.

阅读参考材料

【阅读参考材料 8-1】 The resulting model is then described by a sort of intersection of the Cam clay ellipsoid and the Mohr-Coulomb hexagonal pyramid, as shown in Figure (Wood, DM (1990) Soil Behaviour and Critical State Soil Mechanics, Cambridge:Cambridge University Press, p. 345).

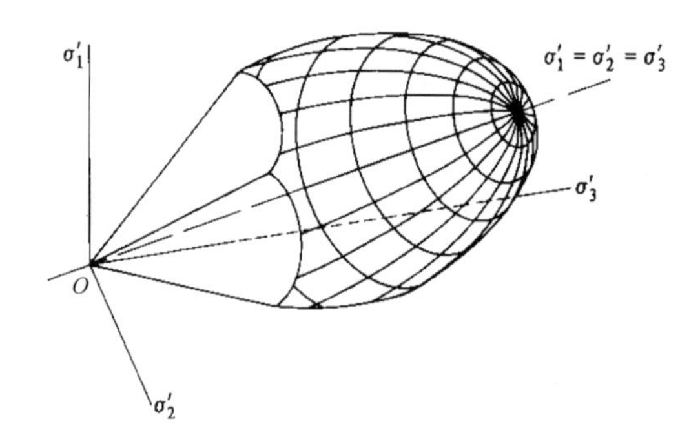

Figure Ellipsoidal yield surface of Cam clay model combined with irregular hexagonal pyramid of Mohr-Coulomb failure criterion

【阅读参考材料 8-2】 "俞教授在上世纪 60 年代初提出了双剪强度理论，把 3 个主剪应力中较大的两个考虑进来，找到了凸形屈服面的外边界. 20 世纪 70 年代末国内形势好转后，又继续这一研究，把双剪理论推广到岩土和混凝土等压硬性材料，并在 1991 年提出了从内边界到外边界可以任意内插和外推的统一强度理论。俞教授的成就表明，中国学者在材料强度理论研究方面已占了一席之地，在熟知的 Tresca、Mises、Mohr、Coulomb 等外国人名之后多了一个中国人名。"

(沈珠江 (2004) *Unified Strength Theory and Its Applications* 评介. 力学进展, 34(4): 562–563)

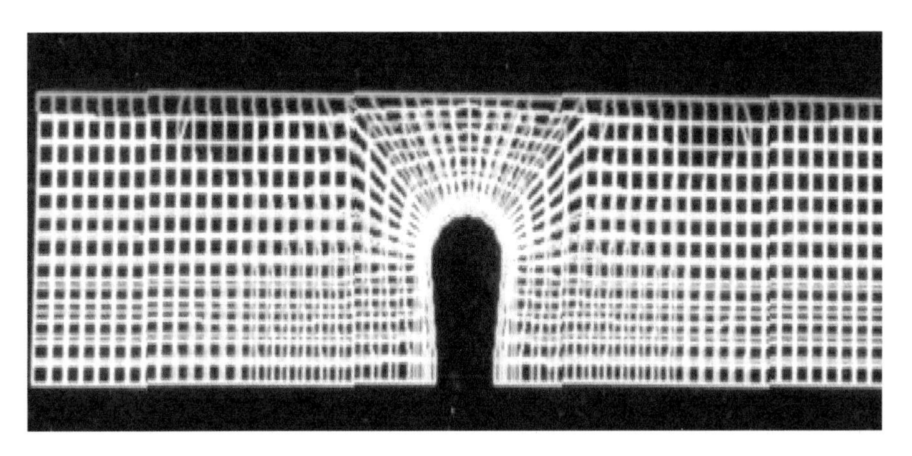

西安东城门城楼下的城墙变形分析(王源、俞茂宏 1996)

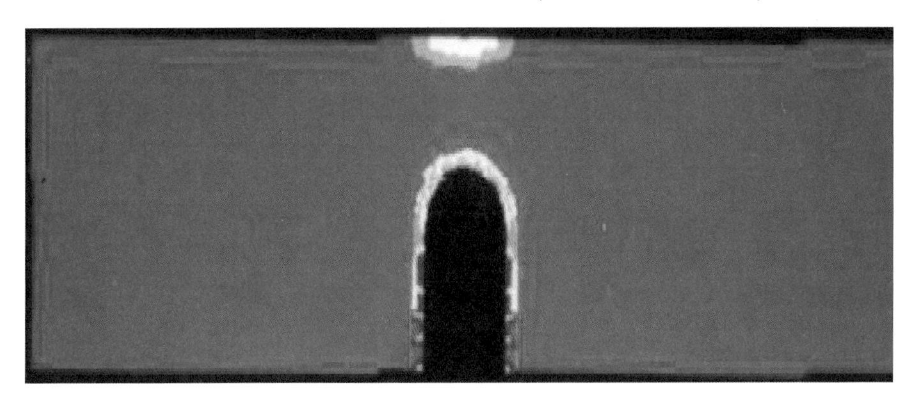

西安东城门城楼下的城墙应力分析(王源、俞茂宏 1996)

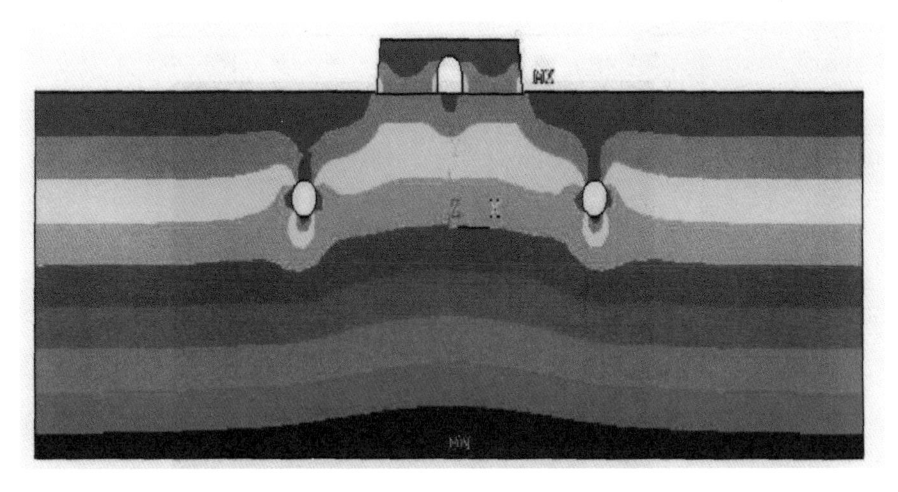

西安地铁建设，从城楼两侧穿过城墙时的 *Y* 向应力云图

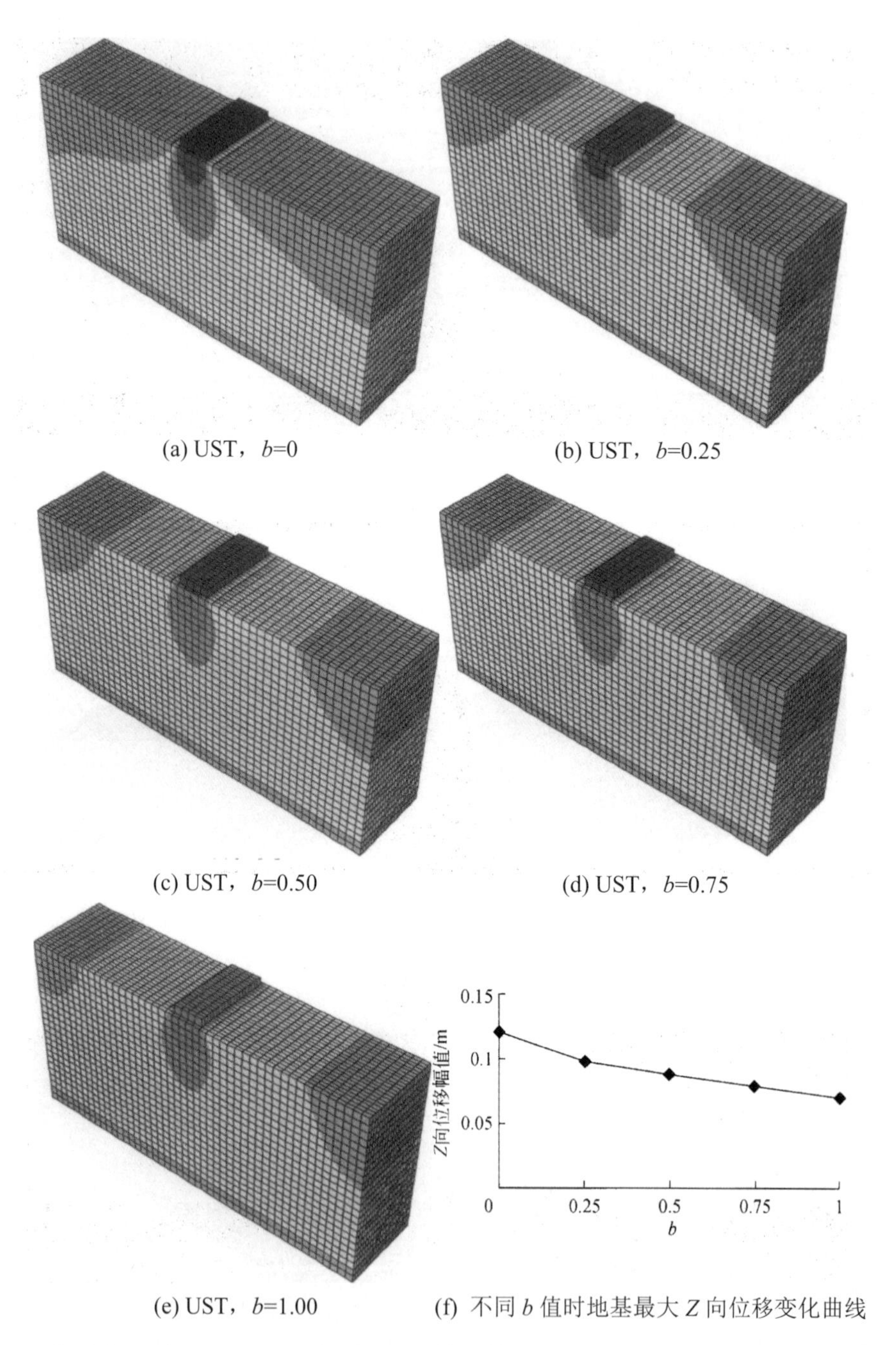

(a) UST，b=0　(b) UST，b=0.25

(c) UST，b=0.50　(d) UST，b=0.75

(e) UST，b=1.00　(f) 不同 b 值时地基最大 Z 向位移变化曲线

基础的沉降是土体在基础和上部结构等载荷作用下产生弹塑性变形的过程，它的理论分析结果与选用的强度理论有关。上图是采用统一强度理论不同参数 b 对地基变形分析得到的不同结果(范文等，2017)[1]。

9

土的压缩与地基的沉降

9.1 概 述

土的变形沉降和压实问题的研究已有悠久的历史。早在商代(公元前 17 世纪到公元前 11 世纪)，中国就有人工夯土的技术。20 世纪 50 年代，在郑州发现的商朝夯土高台残迹，就是用夯杵分层捣实而成。夯窝直径约 3 cm，夯层匀平，层厚 7~10 cm，相当坚硬，可见当时夯土技术已达到成熟阶段。有了这种夯土技术，黄河流域经济而便利的黄土就可利用来做房屋的台基和墙身，后来春秋战国时期还广泛应用于筑城和堤坝工程。夯土的出现是中国古代建筑技术的一件大事。在西安古城墙中发现的唐代古城墙也是夯实而成，而明代古城墙则是由夯土和外包城砖组成。

土的压缩和地基的沉降的研究，在理论上和工程实践上都具有重要的意义。吕贝克市位于德国北部，是北欧著名的旅游城市。图 9.1 为吕贝克霍尔斯坦门的结构简图(1 英寸(in)=2.54 厘米(cm))，其造型独特，为双塔尖顶结构。它是吕贝克老城的城门，两个高耸的圆柱形顶端相互倾斜，与两方的支撑墙弥合在一起。图 9.2 是该门地基的沉降随着时间变化的曲线图，可以看出它的地基沉降经过两年时间才基本达到了稳定。这种特点和土的性质密切相关[2]。

土是由颗粒固体、土中水及土中的气体所组成的多相材料。土的这种组成特性使其具有较大的压缩性。土的压缩通常由三部分组成：①固体土颗粒被压缩；②土中水及气体被压缩；③水和气体从孔隙中被挤出。实验研究表明，在一般压力(100~600 kPa)作用下，土粒和水的压缩与土的总压缩量相比是很小的，因此可完全忽略不计。所以土的压缩性就是土中孔隙

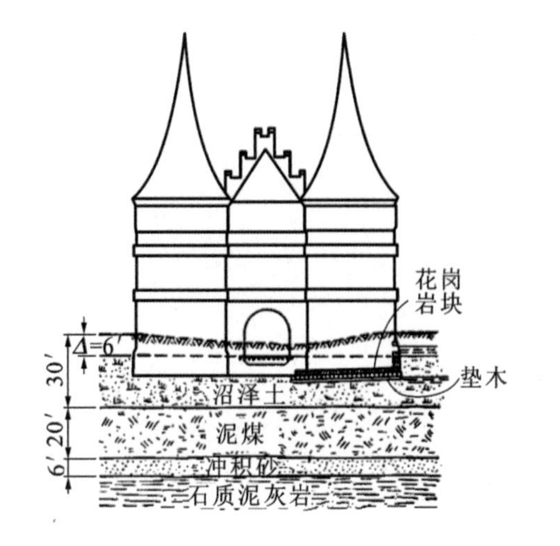

图 9.1 吕贝克霍尔斯坦门结构简图

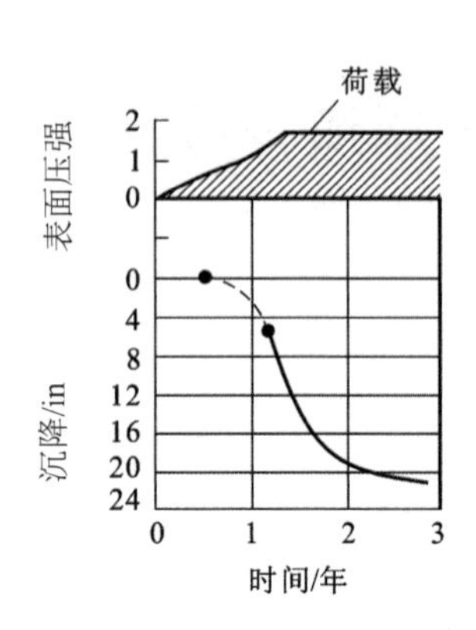

图 9.2 吕贝克霍尔斯坦门的地基沉降记录

体积的减小。对两相饱和土来说，主要是孔隙水被排出，土粒调整位置、重新排列、互相挤紧以及孔隙体积的减小。地基中的土体在荷载作用下会产生变形，在竖直方向的变形称为沉降。沉降的大小取决于建筑物的重量与分布、地基土层的种类、各土层的厚度及土的压缩性等。土体的沉降通常包括以下三部分：

(1)瞬时沉降：施加荷载后，土体在很短的时间内产生的沉降。一般认为，瞬时沉降是土骨架在荷载作用下产生的弹性变形，通常根据弹性理论公式来计算。

(2)主固结沉降：它是由饱和黏性土在荷载作用下产生的超静孔隙压力逐渐消散、孔隙水排出、孔隙体积减小而产生的，一般会持续较长的一段时间。对其总沉降，可根据压缩曲线采用分层总和法进行计算，对其沉降的发展过程需根据固结理论计算。

(3)次固结沉降：指孔隙水压力完全消散，主固结沉降完成后的那部分沉降。通常认为次固结沉降是由于土颗粒之间的蠕变及重新排列而产生的。对不同的土类，次固结沉降在总沉降量中所占的比例不同。有机质土、高压缩性黏土的次固结沉降量较大，大多数土类固结沉降量很小。

在荷载作用下，透水性大的饱和无黏性土的压缩在短时间内就能完成，而透水性低的饱和黏性土的水分只能慢慢排除，因此压缩所需时间较长。土的压缩随时间而增长的过程称为土的固结。对饱和黏性土来说，土的固结问题很重要。

本章将对土的压缩与固结以及地基的沉降进行讨论。无论是新建筑还是老建筑，土的固结与沉降对实际工程问题具有重要的意义，它们的分析同选用的理论密切相关。图 9.3 和图 9.4 是采用双剪强度理论对西安古城墙不同地段进行受力分析的结果图，其中图 9.4 是城墙内有孔洞的情况。西安古城墙周长 14 km，但是防空洞纵横交叉，共计长达 41 km。从图 9.4 分析可知，防空洞往往是城墙出现变形和坍塌的根本原因。

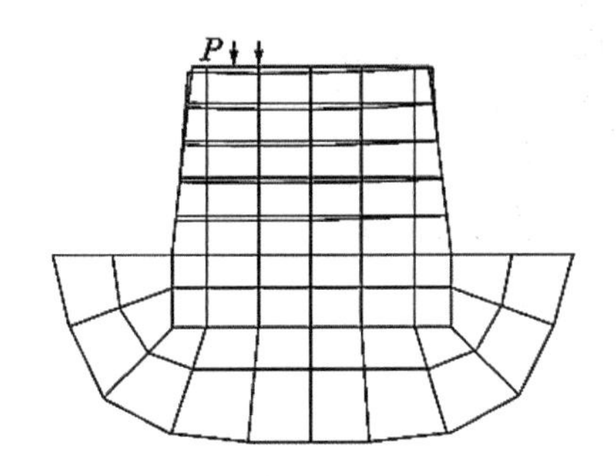

图 9.3　集中力 P=400 kg 的位移图

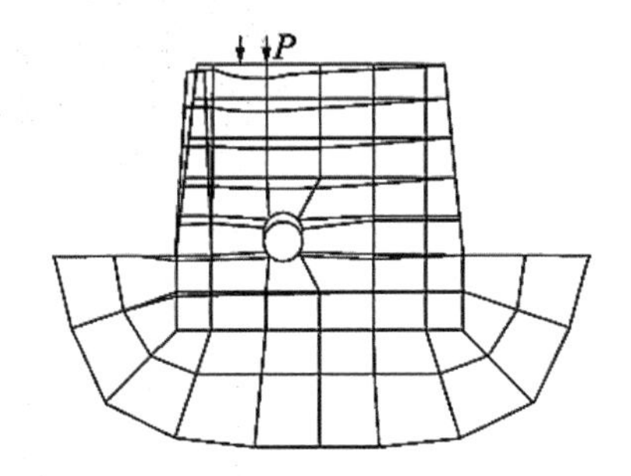

图 9.4　集中力 P=800 kg 的位移图

沈珠江院士早在 20 世纪 80 年代就将各种新的强度准则编制入他的地基固结分析计算程序当中。当 1985 年广义双剪强度理论在《中国科学》发表后，他立即将该理论编入到程序里边，并对地基进行了详细的数值分析。他主要分析了 3 个例子，分别是单向压缩实验、单剪实验和饱和软土的地基变形分析实验。例子中共采用了 5 种强度理论：①莫尔-库仑强度理论(单剪理论，用符号 M 代表)；②双剪强度理论(符号 D)；③三剪强度理论(符号 T)；④缺陷强度理论(符号 S)；⑤Mises 强度理论(符号 O)。详见本章第 8 小节。他得出结论：单剪强度理论和双剪强度理论的结果是合理的。但是目前这方面的研究还比较少[3]。

建筑的沉降还需要特别注意不均匀的沉降。比萨斜塔是一个非常著名的例子。图 9.5 是加拿大某地两个相邻筒仓产生沉降变形的示意图。建筑物的沉降往往经历很长的时间。图 9.6 为德国 Bregenz 一个建于 1894 年的邮局建筑在最初 18 年的沉降曲线[4]。在德国，各种建筑和大型机器设备一般都有比较完整的历史文件，这些资料对于建筑物的使用和维修都具有重要的意义。

图 9.5 加拿大某地两个相邻筒仓产生沉降变形(Bozozuk，1976)

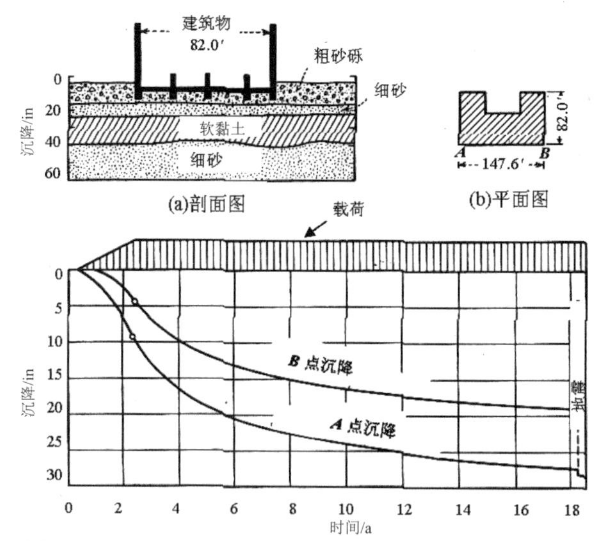

图 9.6 德国 Bregenz 一个邮局建筑在最初 18 年的沉降曲线

9.2 压缩实验及压缩性指标

9.2.1 压缩实验和压缩曲线

研究土的压缩性大小及其特征的室内实验方法称为压缩实验，室内实验简单方便，费用较低，虽未能符合土的实际情况，但仍存在一定的实用价值。实验时，用金属环刀取原状土样，并置于圆筒形压缩容器里的刚性护环内，上下各有一块透水石，使得水可以自由排出。由于金属环刀和刚性护环的限制，使得土样在竖向压力作用下只能发生竖向变形，而无侧向变形，如图 9.7 所示，所以这种方法又称侧限压缩试验。设土样的初始高度为 H_0，受压后高度为 H，则有 $H=H_0-s$，s 为外压力 p 作用下土样压缩至稳定的变形量。根据土的孔隙比定义，假设土粒体积 V_s 不变，则土样孔隙体积在压缩前为 $e_0\times V_s$，在压缩稳定后为 $e\times V_s$ (图 9.8)[5-22]。

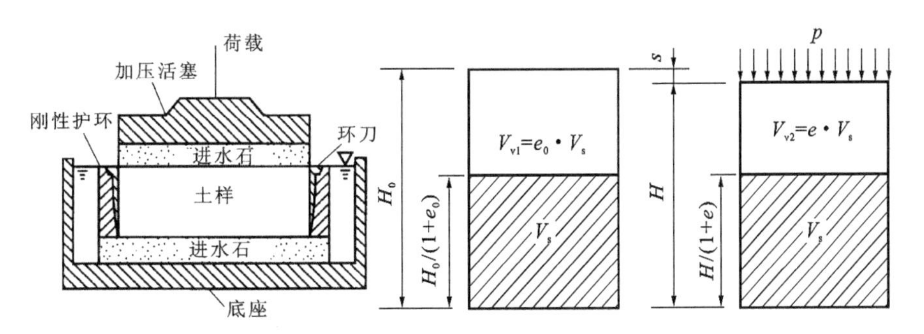

图 9.7 侧限压缩实验示意图 **图 9.8** 压缩实验中土样变形示意图

为求土样压缩稳定后的孔隙比 e_0，利用受压前后土粒体积不变和土样截面面积不变这两个条件，得出：

$$\frac{H_0}{1+e_0}=\frac{H}{1+e}=\frac{H_0-s}{1+e} \tag{9.1}$$

$$e=e_0-\frac{s}{H_0}\left(1+e_0\right) \tag{9.2}$$

式中，$e_0=d_s(1+w_0)\gamma_w/\gamma_0-1$，为初始孔隙比，其中 w_0、γ_0 和 γ_w 分别为土样的初始含水量、土粒密度和土样的初始密度，它们可根据室内实验测定。这样只要测定土样在各级压力下的稳定压缩量 s 后，就可按上式算出相应的孔隙比 e，从而绘制土的压缩曲线。

压缩曲线可按两种方式绘制，如图 9.9 和图 9.10 所示。一种是 e-p 曲线，常规实验中一般按 p=50、100、200、300、400 kPa 五级加载荷；另一种是 e-lg$p$ 曲线，实验时以较小的压力开始，采取小增量多级加载，并加到较大的荷载(例如 1000 kPa)为止。

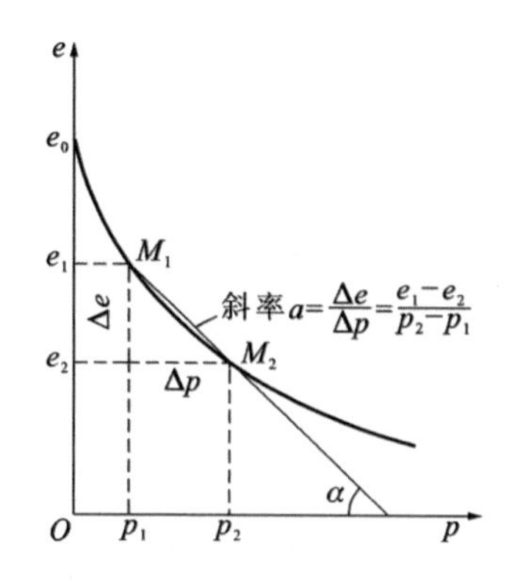

图 9.9 以 e-p 曲线确定压缩系数 a

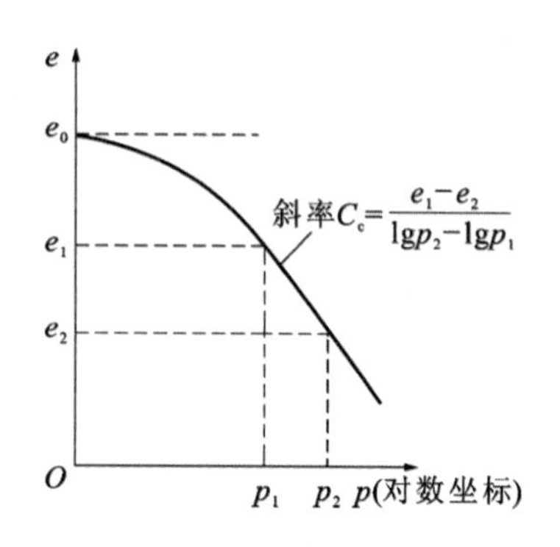

图 9.10 e-lg$p$ 曲线中求 C_c

9.2.2 压缩性指标

1. 压缩系数

e-p 曲线上任意点的切线斜率 a 表示相应于压力 p 作用下土的压缩性：

$$a=-\frac{\mathrm{d}e}{\mathrm{d}p} \tag{9.3}$$

式中，负号表示随着压力 p 的增加，e 逐渐减小，曲线变陡，说明随着压力的增加，土的孔隙比的减小越显著，因而土的压缩性越高。使用上，一般研究土中某点由原来的自重应力 p_1 增加到外荷载 p_2(自重应力与附加应力之和)这一压力间隔所表征的压缩性。设压力由 p_1 增加到 p_2，相应的孔隙比由 e_1 减小到 e_2，则土的压缩性可用割线的斜率表示。设割线与横坐标的夹角为 α，则：

$$a\approx\tan\alpha=\frac{\Delta e}{\Delta p}=\frac{e_1-e_2}{p_2-p_1} \tag{9.4}$$

压缩系数是评价地基土压缩性高低的主要指标之一，在工程中为了统一标准，采用压力间隔由 p_1=100 kPa (0.1 MPa)增加到 p_2=200 kPa (0.2 MPa)时所得的压缩系数 $a_{1\text{-}2}$ 来评定土的压缩性。当 $a_{1\text{-}2}<0.1\ \text{MPa}^{-1}$ 时，属低压缩性土；当 $0.1\ \text{MPa}^{-1}\le a_{1\text{-}2}<0.5\ \text{MPa}^{-1}$ 时，属中压缩性土；$a_{1\text{-}2}\le 0.5\ \text{MPa}^{-1}$ 时，属高压缩性土。图 9.11 为软黏土和紧密砂土两种不同土的压缩曲线。

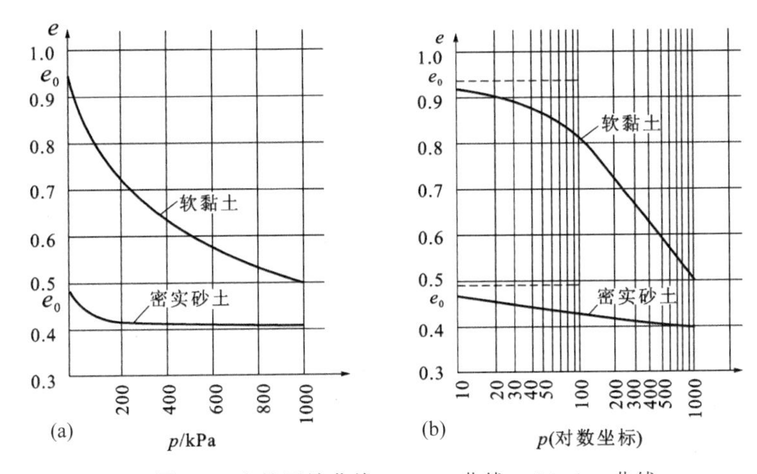

图 9.11 土的压缩曲线。(a)*e*-*p* 曲线；(b)*e*-lg*p* 曲线

2. 压缩指数

如果采用 *e*-lg*p* 曲线，它的后半段接近直线，其斜率 C_c 为：

$$C_c = \frac{e_1 - e_2}{\lg p_2 - \lg p_1} = \frac{(e_1 - e_2)}{\lg \dfrac{p_2}{p_1}} \tag{9.5}$$

式中，C_c 称为土的压缩指数。同压缩系数 a 一样，压缩指数 C_c 愈大，土的压缩性越高。C_c 与 a 不同，它在直线段范围内并不随压力而变，实验时要求仔细确定斜率，否则出入很大。一般认为 $C_c<0.2$ 时为低压缩性土；$C_c=0.2\sim0.4$ 时，属中压缩性土；$C_c>0.4$ 时属高压缩性土。国外广泛采用 *e*-lg*p* 曲线来分析研究应力历史对土的压缩性的影响。

3. 压缩模量

土体在完全侧限条件下的竖向附加应力与相应应变增量的比值称为压缩模量，用 E_s 表示。可根据下式计算：

$$E_s = \frac{1 + e_1}{a} \tag{9.6}$$

由于它是在侧限条件下求得的，故又称侧限压缩模量，以便与一般材料在无侧限条件下简单拉伸或压缩时的弹性模量相区别。

土的压缩模量 E_s 是以另一种方式表示的土的压缩性指标，单位为 kPa

或 MPa，E_s 越大 a 就越小，土的压缩性越低。一般认为，E_s<4 MPa 时为高压缩性土；E_s>15 MPa 时为低压缩土；E_s=4~15 MPa 时为中压缩性土。

3. 土的回弹曲线及再压缩曲线

在室内压缩实验中，当土压力加到某一数值 p_i(相应于土中 e-p 曲线上的 b 点)后，逐级卸压，则可观察到土样的回弹，土体膨胀，孔隙比增大，若测得回弹稳定后的孔隙比，则可绘制相应的孔隙比与压力的关系曲线(如图 9.12 中的 bc 曲线)，称为回弹曲线。

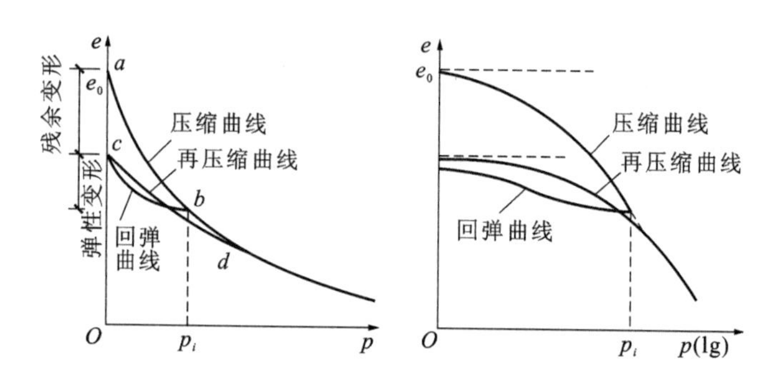

图 9.12 土的回弹曲线和再压缩曲线。(a) e-p 曲线；(b) e-lg$p$ 曲线

由图 9.12 可见，卸压后的回弹曲线并不沿压缩曲线 ab 回升，而要平缓得多，这说明变形不能完全恢复，它是由两部分组成的，其中可恢复部分称为弹性变形，不可恢复部分称为残余变形，而且以后者为主。若再重新逐级加压，则可测得压缩曲线 cef，其中 df 段就像是 ab 段的延续，犹如没有经过卸压和再加压一样。土在重复荷载作用下，加压和卸压的每一重复循环都将走新的路线，形成新的回滞环。其中的弹性变形与残余变形的数值逐渐变小，残余变形减小得更快，土重复次数足够多时变形变为纯弹性，土体达到弹性压密状态。在 e-lg$p$ 曲线中也可看到同样的现象。

9.3　土的变形模量及荷载试验

土的压缩性指标除从室内实验测得外，还可以通过现场原位实验得到。例如可以基于荷载试验或旁压试验测得的地基沉降(或土的变形)与压力之间近似的比例关系，再利用地基沉降的弹性力学公式来反算土的变形模量。

9.3.1　荷载试验

荷载实验是工程地质勘查工作中的一项原位实验。它是通过承压板对地基土分级加压，测得承压板的沉降后便可得到压力和沉降(p-s)关系曲线。最后根据弹性力学公式反求即可得出土的变形模量及地基承载力。

试验一般在试坑内进行，试坑宽度不应小于承压板宽度或直径的3倍，其深度依所需测定土层的深度而定，承压板的面积一般为0.25~0.50 m^2，对松软土以及人工填土则不应小于0.50 m^2。实验装置如图9.13所示，一般由加荷稳压装置、反力装置及观测装置三部分组成。加荷稳压装置包括承压板、千斤顶及稳压器等；反力装置常用平台堆载或地锚；观测装置包括百分表及稳定支架等。

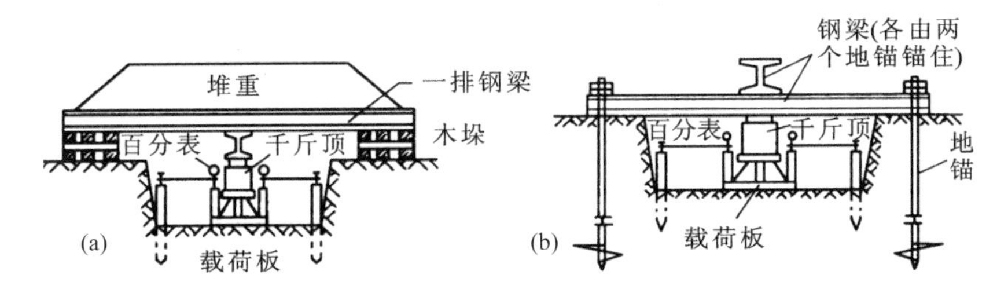

图9.13 荷载实验装置图

实验时必须注意保持实验土层的原状结构和天然湿度，在坑底宜铺设不大于20 mm厚的粗、中砂层找平。若实验土层为软塑或流塑状态的黏性土或饱和松软土时，荷载板周围应留有200~300 mm高的原土作为保护层。最大加载量不应小于荷载设计值的两倍，应尽量接近预估地基的极限荷载，第一级荷载(包括设备重)宜接近开挖试坑所卸除的土量，相应的地基沉降不计。其后每级荷载增量，对较软的土可采用10~25 kPa，对较硬的土用50 kPa。加荷等级不小于8级。每加一级荷载，当连续2 h内每小时的沉降量小于0.1 mm时，则认为已趋于稳定，可加下一级荷载。当到达以下任意情况时，认为已达到破坏，可以停止加载。

(1)承载板周围的土明显侧向挤出或发生裂纹；

(2)沉降急剧增大，荷载-沉降(p-s)曲线出现陡降段；

(3)在某一荷载下，24 h内沉降速率不能达到稳定标准；

(4)沉降≥0.06b (b为承载板宽度或直径)。

终止加载以后，可按规定逐级卸载，并进行回弹观测，以作参考。图

9.14 给出了一些有代表性土的 p-s 曲线。由图可见，曲线在初始阶段接近于直线，因此，若将地基承载力设计值控制在直线段附近，土体则处于直线变形阶段。

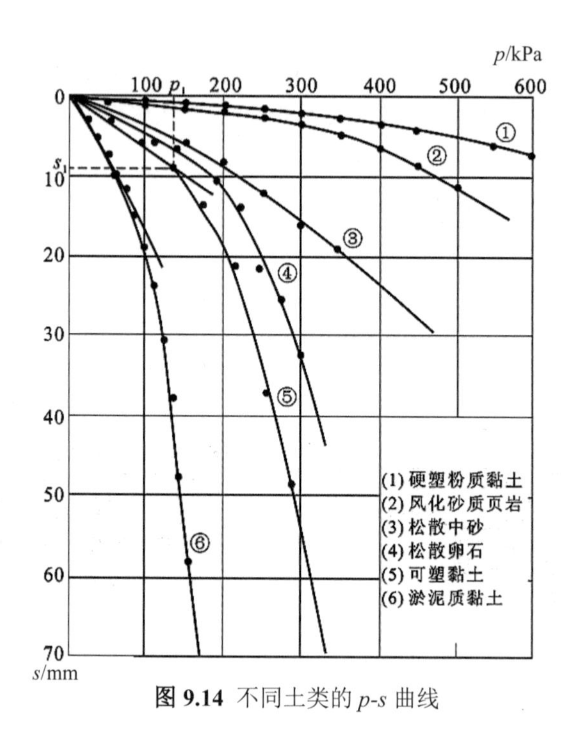

图 9.14 不同土类的 p-s 曲线

荷载试验一般适合于浅层土层中进行，对地基土的扰动较小，土中应力状态在承压板较大时与实际基础情况接近，测得的指标能较好反映土的压缩性质。但荷载试验工作量大，时间长，所规定沉降标准带有较大的近似性，据有些地区的经验，它所反映土的固结程度仅相当于施工完毕时的早期沉降量。

此外，荷载试验的影响深度一般只能为 $1.5b$~$2.0b$。对于深层土，由于地下水位以下清理孔底困难和受力条件复杂，数据不准，故国内外常采用旁压或触探实验测定深层的变形模量。

9.3.2 变形模量

变形模量是土体在无侧限条件下的应力与应变的比值，用 E_0 表示。在 p-s 曲线的直线段或接近直线段任选一压力 p_1 和它对应的沉降 s_1，则：

$$E_0 = \omega\left(1-\mu^2\right)\frac{p_1 b}{s_1} \tag{9.7}$$

式中，p 为直线段的荷载长度，单位 kPa；s 为载荷 p 对应的沉降量，单位 mm；b 为荷载板的宽度或直径，单位 mm；μ 为土的泊松比，砂土取 0.2~0.5，黏土取 0.25~045；ω 称为沉降影响系数，对刚性荷载板，方形板时取 ω=0.88，圆形板时取 ω=0.79。

有时 p-s 曲线并不出现直线段，所以对中、高压缩性粉土取 s_1=0.02b 及其对应的荷载 p；对低压缩性土黏性土、碎石土及砂土，可取 s_1 为 0.01b~0.015b 及其对应的荷载 p。

9.3.3 变形模量与压缩模量的关系

土的变形模量 E_0 是土体在无侧限条件下应力与应变的比值，可在现场测试中得出；而压缩模量 E_s 是在完全侧限条件下有效应力与应变的比值，它是通过室内压缩试验得出，且与其他建筑材料的弹性模量不同，具有相当部分不可恢复的残余变形。但两者在理论上是可以相互换算的。

从压缩实验土样中取一单元体进行分析，在 z 轴方向压力作用下，试样竖向有效应力为 σ_z，由于试样受力轴向对称，故有：

$$\sigma_x = \sigma_y = k_0\sigma_z \tag{9.8}$$

式中，k_0 为侧压力系数或静止压力系数(侧限条件下侧向与竖向有效应力之比)。先分析沿 x 轴方向的应变，由 σ_x、σ_y 和 σ_z 引起的应变分别为 σ_x/E_0、$-\mu\sigma_y/E_0$ 和$-\mu\sigma_z/E_0$。

由于是完全侧限，故有：

$$\varepsilon_x = \frac{\sigma_x}{E_0} - \mu\frac{\sigma_y}{E_0} - \mu\frac{\sigma_z}{E_0} = 0 \tag{9.9}$$

$$k_0 = \frac{\mu}{1-\mu}，\ \mu = \frac{k_0}{1+k_0} \tag{9.10}$$

再分析 z 轴方向：

$$\varepsilon_z = \frac{\sigma_z}{E_0} - \mu\frac{\sigma_y}{E_0} - \mu\frac{\sigma_x}{E_0} = \frac{\sigma_z}{E_0}\left(1-2\mu k_0\right) \tag{9.11}$$

根据侧限条件 $\varepsilon_z=\sigma_z/E_s$，可得：

$$E_0 = E_s\left(1-\frac{2\mu^2}{1-\mu}\right) = E_s\left(1-2\mu k_0\right) \tag{9.12}$$

令 $\beta = 1-\frac{2\mu^2}{1-\mu} = 1-2\mu k_0$，则：

$$E_0 = \beta E_s \tag{9.13}$$

必须指出，上式所表示的 E_0 与 E_s 的关系只是理论关系。事实上由于测定 E_0 与 E_s 时有些因素无法考虑，使得上式不能准确反映 E_0 与 E_s 的实际关系。根据统计资料，E_0 可能是 βE_s 值的几倍。一般来说，土愈坚硬则倍数愈大，而对于软土两值则比较接近。

9.4 地基最终沉降量计算

地基土在建筑荷载作用下达到稳定时地基表面的沉降量叫作地基最终沉降量。国内常用两种计算方法：分层总和法和《建筑地基基础设计规范》推荐的方法。

9.4.1 分层总和法

分层总和法假定地基土为直线变形体，在外荷载作用下的变形只发生在有限厚度的范围内，将压缩层厚度范围内的地基土分层，分别求出各层的应力，然后根据其应力-应变关系求出各分层的变形量，最后将其总和起来作为地基的最终变形量。分层总和法假设：①基地附加压力(p_0)是作用于地表的局部柔性荷载，而对非均质地基，由其引起的附加应力分布可按均质地基计算；②只需计算竖向附加应力的作用使土层压缩变形导致地基沉降，而剪应力可忽略不计；③土层压缩时不发生侧向变形。

1. 计算原理

如图 9.15 所示，在基地中心下取一截面为 A 的小土柱，假定第 i 层土柱在 p_{1i} 作用下压缩后孔隙比为 e_{1i}，土柱高度为 h_i，当压力增大至 p_{2i} 时，压缩稳定后的孔隙比为 e_{2i}。按公式(9.1)可得其压缩变形量为：

$$\Delta s_i = \frac{e_{1i} - e_{2i}}{1 + e_{1i}} h_i \tag{9.14}$$

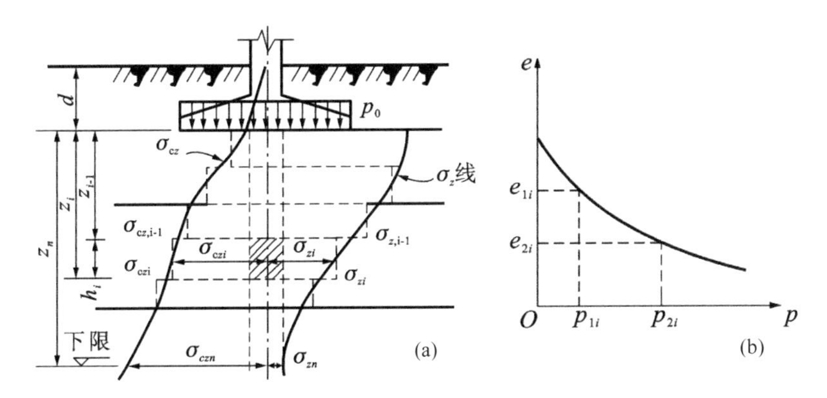

图 9.15 地基最终沉降量计算的分层总和法

将求得的各层土压缩量进行叠加，即可得到最终沉降量为：

$$s = \sum_{i=1}^{n} \Delta s_i = \sum_{i=1}^{n} \frac{e_{1i} - e_{2i}}{1 + e_{1i}} h_i \tag{9.15}$$

又因为：

$$\frac{e_{1i} - e_{2i}}{1 + e_{1i}} = \frac{a_i\left(p_{2i} - p_{1i}\right)}{1 + e_{1i}} = \frac{\bar{\sigma}_{zi}}{E_{si}} \tag{9.16}$$

有：

$$s = \sum_{i=1}^{n} \frac{e_{1i} - e_{2i}}{1 + e_{1i}} h_i = \sum_{i=1}^{n} \frac{\bar{\sigma}_{zi}}{E_{si}} h_i \tag{9.17}$$

式中，n 为地基沉降计算深度范围内的土层数；p_{1i} 为作用在第 i 层土上的平均自重应力 $\bar{\sigma}_{czi}$；P_{2i} 为作用在第 i 层土上的平均自重应力 $\bar{\sigma}_{czi}$ 与平均附加应力 $\bar{\sigma}_{zi}$ 之和；a_i、E_{si} 和 h_i 分别为第 i 层土的压缩系数、压缩模量和土层厚度。式(9.17)为分层总和法的计算公式。

2. 计算步骤

(1)分层。将基底以下土层分为若干薄层，分层原则：①厚度 $h_i \le 0.4b$(b

为基础宽度)或 1~2 m；②天然土层面及地下水位都作为薄层的分界面。

(2)计算各层土的自重应力σ_{czi}和附加应力σ_{zi}，并绘制自重应力及附加应力分布曲线(图 9.15)。

(3)确定地基沉降计算深度 z_n，按$\sigma_{zn}/\sigma_{czn} \le 0.2$(对软土≤0.1)确定。

(4)计算各分层土的平均自重应力$\bar{\sigma}_{czi}=\left(\sigma_{czi-1}+\sigma_{czi}\right)/2$以及平均附加应力$\bar{\sigma}_{zi}=\left(\sigma_{zi-1}+\sigma_{zi}\right)/2$。

(5)令$p_{1i}=\bar{\sigma}_{czi}$，$p_{2i}=\bar{\sigma}_{czi}+\bar{\sigma}_{zi}$，从该土层的压缩曲线中查出相应的$e_{1i}$和$e_{2i}$(图 9.15b)。

(6)按式(9.14)计算每一土层的变形量 Δs_i。

(7)按式(9.15)计算其最终变形量。

3.《建筑地基基础设计规范》推荐的方法

《建筑地基基础设计规范》推荐的方法是一种简化的分层总和法，重新规定了地基沉降计算深度的标准及地基沉降计算经验系数，并引入了平均应力系数的概念。

4. 计算原理

假设地基土层均质，压缩模量不随深度变化，根据式(9.17)有：

$$s'=\sum_{i=1}^{n}\frac{\bar{\sigma}_{zi}}{E_{si}}h_i \tag{9.18}$$

式中，$\bar{\sigma}_{zi}$代表第 i 层土附加应力曲线包围的面积(图 9.16 中阴影部分)用 A_{3456} 表示。由图可知 $A_{3456}=A_{1234}-A_{1256}$，而应力面积为：

$$A=\int_0^z \sigma_z \mathrm{d}z = p_0\int_0^z \alpha \mathrm{d}z$$

为了便于计算，引入平均附加应力系数$\bar{\alpha}$(图 9.16)：

$$A_{1234}=\bar{\alpha}_i p_0 z_i,\quad A_{1256}=\bar{\alpha}_{i-1}p_0 z_{i-1}$$

得：

$$s'=\sum_{i=1}^{n}\frac{A_{1234}-A_{1256}}{E_{si}}=\sum_{i=1}^{n}\frac{p_0}{E_{si}}\left(\bar{\alpha}_i z_i-\bar{\alpha}_{i-1}z_{i-1}\right) \tag{9.19}$$

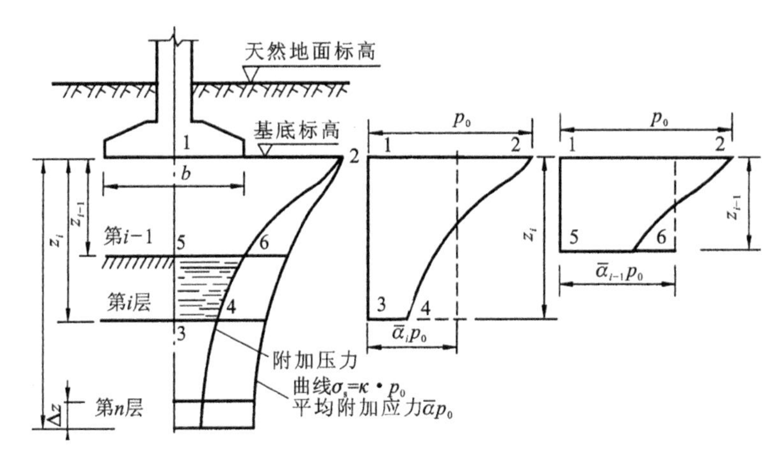

图 9.16 采用平均附加应力系数计算沉降量的分层示意图

9.4.2 沉降计算经验系数和沉降计算

由于推导 s'时作了近似假设，而且某些复杂因素也难以反映，将计算结果与大量观测结果进行对照发现，低压缩性土计算值偏大，高压缩性土则偏小，为此引入经验修正系数 Ψ_s 对式(9.19)进行修正：

$$s = \psi_s s' = \psi_s \sum_{i=1}^{n} \frac{p_0}{E_{si}} \left(\bar{\alpha}_i z_i - \bar{\alpha}_{i-1} z_{i-1} \right) \tag{9.20}$$

沉降计算经验修正系数 Ψ_s 也可按表 9.1 取用。

表 9.1 沉降计算经验系数 Ψ_s

$\bar{E}_s$ /MPa 地基附加压力	2.5	4.0	7.0	15.0	20.0
$p_0 \geq f_k$	1.4	1.3	1.0	0.4	0.2
$p_0 \leq 0.75 f_k$	1.1	1.0	0.7	0.4	0.2

注：f_k 为地基承载力标准值。

$\bar{E}_s$ 为沉降深度范围内压缩模量的当量值，按下式计算：

$$\bar{E}_s = \frac{\sum A_i}{\sum A_i / E_{si}} \quad \left[其中 A_i = p_0 \left(\bar{\alpha}_i z_i - \bar{\alpha}_{i-1} z_{i-1} \right) \right] \tag{9.21}$$

9.4.3 地基沉降计算深度

地基沉降深度可通过试算确定，即要求满足：

$$\Delta s'_n \leq 0.025\sum_{i=1}^{n}\Delta s'_i \tag{9.22}$$

式中，$\Delta s'_n$为在计算深度z_n范围内第i层土的计算沉降值(mm)；$\Delta s'_n$为在计算深度z_n处取厚度为Δz(图9.16)土层的计算沉降值(mm)。Δz也可按表9.2确定，也可按Δz=0.3(1+ln$b$) (m)计算。

按式(9.22)计算确定的z_n下仍有软弱土层时，在相同条件下变形会增大，故应继续计算直至软弱土层中所取的Δz的计算沉降量满足式(9.22)为止。

表 9.2 计算厚度Δz

基地宽度 b/m	$b\leq2$	$2<b\leq4$	$4<b\leq8$	$8<b\leq15$	$15<b\leq30$	$b>30$
Δz/m	0.3	0.6	0.8	1.0	1.2	1.5

当无相邻荷载影响，基础宽度在1~50 m范围内时，基础中点的地基沉降计算深度z_n也可按下式计算：

$$z_n = b(2.5-0.4\ln b) \tag{9.23}$$

式中，b为基础宽度。此外当沉降深度范围内存在基岩时，z_n可取至基岩表面。

9.5 应力历史对地基沉降的影响

9.5.1 天然土层应力历史

土在形成的地质年代中经受应力变化的情况叫应力历史。黏性土在形成及存在过程中所经受的地质作用和应力变化不同，所产生的压密过程和固结状态也不同。天然土层在历史上经受的最大固结压力称为先(前)期固

结应力 p_c，其与现有覆盖土层自重压力 p_1 之比称为“超固结比”(OCR)。可把天然土层分为三种固结状态：

①超固结状态。天然土层在地质历史上受到的固结压力 p_c 大于目前的覆盖压力 p_1，即 $OCR>1$。由于地面上升或河流冲刷可能将其上的一部分土体剥蚀掉，或古冰川下的土层曾经受到冰荷载的压缩，后由于气候变暖，冰雪融化后使上覆压力减小。

②正常固结状态。土层在历史上最大固结压力作用下压缩稳定，沉寂后土层厚度无大的变化，以后也没有受到其他荷载的继续作用的情况，即 $p_c=p_1=\gamma z$，$OCR=1$。

③欠固结状态。土层在 p_c 作用下压缩稳定，以后由于某种原因使土层继续压缩，形成目前的覆盖自重压力 p_1 大于先期固结压力 p_c，即 $OCR<1$。因时间不长，其固结状态还没完成，因此这种状态为欠固结状态。

9.5.2 先期固结压力的确定

确定 p_c 的方法很多，应用最广的方法是卡萨格兰德(Casagrande A，1936)建议的经验作图法，作图步骤如下(见图 9.17)：

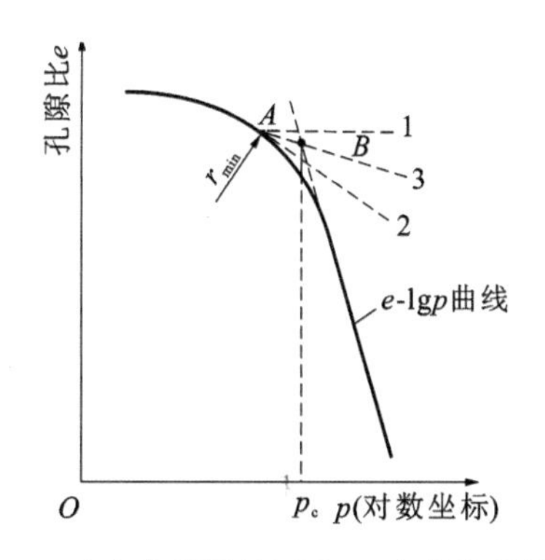

图 9.17 确定先期固结压力 p_c(卡萨格兰德法)

(1)从 e-lg$p$ 曲线上找曲率半径最小点 A，过 A 作水平线 $A1$ 和切线 $A2$；

(2)作∠1$A2$ 的平分线 $A3$，与 e-lg$p$ 曲线中直线的延长部分相交于点 B；

(3)B 点所对应的有效应力就是先期固结压力 p_c。

该法适用于 e-lg$p$ 曲线曲率变化明显的土层，否则 r_{min} 难以确定。此外 e-lg$p$ 曲线的曲率随 e 轴坐标比例的改变而变化，目前尚无统一的坐标比例，且人为因素影响很大，所以 p_c 值不一定可靠，因此一般还要结合场地的地形、地貌等形成历史的调查资料才能确定 p_c。

9.5.3　考虑应力历史影响的地基最终沉降量

只要在地基沉降计算通常采用的分层总和法中，将土的压缩性指标改为从原始压缩曲线(*e*-lg*p* 曲线)中确定，就可以考虑应力历史对地基沉降的影响。

1. 正常固结土

由原始压缩曲线确定压缩指数 C_c 后，按下式计算最终沉降量：

$$s=\sum_{i=1}^{n}\frac{\Delta e_i}{1+e_{0i}}h_i=\sum_{i=1}^{n}\frac{h_i}{1+e_{0i}}\left[C_{ci}\lg\left(\frac{p_{1i}+\Delta p_i}{p_{1i}}\right)\right] \tag{9.24}$$

式中，Δe_i 为由原始压缩曲线确定的第 i 层孔隙比变化量；Δp_i 为第 i 层土附加应力平均值。

原始压缩曲线如图 9.18 所示，作图步骤如下：

(1)作室内 *e*-lg*p* 曲线及确定 p_c；

(2)作 e_0 线，与 p_c 交于 *b* 点；

(3)作 e=0.42e_0 得 *c* 点，连 *bc* 即为原始压缩曲线；

(4)由 *bc* 线斜率得压缩指数 C_c。

2. 超固结土

由原始压缩曲线和原始再压缩曲线分别确定土的压缩指数 C_c 和回弹指数 C_e。超固结土的原始压缩曲线作法(图 9.19)如下：

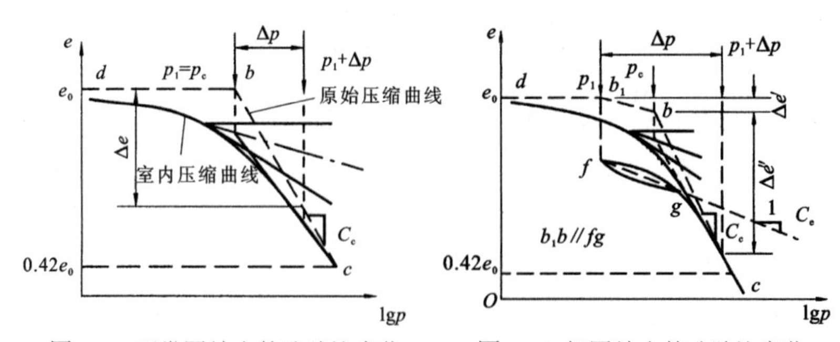

图 9.18　正常固结土的孔隙比变化　　图 9.19　超固结土的孔隙比变化

(1)作 e-lg$p$ 曲线及确定 p_c；

(2)作回弹-再压缩曲线(从 p_i 卸荷至 p_1)；

(3)作 e_0 线，与 p_1 交于 b_1 点；

(4)作 b_1b 平行 fg，由 fg 线斜率得回弹指数 C_e；

(5)作 e=0.42e_0 得 c 点；

(6)连 bc 即为原始压缩曲线。

计算时按下列两种情况区别对待：

(1)若 $\Delta p>(p_c-p_1)$时(图 9.19)，则分层土的孔隙比将沿着原始再压缩曲线 b_1b 段减少 $\Delta e'$，然后沿着原始压缩曲线 bc 段减少 $\Delta e''$，即对应于 Δp 的孔隙比 Δe 应等于这两部分之和，其中 $\Delta e'$和 $\Delta e''$为：

$$\Delta e' = C_e \lg\left(\frac{p_c}{p_1}\right), \quad \Delta e'' = C_c \lg\left(\frac{p_1 + \Delta p}{p_c}\right) \tag{9.25}$$

总的孔隙比变化 Δe 为：

$$\Delta e = \Delta e' + \Delta e'' = C_e \lg\left(\frac{p_c}{p_1}\right) + C_c \lg\left(\frac{p_1 + \Delta p}{p_c}\right) \tag{9.26}$$

因此，对于 $\Delta p>(p_c-p_1)$的各分层总沉降量 s_n 为：

$$s_n = \sum_{i=1}^{n} \frac{h_i}{1+e_{0i}}\left[C_{ei} \lg\left(\frac{p_{ci}}{p_{1i}}\right) + C_{ci} \lg\left(\frac{p_{1i} + \Delta p}{p_{ci}}\right)\right] \tag{9.27}$$

(2)如果分层土的有效应力增量 $\Delta p\le(p_c-p_1)$，则分层土的孔隙比 Δe 只沿着再压缩曲线 b_1b 发生变化，其大小为：

$$\Delta e'' = C_c \lg\left(\frac{p_1 + \Delta p}{p_c}\right) \tag{9.28}$$

因此，对于 $\Delta p\le(p_c-p_1)$的各分层总固结沉降量 s_m 为：

$$s_m = \sum_{i=1}^{m} \frac{h_i}{1+e_{0i}}\left[C_{ci} \lg\left(\frac{p_{1i} + \Delta p_i}{p_{1i}}\right)\right] \tag{9.29}$$

总沉降为上述两部分之和：

$$s = s_m + s_n \tag{9.30}$$

1. 欠固结土

欠固结土的孔隙比变化可近似按与正常固结土相同的方法求得原始压缩曲线后确定(图 9.20)。其固结沉降包括两部分：①由于地基附加应力产生的沉降；②土的自重应力还将继续进行的沉降。计算公式为：

$$\Delta e_i = C_{ci} \lg\left(\frac{p_{1i} + \Delta p_i}{p_{ci}}\right) \tag{9.31}$$

总沉降量为：

$$s = \sum_{i=1}^{n} \frac{h_i}{1 + e_{0i}} \left[C_{ci} \lg\left(\frac{p_{1i} + \Delta p_i}{p_{ci}}\right) \right] \tag{9.32}$$

可见，若按正常固结土计算欠固结土的沉降所得的结果可能远小于实际观测的沉降量。

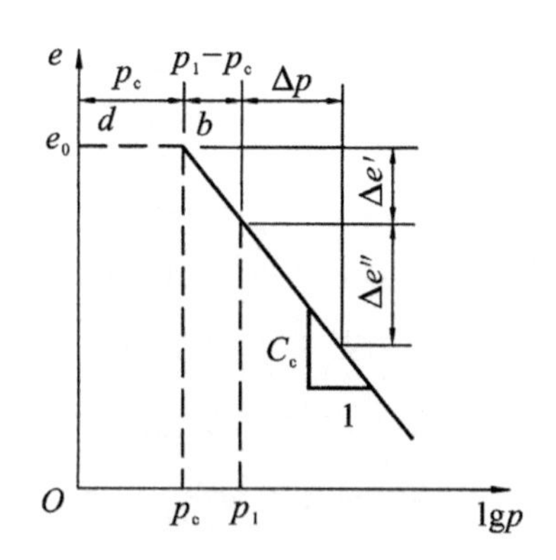

图 9.20 欠固结土的孔隙比变化

9.6 地基变形与时间的关系

在软土地基上的建筑工程实践中，往往要处理有关地基沉降与时间的关系问题。例如，确定施工期或完工后某一时刻的沉降量，以便控制施工速率或指定建筑物的使用限制和安全措施。采用数值计算方法处理地基时，也要考虑地基变形与时间的关系。由于碎石土和砂土的透水性好，其变形所经历的时间短，可认为外荷载施加完毕时其变形已稳定；黏性土完成固结所需时间较长，往往需要几年甚至几十年才能完成。这里只讨论饱和土的变形与时间的关系。

9.6.1　饱和土的渗透变形

渗透固结是饱和黏土在压力作用下，孔隙水随时间逐渐排出，同时孔隙体积随之减小的过程。其所需时间与土的渗透性和土层厚度有关，土的渗透性越小，土层越厚，渗透固结的时间就越长。

可借助如图 9.21 所示的弹簧-活塞模型来说明饱和土的渗透固结。弹簧表示土的颗粒骨架，水表示土中的孔隙水，带孔的活塞则表征土的渗透性。设弹簧承受的压力为有效应力 σ'，水承担的压力为孔隙压力 u，有：

$$\sigma_z = \sigma' + u$$

很明显，上式的物理意义是土的孔隙水压力与有效应力对外力的分担作用，它与时间有关。

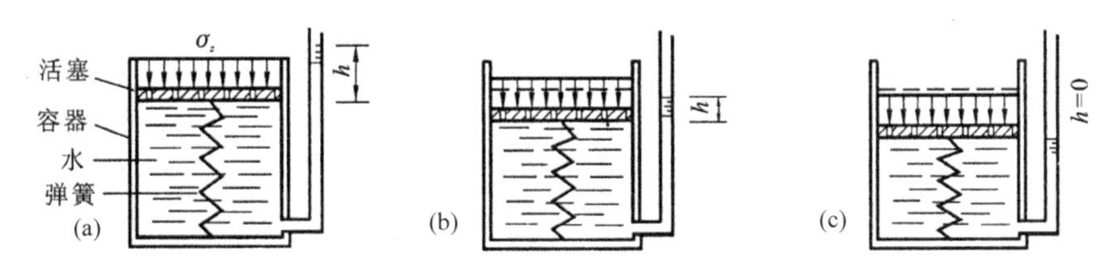

图 9.21 饱和土的渗透固结模型。(a) $t=0$，$u=\sigma_z$，$\sigma'=0$；(b) $0<t<+\infty$，$u+\sigma'=\sigma_z$，$\sigma'>0$；(c) $t=+\infty$，$u=0$，$\sigma'=\sigma_z$

(1)当 $t=0$ 时，即活塞顶面骤然受到压力 σ_z 作用的瞬间，水来不及排出，弹簧没有变形和受力，附加应力 σ_z 全部由水来承担，即：$u=\sigma_z$，$\sigma'=0$；

(2)当 $t>0$ 时，随着荷载作用时间的迁延，水受到压力后开始从活塞排水孔中排出，活塞下降，弹簧开始承受压力 σ'，并逐渐增长，而相应的 u 则逐渐减小，即：$u+\sigma'=\sigma_z$，$u<\sigma_z$，$\sigma'>0$。

(3)当 $t\to\infty$时，水从排水孔中充分排出，孔隙水压力完全消散，活塞最

终下降到 σ_z 全部由弹簧承担，饱和土的渗透固结完成，即：$u=0$，$\sigma_z=\sigma'$。

由此可见，饱和土的渗透固结是孔隙水压力逐渐消散和有效应力相应增长的过程。

9.6.2　太沙基一维固结理论

1. 基本假设

为求饱和土层在渗透固结过程中任意时间的变形，通常采用太沙基提出的一维单向固结理论进行计算，其使用条件为荷载面积远大于压缩土层的厚度，地基中孔隙水主要沿竖向渗流。

图 9.22(a)所示的是一维固结的情况之一，其中厚度为 H 的饱和黏性土的顶面是透水的，其底面不透水。假设该土层在自重作用下的固结已完成，只是由于连续均布荷载 p_0 才引起土的固结。一维固结理论假设如下：

(1)土是均质、各向同性和完全饱和的；

(2)土中附加应力沿水平面是无限分布的，因此土的压缩和土中水的渗流都是一维的；

(3)土颗粒和水相对于土的孔隙，都是不可压缩的；

(4)土中水的渗流服从达西定律；

(5)在渗透固结过程中，土的渗透系数 k 和压缩系数 a 都是不变的常数；

(6)外荷载是一次骤然施加的。

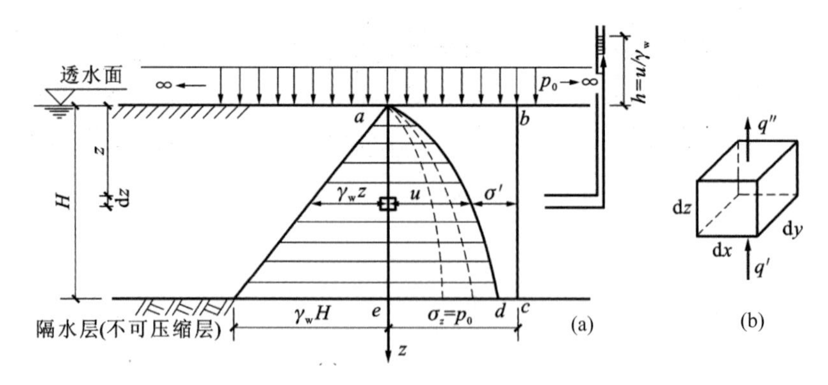

图 9.22 可压缩土层中孔隙水压力的分布随时间而变化

9.6.3　一维固结微分方程

在饱和土层顶面深度 z 处取一微单元体，如图 9.22(b)所示。由于固结渗流只能自下向上，在施加一次外荷后单位时间内流入和流出单元体的水量 q'和 q''分别为：

$$\left.\begin{aligned} q' &= kiA = k\left(-\frac{\partial h}{\partial z}\right)\mathrm{d}x\mathrm{d}y \\ q'' &= k\left(-\frac{\partial h}{\partial z}-\frac{\partial^2 h}{\partial z^2}\mathrm{d}z\right)\mathrm{d}x\mathrm{d}y \end{aligned}\right\} \tag{9.33}$$

于是微单元体的水量变化为：

$$q' - q'' = k\frac{\partial^2 h}{\partial z^2}\mathrm{d}x\mathrm{d}y\mathrm{d}z \tag{9.34}$$

已知微单元体中孔隙体积 V_v 的变化率为：

$$\frac{\partial V_v}{\partial t} = \frac{\partial}{\partial t}\left(\frac{e}{1+e}\mathrm{d}x\mathrm{d}y\mathrm{d}z\right) \tag{9.35}$$

根据固结渗流的连续条件，微单元体在某时间的水量变化应等于同一时间该微单元体中孔隙体积的变化率，又因为微单元体中土粒体积 $\mathrm{d}x\mathrm{d}y\mathrm{d}z/(1+e)$为常数，故：

$$k\frac{\partial^2 h}{\partial z^2} = \frac{1}{1+e}\frac{\partial e}{\partial t} \tag{9.36}$$

然后根据土的应力—应变关系的侧限条件，有：$\mathrm{d}e = -a\mathrm{d}p = -a\mathrm{d}\sigma'$，或 $\partial e/\partial t = -a\,\partial\sigma'/\partial t$：

$$\frac{k(1+e)}{a}\frac{\partial^2 h}{\partial z^2} = -\frac{\partial\sigma'}{\partial t} \tag{9.37}$$

根据有效应力原理可得：

$$\frac{\partial \sigma'}{\partial t} = -\frac{\partial u}{\partial t} \tag{9.38}$$

又因为

$$\frac{\partial^2 h}{\partial z^2} = \frac{1}{\gamma_w}\frac{\partial^2 u}{\partial z^2}, \qquad \frac{k(1+e)}{\gamma_w a}\frac{\partial^2 u}{\partial z^2} = \frac{\partial u}{\partial t} \tag{9.39}$$

令 $k(1+e)/a\gamma_w=C_v$，则：

$$C_v \frac{\partial^2 u}{\partial z^2} = \frac{\partial u}{\partial t} \tag{9.40}$$

上式即为饱和土的一维固结微分方程，其中 C_v 称为土的竖向固结系数。其初始条件和边界条件如下：

$$\begin{aligned}
&\text{当}t = 0\text{和}0 \le z \le H\text{时，} u = \sigma_z;\\
&\text{当}0 < t < \infty\text{时，} u = 0;\\
&\text{当}0 < t < \infty\text{和}z = H\text{时}, \partial u/\partial z = 0;\\
&\text{当}t = \infty\text{和}z = H\text{时，} u = 0;
\end{aligned}$$

根据以上的初始条件和边界条件，采用分解变量法可求得：

$$u_{z,t} = \frac{A}{\pi}\sigma_z \sum_{m=1}^{m=\infty}\frac{1}{m}\sin\frac{m\pi}{2H}\exp\left(-\frac{m^2\pi^2}{4}T_v\right) \tag{9.41}$$

式中，T_v 为竖向固结时间系数，$T_v=tC_v/H^2$。当土层为单面排水时，H 取土层厚度；双面排水时，取土层厚度的一半。

9.6.4　固结度计算

有了孔隙水压力随时间和深度变化的函数解，即可求得地基任意时间的固结沉降。这时常用到固结度这个指标，其定义如下：

$$U = s_{ct}/s_c \tag{9.42}$$

式中，s_{ct}为地基 t 时刻的固结沉降；s_c 为地基最终的固结沉降。

对于单向固结情况，由于土层的固结沉降与其有效应力图面积成正比，所以将某一时刻的有效应力图面积与最终有效应力图面积之比称为土层单向固结的平均固结度 U_z(图 9.22)：

$$U_z=\frac{\text{应力图面积}abcd}{\text{应力图面积}abce}=\frac{\text{应力图面积}abce-\text{应力图面积}ade}{\text{应力图面积}abce}=1-\frac{\int_0^H u_{z,t}\mathrm{d}z}{\int_o^H \sigma_z^2\mathrm{d}z}$$

将式(9.41)代入上式得：

$$U_z=1-\frac{8}{\pi^2}\sum_{m=1,3}^{m=\infty}\frac{1}{m^2}\exp\left(-\frac{m^2\pi^2}{4}T_v\right) \tag{9.43}$$

上式括号内的级数收敛很快，当 U_z>30%时可近似取其第一项，即：

$$U_z=1-\frac{8}{\pi^2}\exp\left(-\frac{m^2\pi^2}{4}T_v\right)$$

9.6.5 利用沉降观测资料推算后期沉降量

对于大多数工程问题，次固结沉降与主固结沉降相比是不重要的。因此，地基的最终沉降量通常仅取瞬时沉降量与固结沉降量之和，即 $s=s_d+s_c$。相应地，施工期 T 以后($t>T$)的沉降量为：

$$s_t=s_d+s_{ct} \quad \text{或} \quad s_t=s_d+U_z s_c \tag{9.44}$$

上式中的沉降量如按一维固结理论计算，其结果往往与实测成果不相符合，因为地基沉降多属于三维课题，而实际情况又很复杂，因此，利用沉降观测资料推算后期沉降(包括最终沉降量)有其重要的现实意义。下面介绍常用的两种经验方法：对数曲线法(三点法)和双曲线法(二点法)[4]。

1. 对数曲线法

不同条件的固结度 U_z 的计算公式可用一个普遍表达式来概括：

$$U_z=1-A\exp(-Bt) \tag{9.45}$$

式中，A 和 B 是两个参数。如将上式与一维固结理论的公式进行比较，可见在理论上参数 A 是常数值 $8/\pi^2$，B 则与时间因数 T_v 中的固结系数、排水距离有关。如果 A 和 B 作为实测的沉降与时间关系曲线中的参数，则其值是待定的。

将式(9.45)代入式(9.43)，得：

$$\frac{s_t - s_d}{s_c} = 1 - A\exp(-Bt) \tag{9.46}$$

再将 $s=s_d+s_c$ 代入上式，并以推算的最终沉降量 s_∞ 代替 s，则得：

$$s_t = s_\infty[1 - A\exp(-Bt)] + s_d A\exp(-Bt) \tag{9.47}$$

如果 s_∞ 和 s_d 也是未知数，加上 A 和 B，则式(9.47)包含 4 个未知数。从实测的早期 s-t 曲线(图 9.23)选择荷载停止施加以后的三个时间 t_1、t_2 和 t_3，其中 t_3 应尽可能与曲线末端对应，时间差(t_2-t_1)和(t_3-t_2)必须相等且尽量大些。将所选时间分别代入式(9.47)，得：

$$\left.\begin{aligned} s_{t1} &= s_\infty[1 - A\exp(-Bt_1)] + s_d A\exp(-Bt_1) \\ s_{t2} &= s_\infty[1 - A\exp(-Bt_2)] + s_d A\exp(-Bt_2) \\ s_{t3} &= s_\infty[1 - A\exp(-Bt_3)] + s_d A\exp(-Bt_3) \end{aligned}\right\} \tag{9.48}$$

附加条件：

$$\exp[B(t_2 - t_1)] = \exp[B(t_3 - t_2)] \tag{9.49}$$

联解式(9.48)和式(9.49)可得：

$$B = \frac{1}{t_2 - t_1}\ln\frac{s_{t2} - s_{t1}}{s_{t3} - s_{t2}} \tag{9.50}$$

$$s_\infty = \frac{s_{t3}(s_{t2} - s_{t1}) - s_{t2}(s_{t3} - s_{t2})}{(s_{t2} - s_{t1}) - (s_{t3} - s_{t2})} \tag{9.51}$$

将时间 t_1 与 s_{t1}、s_{t2}、s_{t3} 实测值算得的 B 和 s_∞ 一起代入式(9.48)，即可求得 s_d 的计算表达式如下：

$$s_d = \frac{s_{t1} - s_\infty[1 - A\exp(-Bt_1)]}{A\exp(-Bt_1)} \tag{9.52}$$

式中，参数 A 一般采用一维固结理论近似值 $8/\pi^2$，然后可按式(9.49)推算任一时刻的后期沉降量 s_t。

以上各式中的时间 t 均应为修正后零点 O'。工期荷载等速增长时，O' 点在加荷期的中点，如图 9.23 所示。

2. 双曲线法

建筑物的沉降观测资料表明其沉降与时间的关系曲线 s-t 接近于双曲线(施工期间除外)，双曲线经验公式如下：

$$s_{t1} = s_\infty t_1/(a_t + t_1) \tag{9.53a}$$

$$s_{t2} = s_\infty t_2/(a_t + t_2) \tag{9.53b}$$

式中，s_∞为推算最终沉降量，理论上所需时间 t=∞；s_{t1}、s_{t2}为经历时间 t_1 和 t_2 出现的沉降量，时间应从施工期一半起算(假设为一级等速加荷)；a_t 为曲线常数。

在式(9.53)中两组 s_{t1}、t_1 和 s_{t2}、t_2 为实测已知值，就可以求解出 s_∞和 a_t 的值如下：

$$s_\infty = (t_2 - t_1)\bigg/\left(\frac{t_2}{s_{t2}} - \frac{t_1}{s_{t1}}\right) \tag{9.54}$$

$$a_t = s_\infty \cdot \frac{t_1}{s_{t1}} - t_1 = s_\infty \cdot \frac{t_2}{s_{t2}} - t_2 \tag{9.55}$$

为了消除观测资料可能有的误差，包括仪器设备的系统误差、人为误差以及随机误差，一般将后段的观测点 s_{ti} 和 t_i 都要加以利用，然后计算各 t_i/s_{ti} 值，点在 t~t/s_t 直角坐标图上，其后段应为一直线(个别误差较大的点则剔除)，如图 9.24 所示。从测定的直线段上任选两个代表性点(t_1，s_{t1})和(t_2，s_{t2})即可代入式(9.54)和式(9.55)确定最终沉降量 s_∞和 a_t；此两值又代入式(9.53)确定后期任意时刻的沉降量。

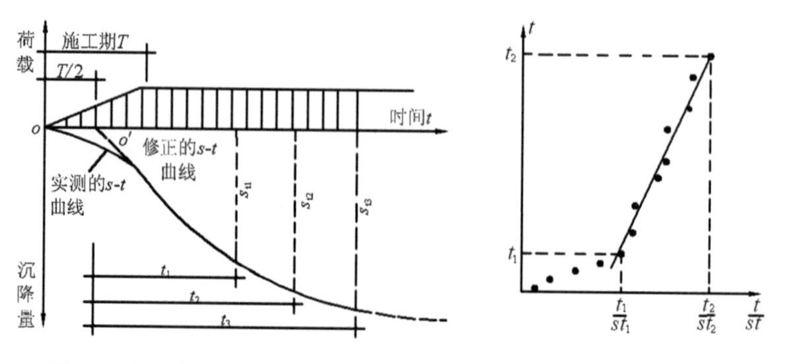

图 9.23 沉降与时间关系实测曲线　　**图 9.24** 双曲线法推算后期沉降量

9.7　西安古城墙东城门楼基的沉降分析

在西安东城门城楼的修复工程中，俞茂宏与西安文物局再次合作，对东城门城楼的结构力学特性和地基承载力进行了研究。参加者有王源、赵均海和杨松岩。王源和杨松岩参加了统一强度理论弹塑性有限元程序的修改、补充和调试工作。王源、俞茂宏、杨松岩和赵均海对城墙进行了动静力有限元分析。图 9.25 为东城门城楼台基有限元计算模型。

将屋面荷载折算成作用在柱子上的集中荷载，当为三排柱时作用在每个柱子上的荷载为N=137.5 kN。所用材料的性质为明代土：E=69000 kPa，泊松比ν=0.347，C=36.3 kPa，摩擦角φ=25.65°；明代砖：E=2.23×10^6 kPa，泊松比ν=0.1，$\sigma_{压}$=3225 kPa，$\sigma_{拉}$=289 kPa。取城楼台基的典型平面，三排柱子简化为三个集中力作用在城墙上(图9.25)。

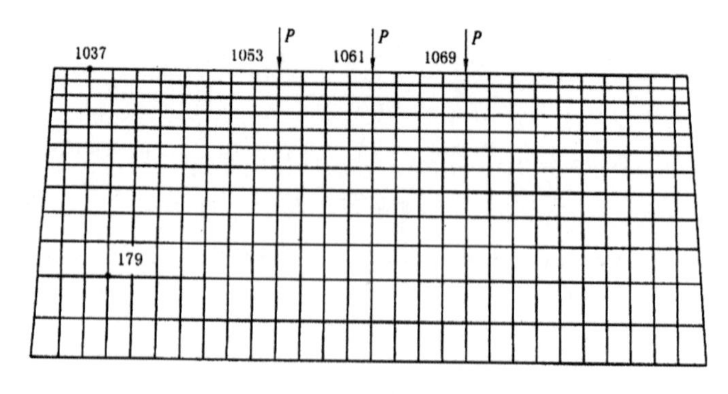

图9.25 西安古城墙东城门城楼台基有限元计算模型

城楼台基的主要材料为夯实黄土。一般采用的屈服准则如图9.26所示。其中曲线1为1900年提出的莫尔-库仑的单剪理论，它是所有屈服准则的下限；曲线2为1985年俞茂宏提出的双剪理论，它是所有屈服准则的上限；其他曲线2、3、4、5均为介于这两者之间的曲线准则。城楼台基土体的屈服准则采用俞茂宏统一强度理论中参数b=0、b=1/2和b=1的上、中、下三个准则，如图9.27所示。它们代表了所有屈服准则的上、中、下三个典型屈服准则。图9.27中左上的屈服曲线则代表了5种典型的准则。

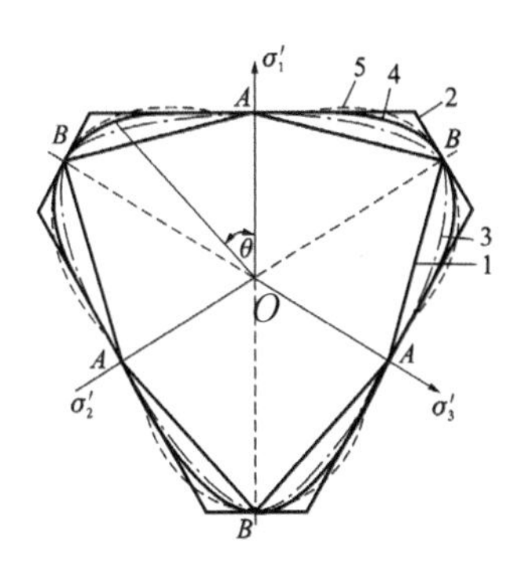

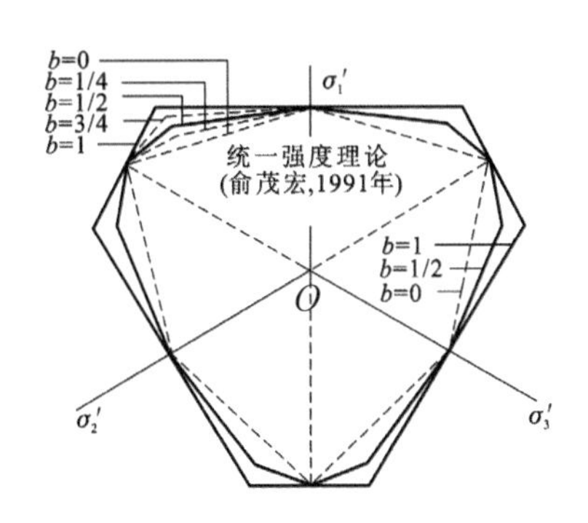

图9.26 不同的屈服准则 **图9.27** 统一强度理论的几个基本屈服准则

对东门城墙进行动静力有限元分析得出的结果如下所述。

进行分析计算得出各点在至各方向的位移和荷载系数关系为$f=F/N$，F为分步加载的瞬时荷载，P(结构荷载)=$\sum N$=137.5×3=412.5 kN。其中城墙顶部左边1037点的位移与荷载系数的关系如图9.28所示，城墙顶部1053点的位移与荷载系数的关系如图9.29所示。

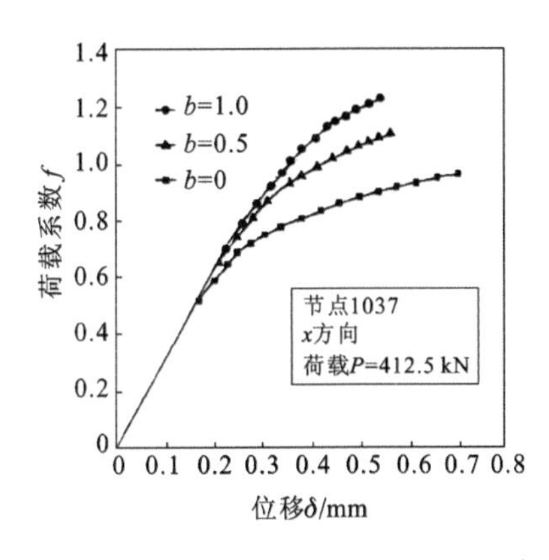

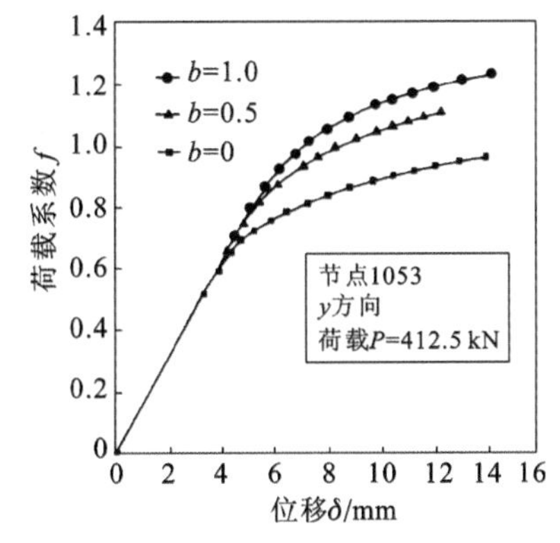

图9.28 城墙1037点的荷载位移关系 **图9.29** 城墙1053点的荷载位移关系

可以看出，强度理论的选择对计算结果有很大影响，统一强度理论(见第5章)为研究这种影响提供了有力的理论基础。

图9.30给出了东门城墙在b=1时的主应力迹线图，图中表现的是主应力方向和大小的相对值。城墙顶部1061点的位移与荷载系数的关系如图9.31所示。图9.32给出了东门城墙在b=1时的变形图，该图同样反映了各个结点变形的相对大小[23-24]。

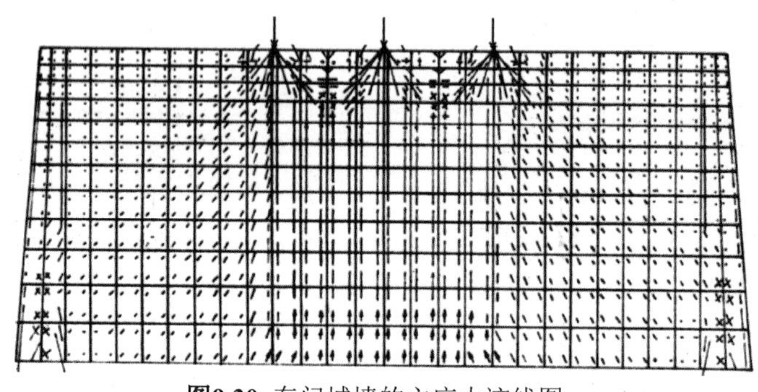

图9.30 东门城墙的主应力迹线图

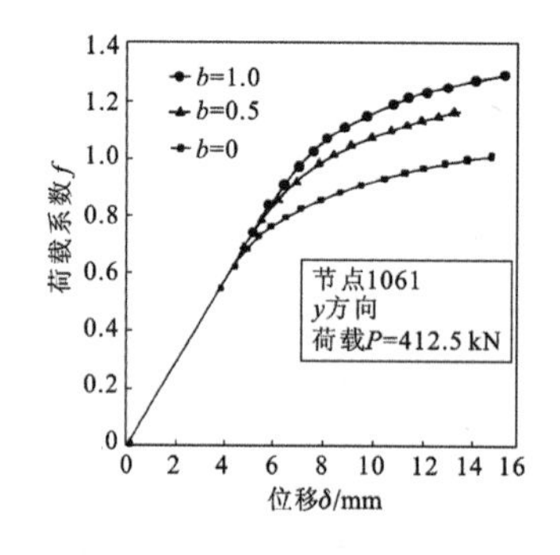

图9.31 城墙1061点的荷载位移关系

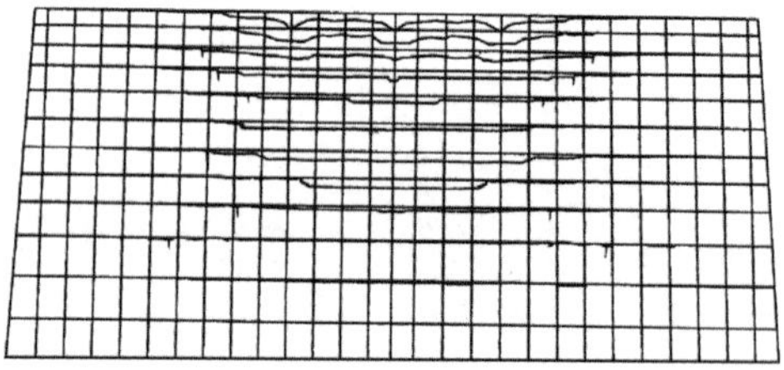

图9.32 城墙变形图

从以上分析可知：

(1)不同的屈服准则下，荷载系数不同，变形的定量描述可以从荷载-位移曲线图中得到。从图中可以反映出统一强度理论中采用不同的参数b值的影响。根据图9.31，采用不同强度理论得出的荷载系数相差很大，在三种屈服准则下的荷载系数分别为：f_1=0.9（b=0)、f_2=1.1（b=1/2)和f_3=1.2 (b=1)，最大相差达33.3%。这表明考虑中间主应力效应后，将提高结构的极限荷载，这一结论与一些岩土工程的实际结果相符合。因此，合理选择统一强度理论参数b值对充分利用材料很重要。统一强度理论为这种合理选用提供了理论基础。

(2)在加载点附近的变形较大，远离加载点时的变形较小。竖向荷载作用下，竖向位移随荷载增大而增大，对水平方向的变形影响较小。

(3)荷载作用点的变形比远离荷载作用点的变形大得多，竖向荷载作用下，距荷载作用点较远的点有翘起的趋势。城墙在城楼荷载作用下的变形较小。

(4)从受力角度考虑，城墙的城门洞对台基强度有一定影响，这方面还需进一步研究。

9.8 饱和软土单向压缩固结分析

沈珠江院士最早将双剪强度理论融入计算机程序并进行土工问题的计算，他通过分析三个算例来比较 5 种不同屈服函数得出的结果[3,25]。

第一个算例为单向压缩试验。假定试样内初始应力分别为 σ_{z0}=10 kPa，$\sigma_{x0}=\sigma_{y0}$=5 kPa，垂直荷载次序为 20、40、60、100、150、200、250、300、400、600、800、1000、1300、1600 kPa，然后依相反次序卸荷到 100 kPa。

计算结果如图 9.33 所示，图中符号 M 代表莫尔-库仑强度理论(单剪理论)，D 代表双剪强度理论，T 代表三剪强度理论，S 代表缺陷强度理论，O 代表 Mises 外接圆。图 9.33(a)为常见的 ε_v-logσ_0 曲线(孔隙比 e 已换成体应变 ε_v)，图 9.33(b)为 σ_x-σ_z 曲线。此图表明，O、S 和 D 三种模型的计算结果完全一样，且侧压力 σ_x 与 σ_y 严格相等，但 M 模型的数值不稳定，当 σ_z 达到 150 kPa 时，σ_x 与 σ_y 之间开始不相等，同时压缩量明显变小。

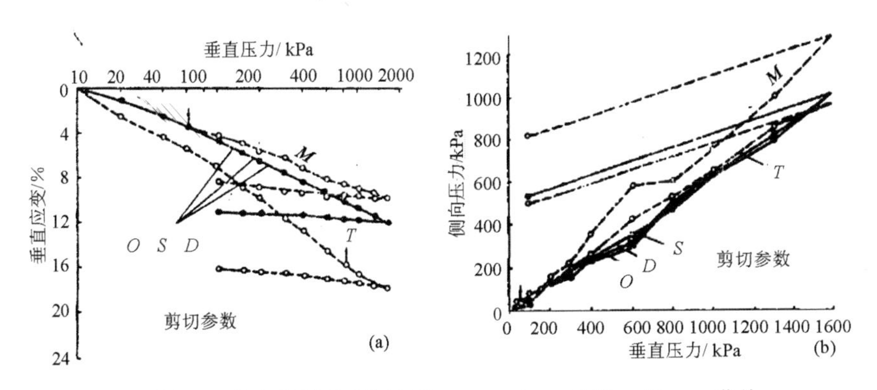

图9.33 单向压缩的剪切参数。(a) ε_v-logσ_0曲线；(b) σ_x-σ_z曲线

9.9 饱和软土剪切固结分析

沈珠江对饱和软土的剪切固结实验进行了分析。假定土样开始处于均压状态，$\sigma_{x0}=\sigma_{y0}=\sigma_{z0}=100$ kPa，以后垂直压力保持不变，剪切应力的增加次序为 10、18、24、30、34、35、41、44、46、48、50、52、54、56、58、60 kPa。

计算结果如图 9.34 所示，图(a)用压缩试验参数，图(b)用剪切试验参数。图 9.34(a)的应力应变曲线不趋向水平，明显不合理，可见从压缩试验求取参数用于计算剪切曲线是不能允许的。相比之下，图 9.34(b)的剪切曲线形状是合理的。由图可见，*O* 模型和 *S* 模型的结果偏大，其他 *M*、*D* 和 *T* 三个模型的结果都比较合理。

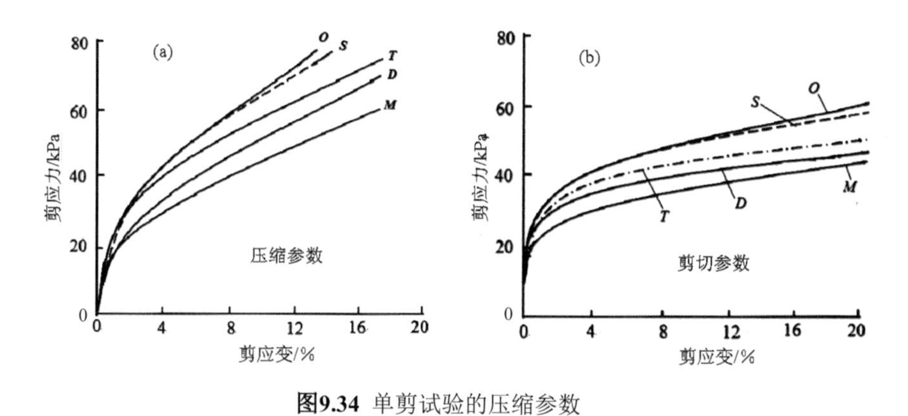

图9.34 单剪试验的压缩参数

9.10 饱和软土地基在均布载荷下的固结分析

厚10 m的饱和软土地基，承受10 m宽的均布荷载。假定荷载面以内的地表不透水，以外透水。计算域取其一半，单元网格如图9.35所示。按Biot固结理论进行分析，地基内初始应力按浮容重10 kPa/m^{3}计算，侧压力系数取0.53。荷载分10级施加，每级3 d。荷载序列为30、50、70、85、100、110、120、130、140、150 kPa。

计算所得的地表中心沉降和孔隙水压力过程如图9.36所示。图9.37表示第7级，即荷载分别为120 kPa和60 kPa时的地表沉降和隆起。图9.38则为相应的荷载边缘垂线上的水平位移和中心线上的孔隙水压力分布。

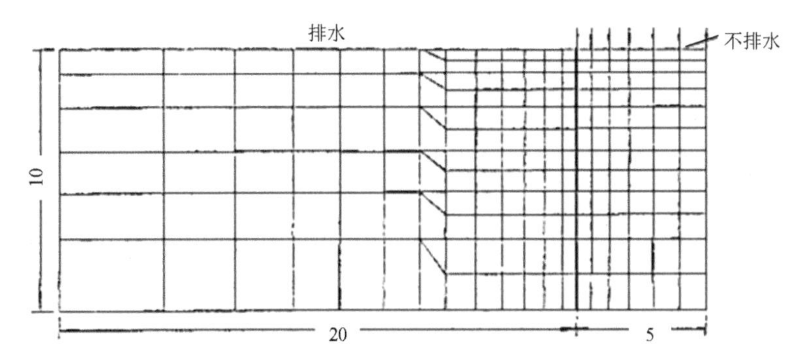

图9.35 饱和软土地基的单元网格

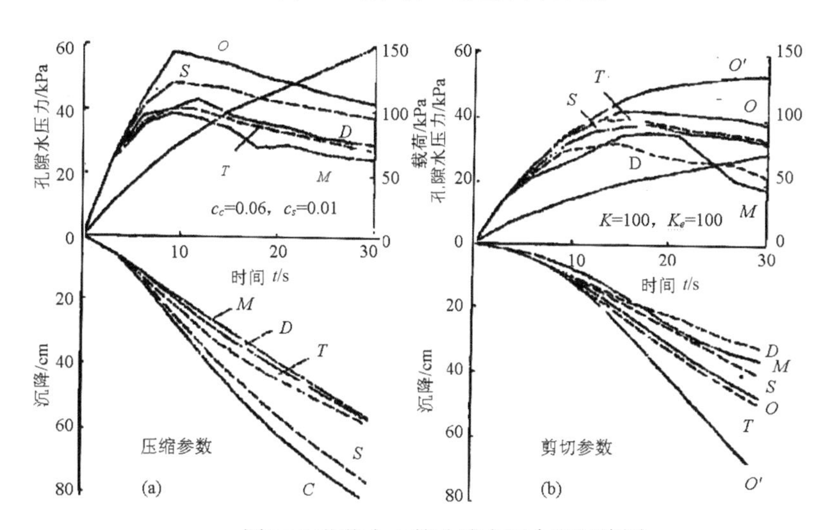

图9.36 荷载中心的孔隙水压力和沉降图

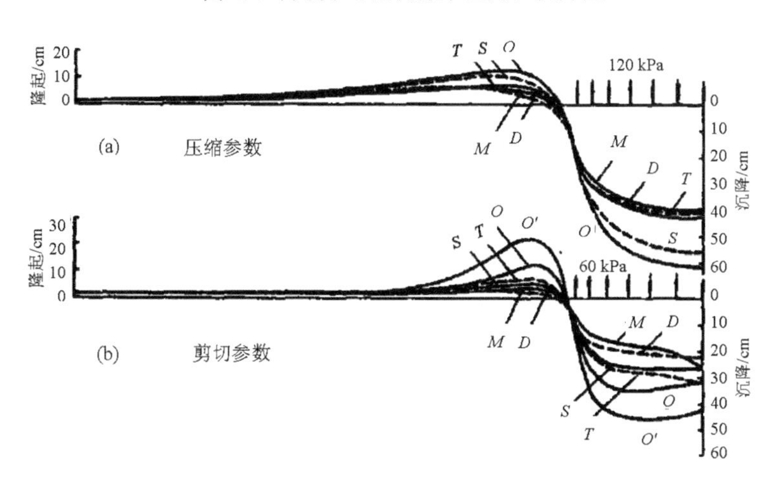

图9.37 地表沉降和隆起图

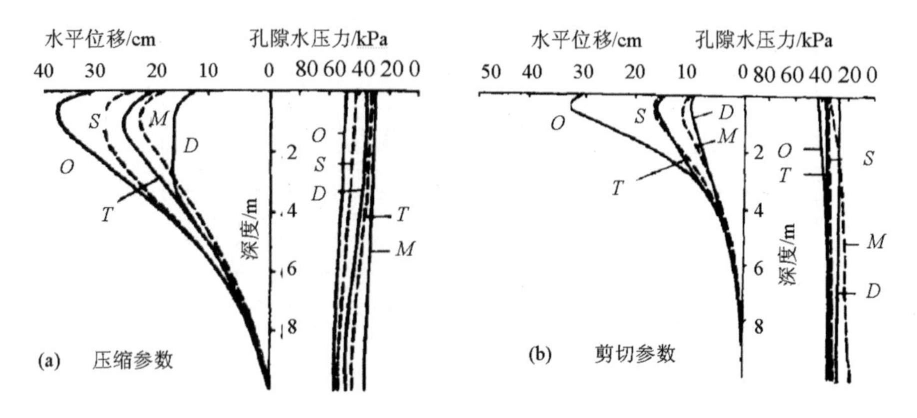

图9.38 侧向位移和孔隙水压力图

这些计算结果说明：

(1)将双剪强度理论装入计算机程序进行土工问题计算是可行的；

(2)双剪强度理论对这三个土工问题得到的计算结果是合理的；

(3)双剪模型的计算结果是可以进行类比的，它与其他两个模型(即单剪模型和三剪模型)得出的规律相同，但数量上有所不同。

9.11 唐代大雁塔基础和地基的沉降分析

唐代建造的大雁塔具有一千多年的历史，至今仍然保存完好。特别是处于具有湿陷性的黄土地区，在塔自重产生的地基平均应力为 31.46 t/m^3 的情况下，大雁塔至今没有出现明显的下沉和破坏，只有轻微的由塔下地面的不均匀沉降等因素而引起的倾斜，这些都是非常值得我们去研究以及探讨的。

假设大雁塔的基础形式有以下四种：矩形基础形式，见图 9.39(a)；正梯形无地宫基础形式，见图 9.39(b)；倒阶梯型无地宫基础形式，见图 9.39(c)；倒阶梯型有地宫基础形式，见图 9.39(d)。采用双剪统一应力模型时的材料参数可取如下值：p=1.38 MPa，σ_t=0.0056 MPa，σ^0_t=0.56 MPa，γ=0.07。

当统一强度理论参数 b 分别等于 0(单剪理论)和 1(双剪理论)时，计算得出四个基础的塑性区如图 9.40 和图 9.41 所示。分析计算结果可以得出如下结论：相同力作用、相同基础形式下，塑性区的大小随着 b 值的增大而减小。b=0 时塑性区最大，b=1 时塑性区最小。这表明考虑中间主应力效应时，将提高结构的极限荷载，这一结论与一些岩土工程的实际结果相符合，因此合理选择参数 b 值对充分利用材料很重要。

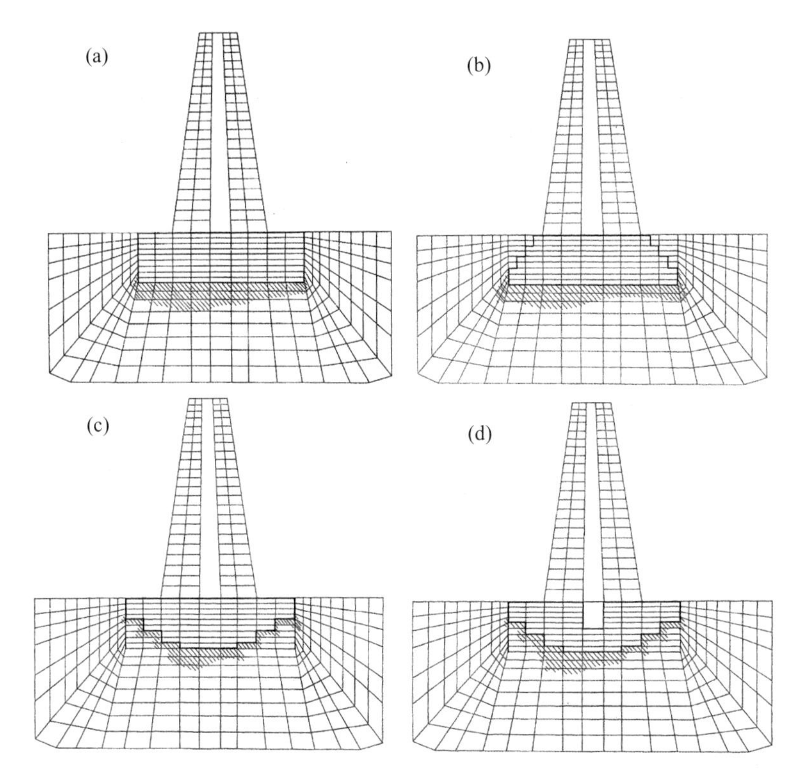

图 9.39 大雁塔的基础形式。(a)矩形基础形式；(b)阶梯型基础形式；(c)倒阶梯型无地宫基础形式；(d)倒阶梯型有地宫基础形式

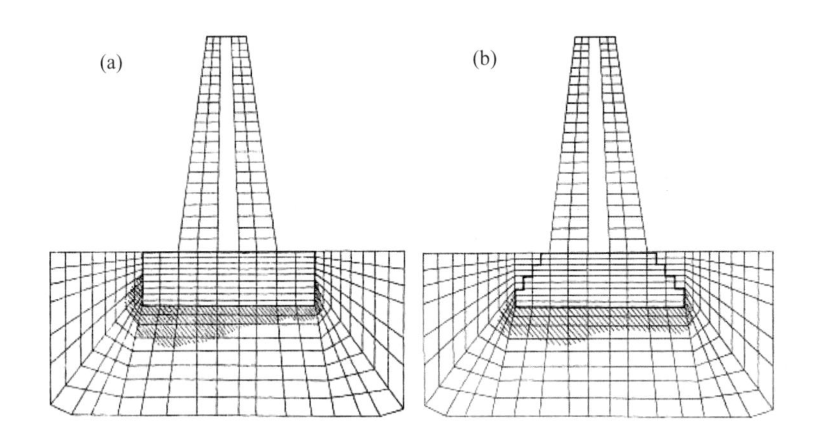

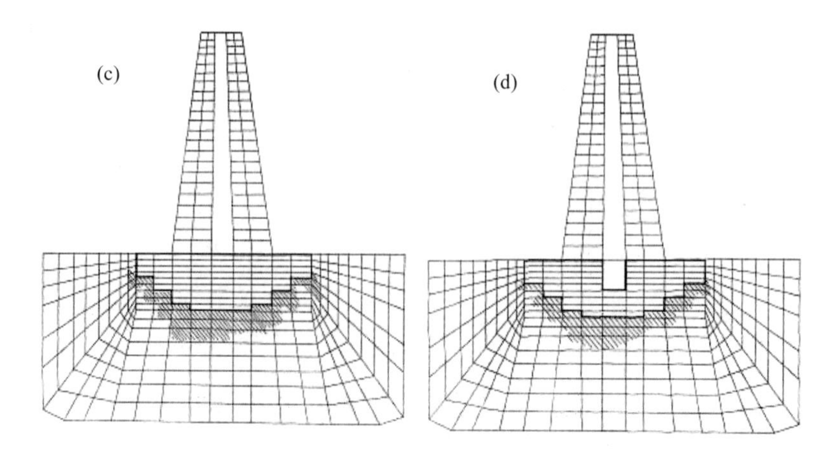

图 9.40 统一强度理论参数 b=0 时四个基础的塑性区。(a)矩形基础形式；(b)阶梯型基础形式；(c)倒阶梯型无地宫基础形式；(d)倒阶梯型有地宫基础形式

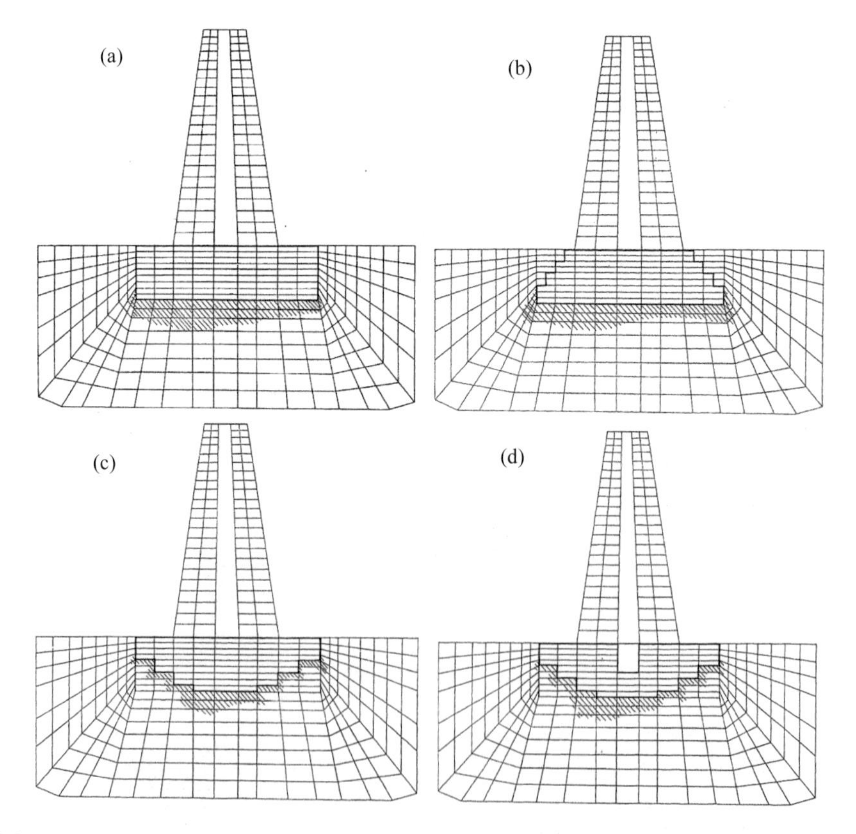

图 9.41 统一强度理论参数 b=1 时四个基础的塑性区。(a)矩形基础形式；(b)阶梯型基础形式；(c)倒阶梯型无地宫基础形式；(d)倒阶梯型有地宫基础形式

分析结果还表明，不同形式的基础对地基承载力的影响各有利弊，但是地基中洞室(即地宫)的存在减轻了基础对地基的自重压力，对古塔的地基稳定是有利的，这一点似乎早已被古人所知。从现有的资料来看，无论是法门寺宝塔、大雁塔、小雁塔以及杭州雷峰塔都有地宫，且其中保存有大量文物，因此，对于古塔的保护也应该包括地宫的保护。大雁塔、法门寺的地宫都较大，小雁塔地宫较小，为约 1.8 m 见方的一个洞室。这种结构也见于高大的纪念碑，如美国华盛顿纪念碑，它的基础内也有一个洞室。

参考文献

[1] 范文, 俞茂宏, 邓龙胜 (2017) 岩土结构强度理论. 北京:科学出版社.

[2] Dimitri, PK (1941) *Soil Mechanics*, First Edition. New York, London: McGraw-Hill Book Company, Inc.

[3] 沈珠江 (1993) 几种屈服函数的比较. 岩土力学, 14(1): 41–50.

[4] Krynine, DP (1941) *Soil Mechanics*, First Edition. New York: McGraw-Hill Book Company, Inc., p. 356.

[5] 赵成刚, 白冰, 王远霞 (2004) 土力学原理. 北京:清华大学出版社, 北京交通大学出版社.

[6] 张克恭, 刘松玉 (2001) 土力学. 北京:中国建筑工业出版社.

[7] 卢廷浩 (2005) 土力学. 南京:河海大学出版社.

[8] 王铁行 (2007) 土力学. 北京:中国电力出版社.

[9] 马海龙 (2007) 土力学. 杭州:浙江大学出版社.

[10] 杨小平 (2001) 土力学. 广州:华南理工大学出版社.

[11] 王成华 (2002) 土力学. 天津:天津大学出版社.

[12] 刘忠玉 (2007) 土力学. 北京:中国电力出版社.

[13] 侍倩 (2004) 土力学. 武汉:武汉大学出版社.

[14] 李镜培, 赵春风 (2004) 土力学. 北京:高等教育出版社.

[15] 张向东 (2011) 土力学. 北京:人民交通出版社.

[16] 朱宝龙 (2011) 土力学. 北京:中国水利水电出版社.

[17] 王成华主编 (2002) 土力学. 天津:天津大学出版社.

[18] 龚晓南 (1996) 高等土力学. 杭州:浙江大学出版社.

[19] 李广信 (2004) 高等土力学. 北京:清华大学出版社, Springer.

[20] 薛守义 (2007) 高等土力学. 北京:中国建材工业出版社.

[21] 李广信, 张丙印, 于玉贞 (2013) 土力学(第二版). 北京:清华大学出版社.

[22] Krynine, DP (1941) *Soil Mechanics: Its Principles and Structural Applications*. New York:McGraw-Hill Book Co.

[23] 俞茂宏, 孟晓明, 等 (2001) 西安古城墙的保护和开发. 见: 陕西省西安市文物管理局, 李天顺, 胡福民, 向德, 刘宝民, 西安长乐门城楼修缮工程报告. 北京:文物出版社, pp. 92–108.

[24] 俞茂宏, 赵均海, 刘宝民 (2001) 城楼的动力分析. 见: 陕西省西安市文物管理局, 李天顺, 胡福民, 向德, 刘宝民, 西安长乐门城楼修缮工程报告. 北京:文物出版社, pp. 134–146.

[25] Shen, ZJ (1989) A stress-strain model for sands under complex loading. *Advances in Contitutive Laws for Engineering Material,* 1: 303–308.

阅读参考材料

【阅读参考材料 9-1】Ralph Peck(1912—)，1912 年 6 月 23 日出生于加拿大 Manitoba 的 Winnipeg，6 岁时移居美国，并在 Rensselaer 工业大学和哈佛大学接受教育，1937 年 6 月获土木工程博士学位。Peck 起初的志向是结构工程，后转而研究岩土工程。1939 年，Peck 在哈佛作为太沙基的助手和代表参加了芝加哥地铁初期建设的咨询与监测工作，他负责管理土力学试验室和现场的测试。在这一大规模的地铁建设中，土力学发挥了重要的作用。

Peck 教授与太沙基合作出版了土力学名著 *Soil Mechanics in Engineering Practice* (1948 年)，并于 1996 年在他的主持下进行了修订，出了第 3 版。他的另一本书《基础工程》(1974 年，第 2 版)一直到现在还作为世界上许多大学教科书或教学参考书。Peck 一生共计发表了 200 篇(本)论著，为土力学及基础工程的发展作出了重要的贡献。

Peck 在土力学的应用方面做了巨大的努力，例如把土力学应用在土工结构的设计、施工建造和评估中。他还努力把研究成果表述为工程师所容易接受的形式。Peck 是世界上最受人尊敬的咨询顾问之一。作为一名出色的教师，Peck 在 Illinos 大学任教 30 多年，影响了难以计数的青年学生。

Peck 曾荣获美国土木工程师协会颁发的 Norman 奖(1944)、Wellington 奖(1965)、Karl Terzaghi 奖(1969)，并在 1975 年获得由福特总统颁发的国家科学奖章。

【阅读参考材料 9-2】卡萨格兰德(Arthur Casagrande)1902 年 8 月 28 日出生于奥地利，1926 年定居美国，先在公共道路局工作，之后作为 Terzaghi 最重要的助手在麻省理工学院从事土力学的基础研究工作。1932 年，Casagrande 到哈佛大学从事土力学的研究工作，此后的 40 多年中，他发表了大量的研究成果，并培养了包括 Janbu、Soydemir

等著名人物在内的土力学人才。他是第五届(1961—1965)国际土力学与基础工程学会的主席，是美国土木工程师协会 Terzaghi 奖的首位获奖者。

Casagrande 对土力学有很大的贡献和影响，包括在土的分类、抗剪强度、土坡的渗流、砂土液化等方面的研究成果，黏性土分类的塑性图中的“A 线”即是以他的名字(Arthur)命名的。

派克(1912—2008)

卡萨格兰德(1902—1981)

【阅读参考材料 9-3】利昂纳兹(**Gerald A. Leonards**，1921—1997)，1921 年 4 月 29 日出生于加拿大蒙特利(Montreal)，后加入美国国籍，1997 年 2 月 1 日逝世。Leonards 于 1943 年获得 McGill 大学(蒙特利尔)土木工程学士学位，并分别于 1948 和 1952 获普渡(Purdue)大学土木工程硕士学位及博士学位，其博士论文的题目是“压实黏土的强度特征”(Strength Characteristics of Compacted Clays)。他于 1944—1946 年间在 McGill 大学任教，1946 年后在普渡大学任教，曾任该校土木工程学院的院长，他所开设的高等基础工程和应用土力学课程深受学生欢迎，曾被学生评为最佳土木工程教师。他所编写的《基础工程》一书 1962 年由 McGraw-Hill 出版后，迅速成为世界范围的标准参考书。Leonards 的研究兴趣十分广泛，在压实黏土的强度及压缩性、软土的强度和固结、土坝开裂、冻土行为、边坡稳定、软土上筑堤、砂土液化、桩基础、岩土工程事故调查方法学等方面进行了开创性的研究工作。1989 年，Leonards 当选为美国国家科学院院士。他还曾获得包括美国土木工程师协会 Terzaghi 奖(1989)在内的无数专业和技术协会的奖励。

【阅读参考材料 9-4】曾国熙 (1918—2014)，1918 年 2 月生，福建泉州人。1943 年毕业于厦门大学土木工程系，获得工学学士学位。早年留学美国专攻土力学，1950 年获美国西北大学硕士学位。回国后任厦门大学副教授，1953 年到浙江大学土木工程学系任副教授、教授，1979—1984 年任系主任。曾国熙教授从事高校教学科研工作六十余年，于 1953 年创立浙江大学土工学(曾称为地基基础)教研室(后改为岩土工程研究所)。多年来他一直倡导岩土工程这一应用学科在人才培养、科研和生产上都应以基本理论、试验研究和工程实践三者密切结合作为指导思想。曾国熙教授长期从事软黏土力学和地基处理的科研工作，经常参加协助解决国内重要工程的地基问题，如为上海宝钢堆料场、金山石化总厂大型油罐、浙江杜湖水库和十字路水库土坝、蛇口第三突堤集装箱码头等的地基处理作出过贡献；在竖井排水地基的理论研究和工程实践方面历时三十余年，提出固结度普遍表达式及其应用(含推算沉降的指数三点法、固结系数反分析法、变速荷载下固结度计算法等)、新的固结理论、地基强度增长预测公式，以及他所指导的博士生发展的有关理论和计算方法。

此外他还提出过上埋式涵管土压力公式。这些计算理论和方法已为有关工程设计和施工手册以及国家标准或规范所采纳。曾国熙及其研究生在国内外重要刊物和学术会议论文集上发表了具有较高学术水平的论文100余篇。2007年5月，国家重点学科浙江大学岩土工程为庆祝学科创始人曾国熙先生九十寿辰暨从教六十二周年，不忘先生及老一辈岩土人在学科初创时期的辛勤付出，继续推动本学科的发展，在岩土工程及其他各方面人士的支持推动下，成功举办了第一届“曾国熙讲座”，并成立了“浙江大学曾国熙讲座基金”。

利昂纳兹(1921—1997)

曾国熙(1918—2014)

【阅读参考材料 9-5】1981年，陕西宝鸡法门寺塔因多日大雨，塔基一侧浸水导致地基承载力下降而发生半边坍塌。下图(a)是即将对法门寺古塔进行修复前的现场照片。下图(b)是西安古城墙北城门箭楼因大雨发生部分坍塌的照片，也显示出城墙内的防空洞。水和地下孔隙是使建筑物发生沉降的重要因素，不仅对古建筑如此，对现代建筑也是如此。

(a)

(b)

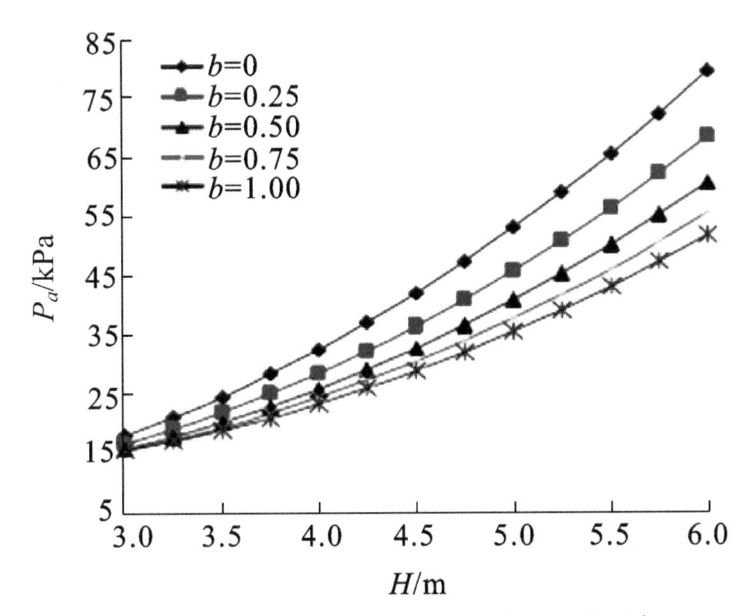

(a)基于统一强度理论不同 b 值下朗肯主动土压力

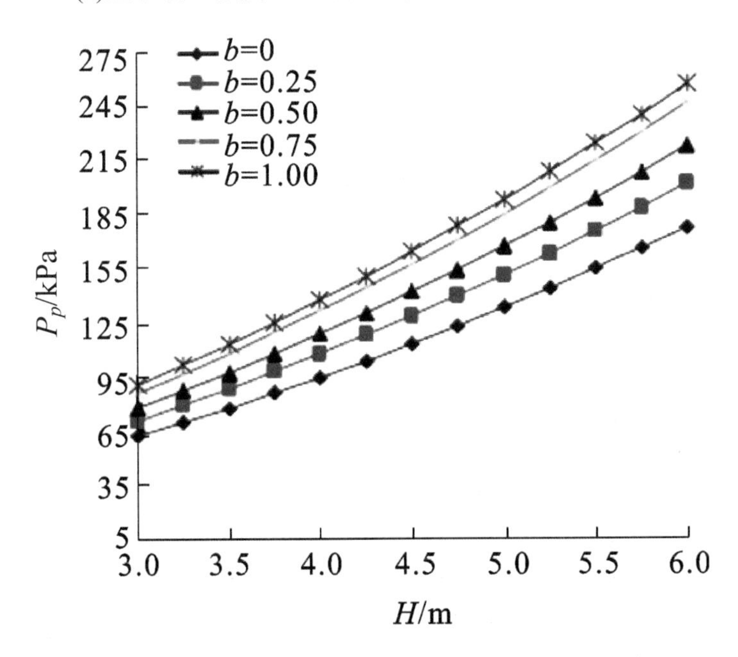

(b)基于统一强度理论不同 b 值下朗肯被动土压力

上图为张健、胡瑞林、刘海斌、王珊珊等基于统一强度理论的朗肯土压力的研究得出的朗肯主动土压力和被动土压力的系列结果。

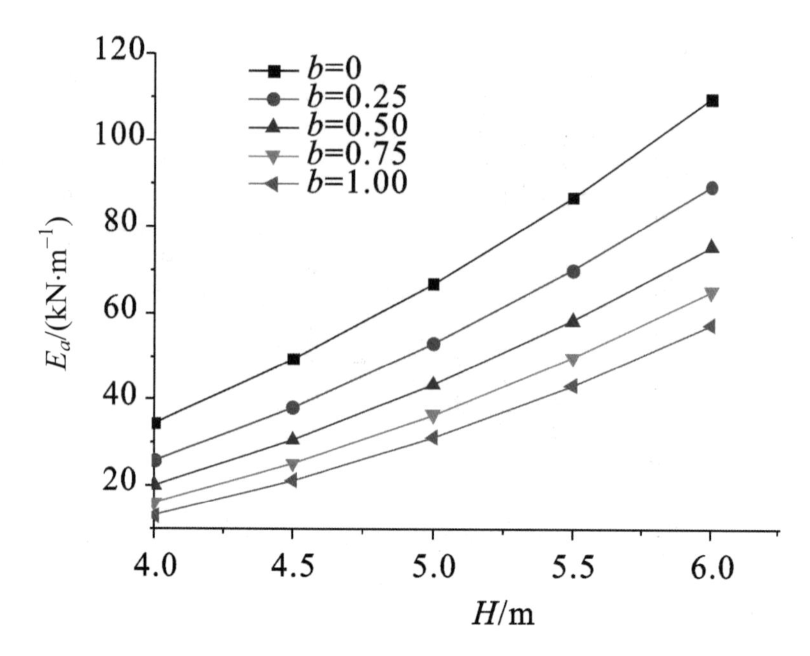

(a)基于统一强度理论不同 b 值下主动土压力

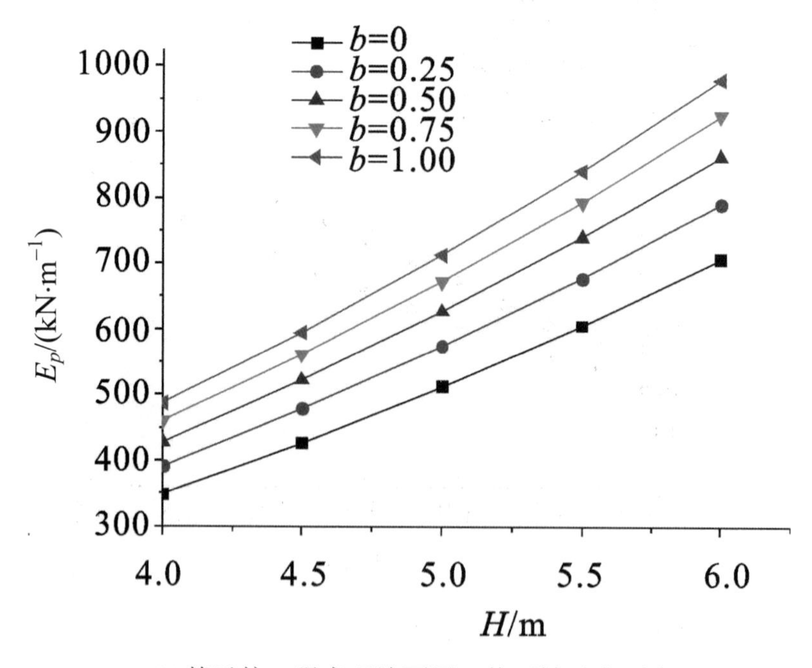

(b)基于统一强度理论不同 b 值下被动土压力

这是基于统一强度理论的朗肯主动土压力和被动土压力分析的另一实例。

10

土压力理论

10.1 概 述

挡土结构是土木、水利、建筑、交通等工程中的一种常见构筑物，其目的是用来支挡土体的侧向移动，保证土结构物或者土体的稳定性。土压力是作用于支挡结构上的主要荷载，土压力计算是支挡结构设计中的关键步骤，但是至今仍然难以用理论计算出精确解。土力学的计算是个十分复杂的问题，涉及填料、墙身和地基三者之间的共同作用。在基础工程和边坡工程的设计与施工过程中，不论是常规设计法还是弹性地基梁法都要先确定作用在支护结构上的土压力，特别是在大型地下工程开挖中能正确地估计土压力对于确保工程的安全与顺利施工有十分重要的意义[1-5]。

一般而言，土压力的大小及其分布规律同挡土结构物的侧向位移的方向、大小，土的性质以及挡土结构物的高度等因素有关。根据挡土结构物侧向位移的方向和大小可将土压力分为三种类型：

(1)静止土压力。如图10.1(a)所示，若刚性的挡土墙保持原来位置静止不动，则作用在挡土墙上的土压力称为静止土压力。作用在单位长度挡土墙上静止土压力的合力用E_0 ($kN\cdot m^{-1}$)表示，静止土压力强度用P_0 (kPa)表示，其可按直线变形体无侧向变形理论来求出。

(2)主动土压力。如图10.1(b)所示，若挡土墙在墙后填土压力的作用下背离填土方向移动，这时作用在墙上的土压力将由静止土压力逐渐减小。当墙后土体达到极限平衡状态，并出现连续滑动面而使土体下滑时，土压力减到最小值，称为主动土压力。主动土压力合力和强度分别用E_a ($kN\cdot m^{-1}$)和P_a (kPa)表示。

(3)被动土压力。如图10.1(c)所示，若挡土墙在外力作用下，向填土方向移动，这时作用在墙上的土压力将由静止土压力逐渐增大，直到土体达到极限平衡状态并出现连续滑动面，墙后土体将向上挤出隆起，这时土压力增至最大值，称为被动土压力。被动土压力合力和强度分别用E_p ($\mathrm{kN \cdot m^{-1}}$)和P_p (kPa)表示。

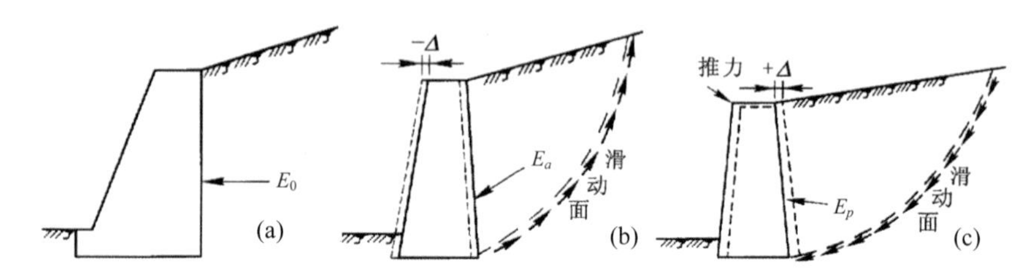

图 10.1 土压力的 3 种类型。(a)静止土压力；(b)主动土压力；(c)被动土压力

在挡土墙高度和填土条件相同的情况下，上述三种土压力之间的关系如图10.2所示，即E_a<E_0<E_p。

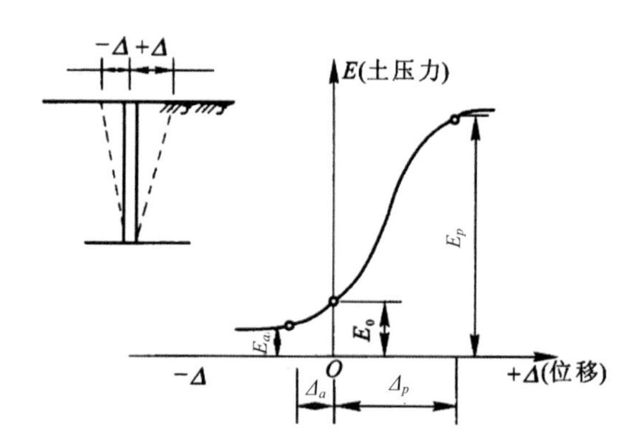

图 10.2 土压力与挡土墙位移关系

在目前的基坑工程设计中，无论是悬臂式支护结构还是支撑的支护结构，土压力的计算多沿用挡土墙设计的朗肯(Rankine)土压力理论。朗肯在1857 年研究了半无限土体在自重作用下处于极限平衡状态时的应力条件，推导出土压力计算公式，即著名的朗肯土压力理论。该理论将土压力的计算问题视为平面问题，基于莫尔-库仑强度理论推导出了黏性土与无黏性土的主动土压力与被动土压力的计算公式。莫尔-库仑强度理论也将土压力视为平面问题，仅考虑 σ_1 和 σ_3 的作用，而不考虑中间主应力 σ_2 的影响。然而，事实上土压力的计算问题属于空间问题，应该考虑中间主应

力 σ_2 的影响。

统一强度理论提出后，一些学者把统一强度理论引入土压力计算中，考虑了中间主应力对土压力计算结果的影响作用，将原来的单一解扩展为一系列结果的统一解[6-26]。高江平等[6-7]在统一强度理论的基础上通过计算平衡拱面积和滑裂体体积推导了主动土压力公式，还导出了按能量理论计算挡土墙主动和被动土压力公式。范文等[8-10]根据土压力上限理论和多三角形破坏机构的计算原理推导了基于统一强度理论的土压力公式。谢群丹等[11]分别把中间主应力假设为 $\sigma_2=K\sigma_1$、$\sigma_2=\sigma_1\sigma_3$、$\sigma_2=m(\sigma_1+\sigma_3)/2$，利用统一强度理论主应力型表达式和朗肯土压力分析原理提出了新的土压力计算方法。该方法关键是需要对挡土墙后面填土取土体微元进行应力分析，确定出三个主应力中的两个，然后结合统一强度理论主应力型表达式求解另外一个主应力。但是，该方法在应力分析过程中往往较难确定合适的中间主应力。文献[12]基于统一强度理论，同时考虑三个方向主应力的影响，推导出了主动或被动土压力的计算公式，并讨论了统一强度理论参数 b 对土压力的影响，从而克服了莫尔-库仑屈服准则没有考虑中间主应力影响的不足，使计算结果更加符合实际。这些文献都是针对朗肯或库伦土压力计算公式的，而这两种土压力计算公式又是依据极限平衡原理推导得出的。

主动土压力和被动土压力问题也可用有限元分析和实验的方法进行研究。图 10.3 是美国斯坦福大学 Borjad(2001)得出的土体主动土压力和被动土压力变形图[3]，而图 10.4 是日本名古屋工业大学 Matsuoka(2001)得出的土体主动土压力和被动土压力的试验结果[5]，可以看出这两种结果十分相似。

本章所研究的土压力问题与传统的土压力相同，但采用统一强度理论代替传统的莫尔-库仑强度理论，得出的结果也从一个解发展为一系列有序变化的统一解，因而适用于更多的材料和结构。

10.2 朗肯土压力的统一理论解

俞茂宏的统一强度理论是以双剪单元体为力学模型，考虑作用于双剪单元体上的全部应力分量以及它们对材料破坏的不同影响而建立的一个新的强度理论，充分考虑了中间主应力 σ_2 在不同应力条件下对材料屈服或破坏的影响。如果将挡土墙土压力问题视为平面应变问题，通过广义胡

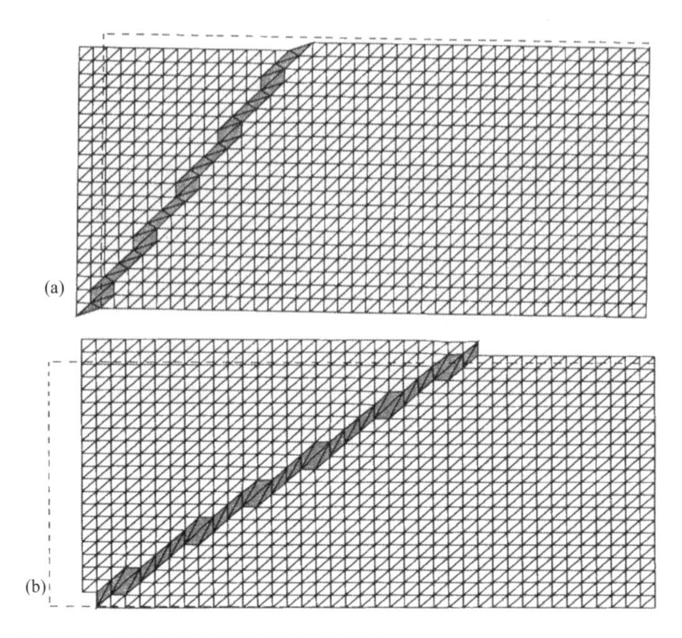

图 10.3 土体主动土压力和被动土压力的变形图 (Borjad 2001)。(a)主动土压力；(b)被动土压力

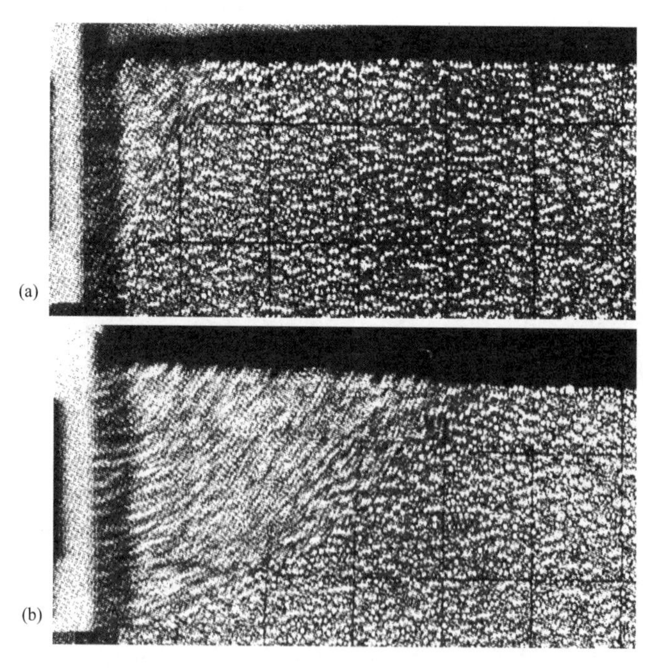

图 10.4 土体主动土压力和被动土压力的试验结果(Matsuoka 2001)。(a)主动土压力；(b)被动土压力

克定律确定出中间主应力 $\sigma_2=\nu(\sigma_1+\sigma_3)$，并根据朗肯土压力分析原理确定出另外一个主应力，结合统一强度理论主应力型表达式可分别推导出朗肯主动土压力和被动土压力的计算公式。该公式除了引入考虑中间主应力影响的系数 b，还通过广义胡克定律把材料的泊松比ν引入了朗肯土压力计算公式中，从另一个角度探讨朗肯土压力理论的计算方法[7-26]。

在岩土力学和工程中，压应力为正，拉应力为负。利用经典的黏聚力 C_0 和内摩擦角 φ_0 表示的统一强度理论为：

$$\sigma_3=\tan^2\left(45°-\frac{\varphi_0}{2}\right)(1+b)\sigma_1-b\sigma_2-2(1+b)\tan\left(45°-\frac{\varphi_0}{2}\right)C_0$$
$$\text{当}\sigma_2\le\frac{\sigma_1+\sigma_3}{2}-\frac{\sigma_1-\sigma_3}{2}\sin\varphi_0\text{时} \tag{10.1a}$$

$$\sigma_3=\tan^2\left(45°-\frac{\varphi_0}{2}\right)\frac{b\sigma_2+\sigma_1}{1+b}-2\tan\left(45°-\frac{\varphi_0}{2}\right)C_0$$
$$\text{当}\sigma_2\ge\frac{\sigma_1+\sigma_3}{2}-\frac{\sigma_1-\sigma_3}{2}\sin\varphi_0\text{时} \tag{10.1b}$$

式中，b 为反映中间主剪应力系数，因为岩土类材料的极限面一般为外凸形，所以 b 的取值为 $0\le b\le 1$。

10.2.1 理论分析模型

朗肯研究了自重应力作用下，半无限土体内各点的应力从弹性平衡状态发展为极限平衡状态的条件，提出了朗肯土压力理论。假设墙背垂直、光滑，墙后填土面水平，如图 10.5 所示。现分析紧靠挡土墙面的土中任意 z 深度处土微元体的状态。

当土体静止不动时，土微元体的应力 $\sigma_z=\gamma z$ (其中，γ 为土的容重，z 为计算点的深度)。当挡土墙向外移动时，水平应力 σ 不断减小，而竖直应力 σ_z 保持不变，直至土单元达到主动极限平衡状态，这时的 σ 值即为主动土压力强度 P_a。同样地，当挡土墙向里移动时，水平应力 σ 不断增大，而竖直应力 σ_z 保持不变，直至土单元达到被动极限平衡状态，这时的 σ 值即为被动土压力强度 P_p。

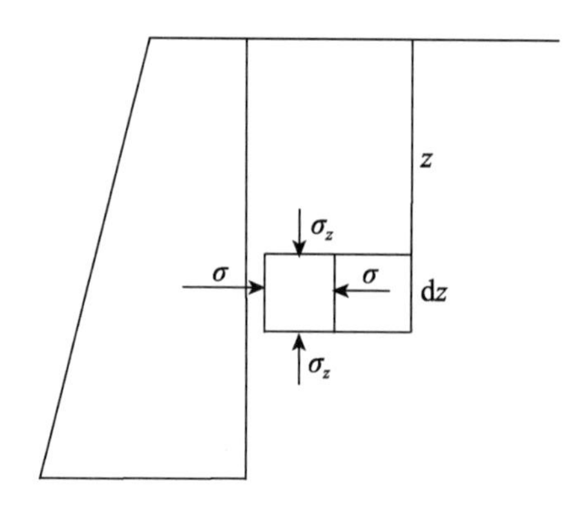

图 10.5 土体中某点的应力状态

岩土体在弹性限度内进行强度分析时，中间主应力可以通过广义胡克定律来确定。该计算模型可视为平面应变问题进行研究。假设挡土墙横截面为 xz 平面，那么垂直于挡土墙横截面的方向为 y 方向，由平面应变问题的弹性解答可得式(10.2)，由广义胡克定律可得式(10.3)：

$$\varepsilon_y = 0 \tag{10.2}$$

$$\varepsilon_y = \frac{1}{E}\left[\sigma_y - \nu\left(\sigma_z + \sigma_x\right)\right] \tag{10.3}$$

式中，ν为填土材料的泊松比，$0<\nu<0.5$。联立解式(10.2)和(10.3)可得：

$$\sigma_y = \nu\left(\sigma_z + \sigma_x\right) \tag{10.4}$$

在 xz 平面上一点应力状态有 $\sigma_x + \sigma_z = \sigma_1 + \sigma_3$，则假设中间主应力为：

$$\sigma_2 = \nu\left(\sigma_1 + \sigma_3\right) \tag{10.5}$$

把式(10.5)代入式(10.1a)和(10.1b)可得：

$$\sigma_3\left(1+\nu b\right) = \sigma_1\left[\left(1+b\right)\tan^2\left(45° - \frac{\varphi_0}{2}\right) - \nu b\right] - 2C_0\left(1+b\right)\tan\left(45° - \frac{\varphi_0}{2}\right) \tag{10.6a}$$

$$当\sigma_2 \le \frac{\sigma_1 + \sigma_3}{2} - \frac{\sigma_1 - \sigma_3}{2}\sin\varphi_0时$$

$$\sigma_3\left[1+b-vb\tan^2\left(45°-\frac{\varphi_0}{2}\right)\right]=\tan^2\left(45°-\frac{\varphi_0}{2}\right)\left[\sigma_1(1+vb)-\frac{2C_0(1+b)}{\tan\left(45°-\frac{\varphi_0}{2}\right)}\right]$$

$$当\sigma_2\geq\frac{\sigma_1+\sigma_3}{2}-\frac{\sigma_1-\sigma_3}{2}\sin\varphi_0时 \tag{10.6b}$$

10.2.2 中间主应力较大时的土压力公式

本节讨论当中间主应力较大时的情况，即满足式(10.6b)条件的主应力情况下土压力的表达式。

1. 朗肯主动土压力公式推导

当土单元进入主动极限平衡状态时，可知：

$$\sigma_1=\sigma_z=\gamma z \tag{10.7}$$

$$\sigma_2=v(\sigma_1+\sigma_3) \tag{10.8}$$

将式(10.7)和(10.8)代入式(10.6b)，可得朗肯主动土压力强度为：

$$P_a=\sigma_3=\frac{\tan\left(45°-\frac{\varphi_0}{2}\right)}{1+b-vb\tan^2\left(45°-\frac{\varphi_0}{2}\right)}\left[\tan\left(45°-\frac{\varphi_0}{2}\right)(1+vb)\gamma z-2C_0(1+b)\right] \tag{10.9}$$

令 $K_a=\tan^2\left(45°-\frac{\varphi_0}{2}\right)$，即为朗肯主动土压力系数，则式(10.9)可写为：

$$P_a=\sigma_3=\gamma zK_a\frac{1+vb}{1+b-vbK_a}-2C_0\sqrt{K_a}\frac{1+b}{1+b-vbK_a} \tag{10.10}$$

当 b=0 时， $P_a=\gamma zK_a-2C_0\sqrt{K_a}$ 。通过式(10.10)和经典朗肯主动土压力强度公式对比可知，前者在两个分项上分别多了两个系数，即 $\frac{1+vb}{1+b-vbK_a}$ 和

$\dfrac{1+b}{1+b-\nu bK_a}$。

由式(10.10)可知主动土压力由两部分组成，黏聚力 C 的存在减少了作用在墙上的土压力，并且在墙的上部形成一个负侧压力区(拉应力区)。由于墙背与填土在很小的拉应力下就会脱开，该区域的土中会出现拉裂缝，当计算作用在墙背上的主动土压力时应略去这部分负侧压力。此时，由土压力为 0 的条件可计算受拉区的高度 z_0：

$$z_0=\frac{(1+b)2C_0}{(1+\nu b)\sqrt{K_a}} \qquad (P_a=0) \tag{10.11}$$

在设计挡土墙时，首先要利用判别式判断挡土墙的高度 H 是否大于 z_0：若 $H>z_0$，则要计算朗肯主动土压力；若 $H\leq z_0$，则不必进行土压力计算，这时的挡土墙只需按构造要求设计即可。P_a 作用方向垂直于墙背，沿墙高呈三角形分布。若墙高为 H，则单位墙长度上朗肯主动土压力为：

$$E_a=\frac{1}{2}P_a(H-z_0)=\frac{(1+b)}{1+b-\nu bK_a}\left[\frac{\gamma H^2K_a(1+\nu b)}{2(1+b)}-2C_0H\sqrt{K_a}+\frac{2C_0^2(1+b)}{\gamma(1+\nu b)}\right] \tag{10.12}$$

E_a 的作用方向垂直于墙背，其作用点在距墙底$(H-z_0)/3$处。当 $b=0$ 时，

$$E_a=\frac{1}{2}\gamma H^2K_a-2C_0H\sqrt{K_a}+\frac{2C_0^2}{\gamma} \tag{10.13}$$

式(10.13)为经典朗肯主动土压力计算公式。整理式(10.12)可得：

$$E_a=\left\{\left[H-\frac{2(1+b)C_0}{\gamma(1+\nu b)\sqrt{K_a}}\right]^2+\frac{4(1+b)^2C_0^2(1-K_a)}{\gamma^2(1+\nu b)^2K_a}\right\}\cdot\left\{\frac{\gamma(1+\nu b)^2K_a}{2(1+b-\nu bK_a)}\right\} \tag{10.14}$$

当 $H=\dfrac{2(1+b)C_0}{\gamma(1+\nu b)\sqrt{K_a}}$ 时，E_a 取得最小值。

2. 被动土压力公式推导

当土单元进入被动极限平衡状态时，可知：

$$\sigma_3 = \gamma z \tag{10.15}$$

$$\sigma_2 = \nu(\sigma_1 + \sigma_3) \tag{10.16}$$

将式(10.15)和(10.16)代入式(10.6b)，可得朗肯被动土压力强度：

$$P_p = \sigma_1 = \frac{\sigma_3\left[1 + b - \nu b \tan^2\left(45° - \frac{\varphi_0}{2}\right)\right] + 2C_0 \tan\left(45° - \frac{\varphi_0}{2}\right)(1+b)}{(1+\nu b)\tan^2\left(45° - \frac{\varphi_0}{2}\right)}$$

$$= \gamma z \tan^2\left(45° + \frac{\varphi_0}{2}\right)\frac{1 + b - \nu b \tan^2\left(45° - \frac{\varphi_0}{2}\right)}{1+\nu b} + 2C_0 \frac{1+b}{1+\nu b}\tan\left(45° + \frac{\varphi_0}{2}\right) \tag{10.17}$$

令 $K_p = \tan^2\left(45° + \frac{\varphi_0}{2}\right)$，即为朗肯被动土压力系数。当参数 b=0 时，$P_p = \gamma z K_p + 2C_0\sqrt{K_p}$。

P_p 的作用方向垂直于墙背，沿墙高呈三角形分布。若墙高为 H，则单位墙长度上朗肯被动土压力为：

$$E_p = \frac{1}{2}\gamma H^2 K_p \cdot \frac{1 + b - \nu b \tan^2\left(45° - \frac{\varphi_0}{2}\right)}{1+\nu b} + 2C_0 H\sqrt{K_p}\frac{1+b}{1+\nu b} \tag{10.18}$$

E_p 的作用方向垂直于墙背，其作用点在距墙底 $H/3$ 处。当 b=0 时，

$$E_p = \frac{1}{2}\gamma H^2 \tan^2\left(45° + \frac{\varphi_0}{2}\right) + 2C_0 H \tan\left(45° + \frac{\varphi_0}{2}\right)$$

即为经典朗肯被动土压力计算公式。

10.2.3 中间主应力较小时的土压力公式

本节讨论当中间主应力较小的情况，即满足式(10.6a)条件的主应力情况下土压力的公式。

1. 主动土压力公式推导

将式(10.7)和(10.8)代入式(10.6a)，可得朗肯主动土压力强度：

$$P_a=\sigma_3=\frac{\tan^2\left(45^\circ-\frac{\varphi_0}{2}\right)}{1+\nu b}\left\{\gamma z\left[1+b-\nu b\tan^2\left(45^\circ+\frac{\varphi_0}{2}\right)\right]-\frac{2C_0(1+b)}{\tan^2\left(45^\circ-\frac{\varphi_0}{2}\right)}\right\} \tag{10.19}$$

令 $K_a=\tan^2\left(45^\circ-\frac{\varphi_0}{2}\right)$，即为朗肯土主动土压力系数，整理可得：

$$P_a=\gamma zK_a\cdot\frac{1+b-\nu b\tan^2\left(45^\circ+\frac{\varphi_0}{2}\right)}{1+\nu b}-2C_0\sqrt{K_a}\frac{1+\nu b}{1+b} \tag{10.20}$$

当 b=0 时，$P_a=\sigma_3=\gamma zK_a-2C_0\sqrt{K_a}$，即为朗肯主动土压力的强度公式。

由式(10.10)计算受拉区的高度 z_0：

$$z_0=\frac{2C_0(1+b)}{\left[1+\nu b-\tan^2\left(45^\circ+\frac{\varphi_0}{2}\right)\right]\gamma\sqrt{K_a}}\qquad(P_a=0) \tag{10.21}$$

则朗肯主动土压力为：

$$E_a=\frac{1}{2}P_a(H-z_0)=\frac{1}{2}\gamma H^2K_a\frac{1+b-\nu b\tan^2\left(45^\circ+\frac{\varphi_0}{2}\right)}{1+\nu b}-\frac{2C_0H\sqrt{K_a}(1+b)}{1+\nu b}+\frac{2C_0^{\ 2}}{\gamma}\frac{(1+b)^2}{\left[1+b-\nu b\tan^2\left(45^\circ+\frac{\varphi_0}{2}\right)\right](1+\nu b)} \tag{10.22}$$

E_a 的作用方向垂直于墙背，其作用点在距墙底$(H-z_0)/3$ 处。当 b=0 时，

$$E_a=\frac{1}{2}\gamma H^2K_a-2C_0H\sqrt{K_a}+\frac{2C_0^{\ 2}}{\gamma}$$

即为经典主动土压力计算公式。

同理，当 $H=\dfrac{2(1+b)C_0}{\gamma\left[1+\nu b-\nu b\cdot\tan\left(45^\circ+\dfrac{\varphi_0}{2}\right)\right]\tan\left(45^\circ-\dfrac{\varphi_0}{2}\right)}$ 时，E_a 取得最小值。

2. 被动土压力公式推导

将式(10.15)和(10.16)代入式(10.6a)，可得朗肯被动土压力强度：

$$P_p=\sigma_1=\frac{\tan^2\left(45^\circ+\dfrac{\varphi_0}{2}\right)}{1+b-\nu b\tan^2\left(45^\circ+\dfrac{\varphi_0}{2}\right)}\left[\gamma z(1+\nu b)+\frac{2C_0(1+b)}{\tan\left(45^\circ+\dfrac{\varphi_0}{2}\right)}\right] \tag{10.23}$$

令 $K_p=\tan^2\left(45^\circ+\dfrac{\varphi_0}{2}\right)$，即为朗肯土被动土压力系数。可见当 b=0 时，$P_p=\gamma zK_p+2C_0\sqrt{K_p}$，即为经典朗肯土被动土压力强度公式。

P_p 的作用方向垂直于墙背，沿墙高呈三角形分布。若墙高为 H，则朗肯被动土压力为：

$$E_p=\frac{1}{2}\gamma H^2K_p\frac{1+\nu b}{1+b-\nu bK_p}+2C_0H\sqrt{K_p}\frac{1+b}{1+b-\nu bK_p} \tag{10.24}$$

E_p 的作用方向垂直于墙背，其作用点在距墙底 $H/3$ 处。当 b=0 时，

$$E_p=\frac{1}{2}\gamma H^2\tan^2\left(45^\circ+\frac{\varphi_0}{2}\right)+2C_0H\tan\left(45^\circ+\frac{\varphi_0}{2}\right)$$

即为经典被动土压力计算公式。

10.3 抗剪强度统一强度理论表达式

空间任意一点的主应力状态(σ_1，σ_2，σ_3)可以组合成无穷多个应力状态，

根据应力状态的特点并选取一定的应力状态参数，则可以将应力状态划分为几种典型的类型。根据 Lode 参数和双剪应力状态参数的定义式：

$$\mu_\sigma = \frac{2\sigma_2 - \sigma_1 - \sigma_3}{\sigma_1 - \sigma_3} \tag{10.25}$$

$$\mu_\tau = \frac{\tau_{12}}{\tau_{13}} = \frac{\sigma_1 - \sigma_2}{\sigma_1 - \sigma_3} = \frac{s_1 - s_2}{s_1 - s_3} \tag{10.26}$$

$$\mu'_\tau = \frac{\tau_{23}}{\tau_{13}} = \frac{\sigma_2 - \sigma_3}{\sigma_1 - \sigma_3} = \frac{s_2 - s_3}{s_1 - s_3} \tag{10.27}$$

$$\mu_\tau = \frac{1 - \mu_\sigma}{2} = 1 - \mu'_\tau \tag{10.28}$$

$$\mu'_\tau = \frac{1 + \mu_\sigma}{2} = 1 - \mu_\tau \tag{10.29}$$

变换式(10.25)得：

$$\sigma_2 = \frac{\sigma_1 + \sigma_3}{2} + \frac{\mu_\sigma(\sigma_1 - \sigma_3)}{2} \tag{10.30}$$

将式(10.30)代入到统一强度理论公式(10.1a)和(10.1b)，可得：

(1)当 $\mu_\sigma \le -\sin\varphi_0$ 时，

$$\sigma_1 = \frac{(1+\sin\varphi_0)(2+b-b\mu_\sigma)\sigma_3 + 4(1+b)C_0\cos\varphi_0}{2(1+b)(1-\sin\varphi_0) - b(1+\mu_\sigma)(1+\sin\varphi_0)} \tag{10.31a}$$

(2)当 $\mu_\sigma > -\sin\varphi_0$ 时，

$$\sigma_1 = \frac{2(1+b)(1+\sin\varphi_0) - b(1-\mu_\sigma)(1-\sin\varphi_0)}{(2+b+b\mu_\sigma)(1-\sin\varphi_0)}\sigma_3 + \frac{4(1+b)C_0\cos\varphi_0}{(2+b+b\mu_\sigma)(1-\sin\varphi_0)} \tag{10.31b}$$

令

$$\sigma_1 = \frac{1+\sin\varphi_{\mathrm{UST}}}{1-\sin\varphi_{\mathrm{UST}}}\sigma_3 + \frac{2C_{\mathrm{UST}}\cos\varphi_{\mathrm{UST}}}{1-\sin\varphi_{\mathrm{UST}}}$$

则可求得：(1)当 $\mu_\sigma \le -\sin\varphi_0$ 时，

$$\sin\varphi_{\mathrm{UST}}=\frac{2(1+b)\sin\varphi_0}{2+b(1-\mu_\sigma)-b(1+\mu_\sigma)\sin\varphi_0}$$

$$C_{\mathrm{UST}}=\frac{2(1+b)C_0\cos\varphi_0\cot\left(45^\circ+\dfrac{\varphi_{\mathrm{UST}}}{2}\right)}{2+b(1-\mu_\sigma)-(2+3b+b\mu_\sigma)\sin\varphi_0}\tag{10.32a}$$

(2)当 $\mu_\sigma>-\sin\varphi_0$ 时，

$$\sin\varphi_{\mathrm{UST}}=\frac{2(1+b)\sin\varphi_0}{2+b(1+\mu_\sigma)+b(1-\mu_\sigma)\sin\varphi_0}$$

$$C_{\mathrm{UST}}=\frac{2(1+b)C_0\cos\varphi_0}{(2+b+b\mu_\sigma)(1-\sin\varphi_0)\tan\left(45^\circ+\dfrac{\varphi_{\mathrm{UST}}}{2}\right)}\tag{10.32b}$$

引入双剪应力状态参数 μ_τ(或 μ'_τ)，式(10.32a)和式(10.32b)变为：

(1)当 $\mu'_\tau\leq(1-\sin\varphi_0)/2$ 时，

$$\sin\varphi_{\mathrm{UST}}=\frac{2(1+b)\sin\varphi_0}{2+2b(1-\mu'_\tau)-2b\mu'_\tau\sin\varphi_0}$$

$$C_{\mathrm{UST}}=\frac{2(1+b)C_0\cos\varphi_0\cot\left(45^\circ+\dfrac{\varphi_{\mathrm{UST}}}{2}\right)}{2+b(1-\mu'_\tau)-2(1+b+b\mu'_\tau)\sin\varphi_0}\tag{10.33a}$$

(2)当 $\mu'_\tau>(1-\sin\varphi_0)/2$ 时，

$$\sin\varphi_{\mathrm{UST}}=\frac{2(1+b)\sin\varphi_0}{2+2b\mu'_\tau+2b(1-\mu'_\tau)\sin\varphi_0}$$

$$C_{\mathrm{UST}}=\frac{2(1+b)C_0\cos\varphi_0}{2(1+b\mu'_\tau)(1-\sin\varphi_0)\tan\left(45^\circ+\dfrac{\varphi_{\mathrm{UST}}}{2}\right)}\tag{10.33b}$$

式(10.32)可写为：

$$\frac{\sigma_1-\sigma_3}{2}=\frac{\sigma_1+\sigma_3}{2}\sin\varphi_{\mathrm{UST}}+C_{\mathrm{UST}}\cos\varphi_{\mathrm{UST}}\tag{10.34}$$

根据一点应力状态的莫尔圆，与大主应力作用面成α角的面上应力为：

$$\tau = \frac{\sigma_1 - \sigma_3}{2}\sin 2\alpha，\quad \sigma = \frac{\sigma_1 + \sigma_3}{2} + \frac{\sigma_1 - \sigma_3}{2}\cos 2\alpha$$

代入式(10.34)经整理得：

$$\tau = \frac{\sin\varphi_{\text{UST}}\sin 2\alpha}{1+\cos 2\alpha\sin\varphi_{\text{UST}}}\sigma + \frac{C_{\text{UST}}\cos\varphi_{\text{UST}}\sin 2\alpha}{1+\cos 2\alpha\sin\varphi_{\text{UST}}} \tag{10.35}$$

为求得经过一点的某一平面上的最大剪应力，根据求极值的方法，由 $\partial\tau/\partial\alpha = 0$ 可得：

$$\cos 2\alpha = -\sin\varphi_{\text{UST}} \tag{10.36}$$

故有：

$$\alpha = 45° + \frac{\varphi_{\text{UST}}}{2} \tag{10.37}$$

因此，求出的破裂面与大主应力面的夹角为 $45° + \varphi_{\text{UST}}/2$ 。

将式(10.37)代入式(10.35)，得：

$$\tau = \sigma\tan\varphi_{\text{UST}} + C_{\text{UST}} \tag{10.38}$$

以上公式可根据判别式，选用不同的 C_{UST} 与 φ_{UST} 值。

10.4　土压力滑楔理论的统一解

基于统一强度理论可以导出土压力理论的统一解，其计算的基本假定是[12]：

(1)墙后土体为均质各向同性的无黏性土；

(2)属平面应变问题；

(3)土体表面为一平面，与水平面成β角；

(4)主动状态：挡土墙在土压力的作用下，背离土体方向变形，从而使土体达到极限平衡状态，形成滑裂面 $\overline{BC}$ (图10.6)；被动状态：挡土墙在土压力的作用下，向土体方向变形，使得土体达到极限平衡状态，形成滑裂面 $\overline{BC}$。

(5)在滑裂面上的力满足极限平衡关系 $T = N\tan\varphi_{\mathrm{UST}}$；在墙背上的力满足极限平衡关系 $T = N'\tan\delta$。式中，φ_{UST} 为土的统一内摩擦角，δ为土与墙之间的墙背摩擦角。

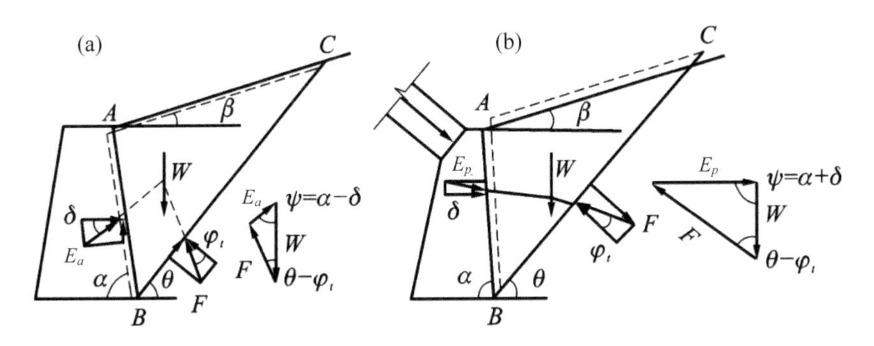

图 10.6 土压力计算简图。(a)主动状态；(b)主动状态

根据滑楔的平衡关系，可以求得：

$$
\begin{cases}
E_a = \dfrac{\sin(\theta-\varphi_{\mathrm{UST}})}{\sin(\alpha+\theta-\varphi_{\mathrm{UST}}-\delta)}\overline{W} \\
E_p = \dfrac{\sin(\theta+\varphi_{\mathrm{UST}})}{\sin(\alpha+\theta+\varphi_{\mathrm{UST}}+\delta)}\overline{W}
\end{cases}
\tag{10.39}
$$

式中，$\overline{W}$ 为滑楔自重。可由式(10.39)求得：$\overline{W} = \dfrac{1}{2}\gamma\overline{AB}\cdot\overline{AC}\cdot\sin(\alpha+\beta)$。

从式(10.39)可以看出，E_a和E_p都是θ的函数，其主动土压力必然产生在使E_a为最大的滑楔面上，而被动土压力必然产生在使E_p为最小的滑楔面上。因此，将E_a与E_p分别对θ求导，求出最危险的滑裂面，即可求得主动与被动土压力为：

$$
\begin{cases}
E_a = \dfrac{1}{2}\gamma h^2 K_a \\
E_p = \dfrac{1}{2}\gamma h^2 K_p
\end{cases}
\tag{10.40}
$$

式中，γ为土体的重度；h为挡土墙的高度；K_a和K_p分别为主动与被动土压力系数，可由下式表示：

$$\begin{cases} K_a = \dfrac{\sin^2(\alpha+\varphi_{\mathrm{UST}})}{\sin^2\alpha\cdot\sin(\alpha-\delta)\left[1+\sqrt{\dfrac{\sin(\varphi_{\mathrm{UST}}-\beta)\sin(\varphi_{\mathrm{UST}}+\delta)}{\sin(\alpha+\beta)\sin(\alpha-\delta)}}\right]^2} \\ K_p = \dfrac{\sin^2(\alpha-\varphi_{\mathrm{UST}})}{\sin^2\alpha\cdot\sin(\alpha-\delta)\left[1-\sqrt{\dfrac{\sin(\varphi_{\mathrm{UST}}+\beta)\sin(\varphi_{\mathrm{UST}}+\delta)}{\sin(\alpha+\beta)\sin(\alpha+\delta)}}\right]^2} \end{cases} \tag{10.41}$$

土压力的方向均与墙背法线成δ角，但与法线所成δ角的方向相反(图10.6)。当土压力作用点没有超载时，均为离墙踵高$H/3$处。

当墙顶的土体表面作用有分布荷载q时(图10.7)，则滑楔自重部分应增加超载项，即：

$$\overline{W}=\frac{1}{2}\gamma\overline{AB}\cdot\overline{AC}\cdot\sin(\alpha+\beta)\left[1+\frac{2q\sin\alpha\cos\beta}{\gamma h\sin(\alpha+\beta)}\right] \tag{10.42}$$

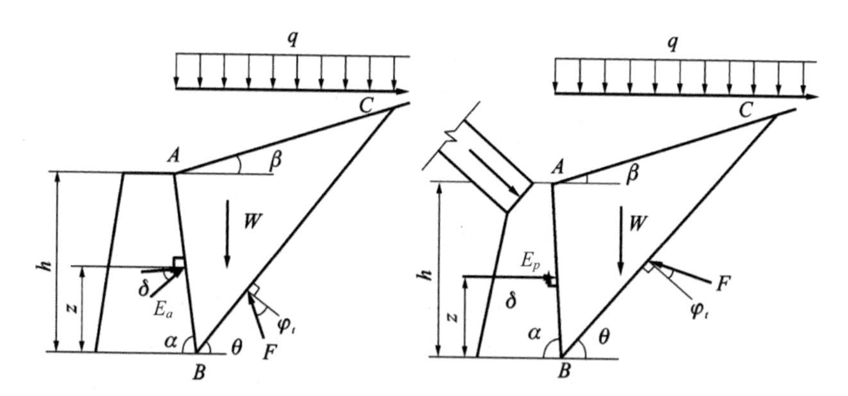

图 10.7 具有地表分布荷载的情况

令$K_q=1+\dfrac{2q\sin\alpha\cos\beta}{\gamma h\sin(\alpha+\beta)}$，则式(10.42)可写成：

$$\overline{W}=\frac{1}{2}\gamma K_q\overline{AB}\cdot\overline{AC}\cdot\sin(\alpha+\beta) \tag{10.43}$$

同理，可求得主动与被动土压力为：

$$\begin{cases} E_a = \dfrac{1}{2}\gamma h^2 K_a K_q \\ E_p = \dfrac{1}{2}\gamma h^2 K_p K_q \end{cases} \tag{10.44}$$

其土压力的方向仍与墙背法线成δ角。土压力的作用点位于梯形的形心，离墙踵高为：

$$Z_E = \frac{h}{3}\cdot\frac{2P_a + P_b}{P_a + P_b} = \frac{h}{3}\cdot\frac{\gamma h + 3q}{\gamma h + 2q} \tag{10.45}$$

式中，P_a和P_b分别为墙顶与墙踵处的分布土压力。

10.5　朗肯土压力统一解算例

10.5.1　算例1(张健、胡瑞林等)

张健、胡瑞林等基于统一强度理论，考虑中间主应力效应，通过一个算例讨论不同统一强度理论参数b对计算结果的影响。已知挡土墙及填土的参数为：土重度为18 kN/m^3，内摩擦角φ=15°，黏聚力C=10 kPa，泊松比ν=1/3。

根据统一强度理论确定不同b值和H值条件下朗肯土压力强度P_a、P_p及E_a、E_p的值。具体计算结果如表10.1—10.3和图10.8—10.9所示[22]。由此可知，E_a和E_p随着H值的增大而增大；主动土压力随b值的增加而降低，而被动土压力随b值的增加而增加。同一H值下，b值对E_a影响最大约为50%，对E_p影响最大约为40%。

表10.1　不同b值下z_0值

b值	0.25	0.50	0.75	1.00
z_0值	2.22	2.48	2.70	2.89

表 10.2 不同 b 值和 H 值条件下 P_a 和 E_a 值

b值	主动土压力	挡墙高H/m				
		4.0	4.5	5.0	5.5	6.0
b=0	P_a/kPa	27.04639	32.34551	37.64462	42.94374	48.24286
	$E_a/(\mathrm{kN \cdot m^{-1}})$	34.51081	49.35879	66.85632	87.00341	109.80010
b=0.25	P_a/kPa	22.26808	27.04829	31.82849	36.60869	41.38890
	$E_a/(\mathrm{kN \cdot m^{-1}})$	25.93339	38.26248	52.98168	70.09097	89.59037
b=0.50	P_a/kPa	18.85955	23.26960	27.67964	32.08969	36.49974
	$E_a/(\mathrm{kN \cdot m^{-1}})$	20.16322	30.69550	43.43282	58.37515	75.52251
b=0.75	P_a/kPa	16.30564	20.43834	24.57103	28.70373	32.83643
	$E_a/(\mathrm{kN \cdot m^{-1}})$	16.08356	25.26956	36.52190	49.84059	65.22563
b=1.00	P_a/kPa	14.32073	18.23787	22.15501	26.07215	29.98929
	$E_a/(\mathrm{kN \cdot m^{-1}})$	13.08885	21.22850	31.32672	43.38351	57.39887

表 10.3 不同 b 值和 H 值下 P_p 和 E_p 的值

b值	被动土压力	挡墙高H/m				
		4.0	4.5	5.0	5.5	6.0
b=0	P_p/kPa	148.3490	163.6346	178.9202	194.2057	209.4913
	$E_p/(\mathrm{kN \cdot m^{-1}})$	348.8271	426.8230	512.4617	605.7432	706.6675
b=0.25	P_p/kPa	165.6335	182.5784	199.5233	216.4682	233.4131
	$E_p/(\mathrm{kN \cdot m^{-1}})$	391.4159	478.4689	573.9943	677.9922	790.4625
b=0.50	P_p/kPa	180.4488	198.8159	217.1831	235.5502	253.9174
	$E_p/(\mathrm{kN \cdot m^{-1}})$	427.9206	522.7367	626.7365	739.9198	862.2867
b=0.75	P_p/kPa	193.2887	212.8885	232.4883	252.0880	271.6878
	$E_p/(\mathrm{kN \cdot m^{-1}})$	459.5580	561.1022	672.4464	793.5905	924.5345
b=1.00	P_p/kPa	204.5236	225.2019	245.8803	266.5586	287.2370
	$E_p/(\mathrm{kN \cdot m^{-1}})$	487.2407	594.6720	712.4426	840.5523	979.0012

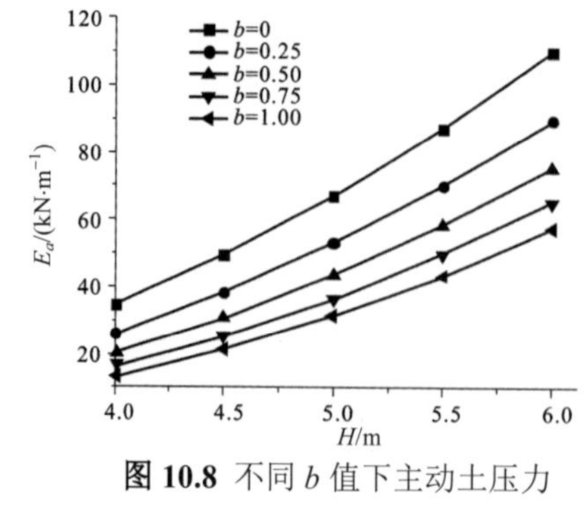

图 10.8 不同 b 值下主动土压力

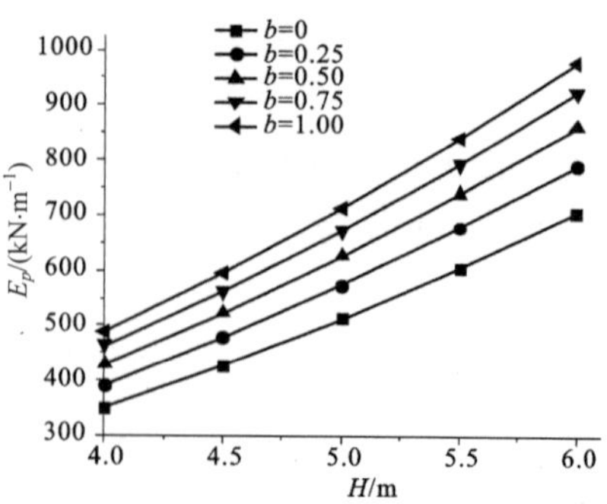

图 10.9 不同 b 值下被动土压力

以上结果分析表明，在朗肯土压力计算中，采用经典的朗肯主动土压力理论所得到的结果往往是偏大的，且最大可偏大约 50%，具有一定的安全储备。在朗肯土压力计算中，采用经典的朗肯被动土压力理论所得到的结果往往是偏小的，最大可偏小约 40%[22]。

10.5.2 算例 2(张健、胡瑞林、余文龙等)

张健、胡瑞林、余文龙等基于统一强度理论推导了材料强度指标计算公式，并利用该公式将莫尔-库伦强度准则下的材料强度指标转化为考虑中主应力效应的统一强度理论下的材料强度指标，最后通过一算例采用正交试验设计对反映中主应力影响的六种因素进行了敏感性分析[27]。

挡土墙墙高 H=5 m，分析黏聚力 C_0、内摩擦角 φ_0、泊松比 ν、反映中主应力影响的中间主剪应力系数 b、重度 γ、倾角 β 这六种因素对朗肯主动和被动土压力强度的影响，分析结果见表 10.4 和 10.5。

表 10.4 主动土压力计算结果

差数	黏聚力 C_0/kPa	摩擦角 φ_0/(°)	系数 b	泊松比 ν	倾角 β/(kN·m)	重度 γ/(kN·m^{-3})
K_{1j}	572.8	545.4	547	491.5	481.5	411.0
K_{2j}	528.9	507.7	529.7	435.6	541.5	452.6
K_{3j}	462.5	452.2	484.5	507.6	479.7	502.0
K_{4j}	453.7	472.3	490.6	503.9	454.3	524.4
K_{5j}	435.7	475.6	401.4	514.4	496.2	563.3
极差	137.5	93.2	145.6	71.8	87.2	152.3
结果	$\gamma>b>C>\varphi>\beta>\nu$					

表 10.5 被动土压力计算结果

差数	黏聚力 C_0/kPa	摩擦角 φ_0/(°)	系数 b	泊松比 ν	倾角 β/(kN·m)	重度 γ/(kN·m^{-3})
K_{1j}	2050.2	1662.9	1889.0	2794.8	2658.7	2396.8
K_{2j}	2361.0	2074.3	2111.6	2765.3	2323.5	2280.0
K_{3j}	2581.8	2489.5	2589.5	2358.5	2599.8	2513.9
K_{4j}	2577.6	2886.9	2452.0	2204.6	2610.7	2385.5
K_{5j}	2665.8	3122.8	3104.3	2113.2	2043.7	2660.2
极差	615.6	1459.9	1215.3	681.6	615.0	380.2
结果	$\varphi>b>\nu>C>\beta>\gamma$					

他们得出结论[27]：影响朗肯主动土压力强度的六种因素从大到小分别为：重度、中间主剪应力系数、黏聚力、内摩擦角、倾角、泊松比；影响朗肯被动土压力强度的六种因素从大到小分别为：内摩擦角、中间主剪应力系数、泊松比、黏聚力、倾角、重度；中主应力对朗肯土压力计算结果的影响是一个不可忽视的重要因素。

10.5.3 算例3(范文、沈珠江等)

范文等[9]基于统一强度理论，考虑中间主应力效应，按照现有的极限状态分析方法，推导了土压力计算公式，朗肯土压力公式为其特例。按有效应力法与总应力法对土压力的计算公式进行了推导与分析，同时与已有文献的实例进行了对比分析，结果表明得出的解答具有广泛代表性。为了对比分析，采用文献[13]的例子来说明统一强度理论计算土压力的情况。表 10.6 为 γ_1=18.5 kN/m^3、C_{cu}=10 kPa、φ_{cu}=19°、深度为 6 m 时的土压力计算结果。他们分别给出 b=0、b=0.25、b=0.50、b=0.75 和 b=1.00 时的五种情况的计算结果。

10.6 土压力计算结果

公式序号	土压力/kPa	统一强度理论参数b				
		b=0	b=0.25	b=0.50	b=0.75	b=1.00
用固结不排水强度指标计算	P_a	42.2	38.5	35.8	33.8	32.2
	P_p	246.2	261.2	273.2	283.1	291.3
用不排水强度指标计算	P_a	55.9	49.8	44.9	40.8	37.5
	P_p	166.1	172.2	177.1	181.2	184.5

可以看出：

(1)统一强度理论的一系列有序变化的准则为结构强度问题的强度理论效应研究提供了有效的理论基础，它不仅给出了下限和上限，而且给出了从下限到上限之间的一系列连续变化的结果。

(2)通过实例可以看出，当 b=0 时，文中的结果与文献[14]的基本一致；当 b 值增大时，主动土压力变小，被动土压力变大，符合土压力的变化规律。

(3)采用有效应力法计算土压力时，将水土分开考虑时概念比较清楚，但有时无法考虑土体在不排水剪切时产生的超静孔压影响。因此，有时采用总压力法计算土压力，这时有两种方法，即采用固结不排水与不排水强度指标进行计算。这两种指标不同程度地对土压力产生影响。

(4)实际计算中可根据土性指标选择适当的 b 值和应力状态，合理地确定土压力的大小。

10.5.4 算例4(袁俊利)

袁俊利结合统一强度理论主应力型表达式分别推导了朗肯主动土压力和被动土压力的计算公式。其挡土墙及填土的参数为：土重度 18 kN/m^3，内摩擦角 $\varphi=30°$，黏聚力 C=10 kPa，泊松比 ν=1/3。根据经典的朗肯土压力理论和本文推导的公式进行主动和被动土压力强度 P_a 和 P_p 的计算。袁俊利[14]分析得出的结果见图 10.10 和图 10.11。

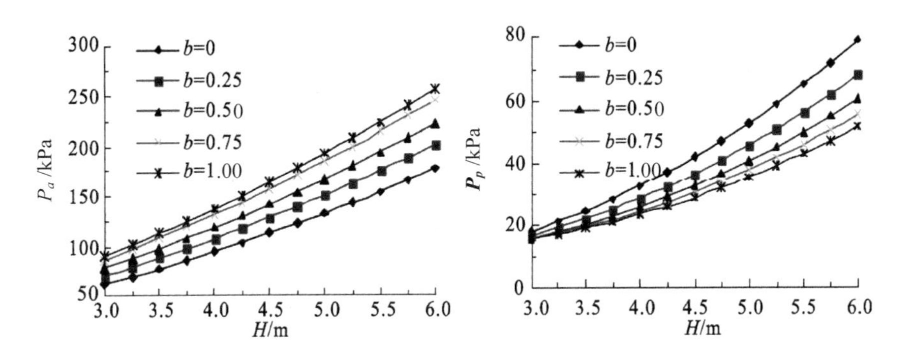

图 10.10 H 和 b 不同时的主动土压力强度　**图 10.11** H 和 b 不同时的被动土压力强度

由以上两图可得，经典的朗肯土压力计算结果只是统一强度理论参数 b=0 的一种情况。采用经典的朗肯主动土压力计算的结果往往偏大，最大可偏大约 50%，具有一定的安全储备；经典的朗肯被动土压力计算的结果往往偏小，最大可偏小约 40%。P_a 和 P_p 随着计算深度的增大而增大。曲线随 b 值的增大变得陡峭，说明 b 值越大，中主应力发挥的作用越大，其对结果影响越大。

10.5.5 算例5

已知挡土墙材料数据：挡土墙墙高为 H=5 m，墙面与水平线间的夹角 $\alpha=80°$，$\varphi=30°$，C=6 kPa，γ=18 kN/m^3，$\delta=10°$，$\beta=15°$，$\theta=30°$。计算作用

在挡土墙上的主动土压力 P_a、主动土压力系数 K_a 及被动土压力 P_p、被动土压力系数 K_p 值，将计算结果汇列于表 10.7 和表 10.8 中。

表 10.7 不同b值时的挡土墙主动土压力计算结果

统一强度理论参数b	b=0	b=0.2	b=0.4	b=0.6	b=0.8	b=1.0
φ_{UST}/(°)	18.00	19.14	20.05	20.80	21.41	21.94
C_{UST}/kPa	6.00	6.41	6.74	7.01	7.24	7.46
K_a	0.253	0.148	0.063	−0.007	−0.064	−0.116
P_a/kN	53.70	31.30	13.40	−1.38	−13.62	−24.60

表 10.8 不同 b 值时的挡土墙被动土压力计算结果

统一强度理论参数b	b=0	b=0.2	b=0.4	b=0.6	b=0.8	b=1.0
φ_{UST}/(°)	18.00	19.14	20.05	20.80	21.41	21.94
C_{UST}/kPa	6.00	6.41	6.74	7.01	7.24	7.46
K_p	4.926	5.163	5.359	5.526	5.667	5.795
P_p/kN	1046.9	1097.1	1138.8	1174.3	1204.3	1231.5

由表 10.7 可见，主动土压力及其系数随 b 值的增大而减小。当 b=0 时，统一强度理论与莫尔-库仑强度理论结果相同，可见莫尔-库仑强度理论仅仅是统一强度理论的特例。当 b>0.6 时，填土具有足够的抗剪强度而自行稳定，作用在挡土墙上的土压力为 0 (b>0.6 时，K_a 及 P_b 出现负值，其数值大小只表示填土依靠自身的抗剪强度而自行稳定的程度，填土已对挡土墙不产生压力)。由表 10.8 可见，被动土压力及其系数随 b 值的增大而增大。当 b=0 时，统一强度理论与莫尔-库仑强度理论结果相同，故莫尔-库仑强度理论可视为统一强度理论的特例。

10.5.6 算例 6(应捷、廖红建等)

应捷等[15]将统一强度理论引入平面应变状态下的朗肯土压力理论并加以改进，提出了基于统一强度理论的主动和被动土压力系数及土压力公式，得出基于莫尔-库仑强度理论的朗肯土压力公式是该公式的一个特例的结论。他们运用工程实例，得出了在不同参数 b 值下的土压力沿深度的分布曲线，并论证了中间主应力 σ_2 对土压力的影响，实例证明考虑中间主应力 σ_2 的土压力计算结果更符合实际情况。

某深基坑工程的基坑深度为 10.8 m，面积约为 3690 m^2；支护结构采用地下连续墙，墙厚 0.8 m，入土深度 21.8 m；分别采用莫尔-库仑强度理论和统一强度理论计算土压力，计算中分别取 b=0、b=0.25、b=0.50、b=0.75 和 b=1.00，结果见图 10.12。可以看出土压力随 b 值的增大而减小。当 b=0 时，统一强度理论与莫尔-库仑强度理论结果相同，可知莫尔-库仑强度理论仅仅是统一强度理论的特例。当 b=1 时，即为双剪强度理论，由图 10.12 可知，其计算结果与莫尔-库仑强度理论相比，前者更接近实测土压力值，因此更加经济实用。数值比较表明，基于双剪理论的土压力公式的计算结果比朗肯土压力公式节约 20%~25%，从而证明中间主应力 σ_2 对土压力计算的影响是不容忽视的。

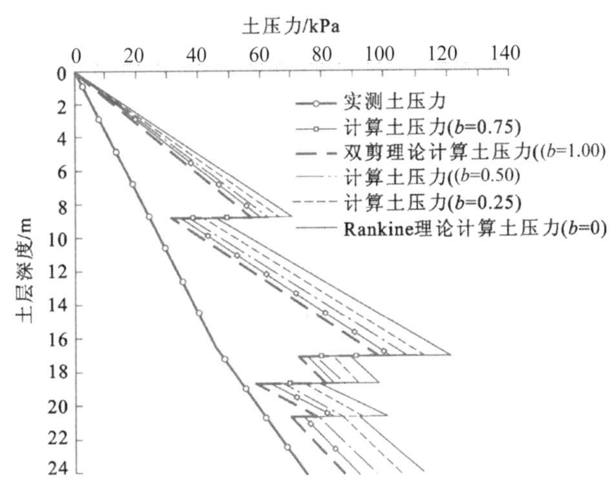

图 10.12 土压力分布图

应捷等[15]得出结论如下：

(1)基于统一强度理论，推导出其在平面应变状态下的极限应力平衡方程式，且对朗肯土压力公式进行改进，得出朗肯土压力公式是它的特例。

(2)推导出的公式充分考虑了中间主应力 σ_2 的影响，对于不同的统一强度理论参数 b 可以得到不同的土压力值。当 b=1 时，统一强度理论退化为双剪理论，实例证明其结果更加符合实际情况，应用于实际工程中可取得良好的经济效益。

(3)统一强度理论覆盖了现有的各种强度理论，可适合于各类材料。对于岩土类材料，根据土质的指标及土质的情况选用适当的 b 值，可以得到更为合理的结果。

10.6 基于统一强度理论的加筋土挡墙卡斯台德空间土压力的研究

王维等[16]基于统一强度理论进行了加筋土挡墙卡斯台德空间土压力研究。他们将加筋土看作各向异性的复合体材料，采用统一强度理论，考虑中间主应力的影响，导出了加筋土挡墙卡斯台德空间土压力的统一解，所给出的解可适用于采用各种筋材、各种填料的空间土压力的计算。运用统一强度参数公式可求算不同 b 值所对应的筋土复合体的强度参数，该值同时包含了 σ_1、σ_2 和 σ_3 对加筋土强度的贡献。统一解可以更好地发挥筋土复合体的强度潜力，应用于实际工程将会产生一定的经济效益。

已知某加筋土挡土墙的资料为：H=7.5 m，φ=37°，B=8 m，γ=19 kN/m^3，计算作用在挡土墙全长上的土压力 P (kN)和单位墙高以及整个墙长上的土压力 p (kN/m)。结果如表 10.8 所示。λ 为土压力系数。

表 10.8 不同b值时加筋土挡墙卡斯台德空间土压力计算结果

统一强度理论参数b	φ_{UST}/(°)	P/kN	λ	p/(kN·m^{-1})
0	37.00	806.83	0.19	216.68
0.2	38.50	754.79	0.17	192.45
0.4	39.65	712.92	0.15	175.32
0.6	40.57	678.93	0.14	162.57
0.8	41.32	650.96	0.13	152.71
1.0	41.94	627.61	0.12	144.85

我们得出结论：

(1)本文基于统一强度理论，给出了加筋土挡墙的卡斯台德空间土压力的计算公式，算例分析结果表明空间土压力随统一强度理论中间应力参数 b 值的增大而减小。统一解可灵活地适用于各种不同筋材、不同填料的挡土墙空间主动土压力的计算。

(2)随着中主应力系数 b 值的增大，土压力系数减小。

(3)应用统一强度参数公式可以求算不同 b 值所对应的筋土复合体的强度参数，该值同时包含了主应力 σ_1、σ_2 和 σ_3 对材料强度的贡献，并可将与平面问题对应的常规土工试验方法所测得的强度指标 C 和 φ 换算为空间问题所需要的强度指标 C_{UST} 和 φ_{UST}。

10.7 空间土压力计算理论的统一解

传统的朗肯理论、库仑理论和极限平衡理论计算土压力，都是将挡土墙作为平面问题研究，也就是将挡土墙看作是无限长墙中的一个单位长度墙体来研究的，但实际上，所有挡土墙的长度都是有限的，只是它们的相对长度不同。作用在挡土墙上的土压力不仅随墙高而变化，而且随墙的长度变化。沿挡土墙的长度，作用在中间断面上的土压力与作用在两端断面上的土压力有明显不同，说明作用在挡土墙上的土压力是一个空间问题，而非平面问题。

早在 20 世纪 30 年代，太沙基等就已经指出了土压力的空间特性，但对这一问题的实际研究是从 20 世纪 50 年代才开始的，特别是最近 20 多年来，许多学者对这一问题进行了试验研究，才使空间土压力的计算成为可能。1977 年，克列恩提出滑裂土体是一个半圆柱形截柱体，并据以提出了土压力的计算方法，但他仍然采用莫尔-库仑强度准则，仅考虑主应力 σ_1、σ_3 对土体屈服的影响，没有考虑 σ_2 的影响，这显然是不符合实际的。随着城市建设的发展以及地下空间的广泛开发和利用，深基坑工程越来越多地被关注，围绕深基坑工程的设计与施工问题也逐渐成为工程界和学术界的研究热点。目前，对深基坑相关问题的理论计算一般都是建立在二维平面问题的分析基础上，而实际上基坑是一个具有有限长、宽和深尺寸的三维空间结构。大量工程实践和试验研究表明，基坑坑壁中间区域内的土压力和位移值均大于基坑两端一定范围内的土压力和位移值，深基坑边坡体和支护结构存在明显的空间效应。

基坑空间效应的研究，即是研究基坑边坡中部和两端受力和变形的变化规律，从而有效地指导设计与施工，但从变形与受力的相互关系来看，它本质上是研究边坡体土压力的变化规律。土压力的研究一般以基坑边坡体的破坏机理研究为基础。已有文献采用不同的基坑边坡三维滑楔破坏模型进行基坑空间土压力计算和空间效应分析，但这些理论分析一般以莫尔-库仑准则为三维滑楔体极限平衡的依据，而该准则未能考虑中间主应力 σ_2 的影响，这在三维空间受力分析中存在不合理性。

高江平等[6-7]采用统一强度理论，导出了克列恩空间土压力计算的统一解。应用该法可同时考虑主应力 σ_1、σ_2 和 σ_3 对土体屈服强度的贡献，从而使深基坑空间效应研究考虑中间主应力 σ_2 的影响，得到的变化规律更趋合理。算例分析结果如表 10.9 所示。

表 10.9 不同 b 值时挡土墙空间土压力计算结果

统一强度理论参数b	b=0	b=0.2	b=0.4	b=0.6	b=0.8	b=1.0
φ_{UST}/(°)	30	31.45	32.58	33.49	34.23	34.85
K	2.264	2.285	2.297	2.304	2.308	2.310
主动土压力P_a/kN	353.8	337.9	325.7	316.0	308.0	301.5
单位墙长上的土压力e/(kN·m^{-1})	29.49	28.16	27.14	26.33	25.67	25.12
主动土压力作用点距墙顶的竖直距离y/m	2.624	2.624	2.624	2.6239	2.624	2.6238

研究结果表明：

(1)随着统一强度理论参数 b 值的增大，空间主动土压力 P 减小，主动土压力系数 K 略有增大，土压力作用点距墙顶的竖直距离 y 略有减小。

(2)所给出的解可以灵活运用于各种不同特性材料空间主动土压力的计算。应用统一强度参数公式可以求算不同 b 值所对应的土体强度参数，该值同时包含了主应力 σ_1、σ_2 和 σ_3 对材料强度的贡献，并可将与平面问题对应的常规土工试验法所测得的强度指标 C_0、φ_0 换算为空间问题所需的强度指标 C_{UST}、φ_{UST}。统一解可以更好地发挥挡土墙填料的强度潜力。

对于深基坑空间效应问题，郑惠虹[26]基于统一强度理论进行了理论分析，通过对无黏性土基坑边坡三维滑楔模型的受力分析，得出统一强度理论下的土压力分布规律，并与莫尔-库仑强度理论的计算结果进行比较，得到双剪理论更接近实测的变化规律。她的一个算例和计算结果为：某基坑开挖深度为 10 m，平面为 20 m×32 m 的矩形；土层物理力学性质指标为 γ=18.4 kg/m^3，φ=25.8°，α=0，δ=16.4°。通过计算可得到 b 取不同值时基坑边坡体坑长向土压力分布如图 10.13 所示。

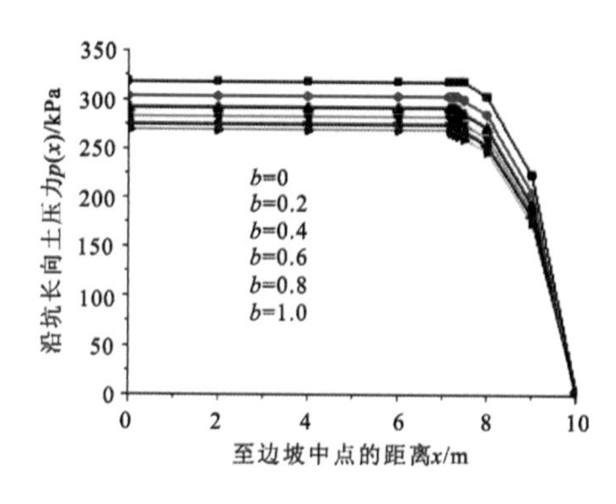

图 10.13 不同 b 值时基坑边坡土压力沿坑长向分布

由计算结果可以看出，土体抗剪强度参数 φ_{UST} 随着 b 值的增加而增加，即采用考虑中间主应力的统一强度理论相对于莫尔-库仑强度理论计算的强度参数数值有所增加；平衡拱拱高 H 随着 b 值的增加而减小，即滑楔体体积减小，空间土压力减小。由图 10.13 还可以看出，随着 b 值的增加沿坑长向土压力减小，空间效应影响区域有增加的趋势。可以得到结论：

(1)在三维空间下讨论土压力的计算，采用考虑中间主应力的统一强度理论更合理；

(2)基于双剪强度理论计算的抗剪强度值比莫尔-库仑强度理论的计算结果要大，表明中间主应力的存在提高了土体的抗剪强度；

(3)双剪强度理论下计算的沿坑长向的土压力比莫尔-库仑强度理论的计算结果要小，表明莫尔-库仑强度理论偏于保守；

(4)基于双剪强度理论计算的基坑空间效应影响区域比莫尔-库仑强度理论有增加的趋势，说明基于双剪强度理论基坑空间效应更加明显。

(5)基坑边坡土压力和位移的实测结果一般均小于理论值，中主应力的影响是其中的一个因素。采用统一强度理论来分析基坑边坡土压力分布更接近实测结果。

10.8 本章小结

土压力的计算是土力学的重要内容。土压力的计算多沿用挡土墙设计的朗肯土压力理论，该理论基于莫尔-库仑理论推导出了黏性土与无黏性土的主动土压力与被动土压力的计算公式。莫尔-库仑强度理论仅考虑 σ_1 和 σ_3 的作用，没有考虑中间主应力 σ_2 的影响，因而与实际问题有差距。我们将统一强度理论引入土压力的分析，从而得出一系列新的结果，可以更好地适用于不同的材料和结构。

(1)统一强度理论覆盖了现有的各种强度理论，它可以适合于金属和岩土类材料。对于岩土类材料，根据土体的指标及土质的情况选用适当的 b 值，可能得到更为合理的结果。

(2)将土压力视为平面应变问题，并结合朗肯土压力原理和统一强度理论主应力型表达式推导了朗肯主动土压力和被动土压力的计算公式。该公式引入了考虑中主应力影响的系数 b，可以适用于各种不同特性的岩土材料，经典朗肯土压力理论可看作是该公式的一个特例。

(3)在实际中，由朗肯土压力公式所得主动土压力值通常都较实测值偏大，其原因就是没有考虑中间主应力的影响，可见中间主应力对朗肯土压力有一定的影响。统一强度理论能比传统的莫尔-库仑强度理论更好地发挥材料的强度潜力(20%~50%)，从而产生一定的经济效益。

(4)b=0 对应于莫尔-库仑强度准则，中间主应力对强度没有影响；b=1 对应于统一强度理论，中间主应力对强度的影响与最小主应力等同。参数 b 可利用真三轴试验结果进行确定。

(5)滑楔土压力计算公式是以平面滑裂面为基础得到的，其对于实际的曲面滑裂面有一定差异。主动状态下，滑裂面的曲度较小，采用平面滑裂面来代替，偏差不大；在被动状态下，采用平面滑裂面存在较大误差。

参考文献

[1] Rankine, WJM (1857) On the stability of loose earth. *Philos. Trans R. Soc. London,* 147(147): l9–27.

[2] Roscoe, KH, Burland, JB (1968) On the generalized stress–strain behavior of ‘wet’ clay. In: Heyman, J, Leckie, F (eds.), *Engineering Plasticity*. Cambridge:Cambridge University Press, pp. 535–609.

[3] Borja, RI, Regueiro, RA (2001) Strain localization in frictional materials exhibiting displacement jumps. *Computer Methods in Applied Mechanics & Engineering*, 190(20–21): 2555–2580.

[4] 李广信, 张丙印, 于玉贞 (2013) 土力学. 北京:清华大学出版社.

[5] 松岗元 (2001) 土力学. 罗汀, 姚仰平, 译. 北京:中国水利水电出版社.

[6] 高江平, 俞茂宏 (2006) 双剪统一强度理论在空间主动土压力计算中的应用. 西安建筑科技大学学报, 38(1): 93–99.

[7] 高江平, 刘元烈, 俞茂宏 (2006) 统一强度理论在挡土墙土压力计算中的应用. 西安交通大学学报, 40(3): 359–364.

[8] 范文, 刘聪, 俞茂宏 (2004) 基于统一强度理论的土压力公式. 长安大学学报: 自然科学版, 24(6): 43–46.

[9] 范文, 沈珠江, 俞茂宏 (2005) 基于统一强度理论的土压力极限上限分析. 岩土工程学报, 27(10): 1147–1153.

[10] 范文 (2005) 土压力公式的统一解. 煤田地质与勘探, 33(2): 52–54.

[11] 谢群丹, 何杰, 刘杰, 等 (2003) 双剪统一强度理论在土压力计算中的

应用. 岩土工程学报, 25(3): 343–345.
[12] 翟越, 林永亮, 范文, 俞茂宏 (2004) 土压力滑楔理论的统一解. 地球科学与环境学报, 26(1): 24–28.
[13] 魏汝龙 (1995) 总应力法计算土压力的几个问题. 岩土工程学报, 17(6): 120–125.
[14] 袁俊利 (2011) 基于统一强度理论朗肯土压力参数的正交试验. 煤田地质与勘探, 39(1): 47–51.
[15] 应捷, 廖红建, 蒲武川 (2004) 平面应变状态下基于统一强度理论的土压力计算. 岩石力学与工程学报, 23(增 1): 4315–4318.
[16] 王维, 刘哲哲, 黄向京 (2010) 基于双剪统一强度理论的加筋土挡墙卡斯台德空间土压力. 公路工程, 35(5): 17–19.
[17] 路德春, 张在明, 杜修力, 等 (2008) 平面应变条件下的极限土压力. 岩石力学与工程学报, 27(2): 3354–3359.
[18] 林永亮 (2004) 基于统一强度理论的土压力问题研究. 中国优秀博硕士学位论文全文数据库, 长安大学.
[19] 陈秋南, 张永兴, 周小平 (2005) 三向应力作用下的 Rankine 被动土压力公式. 岩石力学与工程学报, 24(5): 880–882.
[20] 黄亚娟, 赵均海, 田文秀 (2008) 基于双剪统一强度理论的刚性结构物竖直土压力计算. 建筑科学与工程学报, 25(1): 107–110.
[21] 贾萍, 赵均海, 魏雪英, 张常光, 郑璇 (2008) 空间主动土压力简化计算的双剪统一解. 建筑科学与工程学报, 25(2): 85–88.
[22] 张健, 胡瑞林, 刘海斌, 王珊珊 (2010) 基于统一强度理论朗肯土压力的计算研究. 岩石力学与工程学报, (S1): 3169–3176.
[23] 张常光, 张庆贺, 赵均海 (2010) 非饱和土抗剪强度及土压力统一解. 岩土力学, (6): 1871–1876.
[24] 唐仁华, 陈昌富 (2011) 基于统一强度理论的锚杆挡土墙可靠度分析. 水文地质工程地质, 38(4): 69–73.
[25] 董强, 米峻, 景宏君, 高江平 (2012) 双剪统一强度理论在挡土墙朗肯主动土压力计算中的应用. 公路, (8): 32–35.
[26] 郑惠虹 (2013) 基于双剪统一强度理论基坑边坡土压力分布分析. 中外公路, 31(4): 58–61.
[27] 张健, 胡瑞林, 余文龙, 等 (2010) 考虑中主应力影响倾斜填土面朗肯土压力参数的敏感性分析. 岩土工程学报, 32(10): 1566–1572.

阅读参考材料

【阅读参考材料 10-1】朗肯(W. J. Macquorn Rankine, 1820—1872)，1820 年 7 月 5 日生于英国的爱丁堡，1872 年 12 月 24 日逝世于格拉斯哥。朗肯的初等教育基本是在父亲及家庭教师的指导下完成的。进入爱丁堡大学学习 2 年后，他离校并做了一名土木工程师。1840 年后，他转而研究数学物理；1848—1855 年间，他花费大量精力去研究理论物理、热力学以及应用力学。他自 1855 年起担任格拉斯哥大学土木工程和力学系主任。1853 年当选为英国皇家学会会员。

朗肯被后人誉为那个时代的天才，他在热力学、流体力学及土力学等领域均有杰出的贡献。他在力学上有多方面研究成果。例如，挡土墙理论，特别是分析土对挡土墙的压力和挡土墙的稳定性问题(19 世纪 50 年代)；在 1853 年提出较完备的能量守恒定理；提出波动的热力学理论；于 1871 年研究了流体力学中流线的数学理论。他在结构理论方面最重要的贡献是"On the Stability of Loose Earth"，他研究了挡土墙的稳定性，建立了土压力理论，该理论至今仍被广泛应用。

朗肯在 1858 年出版的《应用力学手册》是一本对工程师和建筑师很实用的参考书。他所写的《蒸汽机和其他原动力机手册》和《土木工程手册》两部书都曾多次再版。此外，他还写有关于造船、机械加工等方面的手册。在所出版的《科学论文杂集》(*Miscellaneous Scientific Papers*)中收集了他的 154 篇科学论文(Timoshenko 1953)。

【阅读参考材料 10-2】“本书从双剪思想和双剪屈服准则开始，作者先后建立了双剪强度理论和统一强度理论。统一强度理论的极限线覆盖了外凸极限线的全部区域，并且可以扩展到非凸极限线的区域。这本书不仅是理论、实验、应用和历史的论述，而且是作者独特研究的专门著作。”

“这本书适用于很多个领域的读者，代表了强度理论及其应用领域的一重大贡献。”

(2006 年，国外著名应用数学和力学家 Petre P. Teodorescu 院士在著名的欧洲数学学会的期刊 *Zentralblatt MATH*(《数学文摘》)上发表对 *Unified Strength Theory and Its Applications* 一书的评论)

【阅读参考材料 10-3】“俞茂宏(1985，1990，1997)提出了双剪强度理论和统一强度理论，认为在主应力空间屈服面可表达为封闭的多边形，对于金属材料、混凝土材料和岩土材料能够普遍适用。他多年来的潜心研究使得统一强度理论不断完善，已在水电站地下工程设计、岩土地基计算等一些岩土工程中得到了较好地应用”。

(孙钧 (1999) 岩石力学在我国的若干进展. 西部探矿工程, 11(1): 1–5)

(a)统一强度理论 b=0(单剪理论)得出的极限荷载最小。此时，结构参与承担荷载的区域也最少

(b)统一强度理论 b=1/2(新的准则)得出的极限荷载增大，即 $q_{b=1/2}^{p} > q_{b=0}^{p}$。此时，结构参与承担荷载的区域也增加

(c)统一强度理论 b=1(双剪理论)得出的极限荷载最大，即 $q_{b=1}^{p} > q_{b=1/2}^{p} > q_{b=0}^{p}$。此时，结构参与承担荷载的区域最大

统一强度理论的参数 b 越大，就有更多的材料参与分担荷载，充分发挥材料和结构的强度潜力，如果与实验结果相一致，就可以使结构的极限承载力更大。当然，这都是在一定的安全系数条件下。

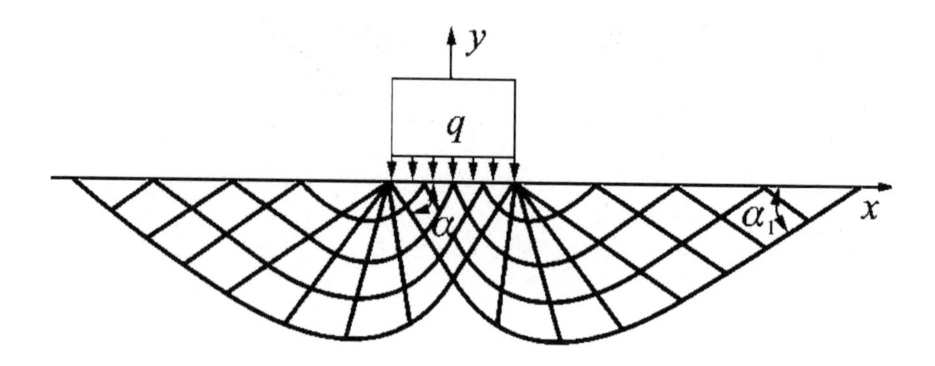

条形地基的极限承载力统一解：

$$q_{\mathrm{UST}}=C_{\mathrm{UST}}\cdot\cot\varphi_{\mathrm{UST}}\left[\frac{1+\sin\varphi_{\mathrm{UST}}}{1-\sin\varphi_{\mathrm{UST}}}\cdot\exp(\pi\cdot\tan\varphi_{\mathrm{UST}})-1\right]$$

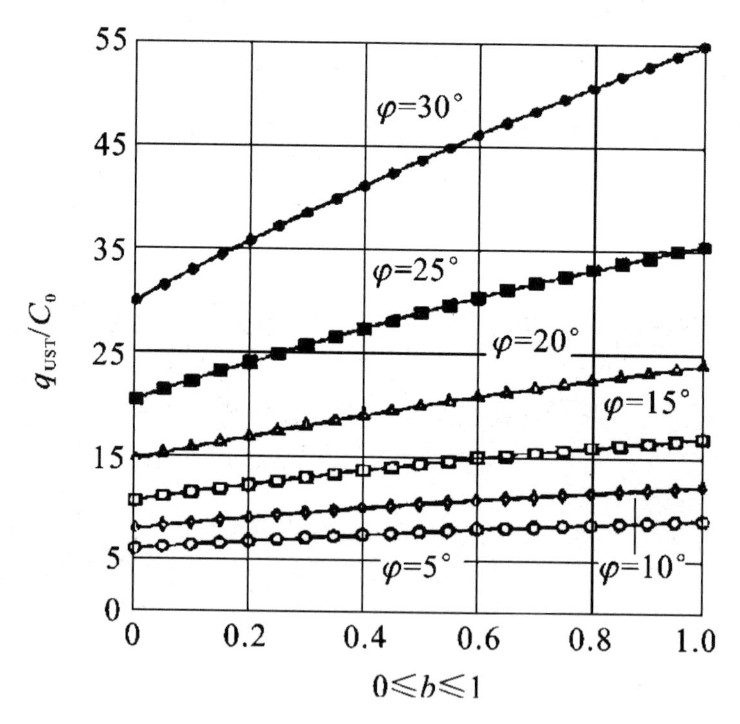

应用统一强度理论求解条形地基土体的承载力，可以得到一系列结果，可将传统土力学的结果(b=0)作为特例而包容于其中，为工程应用提供更多的结果、参考、对比和合理选择。

11

条形基础地基极限承载力的统一公式

11.1 概 述

地基承载力是指地基土承受荷载的能力，通常把地基土在稳定状态下单位面积上所能承受的最大荷载称为极限荷载或极限承载力。地基承载力的确定是工程实践中迫切需要解决的基本问题，也是土力学研究的主要课题。本章将主要研究条形基础地基的地基承载力，条形基础的结构如图 11.1 所示[1]。

一般来说，求解极限荷载的方法主要有两种，一种是根据静力平衡和极限平衡条件建立微分方程，然后根据边界条件来求得各点的应力解，此解比较精确，但稍微复杂的条件求解就较为困难；另一种方法是假定滑动面，然后根据滑动面包围的土体静力平衡条件来求得极限承载力，这种方法由于计算简单而被广泛使用。对于条形基础，目前的理论基本上是建立在假定滑动面的方法之上，因此有一定的局限性，但适用性较广。

对于条形基础极限承载力，最早开始研究的是普朗特尔(Ludwig Prandtl，1875—1953)。普朗特尔在 1920 年根据塑性理论研究刚体压入介质的塑性变形问题，当介质达到破坏时，他给出了滑动面形状及极限压应力的公式，从而根据极限平衡理论得到相应的理论解析解。Hencky (1923)、Gecteinger (1930)、Prager (1949)、Березанлев (1953)、Соколовский (1960)、Hill (1950)、Johnson 和 Mellor (1982)等都根据平面应变滑移线场理论进行了研究[2-8]。

滑移线场理论得到其他一些观察的支持，条形基础的数值分析结果也得出类似的结果[9]。对于实际地基情况，瑞斯诺(Reissner)1924 年改进普朗特尔的公式，考虑基础埋深 d 并计算了基底的土体压力，获得了相应计算公式。普朗特尔和瑞斯诺公式没有考虑土的重度和土的抗剪强度，也没有考虑中间主应力的影响，因此计算结果不太精确。

图 11.1 条形基础结构[6]

太沙基 1943 年在普朗特尔的基础上，考虑了基底的粗糙性和土的重量，但没有考虑土的抗剪强度，仅将其作为超载考虑，从而得到太沙基半经验半理论的公式，在工程中运用较为广泛。著名学者汉森(Hansen)和魏西克(Vesic)等于 1961—1973 年间在普朗特尔理论的基础上，提出在中心倾斜荷载作用下，不同基础形状及不同埋置深度时的极限承载力计算公式，并研究了基础底面形状、荷载偏心、倾斜、基础两侧覆盖土层的抗剪强度、基底和地面倾斜、土的压缩性影响等。

条形基础下地基极限承载力理论是建立在土的强度理论基础之上的。上述如朗肯、太沙基、迈耶霍夫等极限承载力公式大都是基于 Tresca 准则或莫尔-库仑准则推导而得，没有考虑中间主应力的影响。

统一强度理论反映了中间主应力的影响，并且具有十分简单的线性表达式，为条形基础下地基极限承载力研究提供了新的理论基础。1997 年，俞茂宏[10]首先将统一强度理论推广为平面应变问题的统一滑移线场理论，并得出了条形基础下地基极限承载力的统一滑移线场理论解。2000 年以后，一些学者[11-33]把统一强度理论引入条形基础下地基极限承载力研究中，考虑了中间主应力对计算结果的影响，将原来的单一解扩展为一系列结果的统一解。周小平、王建华、黄煜镔、丁志诚、王祥秋、杨林德、高文华、杨小礼、李亮、杜思村、高江平、俞茂宏、范文、白晓宇、刘杰、赵明华、陈昌富、隋凤涛、王士杰等都在研究中得出了新的成果。

本章所研究的条形基础下地基极限承载力问题与传统问题相同，但是将会采用统一强度理论代替传统的莫尔-库仑强度理论，它所得出的结果也从一个解发展为一系列有序变化的统一解，因而可以适用于更多的材料和结构，为工程应用提供了更多的资料、结果、参考和合理选择。这些新的结果还有可能取得一定的经济效益。对于其他形状的基础问题，理论解比较复杂，往往在条形基础之上进行修正计算而得到。

11.2 条形基础地基承载力

试验研究表明，建筑地基在荷载作用下往往由于承载力不足而产生剪切破坏，其破坏形式可分为整体剪切破坏、局部剪切破坏及冲切破坏三种，可通过现场荷载试验来判断。

整体剪切破坏是一种在基础荷载作用下地基发生连续剪切滑动面的破坏形式，其概念最早由普朗特尔于 1920 年提出。它的破坏特征为：地基在荷载作用下产生近似线弹性变形，如图 11.2(a)中 *p*-*s* 曲线的首段呈线性，其中 P_0 称为极限荷载；当荷载达到一定数值时，在基础的边缘下土体首先发生剪切破坏，随着荷载的增加，剪切破坏区也逐渐增大，*p*-*s* 曲线由线性开始变得弯曲；当剪切破坏区在地基中形成连续的滑动面时，地基就会急剧下沉并向一侧倾斜，基础两侧的地面向上隆起，地基彻底发生整体剪切破坏。这种破坏的 *p*-*s* 曲线具有明显的转折点，破坏前建筑物一般不会发生过大的沉降，破坏有一定的突然性。整体剪切破坏形式一般最有可能发生在密砂和坚硬的黏土之中。

局部剪切破坏是一种在基础荷载作用下地基某一范围内发生剪切破坏区的破坏形式，其概念最早由太沙基于 1943 年提出。它的破坏特征为：地基在荷载作用下基础边缘以下开始发生剪切破坏，随着荷载的增加，地基变形和剪切破坏区持续扩大，基础两侧土体有部分隆起，但基础没有明显的倾斜或者倒塌；基础由于产生过大的沉降而丧失承载能力，其 *p*-*s* 曲线如图 11.2(b)所示，一般没有明显的转折点。局部剪切破坏常发生在中等以下密实的砂土地基之中。

冲切破坏也叫刺入破坏，是一种在基础荷载作用下地基土体发生垂直剪切破坏，使基础产生较大沉降的破坏形式，其概念由 De Beer 和 Vesic 于 1959 年提出。它的破坏特征为：在荷载作用下基础产生较大沉降，基础周围的部分土体也发生下陷，不出现明显的破坏区和滑动面，基础没有明显的倾斜，其 *p-s* 曲线没有转折点，如图 11.2(c)所示。冲切破坏常发生在松砂、软土地基之中。

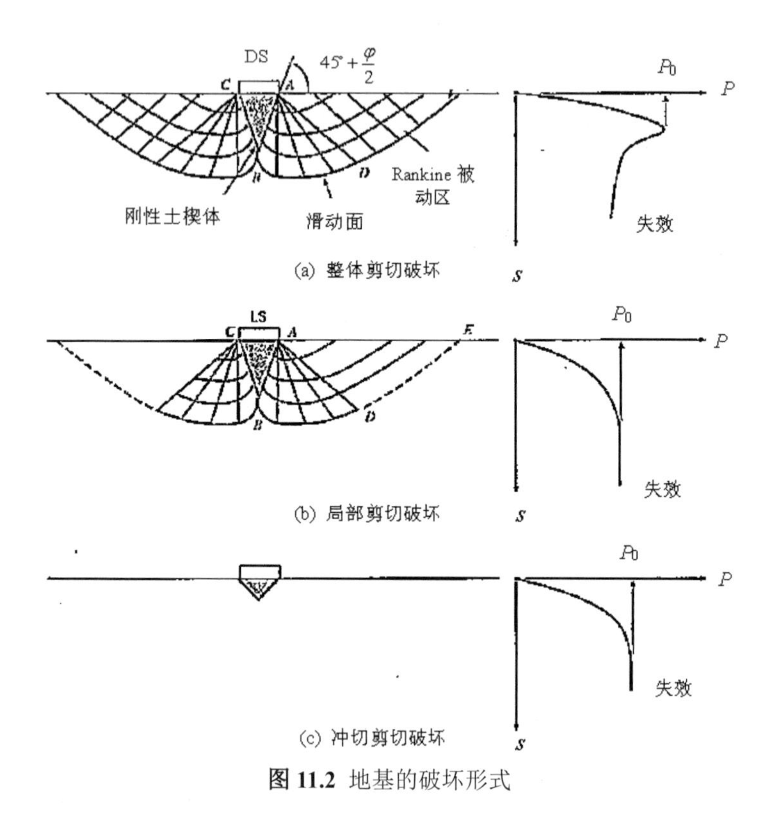

图 11.2 地基的破坏形式

11.2.1 极限承载力公式推导

统一强度理论可表示为：

$$
\begin{aligned}
F &= \sigma_1 - \frac{\alpha}{1+b}\left(b\sigma_2 + \sigma_3\right) = \sigma_t, \quad 当\sigma_2 \le \frac{\sigma_1+\alpha\sigma_3}{1+\alpha}时 \\
F' &= \frac{1}{1+b}\left(\sigma_1 + b\sigma_2\right) - \alpha\sigma_3 = \sigma_t, \quad 当\sigma_2 \ge \frac{\sigma_1+\alpha\sigma_3}{1+\alpha}时
\end{aligned}
\tag{11.1}
$$

式中，$\alpha=\sigma_t/\sigma_c$ 为材料的拉压比，b 为统一强度理论中的反映中间主剪应力及相应面上的正应力对材料破坏影响程度的参数。σ_t 为岩土体的抗拉强度，σ_c 为岩土体的抗压强度。σ_t、σ_c、b 和 α 都由实验确定。

1. 基本假设

(1)基础底面粗糙。当地基发生整体剪切破坏并形成延伸至基底平面高程处的连续滑动面时，基底以下有一部分土体将随基础一起移动而始终处于弹性状态，该部分土体为弹性楔体。弹性楔体的边界 ab 为滑动边界的一部分，并假设与水平面的夹角为 ψ，如图 11.3 所示。

除弹性楔体外，在滑动区域范围内的所有土体均处于塑性状态，滑动区由径向剪切区II和朗肯被动区 III 组成。径向剪切区的边界 bc 由对数螺旋曲线表示：

$$r = r_0 e^{\theta \operatorname{tg} \varphi_{\mathrm{UST}}} \tag{11.2}$$

其中

$$\varphi_{\mathrm{UST}} = \arcsin \frac{b(1-m) + (2 + bm + b)\sin\varphi_0}{2 + b + b\sin\varphi_0} \tag{11.3}$$

式中，$m=2\sigma_2/(\sigma_1+\sigma_3)$，$\varphi_0$ 为岩土体材料的内摩擦角，r_0 为起始矢径，θ 为任一矢径与起始矢径 r_0 的夹角。朗肯被动区 III 的边界 cd 为直线与水平面成角 $45°+\varphi_{\mathrm{UST}}/2$，如图 11.4 所示。

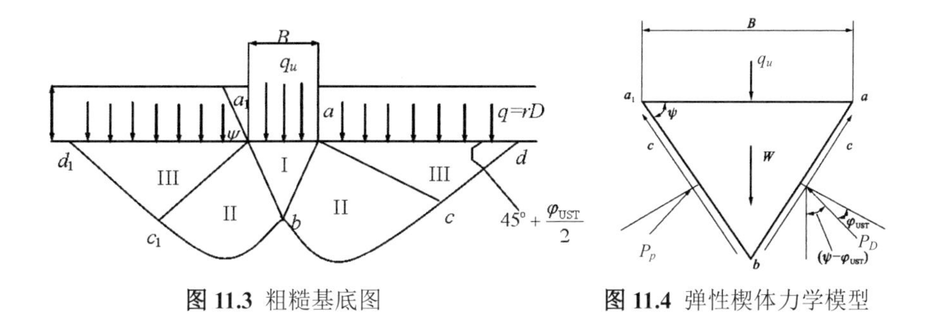

图 11.3 粗糙基底图　　**图 11.4** 弹性楔体力学模型

(2)不考虑基地以上基础两侧土体的抗剪强度的影响，而用相应的均布荷载 $q=rD$ 表示。

2. 地基极限承载力的确定

根据上述基本假定，由图 11.4 中的弹性楔体 aba_1 的平衡条件可得整体剪切破坏时的极限荷载：

$$Q_u = 2P_p \cos(\psi - \varphi_{\mathrm{UST}}) + C_{\mathrm{UST}} B \tan\psi - \frac{1}{4}\gamma B^2 \tan\psi \tag{11.4}$$

其中
$$C_{\mathrm{UST}}=\frac{2(1+b)C_0\cos\varphi_0}{2+b+b\sin\varphi_0}\cdot\frac{1}{\cos\varphi_{\mathrm{UST}}} \tag{11.5}$$

式中，C_0为岩土体材料的黏聚力，B为基础宽度，γ为地基土的容重，P_p为作用于弹性楔体边界面ab上的被动土压力的合力，即：

$$P_p=P_{pc}+P_{pq}+P_{p\gamma} \tag{11.6}$$

$$P_p=\frac{B}{2\cos^2\varphi_{\mathrm{UST}}}\left[C_{\mathrm{UST}}k_{pc}+qk_{pq}+\frac{1}{4}\gamma B\tan\varphi_{\mathrm{UST}}k_{p\gamma}\right] \tag{11.7}$$

其中
$$\begin{cases}k_{pc}=\dfrac{\cos\varphi_{\mathrm{UST}}}{\cos\psi}\cot\varphi_{\mathrm{UST}}\left[\mathrm{e}^{\left(\frac{3\pi}{2}+\varphi_{\mathrm{UST}}-2\psi\right)\tan\varphi_{\mathrm{UST}}}\left(1+\sin\varphi_{\mathrm{UST}}\right)-1\right]\\ k_{pq}=\dfrac{\cos^2\varphi_{\mathrm{UST}}}{\cos\psi}\mathrm{e}^{\left(\frac{3\pi}{2}+\varphi_{\mathrm{UST}}-2\psi\right)\tan\varphi_{\mathrm{UST}}}\tan\left(\dfrac{\pi}{4}+\dfrac{\varphi_{\mathrm{UST}}}{2}\right)\end{cases} \tag{11.8}$$

式中，$k_{p\gamma}$为γ项的被动动土压力系数，须通过试算确定。

将式(11.6)和式(11.7)代入式(11.4)可得：

$$q_u=\frac{Q_u}{B}=C_{\mathrm{UST}}N_c+qN_q+\frac{1}{2}\lambda BN_\gamma \tag{11.9}$$

其中
$$\begin{aligned}N_c&=\tan\psi+\frac{\cos(\psi-\varphi_{\mathrm{UST}})}{\cos\psi\sin\varphi_{\mathrm{UST}}}\left[\mathrm{e}^{\left(\frac{3\pi}{2}+\varphi_{\mathrm{UST}}-2\psi\right)\tan\varphi_{\mathrm{UST}}}\left(1+\sin\varphi_{\mathrm{UST}}\right)-1\right]\\ N_q&=\frac{\cos(\psi-\varphi_{\mathrm{UST}})}{\cos\psi}\mathrm{e}^{\left(\frac{3\pi}{2}+\varphi_{\mathrm{UST}}-2\psi\right)\tan\varphi_{\mathrm{UST}}}\tan\left(\frac{\pi}{4}+\frac{\varphi_{\mathrm{UST}}}{2}\right)\\ N_\gamma&=\frac{1}{2}\tan\psi\left(\frac{k_{pr}\cos(\psi-\varphi_{\mathrm{UST}})}{\cos\psi\cos\varphi_{\mathrm{UST}}}-1\right)\end{aligned} \tag{11.10}$$

式(11.9)是在基底粗糙的条件下得到的，其中弹性楔体边界ab与水平面的夹角ψ为未定值。为此本节作如下假定：

(1)假定基础完全粗糙(图11.5)。此时可假定弹性楔体边界ab与水平面的夹角为ψ=φ_{UST}，则式(11.10)可以写成如下形式：

$$N_c = (N_q - 1)\cot\varphi_{\mathrm{UST}}$$

$$N_q = \frac{\mathrm{e}^{\left(\frac{3\pi}{2} - \varphi_{\mathrm{UST}}\right)\tan\varphi_{\mathrm{UST}}}}{2\cos^2\left(\frac{\pi}{4} + \frac{\varphi_{\mathrm{UST}}}{2}\right)} \tag{11.11}$$

$$N_\gamma = \frac{1}{2}\tan\varphi_{\mathrm{UST}}\left(\frac{k_{pr}}{\cos^2\varphi_{\mathrm{UST}}} - 1\right)$$

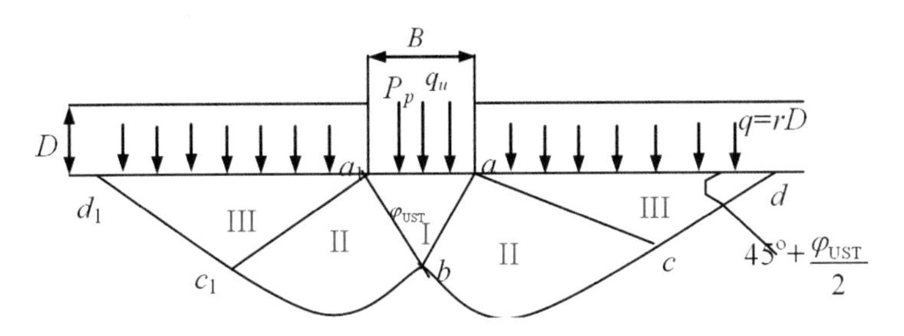

图 11.5 完全粗糙基底

从上式知承载力系数均与内摩擦角有关，被动土压力系数 $k_{p\gamma}$ 须试算确定。为了便于计算，结合太沙基经验公式，有：

$$N_\gamma = 1.8(N_q - 1)\tan\varphi_{\mathrm{UST}} \tag{11.12}$$

(2)假定基底完全光滑(图 11.6)。此时弹性楔体成为朗肯主动区，并且整个滑动区域已演变为与普朗特尔完全相同。朗肯主动区的边界与水平面的夹角为 ψ:

$$\psi = \frac{\pi}{4} + \frac{1}{2}\varphi_{\mathrm{UST}} \tag{11.13}$$

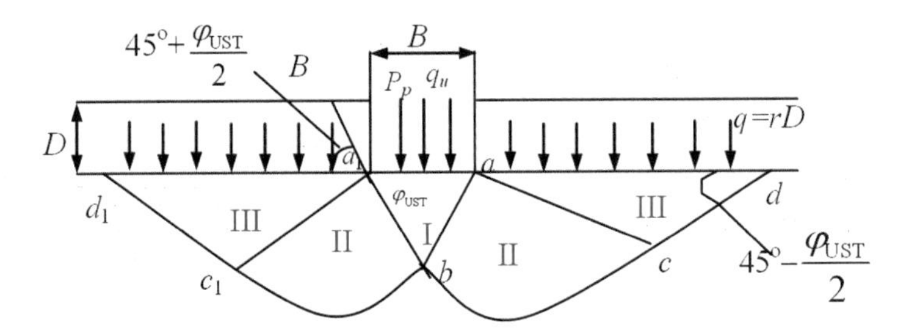

图 11.6 完全光滑基底

将式(11.12)代入式(11.9)，则可求出基础完全光滑的承载力系数 N_c、N_q 和 N_r。

11.2.2 各参数对极限承载力的影响

有一宽为 4 m 的条形基础，埋深为 3 m，地基为均质黏性土，容重为 19.5 kN/m^3，下面将探讨本节公式中各参数对极限承载力的影响规律。

1. 基底粗糙时(m=1)

假设基底粗糙，运用式(11.9)–(11.12)进行计算分析，得到的结果如图 11.7–11.24 所示。图 11.9–11.17 为 m=1 的基底粗糙地基计算结果，其中图 11.7–11.9 为 φ_0 与 q_u 的关系图，图 11.10–11.12 为 C_0 与 q_u 的关系图，图 11.13–11.15 为统一强度理论参数 b 与 q_u 的关系图。

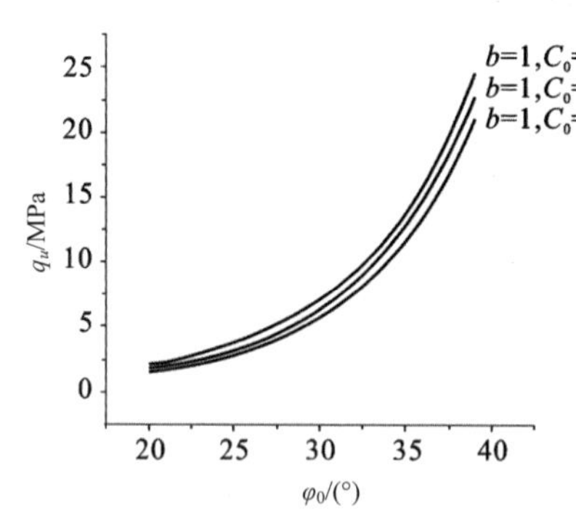

图 11.7 m=1，b=1 时 q_u 与 φ_0 的关系

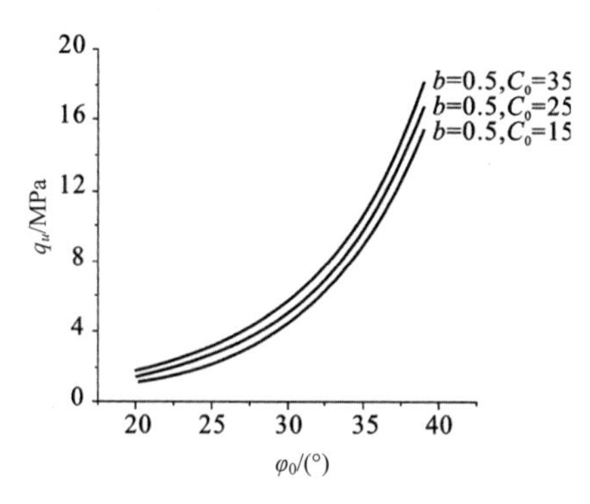

图 11.8 m=1，b=0.5 时 q_u 与 φ_0 的关系

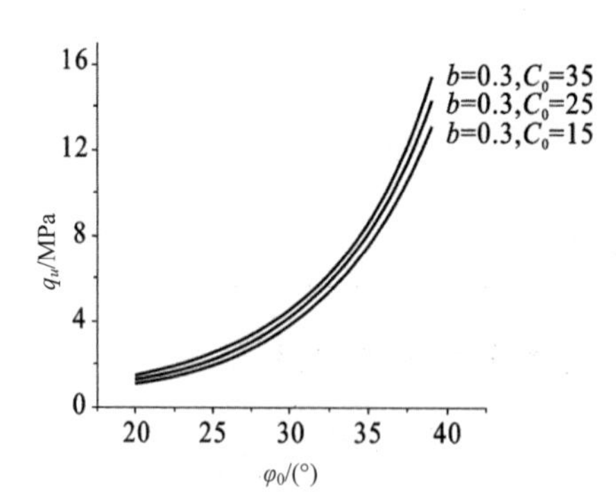

图 11.9 m=1，b=0.3 时 q_u 与 φ_0 的关系

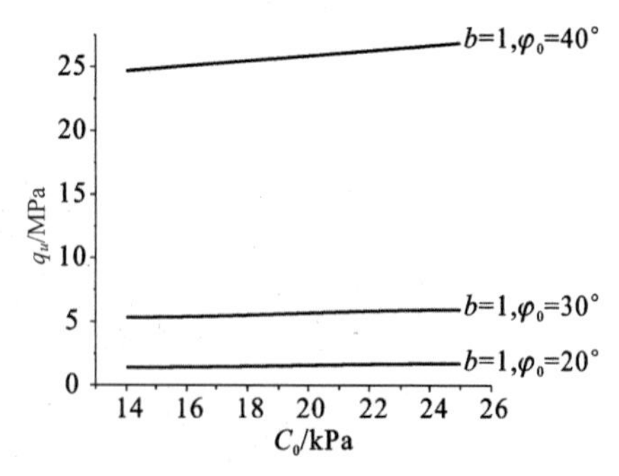

图 11.10 m=1，b=1 时 q_u 与 C_0 的关系

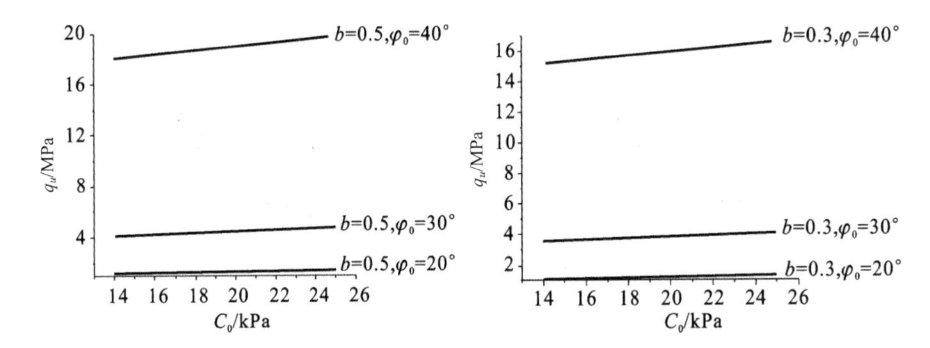

图 11.11 m=1，b=0.5 时 q_u 与 C_0 的关系　**图 11.12** m=1，b=0.3 时 q_u 与 C_0 的关系

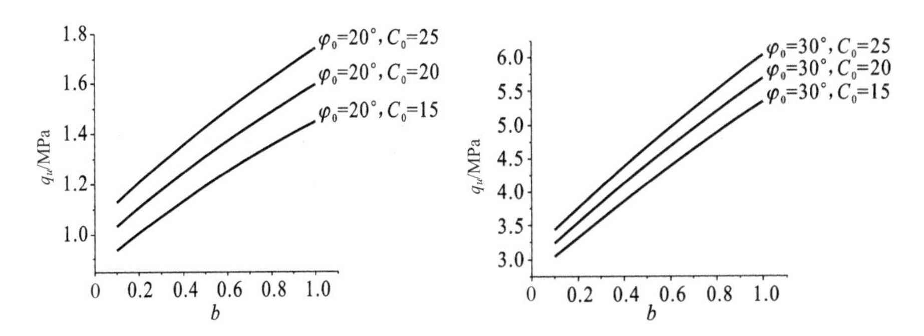

图 11.13 q_u 与 b 的关系(当 φ_0=20°时)　**图 11.14** q_u 与 b 的关系(当 φ_0=30°时)

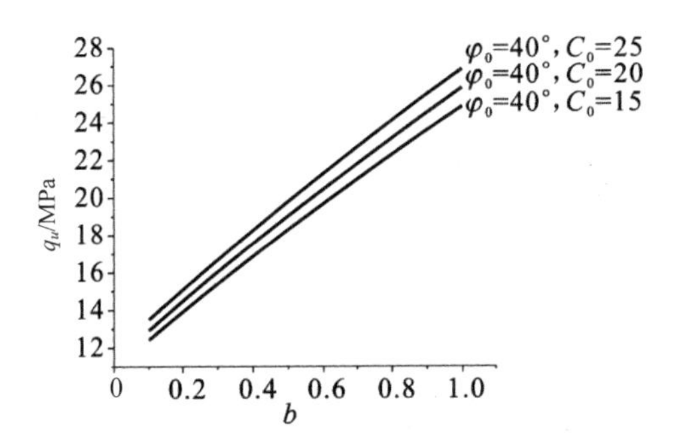

图 11.15 q_u 与 b 的关系(当 φ_0=40°时)

2. 基底粗糙时(m=0.8)

图 11.16–11.24 为基底粗糙 m=0.8 的计算结果，其中图 11.16–11.18 为 φ_0 与 q_u 的关系图，图 11.19–11.21 为 C_0 与 q_u 的关系图，图 11.22–11.24 为基底粗糙统一强度理论参数 b 与 q_u 的关系图。

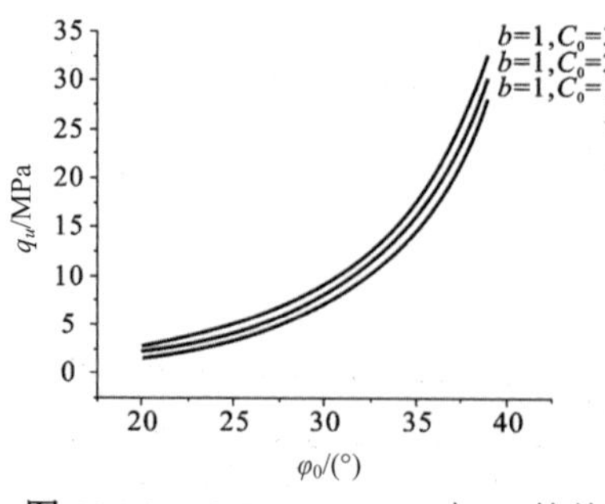

图 11.16 m=0.8，b=1 时 q_u 与 φ_0 的关系

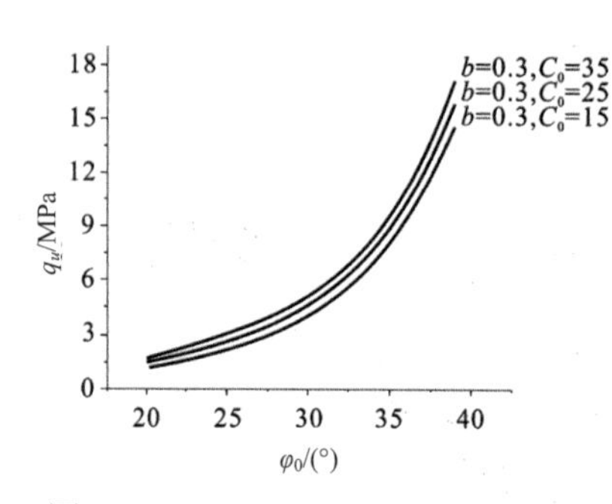

图 11.17 m=0.8，b=0.5 时 q_u 与 φ_0 的关系

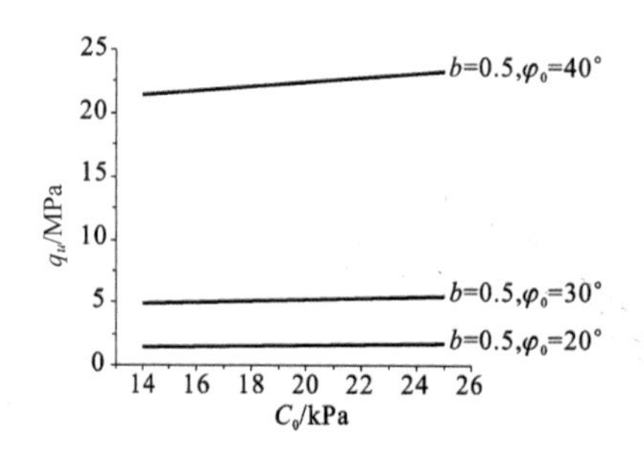

图 11.18 m=0.8，b=0.3 时 q_u 与 φ_0 的关系

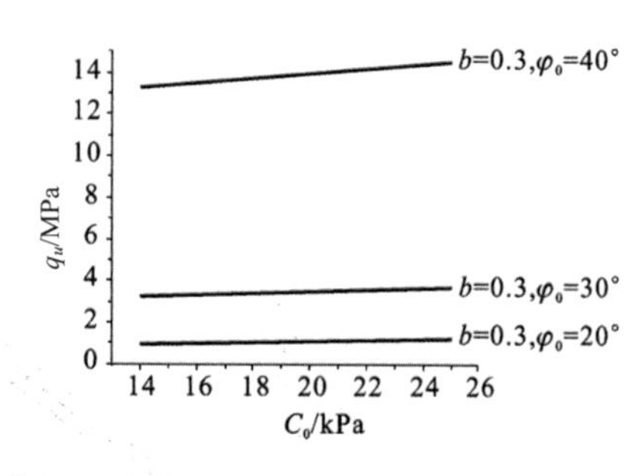

图 11.19 m=0.8，b=1 时 q_u 与 C_0 的关系

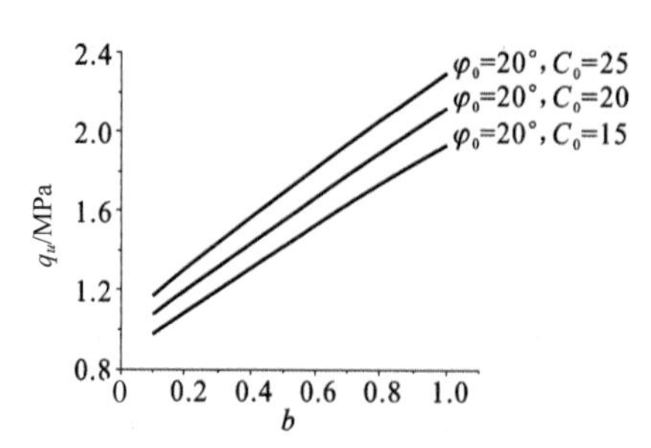

图 11.20 m=0.8, b=0.5 时 C_0 与 q_u 的关系

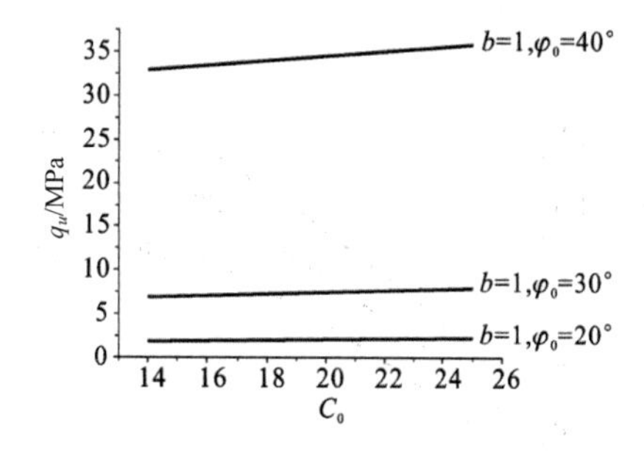

图 11.21 m=0.8, b=0.3 时 C_0 与 q_u 的关系

图 11.22 q_u 与 b 的关系(当 φ_0=20°时)

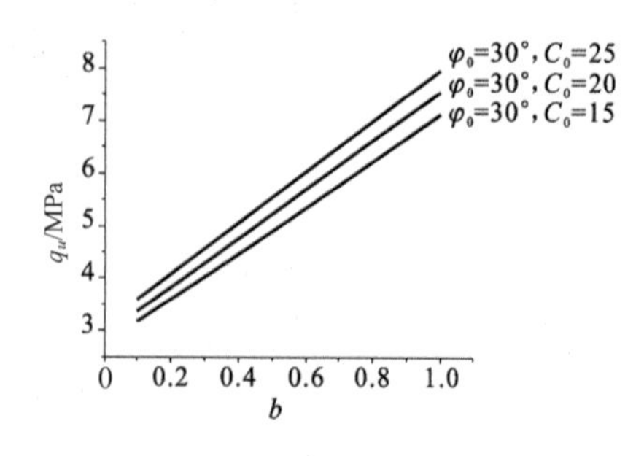

图 11.23 q_u 与 b 的关系(当 φ_0=30°时)

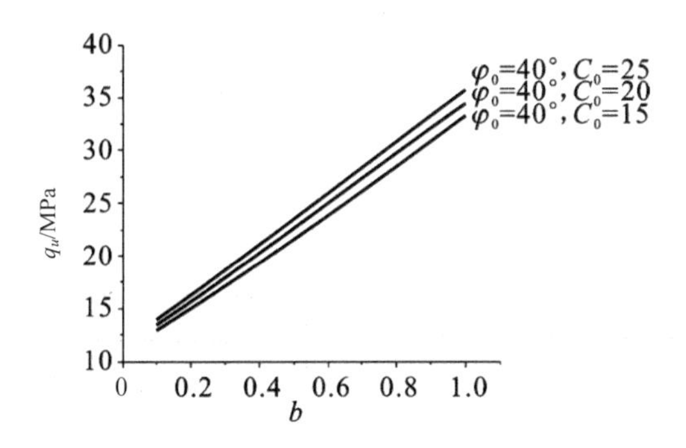

图 11.24 q_u 与参数 b 的关系(当 m=0.8，φ_0=40°时)

3. 基底光滑时(m=1)

假设基底光滑，运用公式(11.9)、(11.10)和(11.13)计算分析，可得基底光滑 m=1 的计算结果，如图 11.25–11.33 所示。其中图 11.25–11.27 为 φ_0 与 q_u 的关系图，图 11.28–11.30 为 C_0 与 q_u 的关系图，图 11.31–11.33 为基底粗糙统一强度理论参数 b 与 q_u 的关系图。

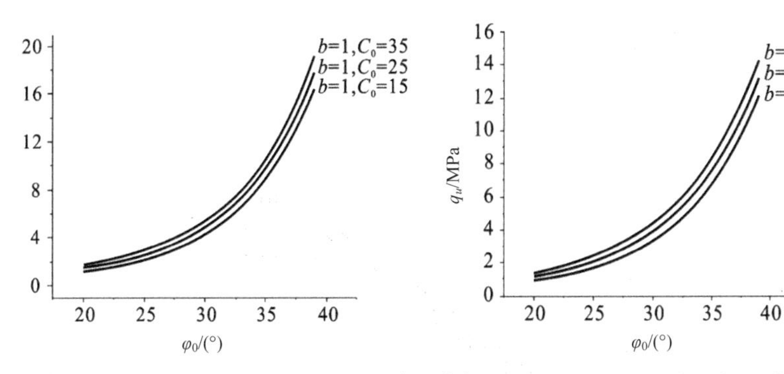

图 11.25 m=1，b=1 时 φ_0 与 q_u 的关系　**图 11.26** m=1，b=0.5 时 φ_0 与 q_u 的关系

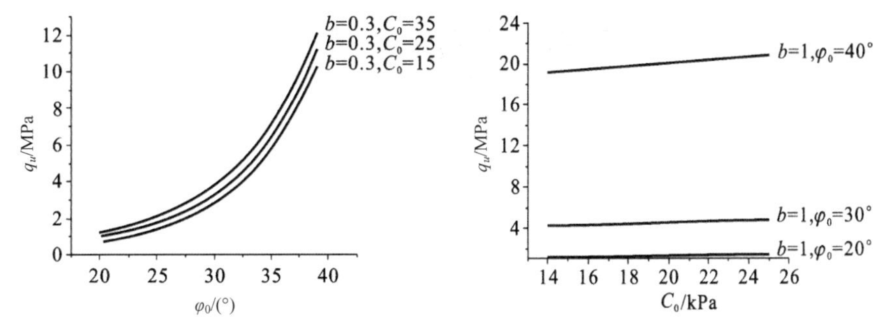

图 11.27 m=1，b=0.3 时 φ_0 与 q_u 的关系　**图 11.28** m=1，b=1 时 q_u 与 C_0 的关系

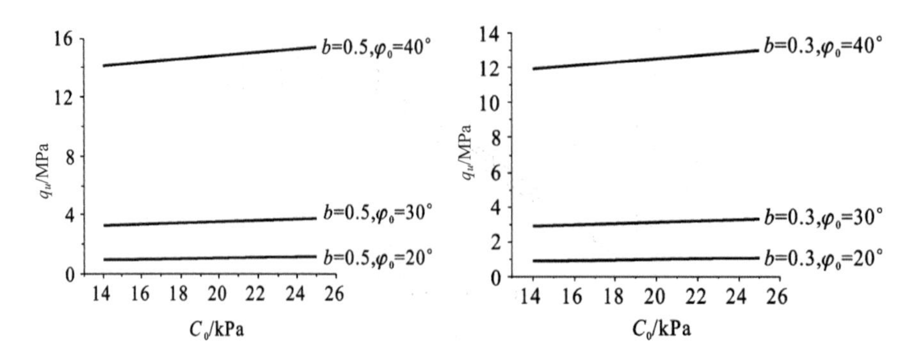

图 11.29 m=1，b=0.5 时 q_u 与 C_0 的关系　**图 11.30** m=1，b=0.3 时 q_u 与 C_0 的关系

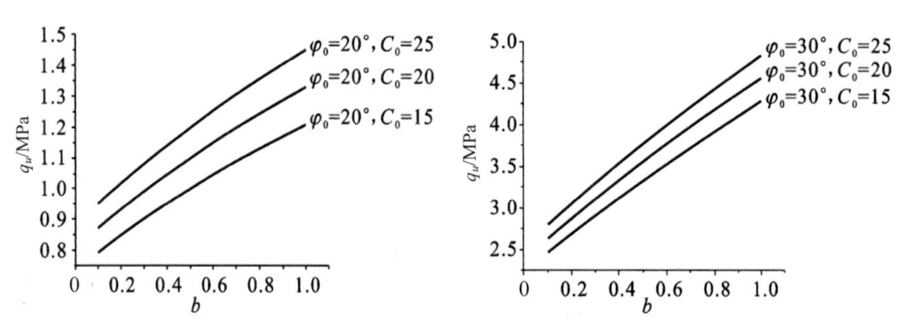

图 11.31 q_u 与 b 的关系(当 φ_0 = 20°时)　**图 11.32** q_u 与 b 的关系(当 φ_0 = 30°时)

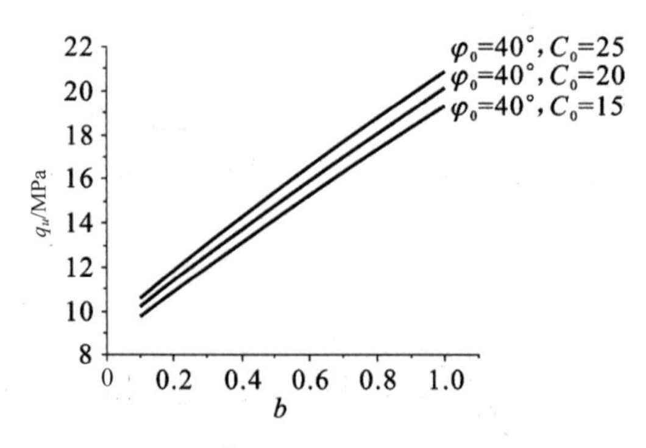

图 11.33 q_u 与 b 的关系(当 φ_0 = 40°时)

4. 基底光滑时(m=0.8)

图 11.34–11.42 为基底粗糙 m=0.8 的计算结果，其中图 11.34–11.36 为 φ_0 与 q_u 的关系图，图 11.37–11.39 为 C_0 与 q_u 的关系图，图 11.40–11.42 为基底粗糙统一强度理论参数 b 与 q_u 的关系图。

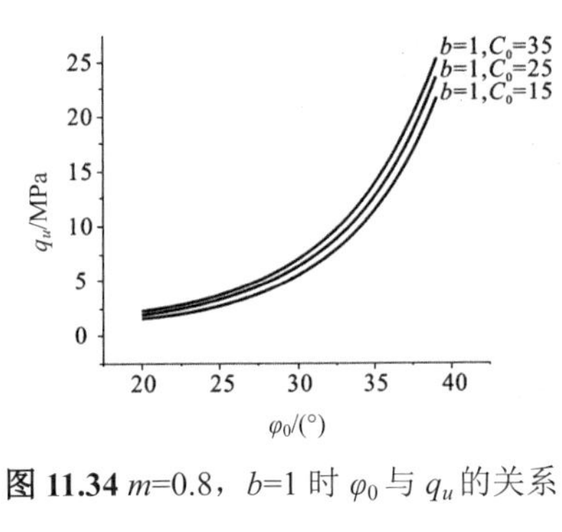

图 11.34 m=0.8，b=1 时 φ_0 与 q_u 的关系

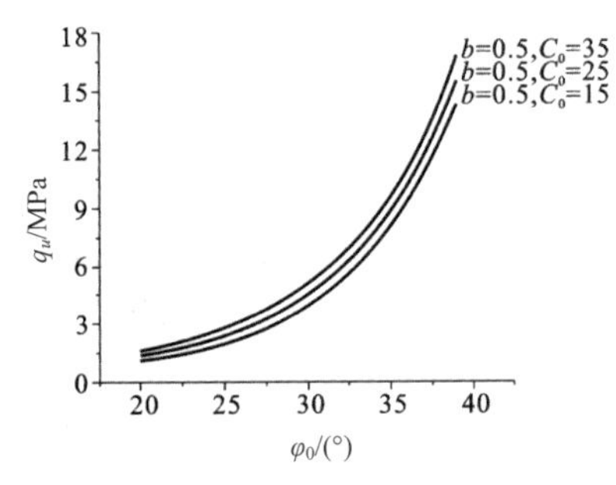

图 11.35 m=0.8，b=0.5 时 φ_0 与 q_u 的关系

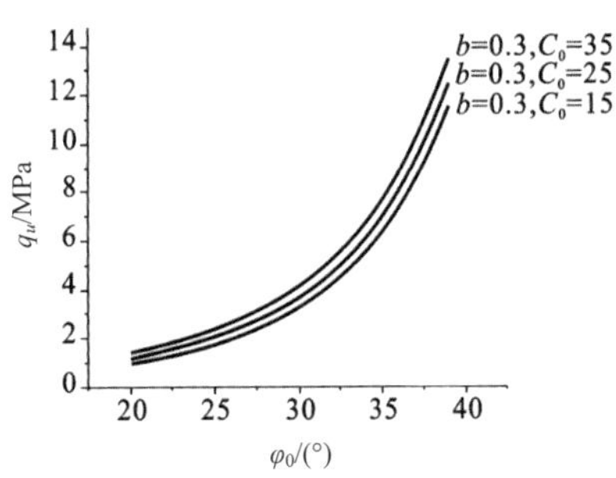

图 11.36 m=0.8，b=0.3 时 φ_0 与 q_u 的关系

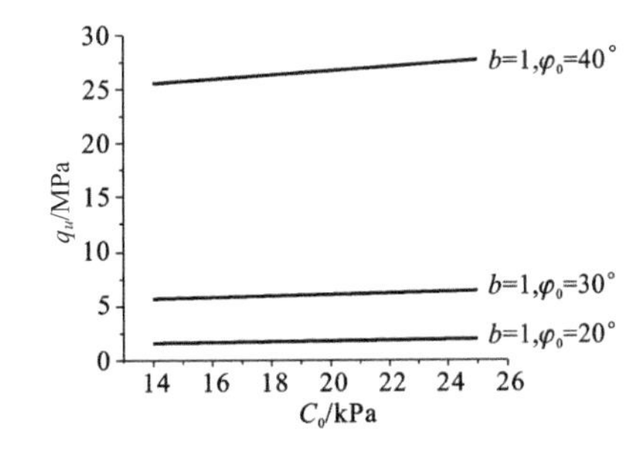

图 11.37 m=0.8，b=1 时 q_u 与 C_0 的关系

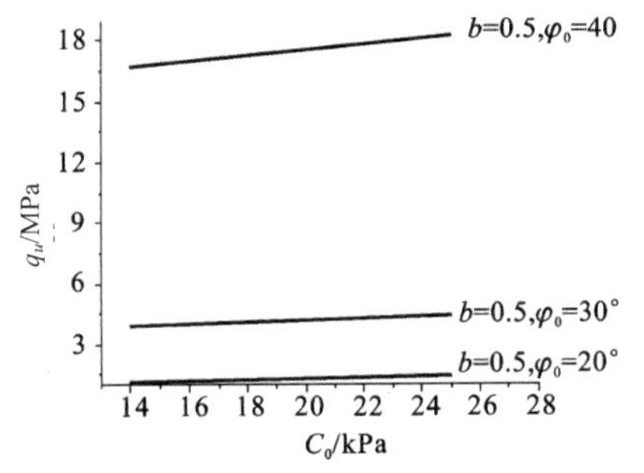

图 11.38 m=0.8，b=0.5 时 q_u 与 C_0 的关系

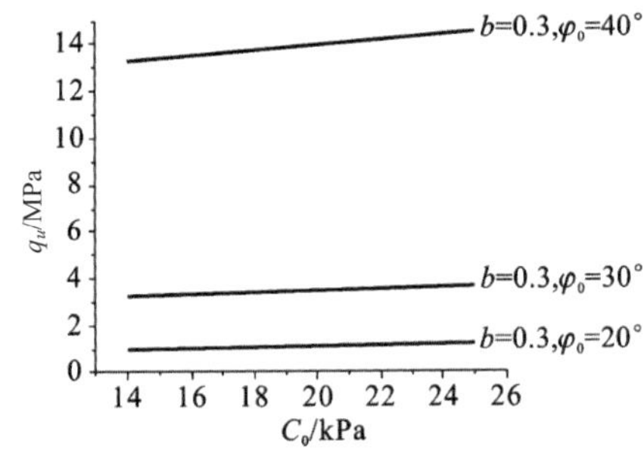

图 11.39 m=0.8, b=0.3 时 q_u 与 C_0 的关系

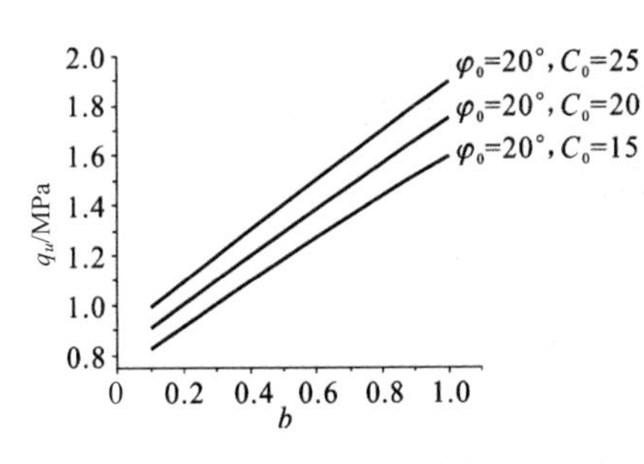

图 11.40 q_u 与 b 的关系(当 φ_0=20°时)

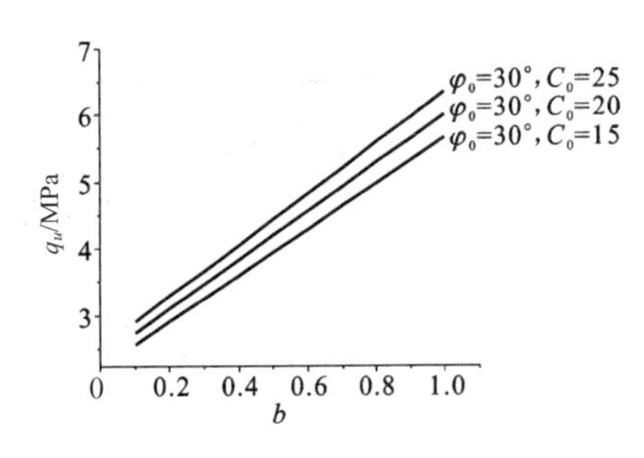

图 11.41 q_u 与 b 的关系(当 φ_0=30°时)

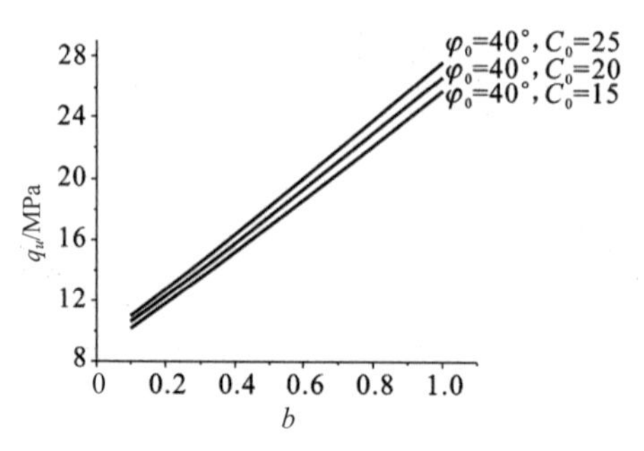

图 11.42 q_u 与 b 的关系(当 φ_0=40°时)

11.3 黏聚力和超载引起的地基极限承载力

本节讨论黏聚力和地基两侧土的超载而引起的极限承载力统一公式。

11.3.1 地基极限承载力公式推导

1. 基本假设

如图 11.43 所示，当地基发生整体剪切破坏时，其滑动面一直延伸至地面并交于 E 点，而滑动面则由直线 AC、对数螺旋曲线 CH 和直线 HE 三部分组成，其中 AC 与水平面成 $45°+\varphi_{\mathrm{UST}}/2$。基础侧面 BF 与土体之间的相互作用以及基础两侧 BEF 土体重量的影响，可由 BE 平面上的等代应力 σ_0 和 τ_0 来代替。因此，在考虑土体的平衡时可以将 BEF 的土体移去，并用“等代自由面”BE 来代替，假定 BE 面与水平面的夹角为 β，它随基础的埋深而增加。

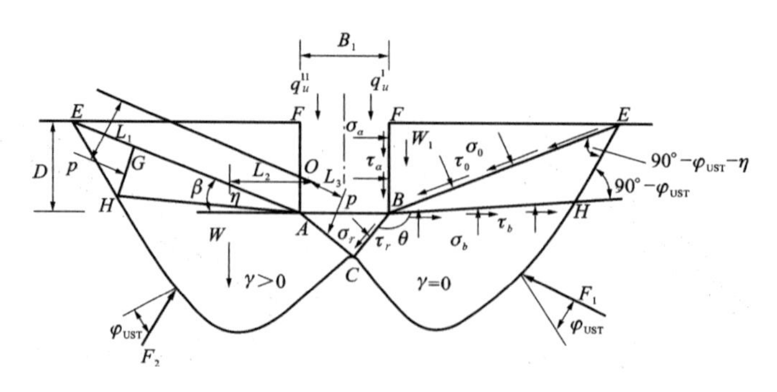

图 11.43 地基极限承载力模型

基础侧面上的法向应力 σ_α 按静止压力分布，若基础侧面与土之间的摩擦角为 δ，则作用于基础侧面上的平均法向应力 σ_α 和切向应力 τ_α 为：

$$\sigma_\alpha = \frac{1}{2}k_0\gamma D，\ \tau_\alpha = \sigma_\alpha \tan\delta = \frac{1}{2}k_0\gamma D\tan\delta \tag{11.14}$$

式中，k_0 为土的静止侧压力系数；γ 为基础底面以上土的容重；D 为基础的埋置深度。

2. 黏聚力和基础两侧土的超载引起的承载力

(1)等代自由面 BE 上法向应力 σ_0 和切向应力 τ_0 的计算

由 BE 面法线方向所有力的平衡条件可得 BE 面上的法向应力为：

$$\sigma_0 = \frac{1}{2}\gamma D\left(k_0\sin^2\beta + \frac{1}{2}k_0\tan\delta\sin 2\beta + \cos^2\beta\right) \tag{11.15}$$

同理，BE 面切向应力为：

$$\tau_0 = \frac{1}{2}\gamma D\left[\frac{1}{2}(1-k_0)\sin 2\beta + k_0\tan\delta\sin^2\beta\right] \tag{11.16}$$

由对数螺旋曲线性质及图 11.43 中的 BHE 的几何关系得：

$$\sin\beta = \frac{2D\sin\left(\frac{\pi}{4}-\frac{\varphi_{\mathrm{UST}}}{2}\right)\cos(\eta+\varphi_{\mathrm{UST}})}{B_1\cos\varphi_{\mathrm{UST}}\mathrm{e}^{\theta\tan\varphi_{\mathrm{UST}}}} \tag{11.17}$$

式中，θ 为对数螺旋曲线的中心角(θ=135°+β−η−φ_{UST}/2)。

从式(11.15)和(11.16)可知，BE 面上的法向应力 σ_0 和切向应力 τ_0 是 β 的函数，因此在求解时要进行试算，即先假定 β 值，由式(11.15)和(11.16)算出 σ_0、τ_0，再通过图 11.44 上的极限应力图求解 β 值，最后再由式(11.17)反算 β，直至假定值与反算值两者相符。

(2)H 面的法向应力 σ_b 和切向应力 τ_b 的计算

由图 11.44 可知：

$$\angle d_{ce} = 2\eta \tag{11.18}$$

由几何关系可得：

$$\sigma_b = \sigma_0 + \overline{ce}\sin(2\eta + \varphi_{\mathrm{UST}}) - \overline{cd}\sin\varphi_{\mathrm{UST}} \tag{11.19}$$

由于 BH 面处于极限平衡状态，故切向应力 τ_b 和 σ_b 的关系为：

$$\tau_b = C_{\mathrm{UST}} + \sigma_b \tan\varphi_{\mathrm{UST}} \tag{11.20}$$

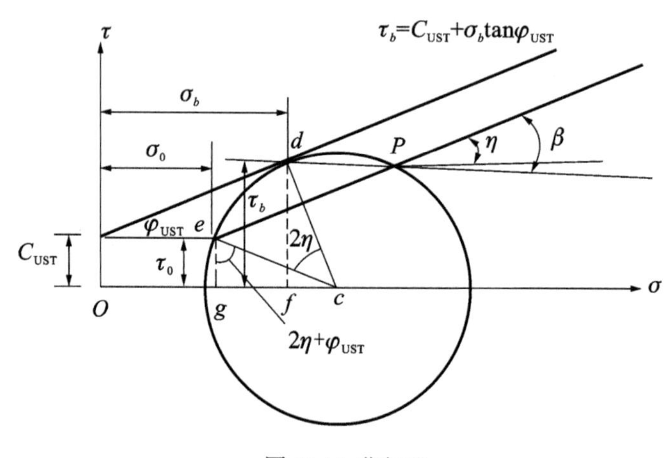

图 11.44 莫尔圆

将式(11.20)代入式(11.19)可得：

$$\sigma_b = \frac{\cos^2\varphi_{\mathrm{UST}}\sigma_0 + C_{\mathrm{UST}}\cos\varphi_{\mathrm{UST}}\left[\sin(2\eta + \varphi_{\mathrm{UST}}) - \sin\varphi_{\mathrm{UST}}\right]}{\cos^2\varphi_{\mathrm{UST}} - \sin\varphi_{\mathrm{UST}}\left[\sin(2\eta + \varphi_{\mathrm{UST}}) - \sin\varphi_{\mathrm{UST}}\right]} \tag{11.21}$$

(3)BC 面上的法向应力 σ_c 和切向应力 τ_c 计算

如图 11.45 所示，BCH 面上所有各力对 B 点的力矩之和为零，可得 BC 面上的法向应力为：

$$\sigma_c = \left[(C_{\mathrm{UST}} + \sigma_b)\mathrm{e}^{2\theta\tan\varphi_{\mathrm{UST}}} - C_{\mathrm{UST}}\right]\cot\varphi_{\mathrm{UST}} \tag{11.22}$$

由于 BC 面处于极限状态，该面的切向应力与法向应力的关系为：

$$\tau_c = C_{\mathrm{UST}} + \sigma_c \tan\varphi_{\mathrm{UST}} = (C_{\mathrm{UST}} + \sigma_c \tan\varphi_{\mathrm{UST}})\mathrm{e}^{2\theta\tan\varphi_{\mathrm{UST}}} \tag{11.23}$$

如图 11.46 所示，将三角楔体 ABC 作为考察对象，列出竖向力的平衡方程为：

$$q_u^1 = \sigma_c + \tau_c \cot\left(45° + \frac{\varphi_{\text{UST}}}{2}\right) \tag{11.24}$$

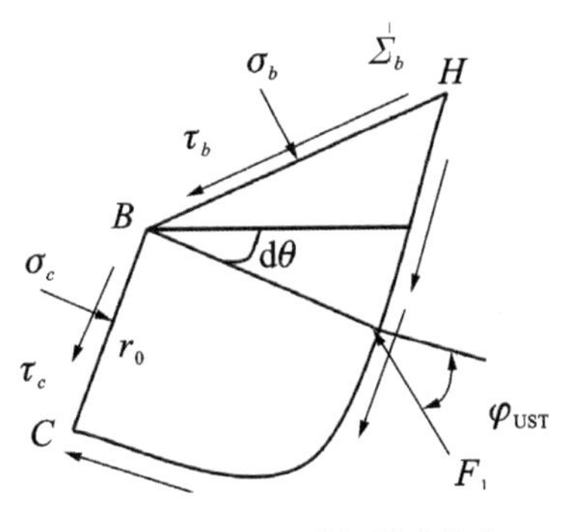

图 11.45 BCH 面上所受的力

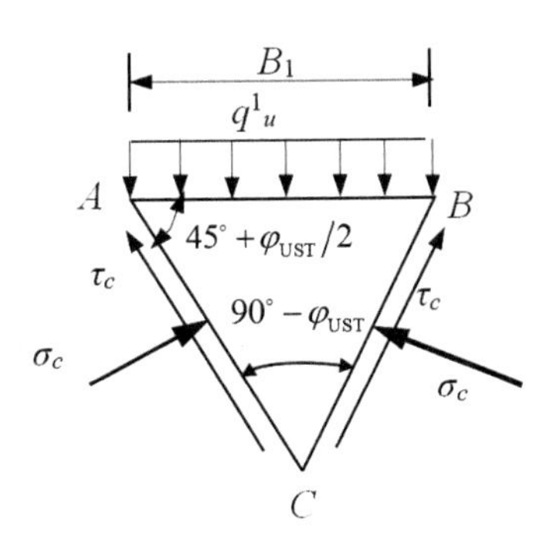

图 11.46 力学模型

将式(11.21)–(11.23)代入式(11.24)可得极限承载力为：

$$q_u^1 = C_{\text{UST}} N_c + \sigma_0 N_q \tag{11.25}$$

式中，$N_c == (N_q - 1)\cot\varphi_{\text{UST}}$，$N_q = \dfrac{(1+\sin\varphi_{\text{UST}})e^{2\theta\tan\varphi_{\text{UST}}}}{1-\sin\varphi_{\text{UST}}\sin(\varphi_{\text{UST}}+2\eta)}$。

3. 由土重引起的极限承载力

此时假定土的凝聚力和基础两侧超载等于零，即 $C_0=0$，$\sigma_0=\tau_0=0$，对数螺旋曲线中心移到 O 点并需通过试算确定。现以图 11.43 左侧中的 $ACHG$ 为研究对象，通过 O 点合力矩等于零，可求得 AC 面上的被动土压力为：

$$p = \frac{p_1 L_1 + W L_2}{L_3} \tag{11.26}$$

式中，p 为 AC 面上的被动土压力；W 为土体自重；p_1 为 GH 面上的被动土压力。

如图 11.47 所示，由 ABC 上的作用力在竖直方向的平衡条件，可得到由土重产生的承载力为：

$$q_u^{11} = \frac{1}{2} B_1 \gamma N_\gamma \tag{11.27}$$

式中，$N_\gamma = \dfrac{4p}{\lambda^2 B_1} \sin\left(45° + \dfrac{1}{2}\varphi_{\mathrm{UST}}\right) - \dfrac{1}{2}\tan\left(45° + \dfrac{1}{2}\varphi_{\mathrm{UST}}\right)$，$\gamma$ 为基底以下地基土的容重；B_1 为基底宽度；N_γ 为承载力系数。

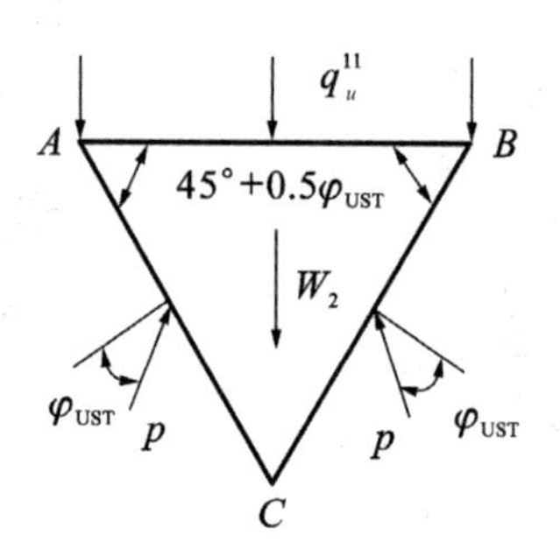

图 11.47 力学模型

最后将式(11.25)和(11.27)叠加，即得条形基础在中心荷载作用下均质地基的极限承载力：

$$q_u = q_u^1 + q_u^{11} = C_{\mathrm{UST}} N_c + \sigma_0 N_q + \frac{1}{2} B_1 \gamma N_\gamma \tag{11.28}$$

式(11.28)的系数 N_c、N_q、N_γ 均与 φ_0、β、η 有关，而 η 受到“等代自由面”上抗剪强度动用系数的控制。从图 11.46 中的几何关系得 η 和 n 的关系为：

$$\cos(2\eta + \varphi_{\mathrm{UST}}) = \frac{\tau_0 \cos\varphi_{\mathrm{UST}}}{\tau_b} = \frac{n(C_{\mathrm{UST}} + \sigma_0 \tan\varphi_{\mathrm{UST}})\cos\varphi_{\mathrm{UST}}}{C_{\mathrm{UST}} + \sigma_b \tan\varphi_{\mathrm{UST}}} \tag{11.29}$$

式中，n 为抗剪强度动用系数。

11.3.2　各参数对极限承载力的影响

条形基础宽 4 m，埋深 3 m，地基为均质的黏性土，其容重 γ=19.5 kN/m^3。设土的静止侧压力系数 k_0=0.45，基础与土之间的摩擦角 δ=12°，m=1。下面探讨各参数对极限承载力的影响规律，结果如图 11.48–11.56 所示。

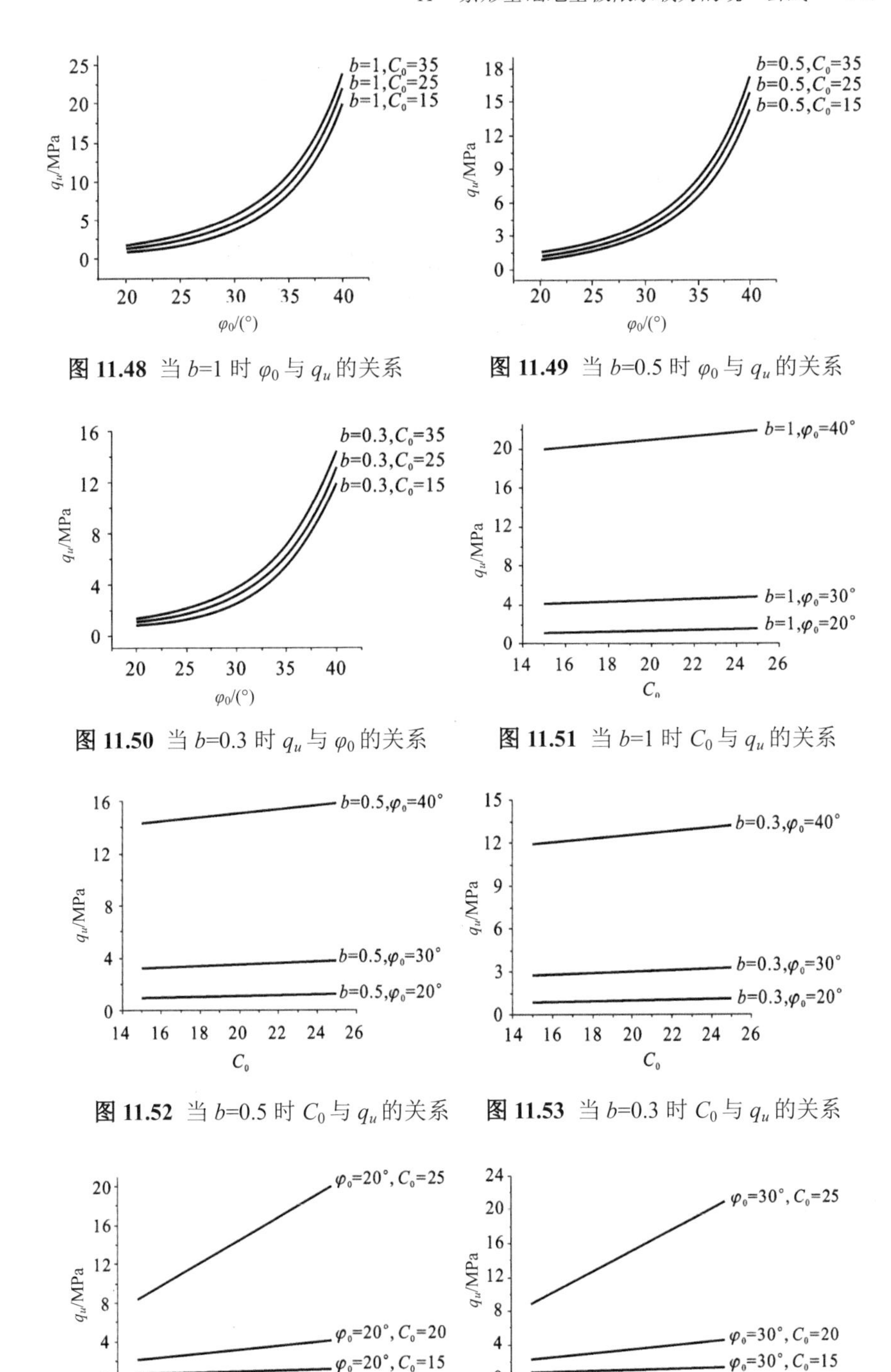

图 11.48 当 b=1 时 φ_0 与 q_u 的关系

图 11.49 当 b=0.5 时 φ_0 与 q_u 的关系

图 11.50 当 b=0.3 时 q_u 与 φ_0 的关系

图 11.51 当 b=1 时 C_0 与 q_u 的关系

图 11.52 当 b=0.5 时 C_0 与 q_u 的关系

图 11.53 当 b=0.3 时 C_0 与 q_u 的关系

图 11.54 q_u 与 b 与的关系(当 φ_0=20°时)

图 11.55 q_u 与 b 的关系(当 φ_0=30°时)

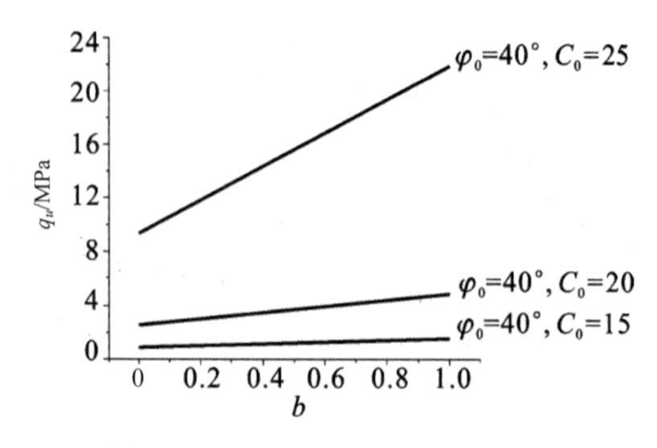

图 11.56 q_u 与 b 的关系(当 φ_0=40°时)

11.4　算　例

11.4.1　与太沙基公式的计算结果比较

已知条件同 11.2 节，其中固结不排水抗剪强度指标为 C_0=20 kPa，φ_0=30°，下面是 11.2 节公式与太沙基公式计算的结果比较。

1. 太沙基公式

假设基底完全粗糙(b=0，m=1)：N_c=38.8，N_γ=23.26，N_q=23.4，求解得：

$$q_u = \frac{Q_u}{B} = C_{\mathrm{UST}} N_c + qN_q + \gamma BN_\gamma / 2 = 3052\ \mathrm{kPa}$$

2. 统一强度理论承载力公式(11.2 节)

统一强度理论承载力公式为：

$$q_u = \frac{Q_u}{B} = C_{\mathrm{UST}} N_c + qN_q + \gamma BN_\gamma / 2$$

当基底完全粗糙时：

当 b=0.2，m=1 时，N_c=41.92，N_γ=28.26，N_q=26.64，q_u=3547 kPa
当 b=0.5，m=1 时，N_c=48.47，N_γ=37.08，N_q=32.60，q_u=4409 kPa
当 b=0.8，m=1 时，N_c=53.30，N_γ=44.38，N_q=37.24，q_u=5121 kPa
当 b=1.0，m=1 时，N_c=57.05，N_γ=49.79，N_q=40.73，q_u=5651 kPa

当基底完全光滑时：

当 b=0，m=1 时，N_c=30.10，N_γ=18.05，N_q=18.37，q_u=2379 kPa
当 b=0.2，m=1 时，N_c=33.86，N_γ=22.79，N_q=21.70，q_u=2853 kPa
当 b=0.5，m=1 时，N_c=38.92，N_γ=29.77，N_q=26.37，q_u=3552 kPa
当 b=0.8，m=1 时，N_c=43.00，N_γ=35.81，N_q=30.24，q_u=4143 kPa
当 b=1.0，m=1 时，N_c=45.50，N_γ=39.60，N_q=32.60，q_u=4509 kPa

从上述算例我们可以知道，地基的极限承载力随着中间主应力系数 b 的增大而显著增加，这说明了中间主应力对地基的极限承载力有十分明显的影响。

11.4.2 统一强度公式与迈耶霍夫公式计算结果比较

有一宽为 4 m 的条形基础，埋深为 3 m，地基为均质黏性土，其容重 γ=19.5 kN/m^3，设土的静止侧压力系数 k_0=0.45，基础与土之间的摩擦角 δ=12°，固结不排水的抗剪强度指标为 C_0=20 kPa，φ_0=22°。下面用 11.3 节公式和迈耶霍夫公式计算地基极限承载力并加以比较。

1. 利用迈耶霍夫公式[5]，有：

σ_0=28.87 kPa，τ_0=4.21 kPa，η=30°，θ=1.9 rad，β=15°
σ_b=57.57 kPa，n=0.2，N_c=28，N_q=12，N_γ=9.5

求得迈耶霍夫的极限承载力为：

$$q_u = CN_c + \sigma_0 N_q + \gamma B N_\gamma / 2 = 1277 \text{ kPa}$$

2. 利用统一强度理论公式，有：

(1)当 b=1.0，m=1 时，$q_u = C_{\text{UST}} N_c + q N_q + \gamma B N_\gamma / 2$ =1656 kPa

(2)当 b=0.5，m=1 时，$q_u = C_{\text{UST}} N_c + q N_q + \gamma B N_\gamma / 2$ =1632 kPa

(3)当 b=0.3，m=1 时，$q_u = C_{\text{UST}} N_c + q N_q + \gamma B N_\gamma / 2$ =1272 kPa

(4)当 b=1.0，m=0.9 时，$q_u = C_{\text{UST}} N_c + q N_q + \gamma B N_\gamma / 2$ =1889 kPa

11.5 条形地基承载力的统一滑移线场解

统一强度理论不仅是一个序列化的、系统的材料强度理论，而且在结构强度问题分析应用中也可以得到一系列有序变化的结果。俞茂宏等[10]于 1997 年将统一强度理论与平面应变滑移线场理论相结合，得出条形地基的极限承载力 q 的统一解析解结果，如图 11.57 和式(11.30)所示。

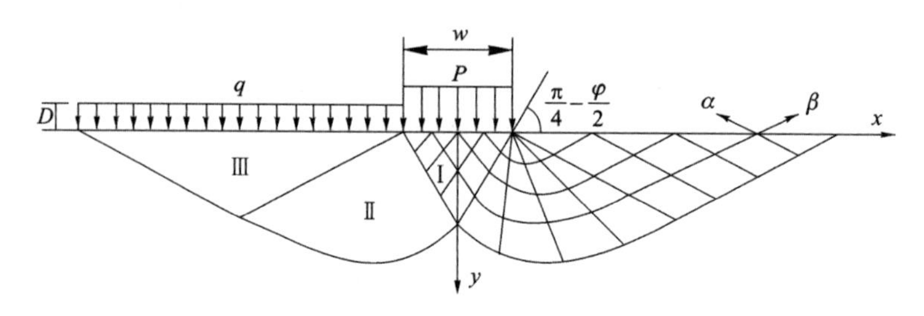

图 11.57 条形基础土体的滑移线场

$$q_{\mathrm{UST}}=C_{\mathrm{UST}}\cdot\cot\varphi_{\mathrm{UST}}\left[\frac{1+\sin\varphi_{\mathrm{UST}}}{1-\sin\varphi_{\mathrm{UST}}}\exp(\pi\cdot\tan\varphi_{\mathrm{UST}})-1\right] \tag{11.30}$$

有意义的是，这个结果在形式上与传统土力学中的结果相同，但公式中的材料参数(黏聚力参数 C_0 和摩擦角 φ_0)变为统一强度理论的新的统一参数 C_{UST} 和摩擦角 φ_{UST}[9]，因而得出的不是一个结果，而是一系列结果，如图 11.58 所示。

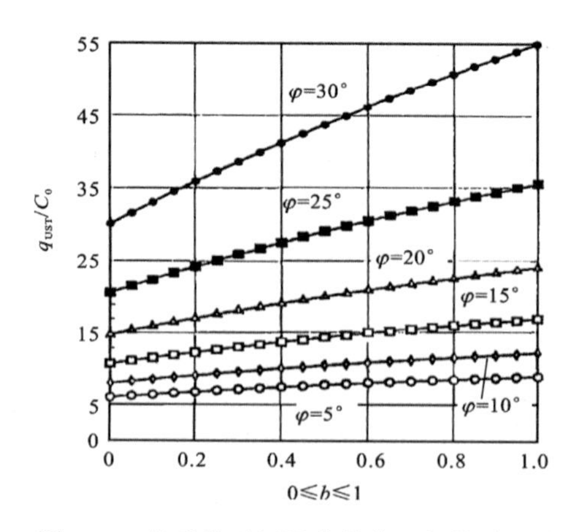

图 11.58 条形基础极限荷载统一解的系列结果

应用统一强度理论求解条形基础地基土体的承载力，可以得到一系列结果，并将传统土力学的结果(b=0)作为特例包含其中，为工程应用提供更多的结果、参考、对比和选择。

11.6　本章小结

多年来，许多国内外学者进行的复杂应力条件下岩土破坏研究的结果表明，中间主应力对岩土的强度有一定的影响。由于莫尔-库仑强度理论未考虑中间主应力 σ_2 的影响，它构成了屈服面的下限，其计算结果较为保守，因此，地基强度尚有潜能可挖。当然，在运用这一公式时，对 C 和 φ 值确定的精确性要求较高。由于强度参数的确定受到岩土材料的复杂性和人们认识水平的局限性的影响，往往容易造成误差。随着科学技术水平的发展，准确地确定岩土材料强度参数，选择合理的强度模型有助于更好地适应实际情况，并节约工程投资。21 世纪以来，重庆大学、上海交通大学、西安交通大学、同济大学、湖南大学、长安大学、西安理工大学等的研究人员采用统一强度理论对条形地基承载力的解析解和数值解进行了多方面的研究，取得了一系列成果，并且与工程结合应用于解决实际问题。他们的研究结果表明：

(1)基于莫尔-库仑强度理论的地基极限承载力，由于没有考虑中间主应力的影响，其值最小，而基于双剪强度理论的地基极限承载力最大。

(2)内摩擦角 φ_0 对地基极限承载力影响非常大，随着内摩擦角 φ_0 的提高，地基极限承载力显著增大。

(3)根据算例可以知道，统一强度理论参数 b 越大，地基极限承载力越大。

(4)本章利用统一强度理论建立了地基极限承载力的统一解公式。利用此解可以合理得出不同材料的相应解，并且能充分发挥材料自身的承载能力，对实际工程具有重要意义。

(5)统一强度理论的应用可以取得较大的经济效益。

参考文献

[1] Budhu, M (2007) *Soil Mechanics and Foundations*, Second Edition. New

York:John Wiley & Sons, Inc.

[2] Terzaghi, K, Peck, RB, Mesri, G (1996) *Soil Mechanics in Engineering Practice*, Third Edition. New York:John Wiley & Sons Inc.

[3] 松岗元(Matsuoka) (2001) 土力学. 罗汀, 姚仰平, 编译. 北京:中国水利水电出版社.

[4] Craig, RF (1978) *Soil Mechanics*, Second Edition. Van Nostrand Reinhold Co.

[5] Craig, RF (2004) *Craig's Soil Mechanics*, Seventh Edition. CRC Press.

[6] Das, BM (2002) *Principles of Geotechnical Engineering*, Fifth Edition. Brooks-Cole, Thomson-Learning, California.

[7] Das, BM (2008) *Advanced Soil Mechanics*, Third Edition. New York:Taylor & Francis.

[8] Otani, J, Hoashi, H, Mukunoki, T, et al. (2001) Evaluation of failure in soils under unconfined compression using 3-D rigid plastic finite element analysis. In: Valliappan, S, Khalili, N (Eds.), *Computational Mechanics – New Frontiers for the New Millennium, Proceedings of the First Asian-Pacific Congress on Computational Mechanics, Sydney, N.S.W., Australia, 20-23 November 2001*. Elsevier, pp. 445–450.

[9] Yu, MH, Li, JC (2012) *Computational Plasticity: With Emphasis on the Application of the Unified Strength Theory*. Springer and ZJU Press.

[10] 俞茂宏, 杨松岩, 刘春阳, 刘剑宇 (1997) 统一平面应变滑移线场理论. 土木工程学报, 30(2): 14–26.

[11] 俞茂宏 (1994) 岩土类材料的统一强度理论及其应用. 岩土工程学报, 16(2): 1–10.

[12] Yu, MH, Ma, GW, et al. (2006) *Generalized Plasticity*. Berlin:Springer.

[13] 周小平, 黄煜镔, 丁志诚 (2002) 考虑中间主应力影响时太沙基地基极限承载力公式. 岩石力学与工程学报, 21(10): 1554–1556.

[14] 周小平, 王建华, 张永兴 (2002) 三向应力状态下条形基础极限承载力计算方法. 重庆建筑大学学报, 24(3): 28–32.

[15] 周小平, 王建华 (2003) 考虑中间主应力影响时条形基础极限承载力公式. 上海交通大学学报, 36(4): 552–555.

[16] 周小平, 张永兴 (2003) 利用统一强度理论求解条形地基极限承载力. 重庆大学学报(自然科学版), 26(11): 109–112.

[17] 周小平, 张永兴 (2004) 基于统一强度理论的太沙基地基极限承载力公式. 重庆大学学报, 27(9): 133–136.

[18] 周小平, 张永兴 (2004) 节理岩体地基极限承载力研究. 岩土力学, 25(3): 1254–1258.

[19] 王祥秋, 杨林德, 高文华 (2006) 基于双剪统一强度理论的条形地基承载力计算. 土木工程学报, 39(1): 79–82.

[20] 杨小礼, 李亮, 杜思村, 等 (2005) 太沙基地基极限承载力的双剪统一解. 岩石力学与工程学报, 24(15): 2736–2740.

[21] 范文, 白晓宇, 俞茂宏 (2005) 基于统一强度理论的地基极限承载力公式. 岩土力学, 26(10): 1617–1622.

[22] 刘杰, 赵明华 (2005) 基于双剪统一强度理论的碎石单桩复合地基性状研究. 岩土工程学报, 27(6): 707–711.

[23] 隋凤涛, 王士杰 (2011) 统一强度理论在地基承载力确定中的应用研究. 岩土力学, 32(10): 3038–3042.

[24] 张学言 (1993) 岩土塑性力学. 北京:人民交通出版社.

[25] 范文, 林永亮, 秦玉虎 (2003) 基于统一强度理论的地基临界荷载公式. 长安大学学报(地球科学版), 25(3): 48–51.

[26] 周安楠, 罗汀, 姚仰平 (2004) 复杂应力状态下条形基础的临塑荷载公式. 岩土力学, 25(10): 1599–1602.

[27] 朱福, 战高峰, 佴磊 (2013) 天然软土地基路堤临界高度一种计算方法研究. 岩土力学, 34(6): 1738–1744.

[28] 俞茂宏, 刘剑宇, 刘春阳 (1994) 双剪正交和非正交滑移线场理论. 西安交通大学学报, 28(2): 122–126.

[29] 师林, 朱大勇, 沈银斌 (2012) 基于非线性统一强度理论的节理岩体地基承载力研究. 岩土力学, 33(S2): 371–376.

[30] 马宗源, 党发宁, 廖红建 (2013) 考虑中间主应力影响的条形基础承载力数值解. 岩土工程学报, 35(S2): 253–258.

[31] 朱福, 佴磊, 战高峰, 王静 (2015) 软土地基路堤临界填筑高度改进计算方法. 吉林大学学报(工学版), 45(2): 389–393.

[32] Ma, ZY, Liao, HJ, Dang, FN (2014) Influence of intermediate principal stress on the bearing capacity of strip and circular footings. *Journal of Engineering Mechanics, ASCE*, 140(7): 1–14.

[33] Ma, ZY, Liao, HJ, Dang, FN (2014) Effect of intermediate principal stress on flat-ended punch problems. *Archive of Applied Mechanics*, 84(2): 277–289

阅读参考材料

【阅读参考材料 11-1】普朗特尔(Ludwig Prantle, 1875—1953)，德国力学家，现代

力学的奠基人。在近半个世纪中，普朗特尔注意理论与实际的联系，在力学方面取得许多开创性的成果。他在 1920 年根据塑性理论研究了刚体压入介质的塑性变形问题，并且根据极限平衡理论得出相应的极限压力的理论解。

【阅读参考材料 11-2】维西可(Aleksandar Sedmak Vesic, 1924—1982)，1924 年 8 月 8 日生于南斯拉夫，1950 年毕业于贝尔格莱德大学土木工程专业，1956 年获该校博士学位。20 世纪 50 年代早期，他主要从事桥梁和大坝的设计工作，后来去比利时工作，在这期间他扩展了土力学及基础工程方面的知识。1964 年，维西可成为 Duke 大学的教授，组织和领导了该校在土力学方面的研究工作。

维西可的研究工作主要集中在浅基础和深基础的破坏方面，他论证了无黏性土地基的破坏方式不仅与其相对密度有关，还与基础的相对埋深有关。他阐明了地基的整体剪切破坏、局部剪切破坏以及冲切破坏形式。他对地下核爆炸引起地表沉陷这一问题十分感兴趣，与其他科学家一起对这一问题进行了理论推导，并对土在高压作用下的表现进行了小比例的试验。他是在研究破坏时考虑土的压缩性的第一人，并引入了相应的刚性系数指标。此外，他的论文还澄清了筏板基础下基底反力分布中的许多问题。杰出的成就也为他带来许多荣誉，他曾获得美国土木工程师协会的 Middlebrooks 奖(1974)等奖项。

普朗特尔 (1875—1953)

维西可 (1924—1982)

【阅读参考材料 11-3】“在原始创新活动中，紧盯的不是别人的缺点而是别人的优点，也就是说，要吸收迄今为止前人所获得的优秀成果，在此基础上，创造出自己的东西来。”

“这一方法是把迄今为止本领域内所有前人研究成果排列对比，找出规律性。著名的例子是元素周期表的发现。俞茂宏提出的双剪强度理论也是运用这一方法。”

(沈珠江 (2005) 采百家之长，酿百花之蜜——岩土工程研究中如何创新. 岩土工程学报, 27(2): 365–367)

下边是采用统一强度理论参数 b=0，b=0.5，b=1.0 得出的应变增量分布云图(范文等，2017)

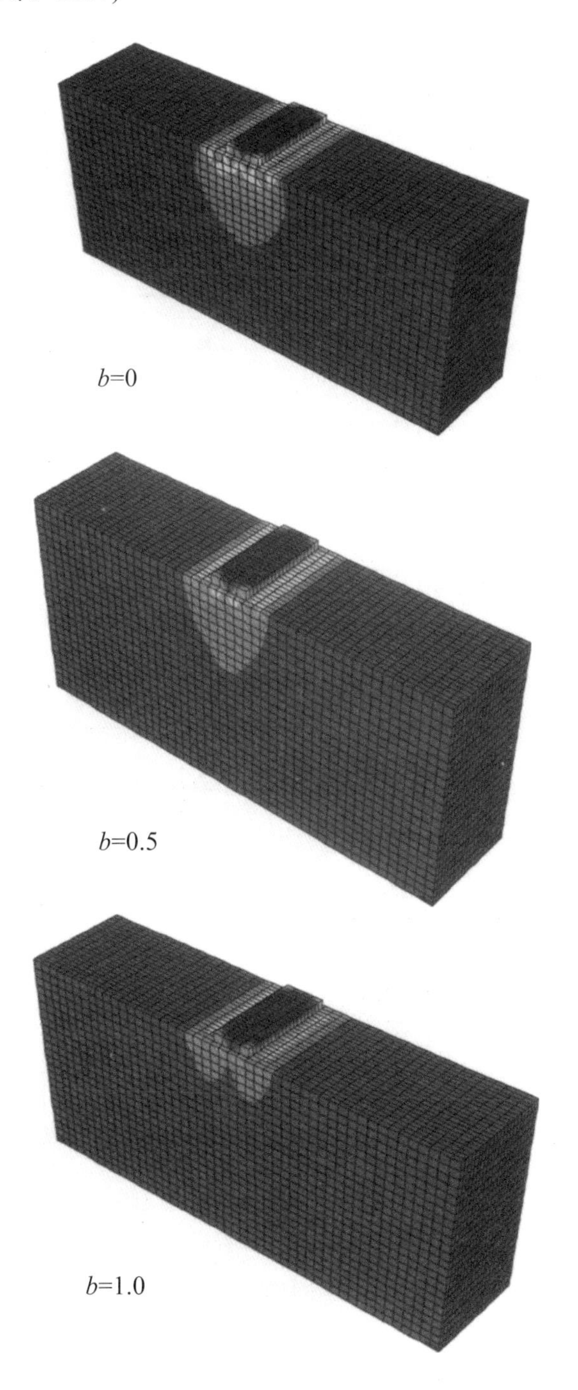

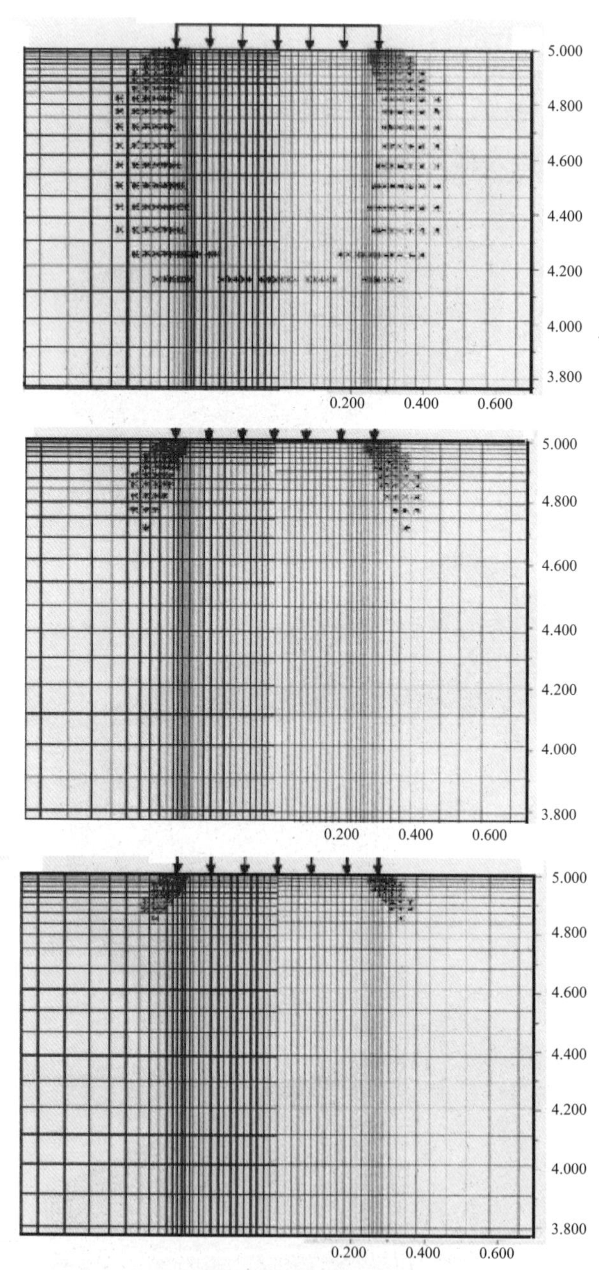

(上)统一强度理论 b=0；(中)统一强度理论 b=0.5；(下)统一强度理论 b=1.0

材料的强度理论参数不同，不仅结构的承载力不同，而且它们的塑性区的大小和形状也不相同。上图为同一地基在相同条件下(中心点垂直位移 4×10^{-4} m)的塑性区变化。

12

条形基础地基临界荷载

12.1 概 述

地基设计是工程建设中的重要环节，包括地基承载力设计和变形验算两部分。充分认识地基土的工程特性，有效挖掘地基强度潜力是节约工程投资的重要方面。建筑地基基础设计规范(GB 50007—2002)中规定，当偏心距 e 小于或等于 0.033 倍基础底面宽度时，根据土的抗剪强度指标确定地基承载力的特征值可按公式 $f_a = M_b\gamma b + M_d\gamma_m d + M_c C_k$ 来计算[1]。这一公式来源于地基临界荷载公式，是基于莫尔-库仑强度理论经推导而得，得出的结果在砂土类中与荷载试验结果相比偏小。规范通过 22 个荷载试验结果对这一公式中的 M_b 值在内摩擦角 φ=22°以后作了经验修正[2]。根据塑性区范围确定地基承载力具有重要的意义。

统一强度理论的提出、不断完善和推广，已经将未考虑中间主应力效应的莫尔-库仑强度准则作为其中的特例进行了系统的概括，形成了一个统一的强度理论体系[2-5]。多年来，许多国内外学者进行的复杂应力条件下岩土破坏研究的结果表明，中间主应力对岩土的强度有一定的影响。由于莫尔-库仑强度理论未考虑中间主应力 σ_2 的影响，在 π 平面上它构成了屈服面的下限，且计算的结果较为保守，因此地基强度尚有潜力可挖。

范文等[9]和周安楠等[12]分别从不同方面基于统一强度理论求解得出条形地基的临塑荷载公式的统一解，并且给出了计算实例。随着科学技术水平的发展，准确地确定岩土材料强度参数、选择合理的强度模型有助于更好地适应实际情况，并节约工程投资。同时，在地基承载力研究方面，数值分析方法也得到迅速发展。

12.2 分析模型

根据弹性理论，在半无限体表面作用一个无限条形均布荷载 p，宽度为 B(图 12.1)，则地基中任一点的大小主应力的数值可由下式表示：

$$\begin{matrix}\sigma_1 \\ \sigma_3\end{matrix} = \frac{p}{\pi}(2\beta \pm \sin 2\beta) \tag{12.1}$$

式中，p 为地面条形均布荷载，2β 为计算点 M 至条形均布荷载边缘的视角。大小主应力的方向为张角 2β 的平分角线方向，如图 12.1 所示。

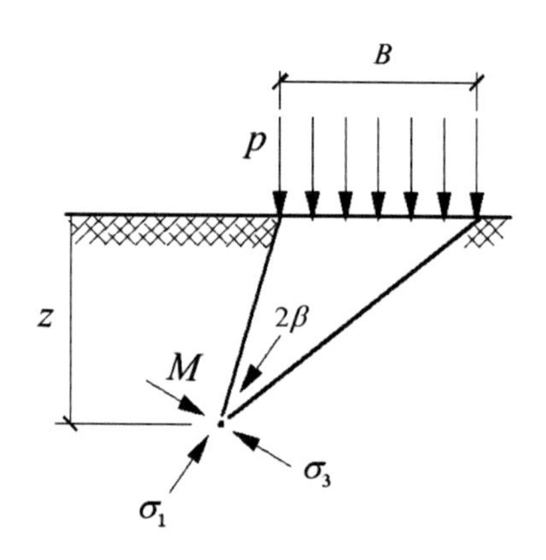

图 12.1 条形均布荷载下地基中的主应力

当条形均布荷载埋置深度为 D 时，地基中任意一点的应力计算如图 12.2 所示。地基中任一点 M 的应力由两部分组成：

(1)计算点以上土层自重引起的应力，见图 12.2(b)。

(2)由于埋置深度内土的自重抵偿后的附加条形均布荷载引起的应力 σ''_1 和 σ''_2，见图 12.2(c)。

计算点 M 总的应力由上述两部分叠加而成，但是自重应力主应力方向为竖直和水平方向。在此假定侧压力系数 k_0=1，这样自重作用下的大小主应力相等，相当于静水应力状态，主应力与方向无关，总的主应力就可以按代数和迭加：

$$\begin{matrix}\sigma_1 \\ \sigma_3\end{matrix} = \gamma(D+z)\frac{p-\gamma D}{\pi}(2\beta \pm \sin 2\beta) \tag{12.2}$$

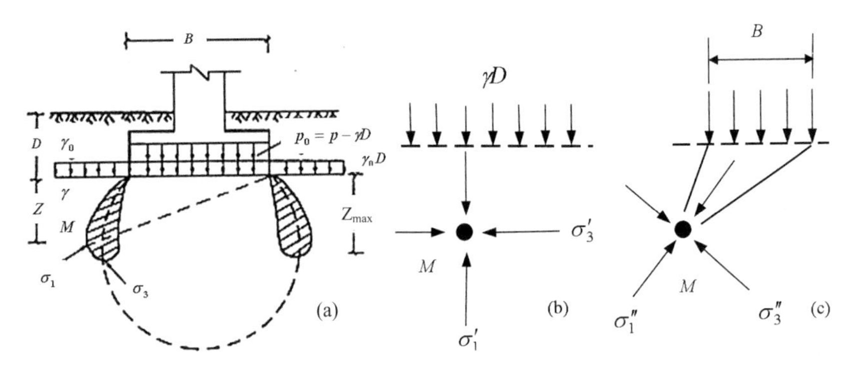

图 12.2 埋置深度为 D 时附加应力计算

12.3 地基临界荷载统一公式推导与计算

俞茂宏在 1991 年提出的统一强度理论具有明确的物理概念、简单的数学表达式，并符合实验结果，已在国内外的各个工程领域中得到较好的应用与推广[5-31]。该强度理论是以双剪应力单元体为物理模型，考虑了作用在应力单元体上的所有剪应力及其相应的正应力对材料屈服和破坏的不同影响，并充分考虑了中间主应力 σ_2 在不同应力条件下对材料屈服和破坏的影响，适用于从金属到岩土类材料。当采用材料的内摩擦角 φ_0 与黏聚力 C_0 表示时，统一强度理论可写成如下形式：

$$F=\left[\sigma_1-\frac{1}{1+b}(b\sigma_2+\sigma_3)\right]+\left[\sigma_1+\frac{1}{1+b}(b\sigma_2+\sigma_3)\right]\sin\varphi_0=2C_0\cos\varphi_0,$$

$$\text{当}\ \sigma_2\le\frac{1}{2}(\sigma_1+\sigma_3)+\frac{\sin\varphi_0}{2}(\sigma_1-\sigma_3)\ \text{时} \tag{12.3a}$$

$$F'=\left[\frac{1}{1+b}(\sigma_1+b\sigma_2)-\sigma_3\right]+\left[\frac{1}{1+b}(\sigma_1+b\sigma_2)+\sigma_3\right]\sin\varphi_0=2C_0\cos\varphi_0,$$

$$\text{当}\ \sigma_2\ge\frac{1}{2}(\sigma_1+\sigma_3)+\frac{\sin\varphi_0}{2}(\sigma_1-\sigma_3)\ \text{时} \tag{12.3b}$$

式中，b 为统一强度理论参数；α 为拉压比，$\alpha=\sigma_t/\sigma_c$。

将应力公式与统一强度理论相结合，即可推导出地基承载力计算公式，在地基中一般情况下有：

$$\sigma_2 \le \frac{\sigma_1+\sigma_3}{2}+\frac{\sin\varphi_0}{2}(\sigma_1-\sigma_3) \tag{12.4}$$

在岩土工程中，一般正应力处于压缩状态时为正，这时统一强度理论表达式可写为：

$$\frac{\sigma_1-\sigma_3}{2}=\frac{2(1+b)\sin\varphi_0}{2(1+b)+mb(\sin\varphi_0-1)}\frac{\sigma_1-\sigma_3}{2}+\frac{2(1+b)C_0\cos\varphi_0}{2(1+b)+mb(\sin\varphi_0-1)} \tag{12.5}$$

由式(12.3)和(12.4)，有：

$$\frac{\sigma_1-\sigma_3}{2}=\frac{\sigma_1-\sigma_3}{2}\sin\varphi_{\mathrm{UST}}+C_{\mathrm{UST}}\cos\varphi_0 \tag{12.6}$$

式中，φ_{UST}和C_{UST}分别等于：

$$\sin\varphi_{\mathrm{UST}}=\frac{2(b+1)\sin\varphi_0}{2+b(1+\sin\varphi_0)},\quad C_{\mathrm{UST}}=\frac{2(b+1)\cos\varphi_0}{2+b(1+\sin\varphi_0)}\cdot\frac{C_0}{\cos\varphi_{\mathrm{UST}}}$$

将式(12.2)代入式(12.6)，得：

$$Z=\frac{p-\gamma D}{\pi\gamma}\left(\frac{\sin 2\beta}{\sin\varphi_{\mathrm{UST}}}-2\beta\right)-\frac{C_{\mathrm{UST}}\cot\varphi_{\mathrm{UST}}}{\gamma}-D \tag{12.7}$$

式中，Z为塑性区的深度。

将式(12.7)对β求导数，并令导数等于0，可得：

$$\cos 2\beta=\sin\varphi_{\mathrm{UST}}\quad 或\quad 2\beta=\frac{\pi}{2}-\varphi_{\mathrm{UST}} \tag{12.8}$$

把式(12.8)代入式(12.7)，即得塑性区扩展深度计算公式：

$$Z_{\max}=\frac{p-\gamma D}{\pi\gamma}\left[\cot\varphi_{\mathrm{UST}}-\left(\frac{\pi}{2}-\varphi_{\mathrm{UST}}\right)\right]-\frac{C_{\mathrm{UST}}\cot\varphi_{\mathrm{UST}}}{\gamma}-D \tag{12.9}$$

从上式求解基底压力，即承载力：

$$p = \gamma D M_d + C_{\mathrm{UST}} M_c + 4 r Z_{\max} M_b \tag{12.10}$$

式中，$M_d = \dfrac{\cot \varphi_{\mathrm{UST}} + \varphi_{\mathrm{UST}} + \pi/2}{\cot \varphi_{\mathrm{UST}} + \varphi_{\mathrm{UST}} - \pi/2}$，$M_d = \dfrac{\pi \cot \varphi_{\mathrm{UST}}}{\cot \varphi_{\mathrm{UST}} + \varphi_{\mathrm{UST}} - \pi/2}$，

$M_d = \dfrac{\pi/4}{\cot \varphi_{\mathrm{UST}} + \varphi_{\mathrm{UST}} - \pi/2}$。

若地基中不容许有塑性区存在，式(12.10)中令 $Z_{\max}=0$，可得临塑荷载：

$$p_0 = \gamma_0 D M_d + C_{\mathrm{UST}} M_c \tag{12.11}$$

式中，γ_0 为基础底面以上土层的加权平均重度。

若容许在地基中出现有限范围的塑性区，且控制塑性区开展的深度达到基础宽度的 1/4 时，式(12.10)中令 $Z_{\max}=B/4$，由此可得临界荷载的计算公式 $p_{1/4}$ 为：

$$p_{1/4} = M_b \gamma B + M_d \gamma_0 D + M_c C_{\mathrm{UST}} \tag{12.12}$$

式中，M_b、M_d 和 M_c 为地基承载力系数，它们均是内摩擦角 φ 的函数，可通过给出的不同 b 值求得不同地基承载力系数。

12.4　经验修正

表 12.1 给出临界荷载承载力系数理论公式的计算结果，对于砂土的承载力计算值偏低，为了将 $p_{1/4}$ 公式用于计算砂土地基承载力，需要进行经验修正。规范修正的依据是在砂土地基上的荷载试验资料，由于砂土的黏聚力为 0，式(12.12)中的第三项为 0；同时，由于荷载试验时没有侧向超载，式(12.12)中的第二项也为 0[2]。因此，利用荷载实验资料来修正的承载力系数只有 M_b。规范据 22 个砂土荷载试验数据求得承载力系数 M_b 与内摩擦角 φ_0 的关系曲线如图 12.3[1-2]所示。

表 12.1 承载力系数 M_b，M_d，M_c (b=0)

φ_0/(°)	M_b	M_d	M_c	φ_0/(°)	M_b	M_d	M_c
2	0.03	1.12	3.32	18	0.43	2.73	5.31
4	0.06	1.25	3.51	20	0.51	3.06	5.66
6	0.10	1.39	3.71	22	0.61	3.44	6.04
8	0.14	1.55	3.93	24	0.72 (0.80)	3.87	6.45
10	0.18	1.73	4.17	26	0.84 (1.10)	4.37	6.90
12	0.23	1.94	4.42	28	0.98 (1.40)	4.93	7.40
14	0.29	2.17	4.69	30	1.15 (1.90)	5.59	7.95

注：(0.80)等括号内数字为修正后的值。

表 12.2 承载力系数 M_b，M_d，M_c (b=0.25)

φ_0/(°)	M_b	M_d	M_c	φ_0/(°)	M_b	M_d	M_c
0	0	1.00	3.14	16	0.40	2.62	5.19
2	0.03	1.13	3.34	18	0.49	2.95	5.55
4	0.07	1.27	3.55	20	0.58	3.33	5.93
6	0.11	1.44	3.78	22	0.69	3.77	6.35
8	0.15	1.62	4.02	24	0.82	4.27	6.81
10	0.21	1.83	4.28	26	0.96	4.84	7.31
12	0.26	2.06	4.56	28	1.12	5.49	7.87
14	0.33	2.32	4.86	30	1.31	6.24	8.47

表 12.3 承载力系数 M_b，M_d，M_c (b=0.50)

φ_0/(°)	M_b	M_d	M_c	φ_0/(°)	M_b	M_d	M_c
0	0	1.00	3.14	16	0.44	2.77	5.35
2	0.03	1.14	3.36	18	0.53	3.14	5.74
4	0.07	1.30	3.58	20	0.64	3.56	6.15
6	0.12	1.47	3.83	22	0.76	4.04	6.61
8	0.17	1.67	4.09	24	0.90	4.59	7.10
10	0.22	1.90	4.37	26	1.06	5.22	7.64
12	0.29	2.15	4.67	28	1.24	5.95	8.24
14	0.36	2.44	5.00	30	1.45	6.79	8.89

表 12.4 承载力系数 M_b，M_d，M_c (b=0.75)

φ_0/(°)	M_b	M_d	M_c	φ_0/(°)	M_b	M_d	M_c
0	0	1.00	3.14	16	0.47	2.89	5.49
2	0.04	1.15	3.37	18	0.57	3.29	5.89
4	0.08	1.32	3.61	20	0.69	3.75	6.33
6	0.13	1.50	3.87	22	0.82	4.27	6.81
8	0.18	1.72	4.15	24	0.97	4.87	7.34
10	0.24	1.96	4.44	26	1.14	5.55	7.91
12	0.31	2.23	4.77	28	1.33	6.34	8.54
14	0.39	2.54	5.11	30	1.56	7.25	9.24

表 12.5 承载力系数 M_b，M_d，M_c (b=1.00)

φ_0/(°)	M_b	M_d	M_c	φ_0/(°)	M_b	M_d	M_c
0	0	1.00	3.14	16	0.50	3.00	5.60
2	0.04	1.16	3.38	18	0.61	3.43	6.02
4	0.08	1.33	3.63	20	0.73	3.91	6.48
6	0.13	1.53	3.90	22	0.87	4.46	6.99
8	0.19	1.76	4.19	24	1.02	5.10	7.54
10	0.25	2.01	4.51	26	1.21	5.83	8.14
12	0.32	2.30	4.84	28	1.42	6.66	8.80
14	0.41	2.63	5.21	30	1.66	7.63	9.53

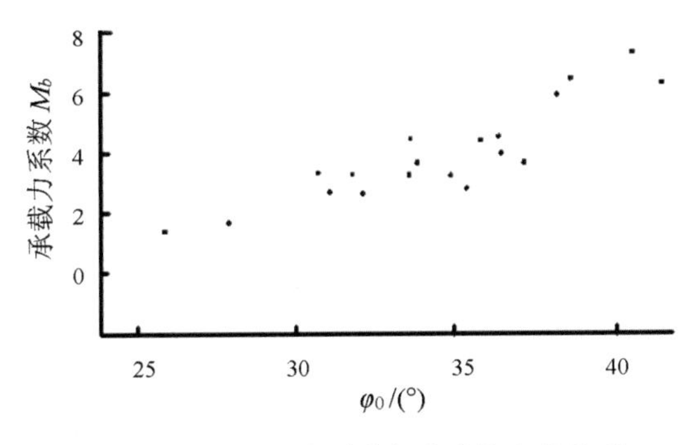

图 12.3 砂土承载力系数与内摩擦角的关系

12.5 实例分析

地基土的强度指标 φ_0=20°，C_0=20 kPa，基础埋置深度 D=1.5 m，宽度

B=2.5 m，基础底面上下土的重度相等，$\gamma_0=\gamma$=19 kN/m^2。试分析，当允许地基中有 $B/4$ 塑性区存在时，求出其临界荷载。

由范文等和周安楠等推导得出的条形地基的临塑荷载统一解公式(12.12)及表 12.1—12.5，可求出临界荷载结果(表 12.6)。临塑荷载 p_0 和临界荷载值 $p_{1/4}$ 与统一强度理论参数 b 值的关系如图 12.4 所示。

表 12.6 不同 b 值的临塑荷载 p_0 与临界荷载值 $p_{1/4}$

b	0	0.25	0.50	0.75	1.00
p_0/kPa	193.50	214.39	231.38	245.45	257.29
$p_{1/4}$/kPa	217.96	242.12	261.79	278.10	291.84

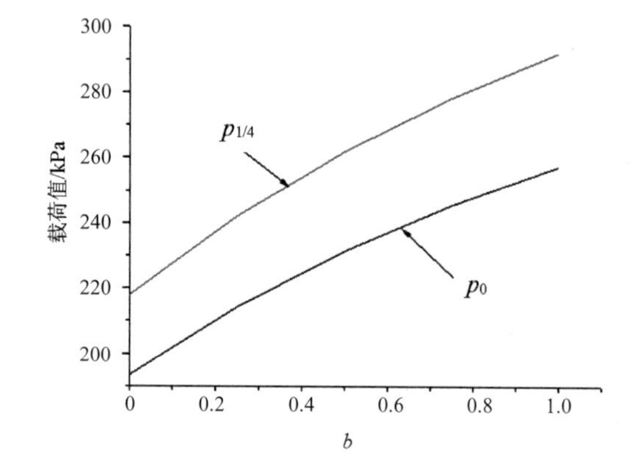

图 12.4 临塑荷载 p_0、临界荷载值 $p_{1/4}$ 与统一强度理论参数 b 值的关系图

由以上分析结果可以看到：

①采用临界荷载公式计算地基承载力特征值时，土体的力学参数对其影响较大，而且 C_0 和 φ_0 的大小与土的含水量及状态有很大的关系，故准确确定 C_0 和 φ_0 值是关键，且采用三轴试验结果为宜。

②通过收集 8 组天然地基荷载试验结果对比发现，两者的对应性较差，但有一个初步规律：荷载试验结果与 b 在 0~0.75 的计算结果接近，这一认识存在很大的局限性，还需进一步认识与验证。

③统一强度理论涵盖了现有的各种强度理论，它可以适用于各类材料。对于岩土类材料，根据土体的指标及土质的情况选用适当的 b 值，可能得到更为合理的结果。

④从实例中可以看出，在保证工程安全的前提下，适当考虑 σ_2 的效应时，统一强度理论能很好发挥地基强度潜能。

12.6 条形基础地基极限荷载数值分析结果

UEPP 是一个专门用来实现统一强度理论及其相应的流动法则的计算程序(统一弹塑性有限元程序，俞茂宏等，1993；UEPP 用户手册，1993，1998)。Yu，Wei 和 Yoshimine (2001)等再次研究了不计重力的条形基础土体在平面应变荷载作用下的弹塑性变形，得出的速度场和位移场都类似于以前文献中的结果，如图 12.5 所示。

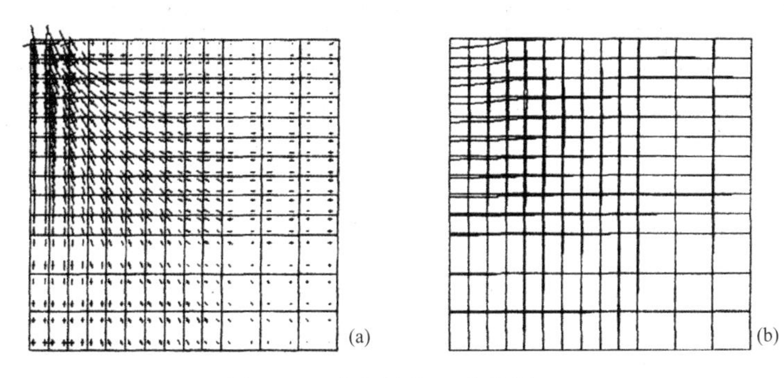

图12.5 (a)速度场和(b)位移场

UEPP 计算程序可以获得屈服准则对条形基础极限承载力的影响。使用不同的统一强度理论参数 $0 \le b \le 1$ 可以得出一系列的结果。这里只给出结构在三个基本准则(统一强度理论参数 b=0、b=0.5 和 b=1.0)下的结果。图 12.6 为条形基础分别在参数 b=0、b=0.5 和 b=1.0 时的荷载-位移曲线，其中每种情况下施加荷载的位置都相同。和预测的结果一样，当统一强度理论参数 b=0 时得出的极限荷载最小，b=1.0 时得出的极限荷载最大，b=0.5 时

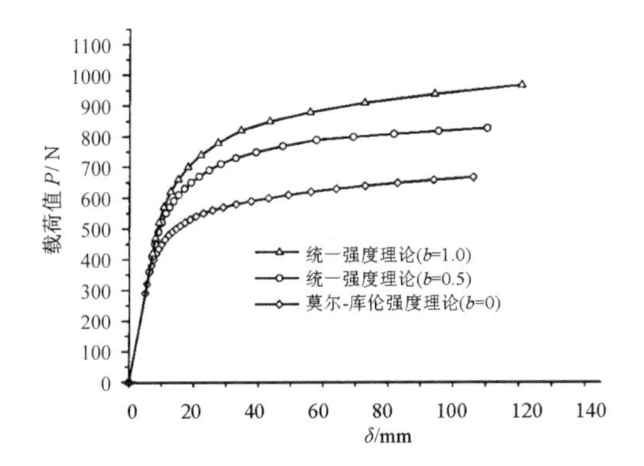

图12.6 条形基础在三个基本准则下的荷载位移曲线

极限荷载处于两者之间。

相同荷载作用下条形基础在三个基本准则(b=0、b=0.5 和 b=1.0)的速度场如图 12.7 所示，可见条形基础的速度场也存在差异。

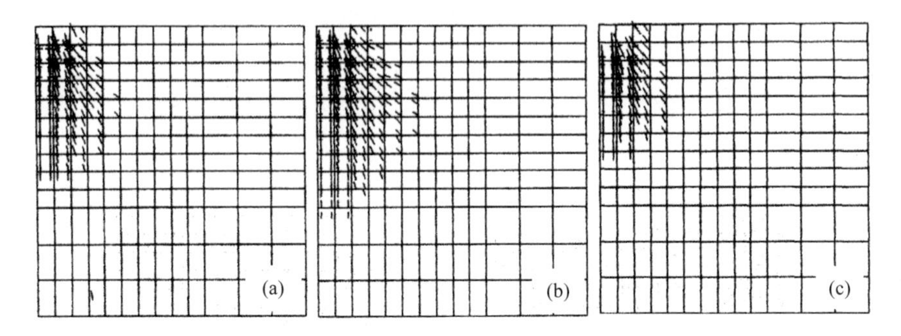

图 12.7 在相同荷载下三个基本准则得出的速度场。(a)统一强度理论 b=0；(b)统一强度理论 b=0.5；(c)统一强度理论 b=1.0

12.7　条形基础地基的有限差分方法研究

条形基础地基的承载力在固体力学和土力学中是一个基本而重要的问题，一般的分析解决方案可以在塑性或土力学的教科书中找到，但它始终是一个单一的解决方案且只适用于一种材料。Yu 等[32]第一次提出使用统一强度理论来解决这类问题。近年来，土工问题的数值分析得到迅速的发展和广泛的应用，并形成计算土力学的复杂学科。这方面的内容超出了土力学的范畴。这里我们简单介绍西安理工大学马宗源等[29-31]关于条形基础地基承载力的一个计算实例。条形基础地基的滑移线场如图 12.8 所示。材料特性参数为 C_0=1.0 kPa，φ_0=20°，E=10.0 MPa，ν=0.32。

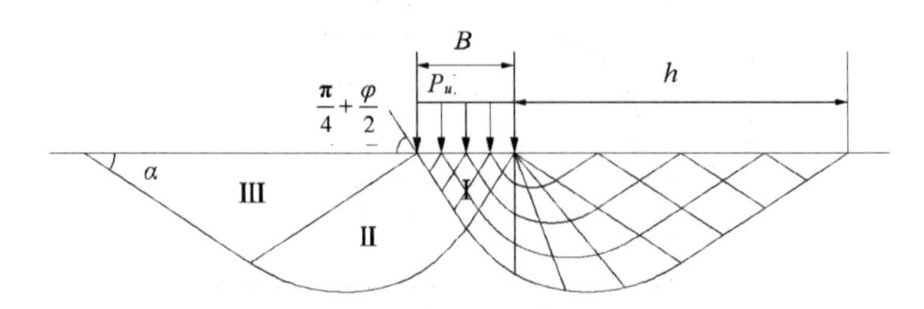

图12.8 条形基础的滑移线场

俞茂宏等于 1997 年得出的条形基础极限承载力的统一解表达式为：

$$p_{\mathrm{UST}}=C_{\mathrm{UST}}\cdot\cot\varphi_{\mathrm{UST}}\left[\frac{1+\sin\varphi_{\mathrm{UST}}}{1-\sin\varphi_{\mathrm{UST}}}\exp(\pi\cdot\tan\varphi_{\mathrm{UST}})-1\right] \tag{12.13}$$

式中，φ_{UST} 和 C_{UST} 分别为统一滑移线场理论得出的统一材料参数。这两个材料统一参数的计算公式分别为：

$$\sin\varphi_{\mathrm{UST}}=\frac{2(b+1)\sin\varphi_0}{2+b(1+\sin\varphi_0)},\quad C_{\mathrm{UST}}=\frac{2(b+1)\cos\varphi_0}{2+b(1+\sin\varphi_0)}\cdot\frac{C_0}{\cos\varphi_{\mathrm{UST}}}$$

基于统一强度理论的条形基础数值模拟由马宗源教授完成。条形基础的有限元网格如图 12.9 所示(由于对称只绘出一半图形)。

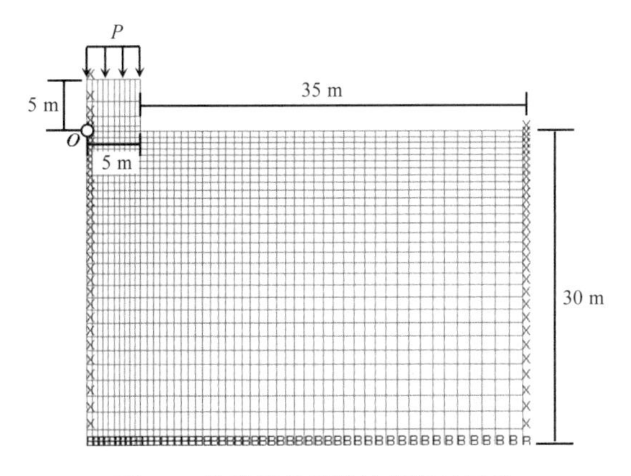

图12.9 条形基础模拟的有限元网格

采用统一强度理论参数 b=0、b=0.5 和 b=1.0 三个屈服准则得出的地基剪应变云图如图 12.10 所示。

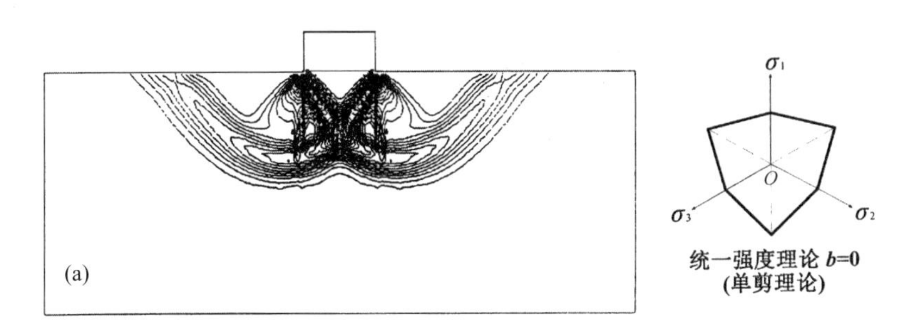

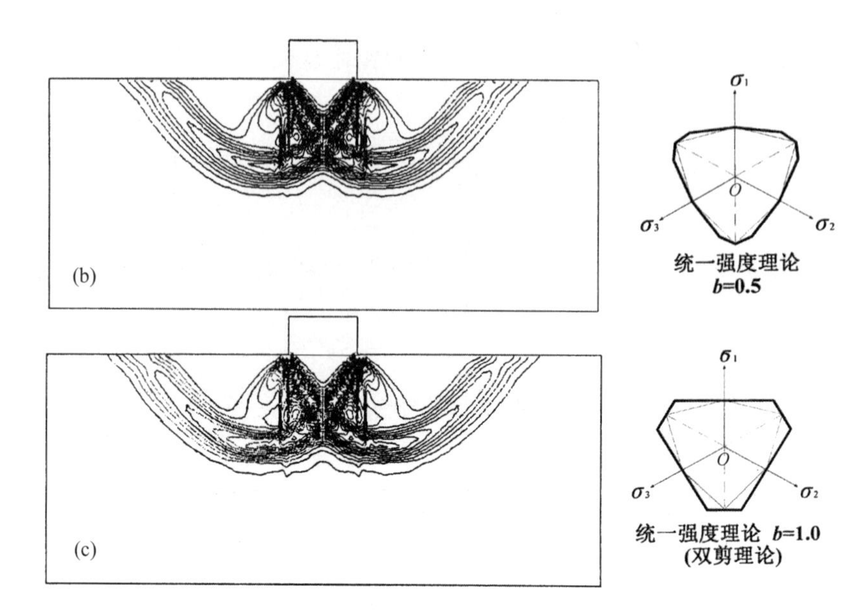

图12.10 在极限状态时统一强度理论得出的三个地基剪应变云图。(a)统一强度理论b=0(单剪理论)；(b)统一强度理论b=0.5(新准则)；(c)统一强度理论b=1.0(双剪理论)

采用统一强度理论参数 b=0、b=0.5 和 b=1.0 三个屈服准则得出的地基位移向量如图 12.11 所示。

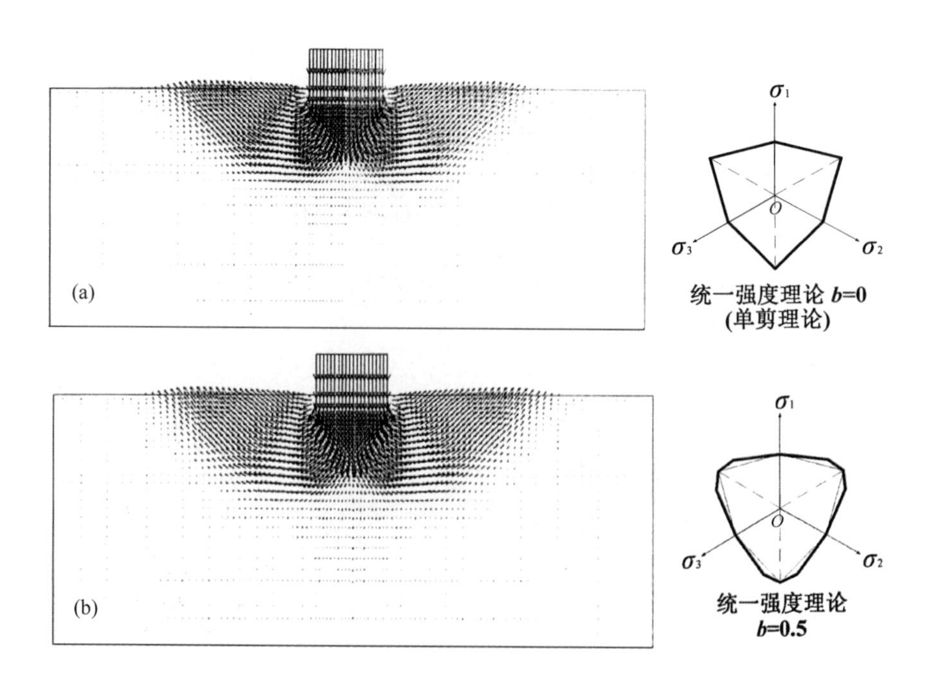

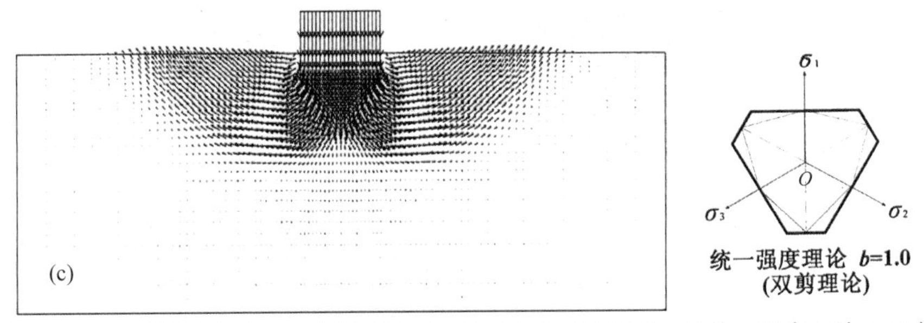

图 12.11 在极限状态时统一强度理论得出的三个位移向量场。(a)统一强度理论 b=0(单剪理论)；(b)统一强度理论 b=0.5(新准则)；(c)统一强度理论 b=1.0(双剪理论)

可以看到，统一强度理论的参数 b 越大，就有更多的材料参与分担荷载，充分发挥材料和结构的强度潜力。当然，这都是在一定的安全系数条件下。

从图 12.10 和图 12.11 可以看出，有限差分方法计算出的地基滑动破坏区域与滑移线场形状相符，且极限状态时地基塑性破坏区域的长度 h 随统一强度理论参数 b 值的增大而增加。由图可知双剪统一有限差分法与滑移线场解析方法的计算结果吻合较好。

采用统一强度理论参数 b=0、b=0.5 和 b=1.0 三个屈服准则得出的极限状态时的广义剪应变扩展图如图 12.12 所示，可以清楚地从颜色中看出广义剪应变的差异[10]。

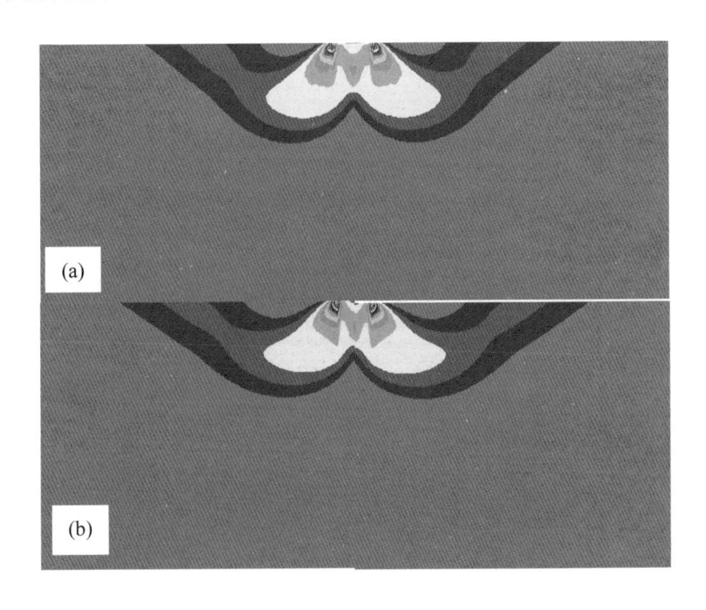

图12.12 三个屈服准则得出的极限状态时的广义剪应变扩展图。(a)统一强度理论b=0(单剪理论)；(b)统一强度理论b=0.5(新准则)；(c)统一强度理论b=1.0(双剪理论)

图12.13给出了数值计算结果与平面应变统一滑移线场理论计算得出的结果比较。滑移线计算可见12.5节。

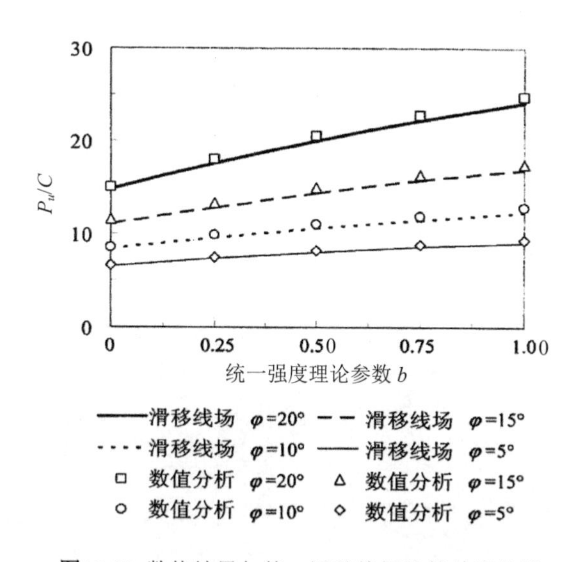

图12.13 数值结果与统一滑移线场计算结果比较

图12.14给出了统一强度理论参数b=0、b=0.25、b=0.50、b=0.75和b=1.00的五种情况下塑性区长度与参数b的关系。

从图12.10~12.14可以看出，参数b的数值越小，基础的塑性区长度越小，相应的地基土剪应变云图以及位移向量场也越小。随着参数b的数值增加，地基的塑性区长度和相应的塑性变形区域也随之增加。

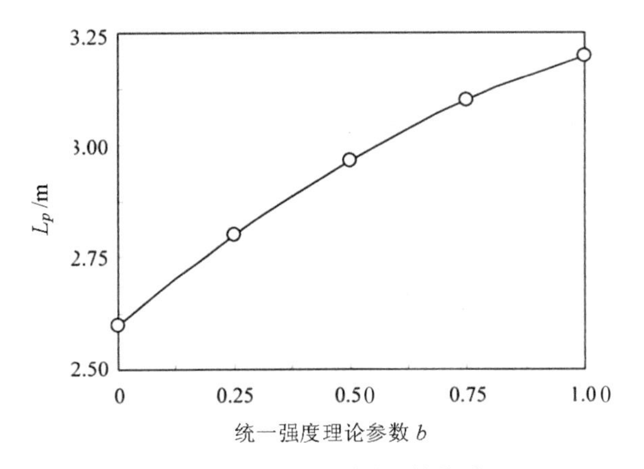

图12.14 塑性区长度与b的关系

马宗源对一个刚性和粗糙的条形基础实例(图12.15)给出的数值分析计算结果如图12.16所示。

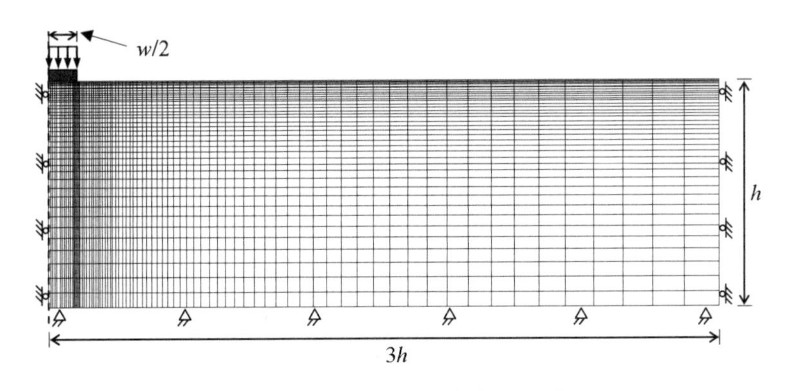

图12.15 条形基础数值分析实例(马宗源)

可以看到：

①采用统一强度理论及其相应的流动法则得到一系列结果，可以适合于更多的材料和结构。

②采用统一强度理论的五种的结果(b=0、b=0.25、b=0.50、b=0.75 和 b=1.00)如图 12.13 和图 12.14 所示。如果需要，可以得到更多的结果($0 \le b \le 1$)。

③采用不同的参数 b 得到的广义剪应变图和位移向量场也不同，但是它们的变化是相似的。然而，极限荷载和塑性区域的大小变化较大。

④结构在相同荷载作用下，统一强度理论 b=0 得出的塑性区最大，而统一强度理论 b=1 得出的塑性区最小。

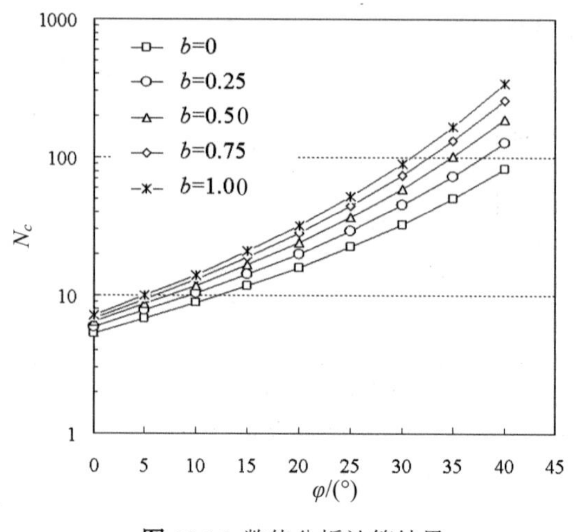

图 12.16 数值分析计算结果

⑤结构达到极限状态时，统一强度理论 b=0(单剪理论)得出的极限荷载和极限塑性区都最小。

⑥结构达到极限状态时，统一强度理论 b=1(双剪理论)得出的极限荷载和极限塑性区都最大。这意味着有更多材料为结构承载能力作出贡献。这有利于材料和能源的节省，并且有利于环境保护。

参考文献

[1] 高大钊, 徐超, 熊启东 (1999) 天然地基上的浅基础. 北京:机械工业出版社.

[2] 俞茂宏 (1994) 岩土类材料的统一强度理论及其应用. 岩土工程学报, 16(2): 1–10.

[3] 俞茂宏, 刘剑宇, 刘春阳 (1994) 双剪正交和非正交滑移线场理论. 西安交通大学学报, 28(2): 122–126.

[4] 俞茂宏, 杨松岩, 刘春阳 (1997) 统一平面应变滑移线场理论. 土木工程学报, 30(2):14–26.

[5] 杨小礼, 李亮, 杜思村 (2000) 条形基础下纤维加筋土地基承载力的统一解. 长沙铁道学院学报, 18(1): 15–18.

[6] 周小平, 王建华, 张永兴 (2002) 三向应力状态下条形地基极限承载力计算方法. 重庆建筑大学学报, 24(3): 28–32.

[7] 周小平, 黄煜镔, 丁志诚 (2002) 考虑中间主应力的太沙基地基极限承载力公式. 岩石力学与工程学报, 21(10): 1554–1556.
[8] 周小平, 张永兴 (2003) 利用统一强度理论全解条形地基极限承载力. 重庆大学学报(自然科学版), 26(11): 109–112.
[9] 范文, 林永亮, 秦玉虎 (2003) 基于统一强度理论的地基临界荷载公式. 长安大学学报(地球科学版), 25(3): 48–51.
[10] 周小平, 王建华 (2003) 考虑中间主应力影响时条形地基极限承载力公式. 上海交通大学学报, 37(4): 552–555
[11] 范文, 俞茂宏, 等 (2002) 基于统一强度理论的地基极限承载力滑移线分析. 工程地质学报, 10(增刊): 558–562.
[12] 周安楠, 罗汀, 姚仰平 (2004) 复杂应力状态下条形基础的临塑荷载公式. 岩土力学, 25(10): 1599–1602.
[13] 周小平, 张永兴 (2004) 基于统一强度理论的太沙基地基极限承载力公式. 重庆大学学报, 27(9): 133–136.
[14] 周小平, 张永兴 (2004) 节理岩体地基极限承载力研究. 岩土力学, 25(3): 1254–1258.
[15] 高江平, 俞茂宏, 李四平 (2005) 太沙基地基极限承载力的双剪统一解. 岩石力学与工程学报, 4(15): 2736–2740.
[16] 范文, 白晓宇, 俞茂宏 (2005) 基于统一强度理论的地基极限承载力公式. 岩土力学, 26(10): 1617–1622.
[17] 刘杰, 赵明华 (2005) 基于双剪统一强度理论的碎石单桩复合地基性状研究. 岩土工程学报, 27(6): 707–711.
[18] 王祥秋, 杨林德, 高文华 (2006) 基于双剪统一强度理论的条形地基承载力计算. 土木工程学报, 39(1): 79–82.
[19] 隋凤涛, 王士杰 (2011) 统一强度理论在地基承载力确定中的应用研究. 岩土力学, 32(10): 3038–3042.
[20] 谢新斌, 冯小平, 周显川 (2012) 统一强度理论下桩基极限承载力讨论. 河南建材, (3): 47–51.
[21] 师林, 朱大勇, 沈银斌 (2012) 基于非线性统一强度理论的节理岩体地基承载力研究. 岩土力学, 33(S2): 371–376.
[22] 朱福, 战高峰, 佴磊 (2013) 天然软土地基路堤临界高度一种计算方法研究. 岩土力学, 34(6): 1738–1744.
[23] 马宗源, 党发宁, 廖红建 (2013) 考虑中间主应力影响的条形基础承载力数值解. 岩土工程学报, 35(S2): 253–258.
[24] Ma, ZY, Liao, HJ, Dang, FN (2014) Influence of intermediate principal

stress on the bearing capacity of strip and circular footings. *Journal of Engineering Mechanics, ASCE*, 140(7): 1–14.

[25] Ma, ZY, Liao, HJ, Dang, FN (2014) Effect of intermediate principal stress on flat-ended punch problems. *Archive of Applied Mechanics*, 84(2): 277–289.

[26] Ma, ZY, Liao, HJ, Dang, FN (2013). Influence of intermediate principal stress effect on flat punch problems. *Key Engineering Materials*, 535-536: 300-305.

[27] 朱福, 佴磊, 战高峰, 王静 (2015) 软土地基路堤临界填筑高度改进计算方法. 吉林大学学报(工学版), 45(2): 389–393.

[28] Yu, MH, Li, JC (2012) *Computational Plasticity: With Emphasis on the Application of the Unified Strength Theory*. Springer and Zhejiang University Press.

[29] 马宗源, 廖红建 (2012) 双剪统一弹塑性有限差分方法研究. 计算力学学报, 29(1): 43–48.

[30] 马宗源, 廖红建, 谢永利 (2010) 基于统一弹塑性有限差分法的真三轴数值模拟. 岩土工程学报, 28(9): 1368–1373.

[31] Ma, ZY, Dang, FN, Liao, HJ (2013) Numerical solution for bearing capacity of strip footing considering influence of intermediate principal stress. *Chinese Journal of Geotechnical Engineering*, 35(zk2): 253–258.

[32] Yu, MH, Ma, GW, Qiang, HF, Zhang, YQ (2006) *Generalized Plasticity*. Berlin:Springer.

阅读参考材料

【阅读参考材料 12-1】统一强度理论是一个有着坚实理论基础、可表达各种岩土材料强度特性且被广泛应用的新的强度理论。FLAC-3D 是一个具有强大的计算分析功能且专门针对岩土工程问题开发的、应用广泛的数值分析软件。若能将二者结合起来，无疑会大大促进岩土工程领域相关问题的解决。

针对这一问题，张传庆、周辉、冯夏庭研究了统一弹塑性本构模型应用于有限差分方法的基本理论格式，并根据 FLAC-3D 软件中 UDM 接口计算格式的要求，将统一强度理论引入其中，然后详细推导了统一弹塑性本构模型在 FLAC-3D 软件中应用的计算公式。在应力空间内，统一屈服面由 12 个面组成；在应力角为[0，π/3]的范围内，统一屈服面由两个相交曲面组成。为计算塑性因子及处理计算中应力超出屈服面的应力调整问题，利用应力角分析了应力空间的分区，推导了区域分界面的公式。最后，编制了相应的 UDM 接口程序，对一圆形隧洞进行弹塑性分析。对比计算结果与解析解，结果可以很好地验证此计算格式及相应接口程序的正确性。统一强度理论和FLAC-3D软件的结合，将充分发挥两者的优点，以解决更多的岩土工程问题。

(张传庆, 周辉, 冯夏庭 (2008) 统一弹塑性本构模型在 FLAC-3D 中的计算格式. 岩土力学, 29(3): 596–602)

【阅读参考材料 12-2】 要有坐冷板凳的精神和坐冷板凳的环境——陕西日报评论员文章。

读罢西安交大俞茂宏教授半个世纪专注于基础力学理论研究并取得重大突破的新闻，至少有两点启示：搞科学研究，既要有坐冷板凳的精神，也要有坐冷板凳的环境。

坐冷板凳的精神就在于打好基础，专攻一点，心无旁骛，甘于寂寞，享受孤独。坐冷板凳的精神还在于有滴水穿石的毅力，几十年如一日，养其根而俟其实。抗拒诱惑，求真务实，敢于打破教条、破除迷信，安贫乐道，陶冶心智。坐冷板凳的精神更在于有一种责任和使命，它以追求真理为最终目标，明白科学研究对社会进步的意义，为国争光，以实现人生的价值和意义。

要有坐冷板凳的环境，就是为科学家营造心情舒畅的宽松环境。据了解，由于基础研究的探索性、独创性和结果不可预测性，在研究过程中具有较大的自由度，这种自由度对于基础研究人员来说是必不可少的，所以在考核机制上要充分保护他们的自由和积极性，不干扰，不折腾，不急功近利。无需讳言，目前一些高校在对教师和科技人员考核中也存在一种偏颇，年初要题目，年终评论文，今年报项目，明年看进度。各种检查考查不断，他们哪有精力专心于教学和科研。

在科学研究上，来不得半点虚假。应景的只能是应付，浮躁的只能是肤浅。只有潜身才能潜深，才能探究深邃的真理，攀登光辉的顶点。基础研究是技术进步的先锋，比喻为金字塔的底座。在大力提倡科技进步的今天，我们特别需要坐冷板凳的精神和坐冷板凳的环境(党朝晖. 2014 年 12 月 3 日, 陕西日报)。

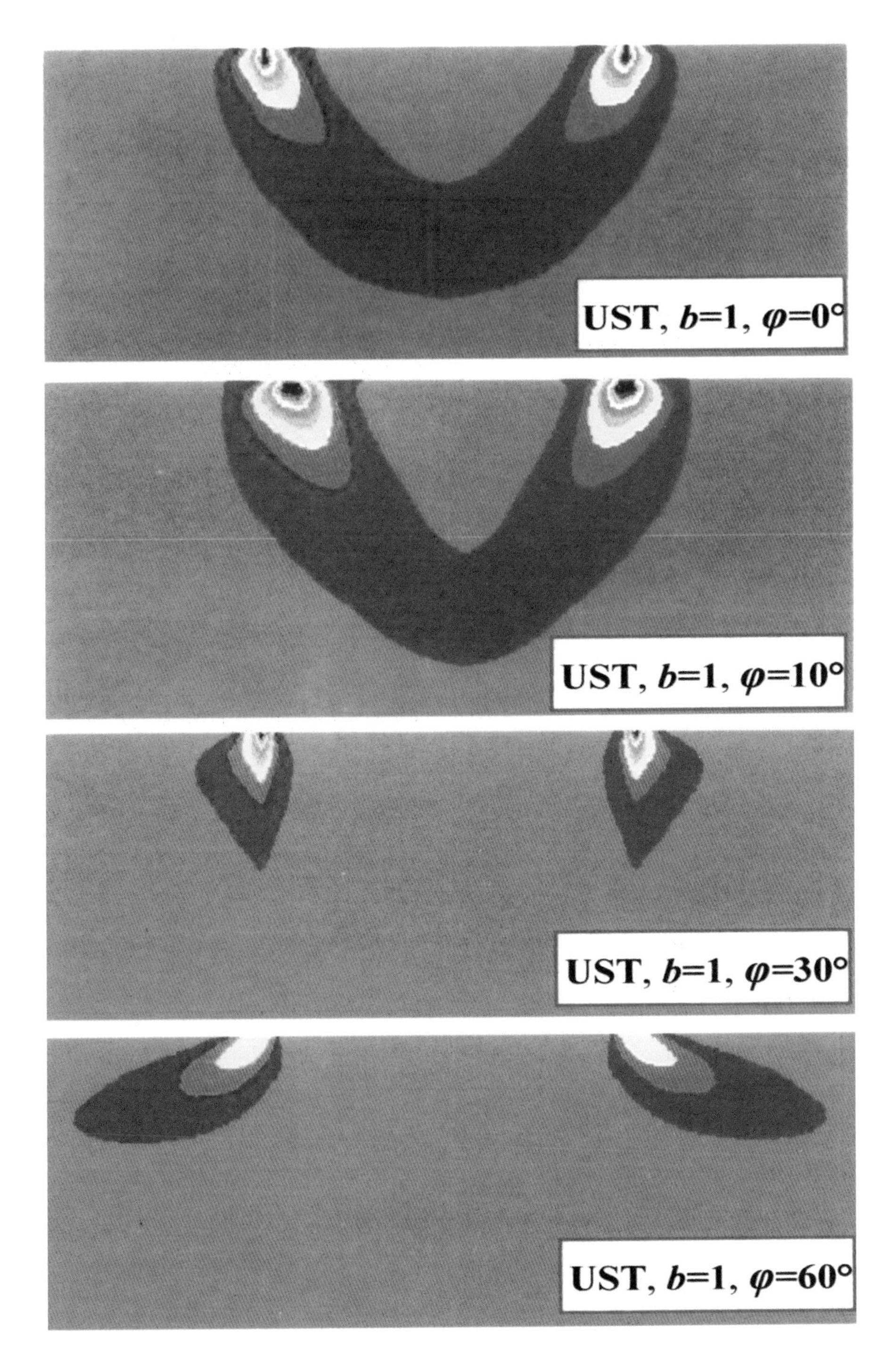

这是采用统一强度理论得到的圆形基础地基的广义塑性应变分析结果

统一强度理论不仅是一个序列化的系统的材料强度理论，而且在结构强度问题分析应用中也可以得到一系列有序变化的结果，可以为实际问题研究提供更多的信息、比较、参考和选择。下面是一个空间轴对称问题的统一解结果的图示。

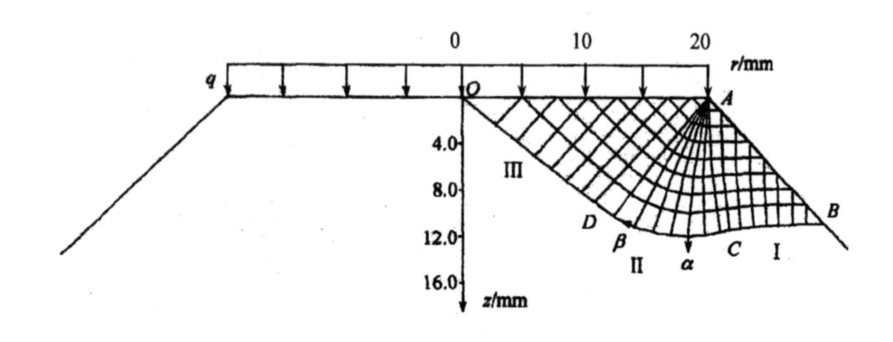

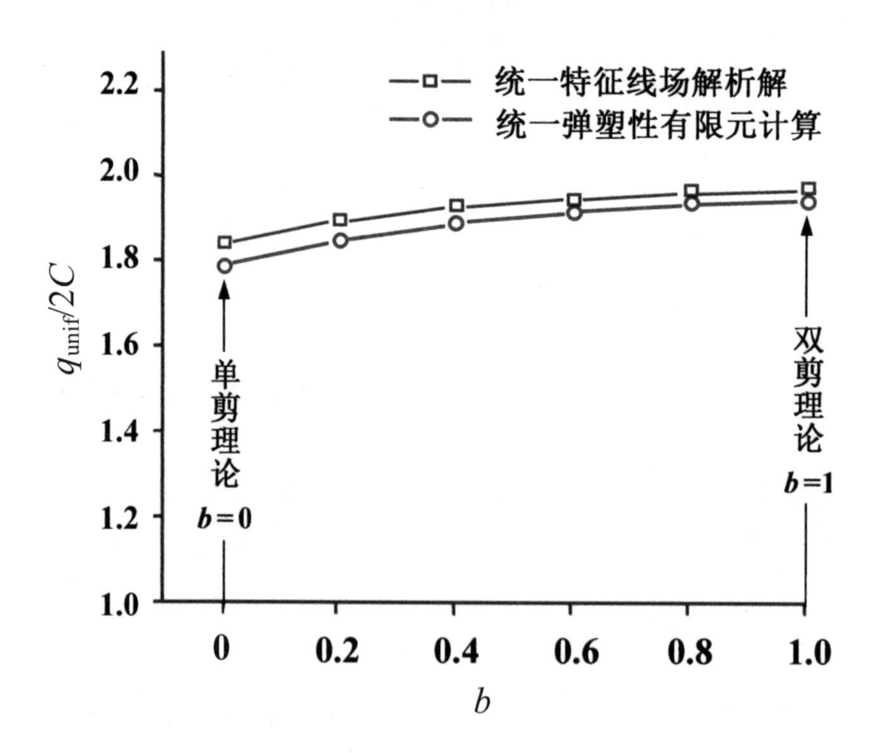

13

圆形基础地基承载力的统一解

13.1 概 述

圆形基础地基承载力分析是塑性力学和土力学的一个经典问题。

土力学中的条形基础一般作为平面应变问题进行研究。在进行平面应变问题特征线场理论研究时，特征线与塑性理论的平面应变塑性方程相结合构成了平面应变滑移线场理论。平面应变的特征线与最大剪应力滑移线相重合，所以称之为滑移线场理论。平面应变滑移线场理论最早由Kotter在 19 世纪末提出，并由Prandtl(1923)、Gecteinger(1930)、Prager(1949)、Hill(1950)和Johnson(1982)等发展和完善，现在已成为塑性力学、金属成型力学和散体力学的重要部分，并被广泛应用于金属塑性加工、结构塑性极限分析、结构动力响应以及土木、机械等工程领域[1-20]。图 13.1 为空间轴对称问题单元体的应力状态。

对于平面应力问题和轴对称问题，它们的偏微分方程组不一定是双曲型，而可能是椭圆型或抛物型。对于抛物型方程，两族特征线重合为一族，而椭圆型方程没有特征线，在数学上求解十分困难，相对进展较慢。平面应力问题在土力学和土工问题中较少，而圆形地基则是一个典型的空间轴对称问题，例如山西省应县木塔的八角形地基可以作为一个圆形地基问题来分析。这一章我们将应用统一强度理论对圆形地基承载能力的统一解析解进行研究，并简单介绍圆形地基的计算机数值分析的一些结果。圆形体对拉压同性材料的压入问题(正交特征线)如图 13.2 所示。土力学中土体材料为拉压强度不同的材料，它们的圆形基础地基的特征线为非正交特征线，如图 13.3 所示。

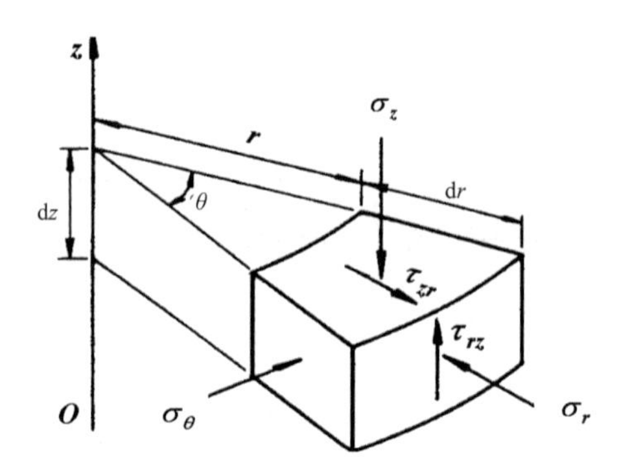

图13.1 空间轴对称问题的单元体应力状态

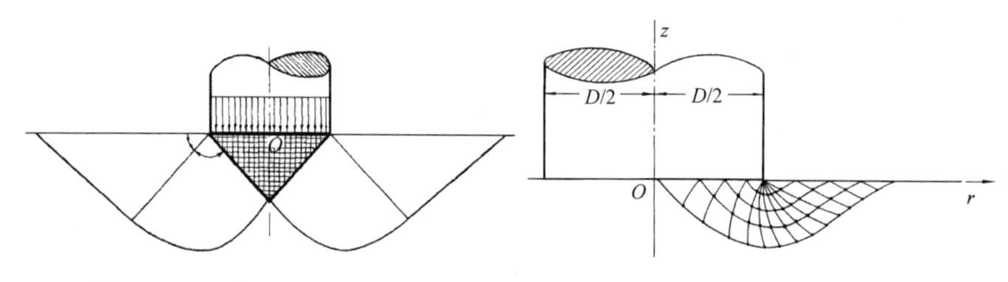

图13.2 圆形体的压入(正交特征线)　　图13.3 圆形地基问题(非正交特征线)

结构强度问题一般是研究结构的强度和刚度，以保证结构的绝对安全或不产生过大的塑性变形，但也有一些研究需要了解结构的塑性变形和破坏。如塑性加工以及土力学的钻地弹等。图13.4为新加坡南洋理工大学采用统一强度理论作为材料的破坏模型进行混凝土板的垂直侵彻的数值分析。图13.5为李建春、魏雪英等对钻地弹的垂直侵彻问题的特征线场分析。

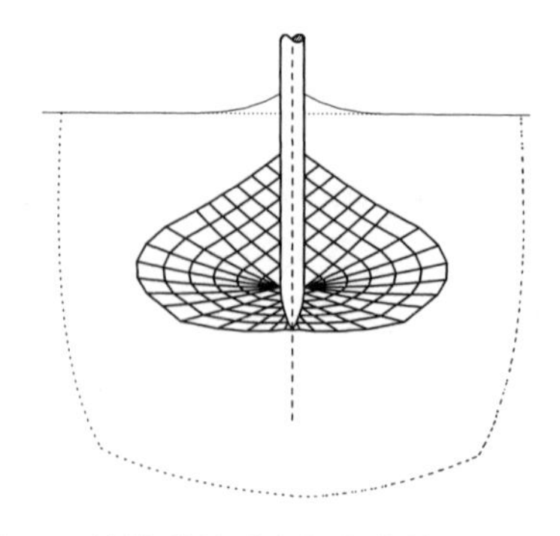

图13.4 混凝土板的垂直侵彻的数值分析　图13.5 钻地弹的垂直侵彻的特征线场分析

在土力学研究中，Shield[14]曾用有限差分法分析黏性无重土圆形光滑基础的极限承载力。之后，Cox[15]又对无重土(ρ=0)的圆形基础、Larkin对无黏性土(C=0)上的圆形浅基础用差分法进行了求解。Chen[17]对这些结果进行了总结。Shield和Cox等所用的都是Tresca-莫尔-库仑的单剪强度理论和Haar-von Karman的$\sigma_\theta=\sigma_2<\sigma_1$假设，只适用于范围较窄的某些材料的单一解。

2001年，俞茂宏、李建春等[21-29]根据空间轴对称问题的特点和统一强度理论推导出一个适用范围广泛的空间轴对称塑性问题的统一特征线场理论。新理论充分考虑了各种材料的中间主应力效应和拉压强度比，适用于不同的材料，现有的基于Tresca准则、Huber-von Mises准则和莫尔-库仑理论的特征线场以及Haar-von Karman完全塑性条件和Szczepinski假设的轴对称特征线场均为此理论的特例。此理论还可以构造出一系列适用于不同材料的新的空间轴对称特征线场，系统地形成了空间轴对称塑性问题的特征线场理论，可应用于土木、水利和岩土工程等领域中的很多空间轴对称塑性问题。

这章将对空间轴对称问题的统一特征线场理论进行阐述，并将统一强度理论装入有限元计算程序，然后通过几个实例进行统一特征线场求解和数值计算，并与文献中的莫尔-库仑强度理论的实例进行比较。结果表明，统一特征线场在理论上是可靠的，在实用中是可行的，其工程应用可取得相应的经济效益。

本章前面的彩色图是采用统一强度理论计算得到的圆形基础地基的广义塑性应变分析结果。图中 b=1 为双剪强度理论。图中的材料摩擦角从φ=0°变化到φ=60°，不但塑性应变的大小发生了改变，而且塑性应变的方向也发生了完全相反的变化。统一强度理论的应用不但可以得到一系列新的结果，也可能得到一些新结果和产生一些新现象。

统一强度理论已在第5章阐述，为了方便，我们将统一强度理论的主要公式表述如下：

$$F=\sigma_1-\frac{\alpha}{1+b}\left(b\sigma_2+\sigma_3\right)=\sigma_t，\quad 当\ \sigma_2\le\frac{\sigma_1+\alpha\sigma_3}{1+\alpha}时 \tag{13.1a}$$

$$F'=\frac{1}{1+b}\left(\sigma_1+b\sigma_2\right)-\alpha\sigma_3=\sigma_t，\quad 当\ \sigma_2\ge\frac{\sigma_1+\alpha\sigma_3}{1+\alpha}时 \tag{13.1b}$$

式中，$\alpha=\sigma_t/\sigma_c$是拉压强度比参数，反映了材料的拉压强度差(SD)效应。

采用材料的黏聚力C_0和摩擦角φ_0作为基本实验参数，则统一强度理论可以表述为：

$$F=\left[\sigma_1-\frac{1}{1+b}\left(b\sigma_2+\sigma_3\right)\right]+\left[\sigma_1+\frac{1}{1+b}\left(b\sigma_2+\sigma_3\right)\right]\sin\varphi_0=2C_0\cos\varphi_0,$$

$$\text{当}\ \sigma_2\le\frac{1}{2}\left(\sigma_1+\sigma_3\right)+\frac{\sin\varphi_0}{2}\left(\sigma_1-\sigma_3\right)\ \text{时} \tag{13.2a}$$

$$F'=\left[\frac{1}{1+b}\left(\sigma_1+b\sigma_2\right)-\sigma_3\right]+\left[\frac{1}{1+b}\left(\sigma_1+b\sigma_2\right)+\sigma_3\right]\sin\varphi_0=2C_0\cos\varphi_0,$$

$$\text{当}\ \sigma_2\ge\frac{1}{2}\left(\sigma_1+\sigma_3\right)+\frac{\sin\varphi_0}{2}\left(\sigma_1-\sigma_3\right)\ \text{时} \tag{13.2b}$$

其中，C_0和φ_0与其他材料参数间的关系为：

$$\alpha=\frac{1-\sin\varphi_0}{1+\sin\varphi_0},\quad \sigma_t=\frac{2C_0\cos\varphi_0}{1+\sin\varphi_0} \tag{13.3}$$

统一强度理论符合 Drucker 公设的外凸性，覆盖了从下限(单剪强度理论，莫尔-库仑强度理论，1900)到上限(双剪强度理论，俞茂宏，1985)的全部范围。它已不是一种单一的强度理论，而是一种体系，它在π平面的极限面覆盖了所有区域，它的极限线参见本书第 5 章。

13.2 统一轴对称特征线场理论(应力场)

对于一般的轴对称问题，存在应力分量σ_r、σ_θ、σ_z和τ_{rz}，其余应力分量为零，即$\tau_{\theta r}=\tau_{\theta z}=0$，所以$\sigma_\theta$一定为主应力。根据空间轴对称应力状态的特点，我们引入：

$$\sigma_\theta=\sigma_3+m\left(\frac{\sigma_1+\sigma_3}{2}-\sigma_3\right)=\sigma_3+m\frac{\sigma_1-\sigma_3}{2} \tag{13.4}$$

式中，m为引入的参数，$0\le m\le 2$。当$m=0$或$m=2$时，为 Haar-von Karman 完全塑性条件，即 Haar-von Karman 完全塑性条件为式(13.4)的一个特例。

在轴对称问题中，令：

$$P=\frac{\sigma_1+\sigma_3}{2}，\quad R=\frac{\sigma_1-\sigma_3}{2} \tag{13.5}$$

则

$$\sigma_1=P+R，\quad \sigma_2=\sigma_\theta=P+(m-1)R，\quad \sigma_3=P-R \tag{13.6}$$

所以空间轴对称问题中的应力分量为：

$$\begin{aligned}&\sigma_r=P+R\cos2\theta，\quad \sigma_z=P-R\cos2\theta\\&\tau_{zr}=R\sin2\theta，\quad \sigma_\theta=P+R(m-1)\end{aligned} \tag{13.7}$$

式中，θ 为最大主应力和 r 轴的夹角。由于 $m-1\le\sin\varphi_0$，即 $\sigma_2\le P+R\sin\varphi_0$，符合统一强度理论公式第一式的条件，将式(13.6)代入统一强度理论方程式(13.2a)中，得：

$$R=-\frac{2(b+1)\sin\varphi_0}{2(b+1)+mb(\sin\varphi_0-1)}P+\frac{2(b+1)C_0\cos\varphi_0}{2(b+1)+mb(\sin\varphi_0-1)} \tag{13.8}$$

式(13.8)可简写为：

$$R=-P\sin\varphi_{\mathrm{UST}}+C_{\mathrm{UST}}\cos\varphi_{\mathrm{UST}} \tag{13.9}$$

式中，φ_{UST}和C_{UST}分别为采用统一强度理论得出的统一摩擦角和统一黏聚力，它们可以表述为统一强度理论参数b的函数。

$$\sin\varphi_{\mathrm{UST}}=\frac{2(1+b)\sin\varphi_0}{2(1+b)+mb(\sin\varphi_0-1)} \tag{13.10}$$

$$C_{\mathrm{UST}}=\frac{2(1+b)C_0\cos\varphi_0}{2(1+b)+mb(\sin\varphi_0-1)}\cdot\frac{1}{\cos\varphi_{\mathrm{UST}}} \tag{13.11}$$

当m=0.5时，$\sin\varphi_{\mathrm{UST}}$和$C_{\mathrm{UST}}$可表示为：

$$\sin\varphi_{\mathrm{UST}}=\frac{2(1+b)\sin\varphi_0}{2(1+b)+0.5b(\sin\varphi_0-1)} \tag{13.12}$$

$$C_{UST}=\frac{2(1+b)C_0\cos\varphi_0}{2(1+b)+0.5b(\sin\varphi_0-1)}\cdot\frac{1}{\cos\varphi_{UST}} \tag{13.13}$$

式(13.13)中的统一特征线场参数φ_{UST}和C_{UST}与常用的材料参数φ_0和C_0之间的关系如图13.6和13.7所示，图中曲线分别表示φ_0=5°、φ_0=10°、φ_0=15°、φ_0=20°、φ_0=25°的变化规律。

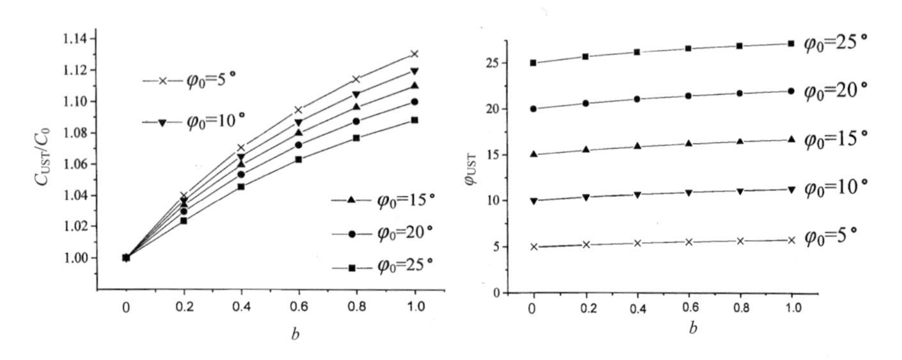

图 13.6 统一凝聚力 C_{UST} 随 b 的变化曲线　**图 13.7** 统一摩擦角 φ_{UST} 随 b 的变化曲线

当P取压应力时，式(13.9)可转化为：

$$R=P\sin\varphi_{UST}+C_{UST}\cos\varphi_{UST} \tag{13.14}$$

轴对称问题的平衡微分方程为：

$$\begin{aligned}&\frac{\partial\sigma_r}{\partial r}+\frac{\partial\tau_{rz}}{\partial z}+\frac{\sigma_r-\sigma_z}{r}=0\\&\frac{\partial\sigma_z}{\partial z}+\frac{\partial\tau_{rz}}{\partial r}+\frac{\tau_{rz}}{r}=0\end{aligned} \tag{13.15}$$

将式(13.7)和(13.14)代入上式，得出应力控制微分方程为：

$$\frac{\partial P}{\partial r}\left(1+\sin\varphi_{UST}\cos2\theta\right)+\frac{\partial P}{\partial z}\sin\varphi_{UST}\sin2\theta+2R\left(\frac{\partial\theta}{\partial z}\cos2\theta-\frac{\partial\theta}{\partial r}\sin2\theta\right)=\frac{R}{r}\left(m-1-\cos2\theta\right) \tag{13.16a}$$

$$\frac{\partial P}{\partial r}\sin\varphi_{\mathrm{UST}}\sin 2\theta+\frac{\partial P}{\partial z}\left(1-\sin\varphi_{\mathrm{UST}}\cos 2\theta\right)+2R\left(\frac{\partial\theta}{\partial z}\cos 2\theta+\frac{\partial\theta}{\partial r}\sin 2\theta\right)$$
$$=-\frac{R}{r}\sin 2\theta \tag{13.16b}$$

假定在平面rOz上，沿某一曲线$z=z(r)$给定了函数P和θ，则：

$$\mathrm{d}P=\frac{\partial P}{\partial r}\mathrm{d}r+\frac{\partial P}{\partial z}\mathrm{d}z，\mathrm{d}\theta=\frac{\partial\theta}{\partial r}\mathrm{d}r+\frac{\partial\theta}{\partial z}\mathrm{d}z \tag{13.17}$$

联立式(13.16)和(13.17)得出的特征线方程为：

$$\alpha\text{ 族：}\frac{\mathrm{d}z}{\mathrm{d}r}=\tan(\theta-\mu) \tag{13.18a}$$

$$\beta\text{ 族：}\frac{\mathrm{d}z}{\mathrm{d}r}=\tan(\theta+\mu) \tag{13.18b}$$

式中，2μ为α和β线之间的夹角，它们之间的关系为$\mu=\pi/4-\varphi_{\mathrm{UST}}/2$。

根据方向导数公式，得柱坐标与随体坐标的关系为：

$$\begin{aligned}\frac{\partial}{\partial r}&=\left[\sin(\theta+\mu)\frac{\partial}{\partial S_\alpha}-\sin(\theta-\mu)\frac{\partial}{\partial S_\beta}\right]\Big/\sin 2\mu\\ \frac{\partial}{\partial z}&=-\left[\cos(\theta+\mu)\frac{\partial}{\partial S_\alpha}-\cos(\theta-\mu)\frac{\partial}{\partial S_\beta}\right]\Big/\sin 2\mu\end{aligned} \tag{13.19}$$

将式(13.16)化为曲线关于随体坐标S_α和S_β的形式，得：

$$\alpha\text{ 族：}\sin 2\mu\frac{\partial P}{\partial S_\alpha}-2R\frac{\partial\theta}{\partial S_\alpha}=\frac{R}{r}(m-1)\left(\cos 2\mu\frac{\partial z}{\partial S_\alpha}+\sin 2\mu\frac{\partial r}{\partial S_\alpha}\right)+\frac{R}{r}\frac{\partial z}{\partial S_\alpha} \tag{13.20a}$$

$$\beta\text{ 族：}\sin 2\mu\frac{\partial P}{\partial S_\beta}-2R\frac{\partial\theta}{\partial S_\beta}=-\frac{R}{r}(m-1)\left(\cos 2\mu\frac{\partial z}{\partial S_\beta}-\sin 2\mu\frac{\partial r}{\partial S_\beta}\right)-\frac{R}{r}\frac{\partial z}{\partial S_\beta} \tag{13.20b}$$

上式即为轴对称特征线理论的应力场关系式。

13.3　轴对称特征线场理论的速度场

根据相关流动法则：

$$\mathrm{d}\varepsilon_{ij}^{p}=\mathrm{d}\lambda\frac{\partial f}{\partial\sigma_{ij}} \tag{13.21}$$

和由式(13.2)、(13.6)和(13.7)得到的空间轴对称情况下的统一强度理论：

$$f=\frac{1}{2}(\sigma_{r}+\sigma_{\theta})\sin\varphi_{\mathrm{UST}}-\sqrt{\left(\frac{\sigma_{\mathrm{r}}-\sigma_{\theta}}{2}\right)^{2}+\tau_{rz}{}^{2}}+C_{\mathrm{UST}}\cos\varphi_{\mathrm{UST}}=0 \tag{13.22}$$

以及小变形条件下轴对称塑性变形的应变率关系式，可得速度场的基本方程与轴对称特征线的基本理论相一致，参见文献[1-5]。用ψ表示特征线α和r轴的夹角，则：

$$\begin{aligned}&\dot{\varepsilon}_{r}=\frac{\partial u}{\partial r}=-\lambda\frac{\partial f}{\partial\sigma_{r}},\qquad \dot{\varepsilon}_{\theta}=\frac{\dot{u}}{r}=-\lambda\frac{\partial f}{\partial\sigma_{\theta}}\\&\dot{\varepsilon}_{z}=\frac{\partial v}{\partial z}=-\lambda\frac{\partial f}{\partial\sigma_{z}},\qquad \dot{\gamma}_{rz}=\frac{\partial u}{\partial z}+\frac{\partial v}{\partial r}=-\lambda\frac{\partial f}{\partial\tau_{rz}}\end{aligned} \tag{13.23}$$

由以上可得出：

$$\dot{\varepsilon}_{r}=-\frac{\lambda}{2}(\sin\varphi_{\mathrm{UST}}-\cos2\theta),\quad \dot{\varepsilon}_{z}=-\frac{\lambda}{2}(\sin\varphi_{\mathrm{UST}}+\cos2\theta),\quad \dot{\lambda}_{rz}=\lambda\sin2\theta \tag{13.24}$$

当某一条特征线(α或β线)与r轴重合，即ψ=0或ψ=π/2−φ_{UST}时，将会有$\theta=\psi+\mu=\psi+\pi/4-\varphi_{\mathrm{UST}}/2$，则式(13.24)化为：

$$\begin{aligned}&\dot{\varepsilon}_{r}=-\frac{\lambda}{2}\left[\sin\varphi_{\mathrm{UST}}+\sin(2\psi-\varphi_{\mathrm{UST}})\right]\\&\dot{\varepsilon}_{z}=-\frac{\lambda}{2}\left[\sin\varphi_{\mathrm{UST}}-\sin(2\psi-\varphi_{\mathrm{UST}})\right]\\&\dot{\lambda}_{rz}=\lambda\cos(2\psi-\varphi_{\mathrm{UST}})\end{aligned} \tag{13.25}$$

上式表示沿特征线方向应变率为0。

ψ=0或ψ=π/2−φ_{UST}，则公式(13.25)简化为：

$$\dot{\varepsilon}_r=\left(\frac{\partial\dot{u}}{\partial r}\right)_{\psi=0}=0 \quad 或 \quad \dot{\varepsilon}_r=\left(\frac{\partial\dot{u}}{\partial r}\right)_{\psi=-\left(\frac{\pi}{2}-\varphi_{\mathrm{UST}}\right)}=0 \tag{13.26}$$

令 V_α 和 V_β 为沿特征线 α 和 β 上的速度，u 和 w 为沿 r 轴和 z 轴方向的速度，2μ 为 α 和 β 线之间的夹角，则可得它们之间的关系为：

$$\begin{aligned}u&=\frac{V_\alpha\sin(\psi+2\mu)-V_\beta\sin\psi}{\sin 2\mu}\\ w&=\frac{V_\alpha\cos(\psi+2\mu)-V_\beta\cos\psi}{-\sin 2\mu}\end{aligned} \tag{13.27}$$

将式(13.27)对r微分并结合式(13.26)，可得：

$$\left(\frac{\partial u}{\partial r}\right)_{\psi=0}=\left(\frac{\partial V_\alpha}{\partial r}\right)_{\psi=0}+V_\alpha\cot 2\mu\left(\frac{\partial\psi}{\partial r}\right)_{\psi=0}-V_\beta\csc 2\mu\left(\frac{\partial\psi}{\partial r}\right)_{\psi=0}=0$$

所以沿α族和β族分别有：

$$\alpha\text{ 族：}\ \mathrm{d}V_\alpha+\left[V_\alpha\cot\left(\frac{\pi}{2}-\varphi_{\mathrm{UST}}\right)-V_\beta\csc\left(\frac{\pi}{2}-\varphi_{\mathrm{UST}}\right)\right]\mathrm{d}\psi=0 \tag{13.28a}$$

$$\beta\text{ 族：}\ \mathrm{d}V_\beta+\left[V_\alpha\csc\left(\frac{\pi}{2}-\varphi_{\mathrm{UST}}\right)-V_\beta\cot\left(\frac{\pi}{2}-\varphi_{\mathrm{UST}}\right)\right]\mathrm{d}\psi=0 \tag{13.28b}$$

由以上统一轴对称特征线场理论的应力场和速度场即可对不同的空间轴对称塑性问题进行求解。

13.4 圆锥台在顶面均匀受压时特征线场及极限荷载

以下应用俞茂宏、李建春等2001年提出的轴对称统一特征线场理论，分析一个圆锥台在顶面均匀受压时的特征线场及极限荷载。此圆锥台顶面光滑，半径20 mm，侧面自由边倾斜角为45°。材料参数：E=2.1×10^5 MPa，C_0=12 MPa·S，φ_0=0。因为轴对称，可以只考虑圆锥台的一半(图13.8)。

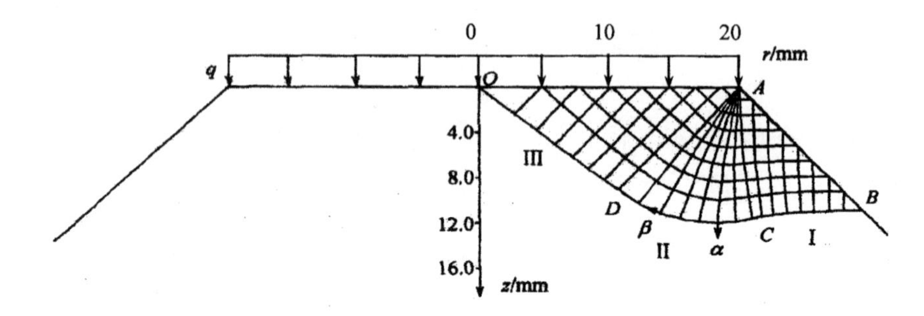

图13.8 圆锥台在顶面均匀受压时的特征线场

采用统一轴对称特征线场理论计算。由于φ_0=0，所以φ_{UST}=0，可得μ=π/4，即该材料的特征线相互正交。符合这种情况的特征线方程为：

$$\alpha\text{族：}\quad \frac{\mathrm{d}z}{\mathrm{d}r}=\tan\left(\theta-\frac{\pi}{4}\right) \tag{13.29a}$$

$$\beta\text{族：}\quad \frac{\mathrm{d}z}{\mathrm{d}r}=\tan\left(\theta-\frac{\pi}{4}\right) \tag{13.29b}$$

应力控制微分方程为：

$$\alpha\text{族：}\quad \frac{\partial P}{\partial S_\alpha}-2R\frac{\partial \theta}{\partial S_\alpha}=\frac{R}{r}\left[(m-1)\frac{\partial r}{\partial S_\alpha}+\frac{\partial z}{\partial S_\alpha}\right] \tag{13.30a}$$

$$\beta\text{族：}\quad \frac{\partial P}{\partial S_\beta}+2R\frac{\partial \theta}{\partial S_\beta}=-\frac{R}{r}\left[(1-m)\frac{\partial r}{\partial S_\beta}+\frac{\partial z}{\partial S_\beta}\right] \tag{13.30b}$$

取参数 m=0.5，式(13.30)中用差分代替微分，并进行数值积分。应力场分为 3 个区域I、II、III，边界分别为边 AB 和 AC、AC 和 AD、AD 和 AO。首先由无应力边 AB 开始计算并构造区域I的特征线场，定出这里的 P 和 θ。由于材料均匀且各向同性，在 AB 边上有 P=−R，σ_1=σ_2=0，σ_3=2R，θ=3π/4；在区域II中，由于点 A 为奇异点，所以通过 A 点的 α 族和与其垂直的 β 族特征线所形成的中心扇形构成该区域的特征线场；区域III的特征

线场由 AO 边和 AD 边决定，在边界 AO 上有 θ=0。通过差分计算可得出一系列不同倾斜角、C 值、φ 值和 b 值的特征线场。根据区域III中的特征线场、AO 边的边界条件和平衡条件可以求得顶面上的极限均布压荷载 q，如图 13.9 所示。作为对比，图中同时给出了按统一平面应变滑移线场理论的计算结果。可以看出，两者随不同屈服准则而变化的规律是一样的。图 13.8 表示顶角为 45°的锥体及其特征线场(当参数 b=1，即为双剪屈服准则解)。

为了验证，用基于统一强度理论的统一弹塑性有限元程序UEPP中的统一强度理论材料模型对该圆锥台进行计算，求得顶面上极限荷载q，并和用统一特征线场理论求得的顶面上极限荷载q进行比较。图13.9为圆锥台极限荷载q随强度理论参数b的变化曲线。从图中可以看出，用统一特征线方法计算的结果和用有限元计算的结果相当接近。用统一特征线场方法计算得到的统一解为一系列结果。当参数b=0时，即为采用单剪屈服准则(Trsca屈服准则，1864年)的解；当参数b=1时，即为采用双剪屈服准则(俞茂宏，1961)的解。用统一特征线场方法计算得出：当b=0.8时的极限荷载系数为$q/2C_0$=1.968，与文献[30]的实验结果($q/2C_0$=1.96)相符。

对于图13.8所示梯形横截面的平面应变和空间轴对称情况，用有限元程序UEPP中的统一强度理论材料模型，求得当参数b=1时顶面中点O处荷载q_0与位移δ的关系，其结果如图13.10所示。可以看出，轴对称状态下锥体承受极限荷载略大于平面应变状态的解，符合图13.9所示的特征线结果。对于图13.10中的空间轴对称状态，O点的极限荷载接近于图13.9中特

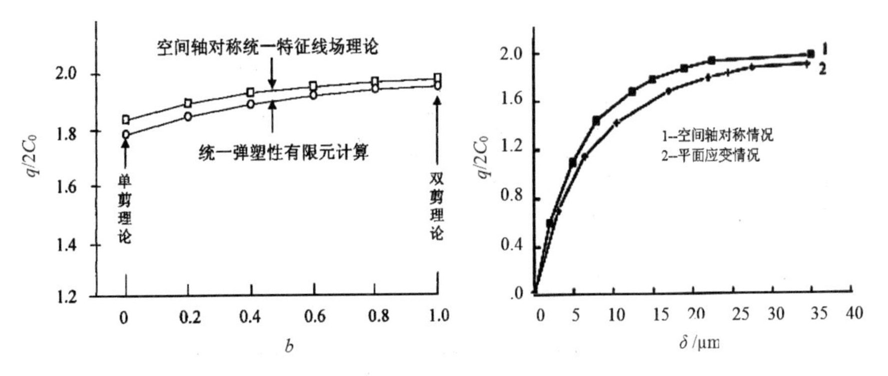

图 13.9 圆锥台极限荷载与参数 b 的关系曲线　**图 13.10** O 点位移和荷载的关系曲线

征线法在参数b=1的值。由此可见，用统一特征线方法计算空间轴对称问题在理论上是可靠的，在应用中是可行的。

13.5 圆形基础地基的极限承载力

以上为拉压强度相同材料(φ_0=0，即 σ_t=σ_c)的轴对称统一特征线理论的分析。同理，对于拉压强度不同材料($\varphi_0\neq0$，即 $\sigma_t\neq\sigma_c$)，也可以求得空间轴对称结构极限承载力的统一解。图 13.11 为一圆形地基，地基材料为各向同性土体，材料参数如下：C_0=0.03 MPa·s，φ_0=15°。结构为在表面受压的半无限体，受压面光滑且半径为 2 m，分析其极限荷载。

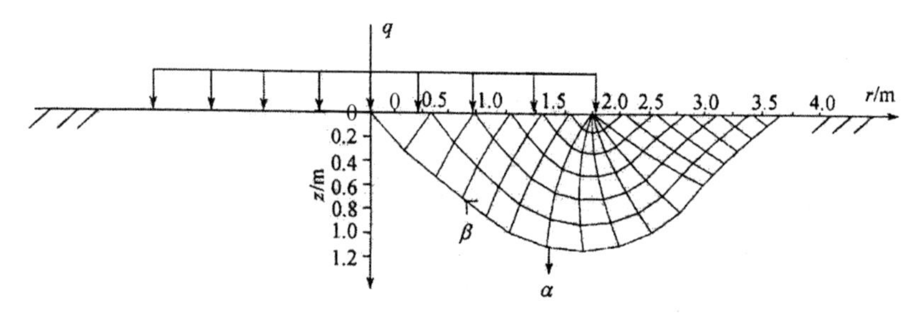

图13.11 受均匀压力作用的土体及其空间轴对称特征线场

对于半无限空间的轴对称特征线问题，采用统一轴对称特征线场理论计算参数 b=1 时的空间轴对称特征线场(右半部分)，如图 13.11 所示。对于半无限空间的轴对称特征线问题，计算得到极限荷载 q/C_0 和参数 b 的

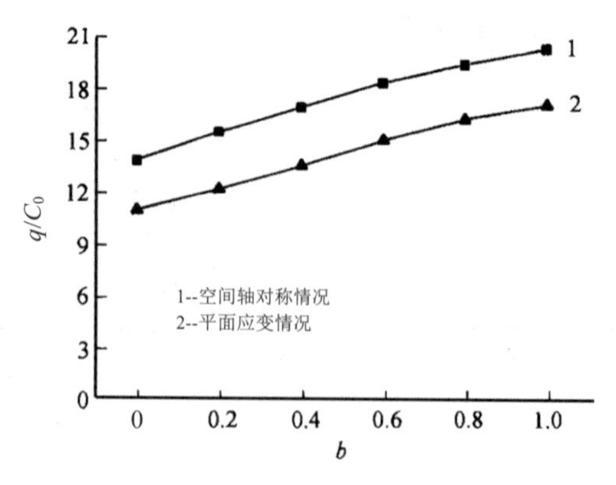

图13.12 圆形地基极限荷载q和参数b的关系曲线

关系曲线，如图 13.12 曲线 1 所示(计算过程略)。所得的荷载在 b=0 时与文献[18]中基于 Haar-von Karman 假设和莫尔-库仑强度理论的 Cox(1961)完全解(q/C_0=13.9)是一致的，Cox 解为 b=0 的一个特例。作为对比，图中同时给出半无限空间的平面应变滑移线的结果，计算得到极限荷载 q/C_0 和参数 b 的关系曲线如图 13.12 的曲线 2 所示[11]。

空间轴对称统一特征线理论可以得出一系列拉压强度不同($\varphi_0\neq0$)以及拉压强度相同($\varphi_0=0$)的材料采用不同的强度理论的结果。文献中采用 Tresca 屈服准则对于拉压强度相同($\varphi_0=0$)的材料的解[18]和采用莫尔-库仑强度理论对于拉压强度不相同($\varphi_0\neq0$)的材料的解[17]，分别为统一特征线场理论 b=0 时 $\varphi_0=0$ 和 $\varphi_0\neq0$ 的特例。

13.6 双剪滑移线理论计算桩端端阻力(华中科技大学)

华中科技大学岩土与地下工程研究所郑俊杰教授研究团队在武汉百步亭花园五期百步华庭工程中，应用双剪滑移线理论计算了管桩的桩端端阻力，其滑移线场如图 13.13 所示。他们得到的计算结果与试验结果的对比如表 13.1 所示[31]。

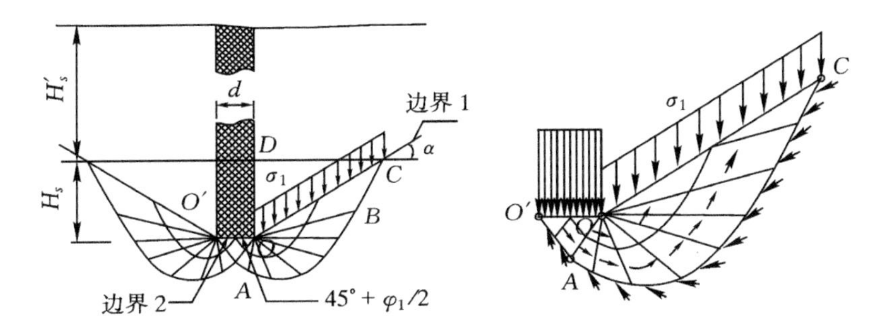

图 13.13 桩端端阻力分析(鲁燕儿，郑俊杰，陈保国)

他们得出结论：“根据静荷载的试验结果，桩端土的极限端阻力为 3600 kPa。应用两种理论所得的计算结果与试验结果分别相差了 37.2%和 6.2%。由此可知，应用双剪强度理论所得的结果比莫尔-库仑强度理论的更接近实际情况。因此，应用双剪强度理论可以提高桩端端阻力计算值。”

表 13.1 计算结果与试验结果的对比(鲁燕儿，郑俊杰，陈保国)

	p_2/kPa	q_2/kPa	桩端土的极限端阻力q_1/kPa		
			试验结果	理论结果	误差
单剪理论	1398.8	861.2	3600	2260	37.2%
双剪理论	2008.2	1367.8		3376	6.2%
双剪理论提高效率	43.6%	58.8%		49.4%	

13.7　圆形基础地基极限承载力的数值分析

特征线场理论只对少数简化问题有解析解或半解析解，对于复杂问题的求解则十分困难。近年来，由于各种数值计算方法及电子计算机的飞速发展，很多复杂问题有了进一步求解的可能。国内外很多学者通过比较地基极限荷载的有限单元方法和滑移线场方法的计算结果证明了两者的一致性。

这方面的内容十分丰富，下面简单介绍三个计算实例。把空间轴对称问题作为无限空间介质表面受压进行计算分析，结果表明，半无限空间介质表面受压的空间轴对称问题的数值计算结果因表面压力的作用方式而异。表面受法向均布压力作用时介质滑动破坏形式与 Hill 滑移线场相似，而表面受刚性压头作用时介质滑动破坏形式则与 Prantl 滑移线场相近；法向均布压力作用工况的极限荷载与俞茂宏、李建春 2001 年在《中国科学》首次发表的统一特征线解答吻合较好，而刚性压头作用工况的计算结果则偏大。最后利用双剪统一有限差分方法分析了刚性圆柱体压入半无限空间介质的问题。统一强度理论及其相连本构模型有限差分方法的空间轴对称问题分析由马宗源教授在 FLAC 研究中完成，他的研究给出了一系列新的有意义的结果[32-35]。

13.7.1　统一强度理论参数 b 的影响

空间轴对称条件下的半无限空间介质表面受压可以看作是半无限介质表面受圆形均布荷载作用的问题。受压面光滑且荷载半径为 2 m，计算模型尺寸见图 13.14(a)。取介质的一半进行计算，介质为均质各向同性材料，其参数黏聚力为 C_0=0.03 MPa·s，内摩擦角为 φ_0=15°。采用相关联流动法则进行计算，求解极限压力 P_u。图 13.14(b)为半无限空间介质表面受压的轴对称平面及计算模型的尺寸和网格划分示意图。图 13.15 为空间轴对称问题的特征线场。

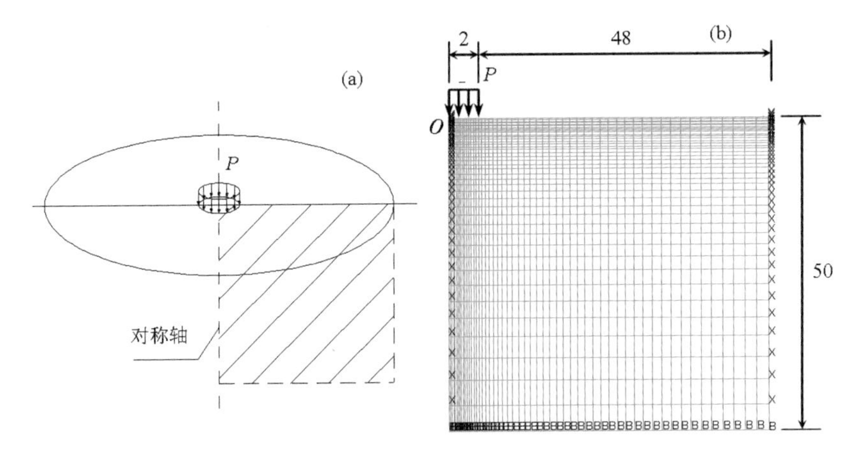

图13.14 半无限空间表面受压的轴对称示意图及模型尺寸和网格划分示意图

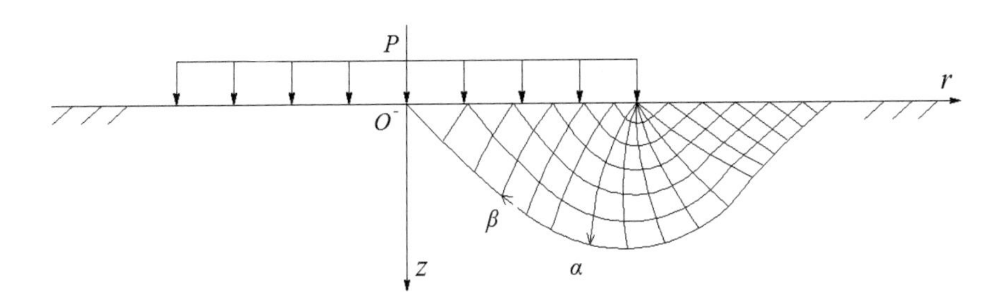

图13.15 半无限空间表面受压的空间轴对称问题特征线场

数值计算中，首先对模型表面施加法向荷载P并逐步增加荷载到计算无法收敛为止，且出现整体滑动破坏现象时认为达到极限荷载P_u，计算荷载作用中心O点的位移δ。图13.16为法向荷载作用下半无限空间介质到达极限状态时，不同b值的广义剪切应变云图及位移矢量图。

从图13.16可以看出，半无限介质表面受圆型均布荷载到达极限状态时，b=0的滑动破坏区域接近Hill给出的滑移线场，它与莫尔-库仑理论得出的结果相同，而b>0时圆型均布荷载的中心点以下的滑动破坏区域逐步增加。这表明按照统一强度理论计算，结构将有更多的材料承受极限荷载，b值增大，极限荷载增大，因而可以更好地发挥结构的强度潜力。

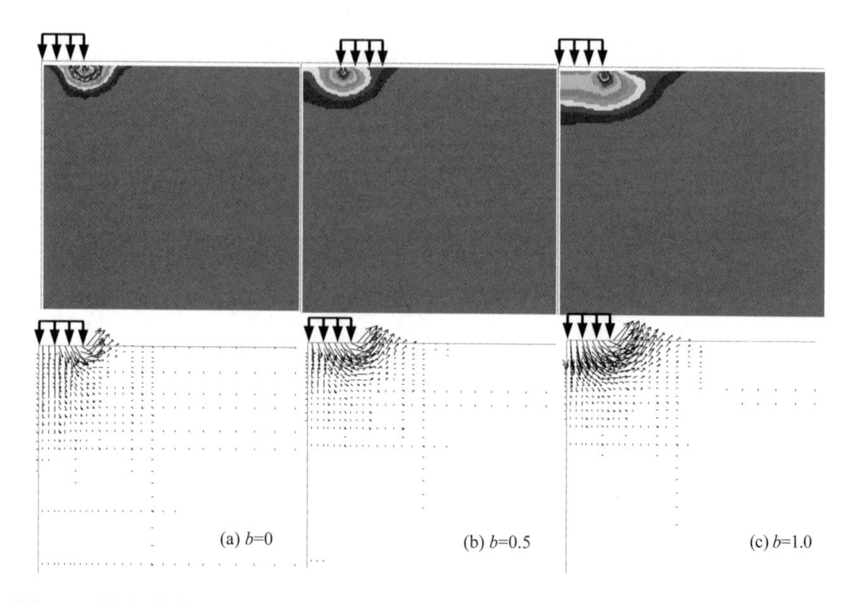

图13.16 法向荷载下半无限空间介质b值不同时的广义剪切应变云图及位移矢量图

图13.17为按照双剪统一有限差分方法计算出的不同b值情况下O点位移δ和荷载P的关系，其中双剪统一有限差分方法b=0和莫尔-库仑准则的计算结果完全相同。可以看出，位移δ和荷载P曲线反映极限荷载随b值增大而增加，并且双剪统一有限差分方法将莫尔-库仑的单剪理论的计算结果作为特例而包容其中。

图13.18显示了统一特征线和FALC两种方法计算得出的极限荷载与统一强度理论参数b的关系，可见FLAC的数值解和特征线法的解析解吻合较好。

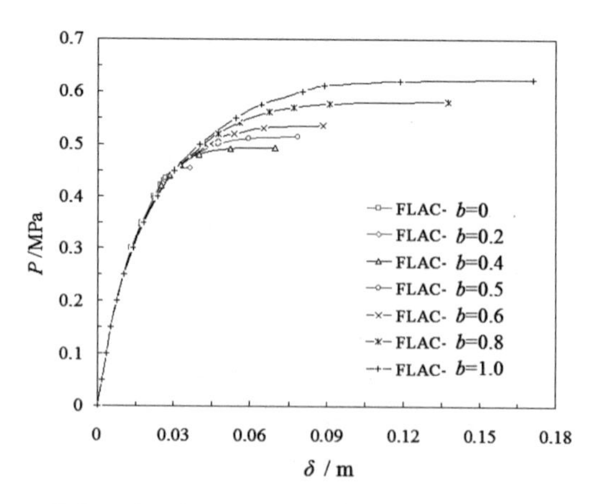

图13.17 双剪统一有限差分方法计算得出的O点位移δ和荷载P的关系

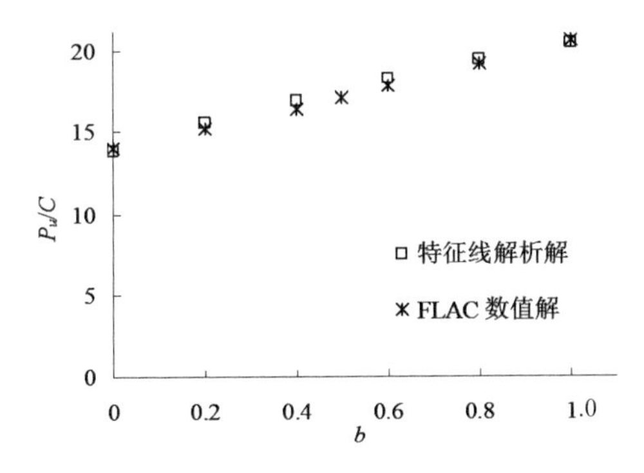

图13.18 特征线和FALC两种方法计算得出的极限荷载与b的关系

13.7.2 统一强度理论参数 φ 的影响

对于剪切强度较弱的材料，在足够大小的均匀压力下，材料将会发生新月形的破坏形状。Nadai 对人工制造的黑色石蜡受集中力(圆柱型冲头)作用时的破坏进行了实验研究，得出石蜡在纵向剖面的破坏形状如图13.19 所示，可以清晰地看出其结构的破坏形状是一个明亮的新月形区域。

利用统一强度理论可以得到更多的新结果。上一小节研究了统一强度理论参数 b 对计算结果的影响。对于岩土力学和岩土工程，材料强度参数往往采用黏结力 C 和摩擦角 φ。采用统一强度理论的不同参数 b 和内摩擦角 φ 可以得到一系列新的有意义的结果。

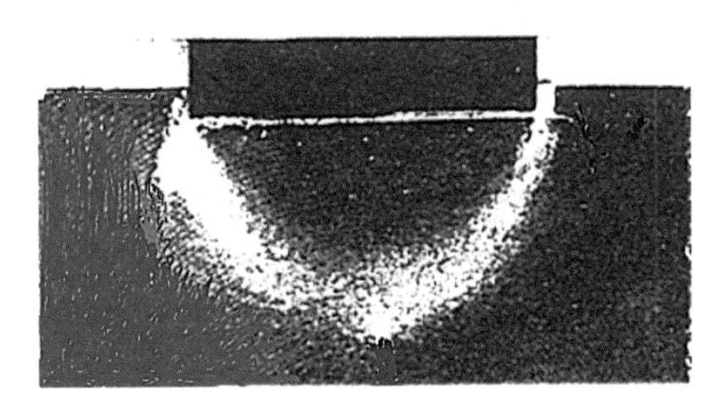

图 13.19 石蜡受集中力(圆柱型冲头)作用时的破坏形状

图 13.20 为作者请马宗源采用统一强度理论对一个圆形地基所作的分析结果。在相同的黏聚力 C=1.0 kPa 和强度准则参数 b=1(即双剪理论)条件下，分别对 φ=0°、φ=10°、φ=30°和 φ=60°的材料进行计算，得到它们的

广义塑性应变云图，如图 13.20 所示。当摩擦角 φ=0°时，为材料拉压强度相同；当 φ>0°时，为拉压强度不相同材料。由此可见，通过统一强度理论得出的圆形基础的塑性变形结果与 Nadai 的实验结果一致。从图 13.20 中我们还可以看到一些有意义的结果：圆形地基的塑性区扩展和广义塑性应变场扩展的形状和方向强烈依赖材料强度参数 φ 的选择。可以看到，在统一强度理论参数 b=1(即双剪理论)的条件下，φ=0°、φ=10°、φ=30°和 φ=60°时得出的塑性变形，不仅变形大小和范围不同，而且变形扩展的方向也发生了转变，即从基础边缘向内扩展(图 13.20(a))转变为向外扩展(图 13.20(d))。参数 φ 较大时意味着材料拉压强度比 $\alpha=\sigma_t/\sigma_c$ 较小。对于土体材料来说，塑性变形的扩展方向一般只会发生图 13.21(a)和(b)所示的情况(向内)；只有当材料的拉压强度相差很大，即 α 很小时，塑性变形才会出现图 13.20(c)和(d)所示的情况(向外)。

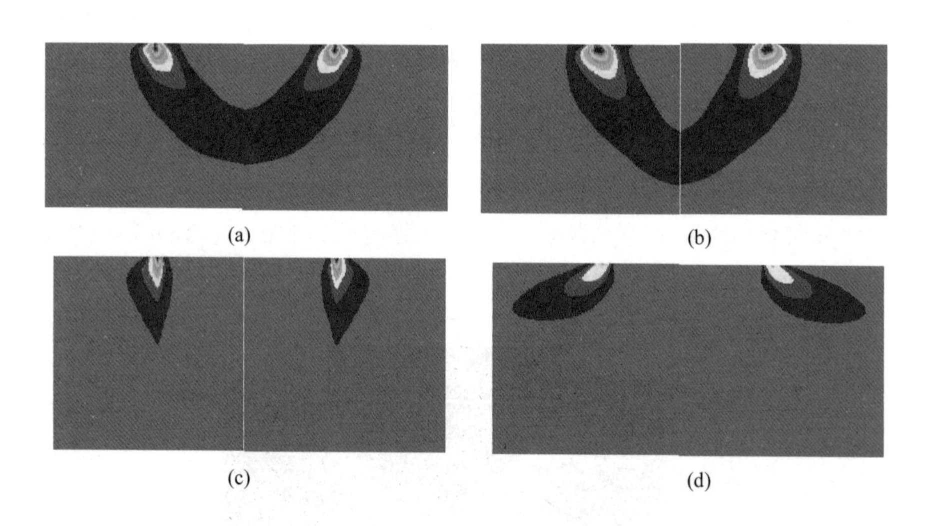

图 13.20 圆形基础地基的广义塑性应变分析。(a)统一强度理论 b=1.0，φ=0°；(b)统一强度理论 b=1.0，φ=10°；(c)统一强度理论 b=1.0，φ=30°；(d)统一强度理论 b=1.0，φ=60°

图13.21为Roesler对硅酸盐玻璃进行试验得出的结果[36]。这个结果也与马立峰教授对水晶进行实验得出的结果相同。俞茂宏和马宗源采用双剪强度理论，首次得出了相同的数值分析结果，如图13.20(d)所示[29]。

图 13.21 硅酸盐玻璃的试验结果(Roesler)

13.8 刚性圆柱形压头极限承载力的数值分析

以上部分为介质表面受法向压力计算工况的内容，而法向压力的边界条件相当于柔性圆柱形压头的作用效果，压头变形与介质的变形相协调。以下内容为刚性圆柱形压头作用的计算结果，其中刚性压头与半无限体介质表面为光滑接触。图 13.22 为刚性压头作用下双剪统一有限差分方法计算出的到达极限状态时，采用不同统一强度理论参数 b 时得到的广义剪应变及位移矢量图。

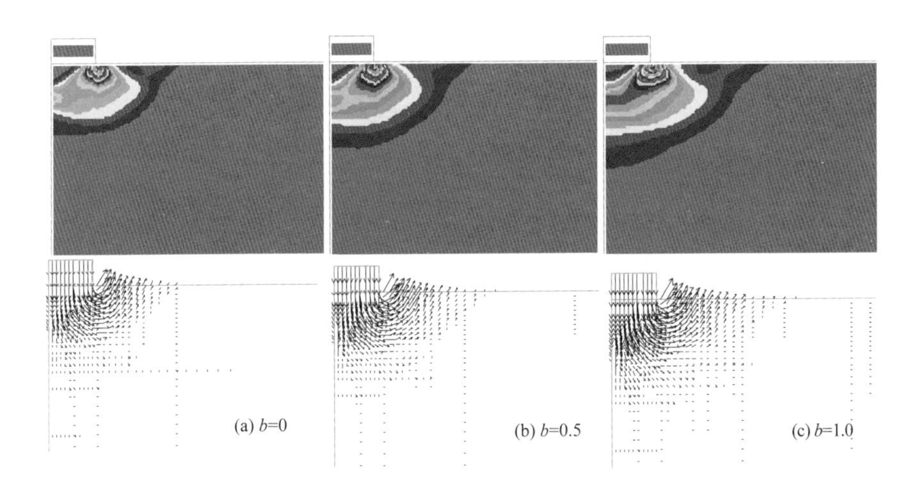

图13.22 刚性压头作用到达极限状态时的广义剪应变及位移矢量图

图 13.23 为法向压力和刚性压头作用下介质的网格变形图。从刚性压头作用计算工况可以看出，被压介质的滑动破坏区域形状和 Prantl 滑移线场相似，并且到达极限状态时的破坏区域随 b 值的增大而增大。统一强度理论使结构有更多的材料承受极限荷载，即 b 值增大，到达极限状态时的塑性区增大，相应的极限荷载增大。

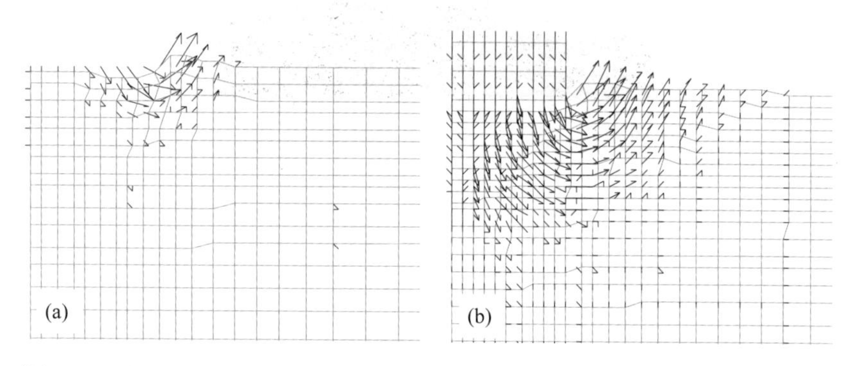

图 13.23 法向压力和刚性压头作用下介质的网格变形图。(a)法向压力；(b)刚头压入

与法向压力计算工况相比较，刚性压头作用的极限荷载较法向压力极限荷载要偏大。由此可见，轴对称条件下半无限空间表面受压问题的滑动破坏区域形状与压头的刚度有关，若压头刚度小且与受压介质协调变形，则破坏区域形状类似 Hill 滑移线场的形状；若压头刚度大，则破坏区域形状类似 Prantl 滑移线场的形状。

13.9　本章小结

多年来，国内外许多学者进行的复杂应力条件下岩土破坏研究的结果表明，中间主应力对岩土的强度有很大影响。空间轴对称塑性问题的特征线理论在理论和实际中都具有重要的意义，但由于空间轴对称特征线问题求解的困难性，至今为止求解结果不多。文献中现有的理论只能给出单剪理论(即统一强度理论 b=0)的一种结果，并且只考虑三个主应力中的两个主应力，忽略了中间主应力的影响。

本章应用俞茂宏和李建春于 2001 年根据空间轴对称问题的特点和统一强度理论推导出的空间轴对称塑性问题的统一特征线场理论。新理论充分考虑了各种不同材料的中间主应力效应和拉压强度比，适用于各种材料，形成系统的空间轴对称塑性问题特征线场理论。

(1)统一特征线场理论考虑了作用在单元体上的所有应力对特征线场的影响，反映了材料的拉压异性和中间主应力 σ_2 效应，适用于各种工程材料，文献中已有的解均为其特例或线性逼近。

(2)该理论形成了一系列适用于不同材料的新的空间轴对称极限问题的统一特征线场理论，可应用于土木与机械等工程和塑性成型理论中的很多空间轴对称塑性问题，并得出一系列新结果。

(3)由于大多数的材料在复杂应力状态下的强度性能都高于Tresca和莫尔-库仑的单剪强度理论(即 b=0 的统一强度理论)所预见的结果，而与 $0\le b\le 1$ 的统一强度理论相符合，因此，这里得出的结果在工程应用中可以提高结构的极限承载能力，并取得相应的经济效益；而对于塑性成型问题，则可以得出更符合实验结果的解。

(4)两个实例分析说明空间轴对称塑性问题的统一特征线场理论的应用性及结果的合理性。

(5)建立空间轴对称塑性问题的统一特征线场理论的关键是应用统一强度理论和引入应力参数 m。这点与俞茂宏等在1997年提出的平面应变问题统一滑移线场理论相似。参数 m 是一个可进一步研究的新参数。

参考文献

[1] Johnson, W, Sowerby, R, Venter, RD (1982) Plane strain slip sine fields for metal deformation processes. *Journal of Applied Mechanics*, 50(3): 702.

[2] Hill, R (1950) *The Mathematical Theory of Plasticity*. Oxford:Oxford University Press.

[3] Sokolovsky, VV (1950) *Theory of Plasticity*. Moskow:NatTech Press.

[4] Kachanov, LM (1975) *Foundations Theory of Plasticity*. London:North Holland.

[5] Shield, RT (1955) On the plastic flow of metal condition of axial symmetry. *Proc Roy Soc*, 233(1): 267–287.

[6] Plasticity, SOMF, Lippmann, H (1979) *Metal forming plasticity: Symposium on Metal Forming Plasticity*. Springer-Verlag.

[7] Spencer, AJM (1964) The approximate solution of certain problem of axially-symmetric plastic flow. *J Mech Phys Solids,* 12(4): 231–243.

[8] 王仁，熊祝华，黄文彬 (1982) 塑性力学基础. 北京:科学出版社.

[9] Collins, IF, Dewhurst, P (1975) A slip line field analysis of asymmetrical hot rolling. *Int. J. of Mechanical Science,* 17(10): 643–651.

[10] Collins, IF (1984) Slip line field analysis of forming processes in plane strain and axial symmetry. *Advanced Technology of Plasticity*, 11: 1074–1084.

[11] 俞茂宏, 杨松岩, 刘春阳, 等 (1997) 统一平面应变滑移线场理论. 土木工程学报, 30(2): 14–26.

[12] Lin, C, Li, YM (2015) A return mapping algorithm for unified strength theory model. *Int. J. of Numerical Method in Engineering*, 104: 749–766.

[13] Spencer, AJM (1964) The approximate solutions of certain problems of axially symmetric plastic flow. *J Mech Phys Solids*, 12(4): 231–243.

[14] Shield, RT (1955) The plastic indentation of a layer by a flat punch. *Quart Appl Math*, 13(1): 27–46.

[15] Cox, AD (1961) Axially-symmetric plastic deformation in soil – II: Indentation of ponderable soi1s. *Int. J Mech Sci,* 4(5): 371–380.

[16] Haar, A, Karman, TV (1909) Zur theorie der spanungszustnde in plastischen und sandartigen medion. *Nachr Gesellsch Wissensch GÊttingen, Math-phys Klasse*, pp. 204–218.

[17] Chen, WF (1975) *Limit Analysis and Soil Plasticity*. New York:Elsevier.

[18] Szczepinski W, Kobayashi, S (1979) Introduction to the mechanics of plastic forming of metals. *Netherlands: Sijthoff and Noordhoff*, 47(2): 459–460.

[19] Loukidis, D, Salgado, R (2009) Bearing capacity of strip and circular footings in sand using finite elements. *Computers and Geotechnics*, 36(5): 871–879.

[20] Tani, K, Craig, WH (1995) Bearing capacity of circular foundations on soft clay of strength increasing with depth. *Soil Found*, 35(4): 21–35.

[21] Yu, MH, He, LN (1992) A new model and theory on yield and failure of materials under complex stress state. In: Bowen P, Ibotson AR, Beevers C (Eds.), *Mechanical Behaviour of Materials VI*. Oxford:Pergamon Press, 3: 841–846.

[22] 俞茂宏 (1992) 强度理论新体系. 西安:西安交通大学出版社

[23] 俞茂宏, 何丽南, 宋凌宇 (1985) 双剪应力强度理论及其推广. 中国科学 A 辑, (12): 1113–1120.

[24] Yu, MH, Yang, SY, Fan, SC, et al. (1999) Unified elasto-plastic associated and non-associated constitutive model and its engineering applications. *Computers and Structures*, 71(6): 627–636.

[25] 俞茂宏, 李建春 (2001) 空间轴对称塑性问题的统一特征线场理论. 中

国科学(E), 31(4): 323–331.
[26] Yu, MH, Li, JC (2001) Unified characteristics line theory of spatial axisymmetric plastic problem. *Science in China (Series E), English Edition*, 44(2): 207–215.
[27] Yu, MH (2006) *Generalized Plasticity*. Beilin:Springer.
[28] Yu, MH, Ma, GW, Li, JC (2009) *Structural Plasticity*. Springer and Zhejiang University Press.
[29] Yu, MH, Li, JC (2012) *Computational Plasticity: With Emphasis on the Application of the Unified Strength Theory*. Springer and Zhejiang University Press.
[30] Suh, NP, Lee, RS, Rogers, CR (1968) The yielding or truncated solid cones under quasistatic and dynamic loading. *J Mech Phys Solids*, 16(6): 357–372.
[31] 鲁燕儿, 郑俊杰, 陈保国 (2007) 应用双剪滑移线理论计算桩端端阻力. 岩石力学与工程学报, 26(S2): 4084−4089.
[32] 马宗源, 党发宁, 廖红建 (2013) 考虑中间主应力影响的条形基础承载力数值解. 岩土工程学报, 35(S2): 253–258.
[33] Ma, ZY, Liao, HJ, Dang, FN (2014) Influence of intermediate principal stress on the bearing capacity of strip and circular footings. *Journal of Engineering Mechanics, ASCE,* 140(7): 1−14.
[34] Ma, ZY, Liao, HJ, Dang, FN (2014) Effect of intermediate principal stress on plat-ended punch problems. *Archive of Applied Mechanics*, 84(2): 277–289.
[35] 马宗源, 廖红建, 谢永利 (2010) 基于统一弹塑性有限差分法的真三轴数值模拟. 岩土工程学报, 28(9): 1368–1373.
[36] Roesler, FC (1956) Brittle Fractures near Equilibrium. *Proceedings of the Physical Society*, 69(10): 981–992.

阅读参考材料

【阅读参考材料 13-1】“近年来，国内外很多学者将双剪统一强度理论应用于土力学问题的研究，得出了很多新的结果，表明它在岩土力学和工程分析中是可行的，得出的结果也比原来的更多、更好。由此可见，统一强度理论是我国在强度理论上的一个重大创新成果。”

(郑颖人 (2007) 岩土材料屈服与破坏及边(滑)坡稳定分析方法研讨——“三峡库区地质灾害专题研讨会”交流讨论综述. 岩石力学与工程学报, 26(4): 649–661)

【阅读参考材料 13-2】UEPP 除了统一强度理论及其相连的流动法则外，与其他弹塑性程序并没有什么不同。因此，只要将相应的子程序装入任何一个弹塑性分析程序并作一些窗口的连接，即可进行应用。UEPP 中的材料模型有：

1. Tresca 屈服准则(单剪准则)；2. Huber-von Mises 屈服准则(三剪准则)；3. 双剪屈服准则(最大偏应力准则)；4. 莫尔-库仑破坏准则(单剪理论)；5. Drucker-Prager 破坏准则(三剪理论)；6. 双剪破坏准则(双剪理论)；7. 统一强度理论，材料参数α和 b 为任意值，$0\le\alpha\le1$，$0\le b\le1$；8. 统一强度理论，α=1，b=0；9. 统一强度理论，α=1，b=1/4；10. 统一强度理论，α=1，$b=(\sqrt{3}-1)/2$；11. 统一强度理论，α=1，b=1/2；12. 统一强度理论，α=1，b=3/4；13. 统一强度理论，α=1，b=1；14. 统一强度理论，$0\le\alpha\le1$，b=0；15. 统一强度理论，$0\le\alpha\le1$，b=1/4；16. 统一强度理论，$0\le\alpha\le1$，b=1/2；17. 统一强度理论，$0\le\alpha\le1$，b=3/4；18. 统一强度理论，$0\le\alpha\le1$，b=1；19. 双剪三参数准则；20. 三参数统一强度理论；21. 其他。

【阅读参考材料 13-3】UEPP 也可以进行空间轴对称结构弹塑性计算和三维问题的计算。21 世纪以来，澳大利亚 Griffith 大学、新加坡南洋理工大学、日本 Quint 软件公司，以及浙江大学、西安交通大学、北京科技大学、上海交通大学、同济大学、河海大学、中国科学院武汉岩土力学研究所国家重点实验室、中国水利水电科学研究院等的有关学者，将统一强度理论装入一些著名的大型商用结构分析软件，如 ABAQUS、ADINA、ANSYS、MARC、AutoDYN、DYNA、DYPLAS、FLAC-2D、FLAC-3D 等，并进行了不同工程的结构分析，得到了一系列新结果。读者可在公开发表的文献中查阅。

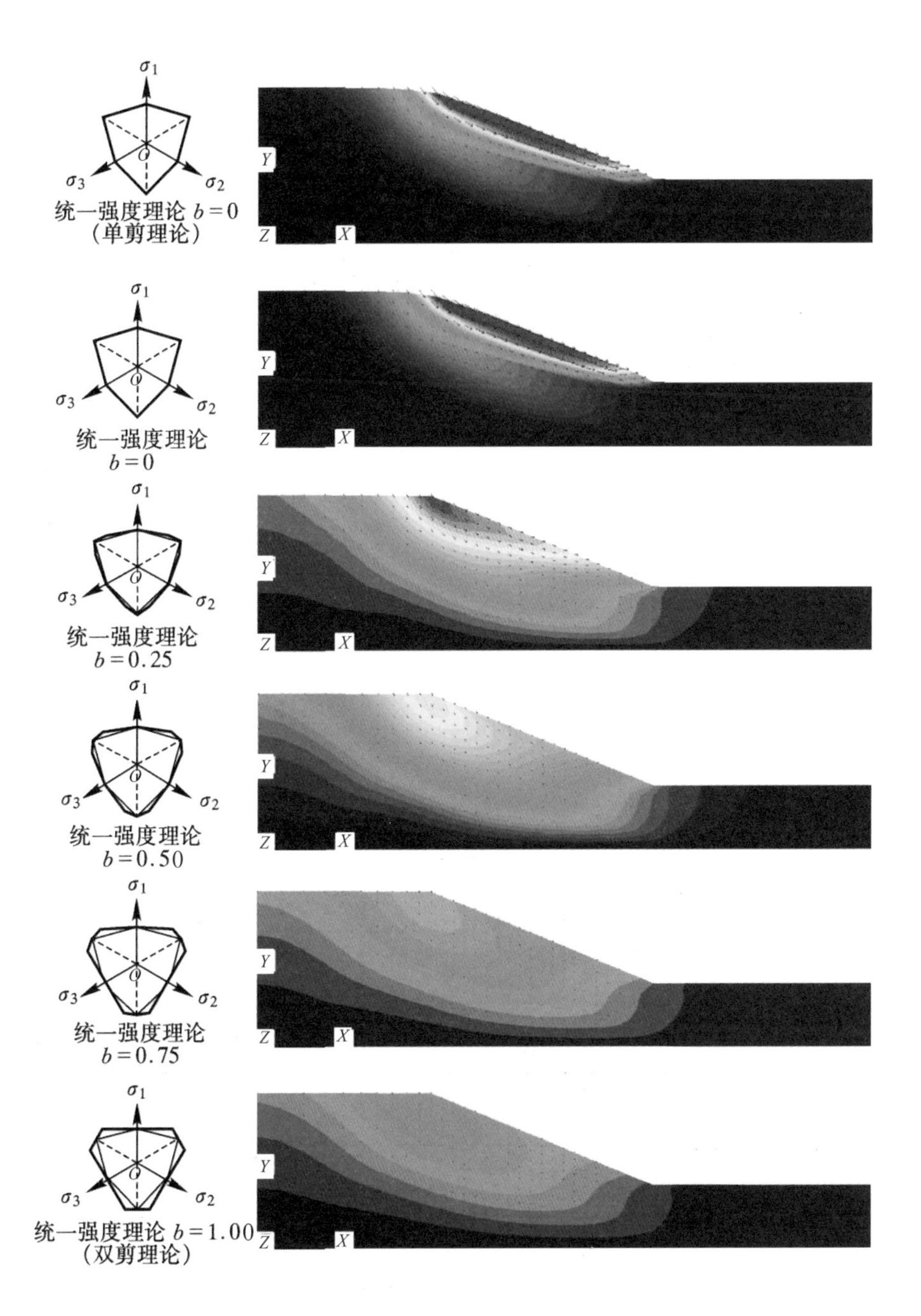

统一强度理论在结构强度问题分析应用中可以得到一系列有序变化的结果，适合于不同的土体材料和结构，可为工程应用提供更多的资料、比较、参考和合理选用。

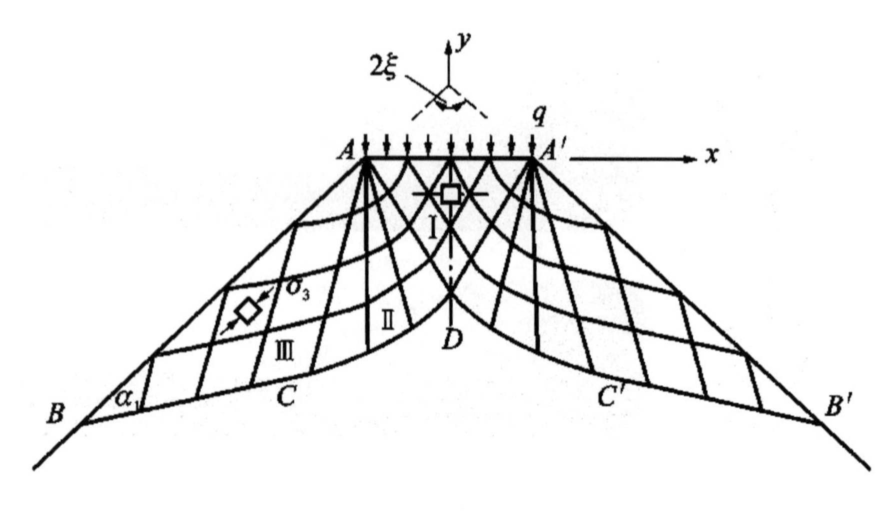

梯形结构的极限承载力统一解：

$$q_{\text{UST}} = C_{\text{UST}} \cdot \cot \varphi_{\text{UST}} \left[\frac{1+\sin \varphi_{\text{UST}}}{1-\sin \varphi_{\text{UST}}} \exp(2\xi \cdot \tan \varphi_{\text{UST}}) - 1 \right]$$

下图为应用统一强度理论和统一滑移线场理论对梯形结构的分析得出的一系列结果。传统解(b=0)是其中的一个特例，可以更好地符合实验结果(b=0.75)。

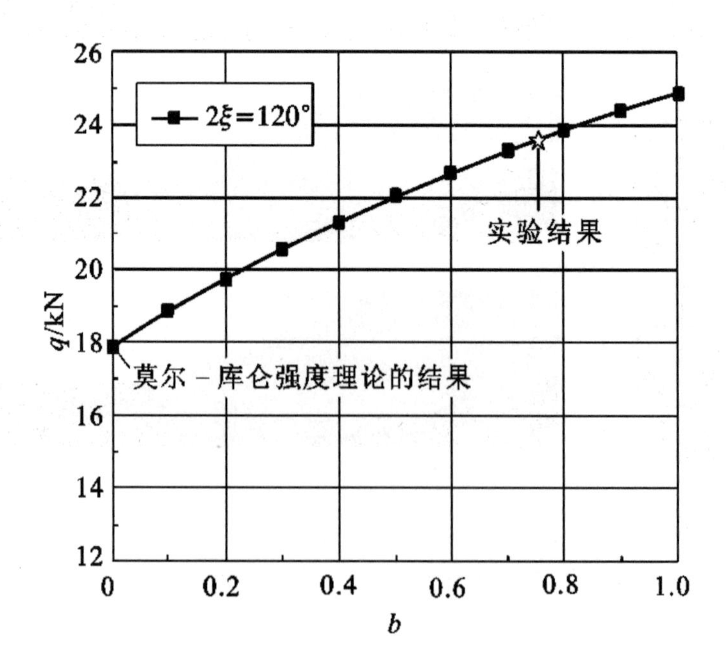

14

边坡稳定性问题的统一解

14.1 概 述

边坡稳定性分析是土力学的三大工程实际问题之一。边坡稳定性和滑坡治理是土木、水利以及公路建设和铁路建设中经常遇到的重要问题[1-5]。图 14.1 为荷载作用下一个边坡土体的滑移线场图。图 14.2 是一种可能的土坡滑坡前后示意图[6]，图中的虚线部分为滑坡后的形状。它们的边坡稳定性具有重要的意义。实际工程中的边坡分为天然边坡和人工边坡，天然边坡是指天然形成的山坡和江河湖海等的岸坡，人工边坡是指人工开挖的引河、基坑，基槽或者填筑的路堤、土坝等。

由于边坡表面倾斜，在本身重量以及其他外荷载作用下，整个边坡都有一个从高处向低处滑动的趋势。如果土体在内部某个面上的滑动力超过土体抗滑动的能力，将产生一部分土体相对于另一部分土体滑动的现象，即滑坡。滑坡往往会给人民的生命财产造成巨大损失。图 14.3 显示了上海莲花池小区一栋小高层的倒塌，事故是由在两排楼房之间挖掘地下车库，人为形成边坡而引起。图 14.4 显示了香港某一山地由于人工建设引发山体滑坡，造成了严重的损害。

工程建设中，往往需要对边坡进行稳定性分析，且在不同的破坏准则下得到的结果往往各不相同。常规的理论解都是基于莫尔-库仑破坏准则得到的。由于莫尔-库仑准则没有考虑中间主应力的影响，因此在理论和实践上都存在不足。文献[7-19]的大量研究表明，土质材料具有明显的中间主应力效应。文献[20]研究表明，屈服准则对土质边坡稳定安全度的计算有较大的影响。

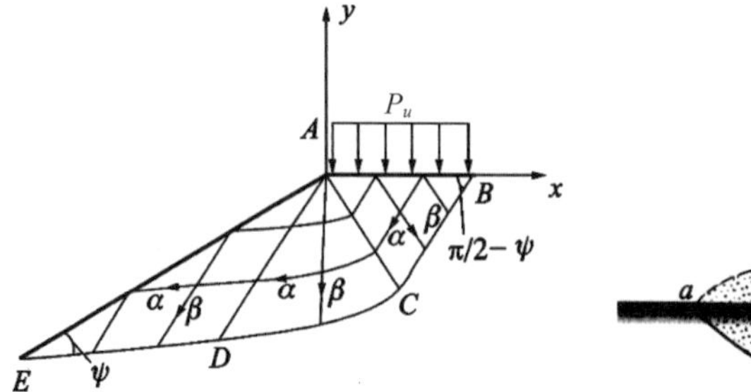

图 14.1 均质土坡的滑移线

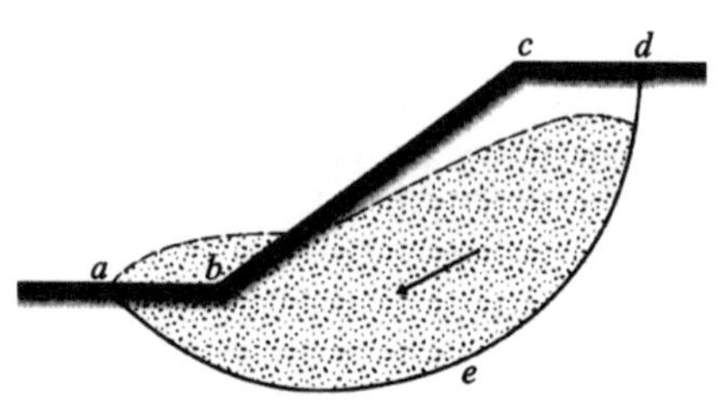

图 14.2 一种可能的土坡滑坡前后示意图

图 14.3 上海莲花池小高层

图 14.4 香港某山体滑坡

统一强度理论具有简单的线性表达式，为边坡稳定性问题、条形基础下地基极限承载力等研究提供了理论基础。

目前，统一强度理论已广泛应用于工程实践当中，并且取得了较好的效果。对于岩土材料，运用统一强度理论进行分析，可以充分发挥土质材料的强度，因此，国内外学者们对统一强度理论在岩土材料中的运用进行了大量的研究，并给予了积极的评价[21-39]。沈珠江[22]评价统一强度理论充分显示了实用价值和强大功能，Teodorescu 和 Li[23]认为这是一个重要的贡献。董玉文等[20]研究表明："统一强度理论可以考虑岩土材料的中间主应力效应及拉压差效应，在边坡稳定分析中可以发挥材料的承载潜力。"张永强等[25]采用统一滑移线场理论研究了边坡极限荷载的统一解。其他的众多学者基于统一强度理论，提出了新的思路解决适合不同工况的普适性研究方法，取得的一系列研究成果，比如，范文等[26]的统一强度理论在边坡稳定性分析中的应用，张伯虎和史德刚[27]的土体边坡稳定性分析的统一强度理论解，魏婷[28]的屈服准则对边坡稳定安全度的影响分析，许文龙和王艳君[29]的武汉凤凰山边坡塑性分析及支护设计与施工，马宗源等[30]的复杂应力状态下土质高边坡稳定性分析，丰土根等[31]将统一强度理论应用于 500 kV 地下变电站基坑围护结构抗震研究，李凯和陈国荣[33]的基于统一强度理论和统一滑移线场理论的边坡稳定性有限元分析，朱福等[32, 37]的统一强度理论的软土地基路堤临界填筑高度改进计算方法，刘建军等[34]的基于统一强度理论的岩质边坡稳定动安全系数计算，李南生等[35]的基于统一强度理论的土石坝边坡稳定分析遗传算法，李健等[36]的基于统一强度理论的边坡强度折减法改进研究。这些研究成果具有良好的工程指导意义。

14.2　承载力统一解的理论推导

在平面应变状态下，边坡稳定的分析可以采用多种方法。材料服从统一强度理论的序列化的变化规律。本节运用统一强度理论和常用的条分法对边坡进行稳定性研究，得到了稳定安全系数的表达式，对边坡的设计和施工将有较强的指导意义。

讨论边坡的稳定性，一般按平面应变问题考虑。平面应变的统一强度理论为[15]：

$$\sigma_1-\frac{1-\sin\varphi_{\mathrm{UST}}}{(1+b)(1+\sin\varphi_{\mathrm{UST}})}(b\sigma_2+\sigma_3)=\frac{2C_{\mathrm{UST}}\cos\varphi_{\mathrm{UST}}}{1+\sin\varphi_{\mathrm{UST}}}\tag{14.1}$$

式中，b 为反映中间主应力对材料破坏影响程度的参数，C_{UST} 和 φ_{UST} 分别为统一强度理论下岩土体的黏聚力和内摩擦角。

若令 $\sigma_2=m(\sigma_1+\sigma_3)/2$，则式(14.1)变为：

$$\sigma_1=\frac{(2+bm)(1-\sin\varphi_{\mathrm{UST}})\sigma_3}{2+2b-bm+(2+2b+bm)\sin\varphi_{\mathrm{UST}}}+\frac{4(1+b)C_{\mathrm{UST}}\cos\varphi_{\mathrm{UST}}}{2+2b-bm+(2+2b+bm)\sin\varphi_{\mathrm{UST}}}\tag{14.2}$$

一般情况下，当岩土体处于弹性状态时，$m<1$；当岩土体屈服时，$m\to1$。

对图 14.5(a)所示的单位长度土坡，设可能滑动面是一圆弧 AD，圆心

为 O，半径为 R。将滑动土体 $ABCDA$ 分成许多竖向土条，任一土条上的作用力如图 14.5(b)所示。

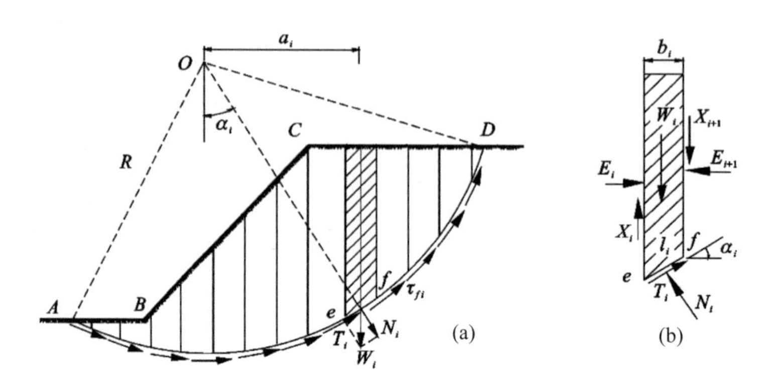

图 14.5 条分法计算土坡稳定

土条的自重 W_i，其大小、作用点位置及方向均已知。假定滑动面 ef 上的法向反力 N_i 及切向反力 T_i 作用在滑动面 ef 的中点，大小均未知。土条两侧的法向力为 E_i 和 E_{i+1}，竖向剪切力为 X_i 和 X_{i+1}，其中 E_i 和 X_i 可由前一个土条的平衡条件求得，而 E_{i+1} 和 X_{i+1} 的大小未知，E_{i+1} 作用点位置也未知。

若不考虑土条两侧的作用力，则有整个土坡相应于滑动面 AD 时的稳定安全系数：

$$K=\frac{\sum\limits_{i=1}^{i=n}\left[2(1+b)C_{0i}l_i\cos\varphi_{0i}-s_iW_i\cos\alpha_i\right]\Big/p_iq_i}{\sum\limits_{i=1}^{n}W_i\sin\alpha_i} \tag{14.3}$$

式中 $s_i=b-bm+(2+b+bm)\sin\varphi_{0i}$，$p_i=2+b+b\sin\varphi_{0i}$，$q_i=\sqrt{1-s_i^2/p_i^2}$，$C_0$ 和 φ_{0i} 分别为各土条的黏聚力和内摩擦角。

以上的简单条分法没有考虑土条间的相互作用力，因此得到的稳定安全系数偏小。本节采用毕肖普提出的简化方法进行讨论，其基本假定为：①不考虑土条两侧的作用力；②忽略土条间竖向剪切力的作用；③给定滑动面上切向力 T_i 的大小，并由式(14.5)确定[2]。

根据土条的竖向平衡条件可得：

$$W_i - X_i + X_{i+1} - T_i \sin\alpha_i - N_i \cos\alpha_i = 0 \tag{14.4}$$

若土坡的稳定安全系数为 K，则土条滑动面上的抗剪强度也只发挥了一部分，毕肖普假设其与滑动面上的切向力相平衡，即：

$$T_i = \frac{1}{K}\left(N_i \tan\varphi_{\mathrm{UST}} + C_{\mathrm{UST}} l_i\right) \tag{14.5}$$

根据式(14.5)，解出：

$$N_i = \frac{W_i + \left(X_{i+1} - X_i\right) + \dfrac{C_{\mathrm{UST}} l_i}{K}\sin\alpha_i}{\cos\alpha_i + \dfrac{1}{K}\tan\varphi_{\mathrm{UST}}\sin\alpha_i} \tag{14.6}$$

将式(14.6)代入式(14.4)，有;

$$K = \frac{\sum\limits_{i=1}^{i=n}\dfrac{1}{k_i}\left[\left(W_i + X_{i+1} - X_i\right)\tan\varphi_{\mathrm{UST}} + C_{\mathrm{UST}} l_i \cos\alpha_i\right]}{\sum\limits_{i=1}^{i=n} W_i \sin\alpha_i} \tag{14.7}$$

式中：

$$k_i = \cos\alpha_i + \frac{s_i \sin\alpha_i}{K p_i q_i} \tag{14.8}$$

根据毕肖普假设，忽略竖向剪切力，即 $X_{i+1}-X_i=0$，则式(14.7)变为：

$$K = \frac{\sum\limits_{i=1}^{i=n}\left[\left(W_i \tan\varphi_{\mathrm{UST}} + C_{\mathrm{UST}} l_i \cos\alpha_i\right)/k_i\right]}{\sum\limits_{i=1}^{i=n} W_i \sin\alpha_i} \tag{14.9}$$

由于式(14.9)中的 k_i 中包含 K，因此式(14.9)须用迭代法求解。先假定一个 $K=K_1$ 值(K_1 可先在 1.0~1.5 取值)，代入式(14.8)，将得到的 k_i 值代入式(14.9)，得到 $K=K_2$。如果 K_1 与 K_2 差别较小，则以此 K 值作为边坡稳定安全系数；若两者差别较大，则重新选择值进行反复验算。

14.3 计算实例

某均质土坡如图 14.6 所示。已知土坡高度 H=6 m，坡角 β=55°，容重 γ=18.6 kN/m²，土坡最危险滑动面圆心 O 的位置以及土条划分情况见文献[3]。

下面探讨当黏聚力和土体内摩擦角变化时，强度准则参数 b 对边坡稳定安全系数的影响规律。为了计算方便，我们采用相同的土条划分和同一危险滑动面。图 14.7 反映当黏聚力不变时，安全稳定系数 K 与 φ 的关系；图 14.8 反映当内摩擦角不变时，稳定安全系数 K 与 C 的关系。

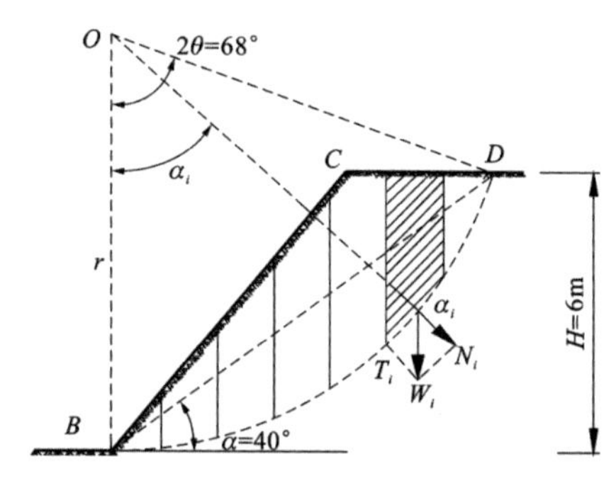

图 14.6 算例计算简图

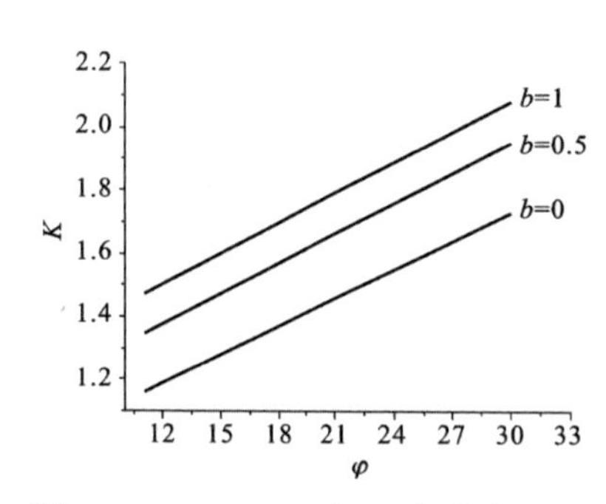

图 14.7 C=16.7 kPa 时，φ 与稳定系数 K 的关系图

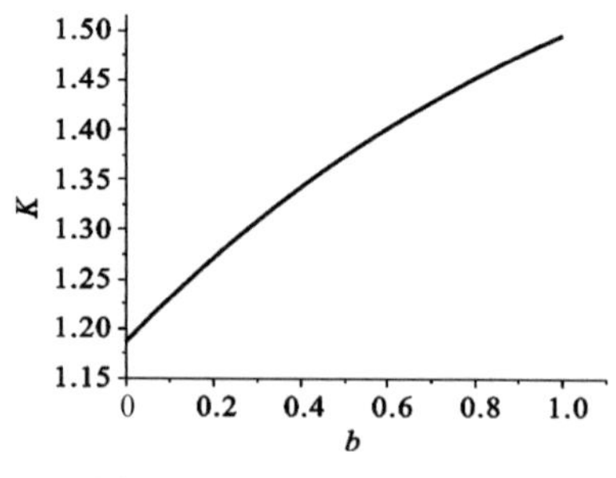

图 14.8 φ=12°时，b 与稳定系数 K 的关系图

表 14.1 为反映内摩擦角为 φ_0=12°，黏聚力为 C=16.7 kPa 时，不同方法下(毕肖普法和统一强度理论方法)稳定安全系数 K 的差异。图 14.9 反映了内摩擦角为 φ_0=12°，黏聚力为 C=16.7 kPa 时，统一强度理论参数 b 取不同值时安全系数 K 的变化情况。

表 14.1 当 b 取不同值时 K 的计算结果

土条编号		1	2	3	4	5	6	7	Σ	K
α_i		9.5	16.5	23.8	31.6	40.1	49.8	63.0		
l_i		1.01	1.05	1.09	1.18	1.31	1.56	2.68		
W_i		11.16	33.48	53.01	69.75	76.26	56.73	27.90		
$W_i\sin\alpha_i$		1.84	9.51	21.39	36.55	49.13	43.33	24.86	186.61	
b=0 m=1 (M-C 准则)	$W_i\tan\varphi$	2.37	7.12	11.27	13.83	16.21	12.06	5.93		1.185
	$Cl_i\cos\alpha_i$	16.64	16.81	16.65	16.78	16.73	16.81	20.31		
	k_i	1.016	1.010	0.987	0.946	0.880	0.782	0.614		
	R_i	18.71	23.70	28.28	33.43	37.42	36.90	42.76	221.2	
b=0.25 m=1	$W_i\tan\varphi$	2.59	7.76	12.29	16.17	17.68	13.15	6.47		1.292
	$Cl_i\cos\alpha_i$	18.14	18.33	18.16	18.30	18.25	18.33	22.15		
	k_i	1.016	1.010	0.987	0.946	0.880	0.782	0.614		
	R_i	20.40	25.84	30.84	36.45	40.80	40.24	46.63	241.2	
b=0.50 m=1	$W_i\tan\varphi$	2.75	8.26	13.08	17.21	18.82	14.00	6.88		1.376
	$Cl_i\cos\alpha_i$	19.31	19.51	19.33	19.48	19.42	19.51	23.57		
	k_i	1.016	1.010	0.987	0.946	0.880	0.782	0.614		
	R_i	21.71	27.5	32.82	38.8	43.43	42.83	49.63	256.72	
b=0.75 m=1	$W_i\tan\varphi$	2.89	8.66	13.71	18.04	19.72	13.67	7.22		1.442
	$Cl_i\cos\alpha_i$	20.24	20.46	20.27	20.42	20.36	20.46	24.72		
	k_i	1.016	1.010	0.987	0.946	0.880	0.782	0.614		
	R_i	22.77	28.84	34.41	40.67	45.53	44.90	52.04	269.16	
b=1.00 m=1	$W_i\tan\varphi$	3.00	8.99	13.23	18.73	20.47	15.23	7.49		1.497
	$Cl_i\cos\alpha_i$	21.01	21.23	21.03	21.19	21.13	21.23	25.65		
	k_i	1.016	1.010	0.987	0.946	0.880	0.782	0.614		
	R_i	23.63	29.93	35.72	42.21	47.26	46.61	54.01	279.37	

从表 14.1 可知，随着 b 值的增加，安全系数 K 的值也增加，与图 14.9 的规律一致。

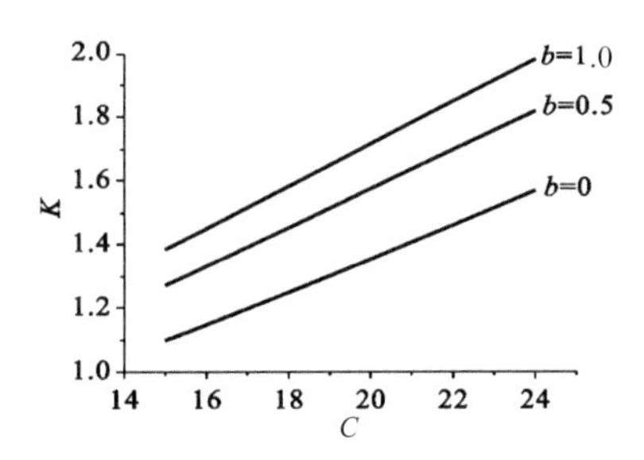

图 14.9 参数 C 与稳定系数 K 的关系图

从以上的计算结果可以看出，土体的内摩擦角与黏聚力对土坡的稳定安全系数有较大的影响，当土体的内摩擦角与黏聚力增大时，土坡的稳定安全系数也增大。当强度准则参数 b 增大时，边坡的稳定安全系数也增大，说明中间主应力对其影响较大；当强度准则参数 b=0 时，即为 M-C 准则下毕肖普法的计算结果。

14.4　顶部受到均布荷载作用的梯形结构承载力统一解

对于梯形堤坝或土坡，当其部分浸水时(如图 14.10 所示)，按照条分法的思路，此时水下土条的重量都应按照饱和重度来计算，同时还要考虑滑动面上的孔隙水应力(静水压力)和作用在土坡坡面上的水压力。以静水面 EF 以下滑动土体内的孔隙水作为脱离体，则其上作用力除滑动面上的静孔隙水应力 P_1、土坡面上的水压力 P_2 以外，在重心位置还作用有孔隙水的重量和土粒浮力的反作用力(其合力大小等于 EF 面以下滑动土体的同体积水重，以 G_{W1} 表示)，三个力形成平衡力系。因此，在静水条件下周界上的水压力对滑动土体的影响，可以用静水面以下滑动土体所受的浮力来代替，实际上就相当于水下土条重量均按浮重度计算。因此，部分浸水土坡的安全系数，其计算公式与成层土坡安全一样，只要将坡外水位以下土的重度用浮重度代替即可，即：

$$K=\frac{\sum\limits_{i=1}^{i=n}\left[C'_{\mathrm{UST}}l_i+\left(\gamma_i h_{1i}+\gamma'_i h_{2i}+\gamma'_i h_{3i}+q\right)b_i\cos\alpha_i\tan\varphi'_{\mathrm{UST}}\right]}{\sum\limits_{i=1}^{i=n}\left(\gamma_i h_{1i}+\gamma_{\mathrm{sat}i}h_{2i}+\gamma'_i h_{3i}+q\right)b_i\sin\alpha_i}\tag{14.10}$$

式中，γ_i 为土体天然重度，γ_i'为土体浮重度，h_{1i} 和 h_{2i} 分别为第 i 条土条在水位以上和水位以下的高度，q 为堤坝或土坡上的均布荷载。

当水库蓄水或库水位降落，或码头岩坡处于低潮位而地下水位又较高时，都会产生渗流，从而经受渗流力的作用，在进行土坡稳定性分析时必须考虑它的影响。

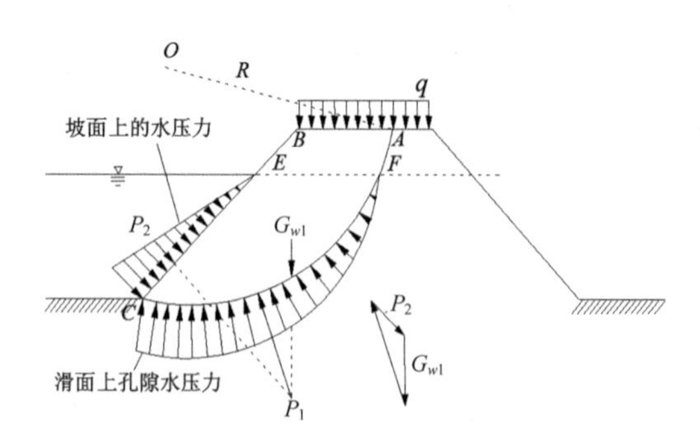

图 14.10　有均布荷载作用计算图示

若采用土的有效重度(水下用浮重度)与渗流力的组合来考虑渗流对土坡稳定的影响时，要绘制渗流区域内的流网，同时结合渗流理论计算渗流所产生的渗流力及其产生的滑动力矩，并把渗流力在滑动面上引起的剪应力等加到安全系数计算式中，从而得到渗流作用下梯形土坡的安全系数。

利用渗流网来计算渗流力，只要流网绘制得足够正确，其精度是能够得到保证的，但计算较为繁琐，同时绘制流网也有一定难度。因此，目前用得最多的是“代替法”。采用浸润线以下坡外水位上所包围的同体积水重对滑动圆心的力矩来代替渗流力对圆心的滑动力矩，如图 14.11 所示。若以滑动面之上、浸润线之下的孔隙水作为脱离体，其上的作用力有：

(1)滑动面上的孔隙水压力，其合力为P_w，方向指向圆心；

(2)坡面nC上的水压力，其合力为P_2；

(3)nCl'范围内的孔隙水重与土粒浮力反作用的合力为G_{w1}，方向竖直向下；

(4)$lmnl'$范围内的孔隙水重与土粒浮力反作用的合力为G_{w2}，方向竖直向下，至圆心的力臂为d_w；

(5)土粒对渗流的阻力T_j，至圆心的力臂为d_j。

在稳定渗流条件下，以上力组成了一个平衡力系。通过力的平衡分析，可以得到稳定渗流作用下梯形堤坝或土坡的安全系数表达式：

$$K=\frac{\sum_{i=1}^{i=n}\left[C'_{\mathrm{UST}}l_i+\left(\gamma_i h_{1i}+\gamma'_i h_{2i}+\gamma'_i h_{3i}+q\right)b_i\cos\alpha_i\tan\varphi'_{\mathrm{UST}}\right]}{\sum_{i=1}^{i=n}\left(\gamma_i h_{1i}+\gamma_{\mathrm{sat}i}h_{2i}+\gamma'_i h_{3i}+q\right)b_i\sin\alpha_i} \tag{14.11}$$

式中，$\gamma_{\mathrm{sat}i}$为土体饱和重度，h_{1i}、h_{2i}、h_{3i}分别为第 i 土条在浸润线以上、浸润线与坡外水位间、坡外水位以下的高度，如图 14.11(b)所示。

14.5 梯形结构的统一滑移线场解

讨论边坡的稳定性，一般按平面应变问题考虑。平面应变的统一强度理论如式(14.1)和(14.2)所示。梯形结构如图 14.12，坡顶角为 2ξ，顶部有均布荷载，且 2ξ 分别等于 120°、80°和 60°时，结构的极限承载力 q 可以由俞茂宏于 1997 年提出的平面应变统一滑移线场理论计算得出[21]。

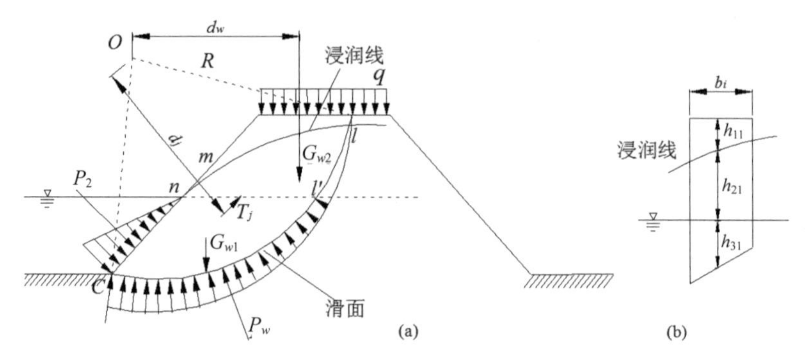

图 14.11 有渗流时计算图示

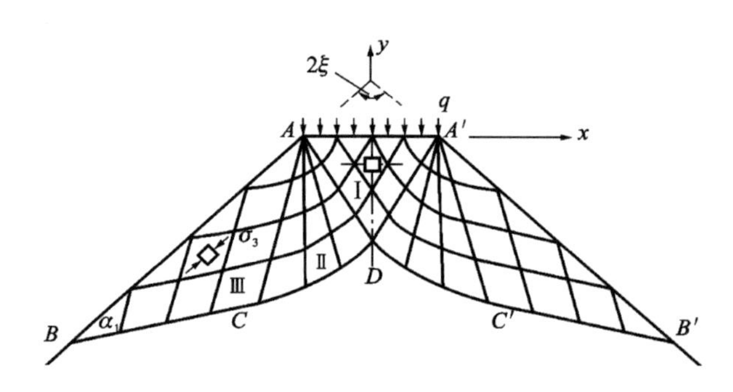

图 14.12 梯形结构的滑移线场

图 14.12 所示的路堤结构的极限承载力 q 的统一解，如式(14.12)和图 14.13 所示[21]。图 14.14 表示了角 2μ(即滑移角)随参数 b 的变化而变化的关系曲线。

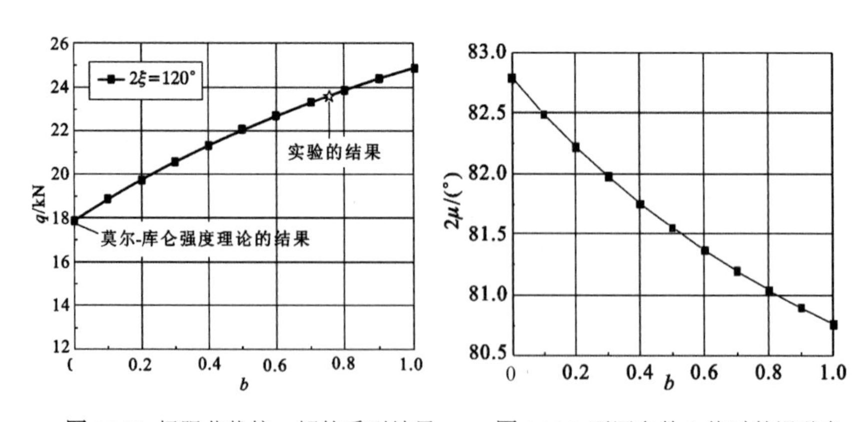

图 14.13 极限荷载统一解的系列结果 **图 14.14** 不同参数 b 值时的滑移角

$$q_{\mathrm{UST}} = C_{\mathrm{UST}} \cdot \cot \varphi_{\mathrm{UST}} \left[\frac{1+\sin \varphi_{\mathrm{UST}}}{1-\sin \varphi_{\mathrm{UST}}} \exp(2\xi \cdot \tan \varphi_{\mathrm{UST}}) - 1 \right] \tag{14.12}$$

有意义的是，式(14.12)在形式上与传统的土力学中的结果相同，但是公式中的材料参数(黏聚力参数 C_0 和摩擦角 φ_0)变化为统一强度理论的新的统一参数 C_{UST} 和摩擦角 φ_{UST}[25]。

由此可以给出一系列新结果。图 14.13 为应用统一强度理论和统一滑移线场理论分析一个梯形结构得出的一系列结果。传统解(b=0)是其中的一个特例。图中同时给出一个坡顶角 2ξ=120°的梯形结构模型的实验比较，实验结果在横坐标 b=0.75 处，而传统的莫尔-库仑强度理论得到的结果在横坐标 b=0 处。可以看到，统一强度理论的结果不仅为不同的材料和结构提供了更多的资料、参考和选择，并且可以更好地符合实验的结果(b=0.75)。其与莫尔-库仑强度理论(b=0)相比，提高结构的承载能力 31%，可以取得显著的经济效益。

当坡顶角 2ξ=180°时，路堤结构即为条形基础的受力状态，式(14.12)简化为条形地基的极限承载力的统一公式：

$$q_{\mathrm{UST}} = C_{\mathrm{UST}} \cdot \cot \varphi_{\mathrm{UST}} \left[\frac{1+\sin \varphi_{\mathrm{UST}}}{1-\sin \varphi_{\mathrm{UST}}} \exp(\pi \cdot \tan \varphi_{\mathrm{UST}}) - 1 \right] \tag{14.13}$$

14.6 受到均布荷载作用的边坡承载力统一解

如果在土坡的坡顶或坡面上作用着均布荷载 q，如图 14.15 所示，则只要将超载部分分别加到有关土条的重量中去即可。此时土坡的安全系数为：

$$K = \frac{\sum_{i=1}^{i=n} \frac{1}{k_i} \left[(W_i + q b_i) \tan \varphi_{\mathrm{UST}} + C_{\mathrm{UST}} l_i \cos \alpha_i \right]}{\sum_{i=1}^{i=n} (W_i + q b_i) \sin \alpha_i} \tag{14.14}$$

式中，q 为堤坝或土坡上的均布荷载，其他各参数见第 14.4 节。

对于第 14.3 节的例子，如果边坡坡顶上作用一均布荷载为 q=10 kPa，其他条件不变，则可以用式(14.14)算出边坡的稳定系数。表 14.2 反映了不同的中间主应力系数 b 下，边坡的稳定系数 K 变化的情况。

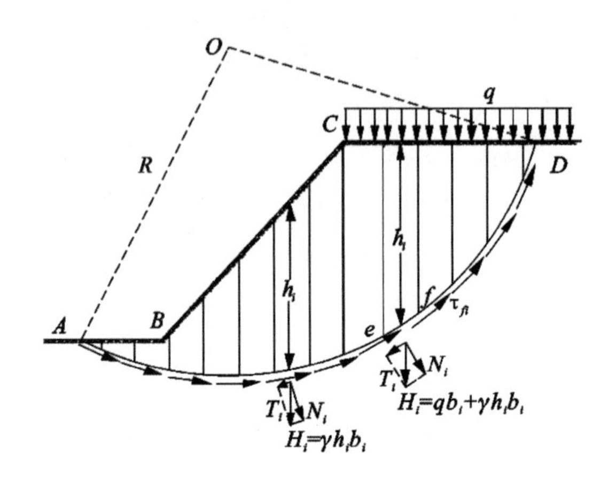

图 14.15 有均布荷载作用计算图

表 14.2 均布荷载作用下的边坡稳定系数 K 与 b 的关系

b	0	0.25	0.50	0.75	1.00
K	1.058	1.154	1.228	1.288	1.336

从表 14.2 可以看出，当考虑中间主应力(即 b>0)时，土体边坡的稳定系数 K 就会增大，且随着中间主应力的增大而增大。该结果反映了考虑中间主应力条件下，作用有均布荷载的边坡会更加稳定。

14.7　边坡的统一滑移线场解

在工程实践中，采用莫尔-库仑强度理论进行极限分析时，因该理论没有考虑中间主应力的影响，其结果对某些材料有所偏差。它只适用于剪切强度极限 τ_0 与拉伸强度极限 σ_t 和压缩强度极限 σ_c 的关系为 $\tau_0=\sigma_t\sigma_c/(\sigma_t+\sigma_c)$ 的材料。双剪强度理论则只适用于 $\tau_0=2\sigma_t\sigma_c/(\sigma_t+2\sigma_c)$的材料。采用统一强度理论和统一滑移线场理论对边坡的极限荷载进行分析，可以求得结构的统一解。

已知边坡处于平面应变状态，其中坡角 $\angle BAE=\gamma>\pi/2$，材料拉压强度

比 $\alpha=\sigma_t/\sigma_c$，AB 面作用着均匀垂直荷载 p，如图 14.16 所示。试求作用于 AB 面的极限荷载 p_u。对于平面应变塑性情况，可采用滑移线法对楔体作塑性极限分析。边坡滑移线场如图 14.16 所示。

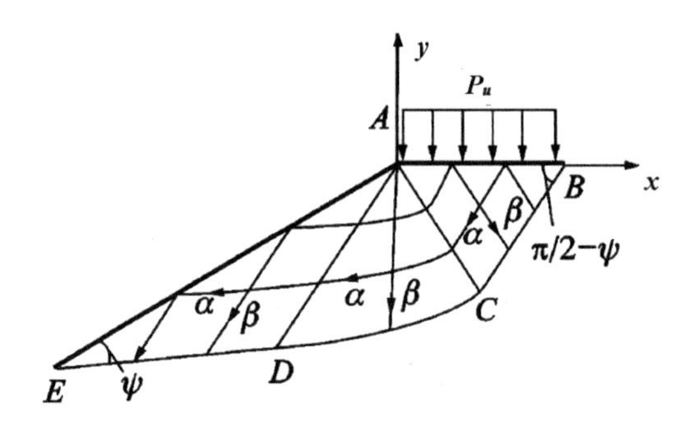

图 14.16 边坡滑移线场

根据平面应变统一滑移线理论和图 14.16 的滑移线场，可以求得作用于 AB 面的极限荷载的统一解 p_{UST} 为：

$$p_{\mathrm{UST}}=(C_{\mathrm{UST}}\cdot\cot\varphi_{\mathrm{UST}})\tan^2\left(\frac{\pi}{4}+\frac{\varphi_{\mathrm{UST}}}{2}\right)\cdot\exp[(2\gamma-\pi)\cdot\tan\varphi_{\mathrm{UST}}]-C_{\mathrm{UST}}\cot\varphi_{\mathrm{UST}} \tag{14.15}$$

参数 φ_{UST} 和 C_{UST} 反映了统一强度理论中间应力系数 b 的效应。因此，正是在引进了参数 φ_{UST} 和 C_{UST} 来代替 φ_0 和 C_0 后，中间主应力效应才得以反映在式(14.15)表示的边坡极限荷载 p_{UST} 中。材料两类参数可以相互换算，即 $\alpha=(1-\sin\varphi)/(1+\sin\varphi)$，$\sigma_t=2C\cos\varphi/(1+\sin\varphi)$。

如果材料的内摩擦角 $\varphi_0=0$，则统一强度理论的材料参数简化为 $\varphi_{\mathrm{UST}}=0$，$C_{\mathrm{UST}}=2C_0(b+1)/(b+2)$。

计算实例：

如果边坡的坡顶角 $\gamma=0.8\pi$ 时，取材料的拉压强度比为三种比值 $\alpha=\sigma_t/\sigma_c=0.3$，$\alpha=0.5$，$\alpha=0.8$。边坡极限承载力 p_{UST} 与 b 的关系曲线如图 14.17 所示。

当 $b=0$ 时，$\varphi_{\mathrm{UST}}=\varphi_0$，$C_{\mathrm{UST}}=C_0$，此时统一解将退化为典型的莫尔-库仑解，即：

$$P_0 = (C_0 \cdot \cot\varphi_0)\tan^2\left(\frac{\pi}{4}+\frac{\varphi_0}{2}\right)\cdot \exp[(2\gamma-\pi)\cdot \tan\varphi_0] - C_0\cot\varphi_0 \quad (14.16)$$

当 b=0，α=1 时，即可得出经典塑性理论中服从 Tresca 屈服准则材料的楔体的极限荷载：

$$P_0 = 2C_0(1+\gamma-2\pi) \quad (14.17)$$

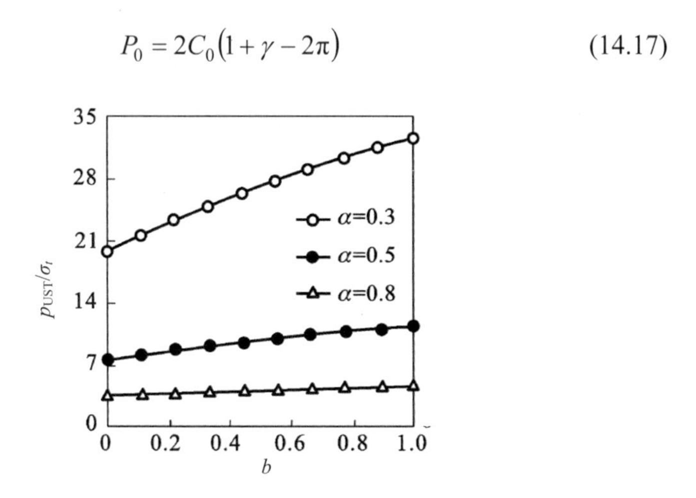

图 14.17 边坡极限荷载 p_{UST} 与统一强度理论参数 b 的关系曲线

世界各国学者对边坡稳定性问题进行了大量研究，取得了丰富的研究成果。各种理论、方法精彩纷呈。由以上分析可知，边坡稳定性分析的统一解不是一个解，而是一系列的结果，这种系列化的结果可以更好地适合于不同的材料和结构。统一解可以为工程应用提供更多的比较、资料、参考和合理选用，目前已经有一些不同的研究结果。

14.8 黄土直立边坡研究

自然状态下的黄土往往可以保持几乎垂直的切割面。图 14.18 是西安青龙寺附近的人工垂直切割的黄土边坡(吉嶺充俊 2004)。曾经很多人对直立边坡问题进行过研究，例如 Chen 和 Mizuno(1990)，Pastor、Thai 和 Francescato(2000)，Zimmermann 和 Commend(2001)等。Tresca 准则、Mises 准则、莫尔-库仑准则、Drucker-Prager 准则等作为破坏准则被用于直立边坡的分析，但是 Postor 等指出，直立边坡的精确解仍然是未知的。

图 14.18 西安青龙寺附近的人工垂直切割的黄土边坡(吉嶺充俊 2004)

2004 年，吉嶺充俊教授对图 14.18 中人工垂直切割的黄土边坡的原始黄土力学特性进行了研究。他们采集原始黄土(图 14.19)进行空心圆柱试件复合应力实验，所用仪器为东京大学型中空试件压缩扭转复合应力试验机(图 14.20)。青龙寺黄土的空心圆柱复合应力实验结果如图 14.21 所示[20]。

图 14.19 西安青龙寺原始黄土试样的采集

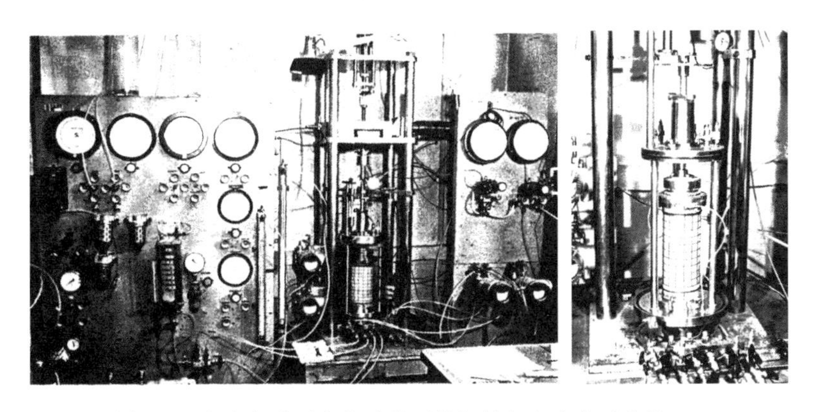

图 14.20 东京大学型中空试件压缩扭转复合应力试验机

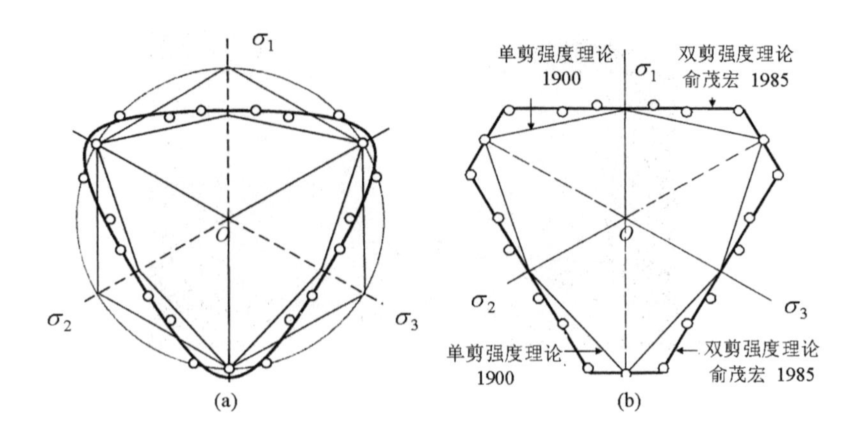

图 14.21 青龙寺黄土的空心圆柱复合应力实验结果。(a)Yoshimine 准则的对比；(b)统一强度理论的对比

图14.21给出了青龙寺黄土复合应力实验与Yoshimine准则和统一强度理论的对比结果。可以看到，Yoshimine 准则和统一强度理论两种极限线都可以与实验结果匹配。

为了便于各种准则的比较，采用统一强度理论的三个典型准则，即 b=0、b=1/2 和 b=1 计算了西安青龙寺附近的黄土垂直边坡的临界直立高度。黄土垂直边坡的材料参数为：γ=1.6×10^4 N/m^3，C=18 kPa，φ=30°。垂直边坡的应力场如图 14.22 所示。

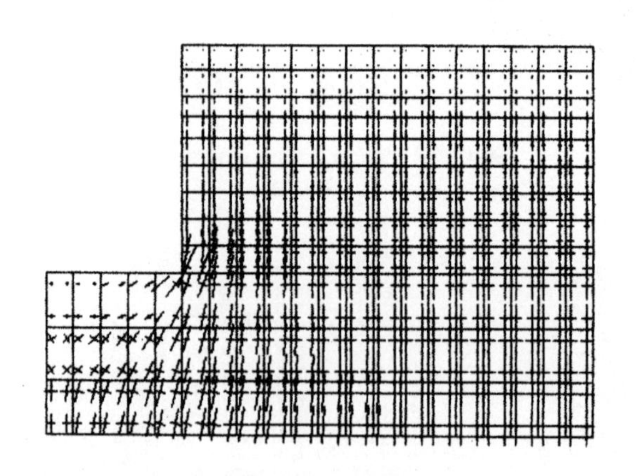

图 14.22 垂直边坡的应力场

使用统一强度理论的三个典型准则计算黄土直立边坡的临界直立高度，结果分别为：

(1)统一强度理论 b=0(单剪强度理论)，H_p=6.4 m；

(2)统一强度理论 b=0.5(新准则)，H_p=7.9 m；

(3)统一强度理论 b=1(双剪强度理论)，H_p=9.2 m。

计算的临界高度的分析结果如图 14.23 所示，其中统一强度理论 b=1 的结果最接近图 14.18 所示的青龙寺实际黄土边坡。

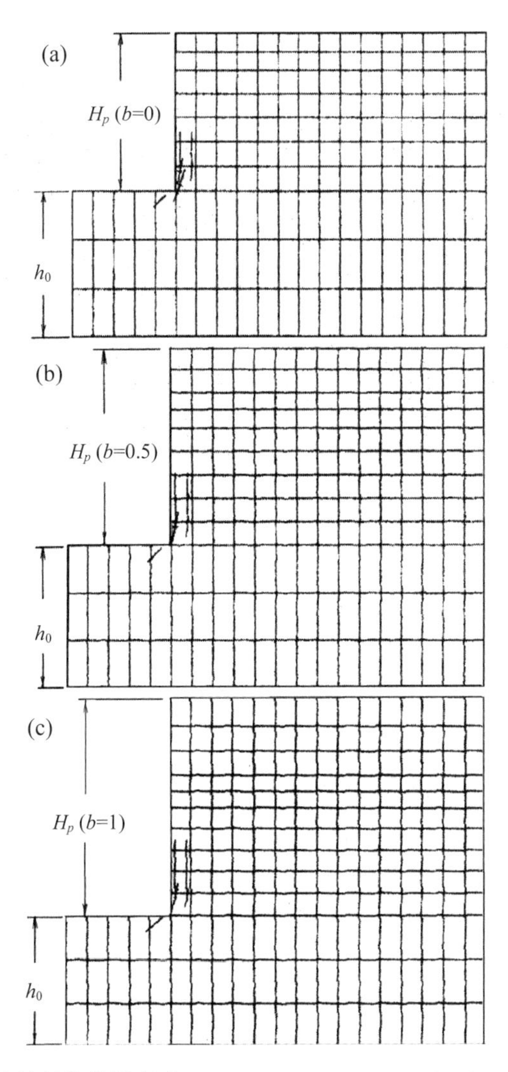

图 14.23 黄土直立边坡的临界高度。(a) b=0，H_p=6.4 m；(b) b=1/2，H_p=7.9 m；(c) b=1，H_p=9.2 m

直立边坡也可采用强度折减法进行分析。马宗源和廖红建[21]采用统一强度理论对直立边坡的安全系数进行了研究。图 14.24(a)为直立边坡的模型示意图。按 20×20 网格密度采用相关联流动法则进行计算，计算参数取值：弹性模量 E=100.0 MPa，泊松比 ν=0.3，重度 γ=20.0 kN/m^3，黏聚力 C=30.0 kPa，内摩擦角 φ=30°。

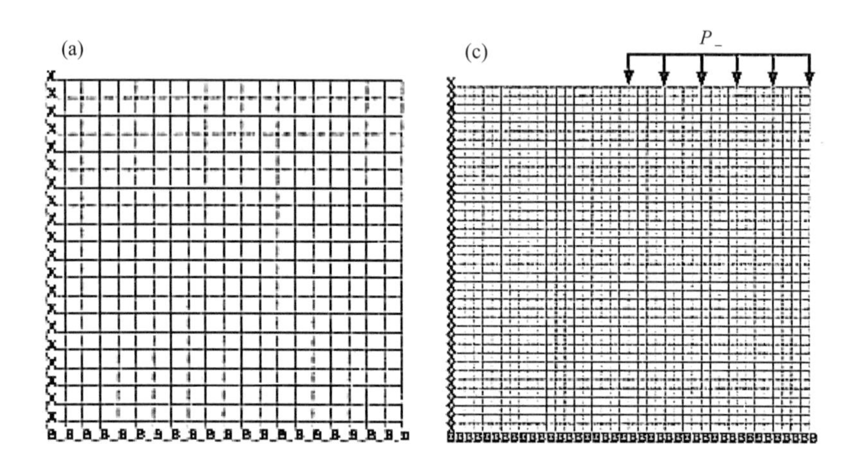

图 14.24 直立边坡的模型及网格划分

图 14.25 为边坡位移矢量图。可以看出，在重力作用下，直立边坡滑动面随边坡土体中间主应力效应的增大而逐渐深入坡体，即滑动的坡体有所增加。从图中还可以看出，参数 b 越大，土体到极限状态时的范围越大，也就是有更多的土体发挥其强度潜力。

从图 14.25 三种结果的对比还可以看到，采用参数 b=0 的准则计算的极限载荷最小，相应的塑性区面积也最小；采用参数 b=1 的准则计算的极限载荷最大，相应的塑性区面积也最大。这表明土体结构有更多部位的材料参与到极限状态，并发挥出自己的强度潜力，从而使结构整体的极限载荷得到提高。

马宗源也对直立边坡坡顶受均布荷载时影响边坡破坏模式的因素进行了分析。他建立的直立边坡模型如图 14.24(b)所示，采用竖向位移荷载模拟刚性粗糙基础压力，通过荷载位移曲线确定边坡的极限荷载。图 14.26 为采用不同强度准则及流动法则计算出的直立边坡荷载位移曲线，可以看出不同准则计算结果差异较大，反映了中间主应力效应对边坡坡顶极限承载力存在较大影响。

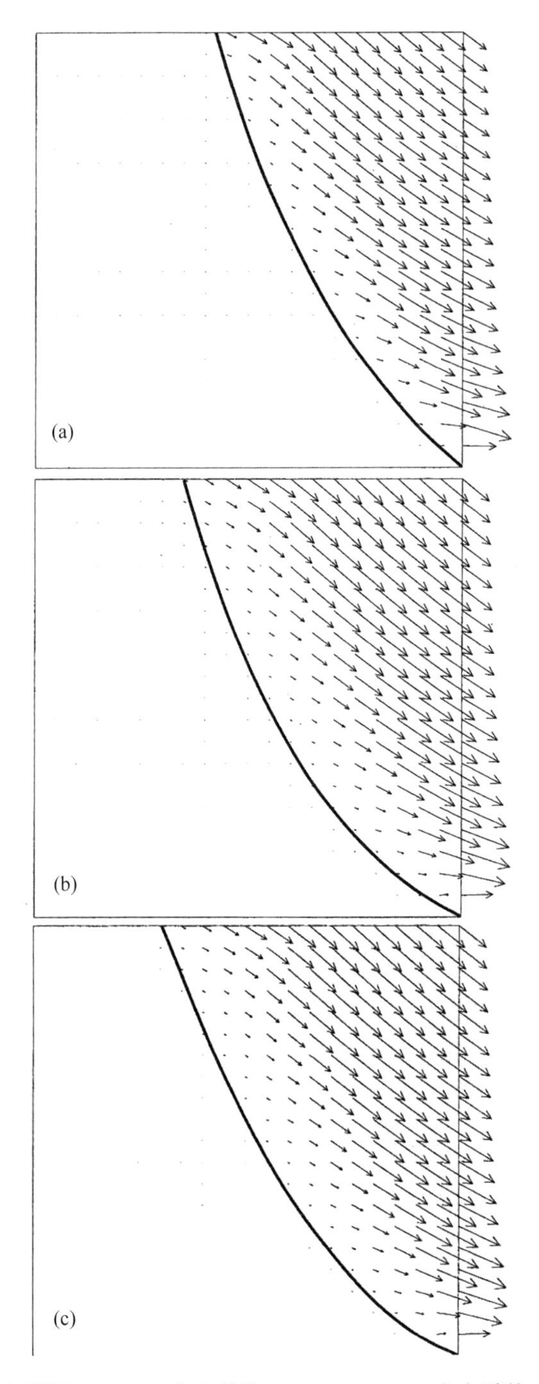

图 14.25 边坡位移矢量图。(a) b=0，安全系数=1.09; (b) b=0.5，安全系数=1.32; (c) b=1，安全系数=1.48

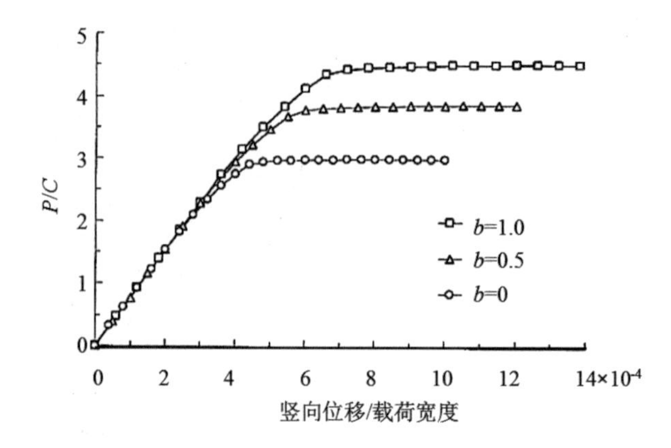

图 14.26 直立边坡在不同强度准则下的荷载和位移关系

参考文献

[1] Terzaghi, VK, Peck, RB, Mesri, G (1996) *Soil Mechanics in Engineering Practice*, Third Edition. New York:John Wiley & Sons Inc.

[2] Morgenstern, NP, Price, VE (1965) The analysis of the stability of general slip surfaces. *Géotechnique*, 15(1): 79–93.

[3] 陈祖煜 (2003) 土质边坡稳定分析: 原理 方法 程序. 北京:中国水利水电出版社.

[4] 陈祖煜, 汪小刚 (2005) 岩质边坡稳定分析: 原理 方法 程序. 北京:中国水利水电出版社.

[5] Hogentogler, CL (1937) *Engineering Properties of Soil*. New York, London: McGraw-Hill Book Company, Inc.

[6] Braja, MD (2002) *Principles of Geotechnical Engineering*, Fifth Edition. Brooks/Cole-Thomson Learning.

[7] Spencer, E (1967) A method of analysis of the stability of embankments assuming parallel interslice forces. *Géotechnique*, 17(1): 11–26.

[8] 郑颖人, 赵尚毅 (2004) 有限元强度折减法在土坡与岩坡中的应用. 岩石力学与工程学报, 23(19): 3381–3388.

[9] 郑颖人, 赵尚毅, 时卫民, 林丽 (2001) 边坡稳定分析的一些进展. 地下空间, 21(04): 262–271.

[10] 赵尚毅, 郑颖人, 时卫民, 王敬林 (2002) 用有限元强度折减法求边坡稳定安全系数. 岩土工程学报, 24(3): 343–346.

[11] 郑颖人, 赵尚毅, 张鲁渝 (2002) 用有限元强度折减法进行边坡稳定分析. 中国工程科学, 4(10): 57–61.
[12] 张鲁渝, 郑颖人, 赵尚毅等 (2003) 有限元强度折减系数法计算土坡稳定安全系数的精度研究. 水利学报, (1): 21–27.
[13] 郑颖人, 赵尚毅, 宋雅坤 (2005) 有限元强度折减法研究进展. 后勤工程兵学院学报, (3): 1–6.
[14] 俞茂宏 (1992) 强度理论新体系. 西安:西安交通大学出版社.
[15] 俞茂宏 (1994) 岩土类材料的统一强度理论及其应用. 岩土工程学报, 16(2): 1–9.
[16] Green, GE (1972) Strength and deformation of sand measured in an independent stress control cell. *Proceedings of the Roscoe Memorial Symposium "Stress-Strain Behaviour of Soils"*. G.T. Foulis and Co. Cambridge, pp. 285–323.
[17] 陈祖煜 (1983) 土坡稳定分析通用条分法及其改进. 岩土工程学报, 5(4): 11–27.
[18] Chen, ZY, Morgenstern, NR (1983) Extension to the generalized method of slices for stability analysis. *Canadian Geotechnical Journal*, 20(1): 104–119.
[19] 郑颖人, 赵尚毅, 邓卫东 (2003) 岩质边坡破坏机制有限元数值模拟分析. 岩石力学与工程学报, 22(12): 1943–1952.
[20] 董玉文, 郭航忠, 任青文 (2006) 屈服准则对土质边坡稳定安全度计算的影响分析. 重庆建筑大学学报, 28(3): 51–55.
[21] 俞茂宏, 杨松岩, 刘春阳等 (1997) 统一平面应变滑移线场理论. 土木工程学报, 30(2): 14–26.
[22] 沈珠江 (2004) *Unified Strength Theory and Its Applications* 评介. 力学进展, 34(4): 562–563.
[23] Teodorescu, PP, Li, JC (2007). *Unified Strength Theory and Its Applications* 评介. 力学进展, 37(4): 600–600.
[24] 张永强, 宋莉, 范文等 (1998) 楔体极限荷载的统一滑移线解及其在岩土工程中的应用. 西安交通大学学报, 32(12): 59–62.
[25] 张永强, 范文, 俞茂宏 (2000) 边坡极限荷载的统一滑移线解. 岩石力学与工程学报, 19(增): 994–996.
[26] 范文, 邓龙胜, 白晓宇, 俞茂宏 (2007) 统一强度理论在边坡稳定性分析中的应用. 煤田地质与勘探, 35(1): 63–66.
[27] 张伯虎, 史德刚 (2010) 土体边坡稳定性分析的统一强度理论解. 地下

空间与工程学报, 6(6): 1174–1177.
[28] 魏婷 (2007) 屈服准则对边坡稳定安全度的影响分析. 科技咨询导报, (14): 36.
[29] 许文龙, 王艳君 (2010) 武汉凤凰山边坡塑性分析及支护设计与施工. 土工基础, (5): 27–29.
[30] 马宗源, 廖红建, 祈影 (2010) 复杂应力状态下土质高边坡稳定性分析. 岩土力学, (S2): 328–334.
[31] 丰土根, 杜冰, 花剑岚, 李玉伟 (2010) 500 kV 地下变电站基坑围护结构抗震影响因素. 解放军理工大学学报(自然科学版), (4): 451–456.
[32] 朱福, 战高峰, 佴磊 (2013) 天然软土地基路堤临界高度一种计算方法研究. 岩土力学, 34(6): 1738–1744.
[33] 李凯, 陈国荣 (2010) 基于滑移线场理论的边坡稳定性有限元分析. 河海大学学报(自然科学版), (2): 191–195.
[34] 刘建军, 李跃明, 车爱兰 (2011) 基于统一强度理论的岩质边坡稳定动安全系数计算. 岩土力学, 32(增 2): 662–672.
[35] 李南生, 唐博, 谈风婕, 等 (2013) 基于统一强度理论的土石坝边坡稳定分析遗传算法. 岩土力学, 34(1): 243–249.
[36] 李健, 高永涛, 吴顺川, 谢玉玲, 杜晓伟 (2013) 露天矿边坡强度折减法改进研究. 北京科技大学学报, 35(8): 971–976.
[37] 朱福, 佴磊, 战高峰, 王静 (2015) 软土地基路堤临界填筑高度改进计算方法. 吉林大学学报(工学版), 45(2): 389–393.
[38] 程彩霞, 赵均海, 魏雪英 (2005) 边坡极限荷载统一滑移线解与有限元分析. 工业建筑, 35(10): 33–46.
[39] 张军艳, 杨菲, 李永飞 (2005) 基于统一强度理论的楔体极限分析及其工程应用. 山西交通科技, (4): 13–15.

阅读参考材料

【阅读参考材料 14-1】泰勒(Donald Wood Taylor，1900—1955)，生于美国马萨诸塞州，1922 年毕业于 Worcester 技术学院。他在美国海岸与大地测量部和新英格兰电力协会工作了 9 年，之后到麻省理工学院土木工程系任教，直到 1955 年去世。1948—1953 年，泰勒担任国际土力学与基础工程学会的秘书。他在黏性土的固结问题、抗剪强度和砂土剪胀及土坡稳定分析等领域均有不少建树。他的论文“土坡的稳定”获得 Boston 土木工程师学会的最高奖——DeSmond Fitzgerald 奖。他编写的教科书《土力学基本原理》多年来得到广泛应用，这是一部经典的土力学教科书。

【阅读参考材料 14-2】布耶鲁姆(Laurits Bjerrum，1918—1973)，1918 年 8 月 6 日出生于丹麦，毕业于丹麦技术大学，在瑞士苏黎世的联邦技术学院接受研究生教育。布耶鲁姆在丹麦和瑞士工作一段时间以后，于 1951 年到挪威，并成为挪威岩土工程研究所第一任所长。在他的带领下，挪威岩土工程研究所成为世界上同类研究所中最好的一个，布耶鲁姆及其同事发表了很多文章，他们的研究成果包括抗剪强度机理、灵敏土的特性研究和边坡稳定性等。

泰勒 (1900—1955)

布耶鲁 (1918—1973)

【阅读参考材料 14-3】摩根斯坦(Norbert Rubin Morgenstern, 1935—) ，岩土工程领域的著名教授。1935 年 5 月 25 日出生于加拿大多伦多，1956 年毕业于多伦多大学并获得土木工程学士学位。在短暂的工程实践之后，他获得安瑟隆奖学金，赴英国伦敦帝国理工学院继续学习土力学，之后留任帝国理工成为一名讲师并在那里获得博士学位，从此他在岩土工程领域内作出了一系列重大贡献。

当岩土工程学科在加拿大西部的阿尔伯塔大学成立时，该校的土木工程系主任哈迪(Hardy RM)及后来的教授辛克莱尔(Sinclair SR)鼓励摩根斯坦回到加拿大。摩根斯坦从 1968 年开始担任阿尔伯塔大学土木工程系的教授，他的早期研究包括在设计大坝时保持土坡稳定的力学机理。得益于加拿大及北极地区的油砂矿研究，他在该领域招收了一批优秀的研究生帮助他完成这一课题。同时，摩根斯坦还是现代冻土力学的先驱，他发展的理论后来应用于矿业废料治理，取得了良好的经济效果。由他及美国工程师普莱斯命名的“摩根斯坦-普莱斯法”是计算边坡稳定的著名方法。

【阅读参考材料 14-4】陈祖煜(1943—)，水利水电、土木工程专家。1966 年毕业于清华大学，之后曾有十余年在水利水电的第一线从事地基处理和水库的设计、施工工作。1979 年作为我国第一批访问学者赴加拿大阿尔伯塔大学进修，师从于著名的土力学专家摩根斯坦教授。1981 年回国，在中国水利水电科学研究院工作。2005 年当选为中国科学院院士。

陈祖煜教授长期从事边坡稳定理论和数值分析的研究工作。早期的工作是在理论和分析计算方法两方面完善了边坡稳定分析领域中著名的摩根斯坦-普莱斯法。从 20

世纪 90 年代开始，他将研究工作重点放在建立一个理论体系——更为严格的边坡稳定分析方法上，提出了建立在斜条分法基础上的极限分析上限解的微分方程以及相应的解析解，这一理论体系的新方法为传统的地基承载力领域摆脱一系列经验修正系数创造了条件。他发展完善了以极限平衡为基础的边坡稳定分析理论，得出了边坡稳定分析上限解的微分方程以及相应的解析解。他编制的边坡稳定分析程序 STAB 经过水利部水电规划设计院鉴定，列为土石坝设计专用程序，经过近 20 年的推广和应用，该程序已在国内外一百多家工程和科研单位及高校获得广泛应用。他提出了解决小湾、天生桥、漫湾、二滩、天荒坪等大型工程滑坡险情的工程措施并成功实施，在我国的滑坡灾害治理方面作出了卓越贡献。

摩根斯坦（1935—）

陈祖煜（1943—）

竖井示意图

下面的曲线是受内压筒体的弹性极限与统一屈服准则不同参数 b 的变化关系。图中的曲线为采用统一屈服准则解析解的结果，五个点分别为 b=0，b=0.25，b=0.50，b=0.75 和 b=1.00 的结果，其中 b=0 即为第三强度理论的计算结果。对于 b>0 的各种材料，采用统一屈服准则可以更好地发挥材料的强度潜力，取得较好的经济效益。

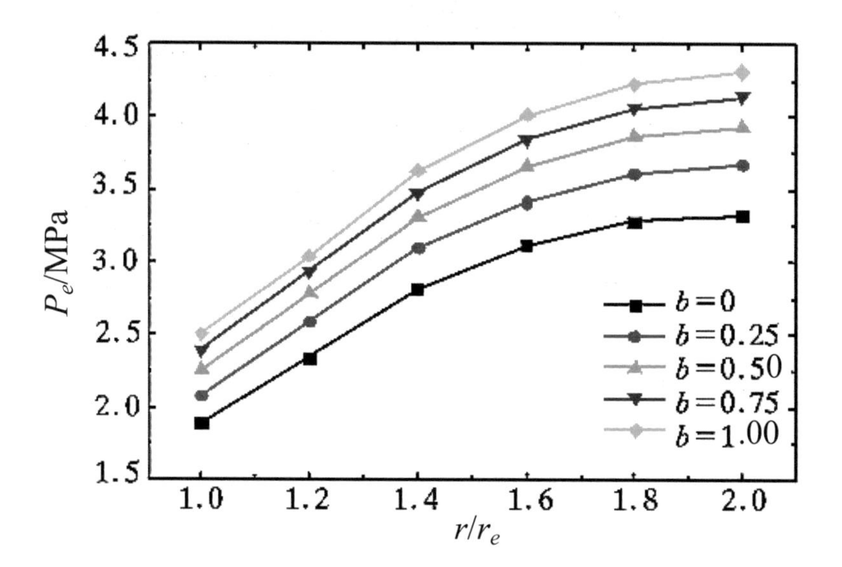

弹性极限与受内压筒体的内外径比和统一屈服准则不同参数 b

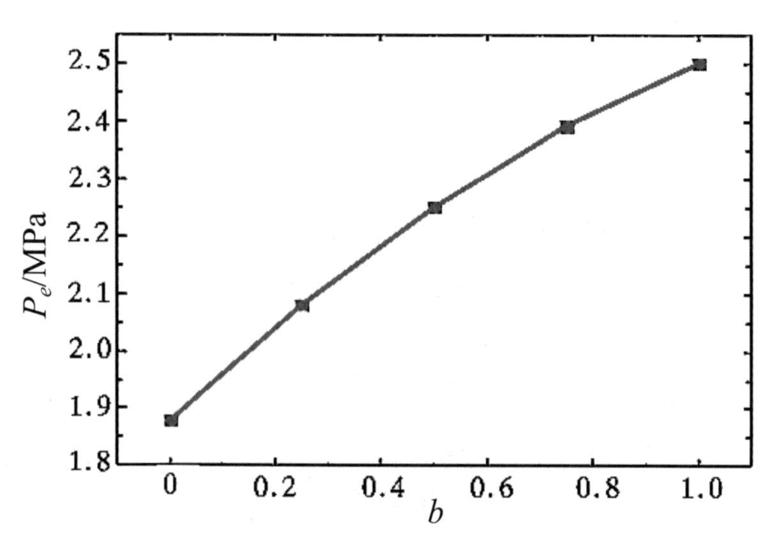

受内压筒体的弹性极限与统一屈服准则不同参数 b 的变化关系

15

井筒的极限分析统一解

15.1 概 述

井筒是钻井工程、洲际导弹地下发射筒以及一般挖井中常用和常见的结构。石油工业中的井壁稳定是指石油钻井形成的井眼在钻井过程中保持规则的尺寸与形状，它是事关钻井安全和优质的核心技术。根据中国石油集团油气钻井工程专家苏义脑指出："钻井过程中最大限度地维持井壁稳定是石油工业一直追求的目标，也是国际石油工程界极富挑战性的难题。"

国内外很多专家对井筒的稳定性进行过大量的研究。Bol 等[1]对岩石井筒的稳定性进行了分析。Al-Ajmi 和 Zimmerman[2]应用 Mogi–Coulomb 准则研究了竖井的稳定性。中国石油大学陈勉、金衍等[3-4]一直从事井壁稳定应用研究，他们对深井井壁的稳定技术研究进展与发展趋势进行了总结，并出版了《井壁稳定力学》一书。李建春等[5]以统一强度理论作为破坏准则，分析了竖井的稳定性。本章将考虑岩土的渗流特性，采用统一强度理论对井筒稳定性进行研究。

土是三相集合体组成的多孔介质，其中固体颗粒组成贯穿有连续孔隙的土骨架，水和空气存在于土的孔隙中。当土中的孔隙完全被水充满，此时的土称为饱和土。土中的水在各种势能的作用下，通过土中的孔隙，从势能高的位置向势能低的位置流动，这种现象称为土的渗流。土体被水渗流通过的性能成为渗透性，它是土的力学性质之一。水在土孔隙中的渗流必定导致土体中应力状态的改变，从而使得土的变形和强度特性发生变化，甚至出现水体的渗漏和土的渗透波坏等，影响建筑地基的变形和稳定。

渗流现象在自然界中普遍存在，从大型水利工程建设、地下硐室开挖、油气开采，到毛细血管的流动等都涉及到渗流问题。渗流对铁路、水利、矿山、建筑和交通等工程的影响和破坏是多方面的，会直接影响到建筑物和地基的稳定和安全。例如，根据世界各国对坝体失事原因的统计，超过30%的垮坝失事是由于渗漏和管涌。另外，滑坡和裂缝破坏也都和渗流有关，研究土的渗透性，掌握水在土中的渗透规律，在土力学中具有重要的理论价值和现实意义。

15.1.1 渗漏

水库和渠道中的水通常通过堤坝、水闸及其地基产生渗流形成渗漏(图15.1)，渗漏量的大小是关系到工程能否正常使用的大问题，必须进行分析和估算，必要时还需考虑对土坝及地基进行防渗处理。

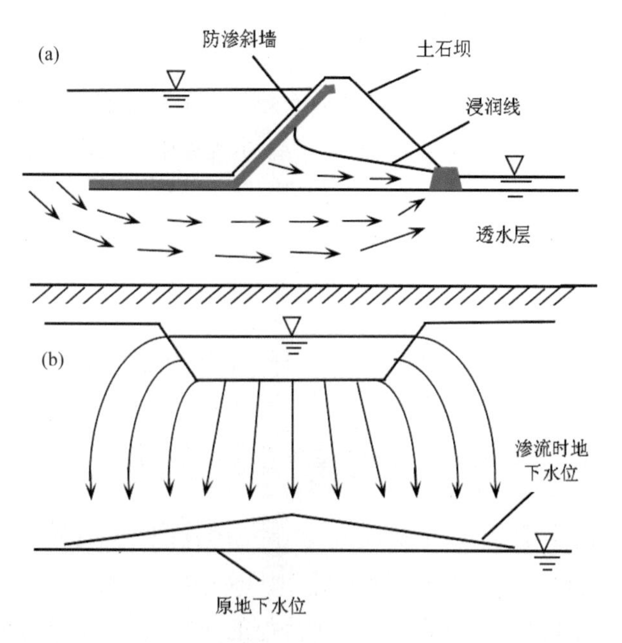

图 15.1 堤坝、水闸渗流示意图。(a)土石坝堤基；(b)水闸

15.1.2 渗透破坏

水在土体中渗流，渗透水流作用在土颗粒上的力称为渗透力。当渗透

力较大时，就会引起土颗粒的移动，使土体产生变形，称为土的渗透变形。若渗透水流把土颗粒带出土体，造成土体的破坏，这种现象称为渗透破坏。这种渗透现象会危及建筑物的安全和稳定，它往往是许多堤防工程失事的重要原因之一，必须采取措施加以预防。

15.1.3 基坑降水引起地基沉降

在进行深基坑开挖时，由于施工的需要，通常要人工降低地下水水位。若降低的水位与原地下水位之间有较大的水位差，就会产生较大的渗流，使基坑背后土层产生渗透变形而下沉，造成邻近建筑物及地下管线的不均匀沉降，导致建筑物的开裂和管线的破坏。

工程中与渗流有关的问题还有很多，如通过堤坝的渗流将影响坝体和堤坝地基的稳定性，造成滑坡以及泥石流等不良地质现象。总之，水在土体中的渗流将会直接影响建筑物地基及土体的稳定性与安全，是各类工程设计和施工必须考虑的问题之一。因此，土体的渗透性及渗流的基本规律是岩土工程的一个重要课题，它与土的变形和强度特性一起，成为土体的主要力学性质。

15.2 土的渗透理论

15.2.1 渗透模型

实际土体中的渗流仅是流经土粒之间的孔隙，由于土体孔隙的形状和大小及分布极为复杂，导致渗流水质点的运动轨迹很不规则，如图 15.2(a)所示。考虑到实际工程中并不需要了解具体孔隙中的渗流情况，可以对渗流作出如下两方面的简化：一是不考虑渗流路径的迂回曲折，只分析它的主要流向；二是不考虑土体中颗粒的影响，认为孔隙和土体所占的空间总和均为渗流充满。进行简化后的渗流其实只是一种假想的土体渗流，称为理想渗流模型，如图 15.2(b)所示。为了在渗流特性上与真实的渗流相一致，渗流模型还应符合以下要求：

(1)在同一过水断面上，渗流模型的流量等于真实渗流的流量；

(2)在任意截面上，渗流模型的压力与真实渗流的压力相等；

(3)在相同体积内，渗流模型所受到的阻力与真实渗流所受到的阻力相等。

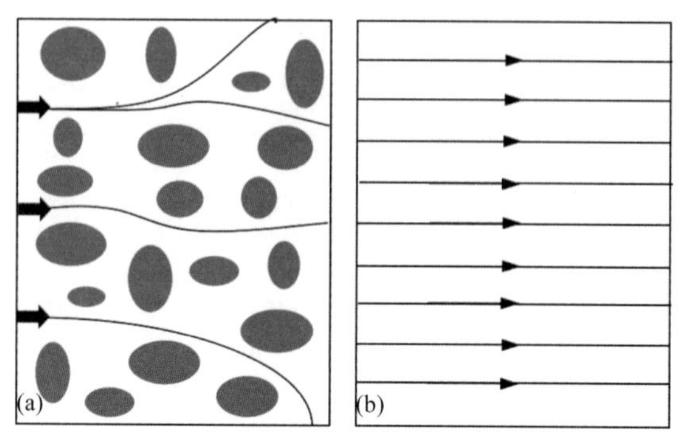

图 15.2 水在土孔隙中的运动轨迹(a)和理想渗流模型(b)

15.2.2 达西(Dracy)渗透定律

地下水在土体孔隙中渗透时，由于渗透阻力的作用，沿程必然伴随着能量的损失。为了揭示水在土体中的渗透规律，法国工程师达西(Darcy)经过大量的试验研究，于 1856 年总结得出渗透能量损失与渗流速度之间的相互关系，即达西定律。

达西实验的装置如图 15.3 所示。装置中的主体部分是横截面积为 A 的直立圆筒，其上端开口，在圆筒侧壁装有两支相距为 L 的侧压管。筒底以

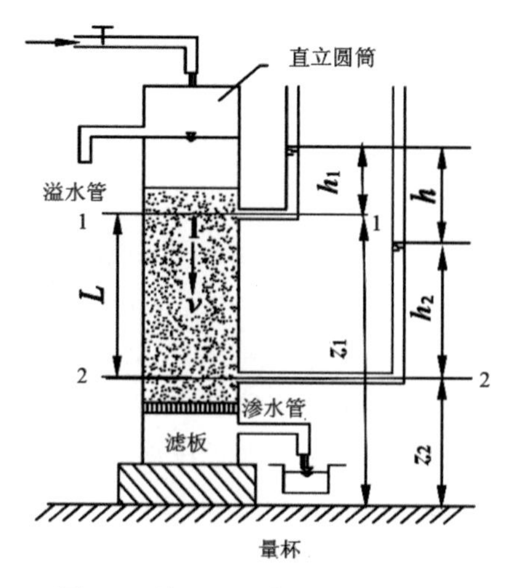

图 15.3 达西渗透实验装置示意图

上一定距离处装一滤板，滤板上填放颗粒均匀的砂土。水由上端注入圆筒，多余的水从溢水管溢出，使筒内的水位维持一个恒定值。渗透过砂层的水从短水管流入量杯中，并以此来计算渗流量 q。设 Δt 时间内流入量杯的水体体积为 ΔV，则渗流量为 $q=\Delta V/\Delta t$。同时读取断面 1-1 和断面 2-2 处的侧压管水头值 h_1 和 h_2，得到两断面之间的水头损失 Δh。

达西分析了大量实验资料，发现土中渗透的渗流量 q 与圆筒断面积 A 及水头损失 Δh 成正比，与断面间距 L 成反比，即：

$$q = kA\frac{\Delta h}{L} = kAi \tag{15.1}$$

或

$$v = \frac{q}{A} = ki \tag{15.2}$$

式中，q 为单位时间渗流量(cm^3/s)；i 为水力梯度，也称水力坡降，$i=\Delta h/L$；k 为渗透系数，其值等于水力梯度为 1 时水的渗透速度(cm/s)；v 为渗流速度(cm/s)。

式(15.1)和(15.2)所表示的关系称为达西定律。它是渗透的基本定律，反映了土中孔隙水运动流速与水力梯度之间的物理关系。

在实际中，对于砂土，若孔隙率为 n，土体的截面为 A，则孔隙部分的面积为 $A_V=nA$，渗透水流实际的平均渗透流速 v_s 用下式求得：

$$v_s = \frac{vA}{nA} = \frac{v}{n} > v \tag{15.3}$$

式中，n 为土的孔隙率，$n=e/(1+e)<1$，e 为孔隙比；v_s 是宏观统计的实际渗流速度，并不是局部孔隙的真实渗流速度。

此外还应注意，在达西定律中，对渗透系数 k 仅考虑与土的渗透性质有关，而忽略了渗透液体(水)对 k 的影响。渗透液体对渗透性的影响主要是液体的密度和黏滞性。在岩土工程中，土体中的液体大多数为水体。在土中经常遇到的温度和压力范围内，水的密度变化很小，对渗透性不会产生明显的影响；温度的影响会使水的黏滞性产生变化，从而影响渗透系数的变化。因此，在工程应用上，对实验测定的渗透系数应进行温度(黏滞性)校正，以消除水的性质对渗透性的影响。

15.2.3　达西定律的适用范围

达西定律是由砂质土体实验得到的，后来推广应用于其他土体如黏土和具有细裂隙的岩石等。进一步的研究表明，达西定律所表示的渗流速度与水力坡降成正比关系是在特定的水力条件下的实验结果，随着渗流速度的增加，这种线性关系不再存在，因此在实际工作中还要注意达西定律的适用范围。

实际上水在土中渗流时，由于土中孔隙的不规则性，水的流动是无序的，水在土中渗流的方向、速度和加速度都在不断改变。大量试验表明，当渗透速度较小时，渗透的沿程水头损失与流速的一次方成正比。在一般情况下，砂土、黏土中的渗透速度很小，其产生的惯性力远远小于由液体黏滞性产生的摩擦阻力。这时黏滞力占优势，水的运动可以看作是一种水流流线互相平行的流动——层流，渗流运动规律符合达西定律，渗透速度 v 与水力梯度 i 的关系可在 v-i 坐标系中表示成一条直线，如图 15.4(a)所示。粗颗粒土(如砾、卵石等)的试验结果如图 15.4(b)所示，由于其孔隙很大，当水力梯度较小时，流速不大，渗流可认为是层流，v-i 关系呈线性变化，达西定律仍然适用；当水运动速度达到一定程度，惯性力占优势时，由于惯性力与速度的平方成正比，达西定律就不再适用了，但此时的水流仍然属于层流范围。当水力梯度较大时，流速增大，渗流将过渡为不规则的相互混杂的流动形式——紊流，这时 v-i 关系呈非线性变化，达西定律亦不再适用。

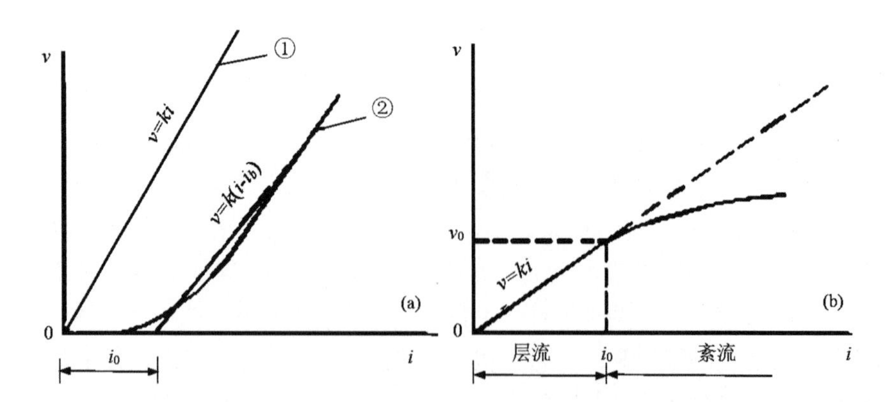

图 15.4　细粒土和粗粒土的 v-i 关系(①砂土、一般黏土；②颗粒极细的黏土)。(a)细粒土；(b)粗粒土

另一方面，少数黏土(如颗粒极细的高压缩性土、可自由膨胀的黏性土等)由于土颗粒周围结合水膜的存在，而使土体呈现一定的黏滞性。因此，一般认为这种黏土中自然水的渗流必然会受到结合水膜黏滞阻力的影响，只有当水力梯度达到一定值后渗流才能发生。将这一水力梯度称为黏性土的起始水力梯度 i_b，即存在一个达西定律有效范围的下限值。这类土在发生渗透后，其渗透速度仍可近似的用直线表示，如图 15.4(a)中曲线②所示，达西定律可写成：

$$v = k\left(i - i_b\right) \tag{15.4}$$

关于起始水力梯度是否存在的问题，目前存在较大争论。为此，不少学者进行过深入研究，并给出不同的物理解释，大致归纳为如下三种观点：

(1)达西定律在小梯度时也完全适用，偏离达西定律的现象是由于实验误差造成的。

(2)达西定律在小梯度时不适用，但存在起始水力梯度 i_b。当水力梯度小于 i_b 时无渗流存在，而当水力梯度大于 i_b 时，v-i 呈线性关系，即满足式(15.4)。

(3)达西定律在小梯度时不适用，也不存在起始水力梯度。v-i 曲线通过原点，呈非线性关系。

15.2.4 渗透系数的确定

渗透系数 k 是综合反映土体渗透能力的一个指标，其数值的正确确定对渗透计算有着非常重要的意义。影响渗透系数大小的因素很多，主要取决于土体颗粒的形状、大小、不均匀系数和水的黏滞性等。要建立计算渗透系数 k 的精确理论公式比较困难，通常通过试验方法或经验估算法来确定 k 值。

1. 实验室测定法

实验室测定渗透系数 k 值的方法称为室内渗透试验，根据所用试验装置的差异又分为常水头试验和变水头试验。常水头试验适用于渗透性强的无黏性土，变水头试验则适用于渗透性较小的黏性土。

(1)常水头试验

常水头试验的装置如图 15.5(a)所示。试验时将高度为 l、横截面积为 A

的试样装入垂直放置的圆筒中，从土样的上端注入与现场温度完全相同的水，并用溢水口使水头保持不变。土样在不变的水头差 Δh 作用下产生渗流。当渗流达到稳定后，量得时间 t 内流经试样的水量为 Q，而土样渗流流量 $q=Q/t$，根据式(15.1)可求得：

$$k=\frac{q\cdot l}{A\cdot\Delta h}=\frac{Q\cdot l}{A\cdot\Delta h\cdot t} \tag{15.5}$$

常水头试验适用于透水性较大($k>10^{-3}$ cm/s)的土，应用粒组范围大致为细砂到中等卵石。

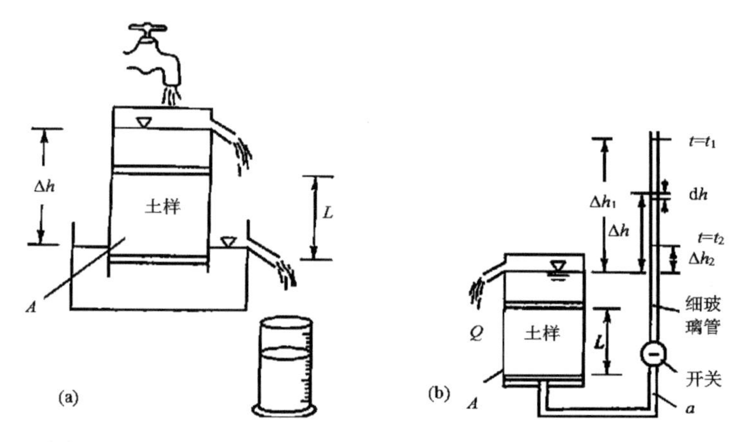

图 15.5 水头渗透实验过程演示。(a)常水头试验；(b)变水头试验

(2)变水头试验

当土样的透水性较差时，由于流量太小，加上水的蒸发，使量测非常困难，此时宜采用变水头试验测定 k 值。

变水头试验的装置如图 15.5(b)所示。试验时试样(截面面积为 A)置于圆筒内，圆筒上端与细玻璃量管连接，量管的过水断面积为 A'。水在压力差作用下经试样渗流，玻璃量管中的水位慢慢下降，即让水柱高度 h 随时间 t 逐渐减小，然后读取时间 t_1 和 t_2 对应的水头高度 h_1 和 h_2。

流经土样的渗流水量取决于玻璃量管中的水位下降，假设经过 dt 时间，量管的水位下降 dh，渗流速率 $-\mathrm{d}h/\mathrm{d}t$，单位时间内流经土样的渗流水量为：

$$q=-A\frac{\mathrm{d}h}{\mathrm{d}t} \tag{15.6}$$

式中，负号表示渗流的方向与水头高度 h 增大的方向相反。

根据达西定律，流经土样的渗流量又可表示为：$q=Akh/l$，于是可得：

$$dt=-Al\mathrm{d}h/(Akh)$$

将上式两边积分得：

$$t=-\frac{Al}{Ak}\ln\left(\frac{h}{h_0}\right) \tag{15.7}$$

式中，h_0 为起始水头高度。

把时间 t_1 和 t_2 对应的水头高度 h_1 和 h_2 分别代入式(15.7)，并取两个方程之差，可得渗流系数为：

$$k=-\frac{Al}{A(t_2-t_1)}\ln\left(\frac{h_1}{h_2}\right) \tag{15.8}$$

变水头试验适用于透水性较小(10^{-7} cm/s$<k<10^{-3}$ cm/s)的黏性土等。

为使实验室测定法的成果能适用于较大的范围，试验时应取几个不同的水力梯度，使水头差在一定范围内变化。室内试验所得的 k 值对于被试验土样是可靠的。由于试验采用的试样只是现场土层中的一小块，其结构还可能受到不同程度的破坏，为了正确反映整个渗流区的实际情况，应选取足够数量的未扰动土样进行多次试验。

2. 现场测定法

现场测定法的试验条件比实验室测定法更符合实际土层的渗透情况，测得的渗透系数 k 值为整个渗流区较大范围内土体渗透系数的平均值，是比较可靠的测定方法，但试验规模较大，所需人力物力也较多。现场测定渗透系数的方法较多，常用的有野外注水试验和野外抽水试验等，这种方法一般是在现场钻井孔或挖试坑，往地基中注水或抽水，量测地基中的水头高度和渗流量，再根据相应的理论公式求出渗透系数 k 值。下面将主要介绍野外抽水试验。

抽水试验开始前，先在现场钻一中心抽水井，根据井底土层情况可分为两种类型，井底钻至不透水层时称为完整井，井底未钻至不透水层时称为非完整井，分别如图 15.6(a)和(b)所示。在抽水井四周设若干个观测孔，以观测周围地下水位的变化。试验抽水后，地基中将形成降水漏斗。当地下水进入抽水井的流量与抽水量相等且维持稳定时，测读此时的单位时间抽水量 q，同时在两个距离抽水井分别为 r_1 和 r_2 的观测孔处测量出水位 h_1 和 h_2。对非完整井需测量抽水井中的水深 h_0，并确定降水影响半径 R。渗透系数 k 值可由下列各式确定。

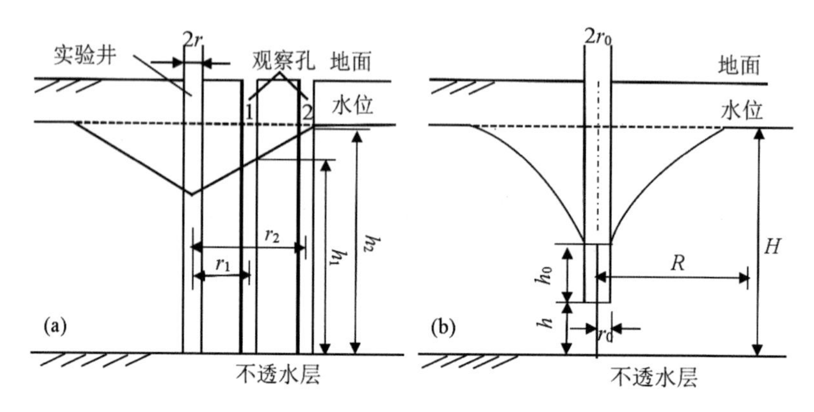

图 15.6 (a)无压完整井和(b)无压非完整井抽水试验

(1)无压完整井：

$$k = -\frac{q}{\pi\left(h_2^2 - h_1^2\right)}\ln\left(\frac{r_2}{r_1}\right) \tag{15.9}$$

上式求得的 k 值为 $r_1<r<r_2$ 范围内的平均值。若在试验中不设观测井，则需测定抽水井的水深 h_0，并确定其降水影响半径 R，此时降水影响半径范围内的平均渗透系数为：

$$k = -\frac{q}{\pi\left(H^2 - h_0^2\right)}\ln\left(\frac{R}{r_0}\right) \tag{15.10}$$

(2)无压非完整井：

$$k = -\frac{q}{\pi\left[(H-h)^2 - h_0^2\right]\cdot\left[1+\left(0.3+\frac{10r_0}{H}\right)\sin\left(\frac{1.8h}{H}\right)\right]}\ln\left(\frac{R}{r_0}\right) \tag{15.11}$$

R 的取值对 k 值影响不大，在无实测资料时可采用经验值计算。通常强透水土层(如卵石、砾石层等)的影响半径 R 值很大，一般为 200~500 m，而中等透水土层(如中、细砂等)的影响半径 R 值较小，为 100~200 m。

3. 经验估算法

渗透系数 k 值还可以用一些经验公式来估算，例如哈森(Hazen) 于 1991 年提出用有效粒径 d_{10} 计算较均匀砂土的渗透系数的公式：

$$k = d_{10}^2 \tag{15.12}$$

1955 年，太沙基提出了考虑土体孔隙比 e 的经验公式：

$$k = 2d_{10}^2 \cdot e^2 \tag{15.13}$$

式中，d_{10} 为有效粒径，单位 mm。

这些经验公式虽然有实用的一面，但都有各自的适用条件和局限性，可靠性较差，一般只在作粗略估算时采用。在无实测资料时，还可以参照有关规范或已建成工程的资料来选定 k 值。有关常见土的渗透系数参考值如表 15.1 所示。

表 15.1 土的渗透系数参考值

土的类别	渗透系数 $k/(cm \cdot s^{-1})$	土的类别	渗透系数 $k/(cm \cdot s^{-1})$
黏土	$<10^{-7}$	中砂	10^{-2}
粉质黏土	10^{-5}~10^{-6}	粗砂	10^{-2}
粉土	10^{-4}~10^{-5}	砾砂	10^{-1}
粉砂	10^{-3}~10^{-4}	砾石	$>10^{-1}$
细砂	10^{-3}		

15.3 流网及其工程应用

在实际工程中，经常遇到的是边界条件较为复杂的二维或者三维问题。在这类渗流问题中，渗流场中各点的渗流速度 v 与水力梯度 i 等均是位置坐标的二维或三维函数，对此必须首先建立它们的渗流微分方程，然后结合渗流边界条件与初始条件求解。

工程中涉及渗流问题的常见构筑物有坝基、闸基及带挡墙(或板桩)的基坑等。这类构筑物有一个共同特点是轴线长度远大于其横向尺寸，因而可以认为渗流仅发生在横断面内(严格地说，只有当轴向长度为无限长时才能成立)。因此对这类问题只要研究任一横断面的渗流特性，也就掌握了整个渗流场的渗流情况。如取 xOz 平面与横断面重合，则渗流速度 v 等即是点的位置坐标(x，z)的二元函数。这种渗流称为二维渗流或平面渗流。

在实际工程中，渗流问题的边界条件往往比较复杂，其严密的解析解一般都很难求得。因此，对渗流问题的求解除采用解析解法外，还有数值解法、图解法和模型试验法等，其中最常用的是图解法，即流网解法。

15.3.1 流网及其性质

平面稳定渗流基本微分方程的解可以用渗流区平面内两簇相互正交的曲线来表示，其中一簇为流线，它代表水流的流动路径；另一簇为等势线，在任一条等势线上，各点的测压水位或总水头都在同一水平线上。工程上把这种等势线簇和流线簇交织成的网格图形称为流网，如图 15.7 所示。

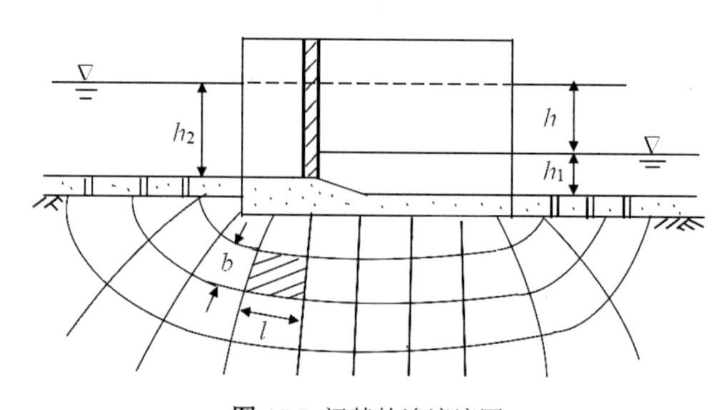

图 15.7 闸基的渗流流网

各向同性土的流网具有如下性质：

(1)流网是相互正交的网格。由于流线与等势线具有相互正交的性质，故流网为正交网格。

(2)流网为曲边正方形。在流网网格中，网格的长度 l 与宽度 b 之比通常取定值，一般取 1.0，使方格网成为曲边正方形。

(3)任意两相邻等势线间的水头损失相等。渗流区内水头依等势线等量变化，相邻等势线的水头差相同。

(4)任意两相邻流线间的单位渗流量相等。相邻流线间的渗流区域称为流槽，每一流槽的单位渗流量与总水头 h、渗透系数 k 及等势线间隔数有关，与流槽位置无关。

15.3.2 流网的绘制

1. 绘制的方法

流网的绘制方法大致有三种：一种是解析法，即用解析的方法求出流速势函数及流函数，再令其函数等于一系列的常数，就可以描绘出一簇流线和等势线。第二种方法是实验法，常用的有水电比拟法。此方法利用水流与电流在数学上和物理上的相似性，通过测绘相似几何边界电场中的等电位线，获取渗流的等势线与流线，再根据流网性质补绘出流网。第三种方法是近似作图法，也称手描法，是根据流网性质和确定的边界条件，用作图方法逐步近似画出流线和等势线。在上述方法中，解析法虽然严密，但数学上求解还存在较大困难。实验方法在操作上比较复杂，不易在工程中推广应用。目前常用的方法还是近似作图法，故下面主要对这一方法进行介绍。

近似作图法的步骤大致为：先按流动趋势画出流线，然后根据流网正交性画出等势线，形成流网。如发现所画的流网不成曲边正方形时，需反复修改等势线和流线直至满足要求。

2. 流网绘制实例

如图 15.8 为一带板桩的溢流坝，其流网可按如下步骤绘出：

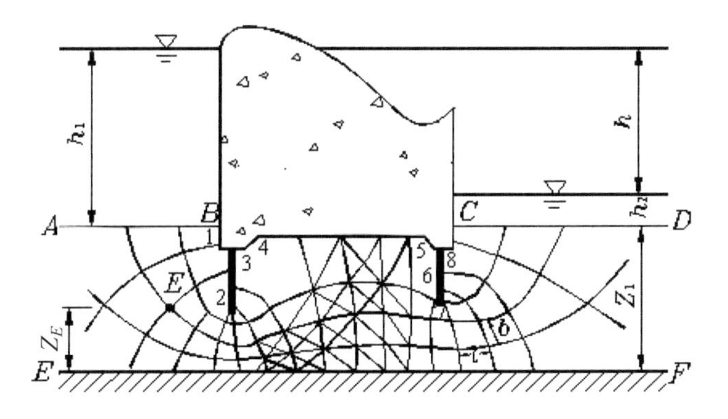

图 15.8 溢流坝的渗流流网

(1)首先将建筑物及土层剖面按一定的比例绘出，并根据渗流区的边界确定边界线及边界等势线。如图中的上游透水边界 AB 是一条等势线，其上各点水头高度均为 h_1，而下游透水边界也是一等势线，其上各点水头高度均为 h_2。坝基的地下轮廓线 B— 1— 2— 3— 4 —5 —6 —7—8—C 为一条流线，渗流区边界 EF 为另一条边界流线。

(2)根据流网特性，初步绘出流网形态。可先按上下边界流线形态大致描绘几条流线，描绘时注意中间流线的形状由坝基轮廓线形状逐步变为同不透水层面 EF 相接近。中间流线数量越多，流网越准确，但绘制与修改工作量也越大，中间流线的数量应视工程的重要性而定，一般中间流线可绘三到四条。流线绘好后，根据曲边正方形网格要求，描绘等势线。绘制时注意等势线与上下边界流线应保持垂直，并且等势线与流线都应是光滑曲线。

(3)逐步修改流网。初绘的流网，可以加绘网格的对角线来检验其正确性。如果每一网格的对角线都正交，且成正方形，则流网是正确的，否则应作进一步修改。但是，由于边界通常是不规则的，在形状突变处很难保证网格为正方形，有时甚至成为三角形或五角形。对此应从整个流网来分析，只要绝大多数网格满足流网特征，个别网格不符合要求对计算结果影响不大。

流网的修改过程是一项非常细致的工作，常常是改变一个网格便带来整个流网图的变化。因此只有通过反复的实践演练，才能做到快速正确地绘制流网。

15.3.3 流网的工程应用

1. 渗流速度计算

如图 15.8，计算渗流区中某一网格内的渗流速度，可先从流网图中量出该网格的流线长度 l。

根据流网的特性，在任意两条等势线之间的水头损失相等。设流网中的等势线的数量为 n(包括边界等势线)，上下游总水头差为 h，则任意两等势线间的水头差为：

$$\Delta h = \frac{h}{n-1} \tag{15.14}$$

而所求网格内的渗透速度为：

$$v = k \cdot i = k \cdot \frac{\Delta h}{l} = \frac{kh}{(n-1) \cdot l} \tag{15.15}$$

2. 渗流量计算

由于任意两相邻流线间的单位渗流量相等，设整个流网的流线数量为 m(包括边界流线)，则单位宽度内总的渗流量 q 为：

$$q = (m-1)\Delta q \tag{15.16}$$

式中，Δq 为任意两相邻流线间的单位渗流量，q、Δq 的单位均为 $m^3/d \cdot m$，其值可根据某一网格的渗透速度及网格的过水断面宽度求得。设网格的过水断面宽度(即相邻两条流线的间距)为 b，网格的渗透速度为 v，则

$$\Delta q = v \cdot b = \frac{kh}{(n-1) \cdot l} \cdot b \tag{15.17}$$

而单位宽度内的总渗流量 q 为：

$$q = \frac{kh(m-1)}{(n-1)} \cdot \frac{b}{l} \tag{15.18}$$

15.4 土中渗流的作用力及渗透变形

15.4.1 渗透力

水在土中流动的过程中将受到土阻力的作用，使水头逐渐损失。同时，水的渗透将对土骨架产生拖曳力，导致土体中的应力与变形发生变化。这种渗透水流作用对土骨架产生的拖曳力称为渗透力。

一般情况下，渗透力的大小与计算点的位置有关。从渗流场中沿流线方向取一分析单元土柱，如图 15.9 所示。设此土柱的长度为 l，断面积为 A。土柱两端水头差为 h，水流流入端和流出端的孔隙水压力分别为 u 和

u+du。土柱高度为 z，倾斜角为 α，自重为 $G=\gamma_w lA$。土柱中的单位体积渗透阻力为 f_s，水流对土粒的单位体积渗透力为 f。

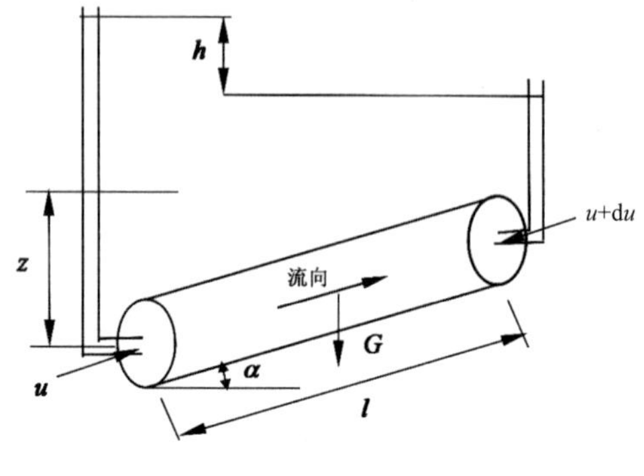

图 15.9 土柱压力分布

(1)土柱两端的孔隙水压力(表面力)差值为(水流方向为正)：

$$-\mathrm{d}u\cdot A=-\gamma_w\cdot(-z+h)\cdot A \tag{15.19}$$

(2)土柱中水的自重在流线方向的分力为：

$$-\gamma_w\cdot l\cdot A\cdot\sin\alpha=-\gamma_w\cdot l\cdot A\cdot\frac{z}{l}=-f_s=-\gamma_w\cdot z\cdot A \tag{15.20}$$

(3)渗流阻力 f_s(流线方向单位体积力)在流线方向产生的力为：

$$-f_s lA \tag{15.21}$$

在平行水流方向，运用力的平衡条件并忽略渗流惯性力，得：

$$f_s=-\gamma_w\cdot\frac{h}{l} \tag{15.22}$$

水流对土粒的渗透力 f 是阻力 f_s 的反作用力，单元体的单位渗透力为：

$$f=-f_s=\gamma_w\cdot\frac{h}{l}=\gamma_w i \tag{15.23}$$

15.4.2 渗透变形

当水力梯度超过一定的界限值后，土中的渗流水流会把部分土体或土颗粒冲出、带走，导致局部土体发生位移，位移达到一定程度，土体将发生失稳破坏，这种现象称为渗透变形。渗透变形主要有两种形式，即流土与管涌。

1. 流土

渗流方向与土重力方向相反时，渗透力的作用将使土体重力减小，当单位渗透力 f 等于土体的单位有效重力 γ 时，土体处于流土临界状态。如果水力梯度继续增大，土中的单位渗透力将大于土的单位有效重力(有效重度)，此时土体将被冲出而发生流土。据此可得到发生流土的条件为：

$$f > \gamma \tag{15.24}$$

或

$$\gamma_w \cdot i > \gamma \tag{15.25}$$

流土的临界状态对应的水力梯度 i_c 可用下式表示：

$$i_c = \frac{\gamma}{\gamma_w} = \frac{(\rho_s - 1)\gamma_w}{(1+e)\gamma_w} = \frac{(\rho_s - 1)}{(1+e)} \tag{15.26}$$

式中，ρ_s 为地基土的土粒密度(g/cm^3)。

在黏性土中，渗透力的作用往往使渗流逸出处某一范围内的土体出现表面隆起变形。在粉砂、细砂及粉土等黏聚性差的细粒土中，水力梯度达到一定值后，渗流逸出处出现表面隆起变形的同时，还可能出现渗流水流夹带泥土向外涌出的砂沸现象，致使地基破坏。工程上将这种流土现象称为流砂。

工程中将临界水力梯度 i_c 除以安全系数 K 作为容许水力梯度[i]，设计时渗流逸出处的水力梯度 i 应满足如下要求：

$$i \le [i] = \frac{i_c}{K} \tag{15.27}$$

对流土安全性进行评价时，K 一般可取 2.0~2.5。渗流逸出处的水力梯度 i

可以通过相应流网单元的平均水力梯度来计算。

2. 管涌

管涌是在渗流过程中，土体中的化合物不断溶解、细小颗粒在大颗粒间的孔隙中移动，从而形成一条管状通道，最后土粒在渗流逸出处冲出的一种现象。

产生管涌的条件比较复杂。从单个土粒来看，如果只计土粒的重量，当土粒周界上水压力合力的垂直分量大于土粒的重量时，土粒即可被向上冲出。实际上管涌可能在水平方向发生，土粒之间还有摩擦力等的作用，它们很难计算确定。因此，发生管涌的临界水力梯度 i_c 一般通过试验来确定。

测定管涌临界水力梯度 i_c 的试验装置如图 15.10(a)所示。抬高储水容器，水头差 h 增大，渗透速度随之增大。当水头差增大到一定程度后，可观察到试样中细小土粒的移动现象，此时的水力梯度即为发生管涌的临界水力梯度。在试验中可测定出不同水力梯度 i 对应的渗透速度 v，绘制出 i-v 关系曲线，如图 15.10(b)所示。从 i-v 关系曲线上可以发现，渗透速度随水力梯度的变化率在发生管涌前后有明显不同。在发生管涌前后分成两条直线，这两条直线的交点对应的水力梯度即为发生管涌的临界水力梯度 i_c。工程中在对管涌安全性进行评价时，通常可取 $K=1.5\sim2.0$。

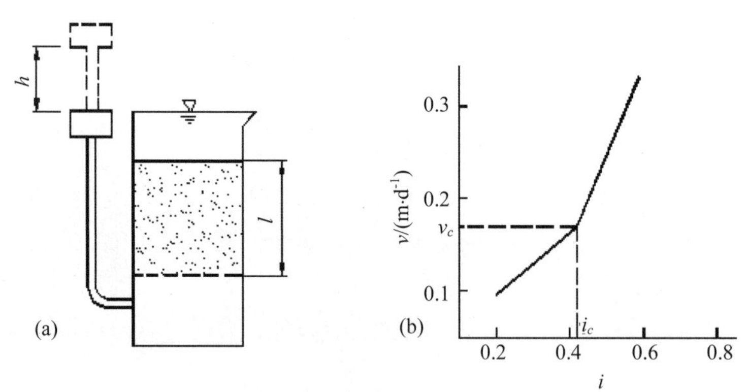

图 15.10 管涌试验。(a)试验装置图；(b)v-i 关系曲线

15.5 井筒的极限分析统一解

井筒结构是一种典型的地下工程结构，对于采矿井和石油钻井周围岩石既要受到地应力的作用，又要受到井筒内钻井液柱压力的作用，而保持

井壁稳定是钻采作业顺利进行的前提条件之一。李敬元和李子丰[6]、刘玉石等[7]采用莫尔-库仑强度理论，考虑岩石损伤后的软化特性，对井筒周围的岩石进行力学分析，给出保持井壁稳定的条件。井筒的应力分析作为厚壁圆筒结构的扩张理论是岩土工程中常遇到的问题。冉启全和顾小芸研究了油藏渗流和应力的耦合规律，骆志勇和李朝第[8]采用双剪强度理论对岩土类厚壁筒损伤后的渐进破坏特性进行讨论，蒋明镜和沈珠江[9-10]于 1996 年首先采用统一强度理论分析了具有应变软化特性的岩土圆孔的扩张。

基于有效应力统一强度理论，李建春等[5]对在孔隙压力和渗流作用下的井筒周围岩石进行了极限分析，所得的统一解析解包括了工程中不同岩石类材料的极限解。

统一强度理论是俞茂宏 1991 年提出的一个新的强度理论体系，它可以有多种不同的表达形式[11-15]。2004 年，俞茂宏将统一强度理论推广应用于土体三维有效应力 σ'_1、σ'_2 和 σ'_3 作用下的强度问题中。如果采用材料有效应力定义的黏聚力 C'和摩擦角 φ'作为基本实验参数，有效应力统一强度理论可以表述为：

$$F=(\sigma_1-u)(1+\sin\varphi')-\frac{1}{1+b}\left[b(\sigma_2-u)+(\sigma_3-u)\right](1-\sin\varphi')=2C'\cos\varphi',$$

$$\text{当}\ (\sigma_2-u)\le\frac{1}{2}(\sigma_1+\sigma_3-2u)+\frac{\sin\varphi'}{2}(\sigma_1-\sigma_3)\ \text{时} \tag{15.28a}$$

$$F=\frac{1}{1+b}\left[b(\sigma_2-u)+(\sigma_1-u)\right](1+\sin\varphi')-(\sigma_3-u)(1-\sin\varphi')=2C'\cos\varphi',$$

$$\text{当}\ (\sigma_2-u)\ge\frac{1}{2}(\sigma_1+\sigma_3-2u)+\frac{\sin\varphi'}{2}(\sigma_1-\sigma_3)\ \text{时} \tag{15.28b}$$

对于平面应变问题，引入参数 $m(0<m\le1$；当材料不可压缩时 $m\to1)$。为简单起见，以下讨论中取 m=1。由式(15.28a)可得静力屈服函数为：

$$\frac{\sigma'_1-\sigma'_3}{2}=-\frac{2(1+b)\sin\varphi'}{2(1+b)+mb(\sin\varphi'-1)}\frac{\sigma'_1+\sigma'_3}{2}+\frac{2(1+b)C'\cos\varphi'}{2(1+b)+mb(\sin\varphi'-1)} \tag{15.29}$$

令

$$\sin\varphi'_{\text{UST}}=\frac{2(1+b)\sin\varphi'}{2(1+b)+mb(\sin\varphi'-1)},\quad C'_{\text{UST}}=\frac{2(1+b)C'\cos\varphi'}{2+b(\sin\varphi'+1)\cos\varphi'_{\text{UST}}}\ ，\text{则：}$$

$$\frac{\sigma_1'-\sigma_3'}{2}=-\frac{\sigma_1'+\sigma_3'}{2}\sin\varphi_{\mathrm{UST}}'+C_{\mathrm{UST}}'\cos\varphi_{\mathrm{UST}}' \tag{15.30}$$

式中，$\sigma'_1=\sigma_1-u$，$\sigma'_2=\sigma_2-u$，$\sigma'_3=\sigma_3-u$，参数 C'_{UST} 和 φ'_{UST} 分别为采用有效应力统一强度理论的统一黏聚力和统一内摩擦角。式(15.30)即为平面应变情况下的统一强度理论表达式。

15.5.1　数学模型

如图 15.11 所示，取井筒的轴线为 z 轴来建立柱坐标系。井筒半径为 R_0，井筒的液压力为 p_0；在较远 $R_\infty(R_\infty>>R_0)$处，孔隙压力为 p_∞，岩石的水平应力为 $\sigma_{r\infty}$；岩石的有效孔隙度为 χ、渗透率为 k、弹性模量为 E、泊松比为 ν。

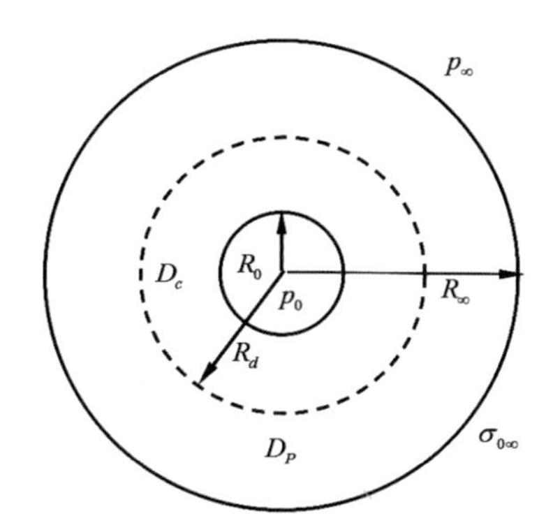

图 15.11 孔隙压力及地应力作用的井壁

1. 井筒强度分析

井筒问题为平面应变轴对称问题，井筒周围岩石各向同性，具有孔隙性和渗透性。该问题中只有径向应力 σ_r、环向应力 σ_θ 和轴向应力 σ_z 三个主应力，而其余的应力都为零，且 $\sigma'_1=\max\{\sigma_r,\sigma_\theta\}$、$\sigma'_2=\sigma_z$ 和 $\sigma'_3=\min\{\sigma_r,\sigma_\theta\}$。在井壁附近岩石中 $\sigma'_3=\sigma_r\le\sigma_z\le\sigma_\theta=\sigma'_1$。

如果在钻采初期井筒岩石的有效应力黏聚力和内摩擦角分别用 C'_0 和 φ'_0 表示，随着钻采的完成，井筒岩石会受到软化作用，弹性模量、黏聚力和内摩擦角都有所降低，此时黏聚力和内摩擦角分别用 C'_0 和 φ'_0 表示。井筒岩石屈服性满足式(15.30)，即对于钻采初期有：

$$\frac{\sigma_r - \sigma_\theta}{2} = -\frac{\sigma_r + \sigma_\theta}{2}\sin\varphi'_{\mathrm{UST0}} + C'_{\mathrm{UST0}}\cos\varphi'_{\mathrm{UST0}} \tag{15.31}$$

式中，

$$\sin\varphi'_{\mathrm{UST0}} = \frac{2(1+b)\sin\varphi'_0}{2+b+b\sin\varphi'_0}，\quad C'_{\mathrm{UST0}} = \frac{2(1+b)C'_0\cos\varphi'_0}{2+b+b\sin\varphi'_0\cos\varphi'_{\mathrm{UST0}}}$$

C'_{UST0} 和 φ'_{UST0} 分别为钻采初期的统一黏聚力和统一内摩擦角。当钻采完成后有：

$$\frac{\sigma_r - \sigma_\theta}{2} = -\frac{\sigma_r + \sigma_\theta}{2}\sin\varphi'_{\mathrm{UST1}} + C'_{\mathrm{UST1}}\cos\varphi'_{\mathrm{UST1}} \tag{15.32}$$

式中，

$$\sin\varphi'_{\mathrm{UST1}} = \frac{2(1+b)\sin\varphi'_1}{2+b+b\sin\varphi'_1}，\quad C'_{\mathrm{UST1}} = \frac{2(b+1)C'_1\cos\varphi'_1}{2+b+b\sin\varphi'_1}\frac{1}{\cos\varphi'_{\mathrm{UST1}}}$$

C'_{UST1} 和 φ'_{UST1} 分别为钻采完成后的统一黏聚力和统一内摩擦角。

2. 孔隙压力沿半径的分布

根据达西定律，孔隙压力沿半径的分布规律为：

$$q = \frac{2\pi rk}{\eta}\frac{\mathrm{d}p}{\mathrm{d}r} \tag{15.33}$$

式中，η 为液体的黏度；r 为流体在井段内流过的半径；p 为半径 r 处的孔隙压力，影响着岩石骨架应力；q 为单位长度井段内流过半径 r 的柱面的流量；k 为渗透系数。

边界条件为 $p|_{r=R_0} = p_0$ 和 $p|_{r=R_\infty} = p_\infty$ 时，得到孔隙压力沿半径的分布为：

$$p = p_0 + (p_0 - p_\infty)\left(\ln\frac{r}{R_0}\bigg/\ln\frac{R_0}{R_\infty}\right) \qquad R_0 \le r \le R_\infty \tag{15.34}$$

3. 考虑岩石内渗流作用时的平衡微分方程

考虑岩石内渗流作用时的平衡微分方程为：

$$\frac{\mathrm{d}\sigma_r}{\mathrm{d}r}-\chi\frac{\mathrm{d}p}{\mathrm{d}r}+\frac{\sigma_r-\sigma_\theta}{r}=0 \tag{15.35}$$

4. 应力边界条件

在井壁处
$$\sigma_r\big|_{r=R_0}=\sigma_{r0}=-p_0(1-\chi) \tag{15.36a}$$

在 R_∞ 处
$$\sigma_r\big|_{r=R_\infty}=\sigma_{r\infty}=\sigma_k+\chi p_\infty \tag{15.36b}$$
$$\sigma_r\big|_{r=R_\infty}=\sigma_{z\infty}=p_{\infty b}+\chi p_\infty$$

其中，σ_{r0} 为井壁骨架径向应力，$\sigma_{z\infty}$为外缘骨架径向应力，$p_{\infty b}$ 为上覆岩层压力。

15.5.2　井筒周围岩石内弹塑性应力分析

1. 当井筒岩石完全处于弹性范围

当 $D_e=\{r>R, p<p_e\}$，由式(15.34)、(15.35)和(15.36)可得：

$$\sigma_r=\sigma_{r\infty}+\frac{(\sigma_{r\infty}-\sigma_{r0})\cdot R_0^2}{R_\infty^2-R_0^2}\left(1-\frac{R_\infty^2}{r^2}\right)-\frac{\chi(p_0-p_\infty)}{2(1-v)}\left[\frac{R_0^2\cdot\left(\frac{R_\infty^2}{r^2}-1\right)}{R_\infty^2-R_0^2}+\frac{\ln\frac{R_0}{r}}{\ln\frac{R_0}{R_\infty}}\right] \tag{15.37a}$$

$$\sigma_\theta=\sigma_{r\infty}+(\sigma_{r\infty}-\sigma_{r0})\cdot\frac{R_0^2}{R_\infty^2-R_0^2}\cdot\left(1+\frac{R_\infty^2}{r^2}\right)-\frac{\chi(p_0-p_\infty)}{2(1-v)}\cdot\left[-\frac{R_0^2}{R_\infty^2-R_0^2}\left(\frac{R_\infty^2}{r^2}+1\right)+\frac{\left(\ln\frac{R_0}{r}+1-2v\right)}{\ln\frac{R_0}{R_\infty}}\right] \tag{15.37b}$$

由井筒钻孔形成前和钻孔形成后的应力应变关系以及 $\varepsilon_z=0$，得：

$$\sigma_z=v(\sigma_r+\sigma_\theta) \tag{15.37c}$$

式中 σ_r 和 σ_θ 为式(15.37a)和(15.37b)。

2. 井筒处于弹塑性状态

当井筒内压 p_0 达到一定值时，井壁岩石开始塑性变形。设 R_d 为井筒弹塑性分界，对于塑性区 $D_p=\{R_0<r<R_d,\ p>p_e\}$，由式(15.32)得：

$$\frac{\sigma_\theta-\sigma_r}{2}=\left(C'_{\mathrm{UST1}}\cot\varphi'_{\mathrm{UST1}}-\sigma_r\right)\frac{\sin\varphi'_{\mathrm{UST1}}}{1+\sin\varphi'_{\mathrm{UST1}}} \tag{15.38}$$

将式(15.34)和(15.35)代入式(15.38)，根据边界条件式(15.37)，并令 $D=\chi(p_0-p_\infty)/\ln(R_0/R_\infty)$，得弹塑性分界处的孔隙压力：

$$p_d=p_0+\frac{\left(p_0-p_\infty\right)\cdot\ln\left(\dfrac{R_d}{R_0}\right)}{\ln\left(\dfrac{R_0}{R_\infty}\right)} \tag{15.39}$$

和塑性区 D_p 中的应力分布：

$$\sigma_r=-(1-\chi)p_0\left(\frac{r}{R_0}\right)^{\frac{2\sin\varphi'_{\mathrm{UST1}}}{1+\sin\varphi'_{\mathrm{UST1}}}}+\left(C'_{\mathrm{UST1}}-D\frac{2\sin\varphi'_{\mathrm{UST1}}}{1+\sin\varphi'_{\mathrm{UST1}}}\right)\cdot\left[1-\left(\frac{r}{R_0}\right)^{\frac{2\sin\varphi'_{\mathrm{UST1}}}{1+\sin\varphi'_{\mathrm{UST1}}}}\right] \tag{15.40a}$$

$$\sigma_\theta=-\frac{2C'_{\mathrm{UST1}}\cos\varphi'_{\mathrm{UST1}}}{1+\sin\varphi'_{\mathrm{UST1}}}+\frac{1-\sin\varphi'_{\mathrm{UST1}}}{1+\sin\varphi'_{\mathrm{UST1}}}\sigma_r \tag{15.40b}$$

对于弹性区 $D_e=\{r>R_d,\ p<p_p\}$，在式(15.37)中用 R_d 代替 R_0，可得对应的应力分布。

3. 井壁弹塑性极限荷载

由于 $R_\infty>>R_0$，$R_\infty>>R_d$，此时用 σ_{rd}、R_d、p_d 代替式(15.37)中的 σ_{r0}、R_0、p_0，则在弹塑性交界面 $r=R_d$ 处，由式(15.39)和(15.40)得应力分布为：

$$\sigma_{rd}=-\left[(1-\chi)p_0+C'_{\mathrm{UST1}}\cot\varphi'_{\mathrm{UST1}}\right]\left(\frac{R_d}{R_0}\right)^{\frac{2\sin\varphi'_{\mathrm{UST1}}}{1+\sin\varphi'_{\mathrm{UST1}}}}+C'_{\mathrm{UST1}}\cot\varphi'_{\mathrm{UST1}} \tag{15.41a}$$

$$\sigma_{d\theta}=2\sigma_{r\infty}-\sigma_{rd}+\chi\frac{p_0-p_\infty}{1-v} \tag{15.41b}$$

将式(15.41)代入(15.32)，得到井筒中液压与塑性破坏半径的关系为：

$$\begin{aligned}&-\left[(1-\chi)p_0+C'_{\mathrm{UST1}}\cot\varphi'_{\mathrm{UST1}}\right]\left(\frac{R_d}{R_0}\right)^{\frac{2\sin\varphi'_{\mathrm{UST1}}}{1+\sin\varphi'_{\mathrm{UST1}}}}+C'_{\mathrm{UST1}}\cot\varphi'_{\mathrm{UST1}}\\&=\left(1+\sin\varphi'_{\mathrm{UST0}}\right)\left[\sigma_{r\infty}+\chi\frac{p_0-p_\infty}{2(1-v)}\right]+C'_{\mathrm{UST0}}\cot\varphi'_{\mathrm{UST0}}\end{aligned} \tag{15.42}$$

当 R_d=R_0，即井筒刚开始进入塑性屈服时，保持井壁弹性稳定的最大径向压力为：

$$p_{e0}=\frac{\left(1+\sin\varphi'_{\mathrm{UST0}}\right)\left[\sigma_{r\infty}+\chi\dfrac{p_0-p_\infty}{2(1-v)}\right]+C'_{\mathrm{UST0}}\cot\varphi'_{\mathrm{UST0}}}{1-\chi\dfrac{1-\sin\varphi'_{\mathrm{UST0}}-2v}{2(1-v)}} \tag{15.43}$$

当 b=0 时所得到的 p_{e0} 为文献[5]中采用莫尔-库仑强度理论求得保持井壁稳定的弹性极限压力解析式。

当井筒周围岩石几乎完全进入塑性状态时，R_d>>R_0，由式(15.42)可得保持井壁塑性稳定的最大径向压力为：

$$p_{p0}=\frac{2(1-v)\left(\sigma_{r\infty}+C'_{\mathrm{UST0}}\cos\varphi'_{\mathrm{UST0}}-C'_{\mathrm{UST1}}\cos\varphi'_{\mathrm{UST1}}\right)}{\chi\left(1+\sin\varphi'_{\mathrm{UST0}}\right)}+p_\infty \tag{15.44}$$

当 b=1 时所得到的 p_{p0} 为文献[16]中采用双剪强度理论求得保持井壁稳定的塑性极限压力解析式。由式(15.42)和(15.44)又可得保持井壁塑性稳定的井筒最大塑性区半径 R_d 。

以上采用统一强度理论对井筒周围的岩石进行弹塑性分析，得到井筒周围的岩石应力分布表达式、保持井壁稳定的弹塑性极限荷载解析式以及井筒最大塑性区半径。结果表明，塑性破坏半径随井筒中液压的增大而增大。所求得的极限荷载包括从基于莫尔-库仑强度理论到基于双剪强度理论的一系列极限荷载，且随着参数 b 的增加，极限荷载也随之增加。因此，对于不同的岩石类材料，应采用不同的强度理论对井筒进行极限分析，这有利于发挥岩石材料的潜能，从而产生一定的经济效应。

本书的解可以包括很多其他材料的类似问题的解，例如拉压强度不等的铸铁和粉末合金类材料($\alpha\neq1$)，以及拉压强度相等的金属材料($\alpha=1$)。当不考虑孔隙压力和渗流作用时，即简化为机械结构中的孔压类零件的极限强度问题。因此，本书的统一解不仅适用于石油、采矿等岩土材料，也适用于土木、机械等工程结构[16]。

15.6 石油开采油井稳定性分析

某油田开采中心的一口产油井，其基本参数为：井筒半径为 R_0，井筒的液压力为 p_0；在较远 $R_\infty(R_\infty>>R_0)$处，孔隙压力 p_∞为 5 MPa。岩石的水平应力 $\sigma_{r\infty}$为 43.4 MPa，岩石的有效孔隙度 χ 为 25%，渗透率 k 为 100×10^{-3} μm^2，弹性模量 E 为 1300 MPa，泊松比 ν为 0.15，初始屈服时的黏聚力 C'_0 和内摩擦角 φ'_0 分别为 0.179 MPa 和 31.4°，屈服后的黏聚力 C'_1 和内摩擦角 φ'_1 分别为 0.154 MPa 和 25.2°。

归一化井筒中液压和塑性破坏半径的关系曲线如图 15.12 所示。井筒中保持井壁稳定的归一化弹性极限液压荷载和塑性极限液压荷载关系曲线如图 15.13 和 15.14 所示，其中 $\overline{p}=p_0/p_\infty$，$\overline{p}_{e0}=p_{e0}/p_\infty$，$\overline{p}_{p0}=p_{p0}/p_\infty$ 。

从图 15.12 可见，塑性破坏半径随井筒中液压的增大而增大，即当井

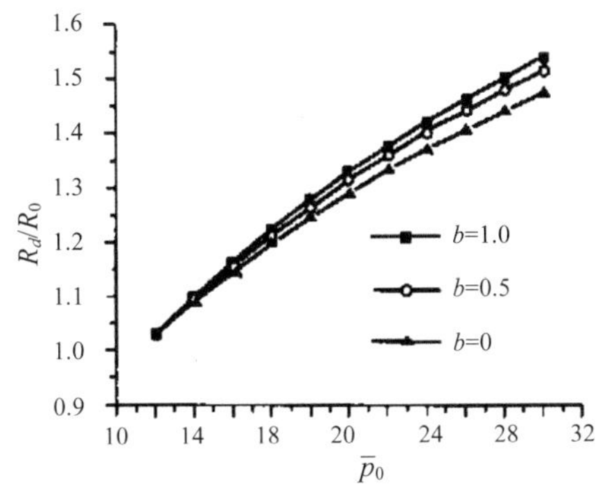

图 15.12 井壁处液压 p_0 与破坏半径 R_d 的关系

壁处的液压增大时，井筒周围更大范围的岩石首先进入塑性阶段，这符合文献[8]中岩土材料厚壁筒的渐进破坏方式。对相同的井筒处液压，随着 b 值的增加塑性半径也随之增加，即由不同的强度理论可得到不同的塑性破坏半径。从图 15.13 和图 15.14 可见，弹塑性极限荷载随参数 b 的增加而增大，这表明对于不同的强度理论可得到不同的弹塑性极限荷载。因此，用不同的强度理论进行该问题的分析具有一定的参考价值[17-19]。

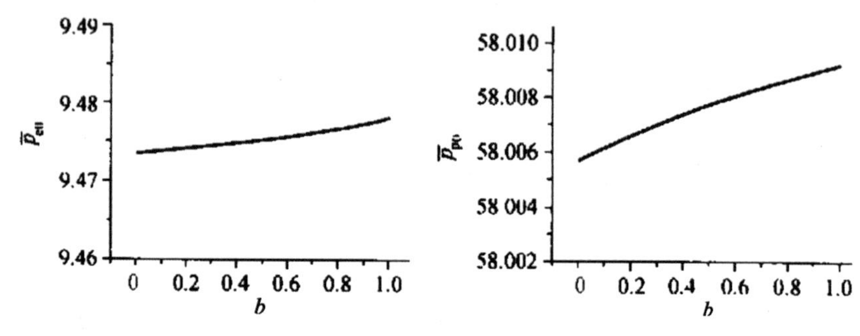

图 15.13 弹性极限荷载 p_{e0} 与 b 的变化　　**图 15.14** 塑性极限荷载 p_{p0} 与 b 的变化

15.7　垂直井壁坍塌压力统一解

目前井壁围岩坍塌压力的计算多基于莫尔-库仑强度准则，然而莫尔-库仑强度准则忽略了中间主应力对岩石强度的影响，与实际存在较大差异。Drucker-Prager 强度准则考虑了中间主应力的影响，但是该准则将中间主应力对岩石强度的贡献夸大，与岩石的真三轴试验结果不符，坍塌压力计算结果需要进行修正。同时，国内外学者以真三轴试验为基础建立的强度准则虽然考虑了岩土材料的三向应力状态，但准则表达式的参数较多，解析计算较为困难。统一强度理论可以合理地反映中间主应力效应并获得了广泛应用。

崔莹等[20]运用统一强度理论，推导了在各向异性应力条件下垂直井井壁坍塌压力解表达式，分析了不同因素对井壁坍塌压力的影响。以下为使用统一强度理论的一个岩石井壁计算实例。

以克拉玛依油田呼 2 井安集海河组为例，考虑中间主应力对井壁坍塌压力的影响，得出统一强度理论参数 b 分别为 0、0.25、0.50、0.75、1.00 时不同井深条件下坍塌压力(当量钻井液密度)的变化曲线，如图 15.15 所示。从图 15.15 中的曲线变化情况可以看出，不同 b 值条件下坍塌压力随着井深的不断增加均相应增长。在同一深度处钻井液密度随着 b 值的增加而相应降低，即考虑中间主应力作用的围岩强度较高，井壁坍塌压力较低，低密度钻井液即可满足井壁稳定要求。不同中间主应力参数条件对浅层井壁坍塌压力的影响较大，随着井深的不断增加，不同中间主应力参数所确定的井壁坍塌压力差异降低。

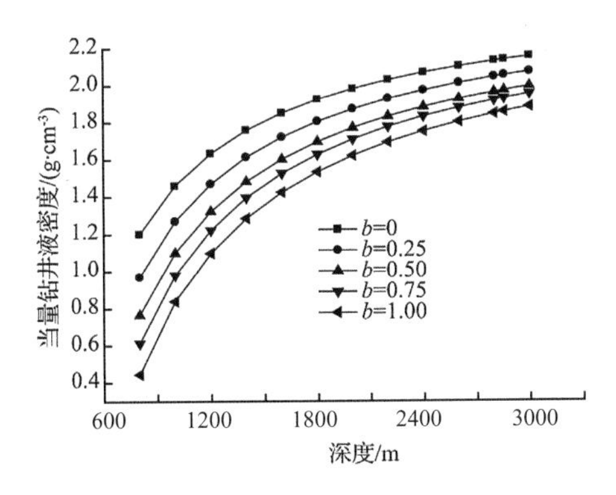

图 15.15 不同 b 值条件下不同深度坍塌压力变化曲线

将不同 b 值条件下该井段深度处坍塌压力的当量钻井液密度变化范围计算结果与实际值进行比较，结果如表 15.1 所示。可以看出，b=1 时计算值与实际值误差在 6%以内，即针对呼 2 井该井段的实际地质情况，采用双剪强度理论(b=1)计算井壁坍塌压力更为合理。

表 15.1 不同 b 值条件下同一井段井壁坍塌压力计算值与实际值对比

b值	当量钻井液密度计算值范围/(g·cm^{-3})	当量钻井液密度实际值范围/(g·cm^{-3})	误差/%
0	2.14~2.15	1.75~1.80	16.3~18.2
0.25	2.05~2.06		12.6~14.6
0.50	1.97~1.98		9.1~11.2
0.75	1.93~1.94		7.2~9.3
1.00	1.86~1.87		3.7~5.9

表 15.2 为三种强度理论(莫尔-库仑强度准则、Drucker-Prager 强度准则和统一强度理论)下，呼 2 井坍塌压力当量钻井液密度值与实际值的比较结果。可以清楚地看出，莫尔-库仑强度准则(b=0)计算出的坍塌压力最大，

Drucker-Prager 强度准则计算的坍塌压力最小，双剪强度理论计算的坍塌压力居中。这是由于莫尔-库仑强度准则中并没有考虑中间主应力的影响，从而使计算得出的维持井壁稳定所需的钻井液密度偏于保守，而 Drucker-Prager 强度准则中对中间主应力对强度的贡献考虑过大，使计算得出的维持井壁稳定所需的钻井液密度偏于危险。由此可见双剪强度理论合理考虑中间主应力对岩石强度的贡献，更切近实际。

表 15.2 不同强度理论下井壁坍塌压力(当量钻井液密度)计算值

强度理论	当量钻井液密度计算值/(g·cm^{-3})	与实际当量钻井液密度误差/(g·cm^{-3})
莫尔-库仑强度准则	1.905	5.51
Drucker-Prager强度准则	1.587	11.83
双剪强度理论	1.857	3.07

按照莫尔-库仑强度准则、Drucker-Prager 强度准则和双剪强度理论计算得到的不同井深条件下坍塌压力变化曲线如图 15.16 所示。从 3 条曲线的分布来看，同一深度处，莫尔-库仑强度准则所计算得到的当量钻井液密度最大，Drucker-Prager 强度准则的结果最小，双剪强度理论的结果居中，表明双剪强度理论计算得到的坍塌压力由于合理考虑了中间主应力对岩石强度的贡献，更趋于合理。从 3 条曲线的关系还可以看出，双剪强度理论计算得到的钻井液密度在深度较小处接近 Drucker-Prager 强度理论的计算结果，在深度较大处接近莫尔-库仑强度理论的计算结果，这表明中间主应力对井壁浅层围岩强度的影响较深层要大。

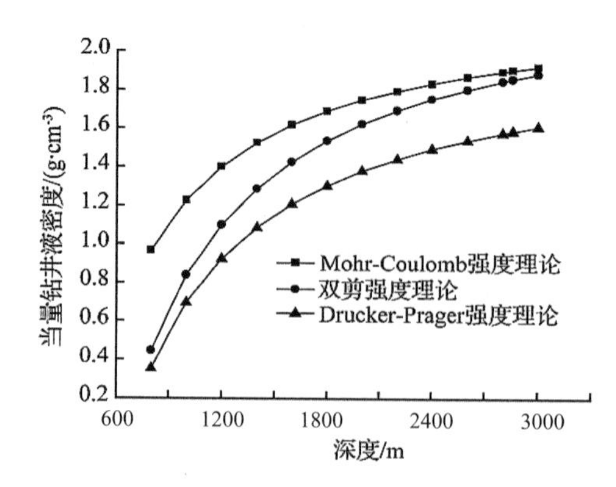

图 15.16 不同强度准则下坍塌压力随井深的变化曲线

崔莹等[21]还针对目前井壁坍塌压力理论计算中未考虑井筒尺寸效应的问题，依据统一强度理论，引入中间主应力参数 b，通过理论分析和实践验证，推导了考虑井筒尺寸的垂直井井壁坍塌压力计算表达式。图 15.17 为考虑井筒尺寸效应时井壁在不同主应力参数 b (0、0.2、0.4、0.8、1.0) 下的坍塌压力(当量钻井液密度)随井深的变化曲线。可以看出，在不同 b 值条件下，井壁坍塌压力随着井深的不断增加而增长。在不同深度处，坍塌压力曲线呈现 b 值越小曲线斜率越大的特点，说明中间主应力贡献越多，井壁坍塌压力的变化越平缓；在同一深度处，坍塌压力随 b 值的增加而减小，即考虑井筒尺寸效应时，b=1(双剪强度理论)时坍塌压力亦最小，说明考虑中间主应力作用对围岩强度的充分发挥有积极意义。

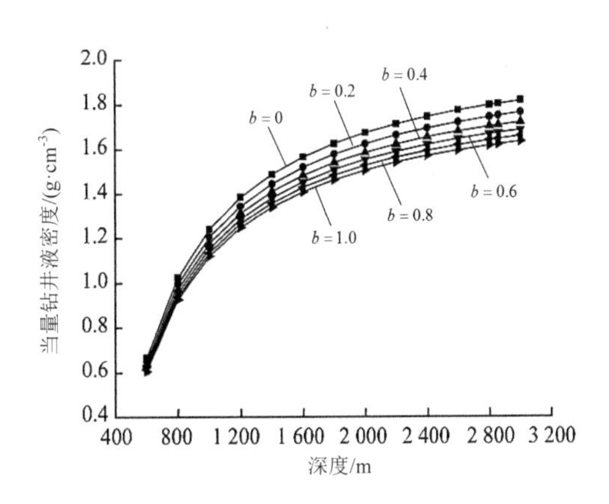

图 15.17 坍塌压力随井深变化曲线(不同b值)

15.8 井筒稳定性分析

竖井是矿山建设中的咽喉工程。竖井开挖后，井筒周围的岩体将会产生较大的附加应力。在附加应力作用下，竖井将可能因井壁发生塑性流动而破坏。因此，研究竖井的稳定性具有重要的现实意义。工程中，人们常常利用 Tresca 或莫尔-库仑强度准则研究竖井的稳定性。近年，宋建波等[22]采用 Hoek-Brown 准则研究了竖井的稳定性。这些分析没有考虑中间主应力，但实验表明，中间主应力对岩体的强度具有明显的影响[23]。

徐栓强等和侯卫[24]以统一强度理论作为岩体的破坏准则，分析了岩体中圆形竖井的稳定性，导出了竖井稳定性的判据和极限深度的方程式，并利用所得的极限深度方程式探讨了岩体拉压强度效应和中间主应力效应对竖井极限深度的影响。他们假设岩体中有一个半径为 a 的圆形竖井(图15.18(a))，井筒可看作是半无限体中的垂直圆孔。沿距地表 Z 处取厚度为 dZ 的薄层，该处由自重引起的垂直应力 p_v=$-\gamma z$，水平应力 p_h=$-\lambda\gamma z$，其中 γ 为岩体容重，λ 为岩体的侧压比。该薄层可看作含圆孔的大薄板，如图15.18(b)所示。

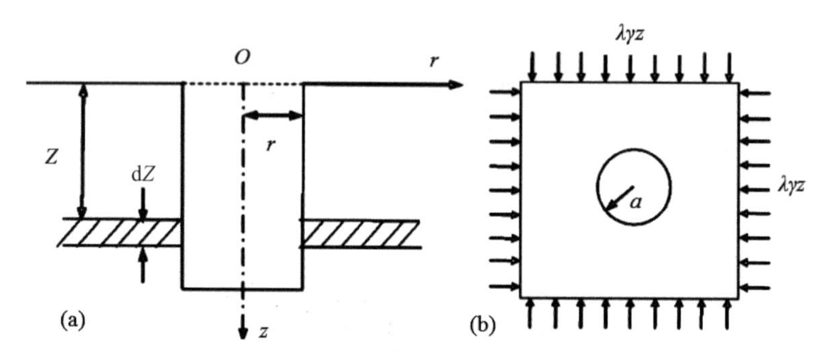

图 15.18 竖井及其计算简图

离井筒中心 r 处的围岩应力为：

$$\sigma_r = -\lambda\gamma z\left(1 - a^2/r^2\right) \tag{15.45a}$$

$$\sigma_\theta = -\lambda\gamma z\left(1 + a^2/r^2\right) \tag{15.45b}$$

$$\sigma_z = -\gamma z \tag{15.45c}$$

将关系式 r=a 代入上式，得出井壁处的应力为：σ_r=0，σ_θ=$-2\lambda\gamma z$，σ_z=$-\gamma z$。用 σ'_1、σ'_2 和 σ'_3 分别表示竖井井壁处单元体的最大、中间以及最小有效主应力，则有：

当 $\lambda\leq0.5$ 时：

$$\sigma'_1 = \sigma_r = 0, \qquad \sigma'_2 = \sigma_\theta = -2\lambda\gamma z, \qquad \sigma'_3 = \sigma_z = -\gamma z \tag{15.46}$$

当 $\lambda>0.5$ 时：

$$\sigma'_1 = \sigma_r = 0, \qquad \sigma'_2 = \sigma_z = -\gamma z, \qquad \sigma'_3 = \sigma_\theta = -2\lambda\gamma z \tag{15.47}$$

对于 $\lambda \le 0.5$ 的情况，根据统一强度理论公式(15.28)可知，当井壁处于稳定的极限状态时，应力分量应满足下列条件：

$$\frac{\sin\varphi'-1}{1+b}\left(b\sigma_\theta+\sigma_z\right)=2C'\cos\varphi'，\quad 当\ \sigma_\theta \le \frac{1-\sin\varphi'}{2}\sigma_z \tag{15.48a}$$

$$\left(\frac{b\sigma_\theta}{1+b}-\sigma_z\right)+\left(\frac{b\sigma_\theta}{1+b}+\sigma_z\right)\sin\varphi'=2C'\cos\varphi'，\quad 当\ \sigma_\theta \ge \frac{1-\sin\varphi'}{2}\sigma_z \tag{15.48b}$$

对于 $\lambda > 0.5$ 的情况，处于稳定的极限状态的竖井，其井壁的应力分量应满足：

$$\frac{\sin\varphi'-1}{1+b}\left(b\sigma_z+\sigma_\theta\right)=2C'\cos\varphi'，\quad 当\ \sigma_z \le \frac{1-\sin\varphi'}{2}\sigma_\theta \tag{15.49a}$$

$$\left(\frac{b\sigma_z}{1+b}-\sigma_\theta\right)+\left(\frac{b\sigma_z}{1+b}+\sigma_\theta\right)\sin\varphi'=2C'\cos\varphi'，\quad 当\ \sigma_z \ge \frac{1-\sin\varphi'}{2}\sigma_\theta \tag{15.49b}$$

以上利用有效应力统一强度理论，导出了竖井井壁处于稳定极限状态时，竖井井壁处的应力应满足的条件。根据这些条件，可解得竖井保持稳定状态时竖井的最大深度。

作为例子，下面计算位于原岩初始应力为静水压力岩体中的圆型竖井的极限深度，并且讨论岩体的内摩擦角 φ'和中间主应力效应对竖井的极限深度的影响。对于这种情况，$\lambda=1>0.5$，由式(15.47)可得竖井井壁处的应力为：

$$\sigma_r=0, \qquad \sigma_z=-\gamma z, \qquad \sigma_\theta=-2\gamma z \tag{15.50}$$

显然，上面的应力满足 $\sigma_z \le (1-\sin\varphi')\sigma_\theta/2$。

根据式(15.49a)，可解得竖井保持稳定的最大深度 Z_{max} 为：

$$Z_{max}=\frac{2(1+b)}{2+b}\cdot\frac{\cos\varphi'}{1-\sin\varphi'}\cdot\frac{C'}{\gamma} \tag{15.51}$$

竖井保持稳定的最大深度 Z_{max}，又称为竖井稳定的极限深度。如果竖井深度小于上面所得极限深度 Z_{max}，则竖井不会因井壁发生塑性流动而破坏；相反，若竖井深度大于 Z_{max}，竖井将因井壁发生塑性流动而破坏。根据极限深度 Z_{max}，我们可判断实际竖井的稳定性，进而采取合理的支护措施以保证竖井的稳定。

可以看出，上面所得的竖井极限深度 Z_{max} 的方程式(15.51)，考虑了岩体强度内摩擦效应及中间主应力效应等。当给定材料参数 φ'以及 b 的值时，可得相应竖井的极限深度。若取 b=0，由式(15.51)得到基于莫尔-库仑强度准则的结果：

$$Z_{max}=\frac{\cos\varphi'}{1-\sin\varphi'}\cdot\frac{C'}{\gamma} \tag{15.52}$$

它忽略了岩体的中间主应力效应。若材料参数 φ'=0，则得出基于统一屈服准则的结果为：

$$Z_{max}=\frac{2(1+b)}{2+b}\cdot\frac{C'}{\gamma} \tag{15.53}$$

它忽略了岩体的内摩擦效应。若同时取材料参数 φ'=0，b=0，则可得：

$$Z_{max}=\frac{C'}{\gamma} \tag{15.54}$$

这是基于 Tresca 准则的结果，它忽略了岩体的中间主应力效应以及内摩擦效应。因此，莫尔-库仑强度准则和 Tresca 准则的结果均是本书结果的特例。

表 15.3 给出了内摩擦角 φ'分别等于 0°、15°、20°、25°和 30°，统一强度理论参数 b 分别等于 0、0.25、0.5、0.75 和 1.00 时，竖井极限深度 $Z_{max}/(C'/\gamma)$ 的值。可以看出，竖井极限深度 Z_{max} 随着中间主应力系数 b 的增大而增大，莫尔-库仑强度准则给出最小的极限深度，广义双剪准则给出最大的极限深度。另外，岩体的内摩擦角 φ'越大，求得的 Z_{max} 也越大。因此，分析竖井稳定性时，忽略岩体的拉压强度差效应和中间主应力效应将会低估岩体的承载能力。

上面针对原岩初始应力为静水压力的情况讨论了竖井的极限深度，当原岩初始应力不是静水压力时，也可进行类似的讨论。

表 15.3 统一强度理论下竖井的极限深度 Z_{max} ($Z_{max}=C'/\gamma$)

φ'	b				
	0	0.25	0.5	0.75	1.00
0	1	1.11	1.2	1.27	1.33
15	1.3	1.45	1.56	1.66	1.74
20	1.43	1.59	1.71	1.82	1.9
25	1.57	1.74	1.88	2	2.09
30	1.73	1.92	2.08	2.2	2.31

以上是徐栓强和侯卫[24]采用统一强度理论对圆形竖井稳定性的分析结果。他们导出了圆形竖井稳定的判据和极限深度的算式，能够定量地考虑岩体的拉压强度差效应、中间主应力效应等，因而能适用于多种岩体。研究表明，竖井的极限深度随中间主应力系数 b 和岩体的内摩擦角 φ'的增大而增大，因此，考虑材料的拉压强度差效应和中间主应力效应有助于发挥其强度潜能。

15.9 本章小结

由于岩石结构的复杂性和构造的多样化，对于不同的岩石类材料应采用不同强度理论进行分析研究。统一强度理论有一个统一的物理模型，不仅考虑了所有应力分量以及它们对材料破坏的不同影响，而且充分考虑了中间主应力效应，能够适用于各种材料。本章采用统一强度理论对井筒的弹塑性以及稳定性进行分析，得出了一系列新的结果，且随着参数 b 的增加，极限荷载和极限深度也随之增加，这说明对于不同的岩石类材料，采用考虑材料的拉压强度差效应和中间主应力效应的统一强度理论对其进行极限分析，有利于发挥岩石材料的潜能。

参考文献

[1] Bol, GM, Wong, SW, Davidson, CJ, et al. (1994) Borehole Stability in Shales. *Spe Drilling & Completion*, 9(2): 87–94.

[2] Al-Ajmi, AM, Zimmerman, RW (2006) Stability analysis of vertical boreholes using the Mogi-Coulomb failure criterion. *International Journal of Rock Mechanics & Mining Sciences*, 43(8): 1200–1211.
[3] 陈勉, 金衍 (2005) 深井井壁稳定技术研究进展与发展趋势. 石油钻探技术, 33(5): 28–34.
[4] 金衍, 陈勉 (2012) 井壁稳定力学. 北京:科学出版社.
[5] 李建春, 俞茂宏, 王思敬 (2001) 井筒在孔隙压力和渗流作用下的统一极限分析. 机械强度, 23(02): 239–242.
[6] 李敬元, 李子丰 (1997) 渗流作用下井筒周围岩石内弹塑性应力分布规律及井壁稳定条件. 工程力学, 14(1): 131–137.
[7] 刘玉石, 自家祉, 周义辉 (1994) 考虑井壁岩石损伤时保持井筒稳定的泥装密度. 石油学报, 16(3): 123–138.
[8] 骆志勇, 李朝弟 (1994) 岩土材料厚壁圆筒的渐进破坏分析. 中国土木工程学会第七届土力学及基础工程学术会议论文集. 北京:中国建筑工业出版社, 200–203.
[9] 蒋明镜, 沈珠江 (1996) 应变软化岩土孔洞扩张的统一解. 岩土力学, 17(1): 1–7.
[10] 蒋明镜, 沈珠江 (1996) 考虑剪胀的弹脆塑性软化柱形孔扩张问题. 河海大学学报(自然科学版), 24(4): 65–72.
[11] 俞茂宏 (1994) 岩土类材料的统一强度理论及其应用. 岩土工程学报, 16(2): 1–10.
[12] 李小春, 许东俊, 刘世煜, 等 (1994) 双剪强度理论的实验验证——拉西瓦花岗岩强度特性真三轴试验研究. 中国岩土力学与工程学会第三次大会论文集. 北京:科学出版社.
[13] 俞茂宏 (1999) 工程强度理论. 北京:高等教育出版社.
[14] Yu, MH, He, LN (1991) A new model and theory on yield and failure of materials under the complex stress state. In: *Mechanical Behaviour of Materials*. Oxford:Pergamon Press, 3: 841–846.
[15] 俞茂宏, 杨松岩, 刘春阳, 刘剑宇 (1997) 统一平面应变滑移线场理论及其应用. 土木工程学报, 30(2): 14–26.
[16] Li, JC (1998) Limit analysis of a wellbore based on the twin shear strength theory. In: Yu MH, Fan SC (eds.), *Strength Theory: Applications, Developments & Prospects for the 21st Century*. Beijing, New York:Science Press, pp. 1103–1108.
[17] 李天太, 孙正义 (2002) 井壁失稳判断准则及应用分析. 西安石油学院

学报(自然科学版),17(5): 25–27.

[18] 邱康, 陈勉, 金衍 (2011) 基于统计损伤的井壁坍塌压力模型. 岩土力学, 32(7): 2029–2033.

[19] 周凤玺, 李世荣 (2008) 广义 Drucker-Prager 强度准则. 岩土力学, 29(3): 747–751.

[20] 崔莹, 屈展, 赵均海, 王萍 (2016) 基于双剪统一强度理论的垂直井井壁坍塌压力解. 广西大学学报(自然科学版), 41(2): 346–354.

[21] 崔莹, 屈展, 赵均海 (2016) 考虑尺寸效应的井壁坍塌压力统一强度理论解. 广西大学学报(自然科学版), 41(4): 1153–1161.

[22] 宋建波, 张倬元, 黄润秋 (2001) 应用岩体经验强度准则确定圆形竖井极限深度. 矿业研究与开发, 21(5): 12–13.

[23] 许东俊 (1985) 岩体强度随中间主应力的变化规律. 固体力学学报, 6(1): 99–105.

[24] 徐栓强, 侯卫 (2007) 考虑岩体中间主应力效应的竖井稳定性分析. 地下空间与工程学报, 3(6): 1168–1172.

阅读参考材料

【阅读参考材料 15-1】达西 (Henri-Philibert-Gaspard Darcy，1803—1858)，法国工程师，水文地质学的奠基人之一，他的实验成果开创了一门研究地下水流在多孔介质中运动的科学——地下水动力学。

达西 (Henri-Philibert-Gaspard Darcy, 1803—1858)

他一生曾负责过运河、铁路、公路、桥梁、隧洞等各种土木工程的设计与建设工作。法国在 1845 年以后，由于工业的迅速发展，用水量急剧增加，开挖深井抽取地下水很盛行，促进了地下水的研究。达西着重研究冲积层中地下水的运动机理。他于 1856 年通过沙土渗透试验首先提出，通过试样的流量与试样横断面积及试样两端测压管水头差成正比，与试样的高度成反比。国际上将此项渗透规律定名为达西定律，该定律为促进水在土中运动的实验研究方法、地下水运动理论及其在不同情况下的应用奠定了基础。

【阅读参考材料 15-2】据 1990 年 1 月 17 日在北京举行的“第一次全国普通高等学校优秀教学成果奖颁奖大会”的资料，以及全国力学教学经验交流会(1990 年 5 月，杭州)、全国塑性力学学术交流会(1990 年 5 月，南京)、国家教育委员会材料力学课程指导小组扩大会议(1990 年 11 月，长沙)和陕西省力学学会学术交流会(1990 年 12 月，西安石油学院)等会议的发言和讨论，近年来，双剪强度理论已被国防科技大学、西南交通大学、北京大学、清华大学、湖南大学、太原工业大学、天津大学、浙江大学、重庆大学等校的一些教授编入教材和专著。此外还有上海交通大学、西北工业大学、大连理工大学、沈阳工业大学等更多学校的一些教师把它引入科学研究和教学实践中，取得了较好的效果。西南交通大学力学系主任、博士生导师奚绍中教授在 1990 年全国力学教学委员会举行的力学教学经验交流会的大会发言中讲到，从 1987 年起，我们在《工程力学》教材以及教学中引入了我国学者提出并已得到国际公认的“双剪应力强度理论”，使所讲授的强度理论不再局限于 40 年代的水平，在一定程度上激发了学生的民族自信心。

此外，在高等教育出版社出版的《教材通讯》1989 年第 6 期中，四川机械工业学校杨显龙在“中专材料力学内容更新点滴”一文中谈到：“使用俞茂宏的理论还可使学生对我国力学工作者对强度理论的研究和贡献有所了解，激发他们的学习热情。”这些研究和教学实践表明，不仅在大学的塑性力学、材料力学和岩土力学有关教学中，而且在中专的材料力学教学中，都有了使强度理论充实更新的内容。

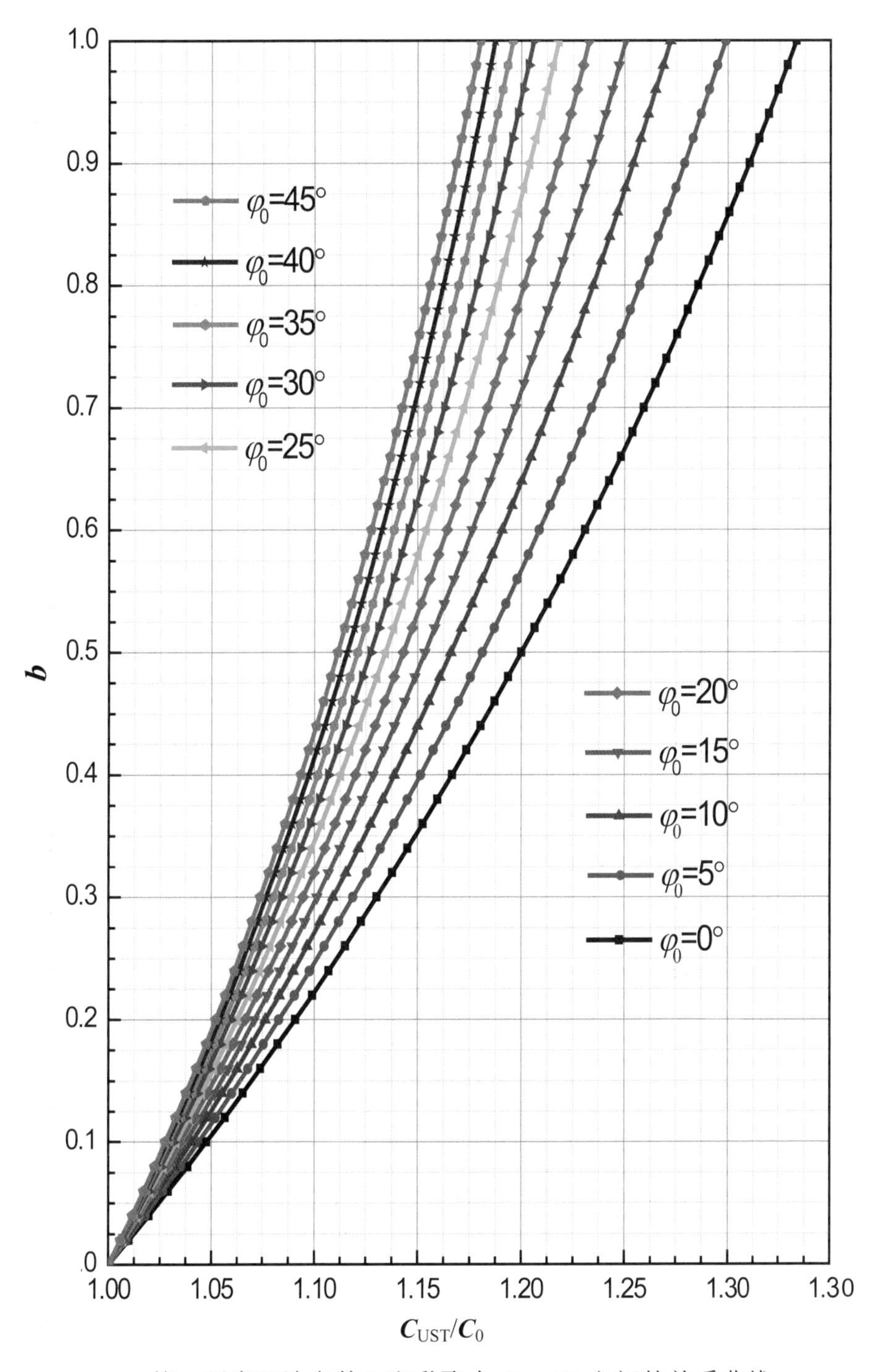

统一强度理论参数 b 和黏聚力 C_{UST}/C_0 之间的关系曲线

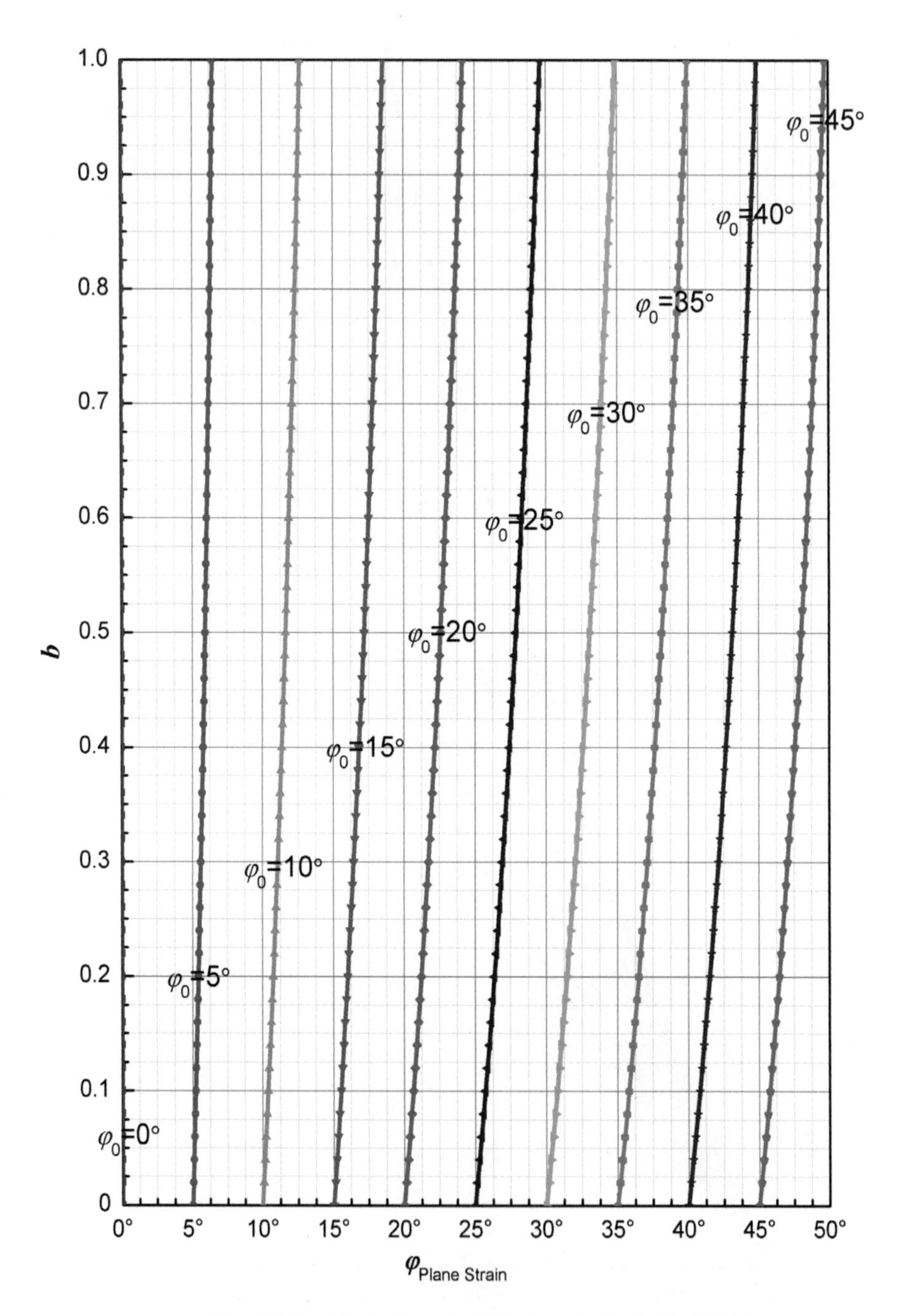

统一强度理论参数 b 和摩擦角 φ 之间的关系曲线

16

合理确定岩土材料破坏准则的新方法

16.1　概 述

现在，岩土工程的结构分析方法，无论是解析解方法还是数值方法，都可以达到很高的精度。岩土工程的施工技术也可以达到要求的精度。但是，与之相比的岩土材料破坏准则的选用仍然十分粗略，几乎停留在 20 世纪 20 年代至 50 年代的水平。目前，在解析解方法中广泛应用的摩尔-库伦理论仍存在很多根本性问题，这已在本书第一章进行了详细的阐述。在岩土工程数值分析中广泛应用的 Drucker-Prager 准则存在的问题已经被英国、美国、瑞典等国家的很多院士所指出，也在本书第四章进行了描述。如何为土体强度计算选择一个合理的破坏准则，是一个新的重要的问题。在这里我们提出了一种理论与实验相结合的新方法。

统一强度理论是对沃依特-铁木森科难题的一个破解，它是一系列基础创新的综合结果，包括：①研究变量的改变，将三个主应力变量(σ_1，σ_2，σ_3)转化为三个主剪应力变量(τ_{13}，τ_{23}，τ_{12})及其面上的正应力(σ_{13}，σ_{23}，σ_{12})；②根据三个主剪应力只有两个独立的概念，即 $\tau_{13}=\tau_{23}+\tau_{12}$，提出双剪理论的思想；③提出一种新型的双剪单元体力学模型；④提出一种新的数学建模方法，即两个方程和附加判别式；⑤提出多个参数，巧妙地与应力分量综合应用，既能减少材料参数的数量，又能考虑到不同应力分量对材料破坏的不同贡献；⑥创建了一个新的参数 b，这是统一强度理论的关键参数。以上六个关键问题中，前五条都已经在前面各章进行了阐述，第六条参数 b 的确定是大家所关心的问题。

由前所述可知，统一强度理论参数 b 也可以作为选用不同破坏准则的参数，但还没有得到充分的阐述。近年来世界各国学者已经对这个问题进行了很多的研究和讨论。

强度理论研究材料在复杂应力状态下的破坏规律，并为工程应用提供计算准则。不同的破坏准则得出的结果可以相差很大。如何选用合适的材料破坏准则是一个重要的实际问题。目前世界各国学者提出的各种各样的破坏准则，基本上可以分为两大类：①线性准则，目前有三种，即莫尔-库伦强度理论、双剪强度理论和统一强度理论(第一、第二强度理论虽然也为线性准则，但目前已经很少应用)；②非线性准则，如 Matsuoka-Nakai 准则、Lade-Duncan 准则、Drucker-Prager 准则等。其中非线性准则中有一类圆形准则，即 Drucker-Prager 准则的伸长锥、折衷锥、压缩锥以及内切锥，虽然这类准则曾经得到国内外广泛的应用，但它实际上并不适用于岩土材料。

这个问题早在 20 世纪 70 年代就已经由著名科学家 Zienkiewicz 等[1]指出："Drucker-Prager 准则与真实的破坏条件符合很差。"俞茂宏等分别于 1992 年和 1998 年详细分析了四种锥体(伸长锥、折衷锥、压缩锥和内切锥)的屈服面，并且指出了它们与岩土材料的差别[2-4]，但是这个问题仍然没有得到人们足够的重视。之后著名学者 Davis、Selvadurai、Ottersen、Ristinmaa、Owen 以及余海岁院士等[5-8]都指出 Drucker-Prager 准则与实验结果并不符合，在岩土工程分析中应用 Drucker-Prager 准则需要十分谨慎。2018 年，俞茂宏[9]也特别指出："偏平面为圆形的准则并不适用于岩土材料。"

对于岩土材料，偏平面为圆形的准则首先被排除在外。但是，破坏准则的合理选用问题在理论上和工程应用中仍然是一个没有得到完全解决的问题。本章将专门研究材料破坏准则的合理选用问题。

16.2　Yoshimine 教授方法

Yoshimine 根据 2006 年 Kiyoo Mogi 对 Dunham 白云岩和 Inada 花岗岩的真三轴试验数据(图 16.1)进行了计算机拟合分析。

库仑准则：

$$\tau = \beta\sigma + C \tag{16.1}$$

式中，β 为摩擦力，C 为黏聚力，τ 和 σ 的值取决于材料本身。

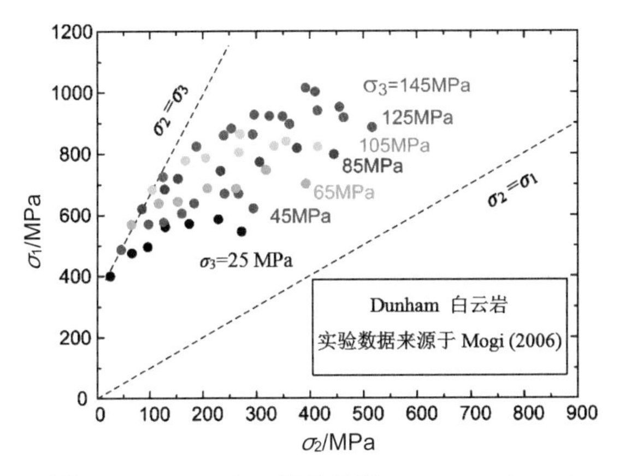

图 16.1 Dunham 白云岩的强度(Kiyoo Mogi 2006)

由俞茂宏教授提出的双剪模型(统一强度理论)：

$$\tau_{\text{twin}} = \beta\sigma_{\text{twin}} + C \tag{16.2}$$

其中：

情况 1：$\tau_{\text{twin}} = b\tau_{12} + \tau_{13}$，$\sigma_{\text{twin}} = b\sigma_{12} + \sigma_{13}$，当 $\tau_{12} - \beta\sigma_{12} \ge \tau_{23} - \beta\sigma_{23}$；

情况 2：$\tau_{\text{twin}} = b\tau_{23} + \tau_{13}$，$\sigma_{\text{twin}} = b\sigma_{23} + \sigma_{13}$，当 $\tau_{12} - \beta\sigma_{12} \le \tau_{23} - \beta\sigma_{23}$。

图 16.2 为 b=0 时 Yoshimine 根据以上实验数据拟合得出的 Dunham 白云岩的 σ_{13} 随着 τ_{13} 的变化曲线。其中材料参数 β=0.597，C=79.7 MPa，相关的线性拟合因素 r^2=0.953。

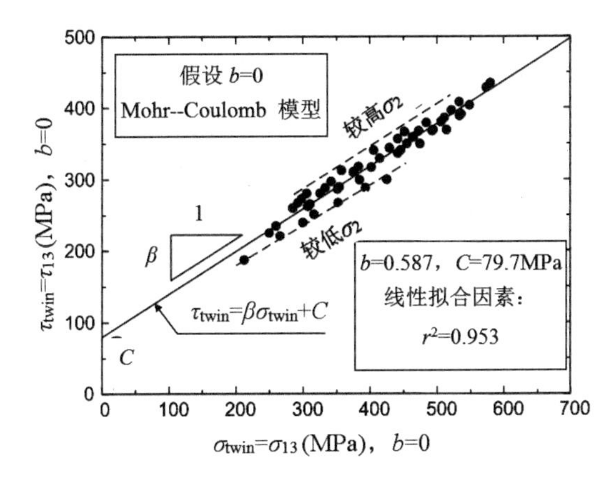

图 16.2 Dunham 白云岩的 σ_{13} 随着 τ_{13} 的变化曲线(b=0)

Dunham 白云岩的统一强度理论参数 b 随着相关因素的变化曲线如图 16.3 所示，其中 r^2_{max} 为 0.979。通过拟合，最终得出参数 b 的最佳值为 0.4798。

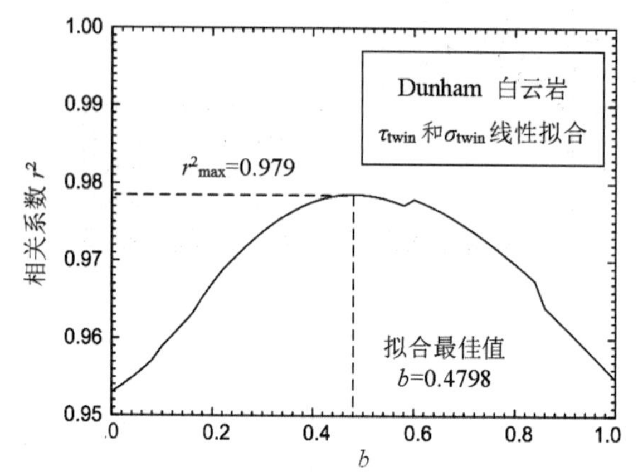

图 16.3 Dunham 白云岩的参数 b 随着相关因素 r^2 的变化曲线

不同情况下 Dunham 白云岩 σ_{twin} 随着 τ_{twin} 的变化曲线如图 16.4 所示，其中材料参数的拟合最佳值为：β=0.485，C=145.4 MPa，b=0.4798。

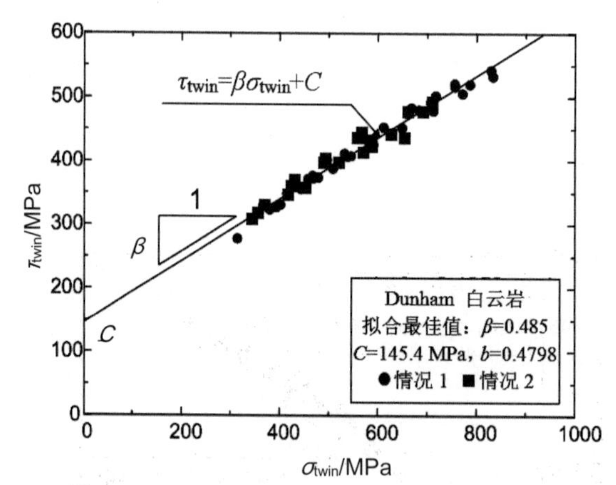

图 16.4 Dunham 白云岩的 σ_{twin} 随 τ_{twin} 的变化曲线

根据以上得出的材料参数，应用统一强度理论拟合不同情况下 Dunham 白云岩强度的结果如图 16.5 所示。

由材料参数拟合最佳值即可画出 Dunham 白云岩的屈服极限面，如图 16.6 所示，其中 β=0.485，C=145.4 MPa，b=0.4798。

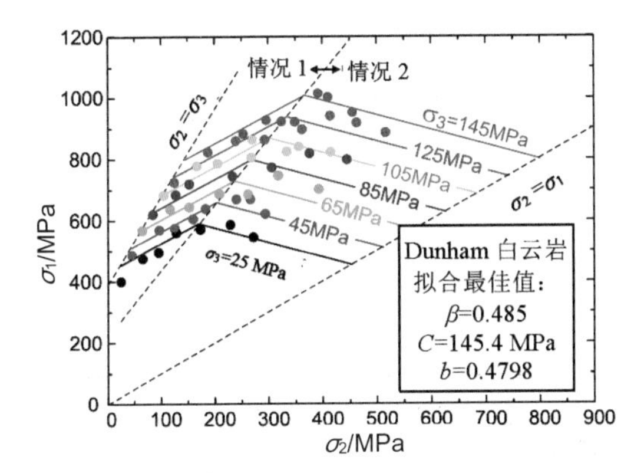

图 **16.5** Dunham 白云岩的 σ_2 随 σ_1 的变化曲线

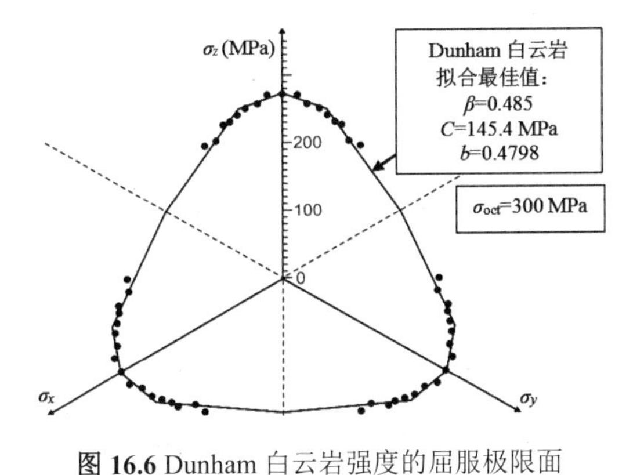

图 **16.6** Dunham 白云岩强度的屈服极限面

2006 年，Kiyoo Mogi 对 Inada 花岗岩进行真三轴实验得出的强度结果如图 16.7 所示。

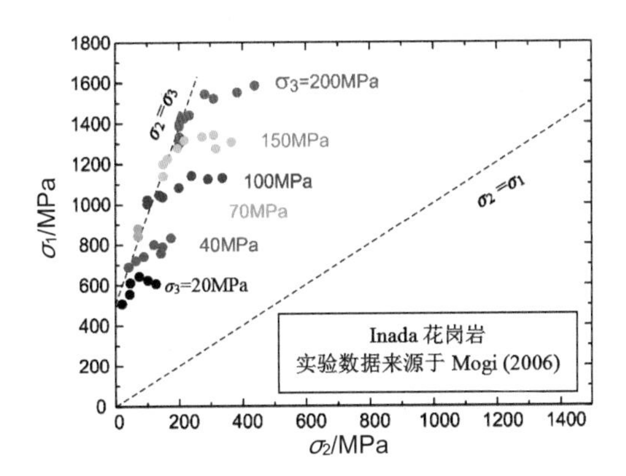

图 **16.7** Inada 花岗岩的强度(Kiyoo Mogi 2006)

Yoshimine 根据以上实验数据，得到 Inada 花岗岩的统一强度理论参数 b 随着相关因素的变化曲线如图 16.8 所示，其中 r^2_{max} 为 0.996，得出参数 b 的最佳值为 0.2384。

由此可得不同情况下，Inada 花岗岩的 σ_{twin} 随着 τ_{twin} 的变化曲线如图 16.9 所示，其中材料参数的拟合最佳值分别为：β=0.642，C=110.7 MPa，b=0.2348。

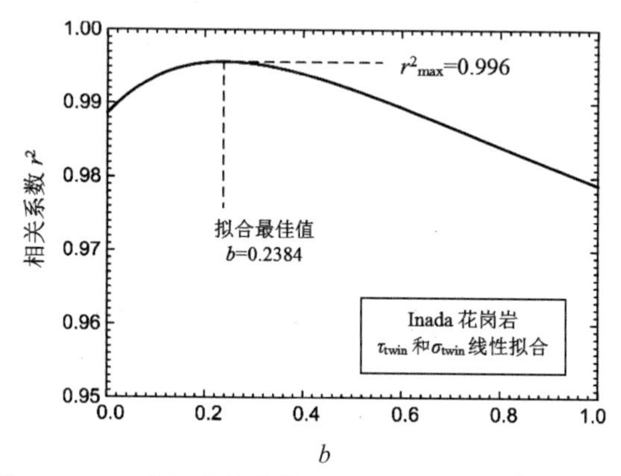

图 16.8 Inada 花岗岩的参数 b 随着相关因素 r^2 的变化曲线

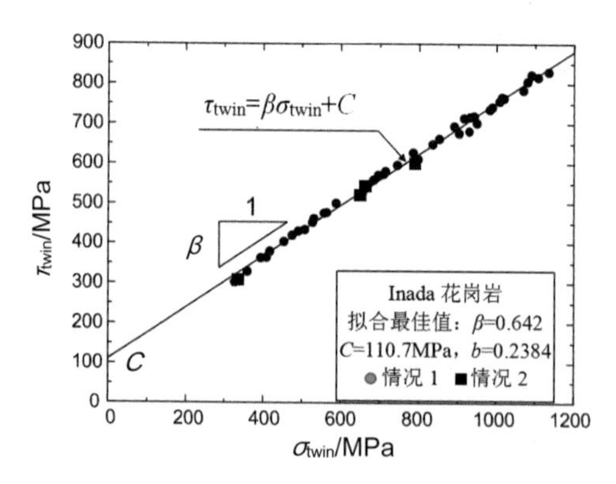

图 16.9 Inada 花岗岩的 σ_{twin} 随 τ_{twin} 的变化曲线

根据以上得出的材料参数，应用统一强度理论拟合不同情况下 Inada 花岗岩强度的结果如图 16.10 所示。

根据材料参数拟合最佳值即可得出 Inada 花岗岩的屈服极限面，如图 16.11 所示，其中材料的几个参数分别为：摩擦力 β=0.642，黏聚力 C=110.7 MPa，统一强度理论参数 b=0.2384。为了便于对比，将 Dunham 白云岩和 Inada 花岗岩的屈服极限面绘制在同一个坐标下，结果如图 16.12 所示。

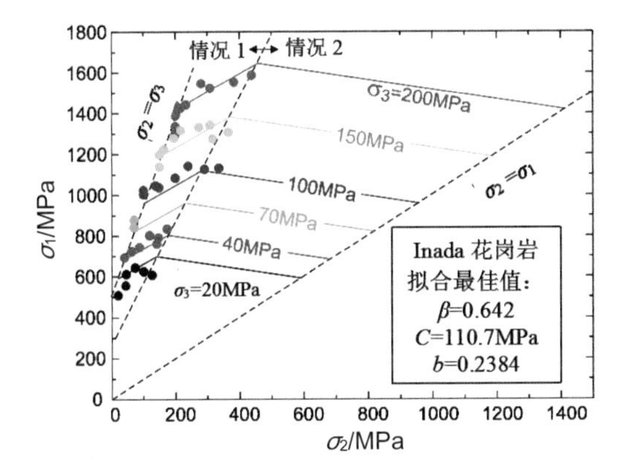

图 **16.10** Inada 花岗岩的 σ_2 随着 σ_1 的变化曲线

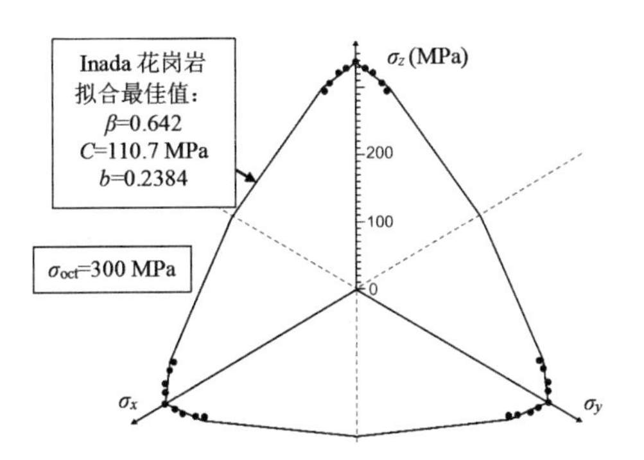

图 **16.11** Inada 花岗岩的屈服极限面

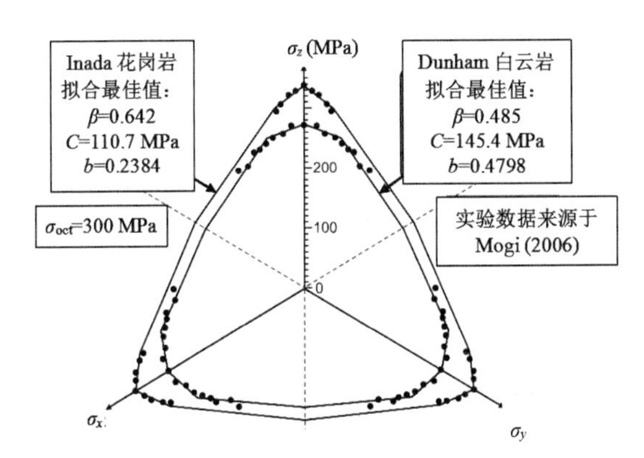

图 **16.12** Dunham 白云岩和 Inada 花岗岩的屈服极限面

由此可见，对于 Dunham 白云岩，统一强度理论参数 b 的值为 0.4798，而对于 Inada 花岗岩，统一强度理论参数 b 的值为 0.2384。

16.3 平面应变试验方法

16.3.1 基于平面应变实验摩擦角的破坏准则研究

1997 年，俞茂宏等[10]在推导平面应变统一滑移线场理论时首次得出统一强度参数 b 和平面应变材料摩擦角 φ、黏聚力 C 的关系为：

$$\sin\varphi_{\mathrm{UST}} = \frac{2(1+b)\sin\varphi_0}{2+b+b\sin\varphi_0} \tag{16.3}$$

$$C_{\mathrm{UST}} = \frac{2(1+b)C_0\cos\varphi_0}{2+b+b\sin\varphi_0}\cdot\frac{1}{\cos\varphi_{\mathrm{UST}}} \tag{16.4}$$

其中，φ_{UST} 和 C_{UST} 分别为统一内摩擦角和统一黏聚力参数，这里 φ_{UST} 即为 φ_{PS}。由式(16.3)可以作出不同 b 值条件下，三轴实验得出的内摩擦角 φ_0 和平面应变内摩擦角 φ_{UST} 之间的关系，如图 16.13 所示。

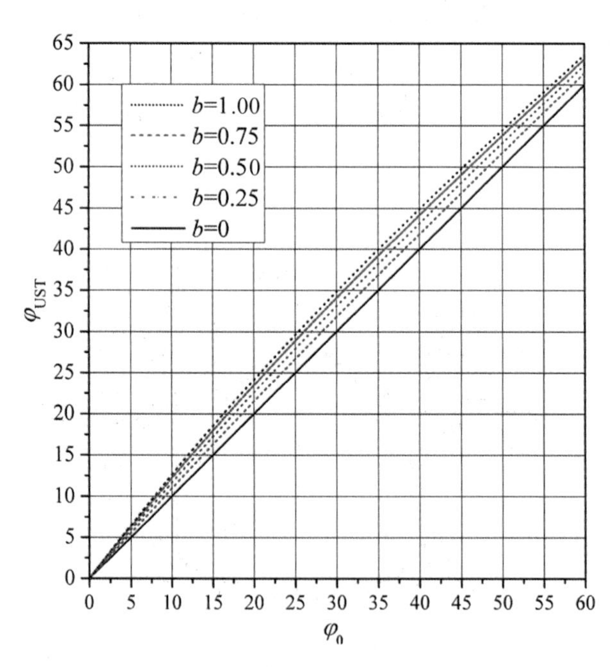

图 16.13 不同 b 值条件下摩擦角 φ_0 随 φ_{UST} 的变化曲线

由以上公式可以反推出参数 b 的计算公式为：

$$b=\frac{2\left(\sin\varphi_{\mathrm{UST}}-\sin\varphi_0\right)}{2\sin\varphi_0-\left(1+\sin\varphi_0\right)\sin\varphi_{\mathrm{UST}}} \tag{16.5}$$

$$b=\frac{2\left(C_{\mathrm{UST}}\cos\varphi_{\mathrm{UST}}-C_0\cos\varphi_0\right)}{2C_0\cos\varphi_0-C_{\mathrm{UST}}\cos\varphi_{\mathrm{UST}}\left(1+\sin\varphi_0\right)} \tag{16.6}$$

从式(16.5)可以看出，只要知道平面应变和轴对称围压实验条件下得出的摩擦角 φ 就可以求得参数 b 值。同理，对于式(16.6)，只要同时知道这两种实验条件下得出的摩擦角 φ 和黏聚力 C，也可求出 b 值。

图 16.14(a)为使用式(16.5)作出的摩擦角 φ 和统一强度理论参数 b 之间的关系曲线，图 16.14(b)为使用式(16.6)作出的黏聚力比 C_{UST}/C_0 和统一强度理论参数 b 之间的关系曲线。在以上图中，参数 b 为未知数。如果根据式(16.6)来求参数 b 值，需要同时已知 C 和 φ 值，且一般根据实验求得的黏聚力参数 C 值不稳定，在应用上并不方便，因此一般使用式(16.5)求 b 值。已知平面应变实验结果 φ_{UST} 和普通三轴实验结果 φ_0 后，也可通过图 16.14(a)求得对应的参数 b 值。

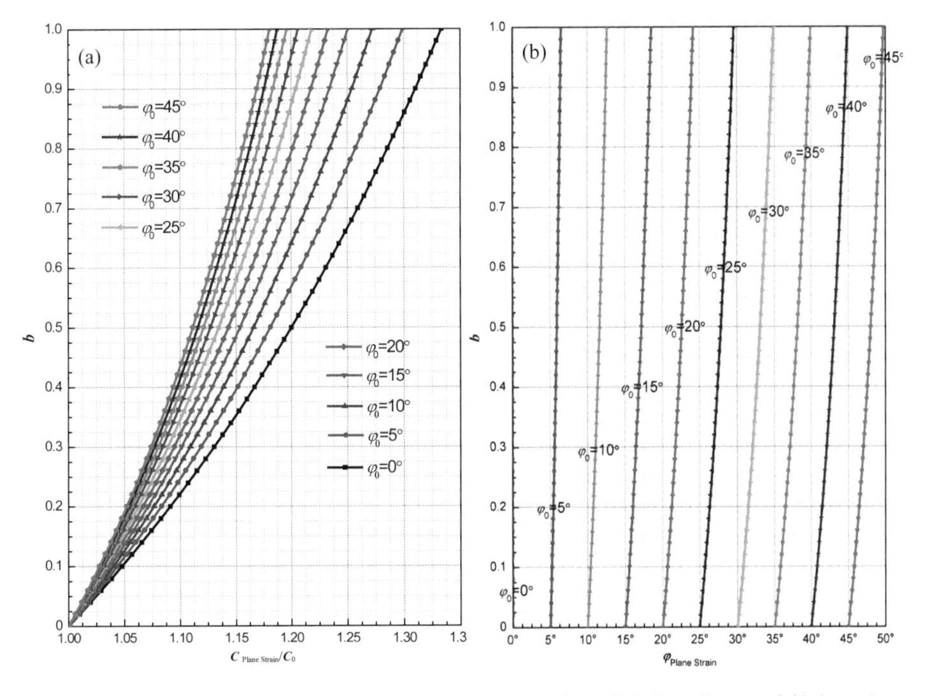

图 16.14 由黏聚力比 C_{UST}/C_0 和摩擦角 φ 求得统一强度理论参数 b 值。(a)摩擦角 φ 和参数 b 的关系曲线；(b)黏聚力 C_{UST}/C_0 和参数 b 的关系曲线

16.3.2 国内外学者关于平面应变实验的结果和理论分析

平面应变试验和常规三轴试验两种试验结果得出的峰值强度指标有明显的差别，并且这种差别没有理论上的联系。以上我们通过统一强度理论和统一滑移线场理论将它们联系了起来，并建立了破坏准则与平面应变试验条件和轴对称三轴试验下的强度参数之间的定量关系。接下来我们将该公式应用于实际材料中。

一般情况下，平面应变实验得出的黏聚力参数较少，且数值较分散，而得出的内摩擦角 φ 有大量的数据。以下我们搜集并总结了国内外的 109 组实验数据进行数值分析[11-44]。其中，长江科学院石修松、陈展林等对各种堆石料和岩石材料，以及加拿大康考迪亚大学 Hanna 对不同比重、颗粒形状以及孔隙比等的干硅砂都进行了大量三轴实验和平面应变实验。表 16.1 列出的内摩擦角 φ(峰值强度)为国内外研究的关于砂土的平面应变试验和轴对称三轴实验得出的结果(部分数据参考本书第一章中的表 1.2)，将其代入式(16.5)即可求得统一强度理论参数 b 值，如表 16.1 中最右列所示。

表 16.1 砂土材料的统一强度理论参数 b 值的确定

编号	试验人	时间	材料	内摩擦角φ/(°)			统一强度理论参数b值
				普通三轴	平面应变	差值(增加%)	
1	Wade	1963	密细砂	40.7	42.7	2.0 (4.9)	0.29
2	Cornforth	1964	密砂	41.7	46.0	4.3 (10.3)	0.81
3	Cornforth	1964	中密砂	39.0	43.7	4.7 (12.0)	0.94
4	Cornforth	1964	中砂	35.9	38.0	2.1 (5.9)	0.31
5	Cornforth	1964	松砂	33.5	34.0	0.5 (1.5)	0.06
6	Lee	1970	密砂 (f=3 kg/cm^2)	39.0	42.6	3.6 (9.2)	0.61
7	Lee	1970	密砂 (f=5 kg/cm^2)	35.4	36.4	1.0 (2.8)	0.12
8	Green	1972	密河砂	39.0	44.0	5.0 (12.8)	1.04
9	市原松平	1973	细砂	36.1	37.3	1.2 (3.3)	0.16
10	Yamaguchi H 等	1976	Toyoura砂	41.0	46.0	5.0 (12.2)	0.99
11	李树勤	1982	中密承德砂 (f=1 kg/cm^2)	36.3	41.3	5.0 (13.8)	1.01
12	李树勤	1982	中密承德砂 (f=3 kg/cm^2)	35.0	40.2	5.2 (14.9)	1.03

13	李树勤	1982	中密承德砂 (f=5 kg/cm^2)	34.7	39.8	5.1 (14.7)	1.03
14	Nakal T等	1983	Toyoura砂	40.0	44.5	4.5 (11.3)	0.87
15	李树勤	1983	中细承德砂	35.3	40.4	5.1 (14.4)	1.05
16	李兴国	1984	小浪底黏土	21.0	24.0	3.0 (14.3)	0.59
17	李兴国	1984	茅坪壤土	35.0	39.4	4.4 (12.5)	0.83
18	李兴国	1984	风化砂砾 (ρ=1.40 g/cm^{-3})	32.5	38.0	5.5 (16.9)	1.23
19	林永生	1985	风化砂砾 (ρ=1.64 g/cm^{-3})	35.0	39.5	4.5 (12.9)	0.84
20	李兴国等	1985	新淤积砂 (ρ=1.35 g/cm^{-3})	33.3	38.5	5.2 (15.6)	1.09
21	李兴国等	1985	新淤积砂 (ρ=1.45 g/cm^{-3})	37.5	41.6	4.1 (10.9)	0.73
22	李兴国等	1988	新淤积砂 (ρ=1.55 g/cm^{-3})	38.4	41.5	3.1 (8.1)	0.49
23	刑义川	1985	Q2 原状黄土	21.6	25.0	3.4 (15.7)	0.69
24	殷宗泽等	1990	前苇园土	31.0	34.0	3.0 (9.7)	0.48
25	殷宗泽等	1990	西河清土	30.2	36.4	6.2 (20.5)	1.59
26	柏树田等	1991	小浪底细砂岩堆石料 (p=200 kPa)[A]	46.2	50.4	4.2 (9.1)	0.83
27	柏树田等	1991	小浪底细砂岩堆石料 (p=400 kPa)[A]	43.6	48.9	5.3 (12.2)	1.16
28	柏树田等	1991	小浪底细砂岩堆石料 (p=600 kPa)[A]	43.2	46.8	3.6 (8.3)	0.63
29	柏树田等	1991	小浪底细砂岩堆石料 (p=800 kPa)[A]	42.0	45.3	3.3 (7.9)	0.55
30	柏树田等	1991	小浪底细砂岩堆石料 (p=200 kPa)[B]	43.8	47.9	4.1 (9.4)	0.77
31	柏树田等	1991	小浪底细砂岩堆石料 (p=400 kPa)[B]	40.9	46.8	5.9 (14.4)	1.44
32	柏树田等	1991	小浪底细砂岩堆石料 (p=600 kPa)[B]	40.9	46.2	5.3 (12.9)	1.15
33	柏树田等	1991	小浪底细砂岩堆石料 (p=800 kPa)[B]	40.9	44.0	3.1 (7.6)	0.50
34	柏树田等	1991	天生桥灰岩堆石料 (p=200 kPa)[A]	54.6	57.0	2.4 (4.4)	0.44
35	柏树田等	1991	天生桥灰岩堆石料 (p=400 kPa)[A]	51.4	51.4	0..0 (0)	0.0

36	柏树田等	1991	天生桥灰岩堆石料 (p=800 kPa)^{A}	51.2	52.8	1.6 (3.1)	0.24
37	柏树田等	1991	天生桥灰岩堆石料 (p=200 kPa)^{B}	47.7	49.9	2.2 (4.6)	0.34
38	柏树田等	1991	天生桥灰岩堆石料 (p=600 kPa)^{B}	46.4	48.4	2.0 (4.3)	0.30
39	柏树田等	1991	天生桥灰岩堆石料 (p=800 kPa)^{B}	45.5	47.7	2.2 (4.8)	0.33
40	Mochizuki A	1993	Toyoura砂	34.4	37.9	3.5 (10.2)	0.59
41	Mochizuki A	1993	Seto砂	35.4	38.3	2.9 (8.2)	0.45
42	程展林等	1995	三峡石碴	42.0	43.4	1.4 (3.4)	0.19
43	Yumlu M等	1995	煤	30.0	30.0	0.0 (0)	0.0
44	Yumlu M等	1995	砂岩	52.0	52.0	0.0 (0)	0.0
45	Yumlu M等	1995	石英岩	53.0	55.0	2.0 (3.8)	0.33
46	Yumlu M等	1995	辉长岩	65.0	68.0	3.0 (4.6)	0.93
47	Schanz T等	1996	Hostun密砂^{A}	35.7	40.1	4.4 (12.3)	0.83
48	Schanz T等	1996	Hostun密砂^{B}	37.7	41.8	4.1 (10.9)	0.74
49	Schanz T等	1996	Hostun松砂	34.4	34.4	0.0 (0)	0.0
50	郭熙灵等	1997	三峡石碴 (p=600 kPa)	45.1	49.3	4.2 (9.3)	0.82
51	郭熙灵等	1997	三峡石碴 (p=700 kPa)	44.5	48.4	3.9 (8.8)	0.72
52	Kurukulasuriya	1999	高岭土（w=57.7%)	25.3	26.8	1.5 (5.9)	0.22
53	Kurukulasuriya	1999	高岭土（w=45.6%)	23.3	23.5	0.2 (0.9)	0.03
54	Hanna A	2001	干硅砂（n=28%, p=172 kPa)	41.0	47.0	6.0 (14.6)	1.49
55	Hanna A	2001	干硅砂（n=33%, p=172 kPa)	38.5	42.5	4.0 (10.4)	0.71
56	Hanna A	2001	干硅砂（n=35%, p=172 kPa)	37.0	41.0	4.0 (10.8)	0.71
57	Hanna A.	2001	干硅砂（n=38%, p=172 kPa)	35.0	38.0	3.0 (8.6)	0.47
58	Hanna A	2001	干硅砂（n=40%, p=172 kPa)	34.0	36.5	2.5 (7.4)	0.37
59	Hanna A	2001	干硅砂（n=44%, p=172 kPa)	32.5	33.0	0.5 (1.5)	0.06
60	Hanna A	2001	干硅砂（n=33%, p=172 kPa)	43.0	47.5	4.5 (10.5)	0.89

61	Hanna A	2001	干硅砂（n=35%, p=172 kPa)	40.5	46.5	6.0 (14.8)	1.48
62	Hanna A	2001	干硅砂（n=38%, p=172 kPa)	39.0	42.5	3.5 (9.0)	0.59
63	Hanna A	2001	干硅砂（n=40%, p=172 kPa)	37.0	40.5	3.5 (9.5)	0.58
64	Hanna A	2001	干硅砂（n=42%, p=172 kPa)	35.5	39.0	3.5 (9.9)	0.58
65	Hanna A	2001	干硅砂（n=48%, p=172 kPa)	33.5	34.0	0.5 (1.5)	0.06
66	Hanna A	2001	干硅砂（n=29%, p=172 kPa)	45.5	48.0	2.5 (6.6)	0.39
67	Hanna A	2001	干硅砂（n=32%, p=172 kPa)	44.0	47.5	3.5 (8.0)	0.61
68	Hanna A	2001	干硅砂（n=35%, p=172 kPa)	41.0	45.0	4.0 (9.8)	0.72
69	Hanna A	2001	干硅砂（n=42%, p=172 kPa)	38.0	38.5	0.5 (1.3)	0.06
70	Hanna A	2001	干硅砂（n=46%, p=172 kPa)	34.5	35.0	0.5 (1.4)	0.06
71	Hanna A	2001	干硅砂（n=28%, p=344 kPa)	39.0	45.0	6.0 (15.4)	1.43
72	Hanna A	2001	干硅砂（n=32%, p=344 kPa)	37.0	42.0	5.0 (13.5)	1.03
73	Hanna A	2001	干硅砂（n=35%, p=344 kPa)	35.0	39.0	4.0 (11.4)	0.71
74	Hanna A	2001	干硅砂（n=37%, p=344 kPa)	34.0	37.0	3.0 (8.8)	0.47
75	Hanna A	2001	干硅砂（n=44%, p=344 kPa)	32.0	32.5	0.5 (1.6)	0.07
76	Hanna A	2001	干硅砂（n=33%, p=344 kPa)	42.0	46.0	4.0 (9.5)	0.73
77	Hanna A	2001	干硅砂（n=35%, p=344 kPa)	38.0	41.0	3.0 (7.9)	0.47
78	Hanna A	2001	干硅砂（n=38%, p=344 kPa)	37.0	40.6	3.6 (9.4)	0.59
79	Hanna A	2001	干硅砂（n=42%, p=344 kPa)	34.5	36.0	1.5 (4.3)	0.20
80	Hanna A	2001	干硅砂（n=46%, p=344 kPa)	33.0	33.5	0.5 (1.5)	0.06
81	Hanna A	2001	干硅砂（n=29%, p=344 kPa)	45.5	49.5	4.0 (8.8)	0.76

82	Hanna A	2001	干硅砂（n=32%, p=344 kPa)	43.5	45.5	2.0 (4.6)	0.29
83	Hanna A	2001	干硅砂（n=36%, p=344 kPa)	41.0	43.0	2.0 (4.9)	0.28
84	Hanna A	2001	干硅砂（n=42%, p=344 kPa)	36.0	40.0	4.0 (11.1)	0.71
85	Hanna A	2001	干硅砂（n=46%, p=344 kPa)	34.0	34.5	0.5 (1.5)	0.06
86	栾茂田等	2004	黏土^{A}	10.1	11.6	1.5 (15.0)	0.45
87	栾茂田等	2004	黏土^{B}	15.0	17.3	2.3 (15.3)	0.54
88	栾茂田等	2004	黏土^{C}	20.0	22.9	2.9 (14.5)	0.58
89	马险峰等	2006	丰浦砂	34.4	37.9	3.5 (10.1)	0.59
90	马险峰等	2006	濑户砂	35.4	38.3	2.9 (8.2)	0.45
91	Wanatowski D 等	2007	樟宜松砂	33.4	36.0	2.6 (7.8)	0.39
92	施维成等	2011	粗粒土 (ρ=1.54 g/cm^{-3})	56.4	60.3	3.9 (6.9)	0.95
93	施维成等	2011	粗粒土 (ρ=1.68 g/cm^{-3})	53.0	55.9	2.9 (5.5)	0.55
94	施维成等	2011	粗粒土 (ρ=1.82 g/cm^{-3})	51.0	54.3	3.3 (6.5)	0.63
95	施维成等	2011	粗粒土 (ρ=1.96 g/cm^{-3})	49.4	52.3	2.9 (5.9)	0.50
96	石修松等	2011	密松堆石料 (ρ=2.15 g/cm^{-3})	39.44	42.82	3.38 (8.6)	0.59
97	石修松等	2011	密松堆石料 (ρ=2.27 g/cm^{-3})	38.75	40.91	2.16 (5.6)	0.31
98	石修松等	2011	水布垭堆石料	38.79	41.5	2.71 (7.0)	0.41
99	程展林等	2011	辉石角闪岩料	38.7	40.9	2.2 (5.7)	0.32
100	程展林等	2011	斑晶花岗片麻岩料	35.9	40.9	5.0 (13.9)	1.02
101	Gong G	2012	密砂	26.0	30.0	4.0 (15.4)	0.78
102	Gong G	2012	中砂	21.0	24.8	3.8 (18.1)	0.83
103	罗爱忠等	2015	西安Q_3黄土 (w=5%)	22.45	26.57	4.12 (18.4)	0.90
104	罗爱忠等	2015	西安Q_3黄土 (w=10%)	20.29	24.38	4.09 (20.2)	0.96
105	罗爱忠等	2015	西安Q_3黄土 (w=15%)	18.18	22.45	4.27 (23.5)	1.10

106	王沙沙	2016	日本丰浦砂（p=50 kPa）	10.9	12.3	1.4 (12.8)	0.36
107	王沙沙	2016	日本丰浦砂（p=100 kPa）	17.2	18.7	1.5 (8.7)	0.32
108	王沙沙	2016	日本丰浦砂（p=150 kPa）	18.8	20.1	1.3 (6.9)	0.23
109	王沙沙	2016	日本丰浦砂（p=200 kPa）	23.8	24.4	0.6 (2.5)	0.09

注：f 表示材料的固结压力，ρ 表示密度，w 表示含水率，p 表示围压，n 表示孔隙率，A、B、C 表示不同实验方式或者条件。

以上试验点与统一强度理论参数 b 的关系如图 16.15 所示。由此可以清楚看到绝大多数的试验点都在 $0 \le b \le 1.4$ 的区间内。

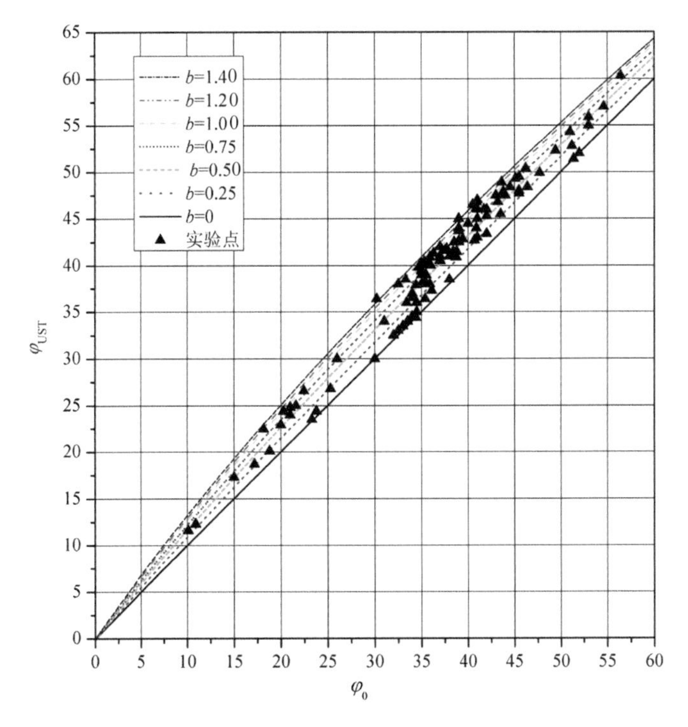

图 16.15 试验点和统一强度理论参数 b 之间的关系

参数 b 值除了可采用图 16.14 求出，也可由式(16.5)或(16.6)求出，两者的结果一致。式(16.5)只需要一个实验，较为简便。可以看到，各种材料的平面应变试验得出的摩擦角明显高于轴对称围压试验得出的摩擦角。

分析表 16.1 和图 16.15 可知，在 109 种实验材料中，计算得出的参数 b 值基本都为 0~1.4，其中编号为 18、25、32、54、61、71 的材料的参数 b 值结果大于 1。

16.4 岩土材料破坏准则的确定

当岩土材料的强度理论参数 b 的数值确定之后，将其代入俞茂宏统一强度理论表达式(5.6a)和(5.6b)，即可确定实际材料的破坏准则。表 16.1 中有 8 种材料的强度理论参数 b 可简化为 1，它们的破坏准则直接为俞茂宏、何丽南等在 1985 年《中国科学》发表的广义双剪强度理论；有 14 种材料的参数 b 可简化为 0，它们的破坏准则即为 1900 年德国学者 Mohr 提出的莫尔-库伦强度理论。其他准则大都介于这两者之间，根据具体的参数 b 值可以确定破坏准则如下：由 Yumlu M 等的石英岩实验数据得出的参数 b 值为 0.33，则相应的材料破坏准则为：

$$F=\sigma_1-0.75\alpha(0.33\sigma_2+\sigma_3)=\sigma_t，\ 当\ \sigma_2\le\frac{\sigma_1+\alpha\sigma_3}{1+\alpha}\ 时 \tag{16.7a}$$

$$F'=0.75(\sigma_1+0.33\sigma_2)-\alpha\sigma_3=\sigma_t，\ 当\ \sigma_2\ge\frac{\sigma_1+\alpha\sigma_3}{1+\alpha}\ 时 \tag{16.7b}$$

由 Mochizuki A 的 Toyoura 砂实验数据得出的参数 b 值为 0.58，则相应的材料破坏准则为：

$$F=\sigma_1-0.63\alpha(0.58\sigma_2+\sigma_3)=\sigma_t，\ 当\ \sigma_2\le\frac{\sigma_1+\alpha\sigma_3}{1+\alpha}\ 时 \tag{16.8a}$$

$$F'=0.63(\sigma_1+0.58\sigma_2)-\alpha\sigma_3=\sigma_t，\ 当\ \sigma_2\ge\frac{\sigma_1+\alpha\sigma_3}{1+\alpha}\ 时 \tag{16.8b}$$

由 Cornforth 的密砂实验数据得出的参数 b 值为 0.81，则相应的材料破坏准则为：

$$F=\sigma_1-0.55\alpha(0.81\sigma_2+\sigma_3)=\sigma_t，\ 当\ \sigma_2\le\frac{\sigma_1+\alpha\sigma_3}{1+\alpha}\ 时 \tag{16.9a}$$

$$F' = 0.55(\sigma_1 + 0.81\sigma_2) - \alpha\sigma_3 = \sigma_t，\ 当\ \sigma_2 \geq \frac{\sigma_1 + \alpha\sigma_3}{1+\alpha}\ 时 \tag{16.9b}$$

其他材料也可以按照同样的方法来得出相应的破坏准则。以上三种岩土材料的强度理论参数可以分别简化为 b=0.3，b=0.5，b=0.8，由此破坏准则将会更简单，得出的结果偏于安全。

16.5 非凸破坏准则

由李兴国的风化砂砾(ρ=1.40 g/cm^3)实验数据得出的参数 b 值为 1.23，则相应的材料非凸破坏准则为：

$$F = \sigma_1 - 0.45\alpha(1.23\sigma_2 + \sigma_3) = \sigma_t，\ 当\ \sigma_2 \leq \frac{\sigma_1 + \alpha\sigma_3}{1+\alpha}\ 时 \tag{16.10a}$$

$$F' = 0.45(\sigma_1 + 1.23\sigma_2) - \alpha\sigma_3 = \sigma_t，\ 当\ \sigma_2 \geq \frac{\sigma_1 + \alpha\sigma_3}{1+\alpha}\ 时 \tag{16.10b}$$

由 Hanna 的干硅砂 (n=28%, p=344 kPa)实验数据得出的参数 b 值为 1.43，则相应的材料非凸破坏准则为：

$$F = \sigma_1 - 0.41\alpha(1.43\sigma_2 + \sigma_3) = \sigma_t，\ 当\ \sigma_2 \leq \frac{\sigma_1 + \alpha\sigma_3}{1+\alpha}\ 时 \tag{16.11a}$$

$$F' = 0.41(\sigma_1 + 1.43\sigma_2) - \alpha\sigma_3 = \sigma_t，\ 当\ \sigma_2 \geq \frac{\sigma_1 + \alpha\sigma_3}{1+\alpha}\ 时 \tag{16.11b}$$

它们在偏平面的极限面如图 16.16 所示。

从图 16.16 可见，这两种破坏准则是一种非凸的破坏准则。以往对这种破坏准则研究很少，本书是第一次表述。

通过本章提出的思想，可以根据简单的实验结果来确定具体的材料破坏准则。因此，这种方法具有一定的现实意义。

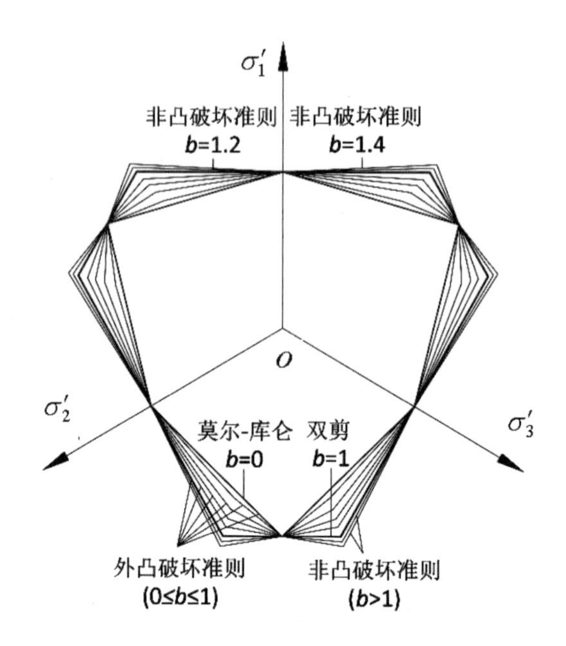

图 16.16 统一强度理论在偏平面的极限线

16.6 本章小结

目前，世界上已经提出了众多关于岩土材料的破坏准则，但如何选用的问题一直没有得到很好的解决。平面应变实验和轴对称围压试验得出的强度参数之间的差别已经被逐步认识，但如何将它们和破坏准则联系起来也没有得到解决。

本章研究了平面应变与轴对称围压两个试验得出的内摩擦角差值，建立了它们与岩土材料破坏准则之间的理论关系式以及关系图表，并将其应用于实际材料中。然后总结了国内外 109 种岩土材料的实验数据，得出的规律化结果与本章推出的理论关系相符合。最后以三种实际材料为例，首次提出了相应的破坏准则；同时以两种实际材料为例，首次提出了相应的非凸破坏准则。国内外关于非凸破坏准则特性的报道还很少，尚需进一步研究。

这一章可以为各种材料合理选择破坏准则提供一个简单可行的方法，以供工程应用参考。

参考文献

[1] Zienkiewicz, OC, Pande, GN (1977) Some useful forms of isotropic yield surfaces for soil and rock mechanics. In: Gudehus, G (ed.), *Finite Elements in Geomechanics*. London:Wiley, pp. 179–190.

[2] 俞茂宏 (1972) 强度理论新体系. 西安:西安交通大学出版社.

[3] 俞茂宏 (1998) 双剪强度理论及其应用. 北京:科学出版社.

[4] 俞茂宏, 何丽南, 宋凌宇 (1985) 双剪应力强度理论及其推广. 中国科学A辑, (12): 1113–1120 (英文版: *Science in China, Series A*, 1985, 28(11): 1175–1183) .

[5] Davis, RO, Selvadurai, APS (2002) *Plasticity and Geomechanics*. Cambridge:Cambridge University Press, pp. 74–75.

[6] Neto, EADS, Peric, D, Owen, DRJ (2008) *Computational Methods for Plasticity*. John Wiley & Sons.

[7] Ottersen, NS, Ristinmaa, M (2005) *The Mechanics of Constitutive Modeling*. Amsterdam:Elsevier.

[8] Yu, HS (2010) *Plasticity and Geotechnics*. New York:Springer, p. 80.

[9] Yu, MH (2018) *Unified Strength Theory and Its Applications,* Second Edition. Berlin:Springer.

[10] 俞茂宏, 杨松岩, 刘春阳, 等 (1997) 统一平面应变滑移线场理论. 土木工程学报, 30(2): 14-26.

[11] Cornforth, DH (1964) Some experiments on the influence of strain conditions on the strength of sand. *Geotechnique*, 14(2): 143–167.

[12] Green, GE (1972) Strength and deformation of sand measured in an independent stress control Cell. *Roscoe Memorial Symposium "Stress-Strain Behaviour of Soils*". Cambridge:G.T. Foulis and Co., pp. 285–323.

[13] Lee, KL (1970) Comparison of plane strain and triaxial tests on sand. *Journal of the Soil Mechanics and Foundations Division, ASCE*, 96(3): 901–923.

[14] Wade, NH (1963) Plane strain failure characteristics of a saturated clay. *On Research Gate*, pp. 150–154.

[15] 李树勤 (1982) 在平面应变条件下砂土本构关系的试验研究. 硕士学位论文, 清华大学.

[16] 李兴国 (1985) 三峡围堰填料在平面应变状态下的强度特征. 土的抗剪强度与本构关系学术讨论会论文汇编(第二册), pp. 21–26.

[17] 柏树田, 周晓光 (1991) 堆石在平面应变条件下的强度和应力–应变关

系. 岩土工程学报, 13(4): 33–40.

[18] 程展林, 丁红顺, 曾玲 (1995) 平面应变试验与简化数值分析. 长江科学院院报, 12(3): 37–42.

[19] 殷宗泽, 赵航 (1990) 中主应力对土体本构关系的影响. 河海大学学报, 18(5): 54–61.

[20] Yumlu, M, Ozbay, MU (1995) A study of the behaviour of brittle rocks under plane strain and triaxial loading conditions. *International Journal of Rock Mechanics and Mining Sciences and Geomechanics Abstracts*, 32(7): 725–733.

[21] Schanz, T, Vermeer PA, Schanz, T, Vermeer, PA (1996) ICE Virtual Library: Angles of friction and dilatancy of sand. *Thomas Telford*, 46(1): 145–151.

[22] 马险峰, 望月秋利, 温玉君 (2006) 基于改良型平面应变仪的砂土特性研究. 岩石力学与工程学报, 25(9): 1745–1754.

[23] 栾茂田, 许成顺, 刘占阁, 等 (2004) 一般应力条件下土的抗剪强度参数探讨. 大连理工大学学报, 44(2): 271–276.

[24] 施维成, 朱俊高, 张博, 等 (2011) 粗粒土在平面应变条件下的强度特性研究. 岩土工程学报, 33(12): 1971–1979.

[25] 罗爱忠, 邵生俊 (2015) 新型卧式土工平面应变仪研制. 岩土力学, 36(7): 2117–2124.

[26] 程展林, 陈鸥, 左永振, 等 (2011) 再论粗粒土剪胀性模型. 长江科学院院报, 28(6): 39–44.

[27] 李迪, 马水山 (1995) 岩石边(滑)坡稳定性的判识. 长江科学院院报, 12(3): 40–43.

[28] 郭熙灵, 胡辉, 包承纲 (1997) 堆石料颗粒破碎对剪胀性及抗剪强度的影响. 岩土工程学报, 19(3):83–88.

[29] Wanatowski, D, Chu, J (2007) Drained behaviour of Changi sand in triaxial and plane-strain compression. *Geomechanics and Geoengineering*, 2(1): 29–39.

[30] Gong, G (2012) Comparison of granular material behaviour under drained triaxial and plane strain conditions using 3D dem simulations. *Acta Mechanica Solida Sinica*, 25(2): 186–196.

[31] Yang, SQ, Jing, HW, Wang, SY (2012) Experimental investigation on the strength, deformability, failure behavior and acoustic emission locations of red sandstone under triaxial compression. *Rock Mechanics and Rock Engineering*, 45(4): 583–606.

[32] Mochizuki, A, Cai, M, Takahashi, S (1993) A method for plane strain

testing of sand. *Proceedings of the Japan Society of Civil Engineers*, (475): 99–107.

[33] Hanna, A (2001) Determination of plane-strain shear strength of sand from the results. *Canadian Geotechnical Journal*, 38(6): 1231–1240.

[34] Wanatowski, D, Jian, C, Loke, WL (2010) Drained instability of sand in plane strain. *Canadian Geotechnical Journal*, 47(47): 400–412.

[35] Kurukulasuriya, LC (1999) Anisotropy of undrained shear strength of an over-consolidated soil by triaxial and plane strain tests. *Soils & Foundations*, 39(1): 21-29.

[36] Vaid, YP (1971) Comparative behaviour of an undisturbed clay under triaxial and plane strain conditions. *Doctoral Dissertation*, pp. 1–235.

[37] Mochizuki, A, Cai, M, Takahashi, S (1993) A method for plane strain testing of sand. *Proceedings of the Japan Society of Civil Engineers*, (475): 99–107.

[38] 龚文俊, 曾立峰, 孙军杰, 等 (2014) 基于中主应力修正关系的边坡稳定性分析. 岩土力学, 35(11): 3111–3116.

[39] 林水生 (1986) 长江三峡围堰粗粒料在平面应变状态下的抗剪强度. 长江科学院.

[40] 吴为义 (1985) 三牛坪细砂在不同应力条件下的抗剪强度和应力应变关系. 土的抗剪强度与本构关系学术讨论会论文汇编(第二册).

[41] Xie HQ, Yao Y, He C, et al. (2004) Experimental study on excavation characteristics of rockmass by triaxial test. *Journal of Southwest Jiaotong University*, 12(2): 178–183.

[42] Alshibli, KA, Akbas, IS (2007) Strain localization in clay: Plane strain versus triaxial loading conditions. *Geotechnical and Geological Engineering*, 25(1): 45–46.

[43] 市原松平, 松沢宏, 山田公夫 (1973) 平面ひずみ状態と軸対称ひずみ状態におけるゆるい飽和砂の非排水せん断特性. *Soils & Foundations*, 172: 47–59.

[44] 王沙沙 (2016) 日本丰浦砂真三轴试验的研究. 硕士学位论文, 浙江工业大学.

阅读参考材料

【阅读参考材料 16-1】“单剪理论的进一步发展为双剪理论，而双剪理论的进一步发展为统一强度理论。单剪、双剪理论以及介于二者之间的其他破坏准则都是统一强度理论的特例或线性逼近。因此可以说，统一强度理论在强度理论的发展史上具有突出的贡献。”

——总参谋部科技委主任、国际岩石力学与工程学会副理事长、中国岩石力学与工程学会理事长钱七虎院士 2008 年在同济大学第一届孙钧讲座报告中对统一强度理论的评价。

(钱七虎，戚承志 (2008) 岩石、岩体的动力强度与动力破坏准则. 同济大学学报(自然科学版), 36(12): 1599–1605)

【阅读参考材料 16-2】浙江大学施明泽教授发表双剪应力强度理论教学的总结，其摘要指出：“本文是一份讲稿，它是根据承上启下由浅入深的教学法编写而成。文中分六点对双剪应力强度理论作了比较系统地介绍。通过一节分课的讲解，学生可以初步掌握这一理论，并有能力将它用来作强度较核和设计”。“双剪应力强度理论，是西安交通大学俞茂宏教授提出的。俞教授的学术成就，是激励学生勤奋学习的好教材。为了弘扬中华文化，寓爱国主义教育于课堂教学之中，每当讲到强度理论时，我都讲授这一新内容，同学们反映效果不错”。

(施明泽 (1994) 双剪应力强度理论教学//国家教委材料力学课程指导小组编. 材料力学研究与教学. 西安:陕西科学技术出版社)

【阅读参考材料 16-3】西南交通大学教授发表“关于双剪强度理论的教学探讨”论文，总结了关于双剪强度理论的教学经验，认为：“从修正最大剪应力理论为双剪应力屈服准则, 到建立一个全新的双剪强度理论，其发展是合乎逻辑思维的。并且从教学实践来看也容易为学生所接受。为了补充和更新材料力学中关于强度理论的教学内容，同时也为了寓爱国主义教育于业务教学之中，笔者期望有更多的教师能将这一理论适当纳人教学”。

(奚绍中 (1991) 关于双剪强度理论的教学探讨. 力学与实践, 13(3))

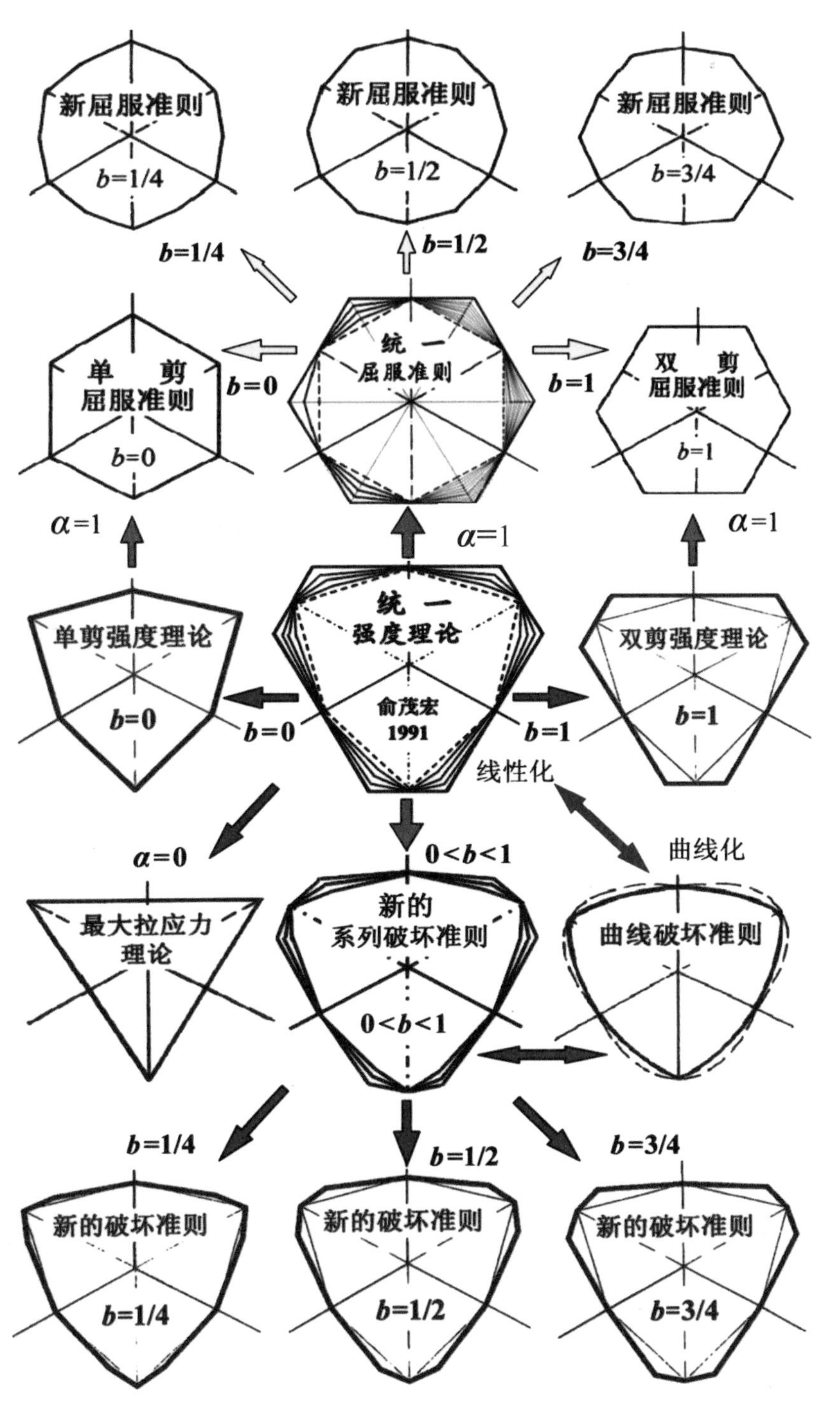

这就是新土力学的理论基础。传统土力学的单剪理论是它的一个特例。

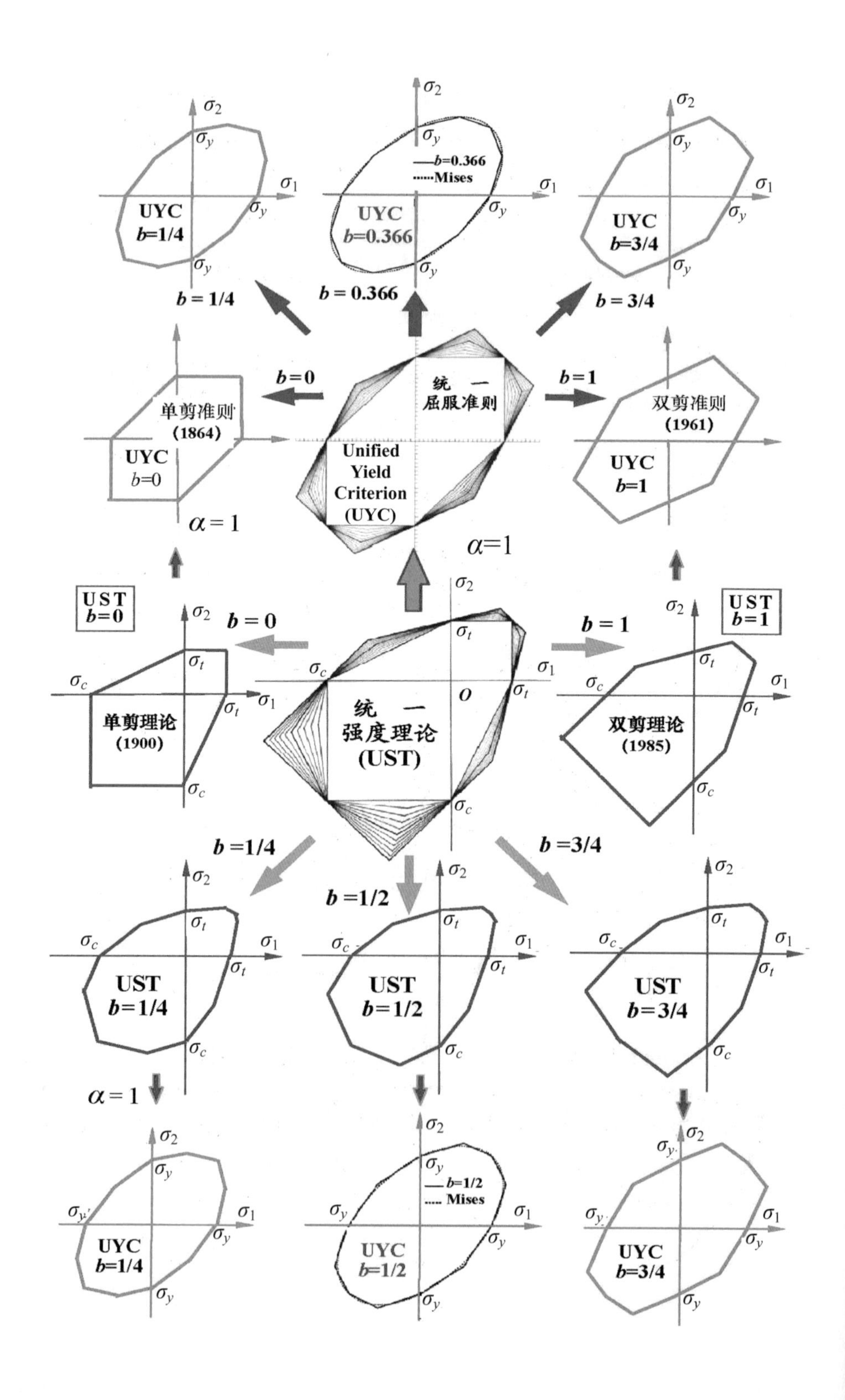

UYC
b=1/4
b=0.366
Mises
UYC
b=0.366
UYC
b=3/4
b = 1/4
b = 0.366
b = 3/4
b=0
b=1
单剪准则
(1864)
UYC
b=0
统 一
屈服准则
Unified
Yield
Criterion
(UYC)
双剪准则
(1961)
UYC
b=1
α=1
α=1
UST
b=0
b = 0
b = 1
UST
b=1
单剪理论
(1900)
统 一
强度理论
(UST)
双剪理论
(1985)
b =1/4
b =1/2
b =3/4
UST
b=1/4
UST
b=1/2
UST
b=3/4
α=1
UYC
b=1/4
b=1/2
Mises
UYC
b=1/2
UYC
b=3/4

17 新土力学展望

17.1 概 述

2004 年，在全国岩土青年工作者大会和在上海科学会堂举行的上海土木学会年会上，沈珠江和俞茂宏分别作了大会特邀报告。俞茂宏论述的是新土力学宣言和新土力学展望，且就这个问题，俞茂宏和沈珠江先生进行了探讨。这一章主要讨论新土力学的展望问题。有部分内容与书中其他章节相同，这一章作了相应的简化。本章起到总结与展望的作用。

土力学是固体力学的一个分支学科，也是土木、水利、道路和交通等专业的重要基础课程，在工程中应用广泛。自从 1925 年太沙基发表世界上第一部土力学专著以来，至今已有八十多年的发展历史。本书对太沙基土力学的伟大贡献，太沙基土力学的思考，国内外学者关于土的中间主应力效应和极限迹线的试验结果，太沙基土力学存在的问题为什么长期没有得到改进的原因，新土力学的艰难发展过程，新土力学的特点，发展新土力学的可行性，新土力学与太沙基土力学之间的关系等作了系统的论述。书中总结了近年来有关地基承载力、土压力理论和土坡稳定分析的统一解的已发表的研究论文，它们构成了新土力学的第二大部分，即土体结构强度理论部分的新内容。新土力学的概念也可以扩展到土体结构滑移线场的研究和土体结构强度的计算机分析。最后以国内外的大量实验结果论述了新土力学与太沙基土力学共同的理论基础，并以地基承载力公式等为例，说明新土力学的具体应用和新土力学与太沙基土力学的对比。新土力学是可行和可望的。

17.2 太沙基土力学的伟大贡献

土力学是固体力学的一个分支学科，也是土木工程、水利水电工程、道路交通工程、海港工程、工程地质等专业的重要专业基础课程，并在工程中得到广泛的应用。从房屋的地基、道路的路基到山体的滑坡和公路铁路的路基稳定，人们的生活与土力学密切相关。1925 年，在德国来比锡和奥地利维也纳出版了维也纳工业大学教授太沙基(Terzyaghi，1883—1963)的《土力学》[1]，这是世界上第一部土力学专著。现在，土力学已成为工程力学和土木工程领域中的一门重要的学科，也是各国大学土木、水利、道路和交通等专业的一门必修课程[2-4]。

第一本《土力学》专著虽然出版于 1925 年，但关于土力学的研究早在 18 世纪就已开始。1773 年，法国库仑(Coulomb)研究了岩土材料的强度以及挡土墙的稳定性等问题；1857 年，英国朗肯(Rankine)发表了土压力平衡理论；1915 年，瑞典彼得森(Petterson)等研究了土坡稳定性，发表了挡土墙的土压力计算方法；1920 年，德国普朗德尔(Prandtl)发表了条形地基结构承载力公式；菲林格(Fillunger)和太沙基在 20 世纪初进行了关于有效应力的研究等。这些构成了土力学的基本内容，一直沿用至今。太沙基是土力学之父，他对土力学的诞生、发展、教育和推广应用都作出了重要的贡献，而土力学的广泛应用对世界经济和社会的发展有巨大的贡献。

土力学的基本内容包括：土的性质、土中应力和变形、土的抗剪强度、地基承载力、土压力理论以及土坡稳定分析。这些内容可以分为两大部分，其中前面三小部分是土的材料性能和材料强度理论，后面三小部分则是土体结构强度理论。

17.3 关于太沙基《土力学》的思考

分析一下太沙基《土力学》各章的内容可以发现，无论材料强度理论、材料实验方法，抑或者是土体结构强度理论，都是以最大剪应力 $\tau_{max}=\tau_{13}=(\sigma_1-\sigma_3)/2$ 为依据。材料强度试验一般以最大剪应力的极限圆为依据，材料强度理论以最大剪应力 $\tau_{13}=(\sigma_1-\sigma_3)/2$ 及其面上作用的正应力 $\sigma_{13}=(\sigma_1+\sigma_3)/2$ 为材料破坏的要素，它们都只与两个主应力有关。

土体结构强度理论的土压力、地基承载力和土坡稳定性分析三个主题也都以莫尔-库仑强度理论为准则。它们的共同特点是只考虑了一个最大剪应力 τ_{13}，土的强度和土体结构的强度仅与最大主应力 σ_1 和最小主应力 σ_3 的大小有关，而与中间主应力 σ_2 的大小无关。但试验资料表明，σ_2 对土的抗剪强度有一定的影响，比如砂土材料的平面应变试验结果和常规三轴试验结果的差异。太沙基土力学不能解释这种差异。文献[3]和[4]也指出："两种试验结果得出的抗剪强度指标 φ 有明显的差别。这种差别是由 σ_2 的不同引起的。由于莫尔-库仑强度理论存在这种缺点，所以更完善的土的破坏理论尚在不断研究与探索之中。"

17.4 土的中间主应力 σ_2 效应

在土的中间主应力效应研究方面，大量的实验结果已经证实中间主应力效应的存在[5-39]。日本京都大学的 Shibata 和 Karube[22]发表了黏土的研究结果，他们的结论是黏土的应力-应变曲线的形状与中间主应力 σ_2 有关。英国剑桥大学、帝国理工学院和 Glasgow 大学等得出的一系列试验结果也得出类似的结论。图 17.1 是一些土的中间主应力效应的试验结果，图中的纵坐标为材料的强度指标(如摩擦角)，横坐标为中间主应力的应力状态参数。莫尔-库仑强度理论与中间主应力的应力状态参数无关，即它不能反映中间主应力效应。

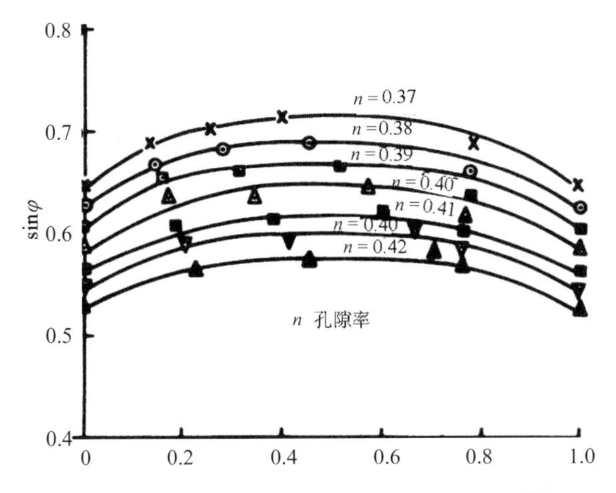

图 17.1 不同孔隙比的砂的中间主应力效应[17]

17.5 土的极限面研究

国内外学者对土在复杂应力的极限面进行了大量的研究[23-38]，试验得出的极限面一般都大于莫尔-库仑强度理论的极限面。图 17.2 为英国帝国理工大学得出的砂的实验结果；图 17.3–17.9 是国内外很多学者关于土和砂土的复杂应力试验结果。图中极限线的内边界(虚线)为莫尔-库仑强度理论。

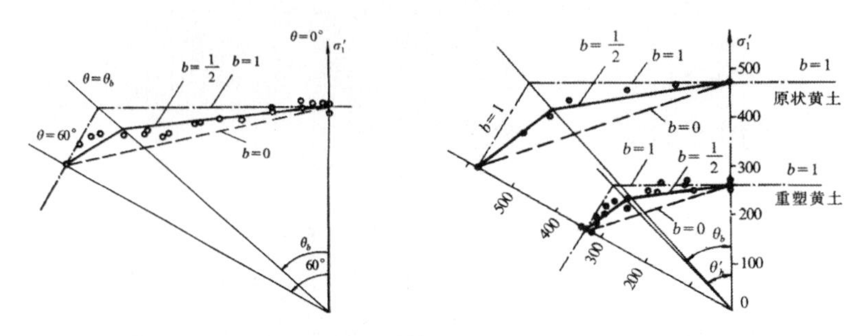

图 17.2 砂的极限曲线(Green，Bishop 1969) 图 17.3 黄土试验结果(邢义川 1992)

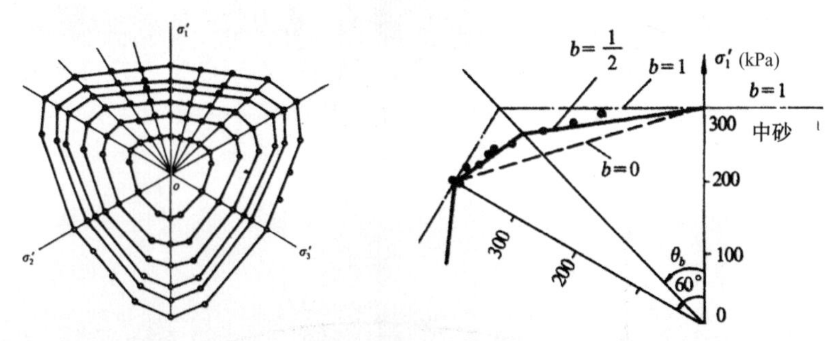

图 17.4 砂土的试验结果(Ko，Scott 1968) 图 17.5 中砂的试验结果(唐仑 1981)

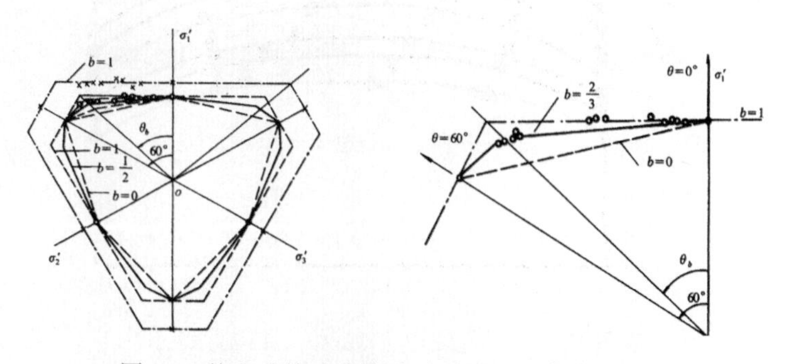

图 17.6 饱和砂的试验结果(张建民，邵生俊 1988)

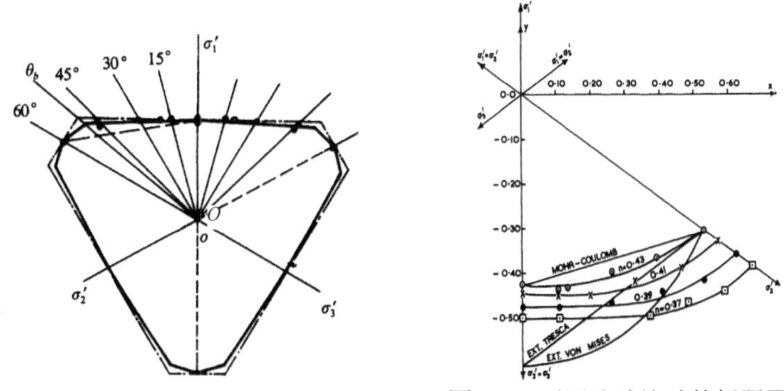

图 17.7 砂的实验结果(Nakai et al. 1983)　**图 17.8** 不同孔隙比砂的极限面

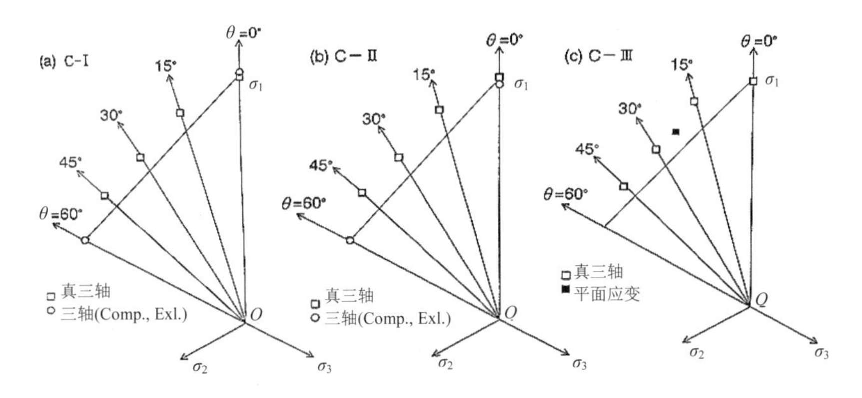

图 17.9 三种水泥砂土的试验结果(Matsuoka et al. 1995)

可以看出，这些试验结果与莫尔-库仑强度理论不相符合，它们都大于莫尔-库仑强度理论的极限面，导致土体三种结构的极限承载公式小于工程结构的实际承载力，造成计算的误差和工程上不必要是损耗。

17.6　太沙基土力学存在的问题长期未被解决的原因

传统的土力学只考虑了一个最大剪应力，因此，我们可以将莫尔-库仑强度理论称为单剪强度理论，把这种土力学称为单剪土力学、不考虑中间主应力的土力学、传统土力学或太沙基土力学。

由于太沙基土力学理论上的局限性，很多土力学基本问题得不到解决，或在理论上得不到解释。因此，20 世纪 60 年代以来，世界各国学者对莫尔-库仑强度理论进行了修正，并提出了大量考虑中间主应力的土体破坏准则，但由于大多为曲线方程式，较难得出结构强度的解析公式，因此，这些曲线方程式的准则和模型虽然在数值分析中有所应用，但没有改变土力学的基本公式，它们仍然是单剪理论的土力学或太沙基土力学。即使Terzaghi 和 Peck[2]在 1996 年撰写的新版《工程实用土力学》中增加了很多新内容，但土力学的基本公式仍然没有得到改变。另外一个例子是Matsuoka(松岗元)2000 年的《土力学》[37]。他是著名的 Matsuoka-Nakai (松岗元-中井)准则的提出者之一(1973 年)，在书中介绍了松岗元-中井准则。松岗元-中井准则与他们的丰浦砂的实验结果吻合很好，如图 17.10 所示。

如果我们将图 17.10 中的曲线改为直线型的准则，如图 17.11 所示，可以看到，它们与实验结果之间也有很好的一致性。这种直线准则在地基承载力、土压力理论和土坡稳定等问题的分析中就可能有很好的应用。如果这种直线准则能够由理论推导出来，其意义是深远的。

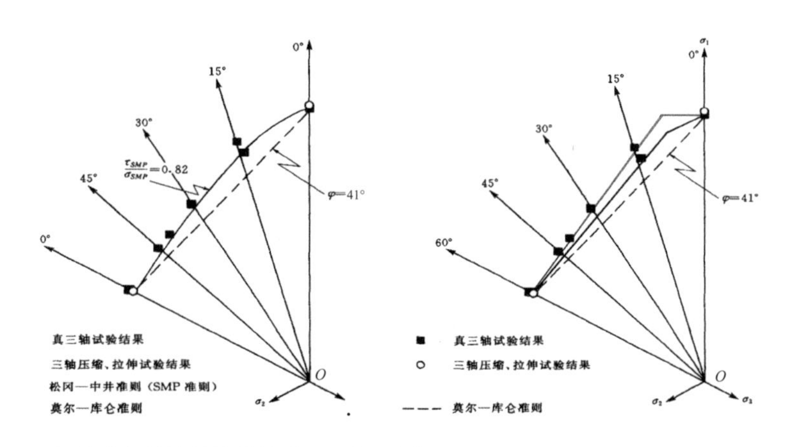

图 17.10 丰浦砂实验结果的曲线准则比较 **图 17.11** 丰浦砂实验结果的直线准则比较

松岗元-中井准则包含中间主应力，但松岗元书中的第二部分，即地基承载力、土压力理论和土坡稳定分析中并没有应用松岗元-中井准则，它仍然是不考虑中主应力的土力学。

单剪土力学或太沙基土力学的改革和发展需要有新的理论基础，并且需要在土体材料强度理论和结构强度理论都能应用的理论。世界各国学者在 20 世纪提出了大量的材料破坏准则[38]，其中大多数为曲线方程，只有①最大正应力准则、②最大应变准则、③最大剪应力准则、④双剪应力准则、⑤莫尔-库仑强度理论、⑥广义双剪强度理论[39]，以及⑦统一强度理论[40-42]为线性方程。

由于①②③④这四个线性准则与土体的实际情况以及实验结果不符，因此⑤⑥⑦三种强度理论有可能用于土体结构强度问题的解析解。实际上，第⑤种强度理论即为莫尔-库仑强度理论，就是太沙基土力学的理论基础。第⑥种强度理论即广义双剪强度理论，已在近年写入沈珠江的《理论土力学》[43]，郑颖人、沈珠江、龚晓南的《岩土塑性力学原理》[44]，龚晓南的《土塑性力学》[45]，张学言的《岩土塑性力学》[46]，郑颖人的《岩土塑性力学基础》[47]，李广信[22]和龚晓南[48]的两本《高等土力学》，《土力学及基础工程实用名词词典》等一些新土力学的学术著作以及《水工岩石力学》、《岩石力学》、《中国岩石力学与工程世纪成就》等岩石力学著作[49-55]。沈珠江将双剪强度理论称为第五种强度理论，将其列为单剪、双剪和三剪三个系列的抗剪强度理论之一。从土在 π 平面的极限线看，单剪、双剪和三剪分别为它们的下限、上限和居中，这在理论上达到了完整。沈珠江也将双剪强度理论写入计算机程序，进行不同土工问题的数值分析和不同准则的合理性研究，并指出双剪模型的结果是合理的。统一强度理论已写入李广信的《高等土力学》、谢和平等的《岩石力学》、张学言等的《岩土塑性力学基础》[56]等著作。文献[43-62]对统一强度也作了积极的评价。

我们将统一强度理论与太沙基土力学的莫尔-库仑强度理论进行比较。统一强度理论是 1991 年提出的，它的力学模型、数学建模方法、数学表达公式、一系列有序变化的极限面都是以前所没有的。我们可以看到：①统一强度理论是线性的，便于结构分析的应用，而非线性准则给结构的解析解带来困难。②统一强度理论是一系列有序变化的线性方程组合，它的极限面覆盖了域内的所有范围，而非线性准则只能覆盖 1/3 的区域。③统一强度理论将单剪和双剪两个上下限作为特例而包含其中，它可以适用于从下边界到上边界的众多不同的材料，而非线性准则远远到不了区域的上边界。④统一强度理论可以比传统的单剪理论更好地发挥材料的强度潜力，它的工程应用可以更好地发挥土体结构的强度潜力并取得显著的经济效益。⑤统一强度理论、非线性准则与莫尔-库仑理论都具有角点。当应力状态处于角点时，存在角点奇异性。角点奇异性问题在理论上已于 1953 年由著名力学家 Koiter 给予解决，从而在实际应用上，无论是解析解还是数值解，都有了简单的处理方法。因此，角点奇异性是统一强度理论和莫尔-库仑理论的特点，而不是一个难点。⑥近年来国内外很多学者将统一强度理论应用于土力学问题的研究，得出了很多新的结果，表明它在土力学分析中是可行的，得出的结果也比原来的更多和更好。

可见，统一强度理论与莫尔-库仑强度理论具有相似的理论基础，统一强度理论是莫尔-库仑强度理论的继承和发展。可以展望，以统一强度理论为基础，对传统的单剪土力学进行更新，建立一个考虑中间主应力的新土力学是可行的。

表 17.1 莫尔-库仑强度理论与统一强度理论的对比

	莫尔-库仑强度理论	统一强度理论
理论基础	类似，但只考虑一个主剪应力及其面上的正应力	类似，但考虑了两个主剪应力及其面上的正应力
数学建模公式	$F=\tau_{13}+\beta\sigma_{13}=C$	$F=\tau_{13}+b\tau_{12}+\beta(\sigma_{13}+b\sigma_{12})=C$ $F=\tau_{13}+b\tau_{23}+\beta(\sigma_{13}+b\sigma_{23})=C$
理论结果	只包含大、小两个主应力	包含了大、中、小三个主应力
公式	线性，简单	分段线性，简单
公式应用	一个方程	两个方程，需要按应力状态用一个简单的判别式决定采用两式中的一个
公式结果	一个	一系列结果，前者为其特例
适用范围	内边界	覆盖了从内边界到外边界的全部区域

17.7　美

中文的美与英文的 beauty 同义但又有所不同。按照英文的定义，“The beauty is a combination of qualities that give pleasure to the senses or lift up the mind, spirit or the intellect”。Beauty 不但包括视觉、听觉和是非感的美感，还包括对人的思想、心灵和智力的提升。

有大量的文献讨论过科学的美、数学和物理的美。菲尔兹奖(相当于数学中的诺贝尔奖)获得者丘成桐教授说“数学家找寻美的境界，讲求简单的定律，解决实际问题”。著名数学家普恩卡勒也认为：“数学家非常重视他们的方法是否优美，这并非华而不实。到底是什么使我们感觉到一个解答，一个证明的优美呢?那就是各个部分之间和谐、对称以及恰到好处的平衡。一句话，那就是井然有序，统一协调，从而使我们对整体以及细节都能有清楚的认识和理解。这正是产生伟大结果的地方。”世界著名数学大师陈省身经常告诉大家：“数学就应该是简单美丽的。”数学家把数学的美作为数学研究的最高境界。

也有学者讨论强度理论的美。Prager 和 Hodge 以及 Paul 认为 Huber-von Mises 准则的美在于它的数学的简单，澳大利亚 Griffith 大学教授称“统一强度理论是超越其他各种破坏准则的”，新加坡南洋理工大学教授[63]称“双剪统一强度理论的美在于它的合理性”。

Tzanakis 等[64]总结了科学美的六要素，分别是：①概念的清晰性：在建立和发展一个理论时的清晰的；②简约性：文雅和经济的推理；③统一性：先前相互无关的概念、方法、理论或现象的统一；④自然性；⑤对称性；⑥类比性。2004 年是第四强度理论提出 100 年(Huber 1904)，在第四强度理论诞生地——世界历史文化名城克拉科夫召开了纪念 Huber 准则 100 年的国际会议，俞茂宏应邀作了“强度理论的美”的大会特邀闭幕报告，报告中讨论了 Huber 准则的美和统一强度理论的美。

统一强度理论的美表现在很多方面。它的力学模型具有清晰的概念，对称均衡；它的数学表达式具有简约之美；它是从最基本的力学模型推导得出，而不是方程的拟合，具有自然之美；它的极限线具有对称之美；它的变化无穷性使它具有功能强大之美；它的极限线覆盖了域内所有的范围(图 17.12)，并将已有的一些著名强度理论作为特例或线性逼近而包含于其中，将一些相互无关的强度理论统一于一体，它又具有统一之美。它的

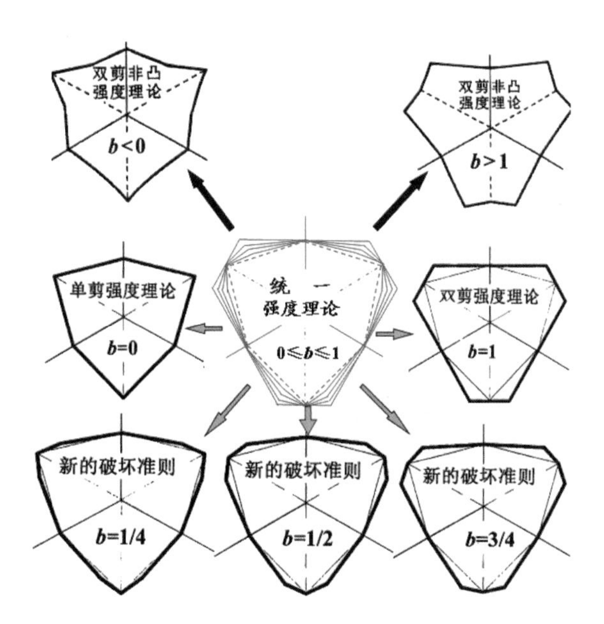

图 17.12 统一强度理论与已有的一些准则的关系

工程应用可更好地发挥材料和结构的强度潜力达 16%~33%，因此，它还具有经济效益之美。统一强度理论的美还表现在它可以推广应用到许多其他领域[65]。图 17.12 和 17.13 为统一强度理论与已有的一些准则的关系。图 17.13 中三个极限曲线为统一强度理论产生的新的准则。

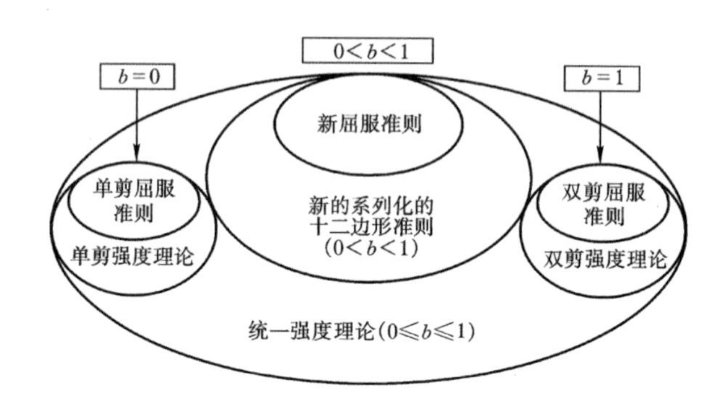

图 17.13 统一强度理论包含的各种准则

由于双剪统一强度理论的这些特点，一些土力学著名专家已将它写入有关的土力学著作，并作了积极的评价[43,45-60]。例如，陈正汉教授将它作为岩土力学公理化理论成功的一个例子；郑颖人院士将广义双剪强度理论作为岩土材料的基本破坏准则之一；沈珠江院士将它作为排比法的一个例子，他在文献[60]中指出："这一方法是把迄今为止的本领域内所有前人研究成果排列对比，找出规律性。著名的例子是元素周期表的发现。俞茂宏提出的双剪强度理论也是运用这一方法。"沈珠江于 2004 年在《力学进展》发表了对 *Unified Strength Theory and Its Applications* 一书的评介，评介指出，"材料力学领域内为数不多的由中国学者原创的理论得到了国际同行的承认""俞教授的成就表明，中国学者在材料强度理论研究方面已占了一席之地，在熟知的 Tresca、Mises、Mohr、Coulomb 等外国人名之后多了一个中国人名""充分显示了这一理论的实用价值和强大功能"。统一强度理论在土力学问题的应用，已经得出了很多新的结果[65-200]。

17.8 新土力学

太沙基《土力学》发表以来，国内外在土力学研究中有很多深入的新进展，取得了众多杰出的成果，例如《理论土力学》的发展。沈珠江 2000

年的《理论土力学》[43]专著是 Terzaghi 1943 年的《理论土力学》[201]的重大发展。蒋彭年先生评价它“是太沙基理论土力学问世后的 50 多年，特别是近 20 年来土力学理论研究的重大成果”“对推动理论土力学的发展，对促进现代土力学学科体系的形成和对指导岩土工程实践都将作出贡献”。其他例子包括《岩土塑性力学原理》、《土塑性力学》、《岩土塑性力学》、《高等土力学》、《流变土力学》、《计算土力学》、《损伤土力学》、《岩土破损力学》、《散粒体力学》、《临界状态土力学》、《土动力学》、《不饱和土力学》、《黄土力学》、《海洋土力学》、《实验土力学》等许多杰出的新成果和著作。此外，还有各种专门研究边坡稳定、地基承载力、土压力理论、滑坡动力学、基坑、基础、路基等的成果和著作，如陈祖煜的《土质边坡稳定分析—原理，方法，程序》[202]等。至于全国各地的建筑、道路、地铁、水利工程、地下工程等方面的研究成果，更是不计其数。现在中国是世界的工地，在无数美观的建筑下面，都有“看不到”的土。对于中高层建筑，大约 1/3 的投资是在地下，有大量这方面的研究和成果。以上这些研究，在理论和实践上都为国家的建设作出了巨大的贡献。《岩土塑性力学原理》、《高等土力学》、《计算土力学》等都是新的土力学，是土力学新的发展，是对土力学的杰出贡献，可称之为新土力学或高等新土力学。

我们这里讲的新土力学的内容是土力学的基本部分。它与传统土力学或太沙基土力学、单剪土力学相对应，是考虑中间主应力的土力学、基础新土力学、普通新土力学。它的材料参数和取得参数的试验方法以及很多分析问题的方法与太沙基土力学是相同的。它只是在太沙基土力学的基础上加了两个字，是加了两个字的新土力学或新土力学基础，简称新土力学。

新土力学克服了上述的一些太沙基土力学长期没有解决的根本性问题，具有很多新的特点和优势，并且新土力学还将传统的单剪土力学作为一个特例包含其中。太沙基土力学的各种结果都可以从新土力学的有关内容中简化得出。因此，新土力学也可以作为大学本科学生和研究生的教学用书。新土力学的理论不仅包含了传统土力学，而且可以产生一系列新的结果，它将比传统土力学有更丰富的内容。但它并不难懂，它只是在太沙基土力学中增加了 σ_2 和 b 两个字，而增加这两个字的研究工作经历了四十多年。

1961 年，俞茂宏提出金属材料的双剪强度理论。1985 年，俞茂宏提出岩土材料的广义双剪强度理论，它比莫尔-库仑强度理论增加了一个 σ_2；

1991 年，俞茂宏提出统一强度理论，比双剪强度理论增加了一个 b，比莫尔-库仑强度理论增加了 σ_2 和 b。多年来，新土力学的理论只增加了 σ_2 和 b 两个字，研究效率不高，但它为土力学的土体强度理论部分提供了一个新的理论基础。它的公式与莫尔-库仑强度理论一样很简单，并且是线性的；特别是它的材料参数和获得参数的实验仪器和方法都与莫尔-库仑强度理论一样，可以在土体结构强度理论中得到方便的应用。

新土力学中关于土体结构的一些公式是近十年来发展起来的。1994 年，俞茂宏等[167]以广义双剪强度理论为基础提出了平面应变双剪滑移线场。1997 年，俞茂宏等[168]又将其扩展为平面应变统一滑移线理论，并推导出统一黏聚力公式和统一摩擦角公式，它们可以很好地说明平面应变问题的中间主应力对结构强度的增强作用。1996 年，严宗达[169-170]提出平面应力双剪特征线场；1998 年，俞茂宏和张永强[171]将其推广为平面应力统一特征线场理论；2001 年，俞茂宏和李建春[172]提出空间轴对称统一特征线场理论。1996 年，蒋明镜和沈珠江[173-174]得出柱形孔扩张问题的统一解；2002—2006 年，范文、沈珠江等、谢群丹等、应捷等、陈秋南等、高江平等得出了不同形式的基于统一强度理论的土压力公式[175-181]；2002—2003 年，周小平、王建华、张永兴等[182-183]得出条形地基承载力公式的双剪解和统一解；2003—2005 年，高江平等、王祥秋等、陈秋南等、李杭州等、汪鹏程等[184-201]得出条形地基、地下洞室、土压力理论、边坡稳定性等问题的统一解。他们有的采用条分法，有的采用滑楔理论，有的采用能量法，有的采用特征线法，都得出了一系列新的结果。

2006 年，土力学中关于土体结构的三个组成部分，即条形基础地基、土压力理论以及边坡稳定性都有了包含中间主应力的新的统一解。汪鹏程和朱向荣[90]、刘杰和赵明华[188]、李杭州等[187]以及徐栓强和俞茂宏[190]都得出了复合地基等其他土力学问题的新解。这些工作在土力学基础内容之外，又有了新的扩展。

至此，构成土力学基础的两大部分，即土体材料强度理论和土体结构强度理论都有了新的结果，新土力学形成的条件已经成熟。太沙基土力学中的土体材料强度理论和土体结构强度理论分别是新土力学的土体材料强度理论和土体结构强度理论的一个特例。因此，新土力学与太沙基土力学是可以类比的。下面我们以地基承载力公式为例来说明它们之间的关系。

17.9 新土力学的分析实例

现有的地基极限承载力公式，如朗肯、太沙基、迈耶霍夫等极限承载力公式，大都是基于 Tresca 准则或莫尔-库仑准则推导而得，但 Tresca 准则和莫尔-库仑准则并没有考虑中间主应力的影响。实验证明，中间主应力对土体的屈服和破坏有影响。由莫尔-库仑或 Tresca 强度准则推导的地基极限承载力公式并不能完全反映地基实际情况，且所得的结果偏于保守，不能充分发挥土体的强度潜能。为了寻求适用于更广泛的各种材料的条形基础极限承载力，现采用统一强度理论对条形基础地基进行极限承载力分析(实例由范文教授和周小平教授提供)。

条形基础地基参数同 12.4 小节，假设基底完全粗糙，得出地基极限承载力随着中间主应力系数 b 的增大而显著增加，它们之间的关系如图 17.14 所示。

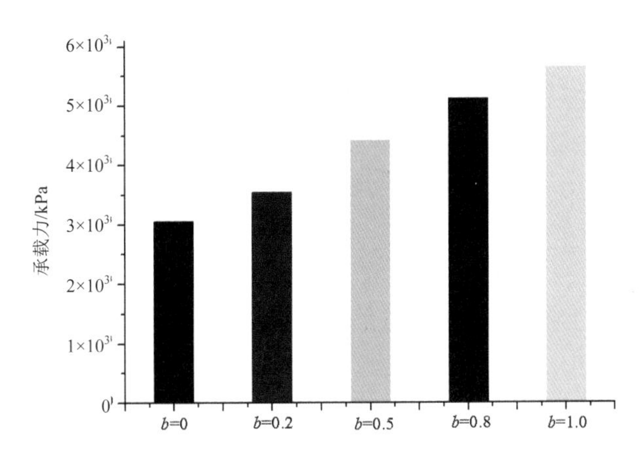

图 17.14 新土力学公式的地基极限承载力(基底完全粗糙)

假设基底完全光滑，地基极限承载力随着中间主应力系数 b 的增大而增加的关系如图 17.15 所示。

从上述例子可以看到，基于莫尔-库仑强度理论的地基极限承载力公式没有考虑中间主应力的影响，因而与实际结果有误差。利用统一强度理论建立的地基极限承载力系列化的统一解可以合理地得出不同材料的相应解，并且能充分发挥材料自身的承载能力，对实际工程具有重要意义。通过算例可以知道，地基极限承载力随着中间主应力系数 b 的增大而显著增加，说明中间主应力对地基极限承载力有明显影响。

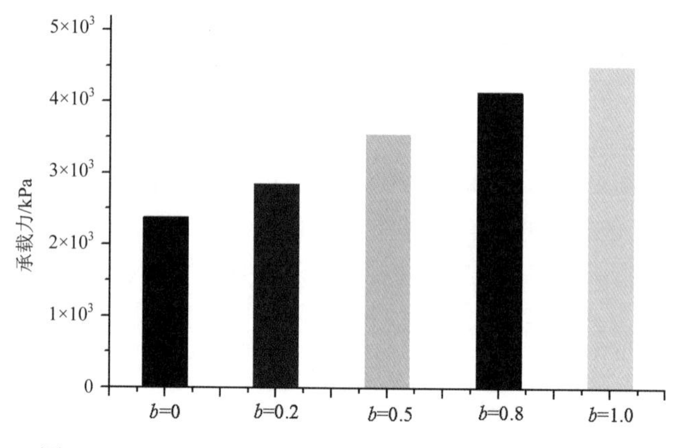

图 17.15 新土力学公式的地基极限承载力(基底完全光滑)

最近几年来，统一强度理论在土力学基本问题的研究中得到了新的应用，在地基承载力、土压力理论和土坡稳定分析的研究方面都得到了新的结果。这些结果有一些共同的特点：①新的结果不是单一的解，而是一系列结果，并将太沙基土力学的公式作为一个特例包含其中，因而适用于更多的材料；②新土力学的结果可以为不同的研究者重复得出，说明结果的可靠性；③新的结果往往为不同的研究者在不同的地方同时或几乎同时得出，说明新土力学的思想已经开始趋向成熟。

17.10 新土力学理论和方法的扩展

新土力学理论和方法既可以在基础土力学中得到应用，也可以进一步推广和扩展到土塑性力学和计算土力学。下面是几个已经得到应用的例子。由于内容较多，这里只给出计算结果和图例。

17.10.1　饱和软土地基的有限元分析

沈珠江是最早将双剪强度理论装入计算机程序并进行土工问题计算的研究者，他分析了三个算例，比较了 5 种不同屈服函数得出的结果[203-204]。图 17.16 是单剪试验的压缩参数，图中的 M、D 和 T 分别为莫尔-库仑单剪模型、俞茂宏的双剪模型和沈珠江提出的三剪模型。分析结果表明，其中两个模型的结果偏大(这里不再阐述)，其他 M、D 和 T 模型的结果都较合理。沈珠江又分析了厚 10 m 和承受 10 m 宽均布荷载的饱和软土地基，计算所得的地表中心沉降和孔隙水压力过程线如图 17.17 所示。

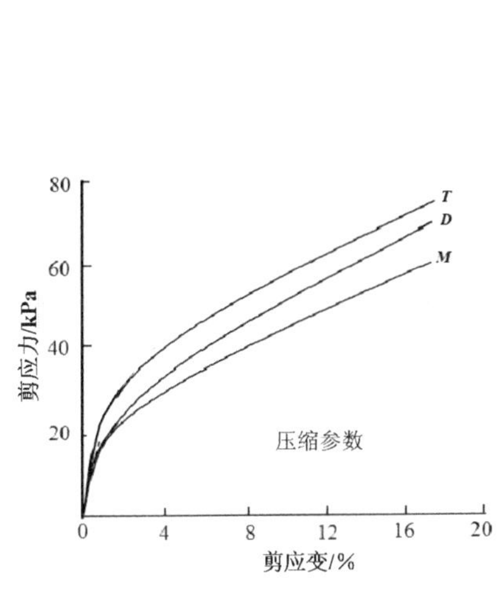

图 17.16 单向压缩

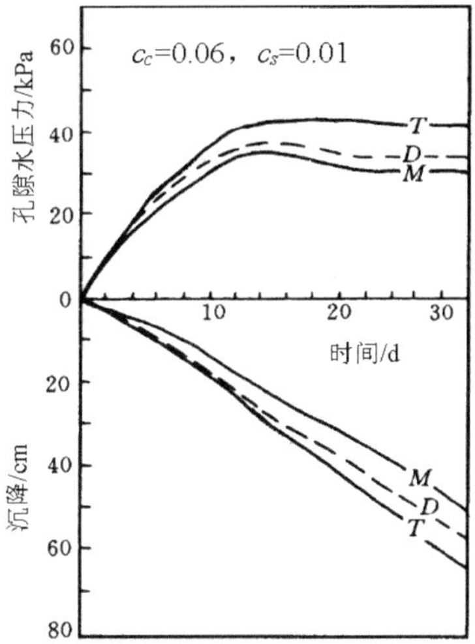

图 17.17 荷载中心的孔隙水压力和沉降

在文献[43]和[203]中，沈珠江给出了应用不同屈服函数时计算所得的单剪试验曲线的比较。图 17.18 给出了莫尔-库仑强度理论(*M*)和双剪强度理论(*D*)的结果比较，两者的规律和结果一致，且双剪理论的结果略大于莫尔-库仑理论的结果，这合乎理论的预计。

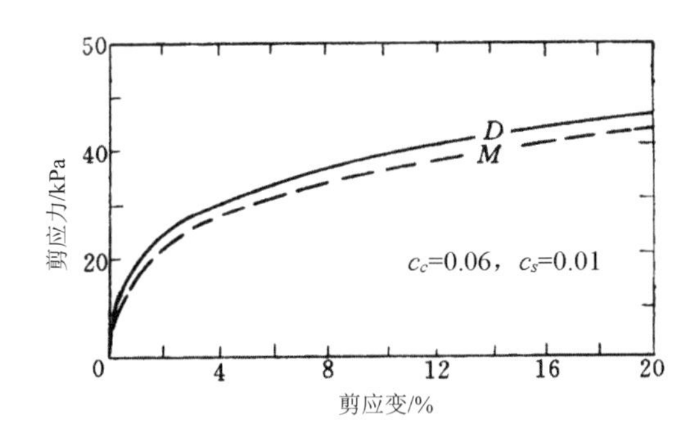

图 17.18 两种准则计算所得的单剪试验曲线的比较

沈珠江也是最早将双剪强度理论应用于饱和土有效应力强度理论的研究者。该理论也可以称为有效应力双剪强度理论，现在可以自然推广为有效应力统一强度理论，其表达式如下：

$$F = m(\sigma_1 - u) - \frac{1}{1+b}\left[b\sigma_2 + \sigma_3 - u(1+b)\right] = \sigma_c', \quad 当\sigma_2' \le \frac{m\sigma_1' + \sigma_3'}{1+m} \tag{17.1a}$$

$$F' = \frac{m}{1+b}\left[b\sigma_2 + \sigma_1 - u(1+b)\right] - (\sigma_3 - u) = \sigma_c', \quad 当\sigma_2' \ge \frac{m\sigma_1' + \sigma_3'}{1+m} \tag{17.1b}$$

采用黏聚力参数 C 和摩擦角 φ 表示的有效应力统一强度理论可写为：

$$F = (\sigma_1 - u)(1 + \sin\varphi') - \frac{1}{1+b}\left[b(\sigma_2 - u) + (\sigma_3 - u)\right](1 - \sin\varphi') = 2C'\cos\varphi',$$

$$当(\sigma_2 - u) \le \frac{1}{2}(\sigma_1 + \sigma_3 - 2u) + \frac{\sin\varphi'}{2}(\sigma_1 - \sigma_3)\ 时 \tag{17.2a}$$

$$F = \frac{1}{1+b}\left[b(\sigma_2 - u) + (\sigma_1 - u)\right](1 + \sin\varphi') - (\sigma_3 - u)(1 - \sin\varphi') = 2C'\cos\varphi',$$

$$当(\sigma_2 - u) \ge \frac{1}{2}(\sigma_1 + \sigma_3 - 2u) + \frac{\sin\varphi'}{2}(\sigma_1 - \sigma_3)时 \tag{17.2b}$$

有效应力统一强度理论在形式上与统一强度理论相同，只是有效应力统一强度理论公式中将主应力(σ_1，σ_2，σ_3)修改为(σ_1-u，σ_2-u，σ_3-u)。当有效应力统一强度理论的表达式采用 Bishop 于 1955 年提出的公式时，有效应力统一强度理论自然就可以应用于非饱和土中。此后其他人发表的有关有效应力统一强度理论的论述都是重复性的工作。

17.10.2　结构极限承载力的理论求解

1994—1997 年，俞茂宏、曾文兵、马国伟、杨松岩、王源等[40,205-210]将统一强度理论推广发展为双剪统一弹塑性本构模型，装入弹塑性有限元程序，编制了统一弹塑性有限元程序 UEPP(2D)和 UEPP(3D)。并将统一弹塑性有限元应用于一些工程结构弹塑性分析中。对一个条形基础的地基极限承载力进行有限元分析，得到的结果如图 17.19 所示。从图中结果可知，地基极限承载力的计算结果与所采用的强度理论有关。日本 Yoshimine 在 1996 年对 Toyoura 砂和西安黄土得到的极限线如图 17.20 所示，它们与参数 b=0.5 和 b=1 的统一强度理论较为符合。因此，采用 b=0.5 和 b=1 的统一弹塑性有限元计算得到的地基极限承载力结果比 b=0 的结果(即莫尔-库仑强度理论)更为合理。

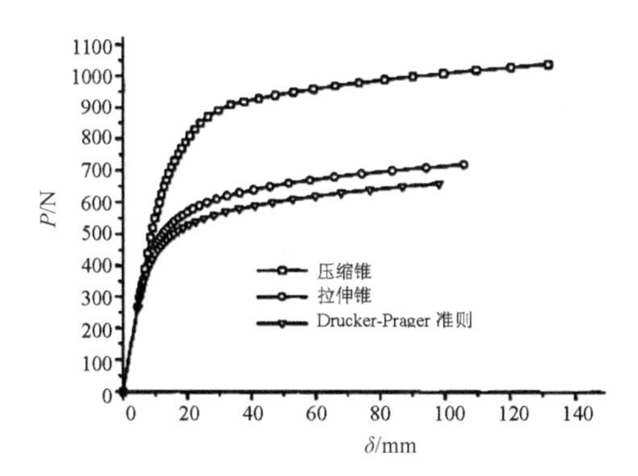

图 17.19 条形基础地基极限荷载

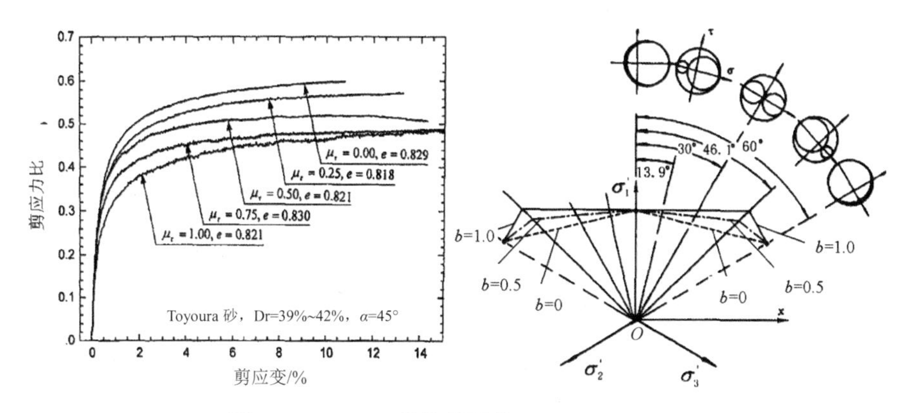

图 17.20 Toyoura 砂的极限线(Yoshimine 1996)

17.11 新土力学与太沙基土力学的理论基础

太沙基土力学和新土力学都建立在连续介质力学的基础上。实际上，土的细观结构是不连续的，并且还有固体骨料、水和空气等多种组分，它的种类繁多，性质复杂。近年来，人们在土的细观力学性能研究方面取得了很多成果，但这既不与土的宏观力学性质相矛盾，也不妨碍其宏观性能的研究和发展。十分有意义的是，虽然土的结构和性质复杂，但是它的宏观力学性质表现出很大的规律性，这种规律性不仅表现在单轴试验的结果中，而且也表现在多轴试验的结果中。下面是一个典型的试验例子。

下面我们从不同土的实验结果，多方面观察土的剪切强度 τ(或 C)与正

应力 σ 的关系。

土的剪切性质与法向应力之间呈线性关系，而且土与其他界面的关系也近似呈线性关系。清华大学张嘎和张建民使用新研制的大型土与结构接触面循环加载剪切仪，对粗粒土与人工粗糙钢板接触面在单调荷载作用下的力学特性进行了系统的研究，从宏观和细观两个角度进行测量，分析总结了粗粒土与结构接触面的基本力学特性和受力变形机理。试验表明，虽然结构面粗糙度、土的种类和法向应力等因素对接触面的力学特性具有重要影响，但得出的接触面剪切强度与法向应力之间的关系可用线性关系来表示[211-241]，如图 17.21 所示。其他如文献[231-234]和[242-249]对砂土或黏性土与其他物体接触面的剪切强度研究也可得出类似的关系。孙逊等[241]对垫层料与挤压式边墙接触面静动力学特性的试验研究也得出类似的结果，如图 17.22 所示。

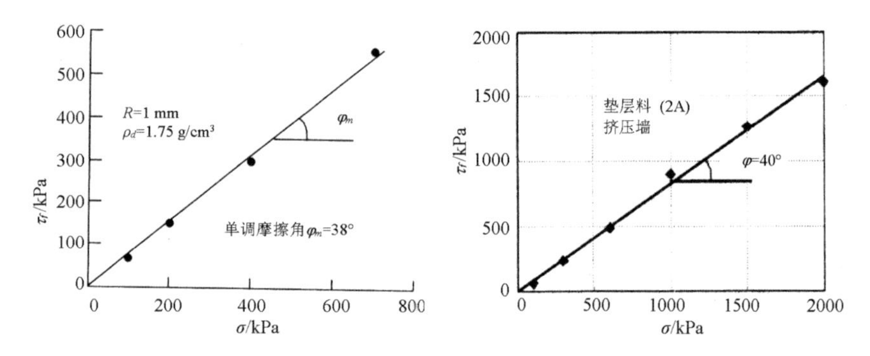

图17.21 粗粒土与钢板接触面 τ-σ 关系　**图17.22** 垫层料与挤压式边墙接触面 τ-σ 关系

这方面的资料还有很多。图 17.23 和图 17.24 是粉土和稳定土的三轴试验研究结果[250]。粉土是介于黏性土和砂性土之间的一类土，工程性质较复杂，而稳定土则是采用一定的物理化学法及其相应技术措施使土的力学

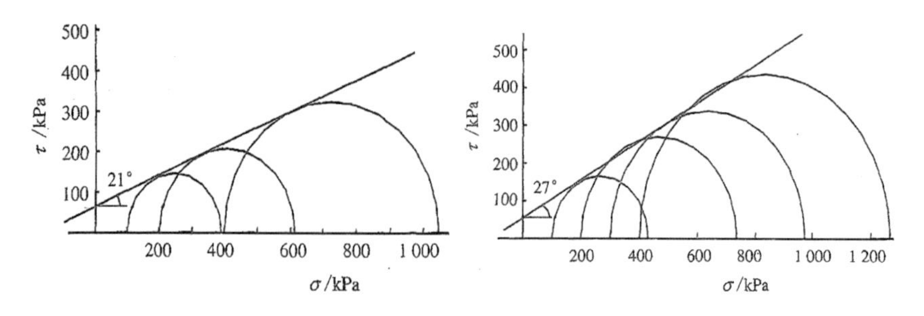

图17.23 粉土三轴剪切试验结果　**图17.24** 掺4%石灰的粉土三轴剪切试验结果

性能得到改善以适应工程技术的需要，其试验结果呈线性关系。文献中也有非线性结果的报道，但都与线性很接近，也可近似表述为线性关系。

俞茂宏和孟晓明曾对国家重点保护文物西安古城墙含光门断口处的唐代和明代夯土进行了三轴固结排水剪切试验。土样取自古城墙含光门的断口处，在断口处可看到城墙内唐代土轮廓明显，且较明代土颗粒细，土体密实，含水量高。图 17.25 是西安城墙唐代夯土的剪切强度 τ (或 C)与正应力的试验结果[247-249]，围压分别为 100 kPa，200 kPa，300 kPa 及 400 kPa。郭婷婷[251]对黄土-粉煤灰-石灰复合土也得出类似的结果，如图 17.26 所示。可见，图 17.23—图 17.26 的粉土、稳定土、西安城墙唐代夯土和黄土-粉煤灰-石灰复合土的剪切强度与正应力之间都有较好的线性关系。

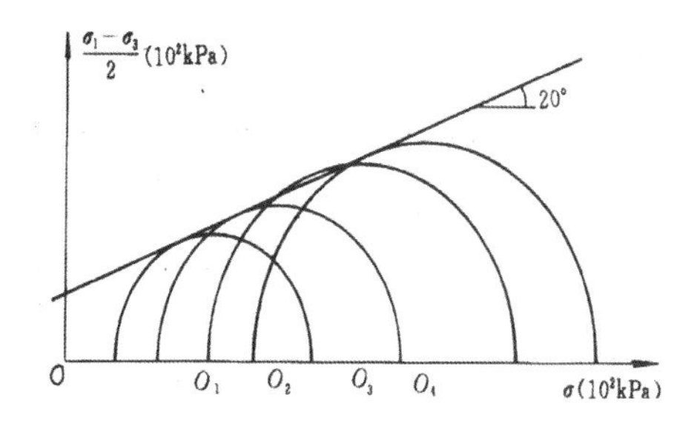

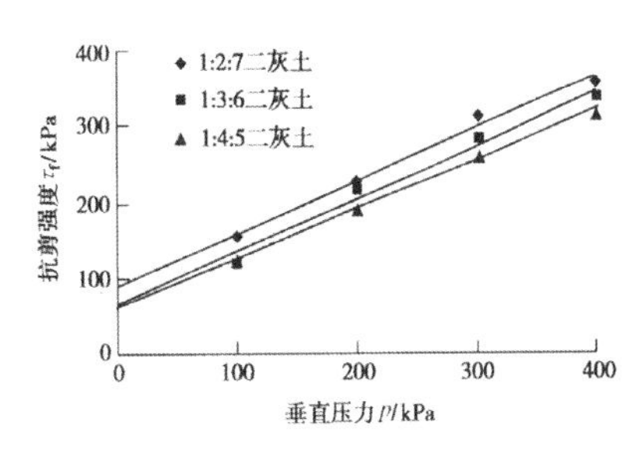

图17.25 西安城墙夯土的三轴试验结果图 **17.26** 二灰土的抗剪强度与垂直压力关系

下面以一种新的土工材料为例。图 17.27 是河海大学朱伟等[233]对一种新的疏浚淤泥泡沫塑料轻质混合土的研究结果。疏浚淤泥泡沫塑料轻质混合土是一种具有高附加值的新型轻质土工材料，它以疏浚淤泥作为原料土，发泡苯乙烯泡沫塑料(expanded poly-styrol，EPS)碎粒作为轻质材料，水泥、粉煤灰等作为固化材料，具有很多优点。不同配比混合土固结排水试验的剪切强度与围压的关系如图 17.27 所示。

东南大学刘松玉等[234]通过中型三轴试验及现场大型直剪试验对煤矸石的强度特征进行了系统的试验研究，得到了煤矸石细料和粗细混合料的强度包线如图 17.28 和 17.29 所示。图 17.28 为煤矸石细料试料在不同干密度下的应力圆及强度包线。

图 17.29 为粗细混合料在不同粗料含量下的应力圆及强度包线。由图可以看出，其强度包线呈现线性性质，即使是含有 30%~60%粗料的煤矸石的粗细混合料其强度包线仍呈线性性质。

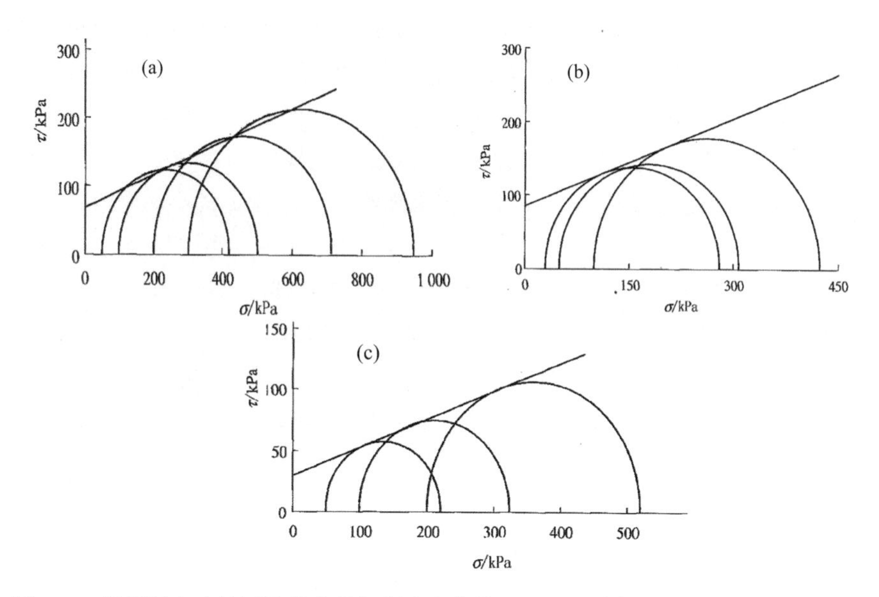

图 17.27 轻质混合土的固结排水剪切强度包络线。(a) EPS 颗粒 0.69；(b) EPS 颗粒 1.15；(c) EPS 颗粒 1.61

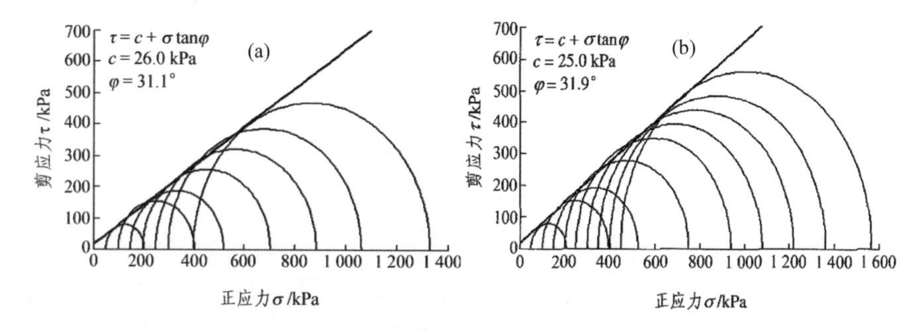

图17.28 细料的应力圆及强度包线。(a) ρ_d=1.60 g/cm^3；(b) ρ_d=1.75 g/cm^3

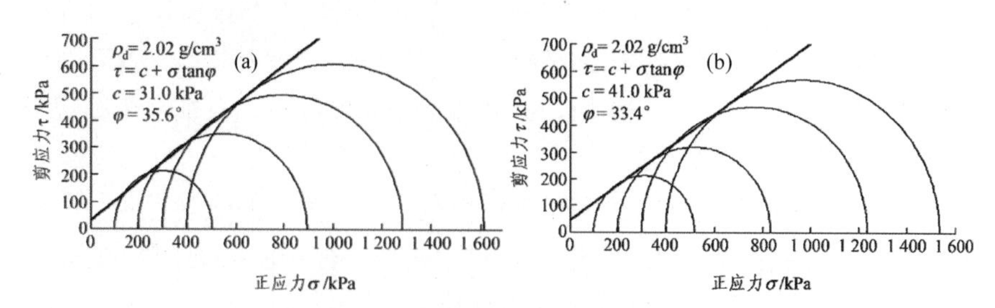

图 17.29 混合料在不同粗料含量下的应力圆及强度包线。(a)30%粗料；(b)50%粗料

国外将三轴试验扩展到农业用的不饱和土的力学性质研究中。图 17.30 是 Wulfsohn 等[252]得出的农业土的剪切强度包络线。在太沙基 1996 年《土力学》第三版中[201]，引用了 Escario、Juca 和 Coppe 于 1989 年对一种红土的试验结果，如图 17.31 所示。

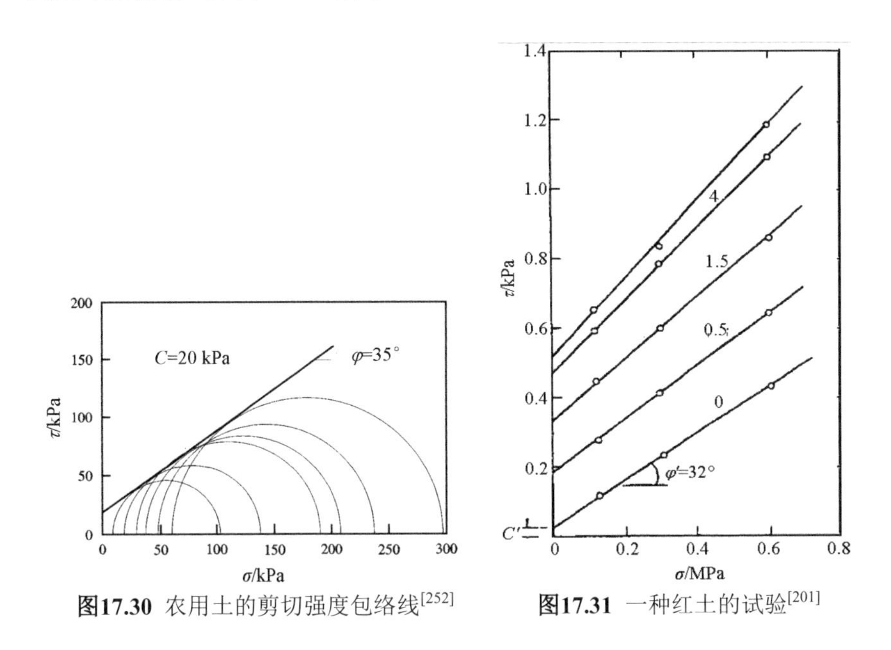

图17.30 农用土的剪切强度包络线[252]　　**图17.31** 一种红土的试验[201]

最近，陈祖煜[202]总结了不同的方法和一些不同的材料的剪应力与正应力的关系，如图 17.32 所示。不同的材料的强度大小虽然不同，但它们都具有相同的规律。

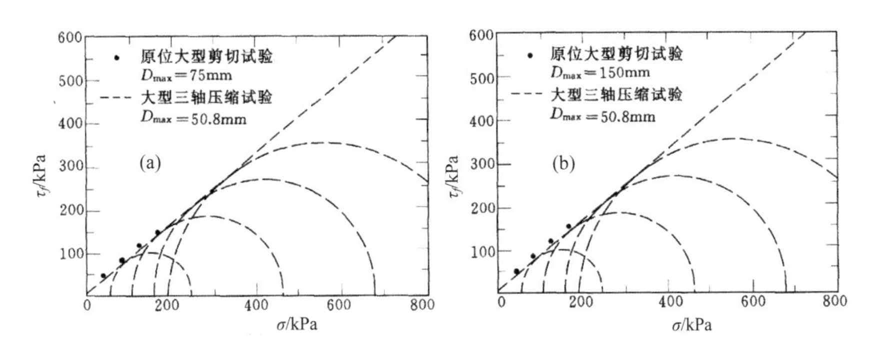

图 17.32 改进的原位直剪仪和大型三轴试验的成果比较

土的剪切强度与法向应力和平均应力之间的关系是土力学中最重要的

基础。从以上国内外大量的实验结果图中可以看到，剪切强度、法向应力以及剪切强度与平均应力之间的线性关系 $\tau_{13}=\tau_0+\beta\sigma_{13}$ 或 $\tau_{13}=\beta\sigma_{13}$ 有坚实的实验基础。

统一强度理论是莫尔-库仑强度理论的继承和发展。新土力学与太沙基土力学有相同的理论基础，新土力学也是太沙基土力学的继承和发展，统一强度理论的应用还具有特别的意义。据国家环保总局的资料，仅 2003 年，中国便消耗了全球 31%的原煤、30%的铁矿石、27%的钢材以及 40%的水泥，而创造的 GDP 不足全球的 4%。每公斤标准煤能源产生的生产总值中，世界平均值为 1.86 美元，日本为 5.58 美元，中国仅为 0.36 美元。

新土力学与太沙基土力学有同有异，它们之间的对比如表 17.2 和表 17.3 所示。

表 17.2 传统土力学和新土力学的异同比较

	传统土力学	新土力学
强度理论的数学表达式	线性方程	线性方程
获得材料参数试验方法	围压三轴试验	围压三轴试验
土体强度理论	莫尔-库仑单剪强度理论，只考虑大主应力和小主应力两个主应力；没有考虑中间主应力的影响	统一强度理论，考虑了大、中、小三个主应力对材料破坏的影响，并将单剪强度理论、双剪强度理论以及一系列新的线性破坏准则作为特例包含其中
强度理论的极限迹线	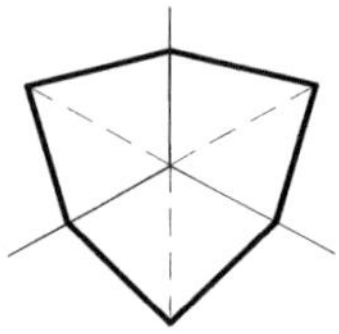	 统 一 强度理论 俞茂宏 1991
强度理论中的材料参数	(C_0，φ_0)或(σ_c，σ_t)	(C_0，φ_0)或(σ_c，σ_t)
有效应力	$\sigma_{ij}'=\sigma_{ij}-u$	$\sigma_{ij}'=\sigma_{ij}-u$
有效应力强度理论	有效应力单剪强度理论	有效应力统一强度理论
土的强度性质研究	土的抗剪强度：①直剪试验；②围压三轴试验；③其他	土的三轴强度：①真三轴试验；②中空柱试验；③围压三轴试验、平面应变试验等

表 17.3 传统土力学和新土力学的工程应用

	传统土力学	新土力学
理论应用的可行性	太沙基《土力学》发表80年来，业界已发表了成千上万篇论文，出版了成百上千本教材	新土力学基础理论经过40多年的考验，已趋成熟，可在解析和数值分析中得出一系列新结果。国内外学者已发表很多新论文。新土力学的教学和教材既可在土力学的一章或几章中实施，也可在土力学的全书中实施
工程应用的可行性	很多工程实验和实践结果表明,现行太沙基土力学计算结果小于实际结果，偏于保守	两者的材料参数和应用方法相同，但新土力学的结果包括了太沙基土力学的结果，两者具有类比性，新土力学的结果更接近实际结果
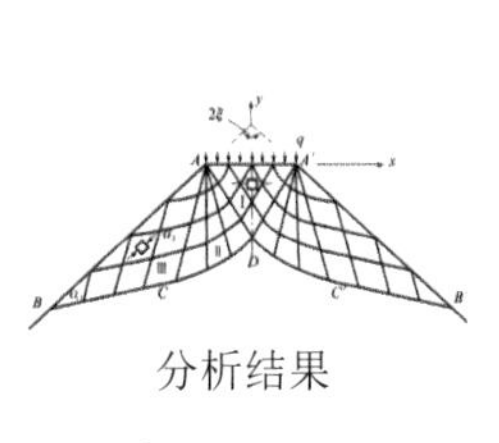 分析结果	一个结果,往往与实验不符合	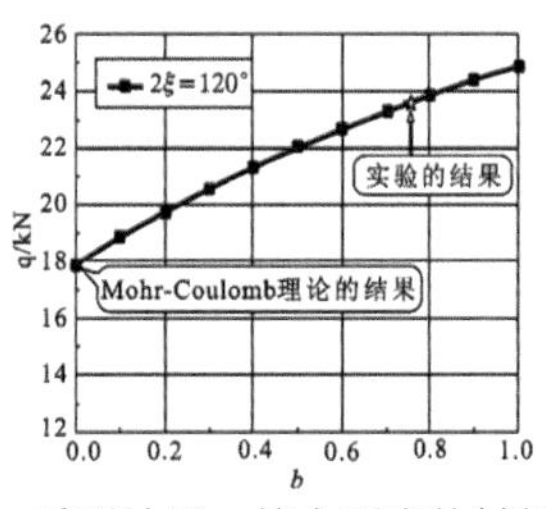 一系列结果，符合更多的材料
条形基础分析	采用单剪理论,没有考虑中间主应力的影响;只能得出一个结果，只适合某一类材料	应用统一强度理论，考虑了中间主应力的影响；可以得出一系列结果，单剪强度理论的结果为其中的一个特例
边坡稳定性分析	应用单剪理论,没有考虑中间主应力的影响;只能得出一个结果，只适合某一类材料	应用统一强度理论，考虑了中间主应力的影响；可以得出一系列结果，单剪强度理论的结果为其中的一个特例
土压力理论	应用单剪理论,没有考虑中间主应力的影响;只能得出一个结果，只适合某一类材料	应用统一强度理论，考虑了中间主应力的影响；可以得出一系列结果，单剪强度理论的结果为其中的一个特例
二者的关系	传统土力学的结果不能包括新土力学的结果	新土力学的结果将传统土力学结果作为一个特例包容其中
工程应用的效益		在相同安全系数的条件下，可更好地发挥材料的强度潜力，取得十分可观的经济效益

我们应尽可能让同样的材料适用于更多的建筑、飞机、汽车、道路、桥梁、水电站以及地下结构等各种结构。采用 $b>0$ 的统一强度理论，具有重要的经济意义[254]。从土体的试验结果看，它们都大于莫尔-库仑强度理论的极限面，因此，这方面有巨大的潜力和经济意义。

由于土的强度特性受某些因素如应力历史、应力水平、材料的特殊性质的影响，土的强度问题较为复杂，例如在高应力水平条件下，对帽子模型等可作进一步研究，国内外都有很多新的研究成果。这些不在太沙基土力学和新土力学的研究范围。

17.12　本章小结

基础理论的研究应该推动有关学科的发展。本章对太沙基土力学的伟大贡献、太沙基土力学存在的根本问题、太沙基土力学存在的问题长期没有得到改进的原因、新土力学的艰难发展过程、新土力学的新、新土力学的美、新土力学的特点及其与太沙基土力学的关系和对比等作了系统的论述。最后以国内外的大量实验结果论述了新土力学与太沙基土力学的共同理论基础，并以地基承载力公式为例，说明新土力学的具体应用和新土力学与太沙基土力学之间的关系。新土力学可以得出一系列结果，太沙基土力学可以从新土力学退化得出，太沙基土力学是新土力学的一个特例。

新土力学虽然与太沙基土力学在理论公式方面有所不同，但它们的理论基础是相同的，所应用的材料参数和推导公式的方法是相同的，并且它们获得材料参数所应用的仪器和试验方法也是相同的。因此，新土力学的实施和应用是可行的。可以预见，考虑所有三个主应力能够得出一系列结果与实验结果相符合，可适应不同材料的新土力学即将产生。

由以上所述可知：

(1)新土力学考虑了中间主应力的影响，理论上更合理，太沙基土力学的理论是新土力学理论的一个特例；新土力学并不否定太沙基土力学，它们之间是和谐的，相互并不矛盾。

(2)新土力学的理论是线性的，具有简单的数学表达式，它是一系列有序变化的线性方程组合；新土力学理论所包含的内容比太沙基土力学更宽广。

(3)新土力学的材料参数以及取得参数的实验方法都与太沙基土力学

完全相同，因此，它的应用是方便的。

(4)新土力学将单剪理论(下边界)、双剪理论(上边界)、单剪理论的解、双剪理论的解以及它们之间的一系列结果统一于一体，可适应于从下限到上限的众多不同的材料。

(5)新土力学符合创新的三要素：从未有过的、比原来的更好、能够实施的。新土力学的研究和推广是可行的。

(6)新土力学的理论还具有一定的扩展性，它可以在高等土力学、土塑性力学、计算土力学等方面得到进一步的推广应用。

统一特征线场和统一强度理论与岩土塑性力学相结合的研究的较为系统的结果可见文献[254]。

由于土力学问题的复杂性和广泛性，文中不免有不妥之处，敬请批评指正。

参考文献

[1] Terzaghi, VK (1925) *Erdbaumechanik*. Franz Deuticke, Leipzig and Vienna.

[2] Terzaghi, VK, Peck, RB, Mesri, G (1996) *Soil Mechanics in Engineering Practice*, Third Edition. New York:John Wiley & Sons Inc.

[3] 陈仲颐, 周景星, 王洪瑾 (1994) 土力学. 北京:清华大学出版社.

[4] 赵成刚, 白冰, 王远霞 (2004) 土力学原理. 北京:清华大学出版社.

[5] 赵光恒 (2006) 工程力学, 岩土力学, 工程结构及材料分册. 北京:水利水电出版社.

[6] Leussink, H, Wittke, W (1963) Difference in triaxial and plane strain shear strength. *ASTM STP Laboratory Shear Testing of Soils*, 361: 77–89.

[7] Lee, KL (1970) Comparison of plane strain and triaxial tests on sand. *ASCE J. Soil Mech. and Found. Div*, 1970, 3: 901–923.

[8] Green, GE, Bishop, AW (1969) A note on the drained strength of sand under generalized strain conditions. *Geotechniqué*, 19(1): 144–149.

[9] Bishop, AW (1966) The strength of soils as engineering materials. Sixth Rankine Lecture. *Geotechniqué*, 16(2): 89–128.

[10] Ko, HY, Scott, RF (1967) A new soil testing apparatus. *Geotechniqué*, 17(1): 40–57.

[11] Ko, HY, Scott, RF (1968) Deformation of sand at failure. *Journal of the Soil Mechanics & Foundations Division, ASCE*, 94(4): 883–898.

[12] Green, GE (1967) Correspondence on a new soil testing apparatus by Ko, HY and Scott, RF. *Geotechniqué*, 17(3): 295-298.

[13] Proctor, DC, Barden, L (1969) Correspondence on a note on the drained strength of sand under generalized stain conditions by Green, GE and Bishop, AW. *Geotechniqué*, 9(3): 424–426.

[14] Bishop, AW (1971) Shear strength parameters for undisturbed and remoulded soil specimens. In: Parry, RHG (ed.), *Stress Strain Behaviour of Soils.* Cambridge University, Foulis Co. Ltd, 1: 1–59.

[15] Hambly, EC, Roscoe, KH (1969) Observations and predictions of stresses and strains during plane strain of wet clays. *Proc. 7th Int. Conf. Soil Mech. Found. Eng.*, pp. 173–181.

[16] Kirkpatrick, WM (1971) The condition of failure for sands. *Proc. 4th Int. Conf. Soil Mech.*, 1: 172–178.

[17] Sutherland, HB, Mesdary, MS (1969) The influence of the intermediate principal stress on the strength of sand. *Proc. 7th Int. Conf. Soil Mech. Found. Eng.*, pp. 391–399.

[18] Green, GE (1972) Strength and deformation of sand measured in an independent stress control Cell. *Proceedings of the Roscoe Memorial Symposium on Stress Strain Behaviour of Soils.* G.T. Foulis and Co., Cambridge, pp. 285–323.

[19] Ergun, MU (1981) Evaluation of three-dimensional shear testing. *Proc. 7th Int. Conf. Soil Mech. Found. Eng.*, pp. 593–596.

[20] Ramamurthy, T, Tokhi, VK (1981) Relation of triaxial and plane strain strengths. *Proc. 10th Int. Conf. Soil Mech. Found. Eng.*, pp. 755–758.

[21] 李广信 (2004) 高等土力学. 北京:清华大学出版社.

[22] Shibata, T, Karube, D (1965) Influence of the variation of the intermediate principal stress on the mechanical properties of normally consolidated clays. *Proc. 6th Int. Conf. Soil Mech. Found. Eng.*, pp. 359–363.

[23] Lade, PV, Duncan, JM (1974) Cubical triaxial tests on cohesionless soil: *International Journal of Rock Mechanics & Mining Sciences & Geomechanics Abstracts*, 11(3): 50–50.

[24] Ramamurty, T, Rawat, PC (1973) Shear strength of sand under general stress system. *Proc. 8th Int. Conf. Soil Mech. Found. Eng.*, pp. 339–342.

[25] Finn, WD, Mittal, HK (1963) Shear strength of soil in a general stress space. *ASTM STP Laboratory Shear Testing of Soils*, 361: 42–48.

[26] Nakai, T, Matsuoka, H (1983) Shear behaviors of sand and clay under three dimensional stress condition. *Soils and Foundations*, 23(2): 26–42.

[27] Ergun, MU (1977) Discussion to the paper “Independent stress control and

triaxial extension tests on sand" by Reades, DW and Green, GE, *Geotechniqué*, 26(4): 551–576.

[28] Hambly, EC (1969) A new true triaxial apparatus. *Geotechniqué*, 19(2): 307–309.

[29] Lomize, GM, Kryzhanovskii, AL, Vorontsov, EI, et al. (1969) Study on deformation and strength of soils under three dimensional state of stress. *Proc. 7th Int. Conf. Soil Mech. Found. Eng.*, pp. 257–265.

[30] 邢义川, 刘祖典, 郑颖人 (1992) 黄土的强度条件, 水利学报, (1): 12–19.

[31] 唐仑 (1981) 关于砂土的破坏条件. 岩土工程学报, 3(2): 1–7.

[32] 方开泽 (1986) 土的破坏准则——考虑中主应力的影响. 华东水利学院学报, 14(2): 70–81.

[33] 邵生俊, 谢定义 (1991) 饱和砂土的动强度及破坏准则. 岩土工程学报, 13(1): 24–33.

[34] 张建民, 邵生俊 (1987) 往返荷载下饱和砂土瞬态有效抗剪强度的研究. 水利学报, (10): 33–40.

[35] 张建民, 邵生俊 (1988) 三维应力条件下饱和砂土的有效强度准则. 水利学报, (3): 54–59.

[36] Matsuokai, H, Sun, DA (1995) Extension of spatially mobilized plane (SMP) to frictional and cohesive materials and its application to cemented sands. *Soils and Foundations*, 35(4): 63–72.

[37] 松岗元 (2000) 土力学. 罗玎, 姚仰平, 译. 北京:中国水利水电出版社.

[38] Yu, MH (2002) Advance in strength theory of materials under complex stress state in the 20th Century. *Applied Mechanics Reviews*, 53(3): 169–218. (中文版: 俞茂宏. 强度理论百年总结. 彭一江, 译. 力学进展, 2004, 34(4): 529–560).

[39] 俞茂宏, 何丽南, 宋凌宇 (1985) 广义双剪应力强度理论及其推广. 中国科学, 28(12): 1113–1121.

[40] 俞茂宏 (2011) 强度理论新体系: 理论、发展和应用. 西安:西安交通大学出版社.

[41] Yu, MH, He, LN (1991) A new model and theory on yield and failure of materials under the complex stress state. In: Jono, M, Inoue, T (eds.), *ICM–6*. Oxford:Pergamon Press, 3: 841–846.

[42] 俞茂宏 (1994) 岩土类材料的统一强度理论及其应用. 岩土工程学报, 16 (2): 1–10.

[43] 沈珠江 (2000) 理论土力学. 北京:中国水利水电出版社.

[44] 郑颖人, 沈珠江, 龚晓南 (2002) 岩土塑性力学原理. 北京:中国建筑工业出版社.

[45] 龚晓南 (2001) 土塑性力学(第二版). 杭州:浙江大学出版社, pp. 102–103, 114, 119–122.

[46] 张学言 (1993) 岩土塑性力学. 北京:人民交通出版社.

[47] 郑颖人 (2004) 岩土塑性力学基础. 天津:天津大学出版社.

[48] 龚晓南 (1996) 高等土力学. 杭州:浙江大学出版社.

[49] 龚晓南, 潘秋元, 张季容, 等 (1993) 土力学及基础工程实用名词词典. 杭州:浙江大学出版社.

[50] 杨桂通 (2000) 土动力学. 北京:中国建材工业出版社.

[51] 郑颖人, 沈珠江 (1998) 岩土塑性力学原理. 北京:中国人民解放军后勤工程学院.

[52] (2004) 土力学及岩土工程名词拾补(五): 双剪统一强度. 土工基础, (4): 68.

[53] 董学晟, 田野, 邬爱清 (2004) 水工岩石力学. 北京:中国水利水电出版社, pp. 228–233.

[54] 谢和平, 陈忠辉 (2004) 岩石力学. 北京:科学出版社, p. 54.

[55] 王思敬 (2004) 中国岩石力学与工程世纪成就. 青岛:河海大学出版社, pp. 6, 687.

[56] 张学言, 阎树旺 (2004) 岩土塑性力学基础. 天津:天津大学出版社.

[57] 陈正汉 (1994) 岩土力学公理化理论体系. 应用数学和力学, 15(10): 901–910.

[58] 陈正汉 (2003) 关于土力学理论模型与科学研究方法的思考(一). 力学与实践, 25(6): 59–63.

[59] 沈珠江 (2005) 采百家之长, 酿百花之蜜. 岩土工程学报, 27(2): 365–367.

[60] 沈珠江 (2004) *Unified Strength Theory and Its Applications* 评介. 力学进展, 34(4): 562–563.

[61] Yu, MH (2004) *Unified Strength Theory and Its Applications*. Berlin:Springer.

[62] Zhang, XS, Guan, H, Loo, YC (2001) UST failure criterion for punching shear analysis of reinforcement concrete slab-column connections. In: Valliappan, S, Khalili, N (eds.), *Computational Mechanics-New Frontiers for New Millennium*. Amsterdam:Elsevier, pp. 299–304.

[63] Fan, SC, Qiang, HF (2001) Normal high-velocity impact concrete slabs–a simulation using the meshless SPH procedures. In: Valliappan, S, Khalili,

N (eds.), *Computational Mechanics-New Frontiers for New Millennium.* Amsterdam:Elsevier, pp. 1457–1462.

[64] Tzanakis, C (1997) The quest of beauty in research and teaching of mathematics and physics: A historical approach. *Nonlinear Analysis, Theory, Methods & Applications,* 30(4): 2097–2105.

[65] Yu, MH, Li, JC (2012) *Computational Plasticity: With Emphasis on the Application of the Unified Strength Theory*. Springer and ZJU Press.

[66] 李军, 蹇华雄 (2016) 软基上加筋路堤临界填土高度近似计算方法研究. 路基工程, (3): 118–123.

[67] 张常光, 晏青, 张成林 (2016) 考虑中间主应力的路堤临界填土高度统一解及比较. 岩石力学与工程学报, 35(7): 1466–1477.

[68] 曾晟, 刘其兵, 孙冰, 等 (2016) 考虑中间主应力的粗粒土扰动状态应力-应变模型. 防灾减灾工程学报, 36(2): 225–230.

[69] 赵均海, 周先成, 李艳 (2015) 基于双剪统一强度理论的非饱和土库仑被动土压力统一解. 工业建筑, 45(10): 101–105.

[70] 刘仁校 (2015) 双剪统一强度理论求解摩擦桩在沙漠砂中的极限承载力. 公路交通科技: 应用技术版, (11): 213–217.

[71] Yu, MH (2018) *Unified Strength Theory and Its Applications*, Second Edition. Springer and ZJU Press.

[72] 赵均海, 殷佳, 张常光,等 (2016) 降雨条件下非饱和朗肯土压力统一解. 建筑科学与工程学报, 33(02): 1–6.

[73] 沈君, 林光国, 王启贵 (2016) 基底完全粗糙时统一强度理论下的极限承载力. 大坝与安全, (2): 41–44.

[74] 陈国新, 刘磊, 苏枋 (2016) 基于统一强度理论准则的内填生态砌块材料硬化函数探究. 混凝土, 6: 129–140.

[75] 曹雪叶, 赵均海, 李艳, 等 (2016) 不同拉压特性的厚壁球壳分析. 应用力学学报, 33(3): 378–384.

[76] 张念超, 孙元田, 蔡胜海, 侯保全, 杨力 (2016) 基于统一强度理论的护巷煤柱尺寸与支护技术研究. 煤矿安全, 47(6): 209–213.

[77] 赵春风, 贾尚华, 赵程 (2015) 基于统一强度准则的柱孔扩张问题及扩孔孔径分析. 同济大学学报(自然科学版), 43(11): 1634–1641.

[78] 孙元田, 李桂臣, 蔡胜海, 等 (2016) 基于统一强度理论煤柱尺寸研究及应用. 煤矿安全, 47(01): 196–199.

[79] 林元华, 邓宽海, 孙永兴, 等 (2016) 基于统一强度理论的套管全管壁屈服挤毁压力. 石油勘探与开发, 43(03): 462–468.

[80] 赵阳, 陈昌富, 王纯子 (2016) 基于统一强度理论带帽刚性桩承载力上限分析. 岩土力学, (6): 1649–1656.

[81] 贾红英, 赵均海, 周天华, 等 (2015) 基于统一强度理论的结构力流优化分析. 华中科技大学学报: 自然科学版, (3): 74–78.

[82] 李艳 赵均海, 李楠, 等 (2015) 基于统一强度理论的厚壁套管柱三轴抗拉强度. 工程力学, (1): 234–240.

[83] 朱倩, 赵均海, 张常光, 等 (2014) 基于统一强度理论的压力弯管塑性极限解. 力学季刊, (04): 669–676.

[84] 王利, 秦云雷, 崔芳, 等 (2014) 基于统一强度理论的岩石三维损伤模型及其验证. 水利学报, (S1): 108–115.

[85] 黄清祥, 林从谋, 黄逸群, 等 (2014) 考虑中间主应力与约束损失的深埋圆形隧道围岩特征曲线分析. 华侨大学学报(自然科学版), (05): 587–591.

[86] 杜文超, 赵均海, 张常光, 等 (2016) 椭圆钢管混凝土轴压短柱承载力分析. 混凝土, (04): 46–49.

[87] 杨国庆, 赵均海, 封文宇 (2015) 基于统一强度理论的带约束拉杆矩形钢管混凝土短柱轴压承载力研究. 混凝土, (09): 5–8.

[88] 张斌伟 (2014) 山岭隧道静动力分析新解及其抗震数值仿真技术研究. 长春:吉林大学出版社.

[89] 隋凤涛, 王士杰 (2011) 统一强度理论在地基承载力确定中的应用研究. 岩土力学, 32(10): 3038–3042.

[90] 谢新斌, 冯小平, 周显川 (2012) 统一强度理论下桩基极限承载力讨论. 河南建材, (3): 47–51.

[91] 师林, 朱大勇, 沈银斌 (2012) 基于非线性统一强度理论的节理岩体地基承载力研究. 岩土力学, 33(S2): 371–376.

[92] 朱福, 战高峰, 佴磊 (2013) 天然软土地基路堤临界高度一种计算方法研究. 岩土力学, 34(6): 1738–1744.

[93] 马宗源, 党发宁, 廖红建 (2013) 考虑中间主应力影响的条形基础承载力数值解. 岩土工程学报, 35(S2): 253–258.

[94] Ma, ZY, Liao, HJ, Dang, FN (2014) Influence of intermediate principal stress on the bearing capacity of strip and circular footings. *Journal of Engineering Mechanics, ASCE*, 140(7): 1−14.

[95] Ma, ZY, Liao, HJ, Dang, FN (2014) Effect of intermediate principal stress on flat-ended punch problems. *Archive of Applied Mechanics*, 84(2): 277–289.

[96] Ma, ZY, Liao, HJ, Dang, FN (2014) Numerical study on strength of soft rock under complex stress state. *Journal of Central South University*, 21(4): 1583−1593.

[97] 朱福, 佴磊, 战高峰, 王静 (2015) 软土地基路堤临界填筑高度改进计算方法. 吉林大学学报(工学版), 45(2): 389–393.

[98] Deng, K, Lin, Y, Zeng, D, et al. (2016) Theoretical study on working mechanics of smith expansion cone. *Arabian Journal for Science & Engineering*, 41(11): 4283–4289.

[99] 范文, 邓龙胜, 白晓宇, 俞茂宏 (2007) 统一强度理论在边坡稳定性分析中的应用. 煤田地质与勘探, 35(1): 63–66.

[100] 林孝松 (2010) 山区公路边坡安全评价与灾害预警研究. 博士学位论文, 重庆大学.

[101] 唐谚哲 (2007) 基于统一强度理论斜坡地基动承载力研究. 硕士学位论文, 湖南大学.

[102] 童怀峰 (2008) 高填方路基加宽后处理技术及变形性状研究. 博士学位论文, 郑州大学, 长安大学.

[103] 史庆轩, 戎翀, 张婷, 等 (2016) 基于统一强度理论的钢管混凝土斜交网格平面相贯节点承载力分析. 工程力学, (8): 77–83.

[104] 丰土根, 杜冰, 花剑岚, 等 (2010) 500 kV 地下变电站基坑围护结构抗震影响因素. 解放军理工大学学报: 自然科学版, 11(4): 451–456.

[105] 李凯, 陈国荣 (2010) 基于滑移线场理论的边坡稳定性有限元分析. 河海大学学报(自然科学版), 38(2): 191–195.

[106] 刘建军, 李跃明, 车爱兰 (2011) 基于统一强度理论的岩质边坡稳定动安全系数计算. 岩土力学, 32(S2): 662–672.

[107] 马宗源, 廖红建, 祈影 (2010) 复杂应力状态下土质高边坡稳定性分析. 岩土力学, 31(S2): 328–334.

[108] 李南生, 唐博, 谈风婕, 谢利辉 (2013) 基于统一强度理论的土石坝边坡稳定分析遗传算法. 岩土力学, 34(1): 243–249.

[109] 李健, 高永涛, 吴顺川, 谢玉玲, 杜晓伟 (2013) 露天矿边坡强度折减法改进研究. 北京科技大学学报, 35(8): 971–976.

[110] 郑颖人 (2010) 岩土材料屈服与破坏及边(滑)坡稳定分析方法研讨-“三峡库区地质灾害专题研讨会”交流讨论综述. 岩石力学与工程学报, 26(4): 649–661.

[111] 任传健, 贾洪彪, 马淑芝 (2015) 基于统一强度理论的非饱和土斜坡稳定性分析. 水电能源科学, (09): 139–142.

[112] 邓东平, 李亮 (2015) 基于非线性统一强度理论下的边坡稳定性极限平衡分析. 岩土力学, 36(09): 2613–2623.

[113] Zhou, R, Zhao, JH, Wei, XY (2015) Research on bearing capacity of concrete filled double skin (CHS inner and SHS outer) under eccentric compression. *Applied Mechanics & Materials*, 723: 422–426.

[114] 郭力群, 彭兴黔, 蔡奇鹏 (2013) 基于统一强度理论的条带煤柱设计. 煤炭学报, 38(9): 1563–1567.

[115] 黄志波, 崔广强, 郑强 (2015) 考虑中间主应力的隧道洞口土体可靠度研究. 郑州轻工业学院学报: 自然科学版, (3): 108–111.

[116] 章敏, 刘军军 (2015) 阳角型基坑双排桩支护结构的空间特性. 华中科技大学学报: 自然科学版, (7): 12–18.

[117] 王冬林, 张子建, 李虎星 (2015) 统一强度安全系数法在隧洞围岩稳定评价中的应用. 河南水利与南水北调, (12): 96–98.

[118] 张飞天, 牛全苗, 郑雷 (2015) 矿井巷道建设过程中的围岩弹塑性分析及控制. 煤炭技术, 34(06): 87–89.

[119] 翟越, 赵均海, 艾晓芹, 等 (2015) 基于统一强度理论的巴西圆盘劈裂强度分析. 建筑科学与工程学报, 32(03): 46–51.

[120] Yang, Q, Chen, L, et al. (2015) New asphalt pavement failure criterion based on unified strength theory. *J. of Wuhan University of Technology, Mater Sci. Ed.*, 30(3): 528−532.

[121] Li, HZ, Xiong, GD, Zhao, GP (2016) An elasto-plastic constitutive model for soft rock considering mobilization of strength. *Trans. Nonferrous Met. Soc. China*, 26: 822−834.

[122] Tong, H, Guo, D, Zhu, X (2016) A new collapse strength model based on twin shear unified strength theory. *Journal of Pressure Vessel Technology*, 138(5): 051203.

[123] Lin, Y, Deng, K, Sun, Y, et al. (2016) Through-wall yield collapse pressure of casing based on unified strength theory. *Petroleum Exploration and Development*, 43(3): 506−513.

[124] Li, Y, Zhao, JH, Zhu, Q, et al. (2015) Unified solution of burst pressure for defect-free thin walled elbows. *Journal of Pressure Vessel Technology*, 137(2): 021203.

[125] 张传庆, 周辉, 冯夏庭 (2008) 统一弹塑性本构模型在 $FLAC^{3D}$ 中的计算格式. 岩土力学, 29(3): 596–602.

[126] Ma, ZY, Liao, HJ, Dang, FN (2013) Unified elasto-plastic finite difference and its application. *Applied Mathematics and Mechanics*, 34(4): 457–474.

[127] Zhang, CG, Wang, JF, Zhao, JH (2010) Unified solutions for stresses and displacements around circular tunnels using the Unified Strength Theory. *Science China Technological Science*, 53(6): 1694–1699.

[128] 方仁应, 付建军, 张占荣 (2008) 明月山隧道塑性区边界探讨. 公路隧道, (3): 12–14.

[129] 王利, 高谦 (2008) 基于强度理论的岩石损伤弹塑性模型. 北京科技大学学报(自然科学版), 30(5): 461–467.

[130] Wang, L, Lee, TC (2006) The effect of yield criteria on the forming limit curve prediction and the deep drawing process simulation. *International Journal of Machine Tools & Manufacture*, 46(9): 988–995.

[131] 王俊奇, 陆峰 (2010) 统一强度理论模型嵌入 ABAQUS 软件及在隧道工程中的应用. 长江科学院院报, 27(2): 68–74.

[132] 潘晓明, 孔娟, 杨钊, 刘成 (2010) 统一弹塑性本构模型在 ABAQUS 中的开发与应用. 岩土力学, 31(4): 1092–1098.

[133] 丰土根, 杜冰, 王可佳, 李玉伟 (2010) 上海世博会地下变电站基坑围护结构的动力反应分析. 防灾减灾工程学报, 30(4): 361–368.

[134] 李远 (2008) 大型洞室群地应力测试及基于统一强度理论的稳定性分析. 博士学位论文, 北京科技大学.

[135] 许文龙, 王艳君 (2010) 武汉凤凰山边坡塑性分析及支护设计与施工. 土工基础, 24(5): 27–29.

[136] 马宗源, 廖红建, 谢永利 (2010) 基于统一弹塑性有限差分法的真三轴数值模拟. 岩土工程学报, 32(9): 1368–1373.

[137] Zhang, C, Zhao, J, Zhang, Q, Hu, X (2012) A new closed-form solution for circular openings modeled by the Unified Strength Theory and radius-dependent Young's modulus. *Computers and Geotechnics*, 42(42): 118–128.

[138] Li, XW, Zhao, JH, Chen, W (2012) Stresses unified solution for wire forming based on Unified Strength Theory. *Advanced Materials Research*, 472-475: 835–838.

[139] Li, XW, Zhao, JH, Wang, QY (2012) Maximum reduction in thickness in a single sheet forming pass based on Unified Strength Theory. *Applied Mechanics and Materials*, 159: 151–155.

[140] Yu, MH, Li, JC (2012) Stability analysis of underground caverns based on the Unified Strength Theory. *Computational Plasticity*, pp. 369–398.

[141] 马宗源, 廖红建 (2012) 双剪统一弹塑性有限差分方法研究. 计算力学学报, 29(1): 43–48.

[142] 马宗源, 廖红建, 祈影 (2010) 复杂应力状态下土质高边坡稳定性分析. 岩土力学, 31(S2): 328–334.

[143] Ma, ZY, Liao, HJ, Dang, FN (2014) Effect of intermediate principal stress on flat-ended punch problems. *Archive of Applied Mechanics*, 84(2): 277–289.

[144] Lin, C, Li, YM (2015) A return mapping algorithm for unified strength theory model. *International Journal for Numerical Methods in Engineering*, 104(8): 749–766.

[145] Altenbach, H, Ochsner, A (2014) *Plasticity of Pressure–Sensitive Materials*. Berlin:Springer.

[146] Kolupaev, VA, Altenbach, H (2010) Einige Überlegungen zur Unified Strength Theory von Mao-Hong Yu (Considerations on the Unified Strength Theory due to Mao-Hong Yu). *Forschung im Ingenieurwesen (Forsch Ingenieurwes) Springer-Link*, 74(3): 135–166.

[147] 史庆轩, 戎翀, 任浩, 等 (2015) 基于统一强度理论的钢管混凝土柱承载力计算. 力学季刊, (4): 690–696.

[148] 罗丹旎, 李庆斌, 胡昱, 等 (2015) 基于统一强度理论的高强混凝土强度准则. 水利学报, 46(1): 74–82.

[149] Xia, GY, Li, JJ, Yang, ML (2012) Load-bearing capacity of CFDST based on the Unified Strength Theory. *Applied Mechanics and Materials*, 204-208: 4031–4037.

[150] 张健, 胡瑞林, 刘海斌, 王珊珊 (2010) 基于统一强度理论朗肯土压力的计算研究. 岩石力学与工程学报, (S1): 3169–3176.

[151] Zhu, Q, Zhao, JH, Li, Y, et al. (2013) Axial compression performance research of RPC filled steel tube columns based on the Unified Strength Theory. *Applied Mechanics and Materials*, 351-352: 337–341.

[152] 刘波, 刘璐璐, 徐薇, 等 (2016) 基于统一强度理论的 TBM 斜井围岩弹塑性解. 采矿与安全工程学报, 33(5): 819–826.

[153] 崔莹, 屈展, 赵均海, 王萍 (2016) 基于双剪统一强度理论的垂直井井壁坍塌压力解. 广西大学学报(自然科学版), 41(2): 346–354.

[154] 崔莹, 屈展, 赵均海, 王萍 (2016) 考虑尺寸效应的井壁坍塌压力统一强度理论解. 广西大学学报(自然科学版), 41(4): 1153–1161.

[155] 章顺虎, 侯纪新, 王晓南, 等 (2015) 统一屈服准则与变分法求解圆板均布极限荷载. 北京工业大学学报, 41(6): 946–949.

[156] 张常光, 范文, 赵均海, 等 (2015) 非饱和土真三轴双剪新强度准则及验证. 同济大学学报(自然科学版), 43(9): 1326–1331.

[157] 李杭州, 廖红建, 宋丽, 等 (2014) 双剪统一弹塑性应变软化本构模型研究. 岩石力学与工程学报, 33(4): 720–728.

[158] 武燕, 树学峰 (2014) 岩土材料强度理论发展现状. 山西建筑, 40(19): 92–95.

[159] 李远, 李振, 乔兰, 等 (2014) 基于脆剪分析的岩体非线性强度特性在统一强度理论中的实现. 岩土力学, 35(s1): 173–180.

[160] 宋万鹏, 吴立, 李波, 等 (2014) 统一强度理论下非均匀应力隧洞围岩抗力系数. 科学技术与工程, 14(16): 150–154.

[161] 郑惠虹 (2013) 基于双剪强度理论基坑边坡土压力分布分析. 中外公路, 33(4): 58–61.

[162] 张雪颖 (2013) 基于统一强度理论的应变软化模型开发与工程应用. 矿业研究与开发, (6): 20–26.

[163] 李南生, 唐博, 谈风婕, 等 (2013) 基于统一强度理论的土石坝边坡稳定分析遗传算法. 岩土力学, 34(1): 243–249.

[164] 尤明庆 (2013) 统一强度理论应用于岩石的讨论. 岩石力学与工程学报, 32(2): 258–265.

[165] 昝月稳, 俞茂宏 (2013) 岩石广义非线性统一强度理论. 西南交通大学学报, 48(4): 616–624.

[166] 邹韶明, 朱瑞林 (2013) 统一强度理论在厚壁圆筒自增强中的应用. 机械科学与技术, 32(8): 1200–1206.

[167] 俞茂宏, 刘剑宇, 刘春阳 (1994) 双剪正交和非正交滑移线场理论. 西安交通大学学报, 28(2): 14–26.

[168] 俞茂宏, 杨松岩, 刘春阳 (1997) 统一平面应变滑移线场理论. 土木工程学报, 30(2): 14–26.

[169] Yan, ZD, Bu, XM (1993) The method of characteristics for solving the plane stress problem on the basis of Twin Shear Stress Yield Criterion. In: *Advances in Engineering Plasticity and Its Applications*, pp. 295–302.

[170] Yan, ZD, Bu, XM (1996) An effective characteristic method for plastic plane stress problems. *Journal of Engineering Mechanics*, *ASCE*, 122(6): 502–506.

[171] 俞茂宏, 张永强, 李建春 (1999) 塑性平面应力问题的统一特征线场理论. 西安交通大学学报, 33(4): 1–4.

[172] 俞茂宏, 李建春 (2001) 空间轴对称塑性问题的统一特征线场理论. 中国科学(E), 31(4): 323–331.

[173] 蒋明镜, 沈珠江 (1997) 考虑剪胀的线性软化柱形孔扩张问题. 岩石

力学与工程学报, 16(6): 550–557.

[174] 蒋明镜. 沈珠江 (1996) 岩土类软化材料的柱形孔扩张统一解问题. 岩土力学, 17(1): 1–8.

[175] 范文, 沈珠江, 俞茂宏 (2005) 基于统一强度理论的土压力极限上限分析. 岩土工程学报, 27(10): 1147–1153.

[176] 陈秋南, 张永兴, 周小平 (2005) 三向应力作用下的Rankine被动土压力公式. 岩石力学与工程学报, 24(5): 880–882.

[177] 谢群丹, 刘杰, 何杰 (2003) 双剪统一强度理论在土压力计算中的应用. 岩土工程学报, 25(3): 343–345.

[178] 越翟, 林永亮, 范文等 (2004) 土压力滑楔理论的统一解. 地球科学与环境学报, 26(1): 24–28.

[179] 林永亮 (2004) 基于统一强度理论的土压力问题研究. 硕士学位论文, 长安大学.

[180] 应捷, 廖红建, 蒲武川 (2005) 平面应变状态下基于统一强度理论的土压力计算. 岩石力学与工程学报, 23(增 1): 4315–4318.

[181] 高江平, 刘元烈, 俞茂宏 (2006) 统一强度理论在挡土墙土压力计算中的应用. 西安交通大学学报, 40(3): 357–359.

[182] 周小平, 黄煜镔, 丁志诚 (2002) 考虑中间主应力影响时太沙基地基极限承载力公式. 岩石力学与工程学报, 21(10): 1455–1457.

[183] 周小平, 王建华 (2003) 考虑中间主应力影响时条形基础极限承载力公式. 上海交通大学学报, 36(4): 552–555.

[184] 高江平, 俞茂宏, 李四平 (2005) 太沙基地基极限承载力的双剪统一解. 岩石力学与工程学报, 24(15): 2736–2740.

[185] 王祥秋, 杨林德, 高文华 (2006) 基于双剪统一强度理论的条形地基承载力计算. 土木工程学报, 39(1): 79–82.

[186] 陈秋南, 张永兴, 刘新荣, 黄胜平, 吕中玉 (2006) 考虑 σ_2 作用的加筋土挡墙筋材设计计算. 岩石力学与工程学报, 25(2): 241–245.

[187] 李杭州, 廖红建, 兰霞 (2004) 用统一强度理论求岩基极限承载力. 岩石力学与工程学报, 23(增 1): 4311–4314.

[188] 刘杰, 赵明华 (2005) 基于双剪统一强度理论的碎石单桩复合地基性状研究. 岩土工程学报, 27(6): 707–711.

[189] 熊仲明, 王社良, 李小健, 俞茂宏 (2005) 统一强度理论在湿陷性黄土—桩—上部结构共同作用分析中的应用. 土木工程学报, 38(9): 103–108.

[190] 徐栓强, 俞茂宏 (2003) 基于双剪统一强度理论的地下圆洞室稳定性研究. 煤炭学报, 28(5): 522–526.

[191] Tang, RH, Chen, CF (2011) An analysis of reliability of anchor retaining wall based on Unified Strength Theory. *Hydrogeology and Engineering Geology*, 38(4): 69–73.

[192] Ma, ZY, Liao, HJ, Yu, MH (2011) Slope stability analysis using Unified Strength Theory. *Applied Mechanics & Materials*, 137: 59–64.

[193] Yu, MH, Kolupaev, VA, Li, YM, et al. (2011) Advances in Unified Strength Theory and its generalization. *Procedia Engineering*, 10: 2514–2519.

[194] 赖天文 (2005) 三向应力作用下浅埋锚定板的容许抗拔力计算. 兰州交通大学学报, 24(6): 29–31.

[195] Tong, HF (2012) Analysis of small non-sand concrete pile grouting pressure based on Unified Strength Theory. *Applied Mechanics & Materials*, 166-169: 3095–3099.

[196] 周小平, 张永兴 (2003) 利用统一强度理论全解条形地基极限承载力. 重庆大学学报(自然科学版), 26(11): 109–112.

[197] 范文, 廖红建, 陈立伟 (2003) 考虑材料剪胀及软化的扩孔问题的统一解. 西安交通大学学报, 37(9): 957–961.

[198] 涂忠仁 (2006) 基于统一强度理论的公路隧道围岩抗力系数计算. 重庆交通学院学报, 25(1): 27–31.

[199] 程彩霞, 赵均海, 魏雪英 (2005) 边坡极限荷载统一滑移线解与有限元分析. 工业建筑, 35(10): 33–46.

[200] 范文, 俞茂宏, 陈立伟, 等 (2004) 考虑剪胀及软化的洞室围岩弹塑性分析的统一解. 岩石力学与工程学报, 23(19): 3213–3220.

[201] Terzaghi, VK (1943) Theoretical Soil Mechanics. Wiley, OpenISBN (中译本: 理论土力学 (1960) 徐志英, 译. 北京:地质出版社).

[202] 陈祖煜 (2003) 土质边坡稳定分析—原理 方法 程序. 北京:中国水利水电出版社.

[203] 沈珠江 (1993) 土体弹塑性变形分析中的几个基本问题. 江苏力学, (9): 1–10

[204] 沈珠江 (1993) 几种屈服函数的比较. 岩土力学, 14(1): 41–50.

[205] 黄学镔, 朱礼君 (2004) 三维应力状态下圆筒形巷道塑性区次生应力. 半径和位移. 地下空间, 24(1): 5–6.

[206] Xu, SQ, Yu, MH (2006) The effect of the intermediate principal stress on the ground response of circular openings in rock mass. *Rock Mechanics*

and Rock Engineering, 39(2): 169–181.

[207] 张永强, 俞茂宏, 范文 (2000) 边坡极限荷载的统一滑移线解. 岩石力学与工程学报, 19(增): 994–996.

[208] 俞茂宏. 曾文兵 (1994) 工程结构分析新理论及其应用. 工程力学, 11(1): 9–20.

[209] 俞茂宏, 杨松岩, 范寿昌 (1997) 双剪统一弹塑性本构模型及其工程应用. 岩土工程学报, 19(6): 2–9.

[210] Yu, MH, Yang, SY, Fan, SC (1999) Unified elasto-plastic associated and non-associated constitutive model and its engineering applications. *Int. J. of Computers & Structure*, 71: 627–636.

[211] 刘世煌 (1995) 拉西瓦水电站工程高地应力地区大型地下厂房洞群围岩稳定性研究(下). 西北水电, (1): 45–48.

[212] 俞茂宏 (1998) 双剪理论及其应用. 北京:科学出版社.

[213] Liu, HY, Kou, SQ, Lindqvist, PA, et al. (2002) Numerical simulation of the rock fragmentation process induced by indenters. *International Journal of Rock Mechanics and Mining Science*, 39: 491–505.

[214] Liu, HY, Kou, SQ, Lindqvist, PA (2002) Numerical simulation of the fracture process in cutting heterogeneous brittle material. *International Journal for Numerical and Analytical Methods in Geomechanics*, 26: 1253–1278.

[215] 刘国华, 王振宇 (2004) 爆破荷载作用下隧道的动态响应与抗爆分析. 浙江大学学报(工学版), 38(2): 204–209.

[216] 陈祖坪 (1998) 拱坝应力的非线性弹性分析. 工程力学, 15(4): 62–73.

[217] 孙红月, 尚岳全, 张春生, 等 (1998)) 洞室围岩薄弱区三维数值模拟研究. 岩石力学与工程学报, 23(13): 2192–2196.

[218] 孙钧 (1999) 岩石力学在我国的若干进展. 西部探矿工程, 11(1): 1–5.

[219] 黄仁福, 傅冰骏 (1985) 水利水电地下工程围岩稳定研究的概况与展望. 水利学报, (6):32–37.

[220] 杨更社, 孙钧 (2001) 中国岩石力学的研究现状及其展望分析. 西安公路交通大学学报, 21(3): 5–9.

[221] Sun, J, Wang, SJ (2000) Rock mechanics and rock engineering in China: Developments and current state of the art. *Int. Journal of Rock Mechanics and Mining Sciences*, 37: 447–465.

[222] 明治清, 沈俊, 顾金才 (1994) 拉压真三轴仪的研制及其应用. 防护工程, (3): 1–9.

[223] 陈祖坪 (2001) 拱坝强度裂缝的定量研究. 水利学报, (8): 12–16.

[224] 李小春, 许东俊, 刘世煌 (1994) 真三轴应力状态下拉西瓦花岗岩的强度，变形及破裂特性试验研究. 中国岩石力学与工程学会第三次大会论文集. 北京:中国科学技术出版社, pp. 153–159.

[225] 王可钧, 李焯芬 (1998) 我国岩石力学现状与发展初探. 中国岩石力学与工程学会第五次学术大会.

[226] 张有天. 周维垣主编 (1999) 岩石高边坡的变形与稳定(三峡水利枢纽工程几个关键问题的应用丛书). 北京:中国水利水电出版社.

[227] 夏熙伦主编 (1999) 工程岩石力学. 武汉:武汉工业大学出版社.

[228] 长江科学院 (1997) 应用塑性区概念和极限平衡法综合分析三峡船闸高边坡和稳定性(三峡工程科研成果). 长江科学院编号: 97–260, 11.

[229] 孙红月, 尚岳全, 张春生 (2004) 大型地下洞室围岩稳定性数值模拟分析. 浙江大学学报(工学版), 38(1): 70–73, 85.

[230] 周维垣 (1994) 岩石力学数值计算及模型试验专业委员会工作概况及有关的研究进展. 中国岩石力学与工程学会第三次大会论文集. 北京:中国科学技术出版社, p. 439.

[231] 张嘎, 张建民 (2005) 粗粒土与结构接触面的静动本构规律. 岩土工程学报, 27(5): 516–520.

[232] 王昆耀, 常亚屏 (2000) 往返荷载下粗粒土的残余变形特性. 土木工程学报, 33(3): 48–53.

[233] 朱伟, 姬凤玲, 马殿光, 李明东 (2005) 疏浚淤泥泡沫塑料颗粒轻质混合土的抗剪强度特性. 岩石力学与工程学报, 24(增 2): 5721–5726.

[234] 刘松玉, 邱钰, 童立元 (2006) 煤矸石的强度特征试验研究. 岩石力学与工程学报, 25(1): 199–205.

[235] 李镜培, 赵春风 (2004) 土力学. 北京:高等教育出版社.

[236] Skempton, AW (1977) Slope stability of cuttings in brown London Clay. *Proc. 9th Int. Conf. Soil Mech, Tokyo*, 3: 261–270.

[237] Bishop, AW, Webb, DL, Lewin, PI (1965) Undisturbed samples of London Clay: Strength effective stress relationships. *Geotechniqué*, 15: 1–31.

[238] Petley, DJ (1966) The Shear Strength of Soils at Large Strains. Ph.D. Thesis, University of London.

[239] Gibson, RE (1953) Experimental determination of the true cohesion and true angle of internal friction in clays. *Proc. 3rd Int. Conf. Soil Mech. (Zurich)*, pp. 126–130.

[240] 张嘎, 张建民 (2004) 粗粒土与结构接触面单调力学特性的试验研究. 岩土工程学报, 26(1): 21–25.

[241] 孙逊, 张连卫, 张嘎, 等 (2003) 公伯峡面板堆石坝垫层料与挤压式边墙接触面静动力学特性试验研究. 中国土木工程学会第九届土力学及岩土工程学术会议论文集, 上册. 北京:清华大学出版社, pp. 293–296.

[242] Clough, GW, Duncan, JM (1971) Finite element analysis of retaining wall behavior. *Journal of Soil Mechanics and Foundations Division, ASCE*, 97(12): 1657–1672.

[243] 殷宗泽, 朱泓, 许国华 (1994) 土与结构材料接触面的变形及其数学模拟. 岩土工程学报, 16(3): 14–22.

[244] Desai, CS, Drumm, EC, et al. (1985) Cyclic testing and modeling of interfaces. *J. Geotech. Engng.*, 111(6): 793–815.

[245] 胡黎明, 濮家骝 (2001) 土与结构物接触面物理力学特性试验研究. 岩土工程学报, 23(4): 431–435.

[246] Uesugi, M, Kishida, H (1986) Frictional resistance at yield between drive sand and mild steel. *Soils and Foundations*, 26(4): 139–149.

[247] 俞茂宏, 孟晓朗 (1992) 双剪弹塑性模型及其在土工问题中的应用. 岩土工程学报, 14(3): 71–75.

[248] 俞茂宏, 孟晓明, 谢爽 (1988) 西安古城墙的保护和开发研究. 西安交通大学科学技术报告.

[249] 俞茂宏, 方东平, 赵均海, 等 (2006). 中国古建筑结构力学研究进展. 力学进展, 36(1): 43–64.

[250] 朱志铎, 刘松玉, 等 (2005) 粉土及其稳定土的三轴试验研究. 岩土力学, 26(12): 1967–1971.

[251] 郭婷婷, 张伯平, 田志高, 等 (2004).黄土二灰土工程特性研究. 岩土工程学报, 26(5): 719–721.

[252] Wulfsohn, D, Adams, BA, Fredlund, DG (1998) Triaxial testing of unsaturated agricultural soils. *Agric. Engng. Res.*, 69: 317–330.

[253] 俞茂宏, 方东平. (1994) 西安古城墙研究——建筑结构和抗震. 西安: 西安交通大学出版社.

[254] Yu, MH (2006) *Generalized Plasticity*. Berlin:Springer.

阅读参考材料

【阅读参考材料 17-1】“由于双剪统一强度理论可适用于金属、岩石、土、混凝土、铸铁等各种材料，Tresca 屈服准则、Mises 屈服准则、双剪屈服准则、莫尔-库仑准则、各种光滑化角隅模型以及各种经验曲线都是其特例或线性逼近，因此，我们采用双剪统一强度理论的屈服函数形式，推导出适用于上述模型的柱形孔扩张统一解。”

(蒋明镜, 沈珠江 (1996) 岩土类软化材料的柱形孔扩张统一解问题. 岩土力学, 1(1): 1–8)

【阅读参考材料 17-2】能源部西北勘测设计院根据花岗岩的高压真三轴实验结果，将双剪应力强度理论装入大型岩土工程有限元分析程序，并用于大型水电站地下洞室的计算。初步分析结果表明，采用双剪应力强度理论可较采用传统理论取得更大的经济效益。据西北勘测设计院水工处给西安交通大学的函指出：“双剪强度准则的子程序装入我院 NOML-83 程序。我院 NOML-83 程序增加了一个新的强度准则，并获得该准则与原准则对比计算成果(该成果已正式列入我院“花岗岩本构关系研究”成果之中)。”“花岗岩本构关系的研究，为地下洞群的设计提供了一个较为合适的计算模型。随着计算模型问题的解决，可以较大地减少支护工程量，据初步估算可节约投资约 1000 万元。”

索 引

U

W

Y

Z

后 记

2004年，在第二届全国青年岩土工作者学术会议上，俞茂宏应邀作了《新土力学宣言》的特邀大会报告；同年秋天，在上海科学会堂召开的上海市科协第二届学术年会力学与岩土工程学术年会上，俞茂宏应邀作了《强度理论的美和新土力学展望》的特邀大会报告。这两个报告都大受欢迎。同时应长安大学土力学学科负责人王晓谋教授邀请，俞茂宏在长安大学作了近20课时的连续学术报告，与同行一起对土力学进行了讨论交流和改革试验。《土力学新论》一书的内容已经有了基本框架，初稿中包含了很多创新的内容。

可是，《土力学新论》迟迟没有出版，至今已有15年，究其原因很多。

(1)土力学的创始人、哈佛大学教授太沙基是世界上土力学顶级大师，他所在的哈佛大学是世界顶级大学。对顶级大学的顶级大师创立的《土力学》进行大改动，我于心不安。

(2)从1925年的第一本《土力学》，到2019年已经94年，国内外《土力学》的内容已经定型，对《土力学》进行大的改革，难度很大。此外，改动后的土力学能否被人们所接受，也是一个问题。

(3)西安交通大学正在努力争取成为世界一流大学，但世界一流大学不是空的，而是由很多具体的内容所组成。不同学科的创新科学研究成果是一方面，不同学科的学术著作和教科书以及教学水平是另一方面。土力学的教学质量以及土力学教材建设的水平应该是我们工科大学争取成为世界一流大学的内容之一。如果我们多数课程的研究水平、教材建设水平、教学质量达到世界先进水平，大学生和研究生的培养质量达到世界先进水平，那么大学的世界先进水平也就自然而然了。事实上，我们很多重要的课程正在被大幅度地压缩。英国帝国理工是世界百强大学，它的土力学课时是 90 学时，而我们的土力学教学时间只有 60 学时，有的甚至只有 40 学时，那么，大家都想要成为世界一流大学，这种竞赛和比较是不公平的，对我们的土力学老师和学生也是不公正的。《土力学新论》的出版是否具有客观条件还需慎重考虑。

(4) 《土力学新论》在理论上改进了《土力学》中莫尔-库仑强度理论没有考虑中间主应力的缺陷，并且将以往《土力学》中三大实际问题的解从一个解扩展为一系列的解，可适用于更多的材料和结构，为工程应用提供更多的资料、比较、参考和选择。《土力学新论》在理论上和应用上只增加了一个参数 b，增加的难度并不大，因此，《土力学新论》无论在理论上或者工程应用上都具有明显的优点。但我们的客观条件和环境是否能够得到保证其顺利实施？

(5) 《土力学新论》的内容和难度都有一些提高，而这几年土力学的教学学时除了河海大学、清华大学等少数大学外，多数大学的土力学教学学时减少很多，《土力学新论》是否会增加学生的负担？

(6) 2004—2012 年，著者在 Springer 出版社出版了四本英文学术著作，每本书的写作都需要 2~3 年的时间。根据 Springer 出版社统计，这些专著都受到世界各地读者的欢迎，它们每年的下载量在 1 万章次以上。Springer 在著者的新书出版前后，又多次提出希望有下一本书的合作。这些促进了著者的英文著作的撰写，而拖延了《土力学新论》的著述和修改。

(7) 2004 年，第二届全国青年岩土工作者学术会议和上海市科协第二届学术年会上，沈珠江先生也分别作了大会特邀报告。著者有机会就新土力学问题向沈珠江先生请教，我们在很多问题上都有同感，因此决定两个人合写一篇文章，向《力学进展学报》投稿，经过 2006 年 2 月、3 月、6

月、9 月等多次修改，定稿题目为《新土力学展望》。《力学进展学报》编辑部寄来作者版权合同，沈珠江先生也签了名，但是他在来信中也讲了以后恐怕不能再和老朋友交流了。不久后就听到沈珠江先生病逝的消息，心情十分沉重。这篇《新土力学展望》也就搁置了下来，至今已有 13 年。为了纪念沈珠江先生，著者将《新土力学展望》作为第 17 章写入本书中；原稿中的参考文献只写到 2006 年，现在由著者的研究助手武霞霞补充到 2017 年；原稿中与书中其他章节重复的地方，也由武霞霞做了相应的删减。

另一方面，这 15 年来，很多学者应用统一强度理论在土力学的很多领域取得了新的成果，书中也反映了他们的一些成果，例如第 17 章参考文献[65–200]，他们为新土力学提供了很多新的内容。著者向他们表示衷心的感谢！

重庆大学和中国科学院武汉岩土力学研究所的学者也撰写了有关新土力学的专门著作《双剪土力学》和《新土力学研究》。这两本书分别得到了中国教师发展基金会教师出版专项资金和武汉大学出版社基金支持，但是由于篇幅所限，有些内容未能包括。本书对新土力学做了全面的阐述，内容增加较多，可以为读者提供较为全面的资料，同时希望广大读者提出宝贵的意见。

古人曰：十年磨一剑，终于剑出鞘。2004 年《土力学宣言》至今不觉已有 15 年，当时怎么会写出这个宣言，自己现在也感到有些吃惊。那时著者已 70 岁，今年 85 岁的我已经没有那种豪气。15 年写成《土力学新论》，多少苦乐事，尽在此书中。

同时，著述工作也由《土力学新论》扩展到《岩石力学新论》和《混凝土力学新论》。这些内容著者也积累多年，已完成了书的各章框架。它们与《土力学新论》一起构成了“岩土力学三部曲”。它们将陆续出版。希望“岩土力学三部曲”对于土木水利、岩土、矿山以及交通等专业的世界一流学科建设起到积极的作用。

2016 年春，著者的视力下降，西安交通大学香港校友会和土木工程系